できる

Word 2024

ワード

生成AI Copilot対応

Office 2024 & Microsoft 365版

田中 亘 & できるシリーズ編集部

インプレス

ご購入・ご利用の前に必ずお読みください

本書は、2024年10月現在の情報をもとに「Microsoft Word 2024」や「Microsoft 365のWord」の操作方法について解説しています。本書の発行後に「Microsoft Word 2024」の機能や操作方法、画面などが変更された場合、本書の掲載内容通りに操作できなくなる可能性があります。本書発行後の情報については、弊社のWebページ（https://book.impress.co.jp/）などで可能な限りお知らせいたしますが、すべての情報の即時掲載ならびに、確実な解決をお約束することはできかねます。また本書の運用により生じる、直接的、または間接的な損害について、著者ならびに弊社では一切の責任を負いかねます。あらかじめご理解、ご了承ください。

本書で紹介している内容のご質問につきましては、巻末をご参照のうえ、メールまたは封書にてお問い合わせください。ただし、本書の発行後に発生した利用手順やサービスの変更に関しては、お答えしかねる場合があります。また、本書の奥付に記載されている初版発行日から1年が経過した場合、もしくは解説する製品やサービスの提供会社がサポートを終了した場合にも、ご質問にお答えしかねる場合があります。あらかじめご了承ください。

動画について

操作を確認できる動画をYouTube動画で参照できます。画面の動きがそのまま見られるので、より理解が深まります。QRコードが読めるスマートフォンなどからはレッスンタイトル横にあるQRコードを読むことで直接動画を見ることができます。パソコンなどQRコードが読めない場合は、以下の動画一覧ページからご覧ください。

▼動画一覧ページ
https://dekiru.net/word2024

無料電子版について

本書の購入特典として、気軽に持ち歩ける電子書籍版（PDF）を以下の書籍情報ページからダウンロードできます。PDF閲覧ソフトを使えば、キーワードから知りたい情報をすぐに探せます。

▼書籍情報ページ
https://book.impress.co.jp/books/1124101062

●用語の使い方

本文中では、「Microsoft Word 2024」のことを、「Word 2024」または「Word」、「Microsoft Windows 11」のことを「Windows 11」または「Windows」、「Microsoft Excel 2024」のことを「Excel 2024」または「Excel」と記述しています。また、本文中で使用している用語は、基本的に実際の画面に表示される名称に則っています。

●本書の前提

本書では、「Windows 11（24H2）」に「Microsoft Word 2024」または「Microsoft 365のWord」がインストールされているパソコンで、インターネットに常時接続されている環境を前提に画面を再現しています。また一部のレッスンでは有料版のCopilotを契約してMicrosoft 365のWordでCopilotが利用できる状況になっている必要があります。

まえがき

できるWordの初版を出版した1994年から30年、Wordは進化を続けて2024年版になりました。最新のWord 2024では、過去のWordで作成された文書や操作方法との高い互換性を維持しつつ、数多くの新機能を搭載しています。中でも、Copilot（コパイロット）と呼ばれる生成AIとの連携は、文書作りに大きな変革をもたらします。
生成AIのCopilotをWordで活用すると、アイデア出しや下書きの時間を短縮したり、長い文章を要約して手早く理解するなど、文書作りにかかる効率を上げて便利さを向上します。

本書はWord 2024を中心に機能や操作方法を解説していますが、Microsoft 365で利用できるWordでも役立つテクニックやCopilotの使い方を数多く紹介しています。Word 2024とMicrosoft 365のWordは高い互換性のある文書作成ソフトなので、本書を通して基本から活用までのテクニックをマスターすれば、実践的な文書作りを習得できます。

また、これからWord 2024を使い始める方々のために、基礎編では日本語の入力方法から基本的な編集操作まで、入門者に向けた解説も充実しています。そして、活用編ではマクロやフィールドコードに差し込み印刷といった高度なテクニックも分かりやすく説明しています。さらに、デジタルトランスフォーメーション（DX）につながる革新的な文書作りを実践するクラウドの活用や、音声入力に翻訳などの便利な機能も紹介しています。
加えて、特別付録では被害が拡大しているサイバー攻撃からWordの文書を守る対策や設定についても解説しています。

本書のレッスンを通して、Wordを自由自在に使えるようになると、文書作りが楽しくなりパソコンを利用する機会も増えます。本書のレッスンを通して多くの人が、Wordを安全かつ便利に活用してもらえたら幸いです。
最後に、本書の制作に携わった多くの方々と、ご愛読いただく皆さまに深い感謝の意を表します。

2024年11月　田中 亘

本書の読み方

練習用ファイル
レッスンで使用する練習用ファイルの名前です。ダウンロード方法などは6ページをご参照ください。

YouTube動画で見る
パソコンやスマートフォンなどで視聴できる無料の動画です。詳しくは2ページをご参照ください。

レッスンタイトル
やりたいことや知りたいことが探せるタイトルが付いています。

サブタイトル
機能名やサービス名などで調べやすくなっています。

操作手順
実際のパソコンの画面を撮影して、操作を丁寧に解説しています。

●手順見出し

1 名前を付けて保存する

操作の内容ごとに見出しが付いています。目次で参照して探すことができます。

●操作説明

1 ［スタート］をクリック

実際の操作を1つずつ説明しています。番号順に操作することで、一通りの手順を体験できます。

●解説

ここではファイルを保存せずに終了する　Wordが終了する

操作の前提や意味、操作結果について解説しています。

レッスン 03 **Wordを起動／終了するには**

YouTube動画で見る 詳細は2ページへ

Wordの起動・終了　練習用ファイル なし

基本編 第1章 Word 2024の基礎を知ろう

Wordを使うためには、最初に「起動」します。また、使い終わったときには「終了」します。起動と終了は、Wordのような Windowsのアプリを使うための基本操作です。デスクトップを机に例えるならば、「起動」は白紙の紙を広げるような作業になります。

1 Wordを起動するには

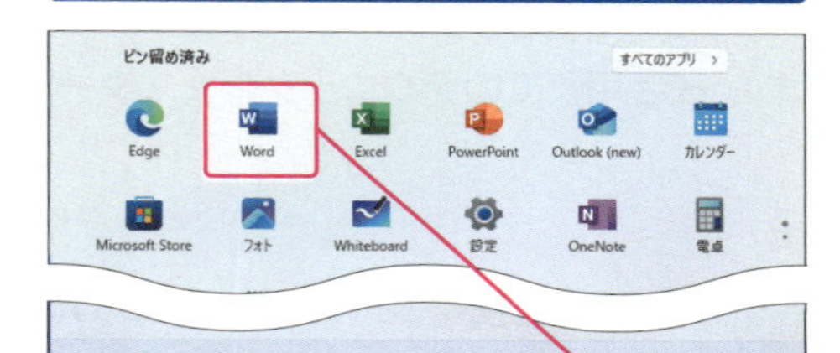

1 ［スタート］をクリック　2 ［Word］をクリック

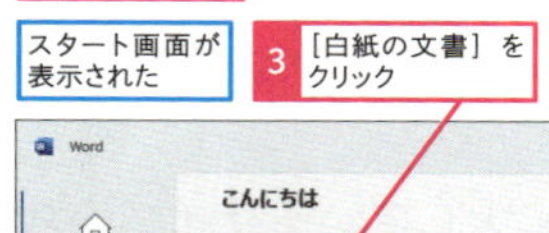

スタート画面が表示された　3 ［白紙の文書］をクリック

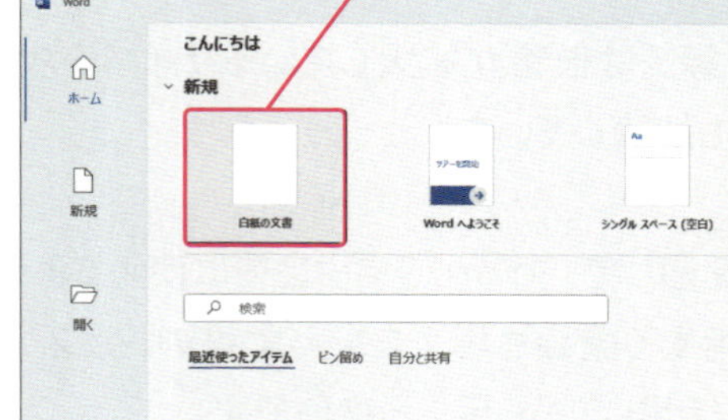

キーワード

アイコン P.340
タスクバー P.343

使いこなしのヒント
［スタート］メニューにWordが見つからないときには
Windowsの［スタート］メニューを開いてもWordのアイコンが見つからないときは、［すべてのアプリ］をクリックして、起動できるアプリの一覧を表示します。その一覧の中から、Wordの項目を探してクリックして起動します。

ショートカットキー
［スタート］メニューの表示
⊞／Ctrl+Esc

用語解説
スタート画面
Wordを起動した直後に表示されるスタート画面には、これから作成する文書の種類を選んだり、すでに作成した文書を開いたりなど、最初に行う操作を選ぶ内容が表示されます。Wordを使い込んでいくと、スタート画面の下の方には、過去に編集した文書が表示されるようになります。

34 できる

キーワード

レッスンで重要な用語の一覧です。巻末の用語集のページも掲載しています。

● 白紙の文書が表示された

文書の編集が可能になった

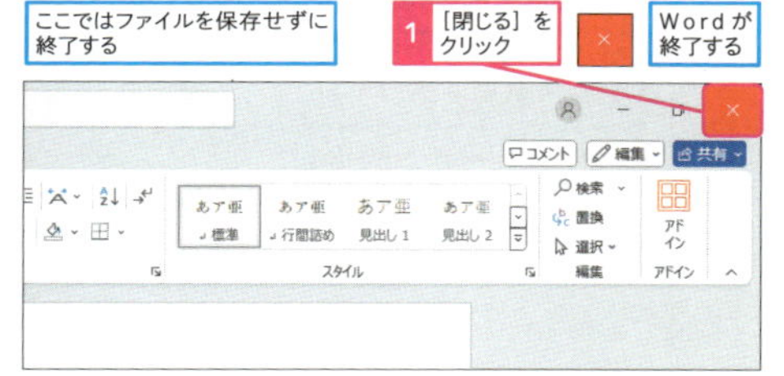

2 Wordを終了するには

ここではファイルを保存せずに終了する

1 ［閉じる］をクリック

Wordが終了する

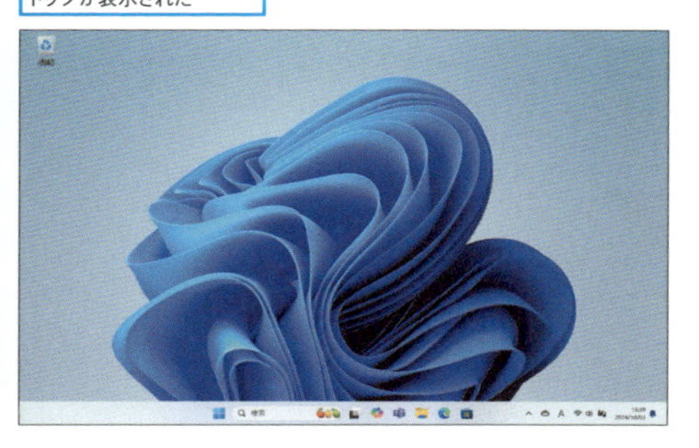

Wordが終了して、デスクトップが表示された

使いこなしのヒント

全画面表示で編集画面を広く使う

Wordのウィンドウの右上にある［全画面表示］をクリックすると、Windowsのデスクトップ全体にWordの編集画面が表示されます。Wordを使い慣れないうちは、できるだけ広い画面で確認した方が、より多くの情報を一望できるので、操作が容易になります。

時短ワザ

Wordを素早く起動するには

タスクバーにWordをピン留めしておくと、素早く起動できます。Wordをよく使うのであれば、登録しておくと便利です。

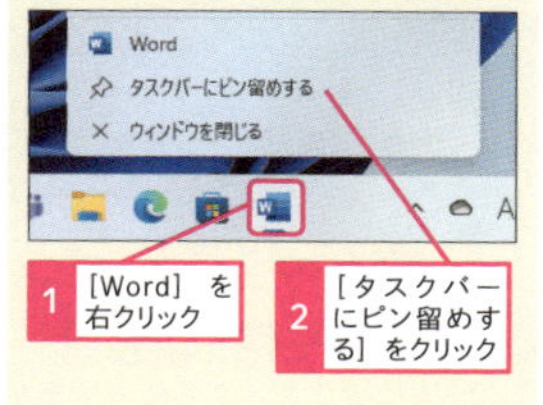

1 ［Word］を右クリック

2 ［タスクバーにピン留めする］をクリック

ショートカットキー

アプリの終了 Alt + F4

まとめ 起動したアプリは使い終わったら終了する

Wordを起動すると、パソコンのメモリが消費されます。複数のアプリを起動すると、それだけ多くのメモリが消費されます。メモリが多く消費されると、パソコンの動作が遅くなることがあります。そのため、使い終わったアプリは終了して、消費したメモリを解放しておきましょう。

03 Wordの起動・終了

できる 35

関連情報

レッスンの操作内容を補足する要素を種類ごとに色分けして掲載しています。

使いこなしのヒント

操作を進める上で役に立つヒントを掲載しています。

ショートカットキー

キーの組み合わせだけで操作する方法を紹介しています。

時短ワザ

手順を短縮できる操作方法を紹介しています。

スキルアップ

一歩進んだテクニックを紹介しています。

用語解説

レッスンで覚えておきたい用語を解説しています。

ここに注意

間違えがちな操作について注意点を紹介しています。

まとめ 起動と終了を覚えよう

レッスンで重要なポイントを簡潔にまとめています。操作を終えてから読むことで理解が深まります。

※ここに掲載している紙面はイメージです。実際のレッスンページとは異なります。

練習用ファイルの使い方

本書では、レッスンの操作をすぐに試せる無料の練習用ファイルとフリー素材を用意しています。ダウンロードした練習用ファイルは必ず展開して使ってください。ここではMicrosoft Edgeを使ったダウンロードの方法を紹介します。

▼練習用ファイルのダウンロードページ
https://book.impress.co.jp/books/1124101062

●練習用ファイルを使えるようにする

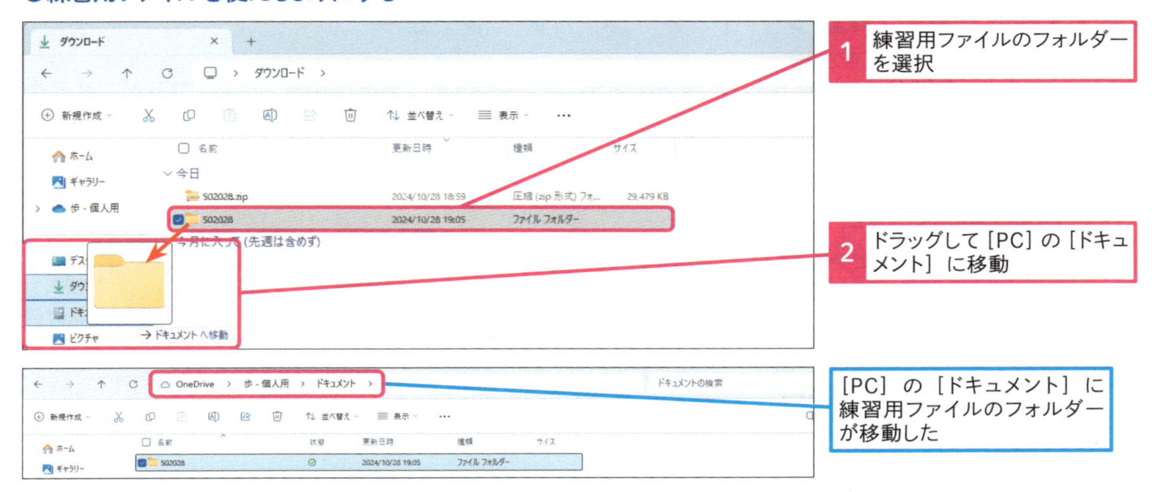

練習用ファイルの内容

練習用ファイルには章ごとにファイルが格納されており、ファイル先頭の「L」に続く数字がレッスン番号、次がレッスンのサブタイトル、最後の数字が手順番号を表します。レッスンによって、練習用ファイルがなかったり、1つだけになっていたりします。 手順実行後のファイルは、収録できるもののみ入っています。

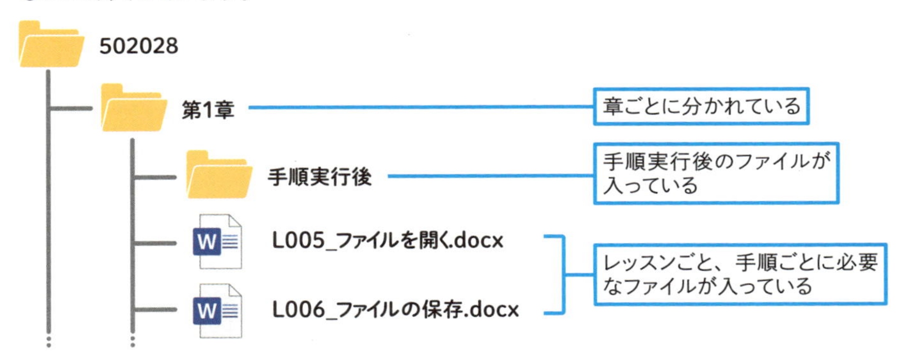

［保護ビュー］が表示された場合は

インターネットを経由してダウンロードしたファイルを開くと、保護ビューで表示されます。ウイルスやスパイウェアなど、セキュリティ上問題があるファイルをすぐに開いてしまわないようにするためです。ファイルの入手時に配布元をよく確認して、安全と判断できた場合は［編集を有効にする］ボタンをクリックしてください。

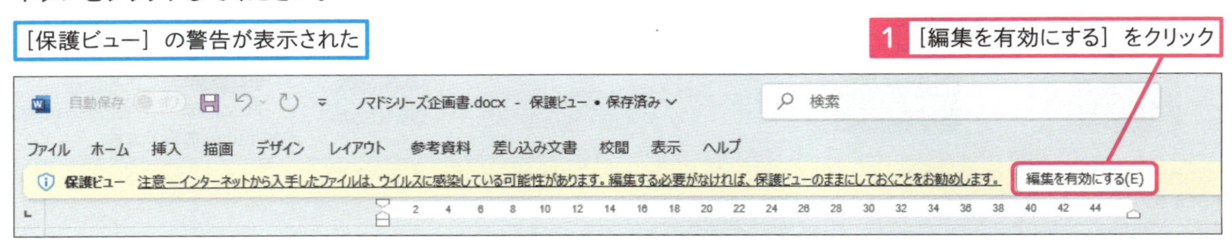

Office製品ラインアップ表

Microsoft Officeの各製品のラインアップは以下のようになっています。本書で扱っているアプリがお手元のパソコンにインストールされているか確認しましょう。

Office Home 2024

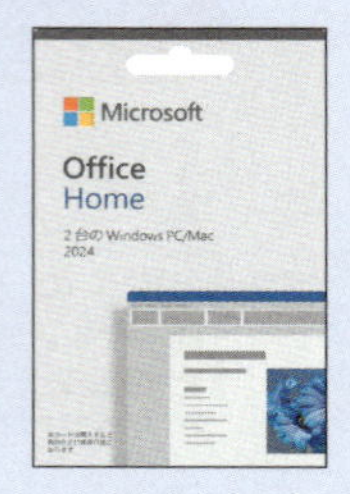

永続版／1ユーザー
2台までインストール可能
Windows 10 または
Windows 11、macOS:最新の3つのバージョンが対象

価格：34,480円

Word

Excel

PowerPoint

Office Home & Business 2024

永続版／1ユーザー
2台までインストール可能
Windows 10 または
Windows 11、macOS:最新の3つのバージョンが対象

価格：43,980円

Word

Excel

PowerPoint

Outlook

Microsoft 365 Personal

同一ユーザーが使用するすべてのデバイスで同時に5台まで利用可能
Windows 10 または
Windows 11、macOS:最新の3つのバージョン、タブレット、スマートフォン

価格：14,900円／年
または1,490円／月
*ダウンロード版のみ

Word

Excel

PowerPoint

Outlook

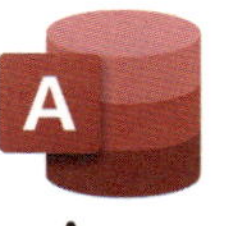
Access

他にもTeams、Publisher（Windowsのみ）含む

Microsoft 365 Family

同一ユーザーが使用するすべてのデバイスで同時に5台まで利用可能
Windows 10 または
Windows 11、macOS:最新の3つのバージョン、タブレット、スマートフォン

価格：21,000円／年
または2,100円／月
*ダウンロード版のみ

Word

Excel

PowerPoint

Outlook

Access
（Windowsのみ）

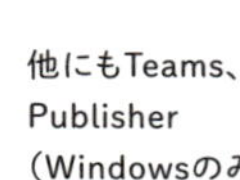
他にもTeams、Publisher（Windowsのみ）含む

※価格などの情報は2024年10月現在のものです。表記は税込みの金額です。ダウンロード版とPOSA版の価格は同じですが、販売店によって表記が異なる場合があります。
なお、Microsoft 365の各プランについては、POSA版は年間プランのみ対応しています。

OneDrive プラン一覧

Microsoft OneDriveはプランを変更することで使用可能な容量が増えます。また、Microsoft 365を契約するとメールボックスの容量なども増えます。以下の表で確認しましょう。

種類	Microsoft 365	Microsoft 365 Basic	Microsoft 365 Personal	Microsoft 365 Family
料金	無料	2,440円／年 または260円／月	14,900円／年 または1,490円／月	21,000円／年 または2,100円／月
クラウドストレージの容量	5GB	100GB	1TB	1TB　*1人あたり
メールボックスの容量	15GB	50GB	50GB	50GB
利用可能人数	1人	1人	1人	最大6人
利用可能なアプリ	OneDrive、Outlook.comメールと予定表、Web用のWordなど	OneDrive、Outlook、Web用のWordなど	Microsoft 365 Personal（左表）のアプリケーションなど	Microsoft 365 Family（左表）のアプリケーションなど
備考		OneDriveのファイルと写真をランサムウェアから保護、Microsoftサポートエキスパート利用可能	OneDriveのファイルと写真をランサムウェアから保護、Microsoftサポートエキスパート、Microsoft Defender利用可能	OneDriveのファイルと写真をランサムウェアから保護、Microsoftサポートエキスパート、Microsoft Defender利用可能

※価格などの情報は 2024 年 10 月現在のものです。表記は税込みの金額です。

主なキーの使い方

＊下はノートパソコンの例です。機種によってキーの配列や種類、印字などが異なる場合があります。

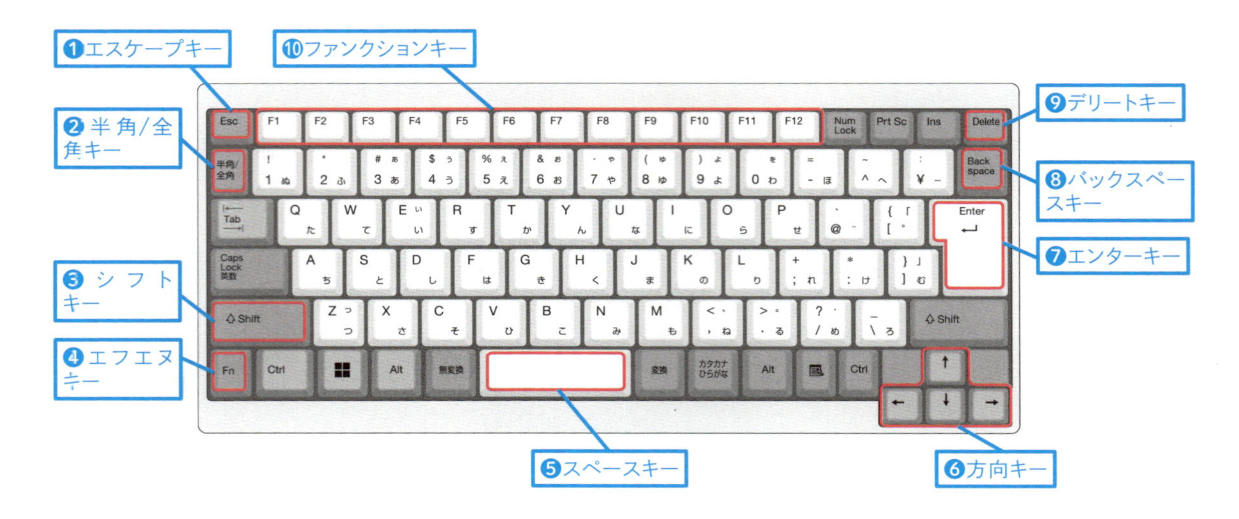

キーの名前	役割
❶エスケープキー Esc	操作を取り消す
❷半角/全角キー 半角/全角	日本語入力モードと半角英数モードを切り替える
❸シフトキー Shift	英字を大文字で入力する際に、英字キーと同時に押して使う
❹エフエヌキー Fn	数字キーまたはファンクションキーと同時に押して使う
❺スペースキー space	空白を入力する。日本語入力時は文字の変換候補を表示する
❻方向キー ←→↑↓	カーソルキーを移動する
❼エンターキー Enter	改行を入力する。文字の変換中は文字を確定する
❽バックスペースキー Back space	カーソルの左側の文字や、選択した図形などを削除する
❾デリートキー Delete	カーソルの右側の文字や、選択した図形などを削除する
❿ファンクションキー F1 から F12	アプリごとに割り当てられた機能を実行する

スキルアップ

ショートカットキーを使うには

複数のキーを組み合わせて押すことで、アプリごとに特定の操作を実行できます。本書では Ctrl + S のように表記しています。

● Ctrl + S を実行する場合

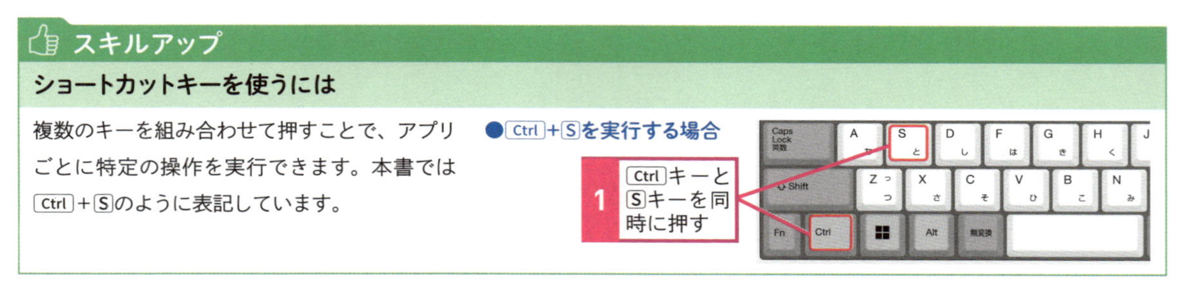

目次

基本編

第4章 文章を効率よく編集する 89

基本編

第5章 文書に表を入れる 103

第6章 デザインを工夫して印刷する 127

活用編

第8章 レイアウトに凝った文章を作るには 167

本書の構成

本書は手順を1つずつ学べる「基本編」、便利な操作をバリエーション豊かに揃えた「活用編」の2部で、Wordの基礎から応用まで無理なく身に付くように構成されています。

基本編
第1章～第6章

基本的な操作方法から、文字の装飾や図形の挿入、印刷方法などWordの基本についてひと通り解説します。最初から続けて読むことで、Wordの操作がよく身に付きます。

活用編
第7章～第13章

生成AIのCopilotの活用やルーラーを使った文字調整、マクロを使った自動処理など、便利な機能を紹介します。興味のある部分を拾い読みして、サンプルを操作することで学びが深まります。

用語集・索引

重要なキーワードを解説した用語集、知りたいことから調べられる索引などを収録。基本編、活用編と連動させることで、Wordについての理解がさらに深まります。

登場人物紹介

Wordを皆さんと一緒に学ぶ生徒と先生を紹介します。各章の冒頭にある「イントロダクション」、最後にある「この章のまとめ」で登場します。それぞれの章で学ぶ内容や、重要なポイントを説明していますので、ぜひご参照ください。

北島タクミ（きたじまたくみ）
元気が取り柄の若手社会人。うっかりミスが多いが、憎めない性格で周りの人がフォローしてくれる。好きなお菓子はポテトチップス。

南マヤ（みなみまや）
タクミの同期。しっかり者で周囲の信頼も厚い。タクミがミスをしたときは、おやつを条件にフォローする。好きなスイーツはマカロン。

Word博士
Wordのすべてを極め、その素晴らしさを優しく教えている先生。基本から活用まで幅広いWordの疑問に答える。好きなWordの機能はマクロ。

基本編

第1章

Word 2024の基礎を知ろう

この章では、Word 2024の起動や終了、作成した文書を開いたり保存したりするなど、基礎的な操作について解説します。はじめてWord 2024を使う人は、この章から読み始めてください。また、すでに古いバージョンのWordを使ってきた経験のある人も、新しい画面構成などの確認に、一読されることをお勧めします。

レッスン
01 Introduction この章で学ぶこと Word、ちゃんと使えてる?

Wordでは、簡単な文面から複雑なレイアウトまで、読みやすく表現力に富んだ文書を作成できます。見積書や送り状といったビジネス文書から、ニュースレターやカタログなど装飾性の高いデザインも、Wordの機能を学ぶことで、自由自在に編集できるようになります。

Wordなんて楽勝だけど

Word？　いつも使ってるし、特に問題ないと思うけどなー。

えええー?　この前の書類、ミスだらけで何度も再提出したじゃない!

ははは、それはもったいない!　Wordはただのワープロソフトではなくて、いろいろ機能があるんだよ。

Wordで文書を正確に作成できる

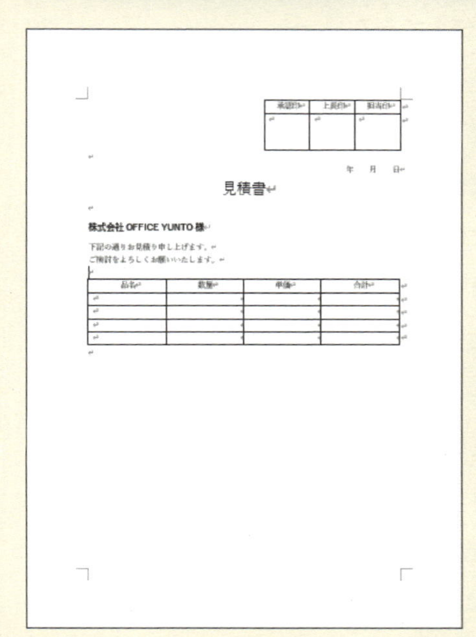

承認印	上長印	担当印

年　月　日

見積書

株式会社 OFFICE YUNTO 様

下記の通りお見積り申し上げます。
ご検討をよろしくお願いいたします。

品名	数量	単価	合計

例えば「見積書」「請求書」といったビジネス文書。会社名や数字を手でひとつひとつ入力しがちだけど、自動化してミスを防ぐことができるんだ。

えっ!　自動でできるんですか!?

それできたらすごく便利です!

もちろん多彩な表現も可能

さらにWordは、いろいろな文書を作成することもできるよ。レポートやフリーペーパー、ニュースレターなんかも簡単に作れて、しかもテンプレートにできるんだ。

仕事以外にもいろいろ使えるんですね！

この章ではWordの画面構成や使い方といった基本的なことを学ぶよ。Office 2024になってかなり変わった部分もあるから、しっかり確認しよう。

スキルアップ

アカウントを確認するには

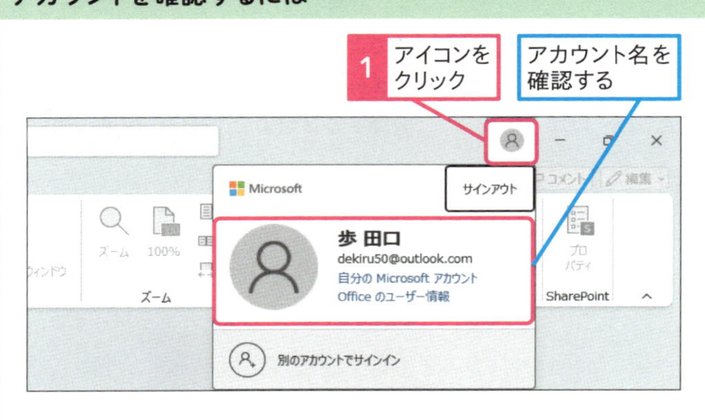

Officeをセットアップするときに、［サインインしてOfficeを設定する］で登録したMicrosoftアカウントが、Wordの利用者として、ウィンドウの右上に表示されます。Microsoft アカウントは、無料で取得できるアカウントで、登録するとWebベースのメール サービスや、Web用Officeに、クラウドストレージのOneDriveなどが使えるようになります。第11章で解説するクラウドの活用でも、Microsoftアカウントが必要になるので、取得することをお勧めします。

レッスン

02 Wordとは

Wordの特徴

練習用ファイル　なし

Wordは、世界中で広く使われている文書作成ソフトです。Wordは、白紙の紙に見立てた編集画面に入力した文字や図形や画像を入力して、自由にレイアウトして文書作成できます。編集画面は、実際に印刷される紙面のイメージに近い表示になっているので、パソコンの画面を見ながらマウスやタッチパッドで、読みやすく伝わりやすい文書を編集できます。

文書作成ソフトとは

Wordの文書作成では、文字や図形に画像を入力して、カラフルな装飾や凝ったデザインを設定できるので、雑誌の紙面やカタログのような文書も作成できます。また、長文の入力にも対応しているので、論文やレポートなど文字量の多い文書の作成にも適しています。

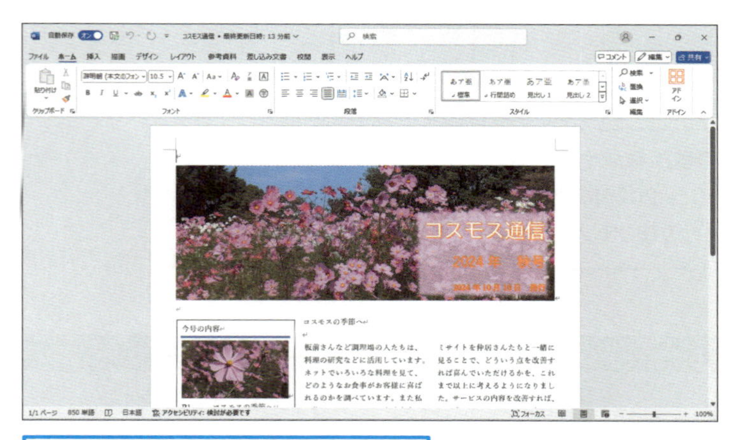

文書作成の定番ソフトとして、ビジネスをはじめ幅広く使われている

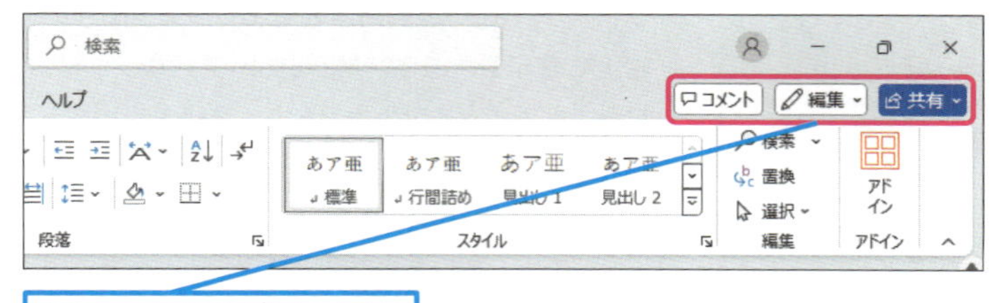

Office 2019以降ファイルの共有機能が強化されている

キーワード

Microsoft 365	P.340
図形	P.342

使いこなしのヒント

文字や図形や画像は流し込むイメージ

Officeを構成する3大ソフトの一つがWordです。Wordは、白紙の画面に文字や図形などを連続して流し込んでいくように入力して、文書を構成していきます。それに対して、Excelはマス目に文字や数字を並べていきます。PowerPointでは、スライドに文字とオブジェクトを置いていくようにして、プレゼンテーションを作ります。それぞれのOfficeソフトには、それぞれの特徴があるので、作りたいドキュメントの目的に合わせて、使い分けるといいでしょう。

使いこなしのヒント

幅広い文書を作成できる

Wordで作成できる文書は、一般的なビジネス文書をはじめとして、カタログやチラシのようなレイアウトに凝った文書から、ニュースレターやプレスリリースのような公開する書類まで、幅広い用途に適しています。
また、Wordで作成した文書は、プリンターで印刷できるだけではなく、PDFなどの電子ドキュメントとしても保存できるので、業務のペーパーレス化にも貢献します。

ビジネス文書が作れる

Wordの罫線や表の計算機能を活用すると、文例の請求書のようなビジネス文書が作れます。また、一度作成したビジネス文書は、宛先や内容を変更するだけで再利用できるので、業務の効率化にもつながります。

品名	数量	単価	合計
モバイルディスプレイ	5	18,000	
モバイルバッテリー	10	2,200	
小型キーボード	15	2,850	
	出精値引き		
	小計		
	消費税		
	合計		

入力規制や数式などを組み込むことで、一部を自動化した文書ファイルを作成できる

自由なレイアウトの印刷物が作れる

Wordの編集画面には、写真や図形を自由にレイアウトできるので、カラフルで装飾性に富んだ印刷物も作成できます。また、文字の装飾も充実しているので、凝ったタイトルや見栄えのする文章も編集できます。

写真やイラストなどを自由に配置した印刷物を作成できる

文書作成を効率化できる

パソコンで文書を作成するメリットは、再利用にあります。手書きの文書では、類似した書類であっても、一から書き起こさなければなりません。しかし、Wordで作成し保存した文書は、何度でも繰り返し再利用できます。その結果、文書作成が効率化されて業務の生産性も向上します。

使いこなしのヒント

作りたい文例を集めよう

Wordで多彩な文書を編集するためには、最初にひな型となる文例を集めておくといいでしょう。ニュースレターやチラシをはじめ、ビジネス文書や手順書などの文書は、印刷物として職場や身の回りにあるでしょう。また、インターネットの検索を活用すれば、数多くの文例を探し出せます。そうした文例を参考に、Wordの編集機能を覚えていくことで、類似したデザインを作り出せるようになり、将来的にはオリジナルのレイアウトも自由自在に作成できます。

使いこなしのヒント

Word 2024のテクニックはMicrosoft 365版や古いWordでも有効

本書で解説している画面や操作方法は、Word 2024を対象にしていますが、基本的な使い方や後半の活用編で紹介しているテクニックなどは、Microsoft 365版のWordでも有効です。また、Word 2019や2016など、以前のバージョンでも多くの機能が使えます。古いWordを使っている人も、本書のレッスンを通して、新しい活用スキルを習得できます。

まとめ 作りたい文書という目的は上達の近道

Wordの使い方を覚えていく上で、「こんな文書を作りたい」という目的は、上達のための最大の近道です。作りたい文書に必要な機能を優先的に習得していくことで、短期間に実践的なWordの使い方を学習できます。また、すでに仕事で使っている文書をWordで作ることで、実践的な文書作りと業務の効率化が実現できます。

レッスン

03 Wordを起動／終了するには

Wordの起動・終了

練習用ファイル なし

Wordを使うためには、最初に「起動」します。また、使い終わったときには「終了」します。起動と終了は、Wordのような Windowsのアプリを使うための基本操作です。デスクトップを机に例えるならば、「起動」は白紙の紙を広げるような作業になります。

1 Wordを起動するには

1 ［スタート］をクリック

2 ［Word］をクリック

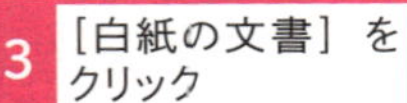

スタート画面が表示された

3 ［白紙の文書］をクリック

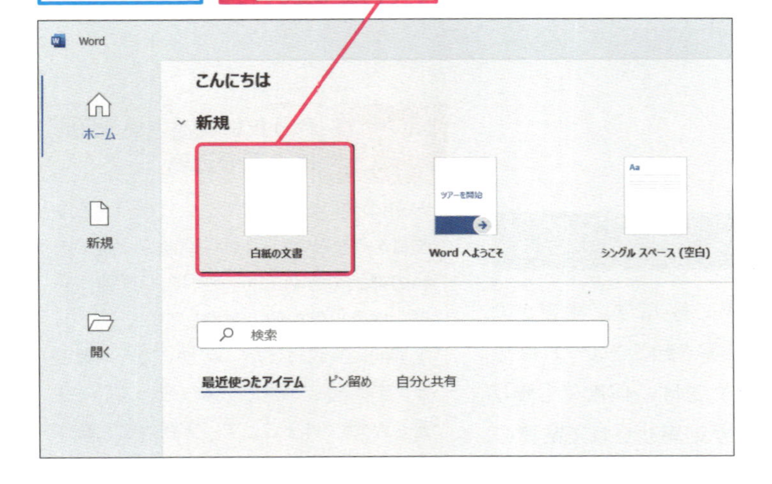

キーワード

アイコン	P.340
タスクバー	P.343

使いこなしのヒント

［スタート］メニューに Wordが見つからないときには

Windowsの［スタート］メニューを開いてもWordのアイコンが見つからないときは、［すべてのアプリ］をクリックして、起動できるアプリの一覧を表示します。その一覧の中から、Wordの項目を探してクリックして起動します。

ショートカットキー

［スタート］メニューの表示
［⊞］／［Ctrl］+［Esc］

用語解説

スタート画面

Wordを起動した直後に表示されるスタート画面には、これから作成する文書の種類を選んだり、すでに作成した文書を開いたりなど、最初に行う操作を選ぶ内容が表示されます。Wordを使い込んでいくと、スタート画面の下の方には、過去に編集した文書が表示されるようになります。

● 白紙の文書が表示された

文書の編集が可能になった

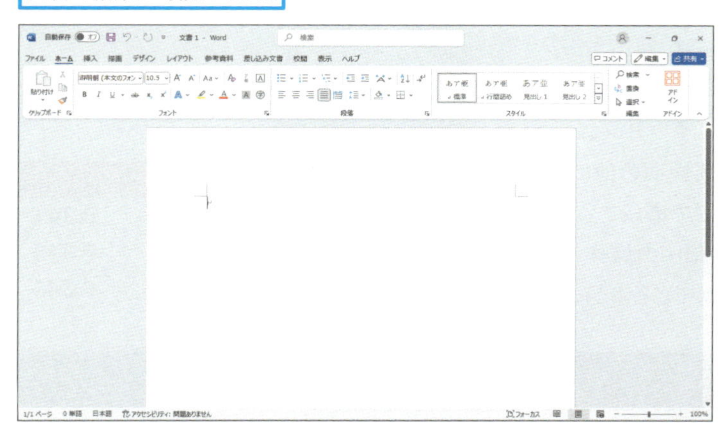

2 Wordを終了するには

ここではファイルを保存せずに終了する

1 ［閉じる］をクリック

Wordが終了する

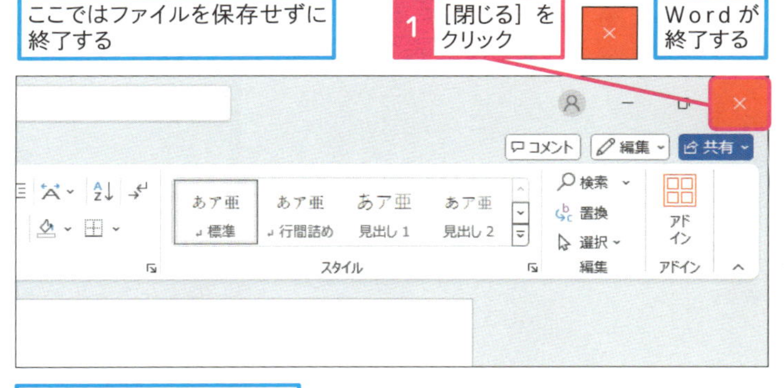

Wordが終了して、デスクトップが表示された

使いこなしのヒント

全画面表示で編集画面を広く使う

Wordのウィンドウの右上にある［全画面表示］をクリックすると、Windowsのデスクトップ全体にWordの編集画面が表示されます。Wordを使い慣れないうちは、できるだけ広い画面で確認した方が、より多くの情報を一望できるので、操作が容易になります。

時短ワザ

Wordを素早く起動するには

タスクバーにWordをピン留めしておくと、素早く起動できます。Wordをよく使うのであれば、登録しておくと便利です。

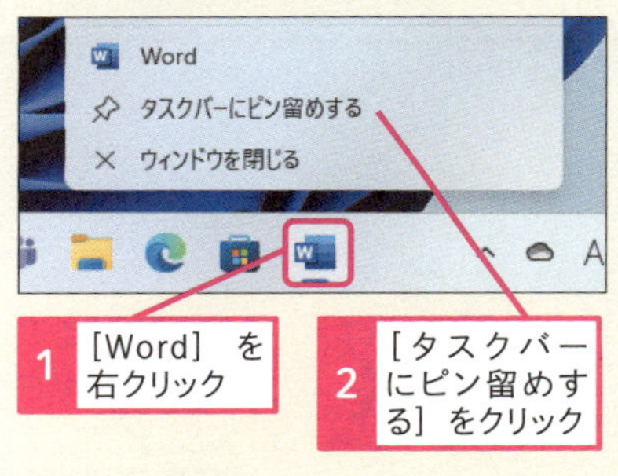

1 ［Word］を右クリック

2 ［タスクバーにピン留めする］をクリック

ショートカットキー

アプリの終了 Alt + F4

まとめ

起動したアプリは使い終わったら終了する

Wordを起動すると、パソコンのメモリが消費されます。複数のアプリを起動すると、それだけ多くのメモリが消費されます。メモリが多く消費されると、パソコンの動作が遅くなることがあります。そのため、使い終わったアプリは終了して、消費したメモリを解放しておきましょう。

レッスン 04

Wordの画面構成を確認しよう

各部の名称、役割

練習用ファイル なし

Wordの画面は、文字や画像を入力する編集画面の他に、機能を選ぶリボンや各種の情報を表示するバーなどで構成されています。それぞれの表示の意味を理解しておくと、Wordの操作で迷ったときに、どこを見て選べばいいのか、容易に判断できるようになります。

キーワード

共有	P.341
リボン	P.345
ルーラー	P.345

Word 2024の画面構成

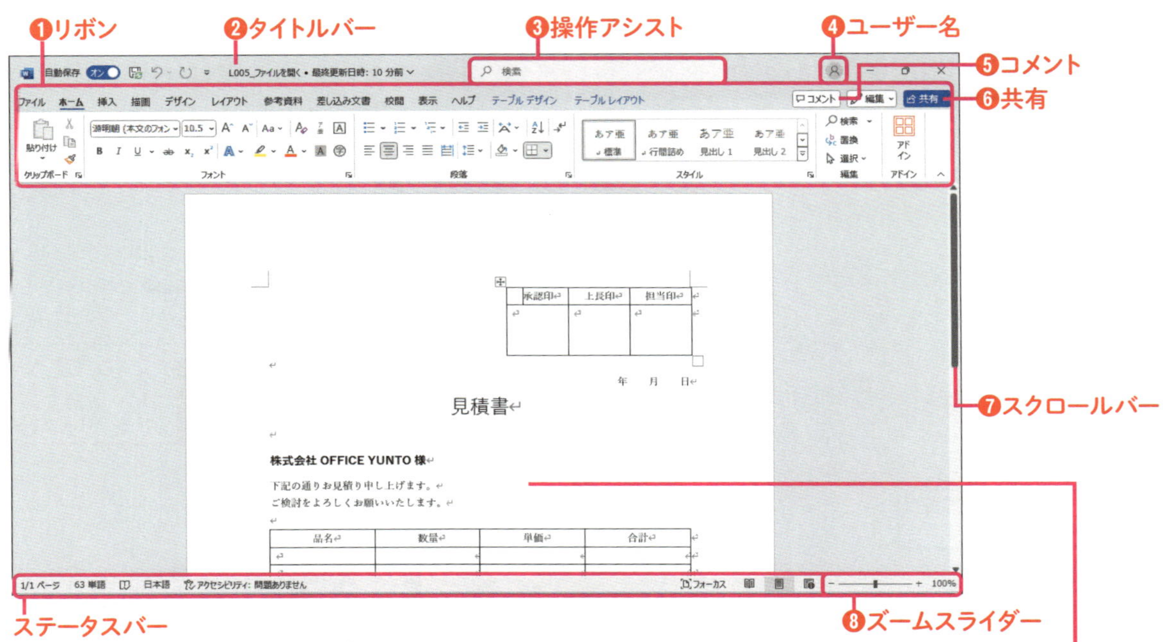

ステータスバー

ステータスバーには、左側に編集しているページ数や入力されている単語数など、文書に関する情報が表示されます。また、右側には拡大や縮小に表示モードを選択するアイコンが並びます。

編集画面

文書作成のための文章を入力する部分です。文字のほかに、画像や図形にグラフなど、さまざまなデータを入力できます。

❶リボン

編集機能を選ぶアイコンが表示されています。ここから機能に合わせたアイコンをクリックして、編集を行います。

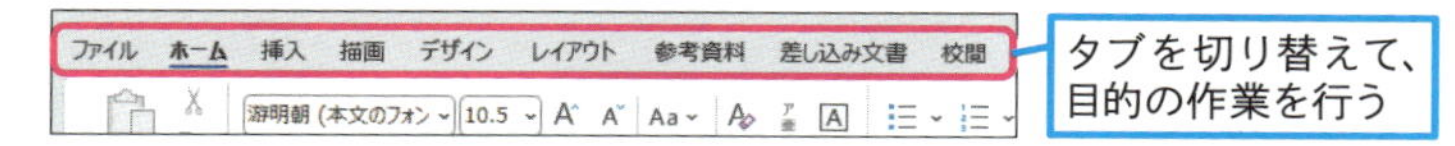

❷タイトルバー

編集している文書名やウィンドウの表示方法や終了などの操作に関するボタンが並びます。

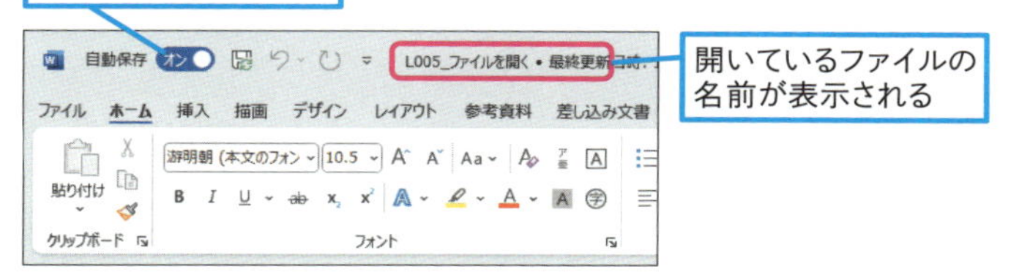

❸操作アシスト

操作方法を検索して実行する機能です。例えば、印刷と入力すると、印刷関連の機能が表示されます。

❹ユーザー名

Wordを使っているユーザー名（Microsoftアカウントなど）が表示されます。

❺コメント

文章に挿入したコメントを確認する［コメント］ウィンドウを開きます。

❻共有

OneDriveを活用してクラウド経由で他の人と文書を共有する機能です。

❼スクロールバー

パソコンの画面に表示し切れない文書の内容を表示するために、編集画面を上下に移動するための操作バーです。

❽ズームスライダー

編集画面の拡大や縮小をマウスで操作するスライダーです。

使いこなしのヒント

リボンは切り替えて使う

Wordで使える編集機能のすべては、リボンに集約されています。リボンは、使える機能によって、［ホーム］や［挿入］などに分かれています。それぞれの項目を選ぶと、リボンの表示内容が変わります。リボンの詳しい使い方は、レッスン07で解説します。

使いこなしのヒント

リボンの表示は画面の解像度によって変わる

リボンに表示されるアイコンの情報は、Wordのウィンドウの広さに左右されます。ウィンドウの幅が狭いと、リボンの内容の一部は隠れてしまいます。リボンの内容をすべて確認したいときには、できるだけ画面の解像度が高いパソコンで、ウィンドウの幅を広く表示するようにしましょう。

ここに注意

お使いのパソコンの画面の解像度が違うときは、リボンの表示やウィンドウの大きさが異なります。

まとめ

リボンと編集画面の使い方からはじめる

Wordの文書作成では、主に編集画面とリボンを利用します。編集画面には、文字や図形などを入力し、リボンから必要な編集機能を選んで操作します。リボンには、［ホーム］や［挿入］に［デザイン］など、編集するための機能に合わせた項目が並んでいます。使い始めは、リボンと編集画面に集中して、慣れてきたら他の箇所に表示される情報なども確かめていくといいでしょう。

レッスン
05 ファイルを開くには

ファイルを開く　練習用ファイル L005_ファイルを開く.docx

Wordで作成した文書は、ファイルというデータの集まりとして、Windowsに保管されます。すでに作成されたWordのファイルは、［開く］を使って内容を確認したり編集したりできます。ただし、作成者が不確かなファイルを［開く］ときには、注意が必要です。

1 Wordからファイルを開く

Wordを起動しておく

1 ［開く］をクリック

2 ［参照］をクリック

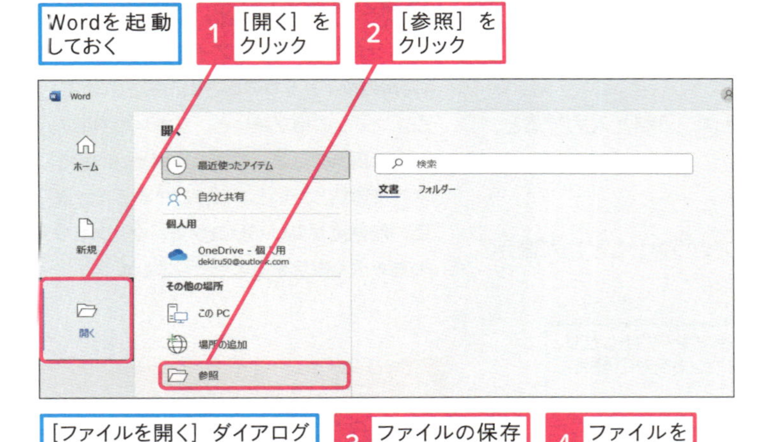

［ファイルを開く］ダイアログボックスが表示された

3 ファイルの保存場所を選択

4 ファイルをクリック

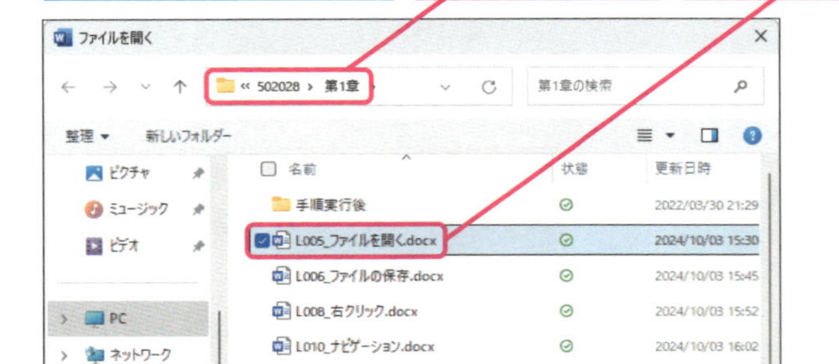

5 ［開く］をクリック

選択したファイルが開く

キーワード

ダイアログボックス	P.343
ファイル	P.344

ダイアログボックス P.343
ファイル P.344

ショートカットキー

ファイルを開く　Ctrl + O

使いこなしのヒント

作業中にファイルを開くには

すでにWordで文書を編集しているときに、別のファイルを開いて使いたいときには、［ファイル］を使って、スタート画面と同じ操作で開けます。

1 ［ファイル］タブをクリック

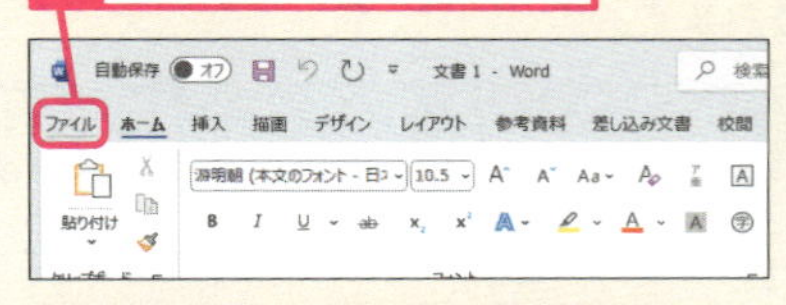

2 ［開く］をクリック

3 ［参照］をクリック

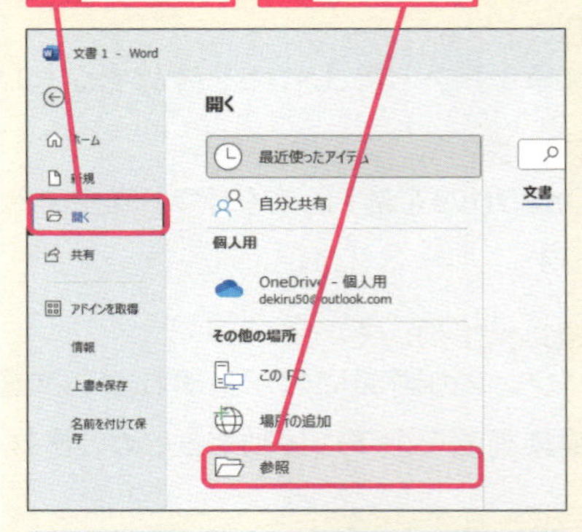

表示された［ファイルを開く］ダイアログボックスで、開くファイルを選択する

2 アイコンからファイルを開く

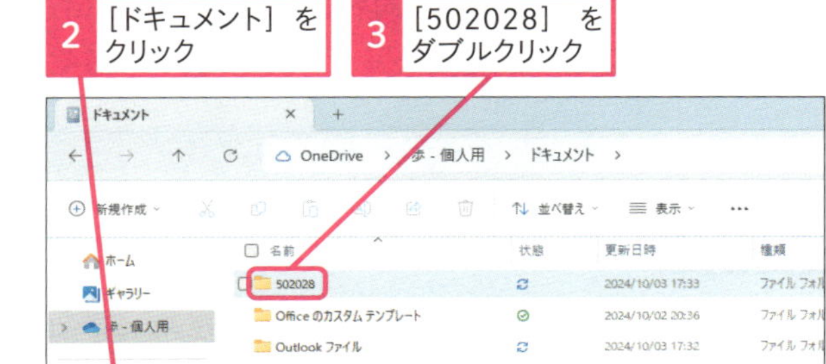

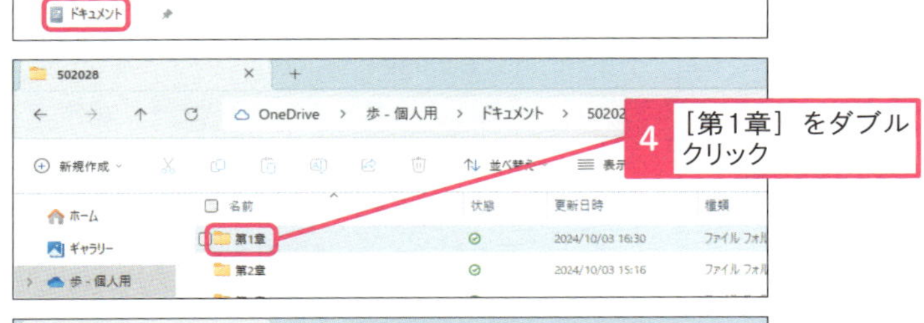

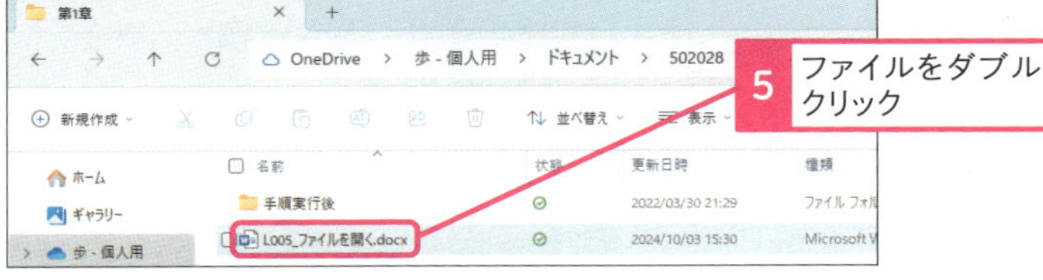

Wordが起動して、選択した
ファイルが開いた

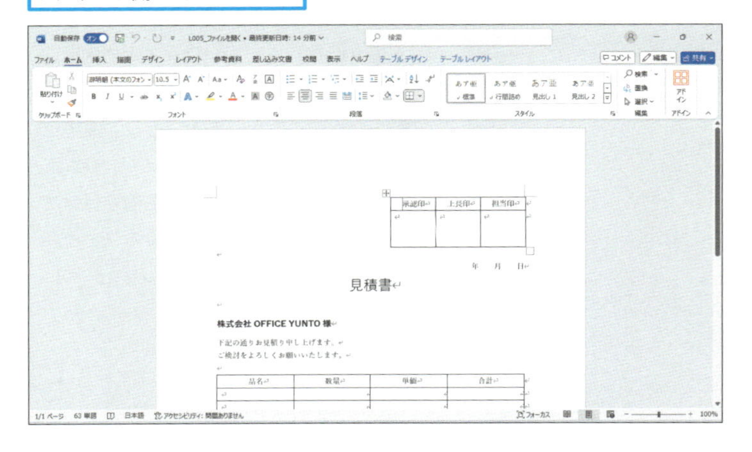

ショートカットキー

エクスプローラーの起動　⊞+E

使いこなしのヒント

［保護ビュー］という表示で開かれたときには

インターネットからダウンロードしたファイルをWordで開くと［保護ビュー］という黄色いバーが表示されます。［保護ビュー］は、ファイルの安全性が確認できないときに、ウイルスやマルウェアへの感染を予防する機能です。［保護ビュー］の状態でも、文書の内容は確認できるので、信頼できる内容の文書であれば［編集を有効にする］をクリックして、編集できる状態に戻します。

まとめ　ファイルを［開く］ときは文書の安全性に配慮する

ファイルを［開く］とパソコンに保存されている文書が編集画面に表示されます。このときに、文字や画像などの情報だけではなく、［マクロ］と呼ばれる自動的に実行される命令も同時に処理されます。この［マクロ］の中に、ウイルスやマルウェアが仕込まれている被害が多発しています。信頼できる人から送られたファイル以外を開くときには、注意しましょう。作成者が不明なファイルはできるだけ開かないようにするか、［保護ビュー］で確認しましょう。

レッスン

06 ファイルを保存するには

ファイルの保存

練習用ファイル L006_ファイルの保存.docx

Wordで作成した文書は、ファイルとしてパソコンに保存します。保存されたファイルは、［開く］で編集画面に表示して、内容を確認したり編集したりできます。また、保存するときのファイル名を変更すると、元のファイルを残したままで、新しいファイルとして保存できます。

1 ファイルを上書き保存する

1 ［ファイル］タブをクリック

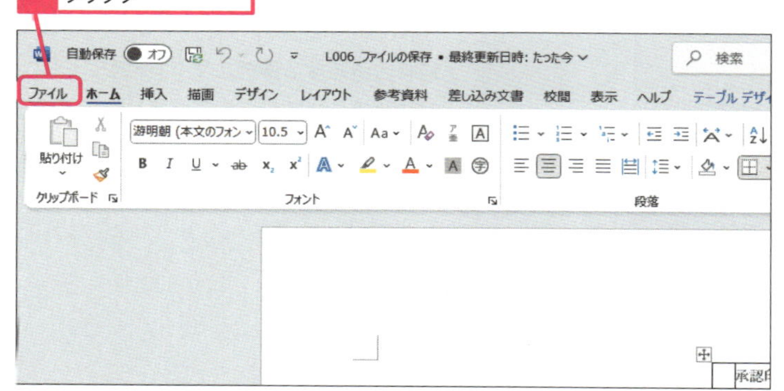

2 ［上書き保存］をクリック

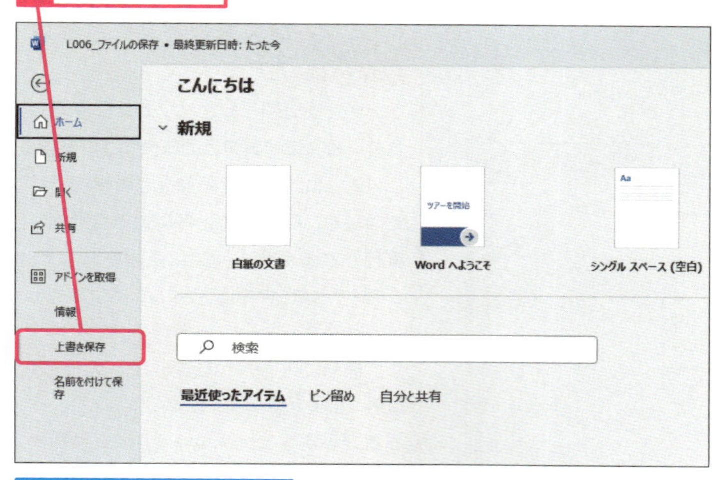

同じ保存場所で、ファイルが上書き保存される

キーワード

上書き保存	P.341
名前を付けて保存	P.344
ファイル	P.344

ショートカットキー

上書き保存 Ctrl + S

使いこなしのヒント

［上書き保存］と［名前を付けて保存］の違いを知ろう

［上書き保存］は、新しいファイルとして作成した文書を保存するときや、編集するために開いたファイルを更新したいときに利用します。上書き保存を実行すると、過去のファイルは更新されてしまいます。もし、元のファイルも残しておきたいときは、［名前を付けて保存］を使って、別のファイル名で保存します。

使いこなしのヒント

編集したファイルの上書き保存は慎重に

［上書き保存］は、古いファイルの内容を更新してしまうので、実行すると過去の文書が失われてしまいます。もし、確実に元のファイルを残しておきたいときには、ファイルを開いた直後に、［名前を付けて保存］を実行して、別の名前のファイルとして保存しておくといいでしょう。

2 ファイルに名前を付けて保存する

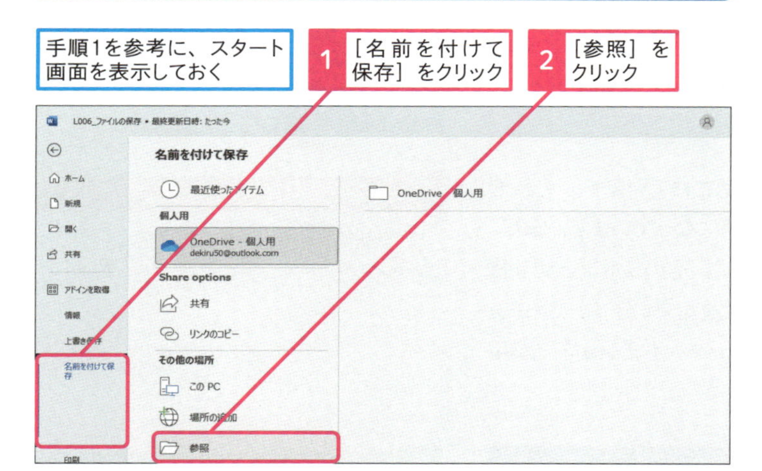

3 ファイルの自動保存を有効にする

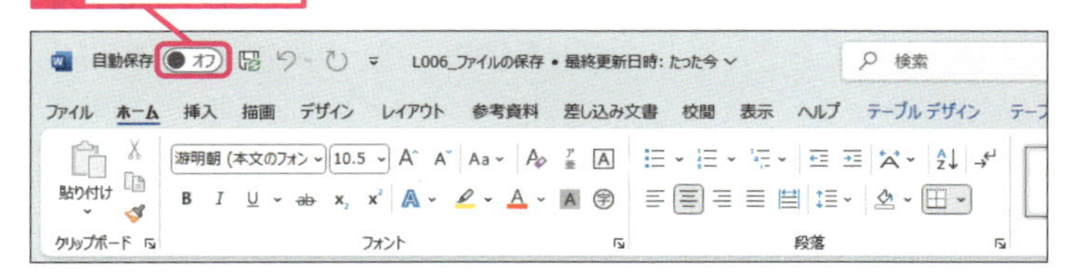

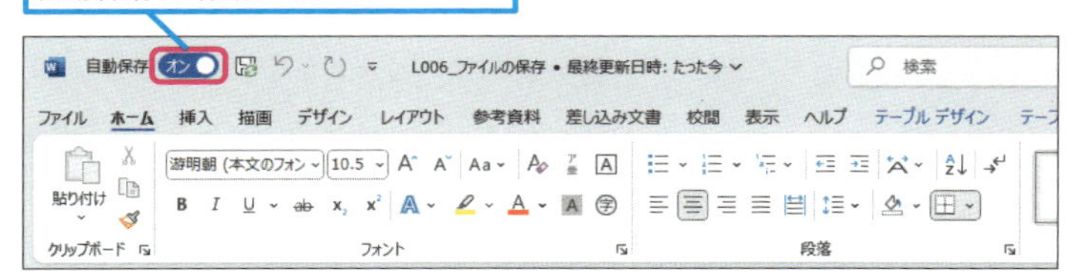

ショートカットキー

名前を付けて保存　F12

使いこなしのヒント

ファイル名に使用できない文字がある

ファイル名には、以下の半角記号は利用できません。

¥　/　:　*　?　”　<　>　|

これらの記号は、Windowsが特殊な目的に利用しているので、ファイル名としては認識されないためです。

使いこなしのヒント

どのタイミングで自動保存されるの？

Wordの自動保存は、標準の設定では5分ごとに実行されます。もし、間隔を調整したいときは、Wordのオプションの［保存］から分単位で変更します。

まとめ　文書はファイルとして保存して残す

Wordで作成した文書は、ファイルとして名前を付けて保存して、パソコンの中に残します。保存しないでWordを終了してしまうと、作成した文書も失われてしまいます。ファイルとして保存されたWordの文書は、Windowsのエクスプローラーでアイコンとして表示されます。このアイコンをマウスでダブルクリックすれば、その文書をWordで編集できます。

レッスン

07 タブやリボンの表示・非表示を切り替えよう

タブやリボンの表示・非表示

練習用ファイル　なし

Wordの編集は、リボンにアイコンとして表示されています。それぞれのアイコンは、編集機能を連想させる絵柄になっています。また、リボンは目的ごとに機能がまとめられています。そのリボンを切り替えるために、[ホーム] や [挿入] などのタブが並んでいます。さらに、Wordの各種設定を切り替えるために、[Wordのオプション] が用意されています。

1 タブを切り替える

ここでは [ホーム] タブから [校閲] タブに切り替える

1 [校閲] タブをクリック

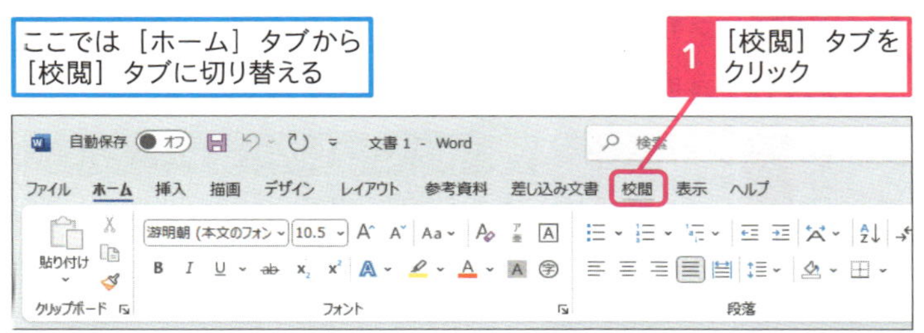

リボンが切り替わった

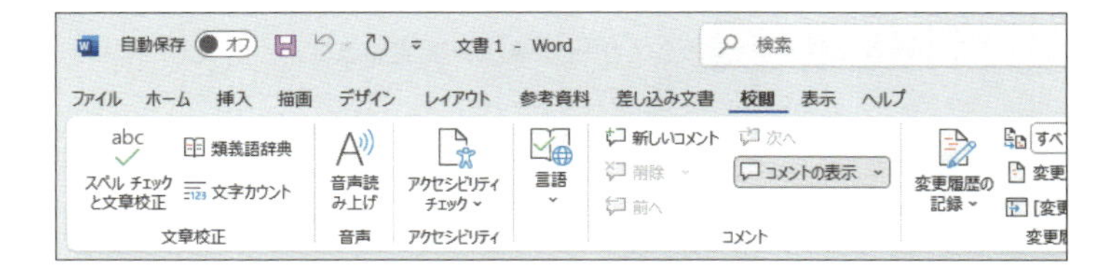

2 リボンを非表示にする

1 タブをダブルクリック

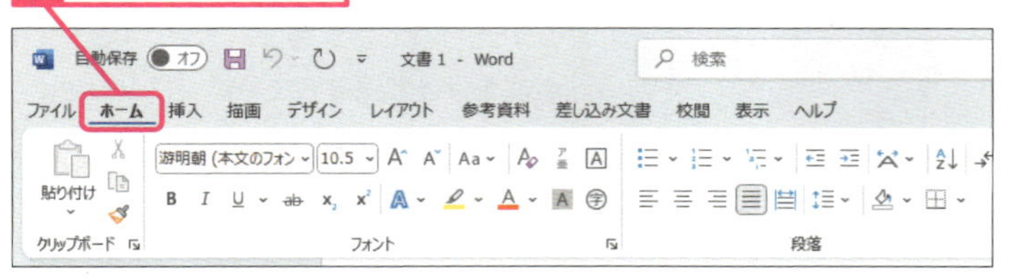

リボンが非表示になった

キーワード

[Wordのオプション]	P.340
リボン	P.345

使いこなしのヒント

すべての機能を覚える必要はない

Wordで使える編集機能は、リボンに集約されています。しかし、はじめからリボンの内容を完全に覚える必要はありません。中には、まったく使わない機能もあります。必要な機能を優先して覚えていくだけで、十分にWordを使いこなせるようになります。

使いこなしのヒント

リボンの機能はマウスポインターを合わせて確かめる

Wordの文書作成では、主に編集画面とリボンを利用します。リボンには、[ホーム] や [挿入] に [デザイン] など、編集するための機能に合わせた項目が、タブとして並んでいます。それぞれの項目には、関連する機能がアイコンとして表示されています。アイコンのデザインは、編集機能を連想させる絵柄になっていますが、使い慣れないと分からない機能もあります。そのときには、アイコンにマウスを重ね合わせると、簡単なヒントが表示されます。

3 リボンを表示する

1 タブをダブルクリック

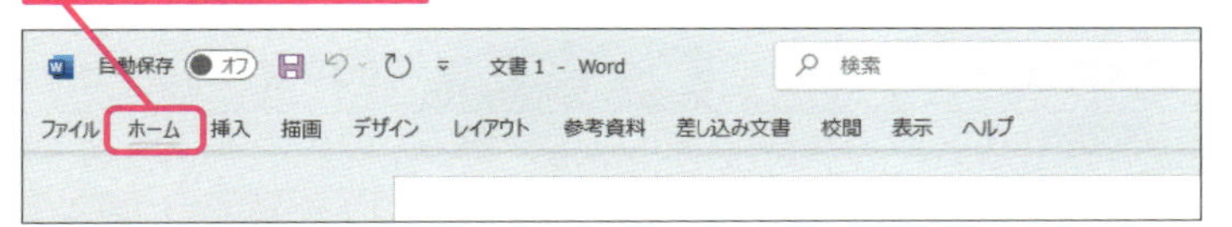

リボンが表示された

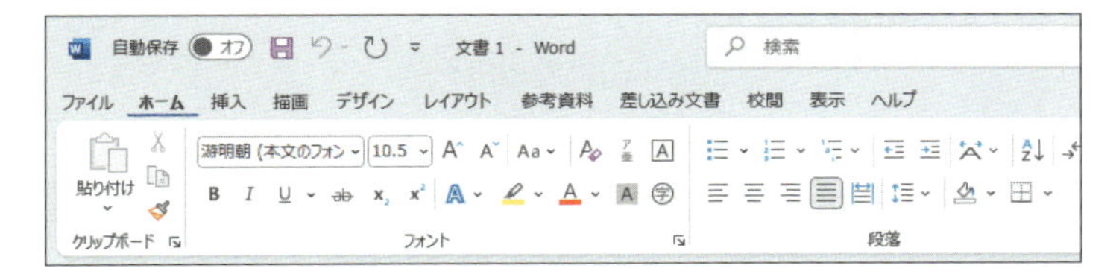

4 [Wordのオプション] を表示する

[ファイル] タブをクリックしておく

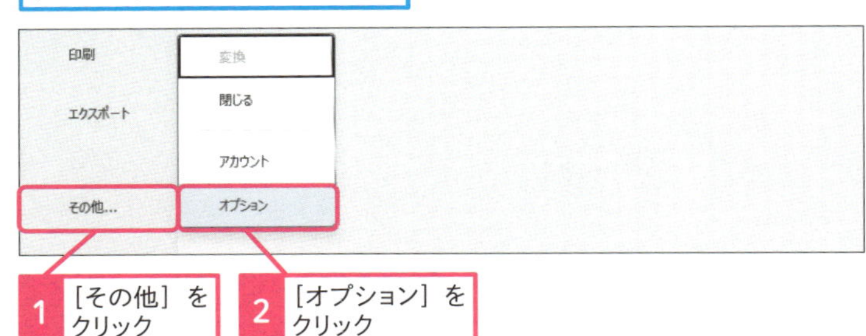

1 [その他] をクリック

2 [オプション] をクリック

[Wordのオプション] が表示された

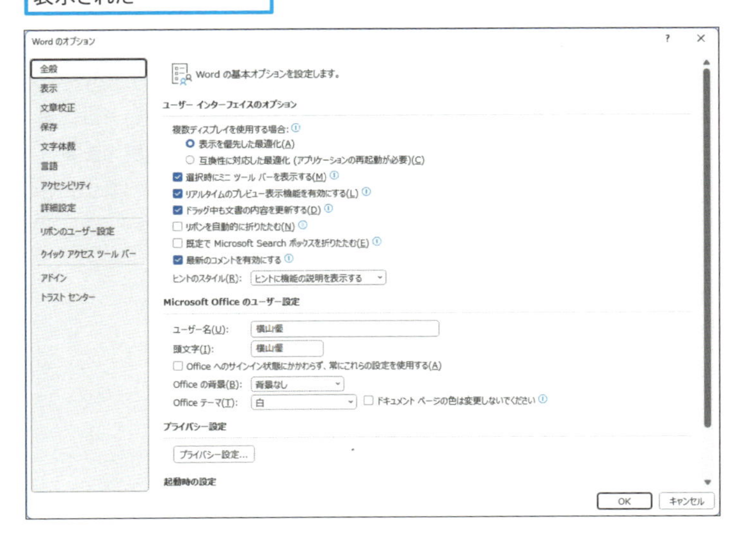

ショートカットキー

リボンの表示/非表示　Ctrl + F1

使いこなしのヒント

[Wordのオプション] って何?

[Wordのオプション] は、Wordに標準で設定されている各種機能のオン/オフを切り替えたり、ユーザー名の登録や自動保存の間隔などを調整したりするために用意されている設定画面です。通常は、標準設定のままで利用しますが、必要に応じて設定を変えることで、より使いやすくなります。

使いこなしのヒント

隠れたタブにも注意する

Wordのリボンは、最初に表示される種類の他にも、編集の目的に応じて表示されるタブがあります。特に、図形を描画したり、凝った装飾を施したりするときは、通常では表示されないタブを活用します。隠れたタブについては、具体的に必要になるときに、レッスンで紹介していきます。

まとめ　タブを先に覚えてリボンは機能から理解する

Wordの編集機能は、リボンに並んでいるアイコンを選んで実行します。その数はとても多いので、すべてを覚えるのは困難です。そこで、最初はどんなアイコンがどこのリボンにあるのか、それらを分類しているタブから覚えていきましょう。一般的な文書作成では、[ホーム] と [挿入] に [描画] など、主に左側に並んでいるタブをよく使います。タブの名称は、編集の目的に合わせて分類されています。そのため、必要な機能を探したいときには、まずはタブの分類から考えて、リボンを切り替えていくといいでしょう。

レッスン

08 ミニツールバーを使うには

ミニツールバー、右クリックメニュー　練習用ファイル　L008_右クリック.docx

マウスでテキストを選択すると現れる小さなリボンのような表示がミニツールバーです。ミニツールバーには、フォントの種類やサイズに装飾、テキストの配置や色にスタイル、検索やコメントの挿入などのツールが用意されています。

1 ミニツールバーを表示する

1 文字を選択

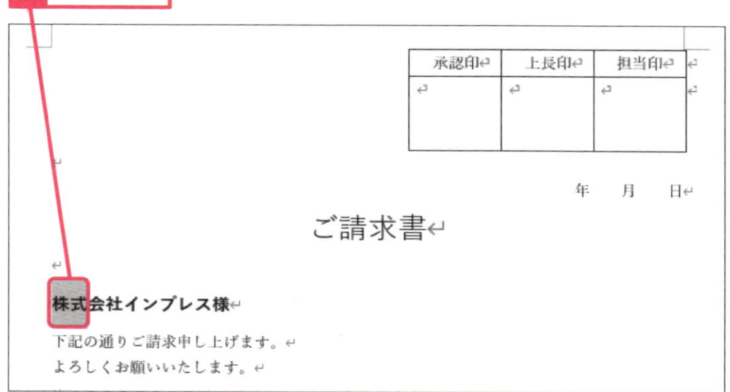

ミニツールバーが表示された

アイコンをクリックすると操作を実行できる

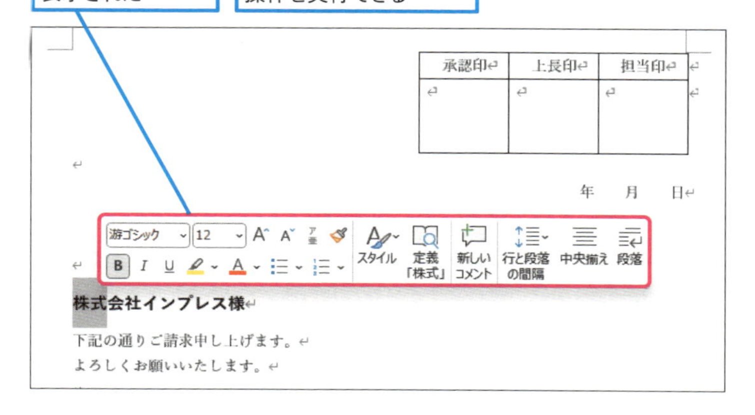

キーワード

使いこなしのヒント

ミニツールバーが消えてしまったら

ミニツールバーは、テキストを選択した直後に表示されますが、他の操作を行うと消えてしまいます。再びミニツールバーを表示したいときには、改めてテキストを選択し直します。

使いこなしのヒント

ミニツールバーでBing検索するには

ミニツールバーにある［定義］では、選択したテキストを対象にBing検索を実行します。単語の意味などを調べたいときに使うと便利です。

2 右クリックメニューを表示する

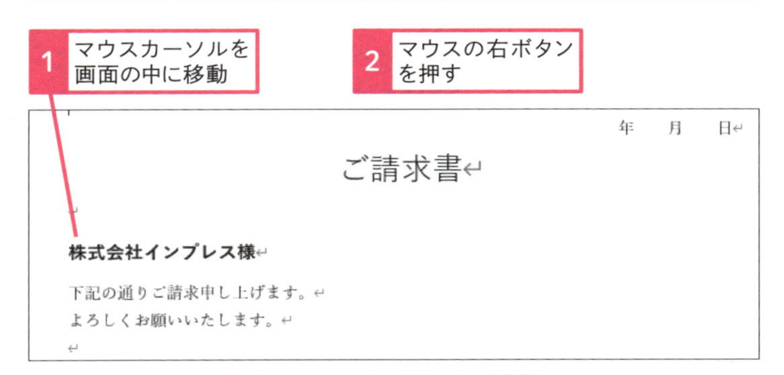

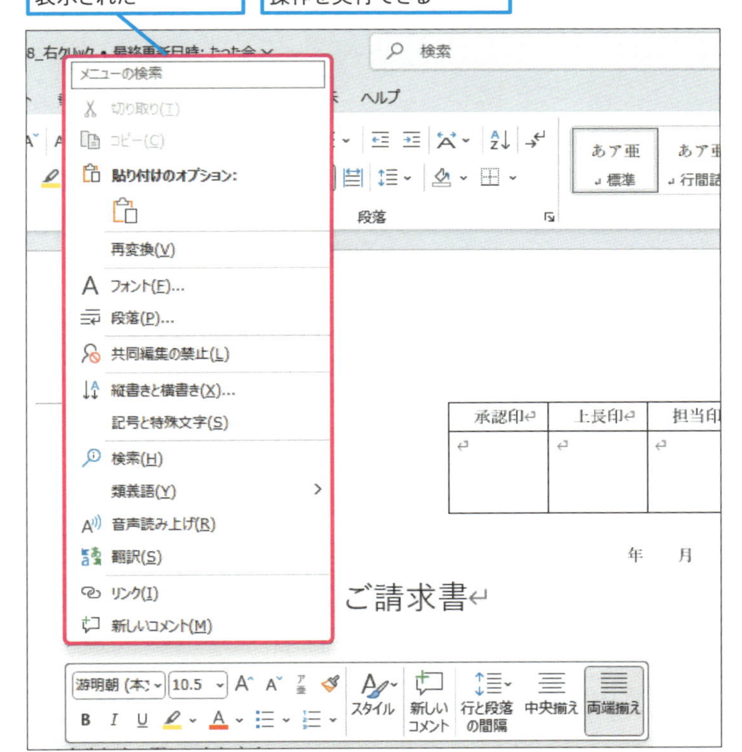

使いこなしのヒント

右クリックメニューで作業効率アップ

右クリックメニューには、リボンの［ホーム］にある編集関係の項目が用意されています。また、右クリックメニューを開くとミニツールバーも確実に表示できるので便利です。右クリックでは、リボンまでマウスポインタを移動しないで編集などの操作を実行できるので、作業効率もアップします。

使いこなしのヒント

右クリックメニューは図形や罫線にも有効

右クリックメニューは、テキストだけではなく図形や罫線などのオブジェクトでも表示されます。対象のオブジェクトに合わせて、右クリックメニューとミニツールバーの内容が変わるので、リボンから関連する機能を探すよりも、的確に必要な操作を実行できます。

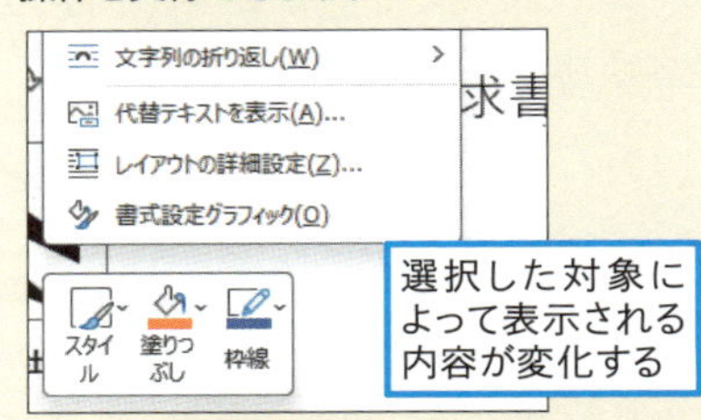

まとめ 右クリックメニューとミニツールバーで時短しよう

右クリックメニューとミニツールバーには、フォントやスタイルに装飾や編集など、リボンでよく使う機能がまとまっています。また、ミニツールバーは右クリックメニューを開くと、意図的に表示できるので、リボンを切り替えてアイコンを選択するよりも、手早い編集操作が可能になります。右クリックメニューとミニツールバーを使いこなすと、Wordの編集作業も効率よく短時間で仕上げられるようになります。

レッスン
09 クイックアクセスツールバーを使うには

クイックアクセスツールバー　練習用ファイル　なし

クイックアクセスツールバーには、標準の設定で保存とやり直しに繰り返しを実行するアイコンが並んでいます。クイックアクセスツールバーは常に表示されているので、リボンを切り替えてアイコンを選ぶよりも、手早く確実にWordでよく使う機能を実行できます。

1 クイックアクセスツールバーを移動する

クイックアクセスツールバーは初期状態ではアプリアイコンの右側に表示されている

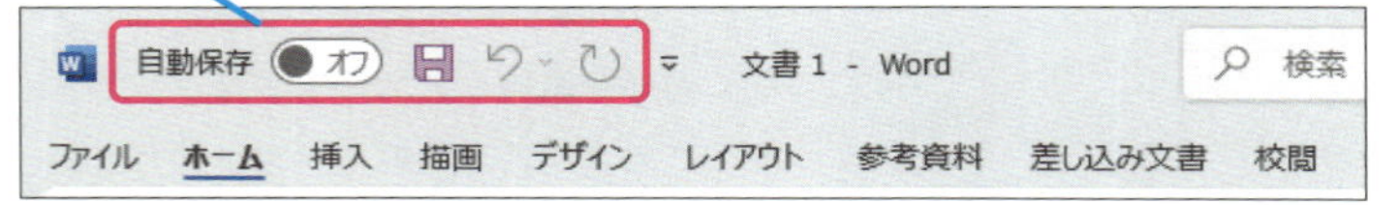

1 ［クイックアクセスツールバーのユーザー設定］をクリック

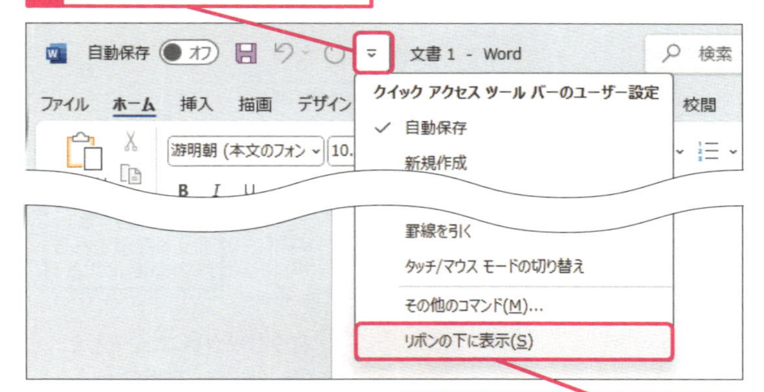

2 ［リボンの下に表示］をクリック

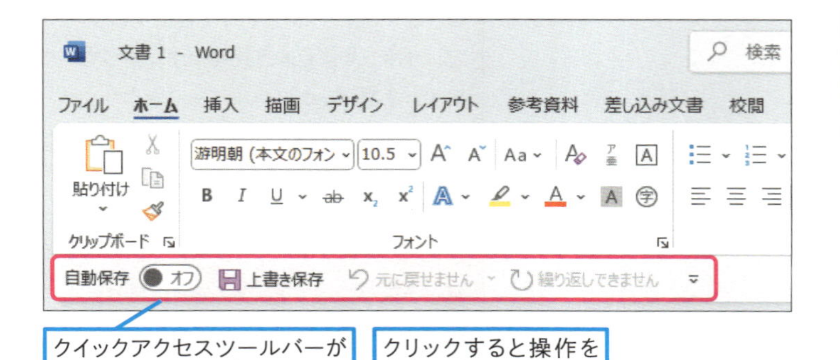

クイックアクセスツールバーがリボンの下に表示された

クリックすると操作を実行できる

キーワード

アイコン	P.340
クイックアクセスツールバー	P.341
リボン	P.345

使いこなしのヒント
クイックアクセスツールバーにアイコンを追加する

クイックアクセスツールバーのユーザー設定を開くと、表示する位置を変更したり新しいアイコンを追加できます。また、［その他のコマンド］を選ぶと、より多くのコマンドを追加できます。

使いこなしのヒント
リボンの代わりに活用する

クイックアクセスツールバーをリボンの下に表示して、リボンの表示をオフにすると、編集画面が広く使えるようになります。また、よく使うコマンドをクイックアクセスツールバーに集約しておくと、リボンを使わずにコマンドを手早く実行できるようになります。

2 新しい操作を追加する

1 [クイックアクセスツールバーのユーザー設定]をクリック

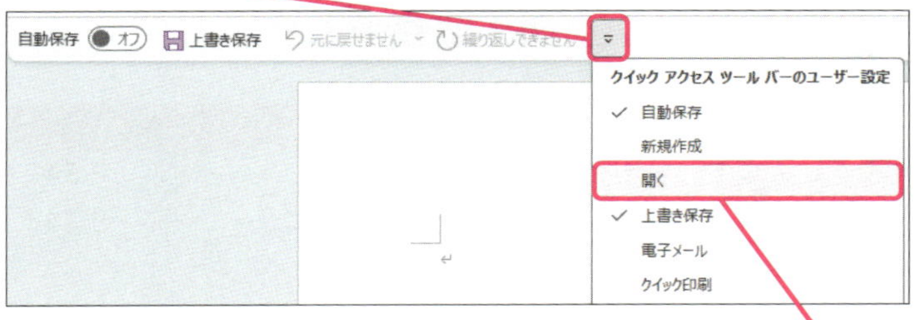

2 追加したい操作をクリック

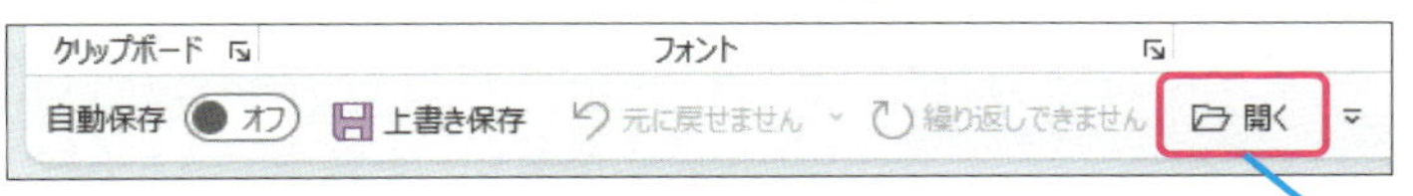

操作アイコンが追加された

3 クイックアクセスツールバーを非表示にする

1 [クイックアクセスツールバーのユーザー設定]をクリック

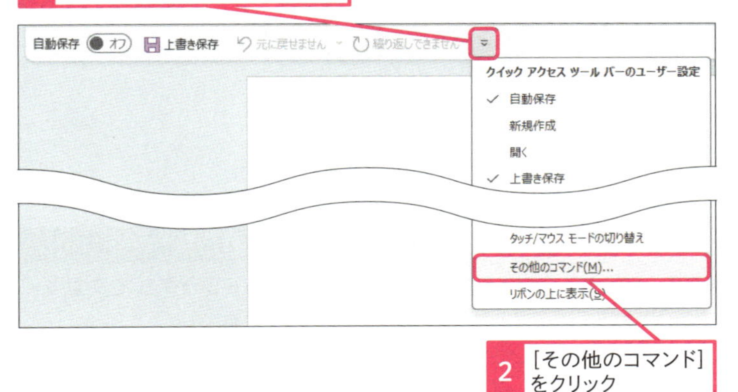

2 [その他のコマンド]をクリック

3 ここをクリックしてチェックマークをはずす

[OK]をクリックすると非表示になる

使いこなしのヒント

追加しておくと便利なツール

クイックアクセスツールバーに追加しておくと便利なツールを選ぶ基準は、ミニツールバーと右クリックメニューに表示されているコマンドです。また、図形や表の編集が多いときには、オブジェクトごとに表示されるミニツールバーの内容を参考に、Wordのオプションから追加しておくと便利です。

使いこなしのヒント

非表示にしたクイックアクセスツールバーを表示するには

非表示にしたクイックアクセスツールバーを元のように表示するには、クイックアクセスツールバーのユーザー設定を表示し、[クイックアクセスツールバーを表示する]にチェックマークを付けます。

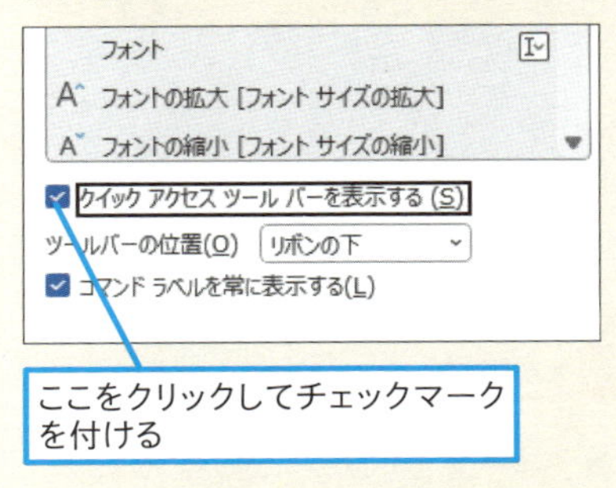

ここをクリックしてチェックマークを付ける

まとめ クイックアクセスツールバーで使い勝手を向上

クイックアクセスツールバーには、リボンなどに用意されている機能を自由に追加できます。Wordの操作に慣れてきて、よく使うコマンドがわかってきたときには、クイックアクセスツールバーをカスタマイズして、リボンを使わずに実行できるようにすると、編集作業の効率がさらに向上します。

レッスン

10 ナビゲーションメニューを使うには

ナビゲーションメニュー

練習用ファイル L010_ナビゲーション.docx

ナビゲーションメニューは、編集画面の左側に表示されるナビゲーションウィンドウから選択できるコマンドの一覧です。ナビゲーションウィンドウには、文章の見出しやページ一覧に検索結果などが表示されます。また、ナビゲーションウィンドウ内で行った操作を編集画面に反映できます。

1 ナビゲーションメニューを表示する

1 [表示] タブをクリック

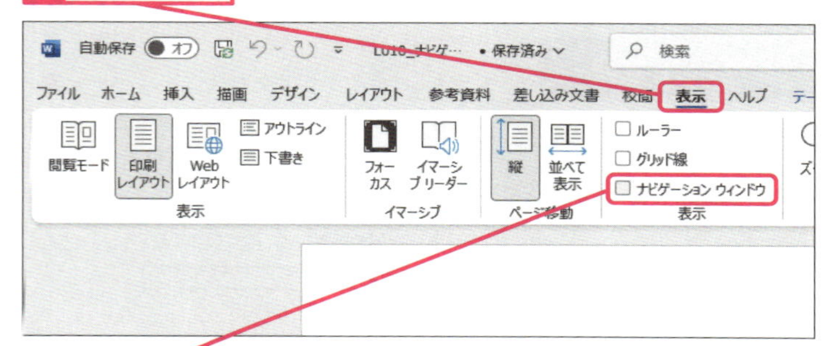

2 [ナビゲーションウィンドウ] をクリック

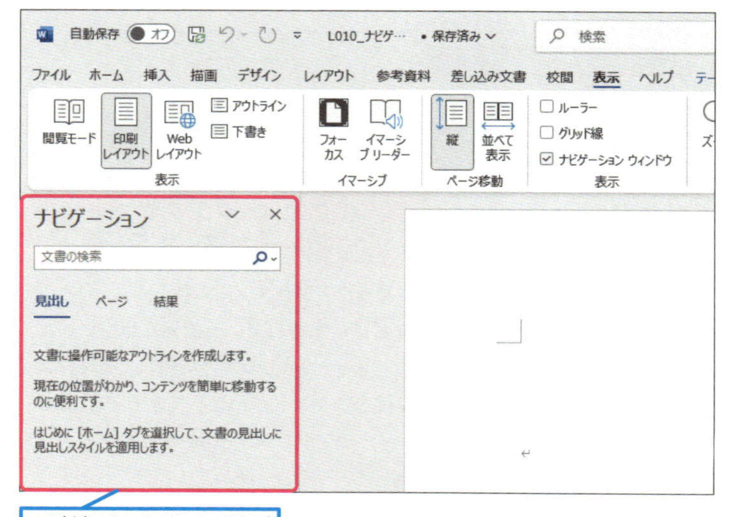

ナビゲーションウィンドウが表示された

キーワード

スタイル P.342
ナビゲーションメニュー P.343

使いこなしのヒント

スタイルの見出しを設定するとナビゲーションウィンドウに表示される

ナビゲーションウィンドウの見出しには、編集画面で見出しのスタイルを設定したタイトルなどのテキストが表示されます。また、見出しのレベルを設定しておくと、レベルに合わせた階層が表示されます。

使いこなしのヒント

見出しの項目をドラッグして文章の構成を変更できる

ナビゲーションウィンドウの [見出し] には、[スタイル] の [見出し] として登録されているタイトルや段落の一覧が表示されます。見出しの一覧は、マウスの右クリックでレベルを変更したり、ドラッグ&ドロップ操作で順序を変更できます。

2 表示内容を確認する

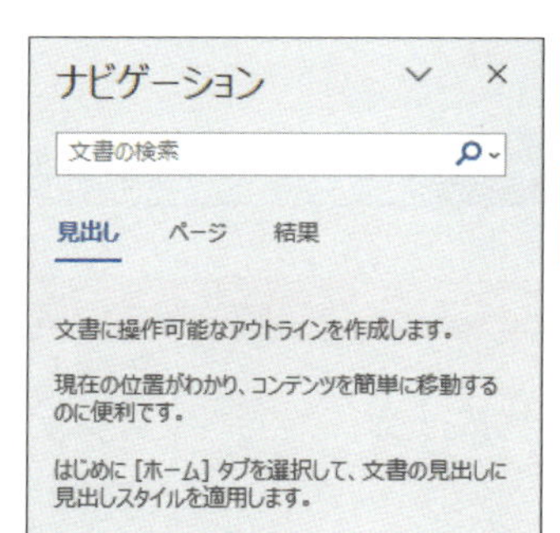

初期状態では［見出し］が選択されている

文書内の見出しを基にアウトラインを表示できる

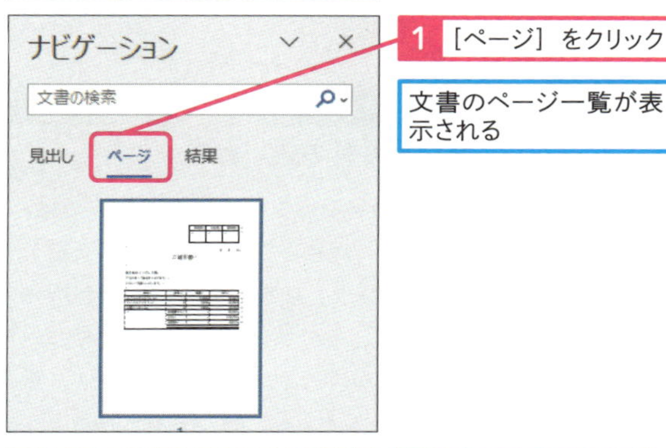

1 ［ページ］をクリック

文書のページ一覧が表示される

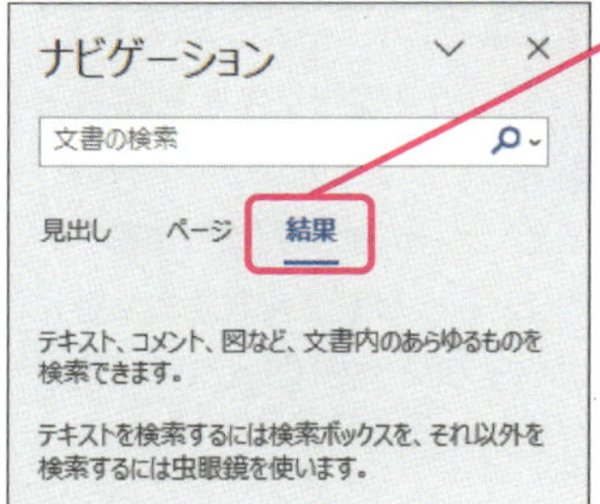

2 ［結果］をクリック

検索結果が表示される

3 ナビゲーションメニューを非表示にする

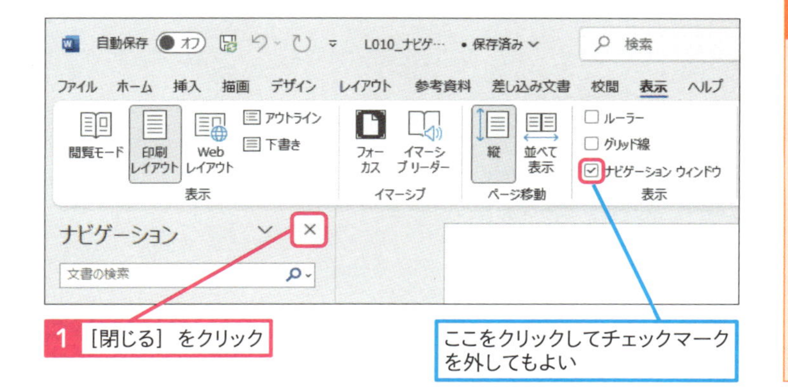

1 ［閉じる］をクリック

ここをクリックしてチェックマークを外してもよい

使いこなしのヒント

右側には作業ウィンドウが表示される

編集画面の右側には、図形の書式設定などの操作を行うと作業ウィンドウが表示されます。作業ウィンドウには、実行した操作に合わせて、各種の設定を調整できる項目が表示されます。

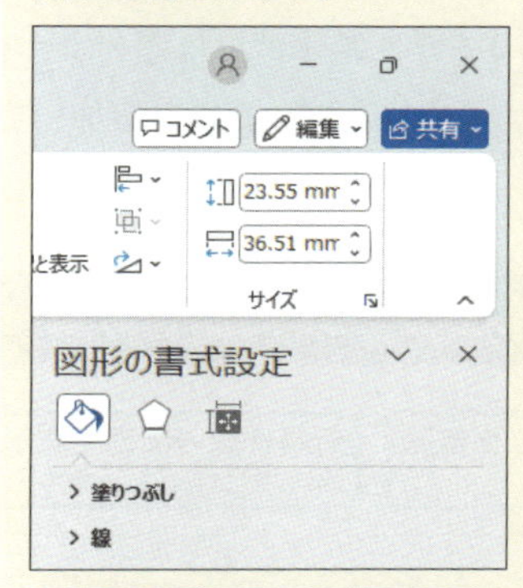

操作によっては画面右側に作業ウィンドウが表示される

使いこなしのヒント

文章以外のオブジェクトを検索するには

ナビゲーションウィンドウの［検索］では🔍をクリックすると、グラフィックスやグラフなども検索できます。

まとめ 文書全体の構成を把握しオブジェクトも検索できる

ナビゲーションウィンドウでは、見出しに設定されているスタイルの一覧を確認したり、ページの縮小イメージを並べて表示したり、テキスト以外のオブジェクトを検索するなど、文書全体の構成を容易に把握できます。長文や複雑な構成の文書を編集するときに、ナビゲーションウィンドウを活用すると短時間で的確に構成を理解して作業できるので便利です。

レッスン

11 文書をメールで送るには

メールで送る　練習用ファイル　L011_メールで送る.docx

Wordで作成してファイルとして保存した文書は、メールの添付ファイルとして送付できます。利用するメールのアプリによって操作方法が異なりますが、基本的には添付ファイルとして、各メールソフトの［添付ファイルの追加］機能で追加して送信します。

1 新規メールに添付する

Outlookを起動しておく

新規作成の画面を表示して、メールを作成しておく

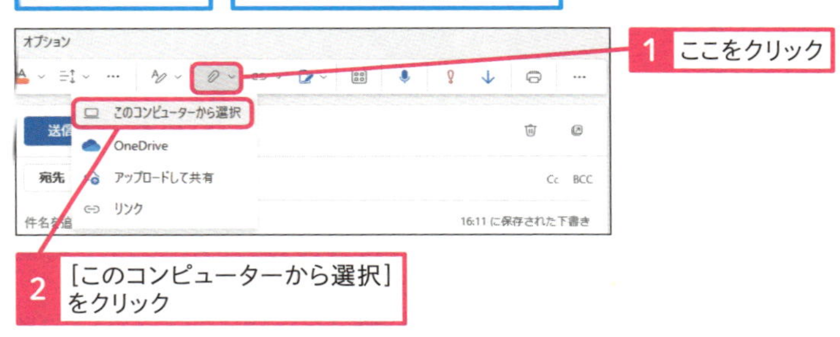

［開く］ダイアログボックスが表示された

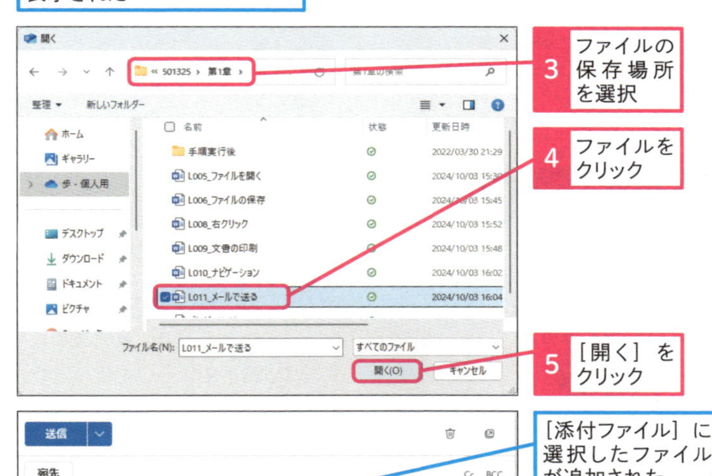

使いこなしのヒント

添付と共有の違いは?

メールの［添付ファイルの追加］では、パソコンに保存されているWordの文書を実際のデータとして送信します。受け取った相手は、その添付ファイルを自分のパソコンに保存して、Wordで開きます。それに対して［共有］は、OneDriveのようなクラウドにあるストレージ（保存場所）を介して、一つの文書ファイルを複数の利用者で閲覧したりする機能です。［共有］を利用すると、メールには実際の文書ファイルではなく、クラウドで共有する文書が保存されているリンク先（URL）が送信されます。

2 リンクをコピーして共有する

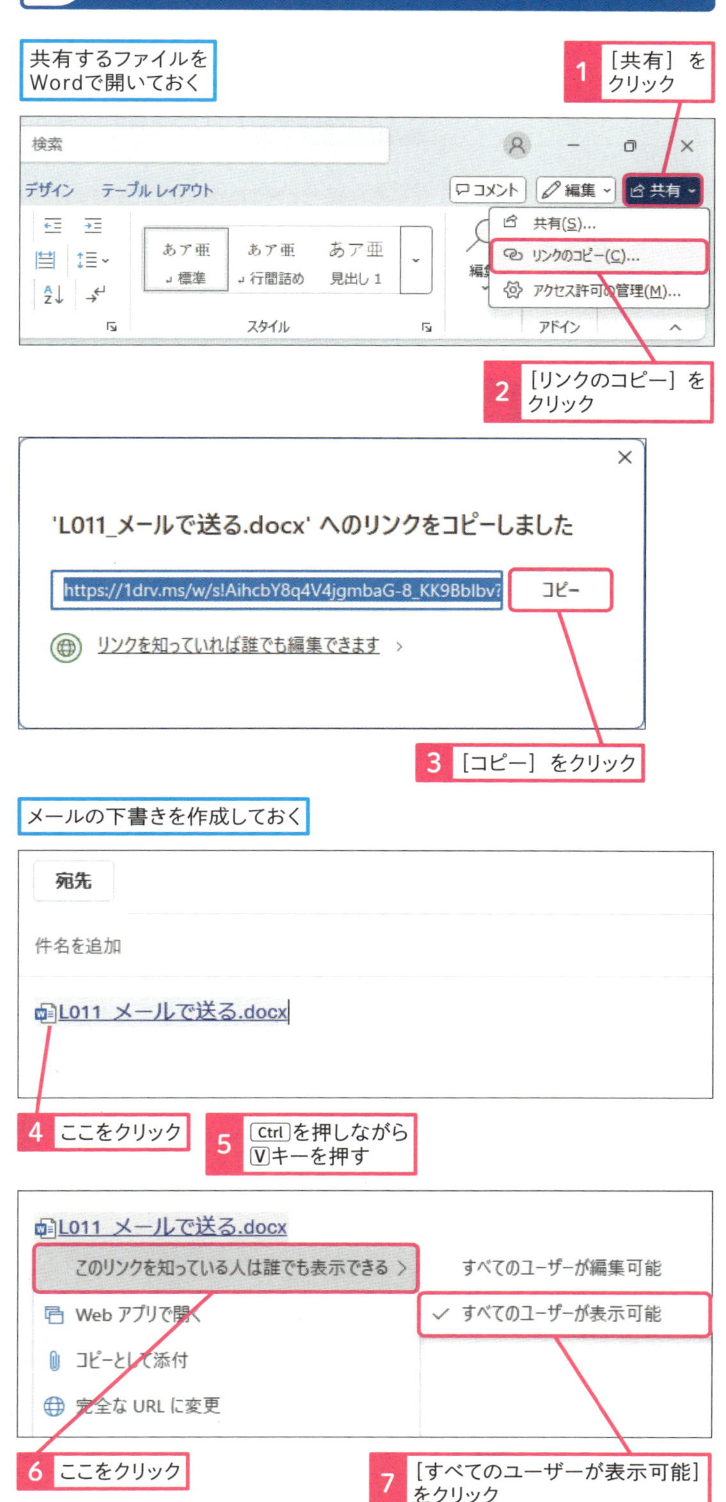

使いこなしのヒント

共有でリンクを送るとファイルは添付されない

リンクの共有では、送信するメールにWordの文書ファイルは添付されません。代わりに、OneDriveで共同編集できるリンクが送られるので、編集か表示かの権限を指定して受け取った相手が文書に変更を加えられるかどうかを制御できます。

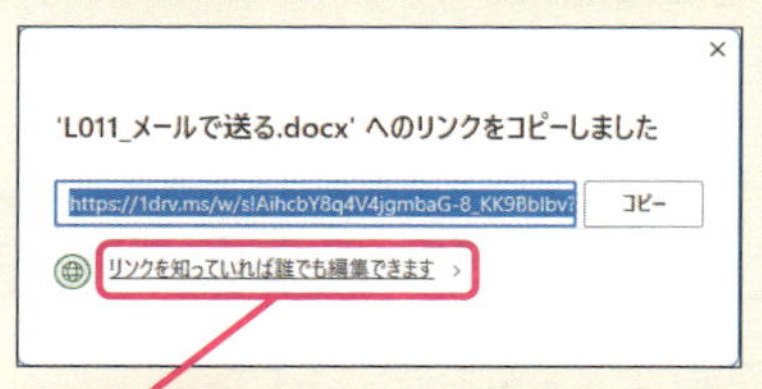

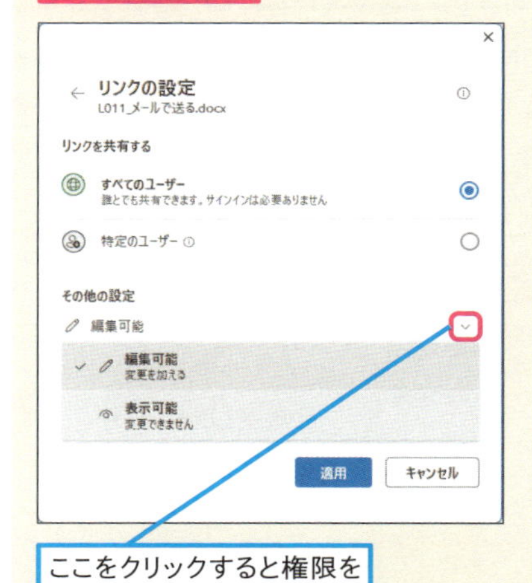

まとめ 添付と共有を使い分ける

添付ファイルをメールで送信すると、相手には同じ文書の複製が送られます。そのため、受け取った相手は文書を自由に編集できます。しかし、複数の人たちが共同で一つの文書を編集したいときは添付ファイルで複製を送ってしまうと、異なる内容の文書が乱造されてしまいます。そこで、［共有］を活用すると、オリジナルの文書ファイルを複数の人たちが共同で編集できるようになります。

レッスン
12 文書を印刷するには

文書の印刷

練習用ファイル L012_文書の印刷.docx

パソコンに接続されているプリンターで、Wordの文書を印刷できます。実際に印刷するときには、Windowsにプリンターが登録されているか確認しておきましょう。プリンターが登録されていると、レッスンのように機種が選べます。

1 ［印刷］画面を表示する

印刷したい文書をWordで開いておく

1 ［ファイル］タブをクリック

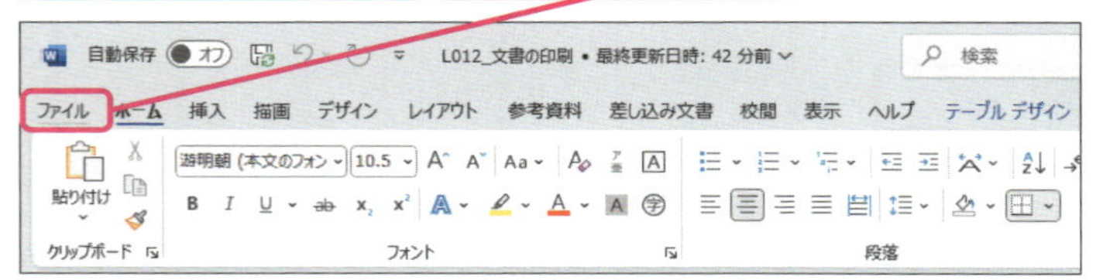

2 ［印刷］をクリック

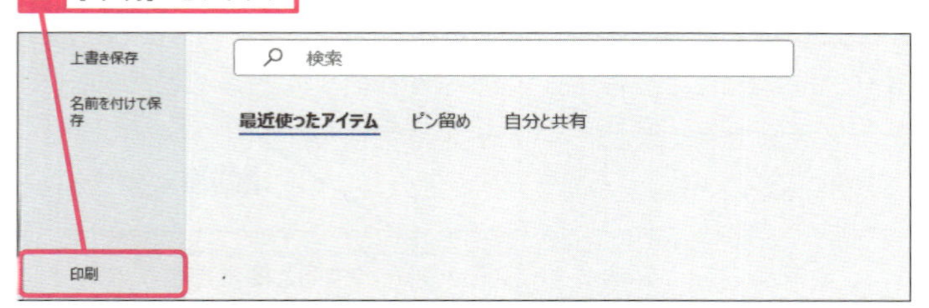

2 プリンターと用紙を設定する

［印刷］画面が表示された

1 ここをクリック

2 プリンター名をクリック

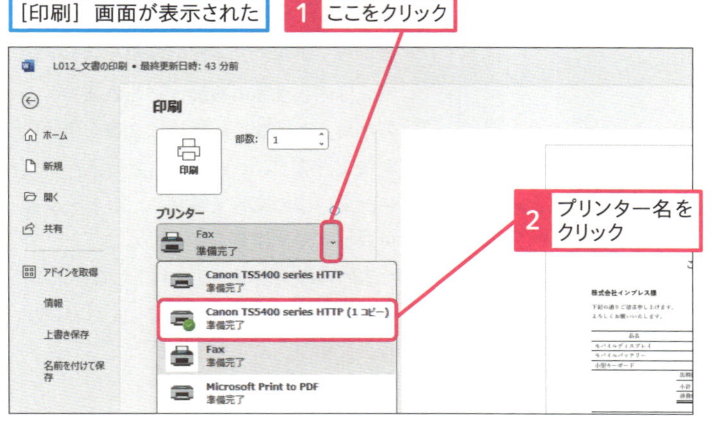

キーワード

PDF	P.340
ファイル	P.344

ショートカットキー

印刷 Ctrl + P

使いこなしのヒント

Windowsにプリンターを登録するには

Wordで文書を印刷するためには、Windowsからプリンターを操作するためのソフトウェア（プリンタードライバー）を事前に登録しておく必要があります。通常、はじめてプリンターをパソコンに接続すると、Windowsがプリンタードライバーのインストールを促してきます。もし、プリンタードライバーがインストールされていないときには、利用しているプリンターの機種に用意されている説明書を参考に登録してください。

● 用紙を設定する

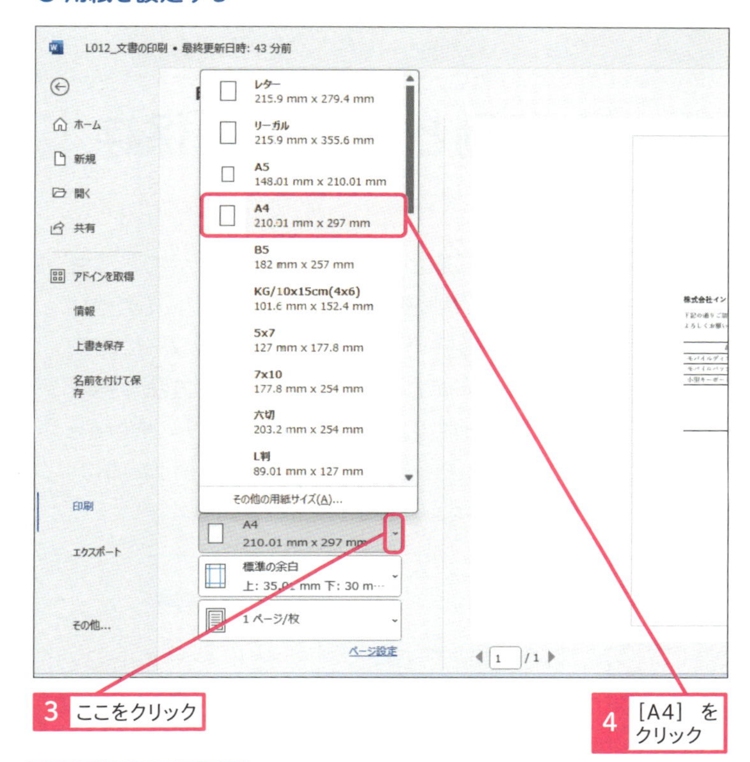

3 ここをクリック

4 [A4] をクリック

5 [印刷] をクリック

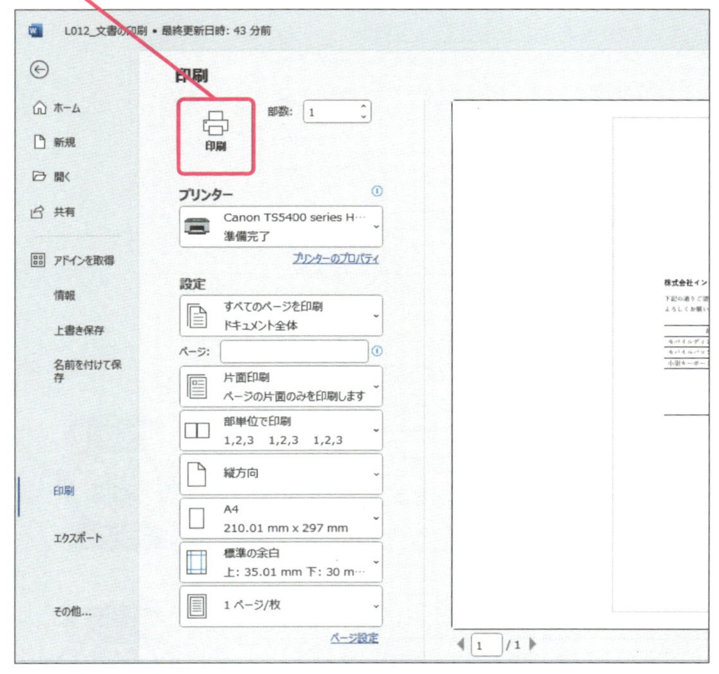

開いていた文書が印刷される

使いこなしのヒント

PDF形式のファイルを保存するには

PDF（Portable Document Format:ポータブル・ドキュメント・フォーマット）とは、Wordを使わなくても、保存した文書ファイルをWebブラウザーやPDF閲覧ソフトで表示できるファイル形式です。もしも、文書ファイルを渡したい相手が、Wordを使えないときには、このPDF形式で保存したファイルを送付すれば、WebブラウザーやPDFリーダーを使って内容を確認できます。

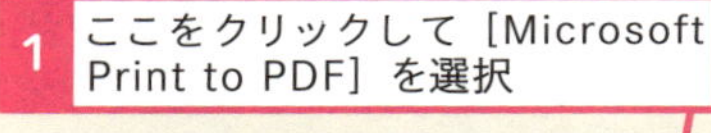
手順2の画面を表示しておく

1 ここをクリックして［Microsoft Print to PDF］を選択

2 ［印刷］をクリック

保存場所を選択し、ファイル名を入力して［保存］をクリックすると、文書がPDF形式のファイルで出力される

まとめ 印刷やPDFを意識した文書作成

Wordで作成した文書は、プリンターで紙に印刷して配布できます。また、Wordを使えない人にも見てもらえるPDF形式のファイルにして、メールに添付して送信できます。紙に印刷するときには、あらかじめどのサイズの紙に印刷するのかを考えて、編集画面のレイアウトを決めておくといいでしょう。印刷の画面からも、用紙や上下左右の余白を指定できるので、白紙の編集画面から文書を作成するときには、最初に［印刷］の［設定］で、用紙サイズや余白を決めておくと、印刷されたイメージに沿った文書を作成できます。

この章のまとめ

文書作成の基礎はWordの起動とファイルの保存

WordはWindowsに対応したアプリなので、起動してから使います。Wordで作成した文書は、名前を付けてファイルとして保存することで、パソコンの中に保管されて、後から繰り返して利用できます。ファイルとして保存された文書を使うために、ファイルを開くという操作が必要になります。また、保存されたファイルは、メールに添付して送付したり、クラウドを活用した［共有］による共同編集をしたりできます。その他にも、PDF形式で保存したり、プリンターに印刷して紙で配布するなど、いろいろな方法で作成した文書を他の人に読んでもらえます。Wordを使い終わったときは、他のアプリを使うために、終了しておくといいでしょう。

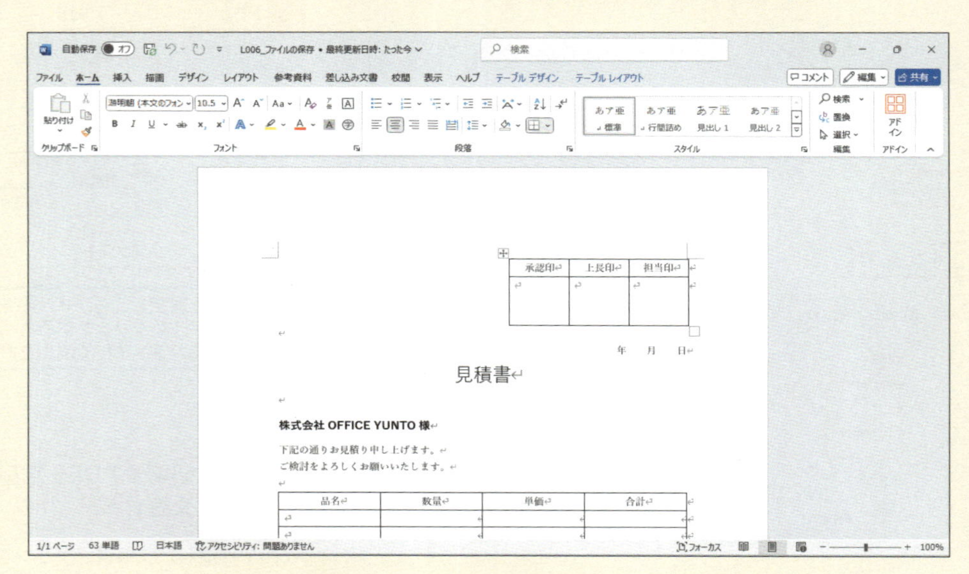

Wordの基本について、意外と知らないこともあってびっくりしました。

WordはOfficeの他のアプリに比べると、操作がしやすいからね。でも、まだまだ紹介していない機能もたくさんあるよ。

ほ、本当ですか？

はっはっは。まあそう焦らず。次の章からは、使いながら機能を覚えていきましょう。

基本編

第2章

日本語の入力方法をマスターする

Wordの文書作成の第一歩は、文字の入力です。日本語入力の基本は、スマートフォンなどと同様で、読み仮名を入力してから漢字に変換します。もし、キーボードを使った文字入力に慣れていないときは、この章で基礎的な使い方を理解してください。

レッスン
13 Introduction この章で学ぶこと
入力の基本を覚えよう

26文字のアルファベットだけで文章を作成できる英語とは異なり、日本語では漢字かな交じり文を入力しなければなりません。そこで、読みを漢字に変換する操作を覚えて、思い通りの文章を入力できるようになりましょう。

Word操作の大半は文字入力

Wordの基本がわかったところで、入力方法を学びましょう。

Wordの役割は文書作成。ちょっとした文章の下書きに使う人も多く、文字入力はWordの操作の大半ともいえます。

文字入力、別に苦手でもないんですけど…

そんな人にこそ、この章はおすすめ！　入力の基本から、効率が上がる方法まで解説します。

日本語入力のポイントは「変換」

基本中の基本、日本語の入力ですが、日本語の文章は漢字に変換する手間がほぼ必須です。この変換方法にいろいろなコツがあるんです。

変換がすぐにできると、作業のスピードが上がりますね！

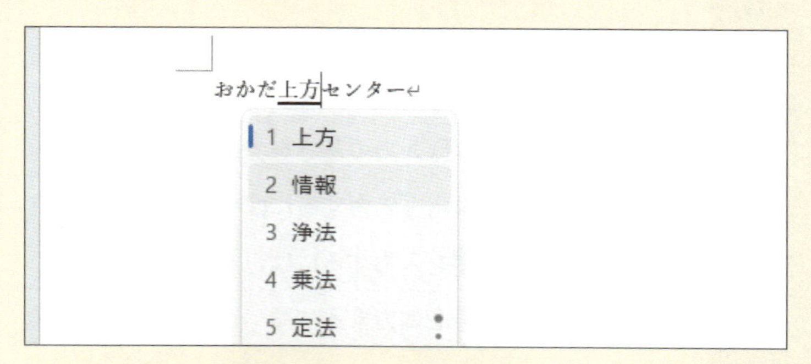

英字もさくさく入力できる

Wordの機能で不人気なのが、「文頭の英字を大文字にする」もの。便利なんですけど、日本語の文書では「おせっかい」になりがちなので、使いこなす方法も紹介します。

こんな機能あったんですね！　気付いてませんでした。

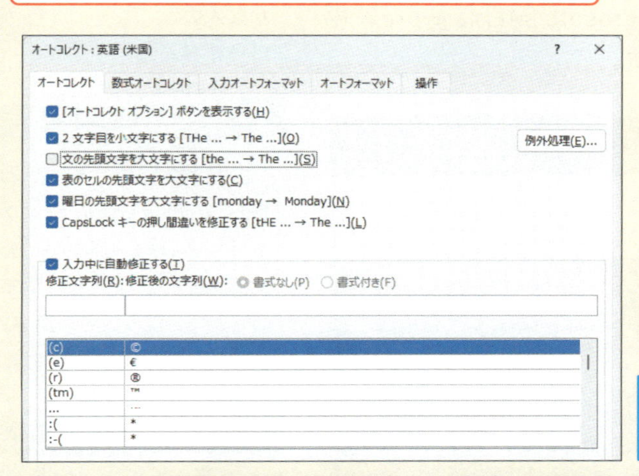

Wordの［オートコレクト］機能のうち不要なものを解除できる

特殊な記号もお任せあれ！

そして、Wordの実力が発揮されるのが「特殊文字」の挿入。「☎」や「(株)」などの記号をはじめ、学術記号や分数なども表記できるのがWordの強みです！

さすが文書作成ソフトですね！　使い方、マスターしたいです。

レッスン

14 日本語入力の基本を覚えよう

Microsoft IME　練習用ファイル　なし

Wordの日本語入力では、Windows 11に標準で装備されているMicrosoft IME（Input Method Editor:インプット・メソッド・エディタ）という機能を使います。Microsoft IMEは、Word以外のアプリでも日本語入力に利用できます。

1 入力方式を確認する

デスクトップを表示しておく

1 ［あ］を右クリック

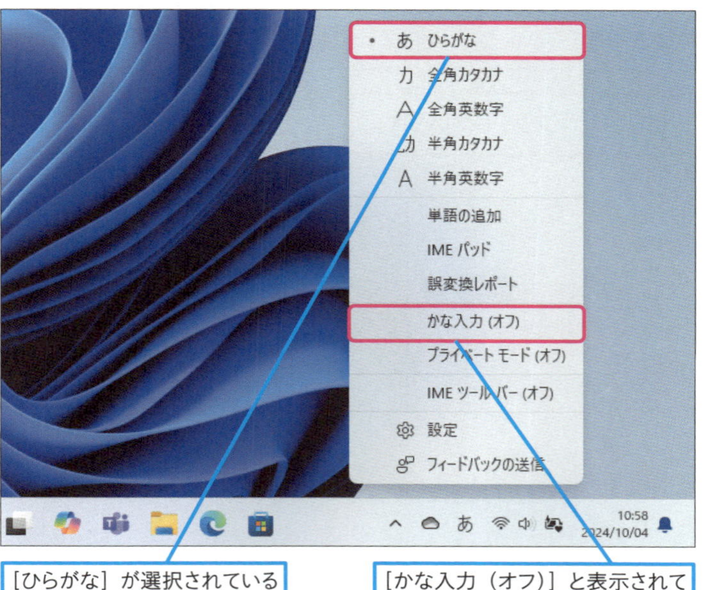

［ひらがな］が選択されていることを確認

［かな入力（オフ）］と表示されていることを確認

キーワード

Microsoft IME	P.340
かな入力	P.341
ローマ字入力	P.345

用語解説
Microsoft IME

Input Method Editor（インプット・メソッド・エディタ）とは、Windowsの文字入力を支援するソフトの一種です。IMEを使うことで、読み仮名を漢字やカタカナなどの日本語に変換して入力できます。

用語解説
入力モード

Microsoft IMEは、ひらがなやカタカナなどの日本語を入力するために、［入力モード］という文字の種類を切り替える機能を備えています。入力モードを切り替えると、ひらがなだけではなく、カタカナや英数文字を入力できます。

使いこなしのヒント
Microsoft IME以外の入力方式もある

Windowsに標準で装備されているMicrosoft IME以外にも、市販の日本語入力支援ソフトがWordでは利用できます。著名なIMEには、ジャストシステムのATOKやGoogle 日本語入力などがあります。Windowsでは、複数のIMEを登録して、切り替えて使えます。また、外国語に対応しているIMEを利用すると、中国語や韓国語、ロシア語やアラビア語なども入力できます。

2 ローマ字入力とかな入力について知ろう

英語も日本語も入力しなければならない日本語キーボードには、1つのキーに複数の役割があります。日本語の入力には、かなとローマ字という2つの方法があるので、違いを理解しておきましょう。

● キーの印字と入力される文字

Shift キーを押しながらキーを押すと、この文字が入力される

かな入力のとき押すと、この文字が入力される

そのままキーを押すと、この文字が入力される

3 日本語と英字を切り替える

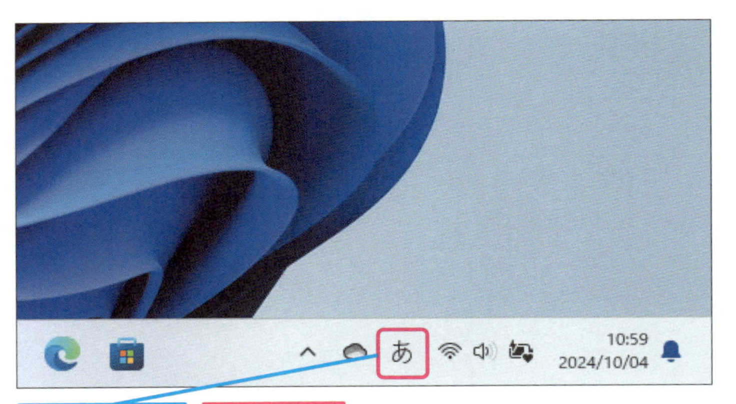

［あ］と表示されている

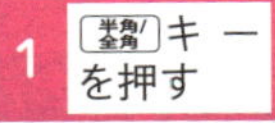

1 半角/全角キーを押す

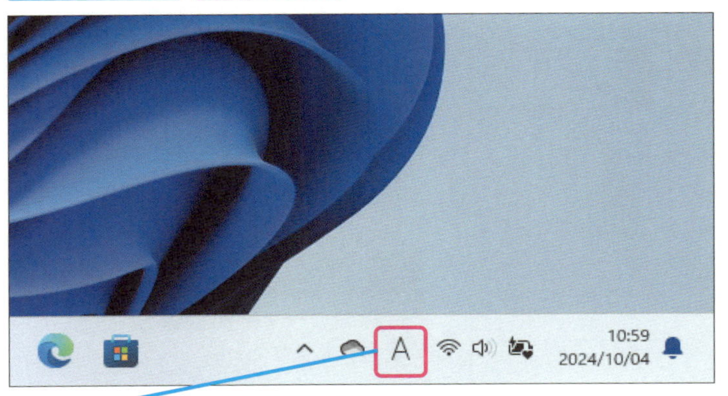

［A］と表示され、英字入力になった

もう一度、半角/全角キーを押すと日本語入力に戻る

使いこなしのヒント

かな入力のオンとオフを切り替えるには

キーボードに刻印されている「かな」の表記をそのまま入力したいときは、［かな入力］をオンにします。

1 ［かな入力（オフ）］をクリック

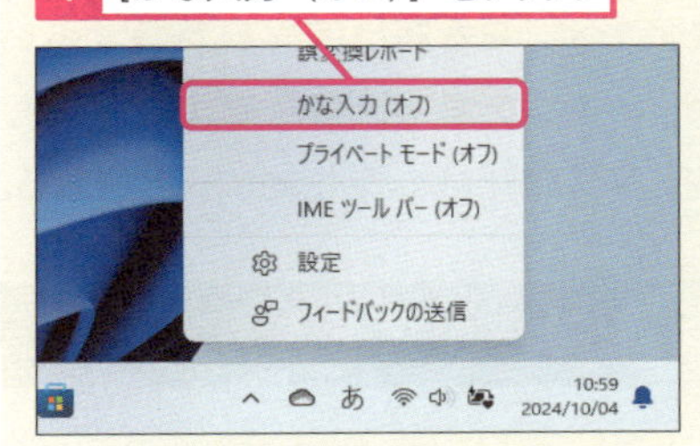

かな入力がオンになる

使いこなしのヒント

素早く日本語と英語を切り替えるには

日本語と英語の切り替えには、半角/全角キーの他に、英数（Caps Lock）キーも利用できます。切り替える頻度が多いときには、英数キーを使うと便利です。

まとめ 入力モードを確認して日本語を入力する

日本語を入力するための基本操作は、Microsoft IMEの入力モードの切り替えです。Microsoft IMEは、レッスンのように自分で切り替えるだけではなく、アプリからも入力モードを変更できます。Wordを起動した直後は、すぐに日本語が入力できるように自動的に［あ］になっています。日本語を入力するときは、キーを打つ前に入力モードを確認しておくといいでしょう。

レッスン

15 日本語を入力するには

日本語入力　練習用ファイル　なし

漢字とかなで構成される日本語入力の基本は、読み仮名の入力と変換です。日本語は同音異義語が多いので、変換された候補の中から、適した漢字を選んで文章を入力していきます。また、よく使う同音異義語は、優先的に表示されるようになります。

1 ひらがなを入力する

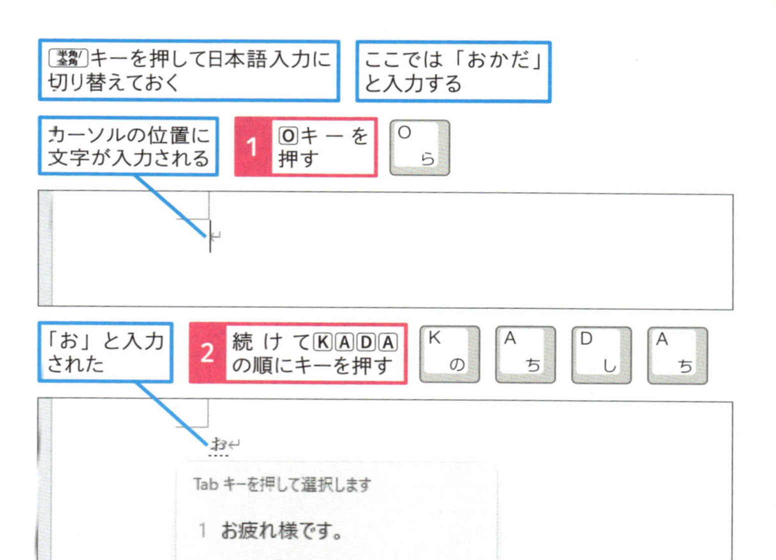

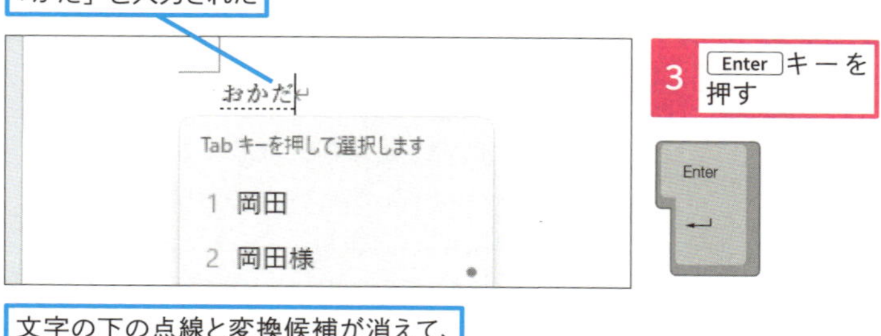

キーワード

アイコン	P.340
全角	P.343
ファンクションキー	P.344

使いこなしのヒント

予測変換候補とは

Microsoft IMEは、スマートフォンの日本語入力のように、入力された読み仮名を推測して、変換する前に予測した候補を表示します。予測変換で表示された候補は、Tabキーを使って選択できます。

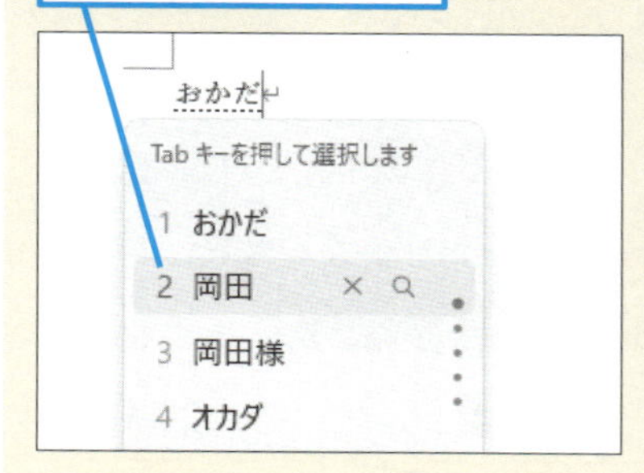

使いこなしのヒント

間違えた文字を入力した場合は

読み仮名を間違えて入力したときは、Back Spaceキーを押すと、カーソルの左側の文字を消せます。もし、読み仮名をすべて消したいときは、Escキーを2回押します。

使いこなしのヒント

付録のローマ字変換表を参考にしよう

ローマ字で入力する人は、付録のローマ字変換表を参考にしてください。

2 漢字を入力する

ここでは続けて「情報」と入力する

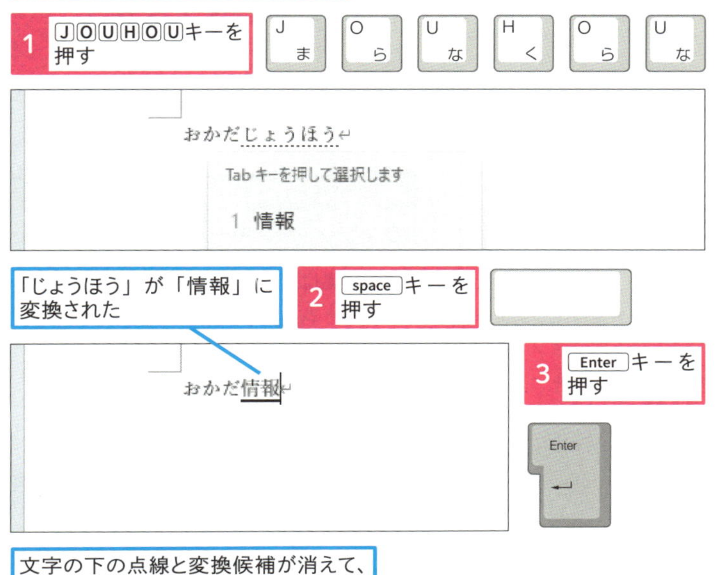

文字の下の点線と変換候補が消えて、入力した文字が確定した

おかだ情報

3 変換候補から変換する

ここでは続けて「センター」と入力する

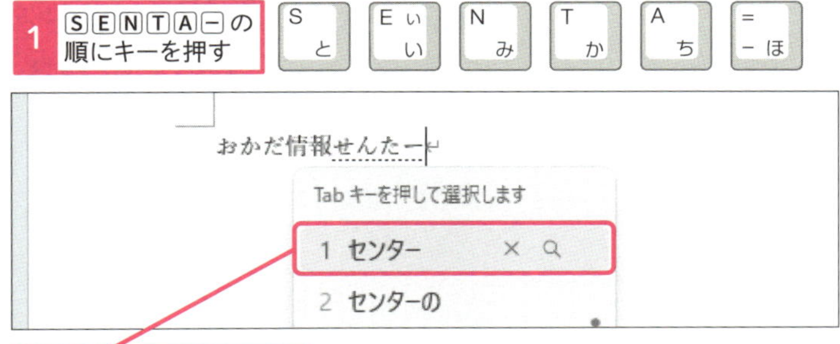

2 ［センター］をクリック

文字の下の点線と変換候補が消えて、入力した文字が確定した

おかだ情報センター

使いこなしのヒント

続けて入力すると変換が確定される

変換して選ばれた候補は、Enterキーで確定しますが、確定の操作を行わずに、続けて読み仮名を入力すると、自動的に変換された候補が確定されます。連続して文章を入力するときには、Enterキーを押す手間を省けます。

使いこなしのヒント

予測入力の調整とクラウド候補の利用

読み仮名を入力すると表示される予測候補は、何文字目で表示するか調整できます。標準の設定では1文字目から表示されますが、オフにしたり最大で5文字目まで調整したりできます。また、クラウド候補をオンにすると、Bingという検索サービスで集計している予測候補も表示されます。標準の変換では、期待する候補が表示されないときに、クラウド候補を活用してみるといいでしょう。

使いこなしのヒント

ローマ字入力とかな入力はどちらがいいの？

ローマ字は母音と子音に対応するアルファベットを覚えるだけなので、少ないキーで日本語を入力できる便利さがあります。一方の［かな入力］では、覚えるキーが多くなります。しかし、頭に浮かんだ文章そのままの「音」に対応した文字を直接打てるので、慣れてくると日本語入力がスムーズになります。

次のページに続く

4 文節ごとに変換する

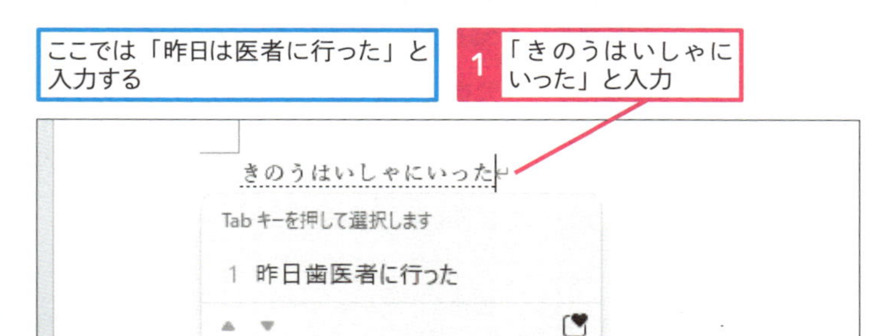

2 space キーを押す

「昨日歯医者に行った」と変換された

3 →キーを押す

昨日歯医者に行った

下線の位置が1つ右の文節に移動した

4 space キーを押す

昨日歯医者に行った

下線のついた文節が「は医者に」に変換された

5 Enter キーを押す

昨日は医者に行った

1 歯医者に
2 医者に
3 敗者に
4 廃車に
5 配車に
6 拝謝に
7 背斜に
8 排砂に

「昨日は医者に行った」と入力された

昨日は医者に行った

使いこなしのヒント
変換を取り消すには

変換を取り消して、読み仮名に戻したいときには、Esc キーを押します。

使いこなしのヒント
ファンクションキーで変換するには

読み仮名は、ファンクションキーを使うとカタカナや英文字に変換できます。

ショートカットキー

全角カタカナに変換	F7
半角カタカナに変換	F8
全角英字に変換	F9
半角英字に変換	F10

使いこなしのヒント
文節の長さを調整するには

複数の文節を入力したときに、Shift +←→キーで、読み仮名の長さを調整できます。変換候補が、思い通りに区切られないときには、文節の長さを調整すると、期待する漢字に変換できます。

使いこなしのヒント
ひらがな以外の日本語を入力するには

ひらがな以外の日本語を入力するには、入力モードを切り替えます。

5 確定後の文字を再変換する

ここでは「おかだ上方センター」の「上方」を「情報」に再変換する

1 「上方」の左をクリック

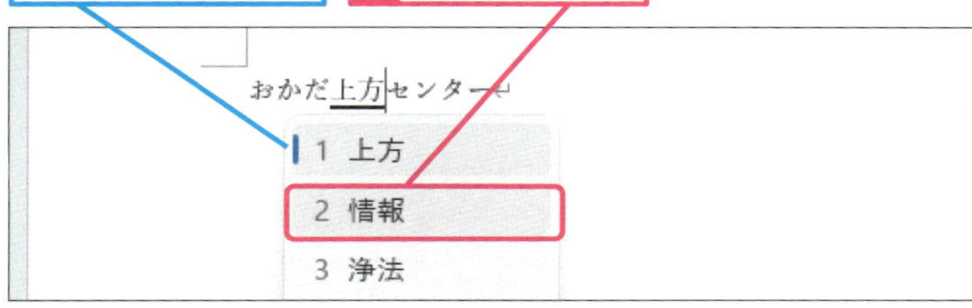

変換したい文節の前にカーソルが移動した

2 変換キーを押す

変換候補が表示された

3 [情報] をクリック

おかだ上方センター
1 上方
2 情報
3 浄法

4 Enterキーを押す

「上方」が「情報」に変換される

おかだ情報センター

6 同音異義語の意味を調べる

ここでは「たいしょう」の同音異義語の意味を調べる

1 「たいしょう」と入力

2 spaceキーを2回押す

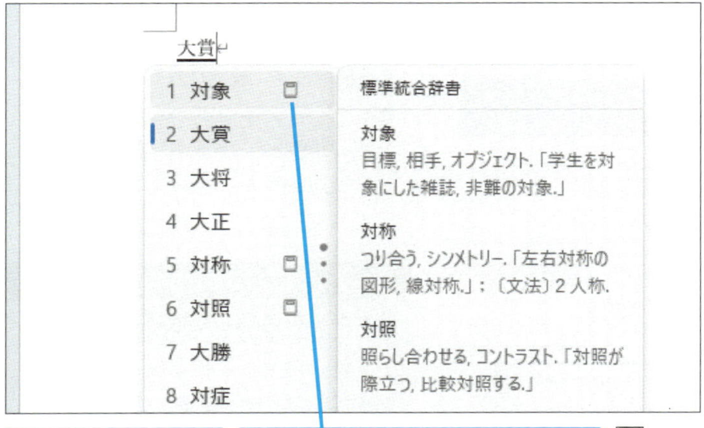

標準統合辞書が表示され、同音異義語の意味を調べられる

標準統合辞書が表示されないときは、↑↓キーを押して、アイコンの付いた変換候補を選択する

使いこなしのヒント

読めない文字を入力するには(IMEパッド)

読み仮名が思い浮かばない漢字を入力したいときは、IMEパッドを使うと便利です。IMEパッドは、マウスやペンで描いた文字から、漢字の候補を表示できます。また、手書き認識の他にも、総画数や部首からも漢字を検索できます。

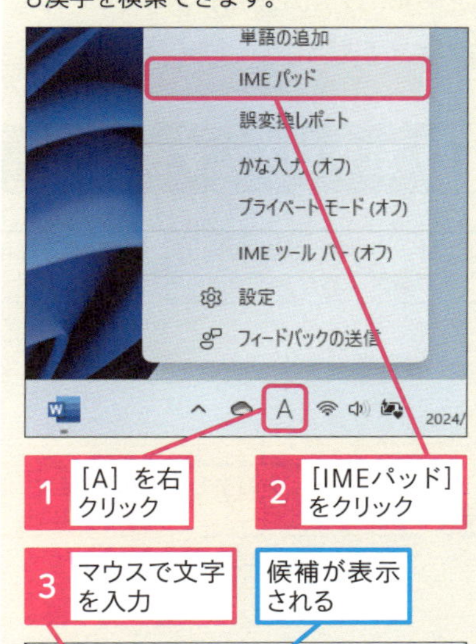

1 [A] を右クリック

2 [IMEパッド] をクリック

3 マウスで文字を入力

候補が表示される

まとめ 日本語入力は使い込むと変換が的確になる

日本語は同音異義語が多いので、Microsoft IMEを使い始めた当初は、期待通りの変換候補が上位に並んでいないこともあります。しかし、Microsoft IMEには選択された同音異義語を優先的に表示する学習機能と、予測候補を表示する機能があるので、使い込んでいくと変換の効率が向上します。最初は少し面倒に感じても、同音異義語の選択は、Microsoft IMEを使いやすくするための大切な操作です。

レッスン

16 英字を入力するには

英字入力

練習用ファイル　なし

日本語の文書でも、英数字はよく使います。Microsoft IMEの入力モードを切り替えると、英数字も入力できます。英数字には、半角と全角の2つの種類があります。作成する文書の用途に合わせて、切り替えて入力しましょう。

1 英字を入力する

[半角/全角]キーを押して英字入力に切り替えておく

ここでは「impress」と入力する

1 [I]キーを押す

「i」と入力され、そのまま確定された

2 続けて[M][P][R][E][S][S]の順にキーを押す

i

「impress」と入力された

impress

2 大文字を入力する

[半角/全角]キーを押して英字入力に切り替えておく

ここでは「Impress」と入力する

1 [Shift]キーを押しながら、[I]キーを押す

「I」と入力され、そのまま確定された

続けて[M][P][R][E][S][S]キーを押しておく

「Impress」と入力される

I

キーワード

[Wordのオプション]	P.340
オートコレクト	P.341
全角	P.343

使いこなしのヒント

全角の英字で入力するには

全角の英数字を入力したいときは、入力モードから［全角英数字］を選択します。また、ファンクションキーを使うと、半角で入力した英数字をあとから全角に変換できます。

ショートカットキー

全角英字に変換　[F9]

用語解説

オートコレクト

半角の英数字は、Wordのオートコレクトという機能により、自動的に先頭の英字が大文字に変換されます。オートコレクトは、一般的な入力ミスを自動的に修正する機能です。設定されている内容の確認とオン/オフは、[オートコレクトのオプション]から指定できます。次ページの「使いこなしのヒント」を参照してください。

使いこなしのヒント

テンキーを活用した数字の入力

テンキーのあるキーボードを使うと、数字を効率よく入力できます。また、テンキーのないキーボードでも、[Num Lock]キーを使うと文字キーの一部をテンキーのように利用できます。

使いこなしのヒント

行の先頭文字を大文字にしないようにするには

半角の英単語の先頭文字が自動的に大文字になってしまうオートコレクトを使いたくないときは、［オートコレクトのオプション］で、設定をオフにします。

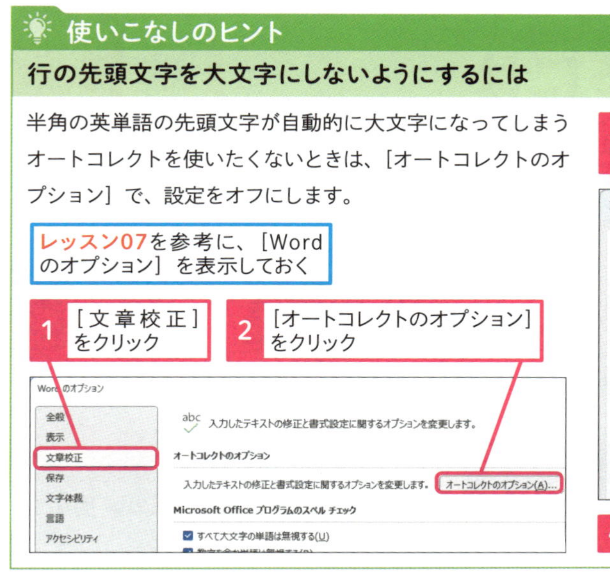

3 ［文の先頭文字を大文字にする］のここをクリックしてチェックマークをはずす

オートコレクト：英語（米国）

オートコレクト　数式オートコレクト　入力オートフォーマット　オートフォーマット　操作

- ［オートコレクト オプション］ボタンを表示する(H)
- 2 文字目を小文字にする［THe ... → The ...](O)
- 文の先頭文字を大文字にする［the ... → The ...](S)
- 表のセルの先頭文字を大文字にする(C)
- 曜日の先頭文字を大文字にする［monday → Monday](N)
- CapsLock キーの押し間違いを修正する［tHE ... → The ...](L)
- 入力中に自動修正する(T)

修正文字列(R):修正後の文字列(W): 書式なし(P)　書式付き(F)

4 ［OK］をクリック

3 行の先頭の文字を小文字にする

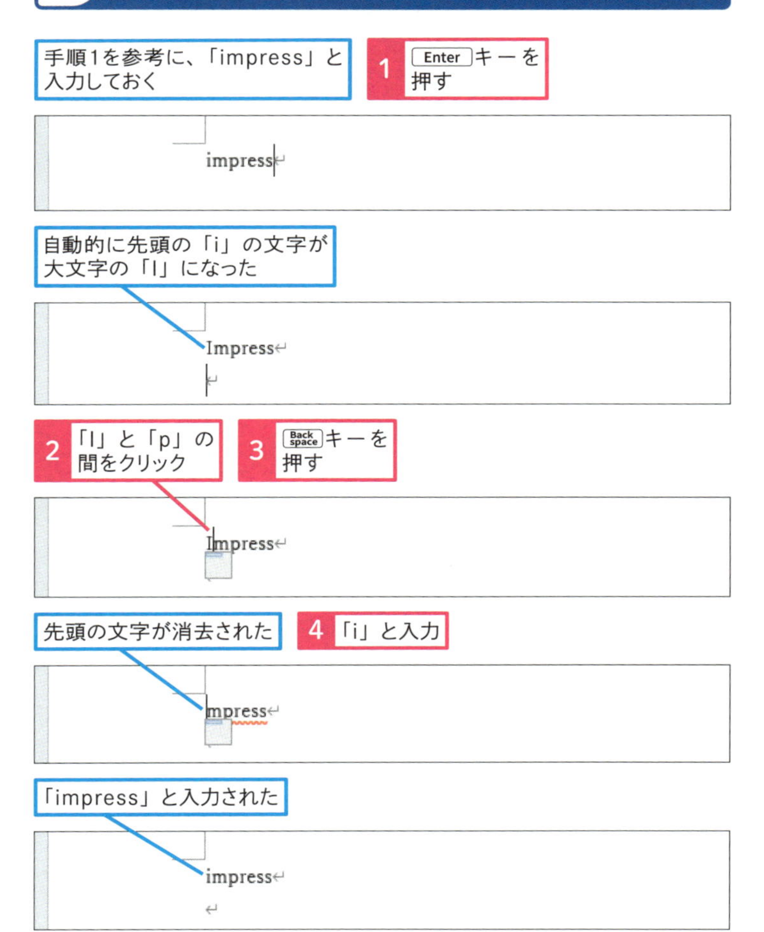

まとめ 英単語の基本は半角英数字を使う

半角英数字は、入力モードで［直接入力］と併記されているように、キーボードから入力する文字の基本です。英単語などの英文を入力するときには、一般的には半角英数字を使います。全角英数文字は、文字の大きさがひらがなやカタカナと同じなので、英単語としてよりも、「A.」や「B-1」のような符号として使われます。

レッスン

17 記号を入力するには

YouTube動画で見る
詳細は2ページへ

記号の入力　練習用ファイル　なし

日本語や英数字の他にも、文書では（）や○、◆などの記号が使われます。記号の中には、キーボードには表示されていないものもあるので、いろいろな入力方法を覚えておくと便利です。また、特徴的な記号を活用すると、文章のアクセントになります。

1 かっこを入力する

[半角/全角]キーを押して英字入力に切り替えておく

ここでは「()」と入力する

1 [Shift]キーを押しながら、[8]キーを押す

「(」と入力され、そのまま確定された

2 続けて[Shift]キーを押しながら、[9]キーを押す

「()」と入力された

2 読み方で記号を入力する

[半角/全角]キーを押して日本語入力に切り替えておく

ここでは「○」と入力する

1 「まる」と入力

2 [space]キーを2回押す

まる
Tab キーを押して選択します
1 ○○
2 丸の内
3 ①
4 丸山

キーワード

Microsoft IME	P.340
特殊文字	P.343

使いこなしのヒント
記号はMicrosoft IMEの変換でも入力できる

読み仮名に「きごう」と入力して変換すると、キーボードから入力できない記号が、変換候補として表示されます。

使いこなしのヒント
記号から変換できる記号もある

記号への変換は、読み仮名の他にも「」などが利用できます。「」を変換すると、記号として入力できる各種の括弧が表示されます。

使いこなしのヒント
覚えておくと便利な記号の読み仮名

「まる」の他にも、覚えておくと便利な記号の読み仮名があります。

●よく使う記号と読み仮名

記号	読み仮名
々 〃	どう
＝ ≒ ≠	いこーる
◇ ◆	しかく
△ ▲	さんかく
→ ⇒	やじるし

● 変換候補から記号を選択する

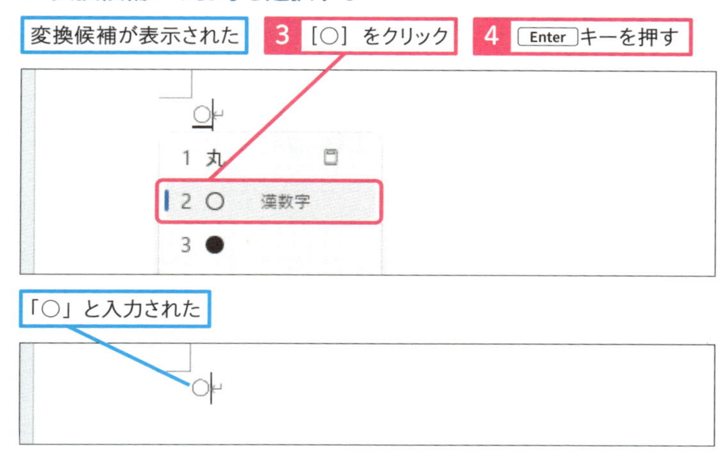

3 特殊な記号を入力する

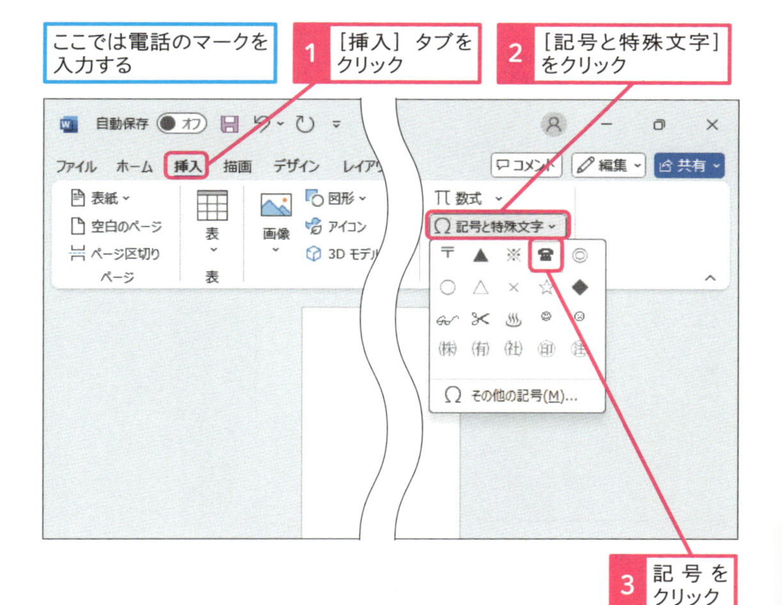

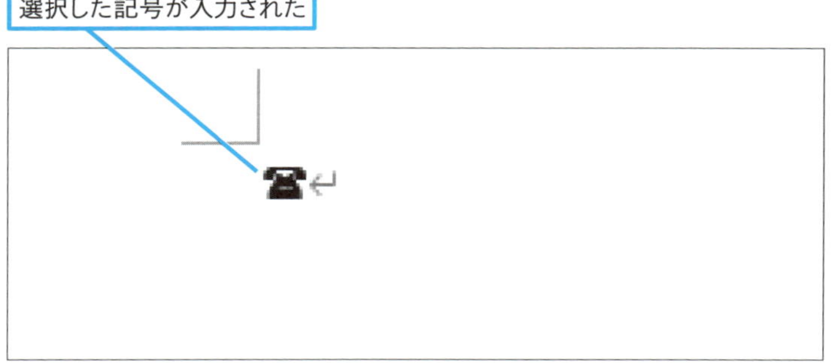

使いこなしのヒント

英単語も読み仮名から変換できる

読み仮名からの変換は、記号だけではなく「はうす」「どっぐ」「ほーむ」「らいと」など、一般的な英単語であれば、日本語を変換して英単語を候補に表示できます。

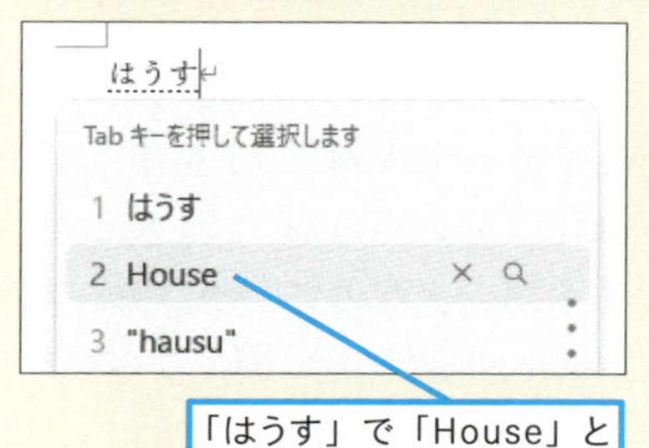

使いこなしのヒント

絵文字も入力できる

⊞キー＋.（ピリオド）とタイプすると、絵文字を入力する画面が表示されます。ここから、絵文字を選んで、編集画面に入力できます。

まとめ　記号を活用すると文書のメリハリがつく

［電話番号］という単語よりも、☎という記号の方が、読む人へ視覚的に意味を伝えられます。記号には文字よりも短く端的に情報を伝えられる便利さがあります。また、箇条書きの項目や、文章の区切りなどに記号を使うと、文書全体のメリハリがついて、より読みやすくなります。いろいろな記号や特殊文字を活用すると、読みやすく伝わりやすい文書を作成できます。

この章のまとめ

Microsoft IMEで日本語入力を便利に楽しくしよう

Wordの文字入力には、Microsoft IMEという日本語入力支援ソフトを使います。Microsoft IMEは、Windows 11に標準で装備されている日本語入力なので、使い方を覚えるとExcelやPowerPointなど、他のアプリでも同じ操作で日本語を入力できるようになります。また、日本語の他にも、英数字や記号も入力できます。さらに、絵文字も入力できるので、カラフルでメリハリのある文書を作成できます。

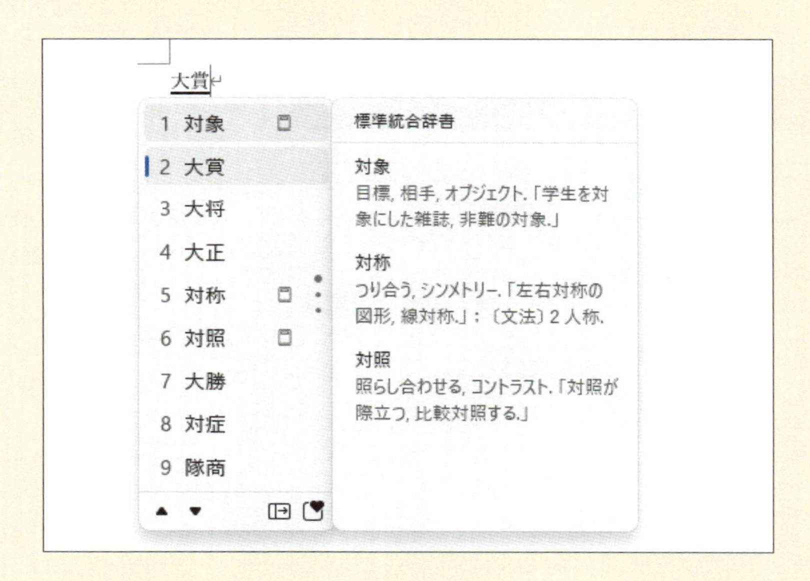

Wordって賢いですねえ。使うのが楽しくなってきました♪

そうだね、とりあえず日本語や英語の入力だったら、これにまさるアプリはないんじゃないかな。

それは頼もしいですね！

ふたりとも、だんだんWordの実力がわかってきたね。次の章では、文字を装飾する方法を紹介します！

基本編

第3章

文書の見栄えを良くする

Wordの装飾機能を活用すると、見栄えのする文書を編集できます。文字の大きさや表示する位置を変えるだけでも、文書の読みやすさは大きく変わります。また、文字だけではなく図形も利用すると、さらに文書で伝える力が向上します。

レッスン
18 Introduction この章で学ぶこと
文字の装飾を覚えよう

読みやすい文書を作るために、文字の装飾はとても重要です。同じ内容の文字でも、サイズや飾りが違うだけで、注目度が変わります。また、文章のレイアウトを調整するときには、タブやスペースなどの編集記号を表示しておくと便利です。

Wordの得意分野です！

この章では文章の装飾を…せ、先生がめっちゃウキウキしてる！

そりゃそうですよー♪　Wordは文字の装飾が大得意。これぞWordの本領発揮ですよー♪

文字の装飾方法、私もきちんとマスターしたいです！

ええ、ぜひぜひ！「自己流」でなんとなくやっている人も多いので、この章でしっかり説明しますよ！

文字を変えると見栄えが変わる

まずは文字そのものの装飾から。文字の大きさや種類、簡単な装飾の変更方法を紹介します。これだけでも文書の見栄えは大きく変わるんですよ。

メリハリがついて、読みやすい文書になりますね！

2022年4月1日↵

野村幸一様↵

おかだ情報センター株式会社↵

info@xxx.example.co.jp↵

↵

箇条書きや段落番号の使い方も覚えよう

そして「箇条書き」「段落番号」など、段落単位で文書の体裁を整える方法も解説します。設定するだけで、Wordがきれいなレイアウトにしてくれるんですよ。

箇条書きの記号とか段落番号って、自動で付けられるんですね……。早く知りたかった！

- 日時　5月23日（土）　10:00〜17:00
- 集合場所　カンファレンス大手町
- 教材　当日配布
- 内容　データサイエンティスト講座

多くの人が間違える「字下げ」のコツも身に付く！

さらに、多くの人が使いこなせていない「インデント」のコツも紹介します。これを覚えれば、文書がすっきり整いますよ！

space キーを使いがちだけど、インデントならきれいに収まりますね！

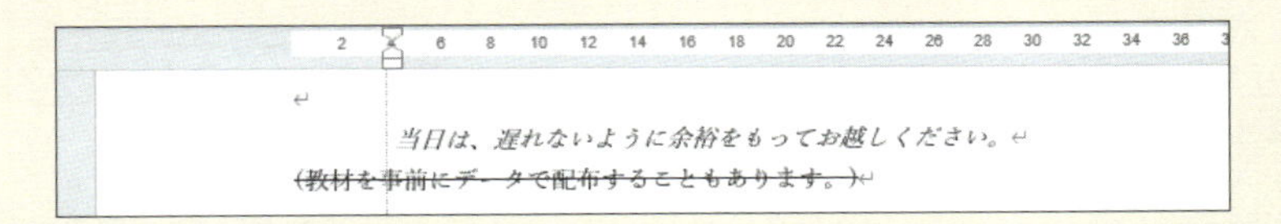

スキルアップ

編集記号を表示するには

[ホーム] タブの [編集記号の表示/非表示] ボタン (↵) をクリックすると、タブやスペースなどの編集記号を表示できます。また、[Wordのオプション] では表示したい編集記号を選べます。

● [ホーム] タブで設定する

1 [ホーム] タブをクリック

2 [編集記号の表示/非表示] をクリック

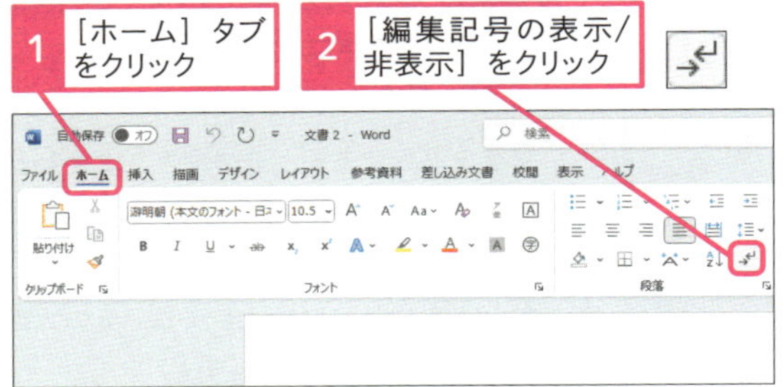

● [Wordのオプション] で設定する

レッスン07を参考に、[Wordのオプション] を表示しておく

1 [表示] をクリック

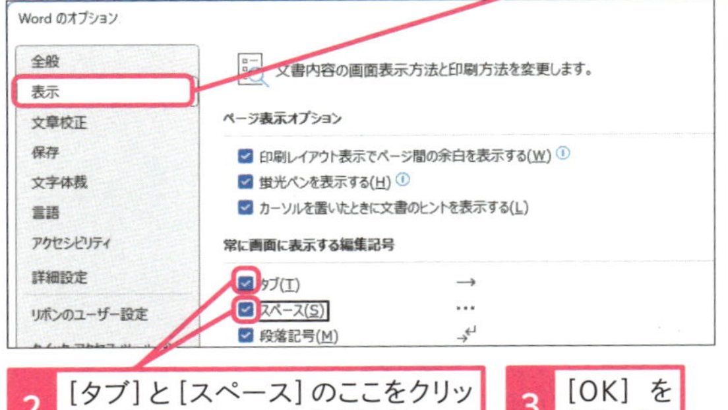

2 [タブ] と [スペース] のここをクリックしてチェックマークを付ける

3 [OK] をクリック

レッスン
19 文字の大きさを変えるには

フォントサイズ　練習用ファイル　L019_フォントサイズ.docx

Wordでは、文字の大きさを変えて、タイトルや名前などを読みやすくできます。大きな文字は、文書の中で優先的に見てもらえるので、強調したい氏名や単語に利用すると、伝えたい情報の優先度を高められます。

1 文字を拡大する

ここでは「野村幸一様」という文字を拡大する

1 ここにマウスポインターを合わせる

2 ここまでドラッグ

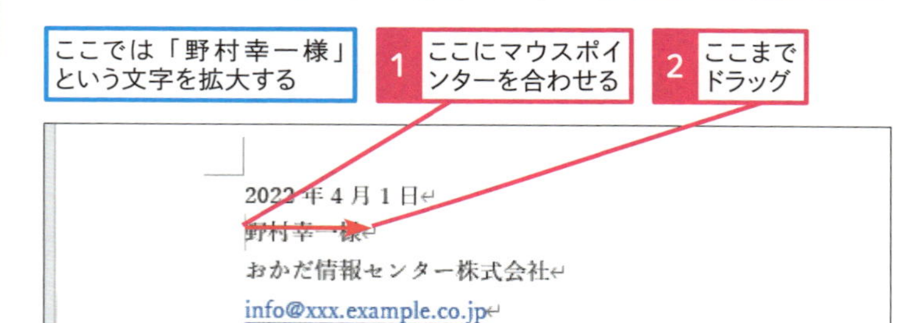

拡大する文字が選択された

3 ［ホーム］タブをクリック

4 ［フォントサイズの拡大］をクリック

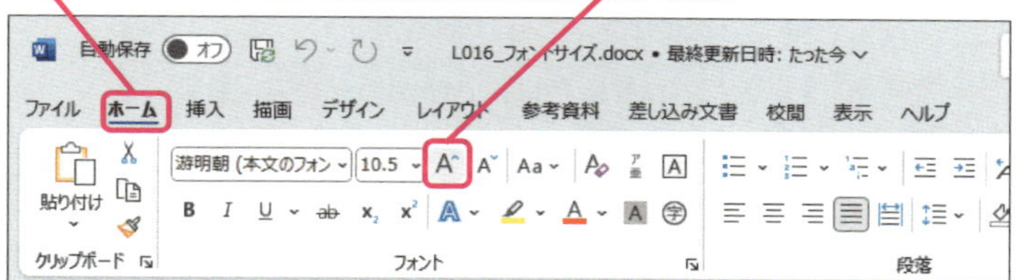

選択した文字が拡大された

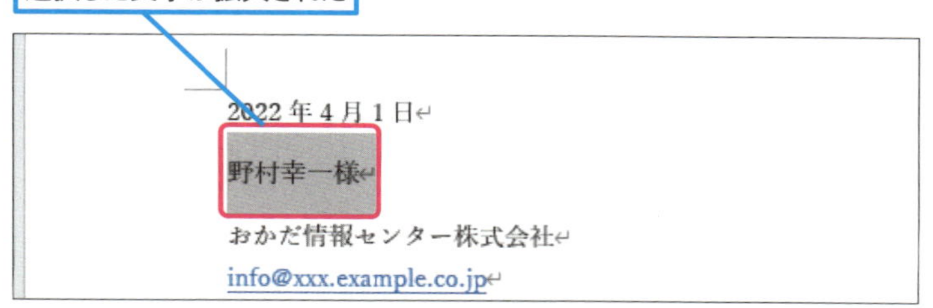

キーワード

フォント　P.344
ミニツールバー　P.345

使いこなしのヒント
文字を縮小するには

Wordの文字は、拡大するだけではなく、小さくすることもできます。文字を縮小すると、限られたスペースにより多くの情報を凝縮できます。

1 文字を選択

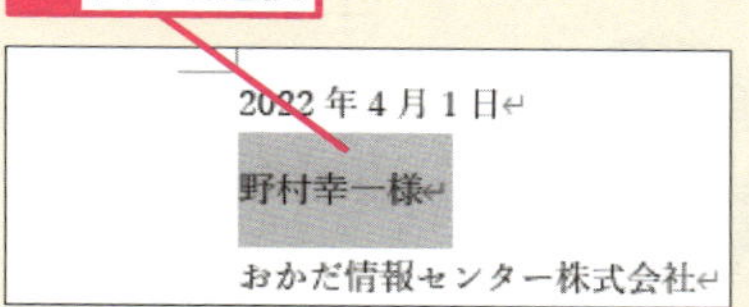

2 ［ホーム］タブをクリック

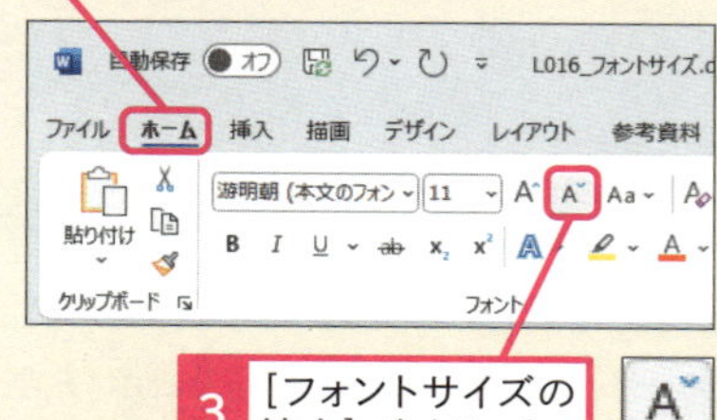

3 ［フォントサイズの縮小］をクリック

使いこなしのヒント
文字の大きさに合わせて行も広がる

文字を拡大すると、その大きさに合わせて一行の高さが広くなります。レッスンのように、行全体の文字ではなく、文章の中の一文字だけを拡大しても、その大きさに合わせて行は広がります。

2 文字の大きさを選択する

ここでは「野村幸一様」という文字のフォントサイズを［16］に設定する

手順1を参考に、「野村幸一様」という文字を選択しておく

1 ［ホーム］タブをクリック

2 ［フォントサイズ］のここをクリック 

3 ［16］をクリック

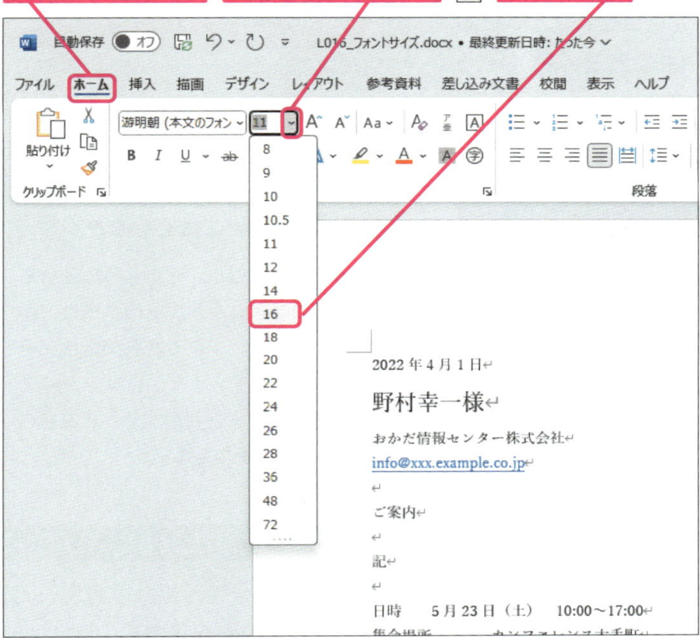

文字のフォントサイズが16に設定された

2022 年 4 月 1 日
野村幸一様
おかだ情報センター株式会社
info@xxx.example.co.jp

ご案内

記

日時 5 月 23 日（土） 10:00～17:00
集合場所 カンファレンス大手町
教材 当日配布
内容 データサイエンティスト講座

当日は、遅れないように余裕をもってお越しください。
(教材を事前にデータで配布することもあります。)

アクセシビリティ: 検討が必要です

使いこなしのヒント
ミニツールバーを確実に表示するには

ミニツールバーは、文字を選択すると自動的に表示されますが、操作によっては表示されないこともあります。そんなときには、マウスの右クリックを使うと、確実にミニツールバーを表示できます。

使いこなしのヒント
フォントのサイズを確認するには

フォントを選択したり、前後にカーソルを移動したりすると、そのフォントのサイズが、リボンに表示されます。

1 ここをクリック

フォントサイズが表示された

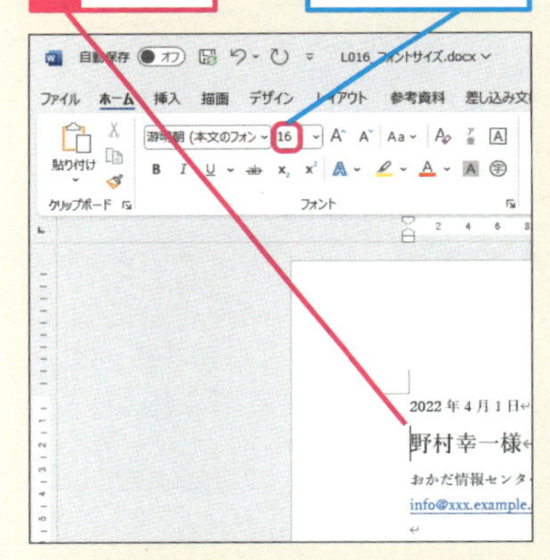

まとめ 標準の文字サイズは10.5ポイント

Wordの編集画面に入力される文字のサイズは、標準の設定で10.5ポイントになっています。文字を拡大すると、その数字が大きくなります。拡大したり縮小したりした文字を元のサイズに戻したいときには、［フォントサイズ］を10.5に設定します。

レッスン
20 文字の配置を変えるには

文字の配置　練習用ファイル　L020_文字の配置.docx

ビジネス文書では、宛名は左から表示しますが、自社名などは右側に寄せて記載します。また、タイトルなどは中央に配置します。こうした文字の配置には、Wordの配置機能を利用します。

1 文字を左右中央に配置する

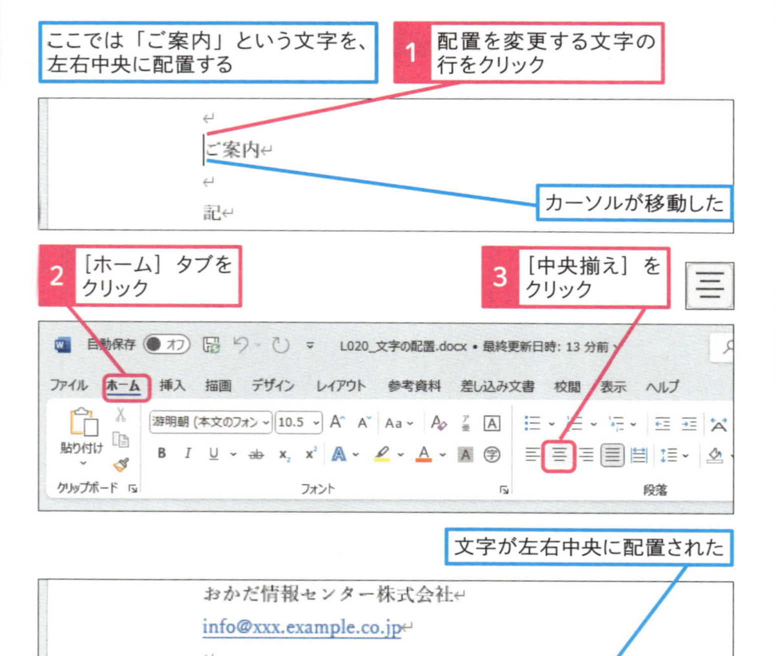

2 文字を行末に配置する

ここでは「おかだ情報センター株式会社」という文字を、行末に配置する

1 配置を変更する文字の行をクリック

野村幸一様
おかだ情報センター株式会社
info@xxx.example.co.jp

カーソルが移動した

キーワード

使いこなしのヒント
配置の基準はどこにあるのか

文書の左端や右端は、どのように決められているのでしょうか。その基準は、編集画面に表示されている左右の余白記号の位置になります。また、レッスン58で解説するルーラーを利用すると、左右の任意の位置に変更できます。

使いこなしのヒント
均等割り付けとは

配置のアイコンにある［均等割り付け］は、選択した文字を行の幅いっぱいに均等に配置する機能です。標準の設定では、文書の左右余白いっぱいに文字が配置されますが、レッスン58で解説するルーラーを利用すると、任意の幅の間で、文字を均等に配置できます。

使いこなしのヒント
メールアドレスを入力すると自動的に書式が設定される

このレッスンのようにメールアドレスを入力すると、自動的に文字が青くなり下線の付いた「ハイパーリンク」の書式に変換されます。Wordは［オートコレクト］の［入力オートフォーマット］機能により、インターネットのアドレスやメールアドレスを自動的にハイパーリンクの書式に設定します。

● [右揃え] を実行する

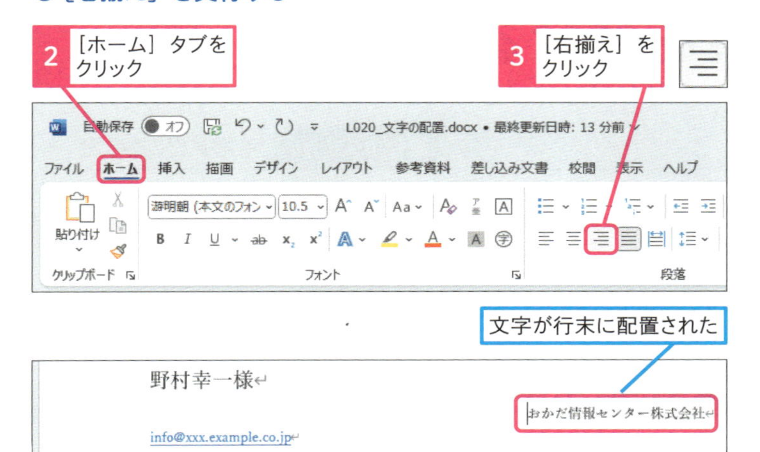

3 文字を行頭に配置する

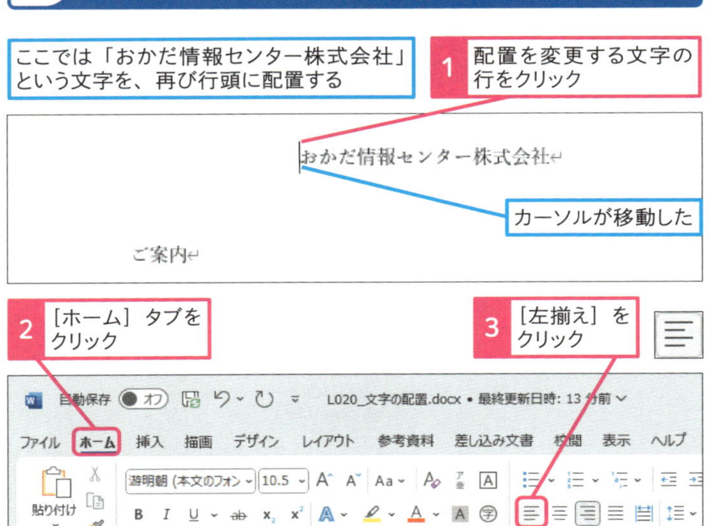

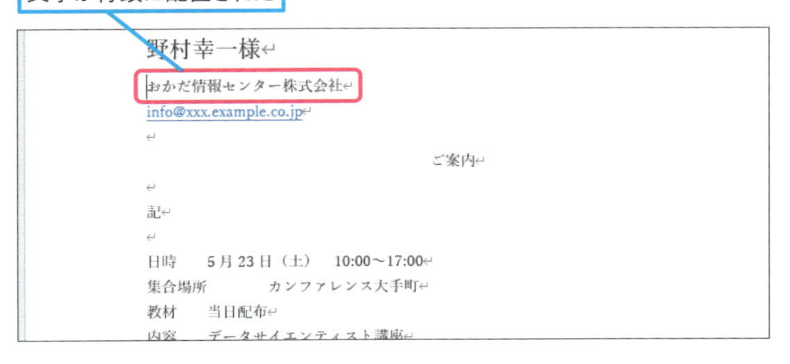

使いこなしのヒント

標準の設定は両端揃え

Wordの文字の配置は、標準の設定では［両端揃え］になっています。両端揃えでは、左右の余白に文字が均等に揃うように配置されます。

使いこなしのヒント

配置は改行しても継続される

配置を設定した行は、Enterキーで改行すると、同じ設定が次の行に継承されます。もし、次の行の配置を戻したいときには、リボンから［両端揃え］を設定します。

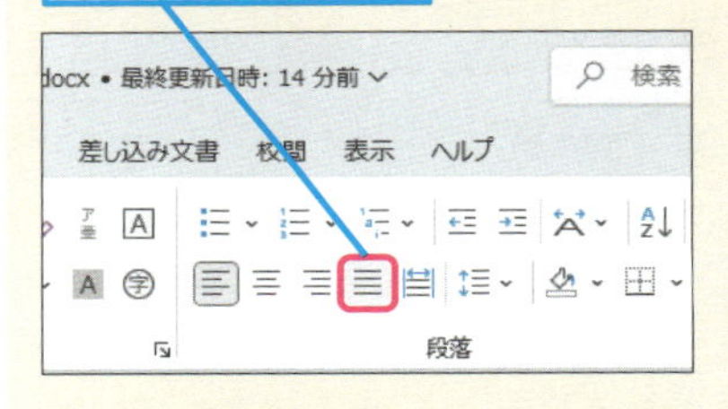

まとめ 配置を工夫して文書を読みやすくする

横書きの文書では、文字の配置を中央や右端にすると、その単語や文章に対する注目度が変わります。一般的に、文書の題名や見出しなど、注目度の高い文字は中央に配置して目立つようにします。また、社名や補足情報のように、優先度の低い内容は、右端に寄せることで、伝えたい文章の読みやすさを向上できます。左右と中央の配置を工夫するだけで、文書はとても読みやすくなります。

レッスン

21 文字に効果を付けるには

文字の効果

練習用ファイル　手順見出しを参照

文字を太くしたり下線を付けたりすると、その単語や文章は、より目立つようになります。文書の中でも、特に強調したい箇所には、太字や下線などの装飾を使って、さらにメリハリをつけてみましょう。

1 文字を太くする

L021_文字の効果_01.docx

ここでは「野村幸一様」という文字を太字にする

レッスン19の手順1を参考に、「野村幸一様」という文字を選択しておく

2022年4月1日

野村幸一様

1 ［ホーム］タブをクリック

2 ［太字］をクリック　B

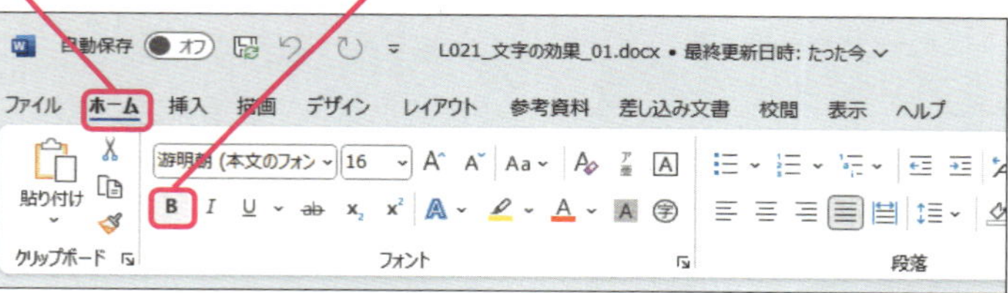

3 ここをクリック

選択した文字が太字になった

2022年4月1日

野村幸一様

おかだ情報センター株式会社

info@xxx.example.co.jp

2 文字に下線を引く

L021_文字の効果_02.docx

ここでは「野村幸一様」という文字に下線を引く

レッスン19の手順1を参考に、「野村幸一様」という文字を選択しておく

2022年4月1日

野村幸一様

おかだ情報センター株式会社

info@xxx.example.co.jp

キーワード

フォント	P.344
ホーム	P.345
リボン	P.345

ショートカットキー

太字にする	Ctrl + B

使いこなしのヒント

下付き・上付きとは

「H_2O」や「$3m^2$」のように、単語の中には、小さな英数字を上下に配する表現があります。このような文字を入力するには、［下付き］（x_2）［上付き］（x^2）の装飾を使います。［下付き］（x_2）は、選択した文字を小さく下に、［上付き］（x^2）は小さく上に配置します。

上付きにする文字を選択しておく

1 ［ホーム］タブをクリック

2 ［上付き］をクリック

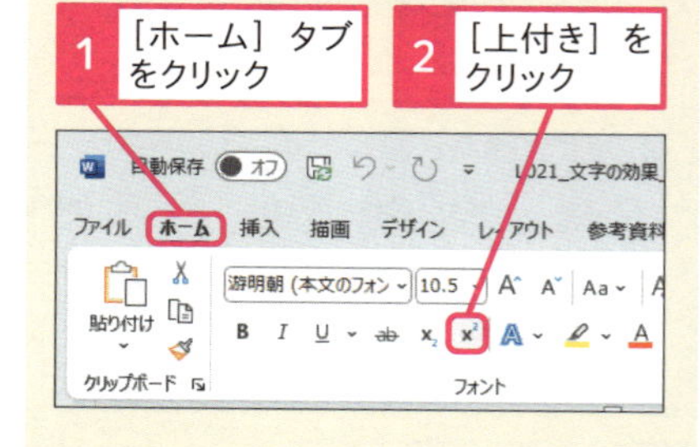

ショートカットキー

下線を引く	Ctrl + U
下付き	Ctrl + =
上付き	Ctrl + Shift + +

●［下線］を実行する

1 ［ホーム］タブをクリック

2 ［下線］をクリック

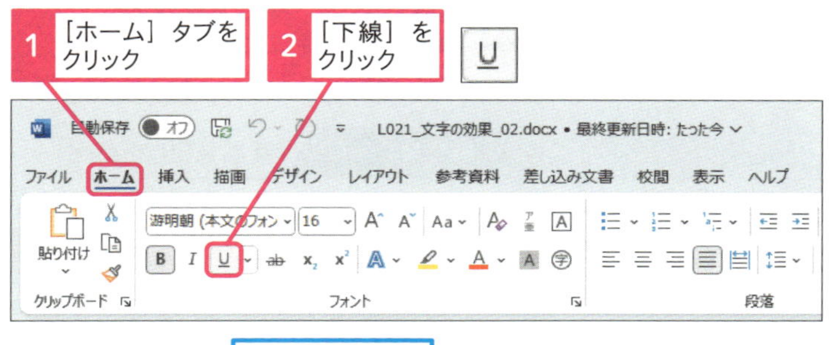

3 ここをクリック

選択した文字に下線が引かれた

2022年4月1日
野村幸一様
おかだ情報センター株式会社
info@xxx.example.co.jp

3 文字を斜体にする

L021_文字の効果_03.docx

ここでは「当日は、遅れないように余裕をもってお越しください。」という文字を斜体にする

レッスン19の手順1を参考に、斜体にする文字を選択しておく

教材　当日配布
内容　データサイエンティスト講座

当日は、遅れないように余裕をもってお越しください。
(教材を事前にデータで配布することもあります。)

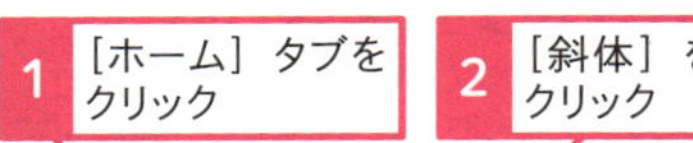

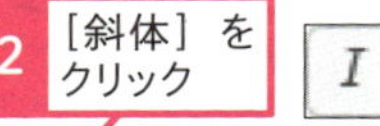

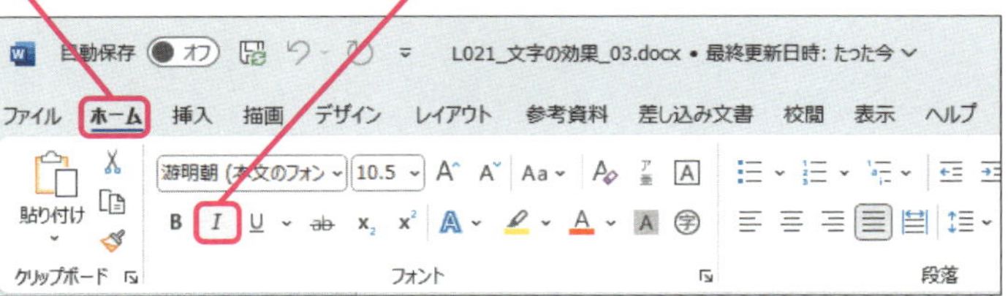

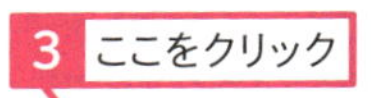

選択した文字が斜体になった

教材　当日配布
内容　データサイエンティスト講座

当日は、遅れないように余裕をもってお越しください。
(教材を事前にデータで配布することもあります。)

使いこなしのヒント

下線の色と種類は選択できる

下線を付けるアイコンの横にある⌄をクリックすると、二重線や波線などの種類を選べます。また、［下線の色］にマウスを合わせると、色も選べます。線種と色を変えると、さらに目立つ装飾になります。

使いこなしのヒント

効果を重ねることもできる

文字の装飾は、複数の効果を重ねて設定できます。レッスンのように、太字と下線を組み合わせて装飾すると、より目立つようになります。

ショートカットキー

斜体にする　Ctrl + I

使いこなしのヒント

取り消し線など他の装飾を使うには

リボンの［フォント］にあるフォントのオプション（Ctrl+Dキー）を開くと、［二重取り消し線］などリボンに表示されていない文字飾りも利用できます。複数の文字飾りをまとめて設定したいときにも、フォントのオプションを使うと便利です。

まとめ　強調と注目と補足などに3つの装飾を活用する

太字は、その文字の印象を強調します。下線は、文章の中で使うと注目度を高められます。斜体は、補足したい文章などに利用すると、本文を読む妨げにならずに情報を付記できます。3つの装飾は、昔から使われてきた代表的な表現方法なので、文章の目的に合わせて使い分けると、より端的に情報を伝えられる文書になります。

レッスン

22 文字の種類を変えるには

フォント

練習用ファイル　手順見出しを参照

フォントとは文字の種類です。標準的なWordの設定では、游明朝（ゆうみんちょう）という種類のフォントを使っています。このフォントの種類を変えることで、文書の印象は大きく変わります。Wordでは、Windowsに登録されているフォントを利用できます。

フォントとは

Wordで利用できるフォントの種類は、リボンから［フォント］を開いて確認します。日本語で利用できるフォントは、ゴシックや明朝と書体などの日本語を組み合わせて表示されています。

Wordでは、文字にさまざまなフォントを設定できる

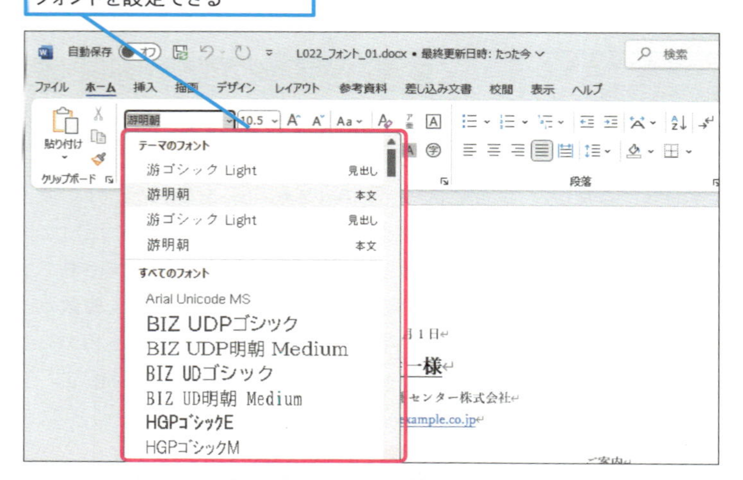

1 フォントの種類を変更する

L022_フォント_01.docx

ここでは「おかだ情報センター株式会社」という文字のフォントを［游ゴシックLight］に変更する

フォントを変更する文字を選択しておく

野村幸一様
おかだ情報センター株式会社
info@xxx.example.co.jp

キーワード

ダイアログボックス	P.343
フォント	P.344
リボン	P.345

ショートカットキー

［フォント］ダイアログボックスの表示
Ctrl ＋ Shift ＋ F

使いこなしのヒント

UIフォントとは

フォント名の中に UI という表記が付いたUIフォントは、Windowsのメニューやアイコン名などの表示に使われています。その特徴は、狭い幅に多くの文字が表示できる凝縮性にあります。通常の文書では、UIフォントはあまり利用しません。

使いこなしのヒント

UDフォントとは

UDフォントのUDは、「ユニバーサルデザイン」の略称で、文字の形の分かりやすさに配慮したデザインのフォントです。濁点や半濁点のついた文字が読みにくいときなどに、UDフォントを使うと読みやすさが改善されます。

● フォントを変更する

1 ［ホーム］タブをクリック

2 ［フォント］のここをクリック

3 ［游ゴシックLight］をクリック

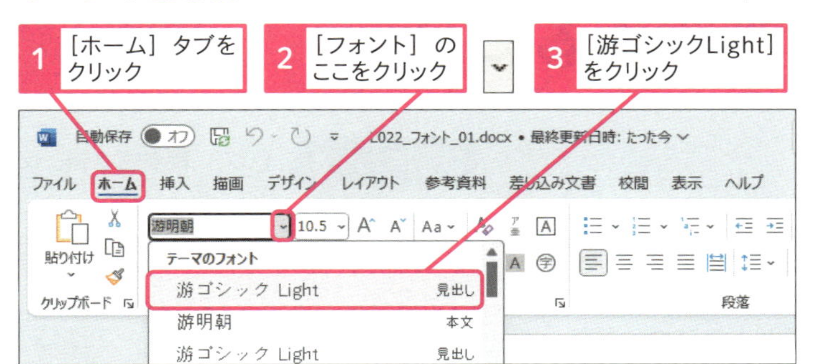

4 余白の白いところをクリック

選択した文字のフォントが、［游ゴシックLight］に変更された

野村幸一様↵

おかだ情報センター株式会社↵

2 字間のバランスを変更する

L022_フォント_02.docx

ここでは「おかだ情報センター株式会社」という文字のフォントを［MS Pゴシック］に変更する

レッスン19の手順1を参考に、フォントを変更する文字を選択しておく

野村幸一様↵

おかだ情報センター株式会社↵

1 ［ホーム］タブをクリック

2 ［フォント］のここをクリック

3 ここをドラッグして下にスクロール

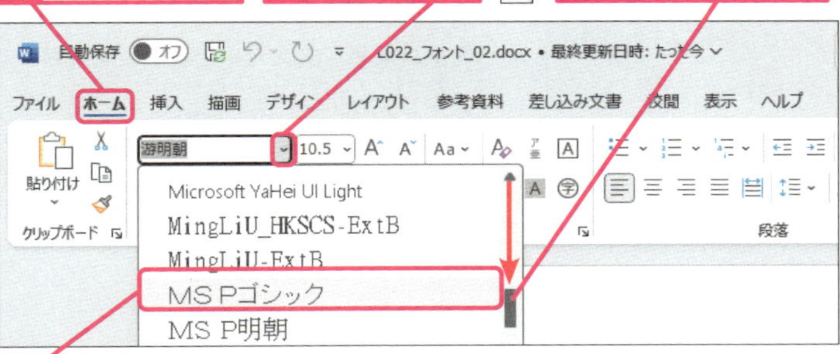

4 ［MS Pゴシック］をクリック

5 余白の白いところをクリック

選択した文字のフォントが、［MS Pゴシック］に変更されて、等幅だった字間が文字ごとの字間に設定された

野村幸一様↵

おかだ情報センター株式会社↵

使いこなしのヒント

プロポーショナルフォントとは

プロポーショナルフォントは、文字ごとに幅が異なるフォントです。フォント名にPが付いているフォントが、プロポーショナルフォントです。プロポーショナルフォントを使うと間延びして見える「リ」や「う」などの文字の幅が狭くなるので、一行に入力できる文字数が多くなり、文章全体がぎゅっと締まっている印象になります。

使いこなしのヒント

明朝体とゴシック体とは

明朝体は新聞や書籍などの印刷で利用される標準的な日本語の書体です。毛筆の楷書体を模したデザインになっています。ゴシック体は、見出しなど強調したい文字のためにデザインされた書体です。その特徴は、楷書体のような筆遣いを感じさせないシンプルなデザインにあります。

まとめ フォントの基本は明朝体とゴシック体

Wordの装飾で使えるフォントの基本は、楷書体をベースにした明朝体と、見出しなど強調したい文字に適したゴシック体の2種類です。その他のフォントは、明朝体かゴシック体をベースにデザインされています。一般的に、文章では明朝体を利用し、見出しやタイトルに注釈など、本文と異なる箇所でゴシック体を使って強調します。ただし、デザインによっては、あえて本文にゴシック体を使って、モダンな印象を与える方法もあります。2種類のフォントを使い分けるだけで、文章の読みやすさや見栄えは、とても向上します。

レッスン

23 箇条書きを設定するには

箇条書き　　練習用ファイル　L023_箇条書き.docx

複数の情報を整理して伝えたいときには、箇条書きを使うと便利です。Wordでは、複数の行にわたって箇条書きをまとめて設定できます。箇条書きでは、記号の他に連続した番号も表示できます。

1 箇条書きを設定する

ここでは日時や集合場所、教材、内容が記された4行を箇条書きに設定する

箇条書きにする行を選択しておく

日時　5月23日（土）　10:00～17:00
集合場所　カンファレンス大手町
教材　当日配布
内容　データサイエンティスト講座

当日は、遅れないように余裕をもってお越しください。
（教材を事前にデータで配布することもあります。）

以上

1 ［ホーム］タブをクリック

2 ［箇条書き］をクリック

自動保存　オフ　L023_箇条書き.docx • 最終更新日時: たった今
ファイル　ホーム　挿入　描画　デザイン　レイアウト　参考資料　差し込み文書　校閲　表示　ヘルプ
貼り付け　游明朝 (本文のフォン　10.5
クリップボード　フォント　段落

3 ここをクリック

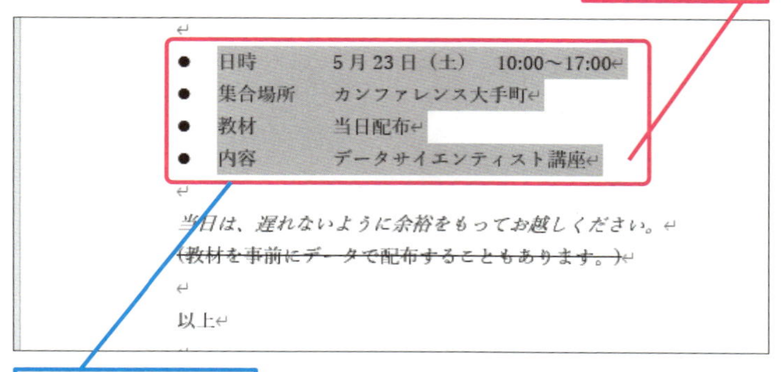

箇条書きが設定された

キーワード

使いこなしのヒント
箇条書きとは

「箇条」とは、いくつかに分けて並べて表記する1つ1つの条項を意味します。複数の条項を並べて書くので、箇条書きと表現されます。連続した文章ではなく、リストや一覧のように並べて要点だけを書く方法です。

使いこなしのヒント
箇条書きの行頭文字を変えるには

箇条書きで表示される行頭文字の「●」を他の記号に変えたいときは、箇条書きアイコンの⌄をクリックして、［行頭文字ライブラリ］から、変更したい記号を選びます。また、［新しい行頭文字の定義］を使うと、任意の記号を登録できます。

2 続けて入力できるようにする

箇条書きを設定したばかりの状態になっている

1 Enter キーを押す

記
●　日時　5月23日（土）　10:00～17:00
●　集合場所　カンファレンス大手町
●　教材　当日配布
●　内容　データサイエンティスト講座

当日は、遅れないように余裕をもってお越しください。
~~(教材を事前にデータで配布することもあります。)~~

箇条書きが設定されたままになっている

2 もう一度 Enter キーを押す

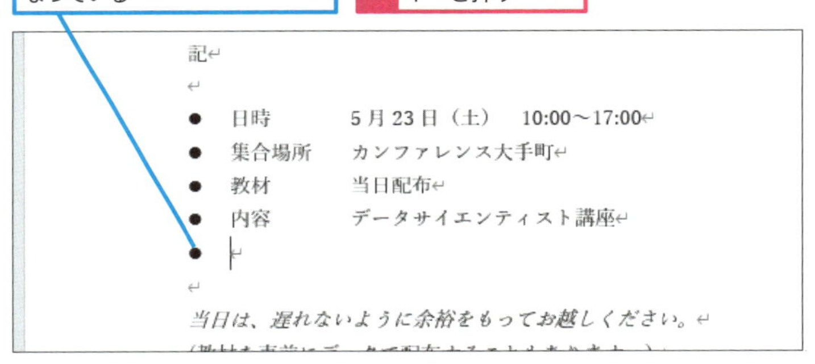

箇条書きが解除された

3 Back space キーを押す

記
●　日時　5月23日（土）　10:00～17:00
●　集合場所　カンファレンス大手町
●　教材　当日配布
●　内容　データサイエンティスト講座

当日は、遅れないように余裕をもってお越しください。

箇条書きが解除され、通常の文字が入力できるようになった

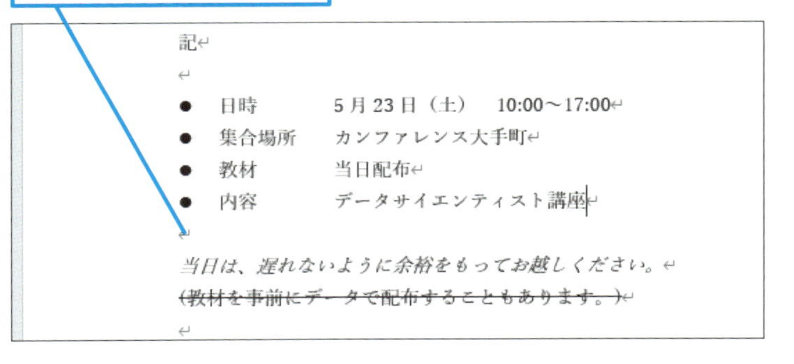

使いこなしのヒント
箇条書きを再度設定するには

Back space キーで箇条書きを解除すると、行頭記号は表示されなくなります。もう一度、箇条書きにしたい場合は、再設定します。

使いこなしのヒント
段落番号とは

段落番号を使うと、箇条書きの行頭に連続した数字を表示できます。段落番号も、箇条書きと同じように、⌄をクリックすると、番号ライブラリから、数字以外の連続文字が選べます。

使いこなしのヒント
段落番号は自動的に再計算される

段落番号を設定した行では、改行すると自動的に加算された番号が表示されます。表示された番号を解除したいときには、Back space キーで削除すると、自動的に以下の行の番号も再計算されます。また、行の上下を入れ替えても、順番に合わせて再計算されます。

まとめ　箇条書きは行頭文字で読みやすくする

文章の中に箇条書きを使うと、文例のような日時や場所など、項目として整理されている情報を端的に伝えやすくなります。箇条書きの項目に、行頭文字を追加すると、さらに読みやすくなります。また、段落番号を使うと、連続した数字が自動的に表示されるので、箇条書きの項目が多いときに読みやすさを改善できます。

レッスン

24 段落や行を素早く選択するには

段落や行の選択　練習用ファイル　L024_段落行選択.docx

編集作業の効率を向上させるテクニックに、文章の段落や行を素早く選択するマウス操作があります。行や段落をまとめて選択すると、コピーや装飾などの操作も手早く実行できます。また、マウス操作とキーボードを組み合わせると、より複雑な選択も可能になります。

キーワード

段落	P.343
余白	P.345
リボン	P.345

1 行を選択するには

1 行の左側の余白をクリック

ライト兄弟が、はじめての飛行に成功してから約110年。その間に、航空機は数々の進化を遂げてきた。その一方で、小型の無人操縦機の分野では、100年を経ても大きな進化は起きていなかった。

行が選択された

2 クリックしたまま下にドラッグ

下の行が選択された

使いこなしのヒント

マウスポインタの形に注目して範囲を選択する

リボンやオブジェクトなどを選択するときのマウスポインタは、[左向き矢印] になっていますが、行を選択するときには、マウスポインタが [右向き矢印] になります。マウスポインタの矢印の向きに注目すると、行を選択できるかどうか判断できます。

スキルアップ

行、文、段落の違い

行は、横または縦一列に並んでいる文字の集まりです。文は、意味のある文字の集まりで、「。」句点で区切られます。段落は、意味のある文で構成された文章のまとまりです。Wordでは、編集画面に入力されている句点や改行を識別して、選択する範囲が文か行か段落かを判断しています。

◆行　◆文　◆段落

現在の4～8枚のプロペラを搭載したドローンが登場する以前、無線で飛ばす小型の飛行物といえば、飛行機やヘリコプターを模した物が中心だった。そのため、飛行機では滑走路が必要となり、空中で安定した姿勢や方向転換を行うために、高度な操縦技能が必要とされていた。ヘリコプター型の場合も、操縦や運用が厳しいために、農薬散布などの限られた目的に利用されていた。

ところが、パリに本社があるParrot社が2010年にホビー用のAR Droneというクアッドコプターを発表すると、市場は一変した。

2 文を選択するには

1 文の一部にマウスカーソルを合わせる

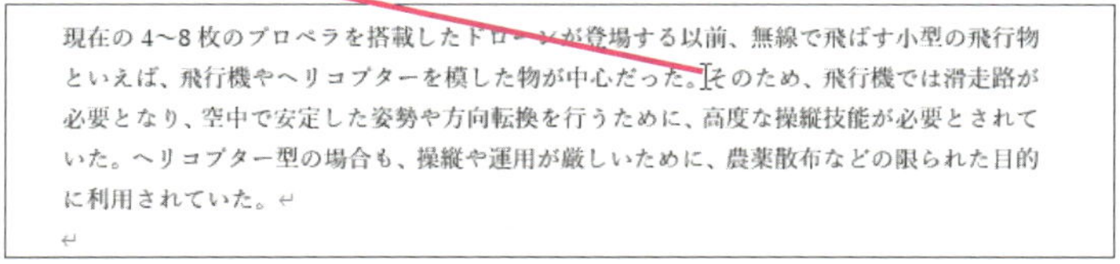

> 現在の4～8枚のプロペラを搭載したドローンが登場する以前、無線で飛ばす小型の飛行物といえば、飛行機やヘリコプターを模した物が中心だった。そのため、飛行機では滑走路が必要となり、空中で安定した姿勢や方向転換を行うために、高度な操縦技能が必要とされていた。ヘリコプター型の場合も、操縦や運用が厳しいために、農薬散布などの限られた目的に利用されていた。

2 Ctrl キーを押しながらマウスボタンをクリック

文が選択された

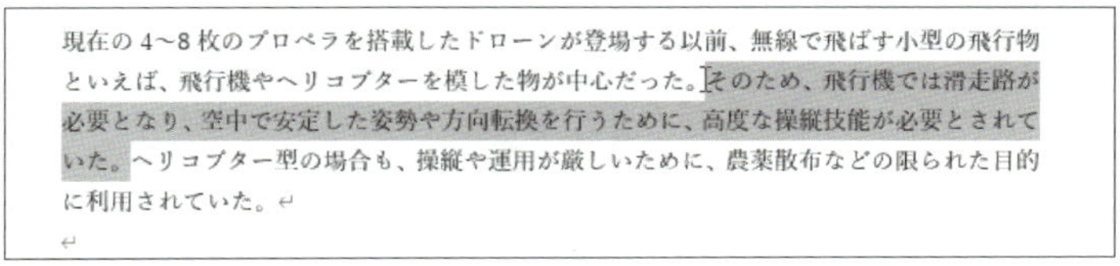

> 現在の4～8枚のプロペラを搭載したドローンが登場する以前、無線で飛ばす小型の飛行物といえば、飛行機やヘリコプターを模した物が中心だった。そのため、飛行機では滑走路が必要となり、空中で安定した姿勢や方向転換を行うために、高度な操縦技能が必要とされていた。ヘリコプター型の場合も、操縦や運用が厳しいために、農薬散布などの限られた目的に利用されていた。

3 段落を選択するには

1 段落の左側にマウスカーソルを合わせる

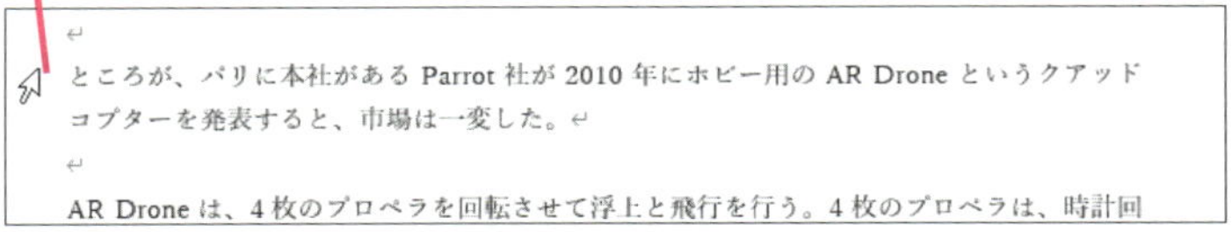

> ところが、パリに本社がある Parrot 社が 2010 年にホビー用の AR Drone というクアッドコプターを発表すると、市場は一変した。
>
> AR Drone は、4枚のプロペラを回転させて浮上と飛行を行う。4枚のプロペラは、時計回

2 そのままダブルクリック

段落が選択された

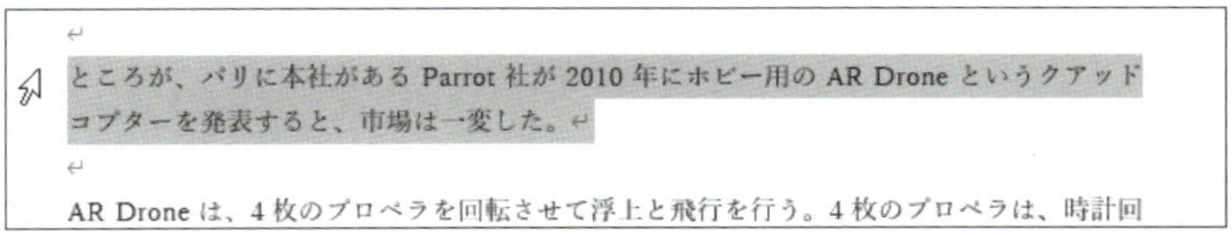

> ところが、パリに本社がある Parrot 社が 2010 年にホビー用の AR Drone というクアッドコプターを発表すると、市場は一変した。
>
> AR Drone は、4枚のプロペラを回転させて浮上と飛行を行う。4枚のプロペラは、時計回

4 文章全体を選択するには

1 左側の余白をトリプルクリック

文章全体が選択された

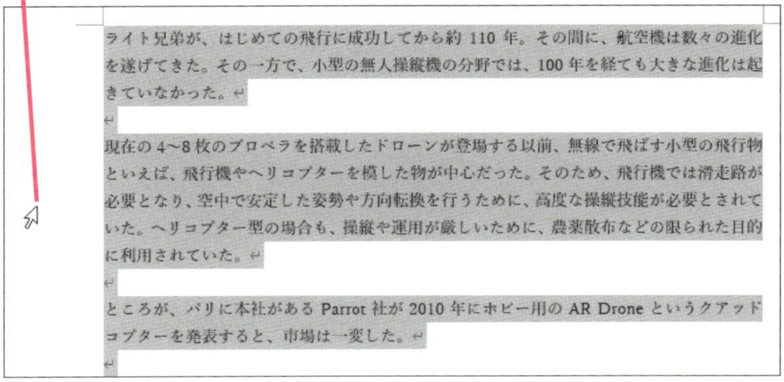

> ライト兄弟が、はじめての飛行に成功してから約 110 年。その間に、航空機は数々の進化を遂げてきた。その一方で、小型の無人操縦機の分野では、100 年を経ても大きな進化は起きていなかった。
>
> 現在の4～8枚のプロペラを搭載したドローンが登場する以前、無線で飛ばす小型の飛行物といえば、飛行機やヘリコプターを模した物が中心だった。そのため、飛行機では滑走路が必要となり、空中で安定した姿勢や方向転換を行うために、高度な操縦技能が必要とされていた。ヘリコプター型の場合も、操縦や運用が厳しいために、農薬散布などの限られた目的に利用されていた。
>
> ところが、パリに本社がある Parrot 社が 2010 年にホビー用の AR Drone というクアッドコプターを発表すると、市場は一変した。

使いこなしのヒント

Ctrl キーを活用して複数のテキストをまとめて選択する

Ctrl キーを押しながらマウスのドラッグ操作を行うと、離れた箇所にあるテキストをいくつも選択できます。特定の単語などをまとめて選択して装飾したいときなどに活用すると便利です。

使いこなしのヒント

Shift キーでまとめて選択する

Shift キーを押しながら←↑↓→キーを押すと、複数の行をまとめて選択できます。カーソルを文頭に配置して、Shift キーを押したまま↑↓キーを押すと、複数の行をまとめて選択できます。また、Shift キーを押したまま←→キーを押すと、テキストを範囲選択できます。

使いこなしのヒント

ダブルクリックで単語を選択できる

マウスのダブルクリックで、文章の中の単語を選択できます。選択したい単語にマウスカーソルを合わせて、ダブルクリックすると対象の単語が選択されます。

まとめ 行や段落を素早く選択できると編集の効率がアップする

Wordの編集作業では、入力した文章や単語を選択して装飾などの操作を行います。そのため、マウス操作の多くがテキストの選択になります。その選択にかかる時間を短縮できると、編集の効率がアップします。また、行や文を的確に選択できると、編集ミスも減ります。テキストの選択方法は、マウスポインタの位置とキーの組み合わせを覚えるだけなので、習得は簡単で編集作業の効率化につながります。

レッスン

25 段落を字下げするには

インデント

練習用ファイル L025_インデント.docx

文章の中には、左右や中央に配置するのではなく、少しだけ右に寄せて表示したい、という内容もあります。そういうときに、インデントという段落単位での字下げを使います。

1 インデントの起点を確認する

ルーラーでインデントの起点を確認する

1 ［表示］タブをクリック

2 ［表示］をクリック

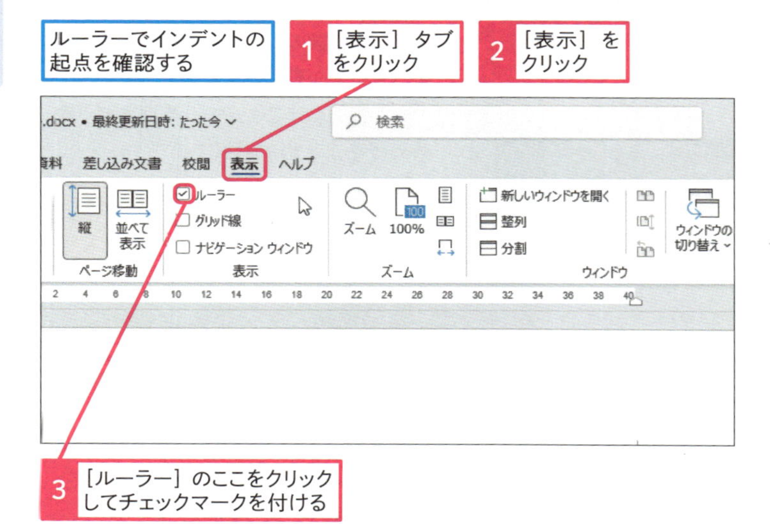

3 ［ルーラー］のここをクリックしてチェックマークを付ける

2 段落を字下げする

ルーラーが表示された

ここでは「当日は、遅れないように余裕をもってお越しください。」という行の段落を字下げする

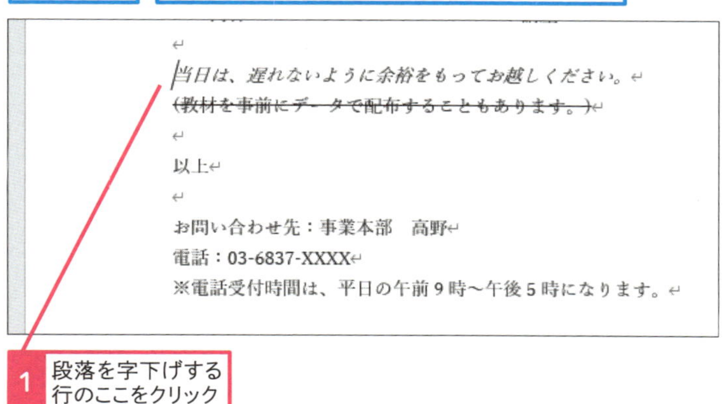

1 段落を字下げする行のここをクリック

キーワード

インデント	P.341
ホーム	P.345
ルーラー	P.345

用語解説

インデント

インデント（indent）の語源は、紙などに窪みやギザギザをつける英単語です。その意味が転じて、文章の行頭に一定のスペースを空ける印刷用語になりました。日本では、「字下げ」と訳されています。

使いこなしのヒント

段落の字下げを改行で解除するには

設定されたインデントは、改行しても継承されます。解除したいときには、Back spaceキーを押します。

使いこなしのヒント

インデントで字下げされる単位

［インデントを増やす］では、標準フォント（10.5ポイント）の1文字分の字下げが行われます。［インデントを増やす］による字下げは、フォントのサイズを大きくしていても、小さくしていても、常に10.5ポイントに固定されています。

● 段落の字下げを続ける

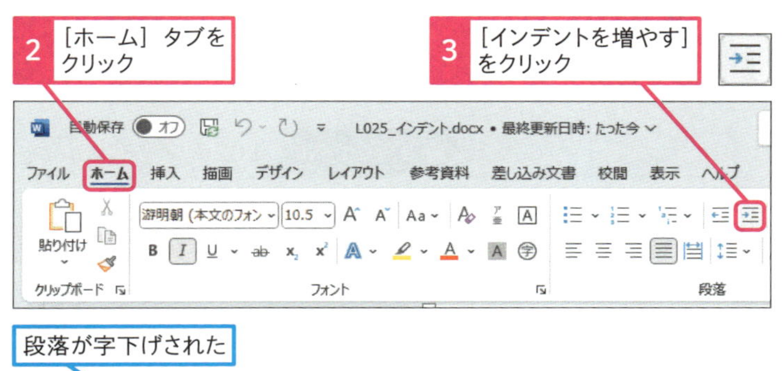

段落が字下げされた

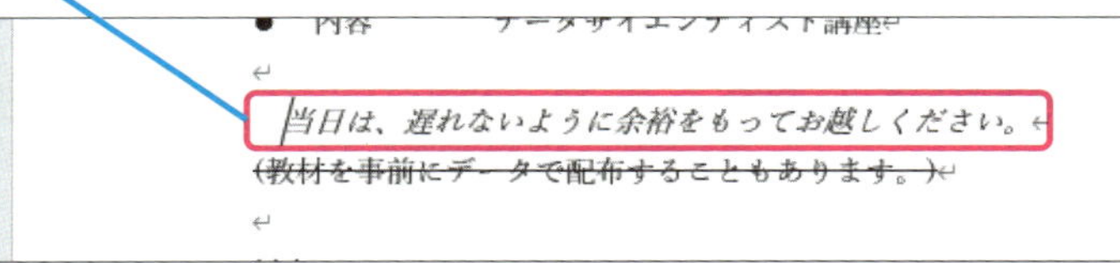

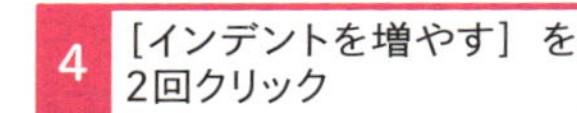

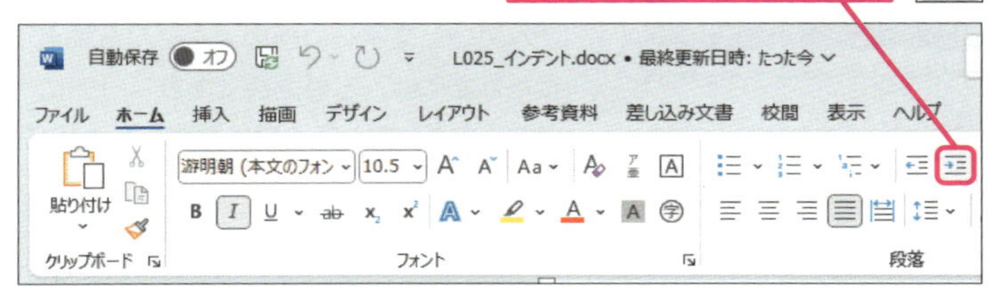

選択した行の段落を字下げできた

ルーラーを非表示にしておく

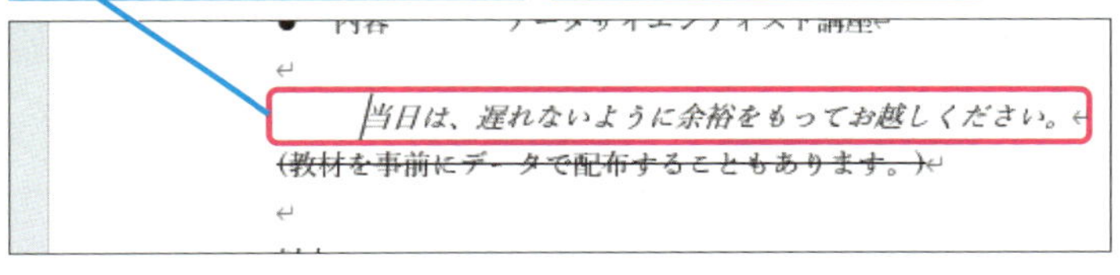

3 段落の字下げを解除する

ここでは手順2で実行した段落の字下げを解除する

段落の字下げを解除する行をクリックしておく

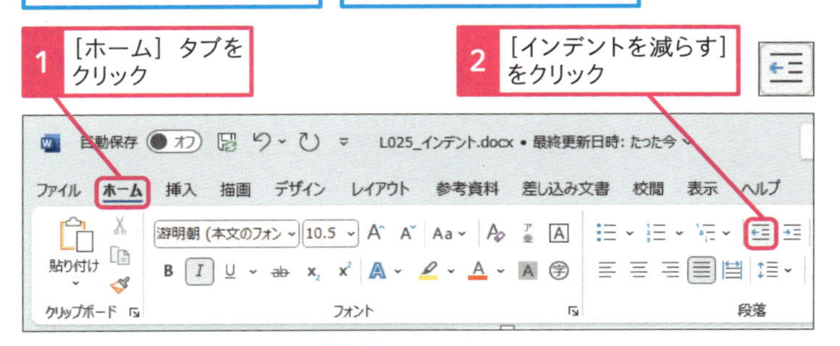

クリックした回数分だけ、段落の字下げが解除される

スキルアップ
「ルーラー」を使って任意の字下げを行う

インデントの起点と設定された字下げの位置は、すべてルーラーに表示されます。ルーラーは、インデントの確認だけではなく、設定にも利用できます。ルーラーにあるをマウスでドラッグすると、任意の位置にインデントを設定できます。詳しくは、レッスン59で紹介します。

手順1を参考に、ルーラーを表示しておく

字下げする文字を選択しておく

1 ［左インデント］と表示される場所にマウスカーソルを合わせる

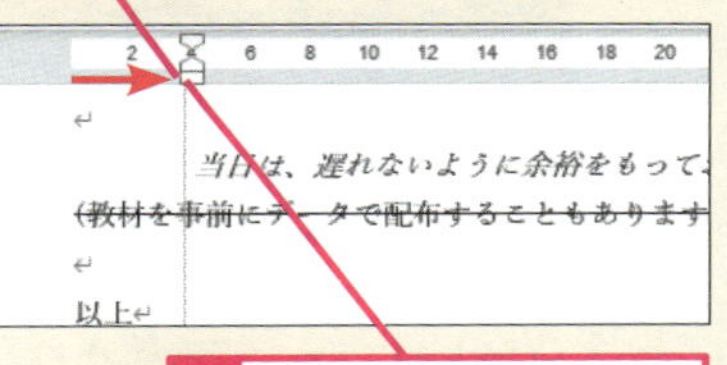

2 ［4］の位置までドラッグ

段落が4文字下げられた

まとめ インデントを使うときにはルーラーを表示

インデントを使うときには、ルーラーを表示しておくと便利です。インデントの位置を確認できるだけではなく、ルーラーのマーカーを見て、その文章にインデントが設定されているかどうかも判断できます。ルーラーを表示しておくと、文字の左側が字下げされているときに、それがインデントによるものか、単に空白を挿入しているだけか、正しく判断できます。

レッスン

26 書式をまとめて設定するには

スタイル

練習用ファイル　L026_スタイル.docx

スタイルは複数の装飾をまとめて設定できる機能です。あらかじめ用意されているスタイルを選ぶだけで、見出しや表題などに適した装飾の組み合わせが、一度の操作で設定できます。

1 文字の書式を変更する

ここでは「GoPro Karma 体験レポート」という文字の書式を変更する

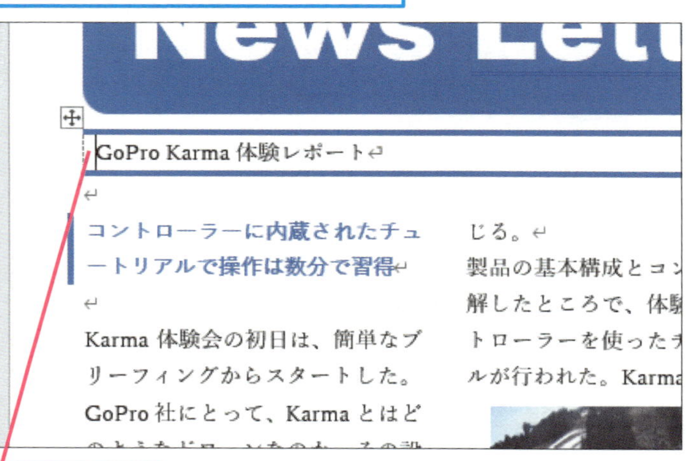

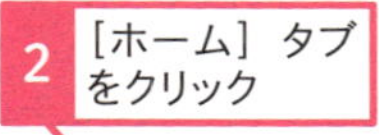

1 ここをクリック

2 ［ホーム］タブをクリック

3 ［見出し1］をクリック

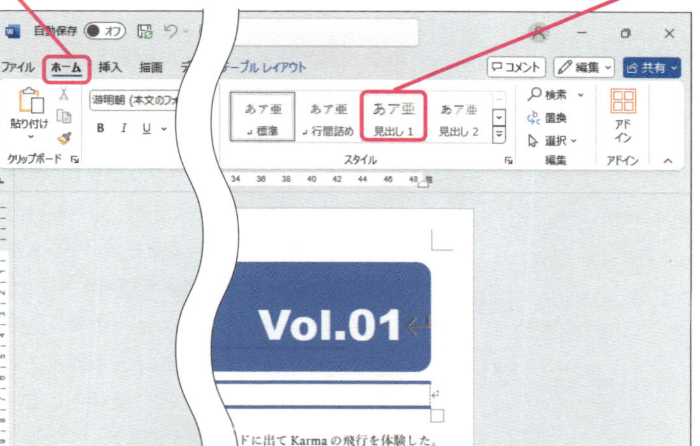

キーワード

ショートカットメニュー	P.342
スタイル	P.342
リボン	P.345

使いこなしのヒント

設定したスタイルを戻すには

見出しや表題などに設定したスタイルを元に戻すには、スタイルから［標準］に設定します。また、レッスンのように装飾されていた文字列に他のスタイルを設定したときには、その直後であれば［元に戻す］ボタンで、元に戻せます。

使いこなしのヒント

登録されているスタイルの内容を確認するには

スタイル名をマウスで右クリックして、ショートカットメニューから［変更］を選ぶと、そのスタイル名に設定されている装飾の内容が確認できます。

1 スタイルを右クリック

2 ［変更］をクリック

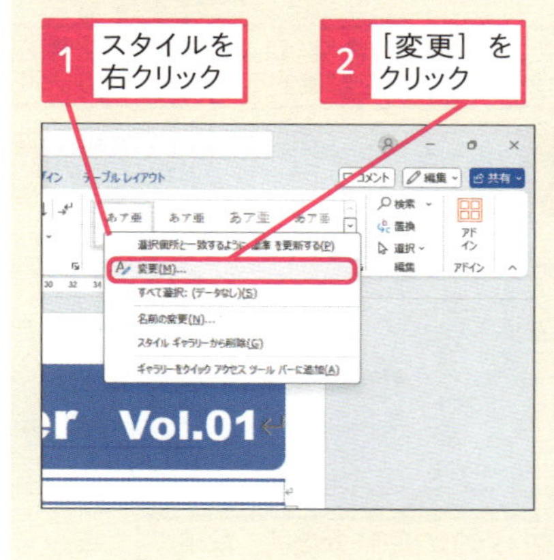

● スタイルが適用された

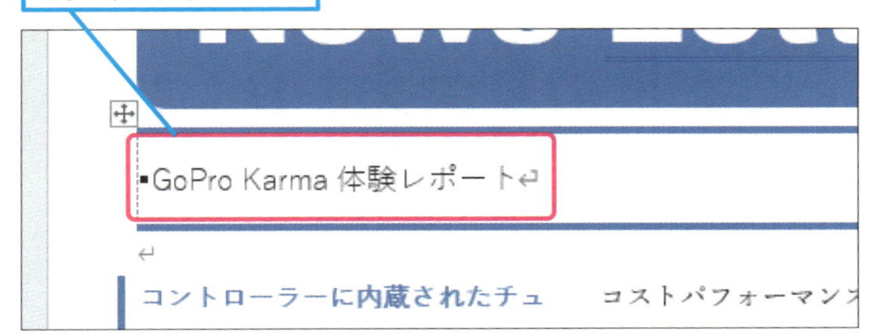

2 文字の書式を元に戻す

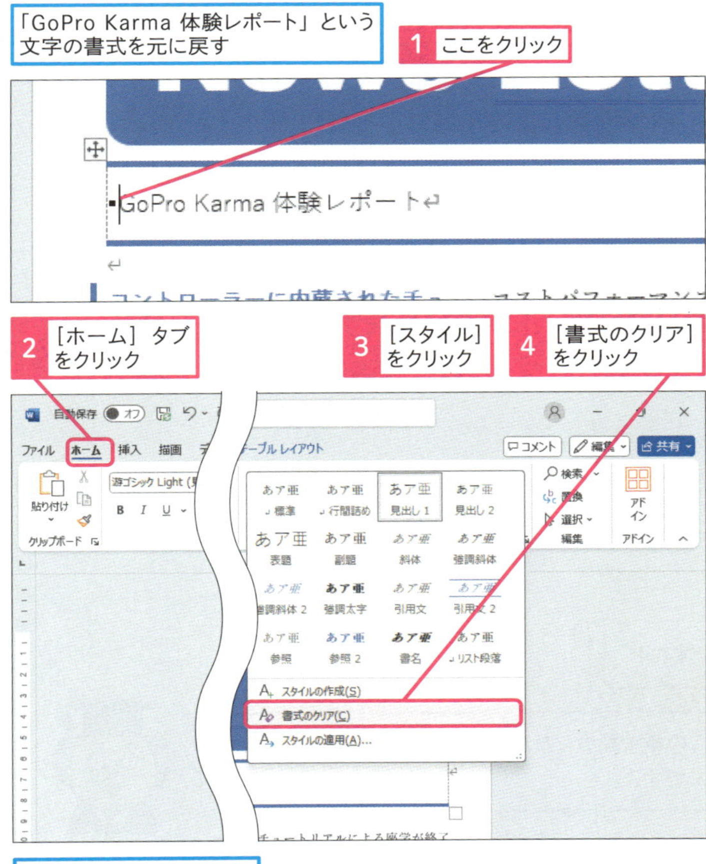

文字の書式が元に戻った

GoPro Karma 体験レポート

使いこなしのヒント

オリジナルのスタイル名も登録できる

すでに装飾されている文字列を範囲選択して［スタイルの作成］を実行すると、新しいスタイルに名前を付けて登録できます。

使いこなしのヒント

見出しに設定するとアウトライン表示になる

スタイルの見出しを設定すると、その見出し以降の文章が自動的に下位のレベルとなり、アウトライン表示のように、見出しの左側に表示される◢をクリックして、文章を折り畳めるようになります。

使いこなしのヒント

設定されているスタイルを確認するには

スタイルが設定されている文字にカーソルを移動すると、スタイルが設定されていると［標準］以外のスタイル名がハイライトされます。

まとめ スタイルで書式やレベルもまとめて設定できる

スタイルに用意されているスタイル名には、書式や段落だけではなく、レベルというアウトライン表示が設定されている項目があります。レベルが設定されているスタイル名の代表が［見出し］になります。アウトラインは、リボンからも設定できますが、スタイルを使うと文章を入力した後から、［見出し1］～［見出し3］を使い分けて、レベルを設定できます。

基本編 第3章 文書の見栄えを良くする

この章のまとめ

文字の装飾を活用して文書の見栄えを良くする

文字の大きさや種類の変更と配置や太字などの効果は、その文書の情報を目にする優先度を高めます。仕事で使う文書の多くは、定型的な文章の中に、宛先や伝えたい優先事項などが含まれています。そうした情報を端的に伝えるために、装飾の活用は効果的です。また、箇条書きによる項目の整理や、字下げを使った文章のメリハリも、文書の読みやすさにつながります。さらに、スタイルを活用すると、複数の装飾の組み合わせを一度に設定できるだけではなく、アウトライン表示もできる見出しを指定できます。

- 日時　5月23日（土）　10:00～17:00
- 集合場所　カンファレンス大手町
- 教材　当日配布
- 内容　データサイエンティスト講座

当日は、遅れないように余裕をもってお越しください。
~~（教材を事前にデータで配布することもあります。）~~

以上

お問い合わせ先：事業本部　高野
電話：03-6837-XXXX

箇条書きやインデントで文書の見栄えを変更できる

Word ってほんと、便利ですね！

でしょう？　この章で紹介した内容だけで、ビジネス文書なら十分作れるんですよ。

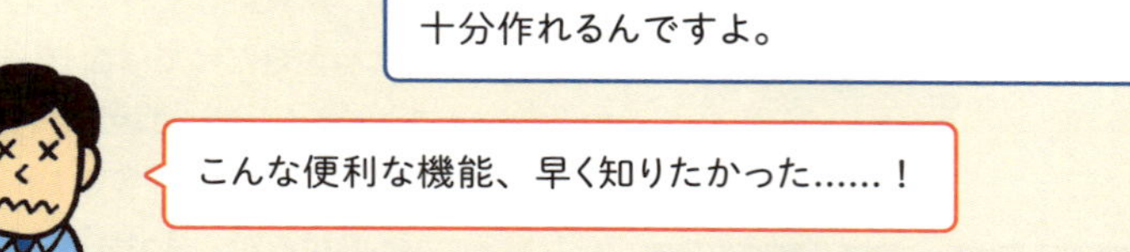

そうだね、少しの工夫で文書の読みやすさは大きく変わるから、機能と一緒にぜひ覚えましょう。

基本編

第4章

文書を効率よく編集する

編集画面に入力されている文章は、後から自由に修正できます。すでに完成した文書であれば、宛名や日付などを修正するだけで、別の文書として再利用できます。また、検索と置換を使うと、一度にまとめて特定の語句を修正できるので便利です。

レッスン

27 Introduction この章で学ぶこと 図形や貼り付けの「困った」に対応しよう

文字だけではなく図形も利用すると、文書で伝える力が向上します。その一方で、図形は文字と異なるデータとして編集画面に挿入されるので、後からレイアウトを調整して、文字も図形も見やすく配置しましょう。また、コピー、貼り付けや検索、置換などの機能を使うと、文章の修正や追加も楽になります。

文書が崩れがちな「図形」と「コピー&ペースト」

Wordがだんだん使えるようになってきたけど、やっぱり図形が苦手なんだよなー。

私は文字のコピー&ペーストが……。文字の書式がどんどん崩れて、気になっちゃうんですよね。

はいはい、大丈夫！　この章ではWordのレイアウトが崩れがちな「図形」と「貼り付け」を解決しますよ！

［書式の設定］も使いこなそう

まずは「貼り付け」から。文字をコピー&ペーストしたときに、文字の書式を保ったり、あとから変更したりする方法を紹介します。

貼り付けるときと、貼り付けた直後に変更できるんですね！コピー&ペーストが怖くなくなりました！

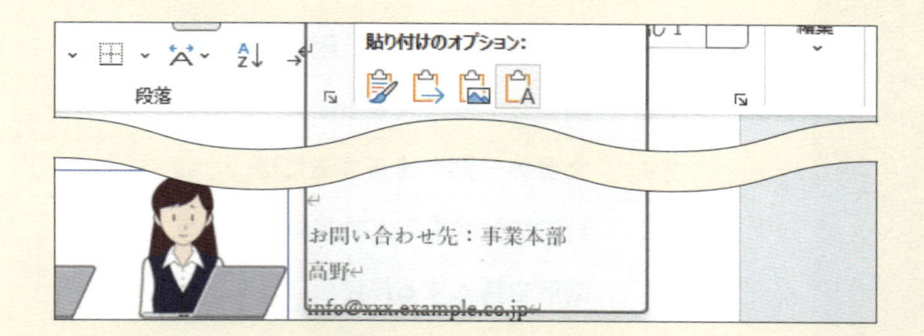

［図形の作成］の基本を覚えよう

そして図形。実はWordで図形や写真を挿入すると、文章が図形を避けるようにレイアウトされます。図形が入っても、文章の内容が減らないようになっているんですね。

せっかくきれいにそろえた文章が、図形にどかされてショックですー！

ライト兄弟が、はじめての飛行に成功してから約 110 年。その間に、航空機は数々の進化を遂げてきた。その一方で、小型の無人操縦機の分野では、100 年を経ても大きな進化は起きていなかった。現在の 4～8 枚のプロペ…載した…ーンが登場する以前、無線で飛ばす小型の飛行物といえば、飛行機や…模した物が中心だった。そのため、飛行機では滑走路が必要となり、空中で…方向転換を行うために、高度な操縦技能が必要とされていた。ヘリコプター型の…操縦や運用が厳しいために、農薬散布などの限られた目的に利用されていた。ところが、パリに本社がある Parrot 社が 2010 年にホビー用の AR Drone というクアッドコプターを発表すると、市場は一変した。
AR Drone は、4 枚のプロペラを回転させて浮上と飛行を行う。4 枚のプロペラは、時計回

図形と文章は自由自在に配置できる

でも大丈夫。図形と文章の配置は自由自在に調整できます。文字を図形の上にかぶせることだってできるんですよ！

これなら文章の内容にあわせて、好きな形にレイアウトできますね！

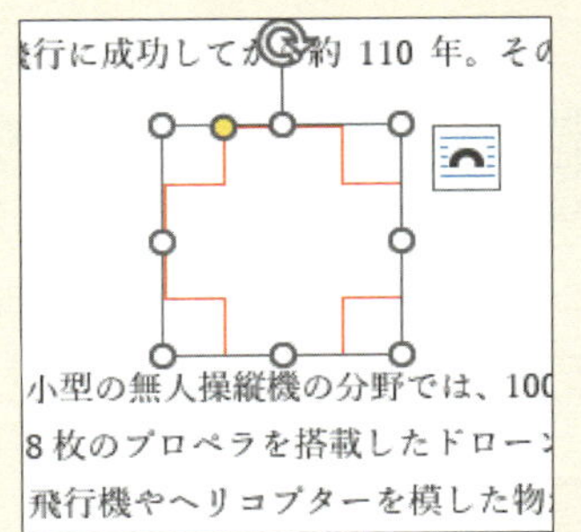

図形を避けて文字を配置

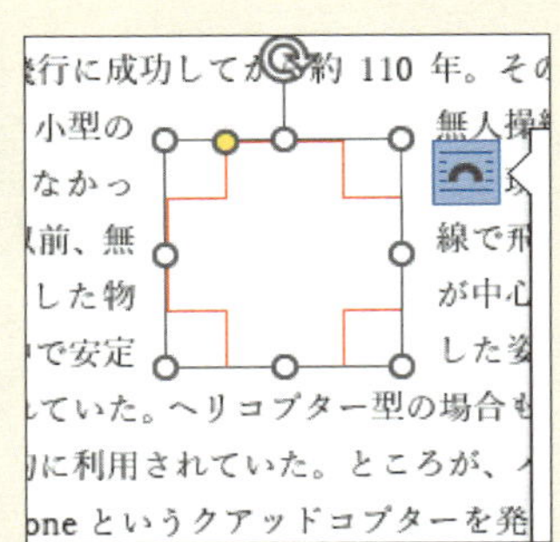

図形の周囲に文字を配置

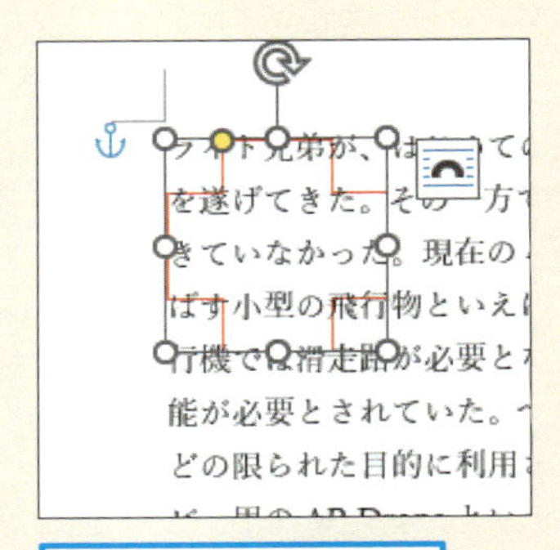

図形に重ねて文字を配置

レッスン

28 同じ文字を挿入するには

さまざまな貼り付け方法

練習用ファイル L028_貼り付け方法.docx

すでに入力した単語や文章などを流用したいときは、コピーと貼り付けを使います。コピーと貼り付けは、Windowsのアプリに共通した編集機能ですが、Wordでは貼り付けるときに書式を継承したり無視したりして、編集作業を効率化できます。

1 文字列をほかの場所に貼り付ける

ここでは「info@xxx.example.co.jp」という文字列をコピーして、他の場所に貼り付ける

「info@xxx.example.co.jp」を選択しておく

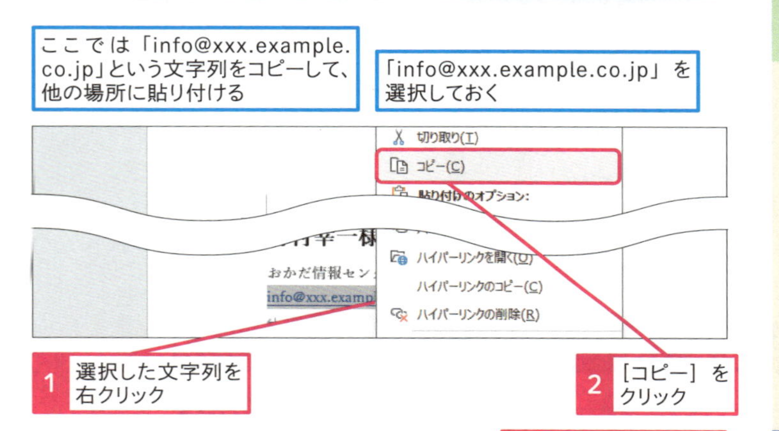

1 選択した文字列を右クリック

2 [コピー] をクリック

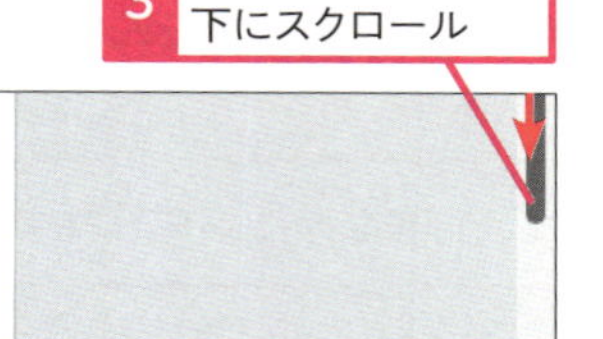

3 ここをドラッグして下にスクロール

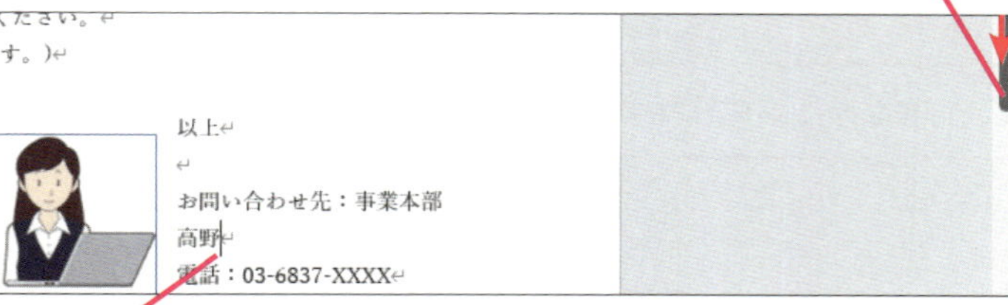

4 「高野」の右をクリック

5 Enter キーを押す

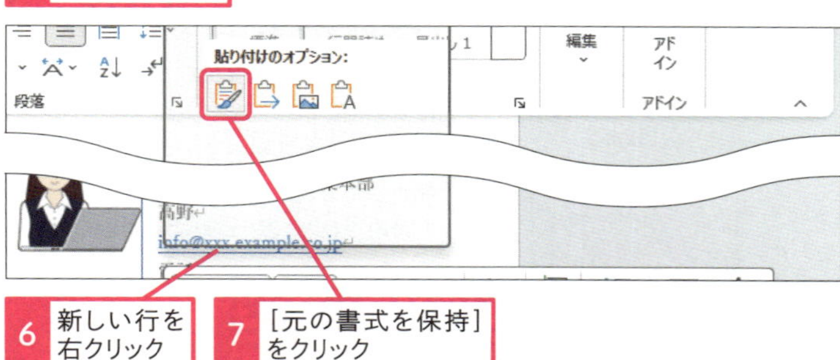

6 新しい行を右クリック

7 [元の書式を保持] をクリック

キーワード

図形	P.342
貼り付け	P.344
フォント	P.344

使いこなしのヒント

異なるアプリからの書式は正しく反映されない

Wordの文書には、Word以外のWindowsアプリでコピーした文字も貼り付けられます。そのときに、元のアプリの書式が、Wordでは正確に再現できません。フォントや色にサイズなどが元のアプリと異なっていたときは、後から書式を修正します。

ショートカットキー

コピー	Ctrl + C
貼り付け	Ctrl + V

使いこなしのヒント

貼り付けのオプションの「図」とは

コピーされた内容が、文字ではなく図形のようなデータのときには、貼り付けオプションに「図」というアイコンが表示されます。文字を貼り付けたいのに「図」が表示されているときには、文字をコピーし直しましょう。

● コピーした文字が貼り付けられた

「info@xxx.example.co.jp」という文字列をコピーして、他の場所に貼り付けられた

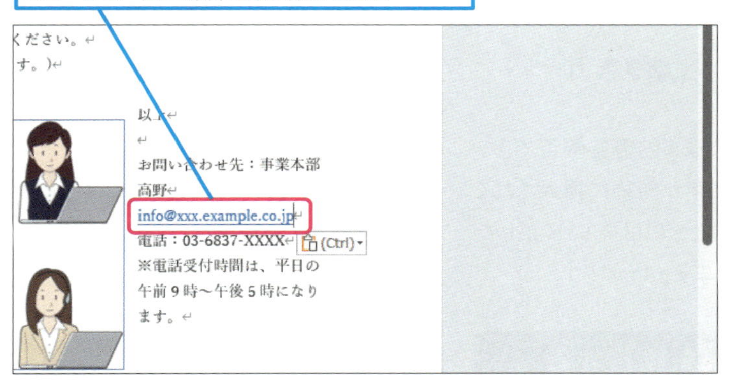

2 書式をクリアして貼り付ける

ここでは「info@xxx.example.co.jp」という文字列の書式をクリアして、他の場所に貼り付ける

手順1を参考に、「info@xxx.example.co.jp」という文字列をコピーしておく

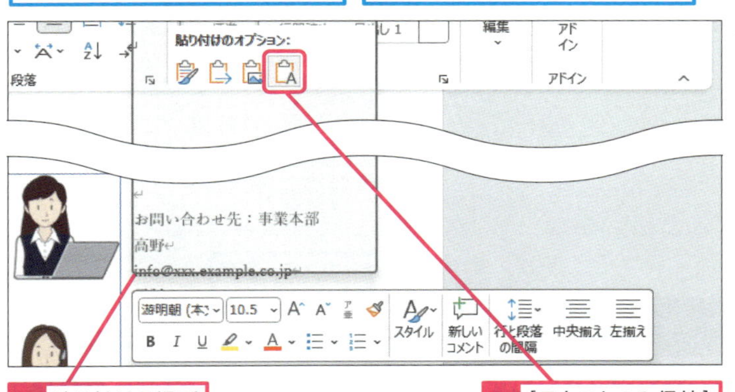

1 貼り付ける場所を右クリック

2 ［テキストのみ保持］をクリック

書式をクリアしてほかの場所に貼り付けられた

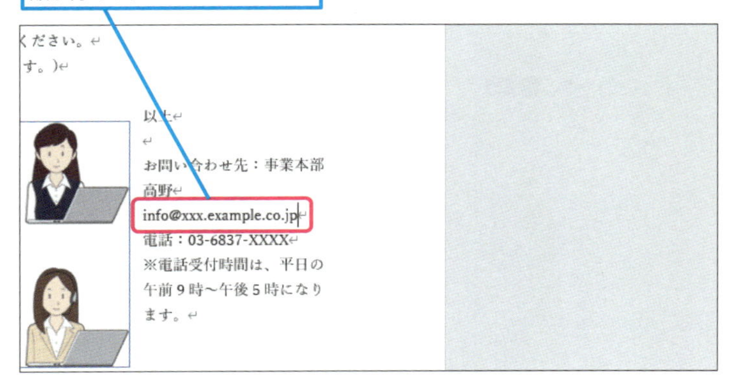

使いこなしのヒント

Ctrl+Xキーで操作すると元の文字を削除できる

文字をコピーするときに、「コピー」やCtrl+Cキーではなく、Ctrl+Xキーや「切り取り」を使うと、コピーしたい文字を削除して、貼り付けるためのクリップボードに保存できます。Ctrl+XキーとCtrl+Vキーは、文字の移動に活用できます。

ショートカットキー

切り取り	Ctrl+X

スキルアップ

マウスで移動もコピーもできる

マウスで選択した文字列は、マウスでドラッグして移動できます。移動するときに、Ctrlキーを押しておくと、コピーもできます。

まとめ コピーと貼り付けは文字編集の基本

文字のコピーと貼り付けによる同じ内容の複製は、編集作業の基本です。コピーされた文字は、クリップボードと呼ばれる一時記憶領域に複製されます。クリップボードは、Windowsアプリで共通して利用できるので、Word以外のアプリからも文字や画像などをコピーできます。また、コピーと貼り付けを使いこなせるようになると、同じ単語や文章を二度入力する手間が省けるので、編集作業の時間短縮にもつながります。

レッスン
29 文書の一部を修正するには

文字の修正、書式変更、上書き入力

練習用ファイル L029_文字の修正.docx

すでに入力した文字は、その書式を継承したまま内容を修正できます。Wordの編集画面では、常に入力した文字が新規に挿入される「挿入モード」になっているので、修正するときには先に修正したい文字を選択してから、新しい文字を入力します。

1 書式を保ったまま文字の一部を修正する

ここでは「野村幸一」という文字を、「加藤宏昌」に修正する

「野村幸一」という文字を選択しておく

1 「加藤宏昌」と入力

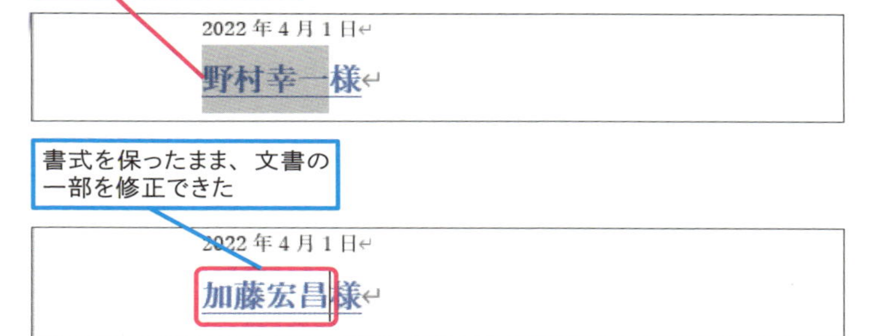

2 書式を変更して書き直す

ここでは「野村幸一様」という文字の書式を［標準］に設定し、「加藤宏昌様」に修正する

「野村幸一様」という文字を選択しておく

1 ［ホーム］タブをクリック

2 ［標準］をクリック

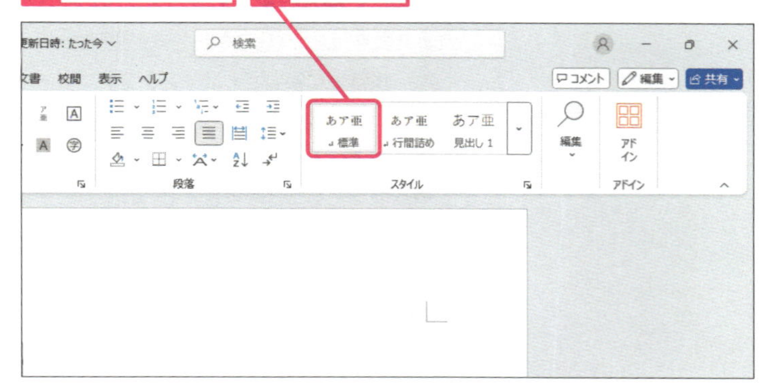

キーワード

ホーム	P.345
リボン	P.345

使いこなしのヒント

フォーカスモードとは

フォーカスモードを有効にすると、Wordのリボンや各種バーが消えて、ウィンドウがパソコンの画面全体に表示されます。文書に集中して作業できるようになります。

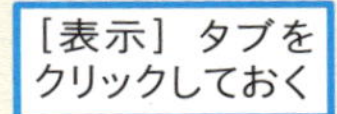

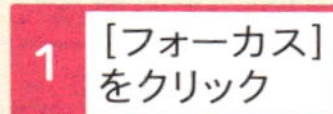

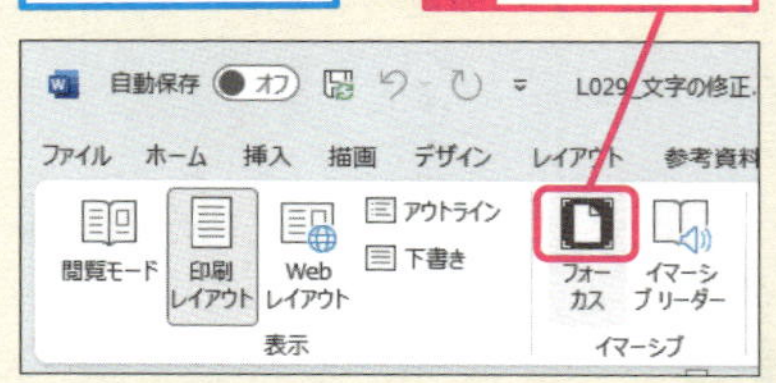

フォーカスモードで表示された

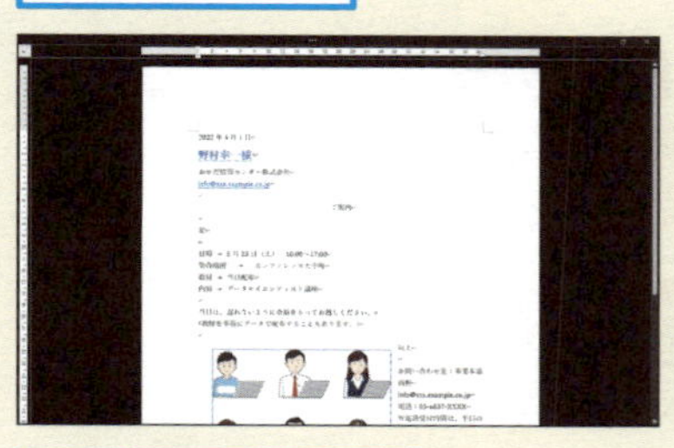

表示を元に戻す場合は Esc キーを押す

● 文字を修正する

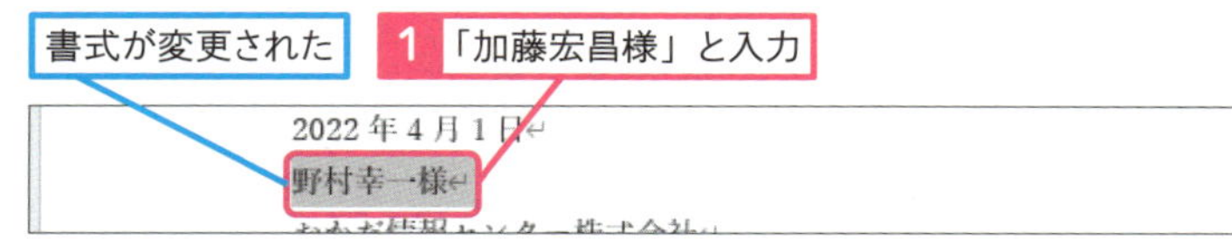

入力後に書式を［標準］にすることもできる

3 上書きモードで文字を修正する

ここでは上書きモードで「野村幸一」という文字を「加藤宏昌」に修正する

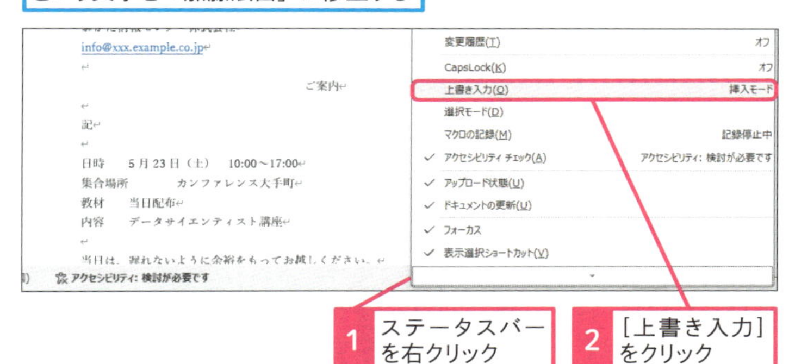

1 ステータスバーを右クリック

2 ［上書き入力］をクリック

［上書き入力］にチェックマークが付いた

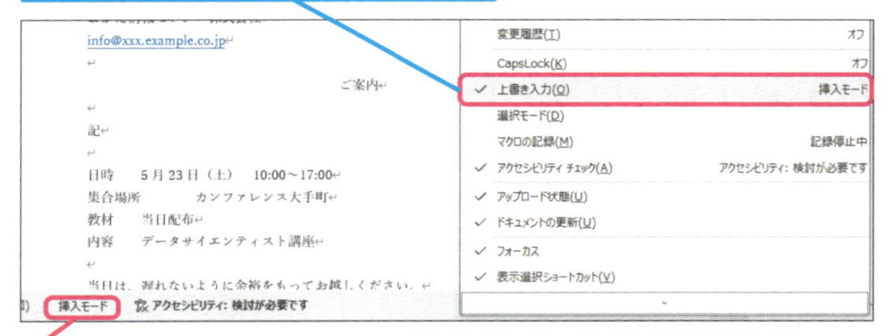

3 ［挿入モード］をクリック

［挿入モード］ではなく［上書きモード］と表示されているときは、次の操作に進む

4 「加藤宏昌」と入力

5 Enter キーを押す

2022 年 4 月 1 日

加藤宏昌様

書式を保ったまま、文書の一部を修正できた

2022 年 4 月 1 日

加藤宏昌様

使いこなしのヒント

Insert キーを押しても上書きモードにできる

「挿入モード」を解除して、入力した文字が既存の文章を置き換える「上書きモード」に切り替えたいときには、キーボードの Insert キーを押します。再び Insert キーを押すと、「挿入モード」に戻ります。

使いこなしのヒント

上書きモードでは修正する文字数に注意しよう

上書きモードでは、入力した文字数分だけ以前の文字が上書きされます。このレッスンのように、同じ文字数であれば問題はないですが、上書きする文字数が修正する文字数よりも多い場合は、注意が必要です。必要な文字を消さないようにするためには、できるだけ挿入モードで入力してから、不要な文字を削除しましょう。

ショートカットキー

上書き／挿入モード切り替え Insert

まとめ 入力した文字の装飾はカーソルの左側を継承

このレッスンのように修正したい文字を先に選択してから新しい文字を入力すると、自動的に装飾が適用されます。もし、修正したい文字を選択しないで新しい文字を入力すると、Wordではカーソルの左側にある文字の装飾を継承します。そのため、新しく入力する文字に、以前の文字の装飾をそのまま継承したいときは、カーソルをその文字の右側に配置してから、新しい文字を入力します。

レッスン

30 特定の語句をまとめて修正しよう

置換　　練習用ファイル　L030_置換.docx

Wordの置換を活用すると、効率よく正確に文書を修正できます。置換では、検索する語句を指定すると、発見された語句を新しい語句に置き換えられます。また、特定の語句を探すときには、置換ではなく検索を使うと便利です。

1 語句を1つずつ置き換える

ここでは「2021年」という文字を「2024年」に、1つずつ置き換える

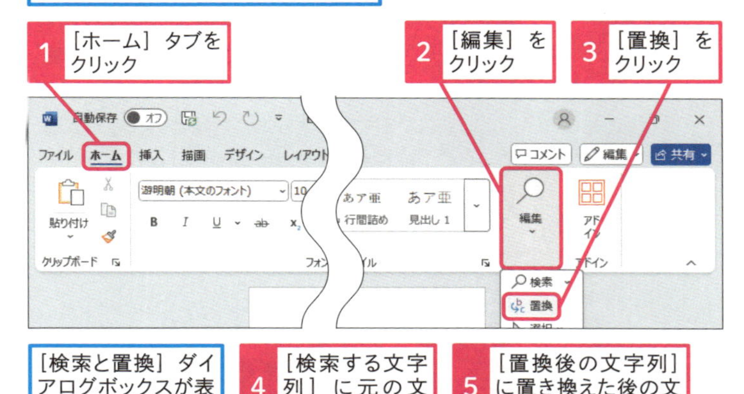

［検索と置換］ダイアログボックスが表示された

4 ［検索する文字列］に元の文字列を入力

5 ［置換後の文字列］に置き換えた後の文字列を入力

6 ［置換］をクリック

1つ目の語句が検索された

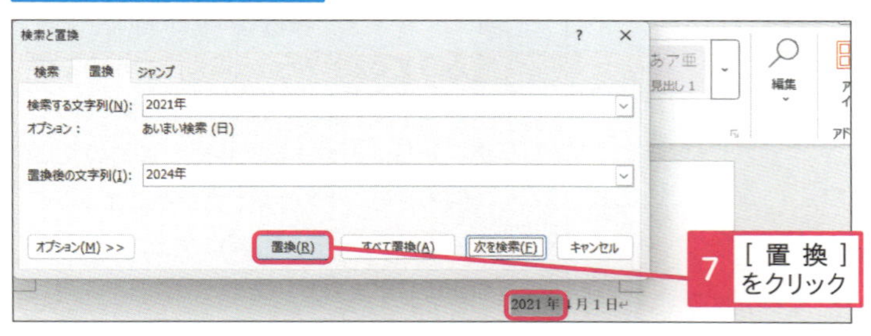

キーワード

検索	P.342
ダイアログボックス	P.343
置換	P.343

使いこなしのヒント

修正する候補を確認するには

一度に多くの文字を置換するときには、検索のナビゲーションで、事前に検索結果を確認しておくといいでしょう。

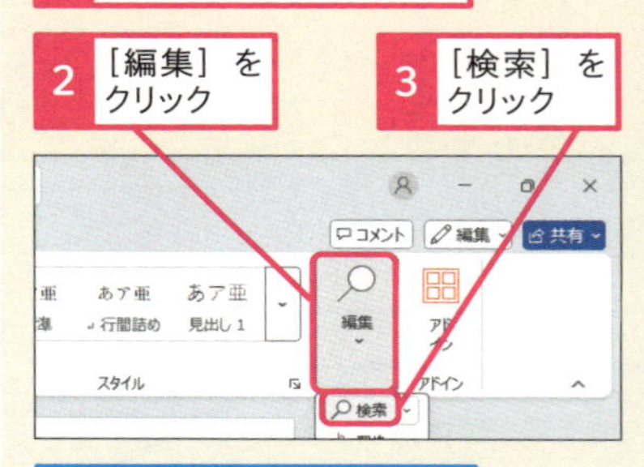

ナビゲーションが表示された

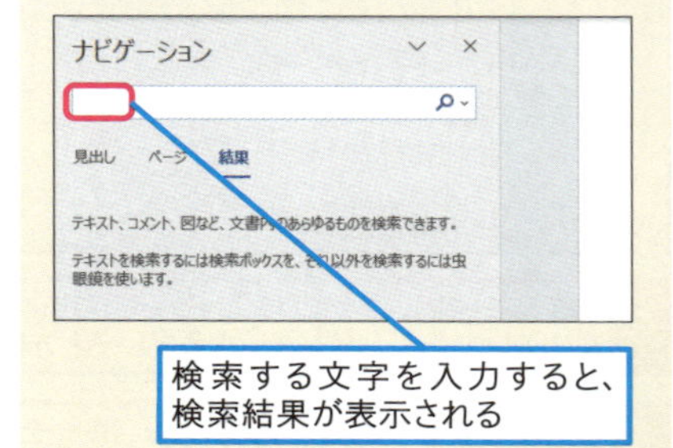

使いこなしのヒント

間違えて置換した箇所を元に戻すには

置換する文字列を間違えたときは、検索と置換のウィンドウを閉じてから、クイックツールバーの［元に戻す］をクリックします。

● 文字の置換を続ける

1つ目の語句が置換された

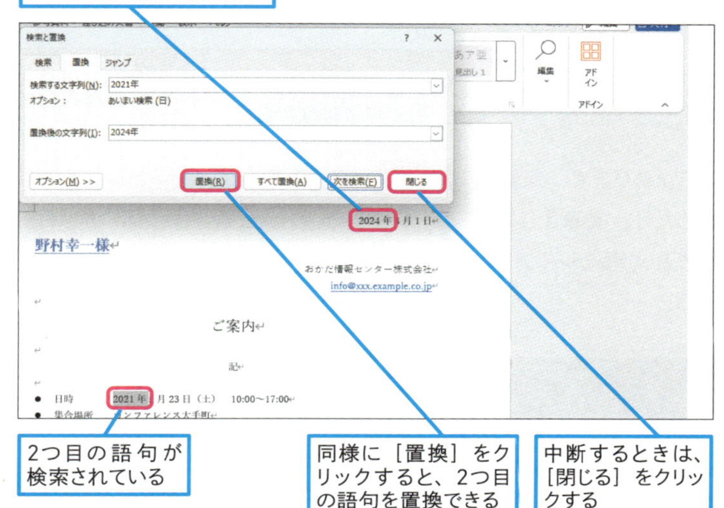

2つ目の語句が検索されている

同様に［置換］をクリックすると、2つ目の語句を置換できる

中断するときは、［閉じる］をクリックする

2 語句をまとめて置き換える

ここでは「2021年」という文字を、まとめて「2024年」に置き換える

手順1を参考に［検索と置換］ダイアログボックスを表示しておく

1 ［検索する文字列］に元の文字列を入力

2 ［置換後の文字列］に置き換えた後の文字列を入力

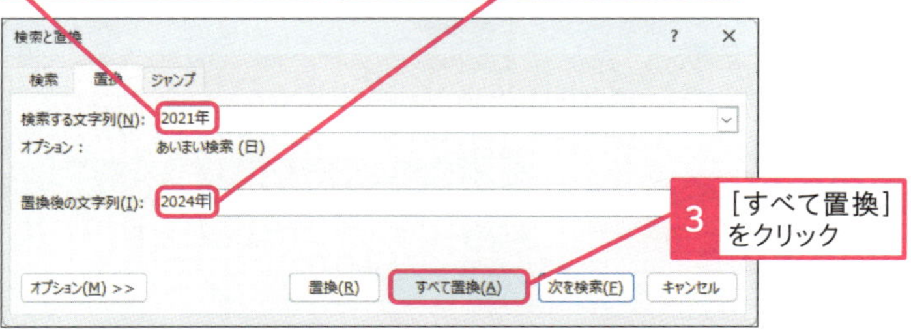

3 ［すべて置換］をクリック

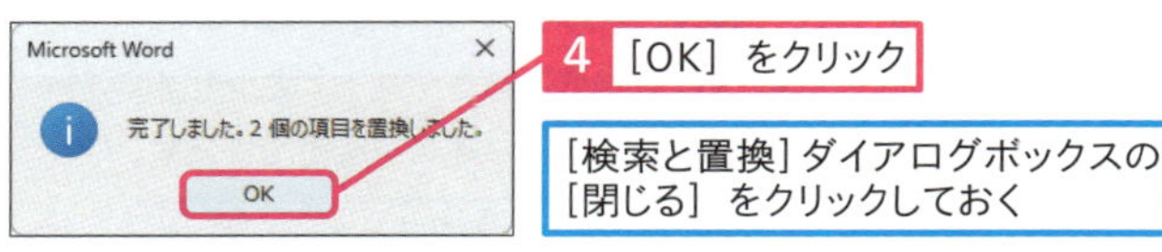

4 ［OK］をクリック

［検索と置換］ダイアログボックスの［閉じる］をクリックしておく

「2021年」という文字が、まとめて「2024年」に置き換えられた

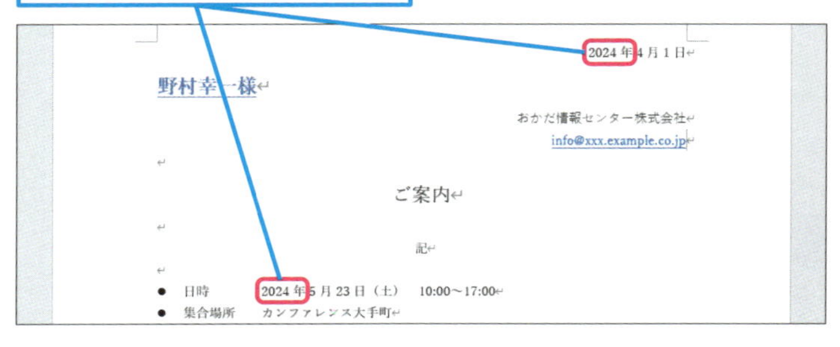

使いこなしのヒント

あいまい検索とは

検索オプションにある［あいまい検索］では、大文字小文字の区別やマイナスと長音など、間違えやすい文字を区別しないで検索します。より厳密に検索したいときには、［あいまい検索］のチェックマークを外すか、［オプション］から、区別したい文字の種類や表記のチェックを外しましょう。

厳密に検索したいときは、［あいまい検索］で区別したい文字を設定する

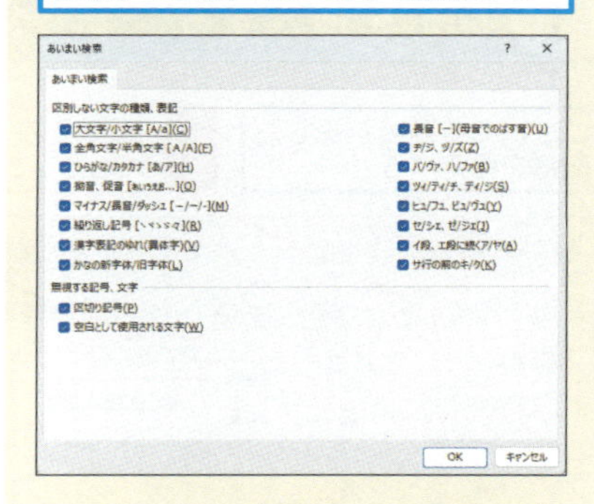

使いこなしのヒント

置換に書式も指定できる

置換のオプションで、［書式］から［蛍光ペン］を指定すると、置き換えた文字に蛍光ペンの装飾を追加できます。

まとめ 検索する語句を工夫して的確に置換する

一度にまとめて語句を修正できる置換は、とても便利な機能です。しかし、検索する語句によっては、期待した通りに置換できないこともあります。例えば、「分」を「秒」に置換しようとすると、「自分」や「分別」など「分」を含む単語も置き換えられてしまいます。そこで、検索する語句はできるだけ他の単語と誤認されないように、より長い単語にするとか、確実に絞り込める語句にして、置換する対象が限定されるように工夫しましょう。

レッスン

31 図形を挿入するには

図形の挿入　練習用ファイル　L031_図形の挿入.docx

図形には、文字よりも視覚的に情報を伝える力があります。文章の中に図形を効果的に挿入すると、注目度を高めたり、文章よりも端的に伝えたい内容を表現したりできます。図形と文章のレイアウトを工夫して、表現力に富んだ文書を作りましょう。

1 図形を挿入する

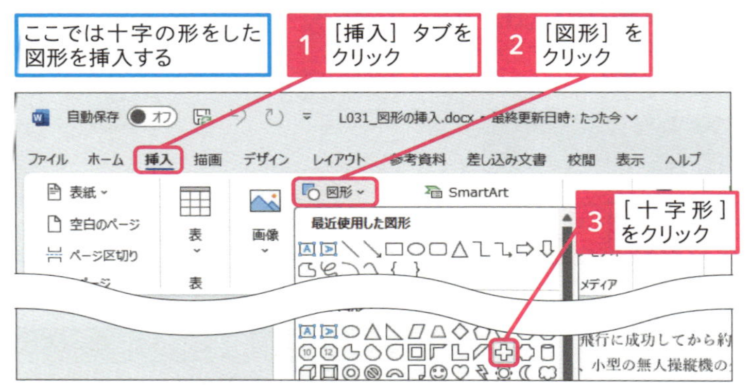

4 挿入する場所をクリック

5 ここまでドラッグ

図形が移動した

キーワード

ショートカットメニュー	P.342
図形	P.342

使いこなしのヒント

図形を選択すると［図形の書式］タブが表示される

挿入した図形を選択すると、［図形の書式］という新しいタブが表示されます。［図形の書式］タブは、図形に関する装飾をまとめたリボンです。

図形を選択すると［図形の書式］タブが表示される

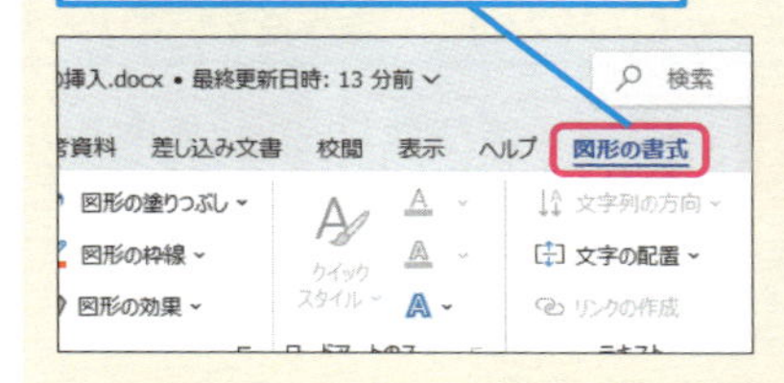

使いこなしのヒント

ショートカットメニューからも編集できる

［図形の書式］タブの他に、図形を右クリックして表示されるショートカットメニューからも、図形の書式を変更できます。

図形を右クリックすると、ショートカットメニューが表示される

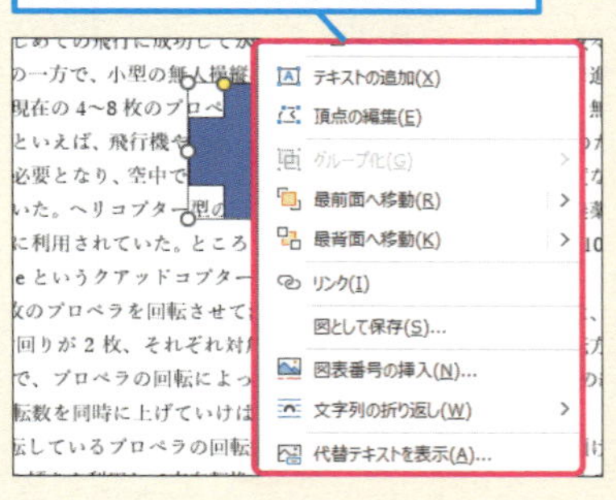

基本編　第4章　文書を効率よく編集する

2 図形の色を変更する

ここでは図形の色を白に変更する

図形が選択されていないときは、クリックして選択しておく

1 ［図形の書式］タブをクリック

2 ［図形の塗りつぶし］のここをクリック

3 ［白、背景1］をクリック

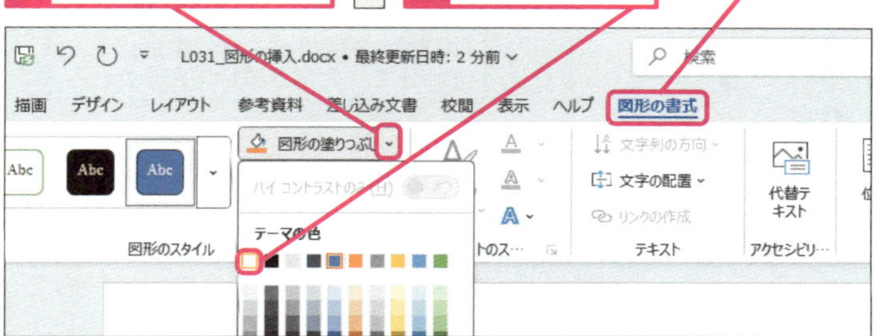

図形の色が白に変更された

ライト兄弟が、はじめての飛行に成功してから約 110 年。その間に、航空機は数々の
を遂げてきた。その一方で、小型の無人操縦機の分野では、100 年を経ても大きな進化
きていなかった。現在の 4～8 枚のプロペ…成した…ーンが登場する以前、無線
ばす小型の飛行物といえば、飛行機や…模した物が中心だった。そのため
行機では滑走路が必要となり、空中で…方向転換を行うために、高度な操
能が必要とされていた。ヘリコプター型の…操縦や運用が厳しいために、農薬散

3 図形の枠線を変更する

ここでは図形の枠線を赤に変更する

図形が選択されていないときは、クリックして選択しておく

1 ［図形の書式］タブをクリック

2 ［図形の枠線］のここをクリック

3 ［赤］をクリック

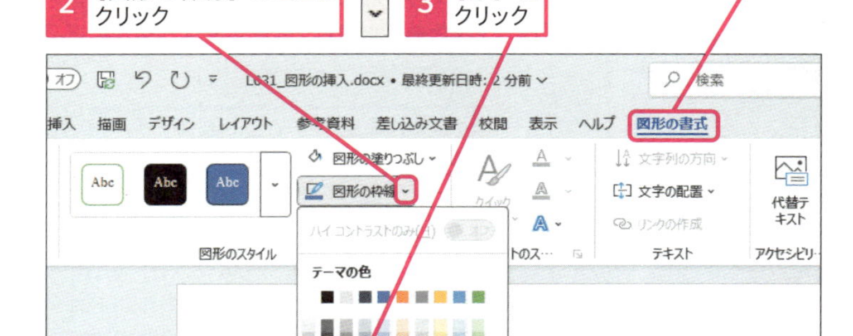

図形の枠線が赤に変更された

使いこなしのヒント

図形の形を変更するには

図形の周囲に表示されている○（ハンドル）をマウスでドラッグすると、図形の形を変更できます。

表示されたハンドルをドラッグすると、図形の形を変更できる

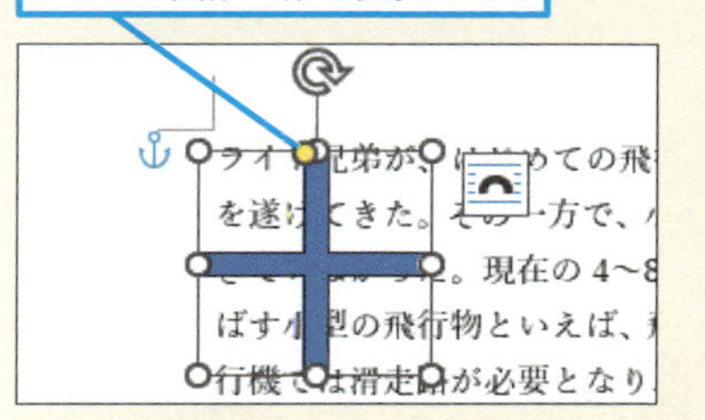

使いこなしのヒント

図形を回転させるには

図形を回転させるには、ハンドルの上部に表示されている◎をマウスでドラッグします。

使いこなしのヒント

より正確に図形を変形させるには

［図形の書式］にある［サイズ］を使うと、正確なmm数で図形の形を変形できます。

1 ［図形の書式］タブをクリック

2 ［サイズ］をクリック

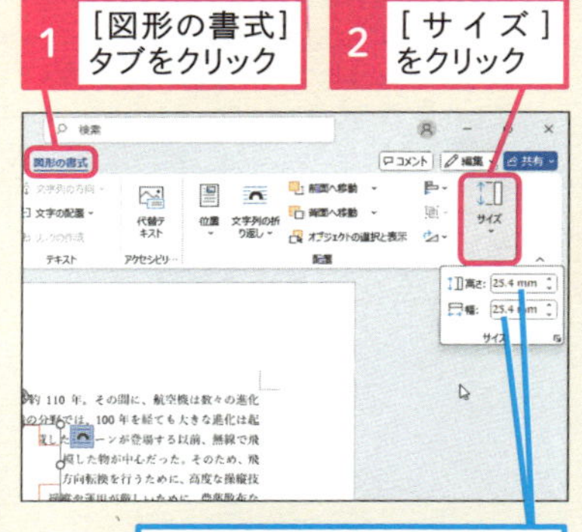

数値で図形の形を変更できる

次のページに続く→

4 文字が回り込むように図形を配置する

1 ［レイアウトオプション］をクリック

2 ［四角形］をクリック

3 ［レイアウトオプション］をクリック

文字が回り込むように図形が配置された

5 文字が避けるように図形を配置する

1 ［レイアウトオプション］をクリック

2 ［上下］をクリック

3 ［レイアウトオプション］をクリック

文字が避けるように図形が配置された

使いこなしのヒント

［文字列の折り返し］の［内部］とは

［文字列の折り返し］にある［内部］を選ぶと、図形の形に合わせて文字が避けて表示されます。

［内部］を選択すると、図形の形に合わせて、文字が避けて表示される

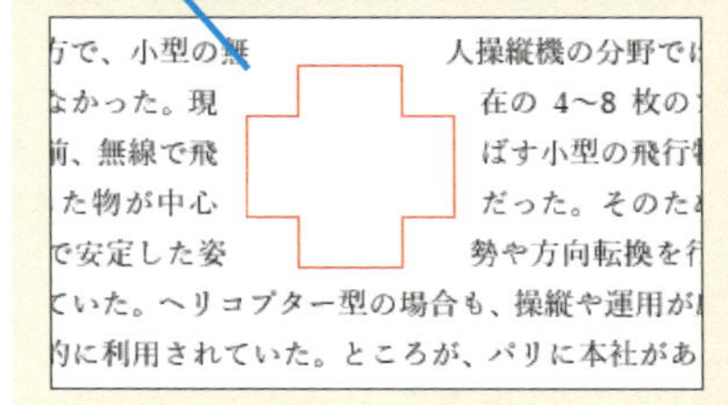

使いこなしのヒント

［文字列の折り返し］の［狭く］とは

［文字列の折り返し］を［狭く］にすると、［四角形］の設定よりも、文字が図形に近い位置に表示されます。

［狭く］を選択すると、画像の形に合わせて文字が回り込む

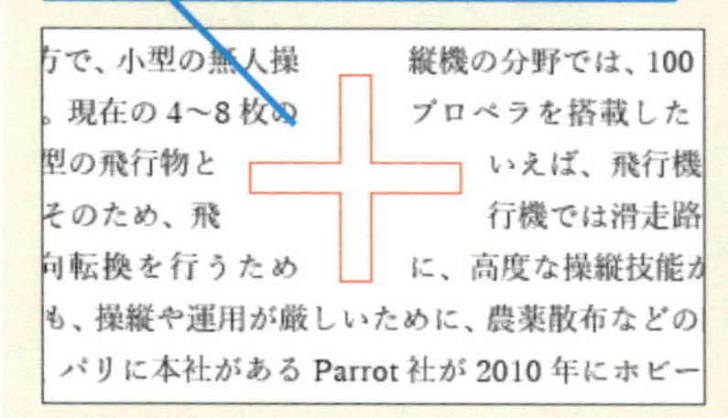

6 行内に図形を配置する

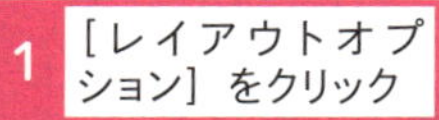

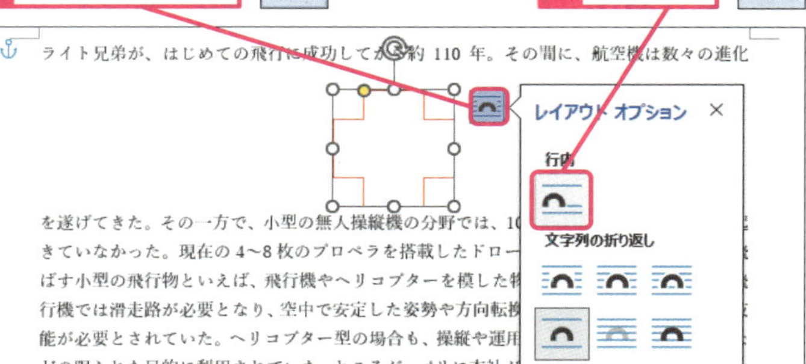

7 文字の後ろに図形を配置する

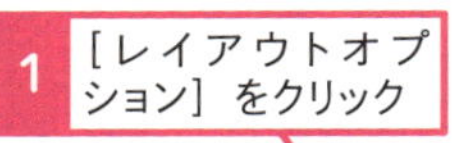

使いこなしのヒント

[上下]と[行内]の違い

[文字列の折り返し]にある[上下]では、文字が図形の上下にレイアウトされます。また、[行内]では、図形が大きな文字のように、文章の行に含まれるように表示されます。[上下]と[行内]の違いは、図形のある位置に、文字列が表示されているか否かで判断できます。

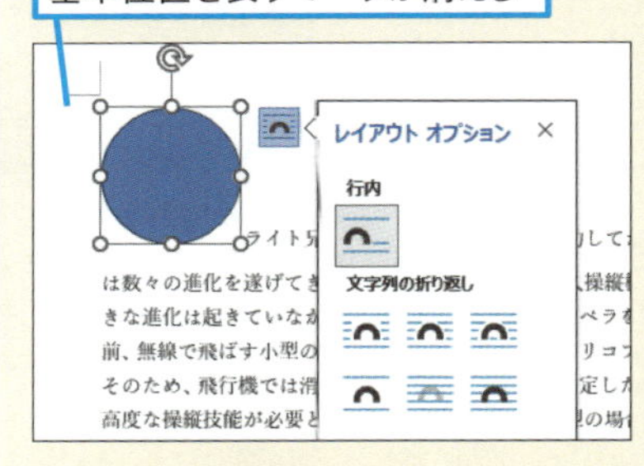

まとめ 図形のレイアウトは文書の読みやすさで決める

挿入した図形は、色やサイズを自由に変えられるだけではなく、[レイアウトオプション]によって文章との表示方法も調整できます。図形と文字を重ね合わせるか、周囲に流し込むように表示するか、文字と重ならないようにするか、といったレイアウトを考えるときには、どのくらい図形に注目してもらいたいのか、文章を中心に読んでもらいたいのか、という文書の目的に合わせて決めるようにしましょう。

この章のまとめ

文章の修正はWordを使う大きな利点

手で書いた文書とWordで作成した文書の大きな違いは、修正の簡単さです。キーボードから入力された文章は、Wordの編集画面で後から自由に修正できます。文字の入力や削除は、キーボードの操作に慣れてくれば、紙にペンで書くよりも早くなります。修正に関連する基本的な操作を覚えておけば、誰かが作成した文章の一部を直すだけで、手早く新しい文書が作れます。さらに、文字だけでは理解しにくい情報も、図形を組み合わせることで視覚的に伝えられるようになります。

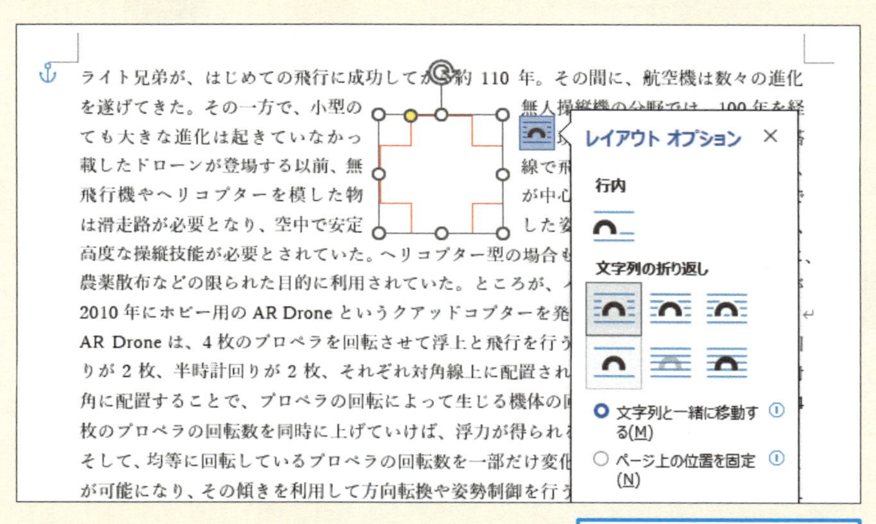

図形を好きな場所に配置して視覚効果を高められる

図形の入れ方が整理できて、すっきりしました～

それは良かった。図形は文書にアクセントをつけてくれるから、ぜひ活用しましょう。

文字の貼り付けも、わかりやすかったです！

文書作成の効率が上がるね！　次の章ではWordの隠れ機能「表」を紹介するよ。

基本編

第5章

文書に表を入れる

ビジネスで使われる文書の多くは、項目と数字を整理するために表を使います。Wordの表の編集方法を覚えると、計算書や集計表などを手早く作れるようになります。Wordの表は、編集画面の好きなところに挿入できるので、文章と表を組み合わせた文書をきれいにレイアウトできます。

レッスン
32

Introduction この章で学ぶこと

表を作ってみよう

Wordでは文書の中に罫線で仕切られた表を挿入できます。Wordの表は、文字の長さに合わせて自動で表の枠を縦に伸ばしたり、簡易な計算もできたりします。Excelのように専門的な計算は不得意ですが、注文書や価格表のように表と文章を組み合わせた書類の作成に適しています。

Wordで表って大丈夫?

この章では表について学ぶんですね。

ええ、使いこなしている人は少ないんですが、Wordの表は非常に高性能なんですよ。

表かあー。Excelで十分だと思うんですけど……。

ははは、甘い甘い！ Wordの表は見た目だけでなく、機能だってExcelに負けてません。ぜひマスターしましょう！

文書に続けて簡単に作れる

まずは表の作り方から。Wordは文書作成がメインですが、その中に入る表を、文章に続けて簡単に作れます。もちろん、表の大きさや行、列の幅も自由に設定できます。

よろしくお願いいたします。↵

↵	↵	↵	↵
↵	↵	↵	↵
↵	↵	↵	↵
↵	↵	↵	↵
↵	↵	↵	↵
↵	↵	↵	↵
↵	↵	↵	↵
↵	↵	↵	↵

↵

装飾も簡単にできる

さらに表の装飾も自由自在。罫線の太さや種類を変えたり、セルを結合したりもできます。Excelとほぼ同じですね。

こんなに多彩な設定ができるんですね！　Excelからコピーするより使いやすいかも！

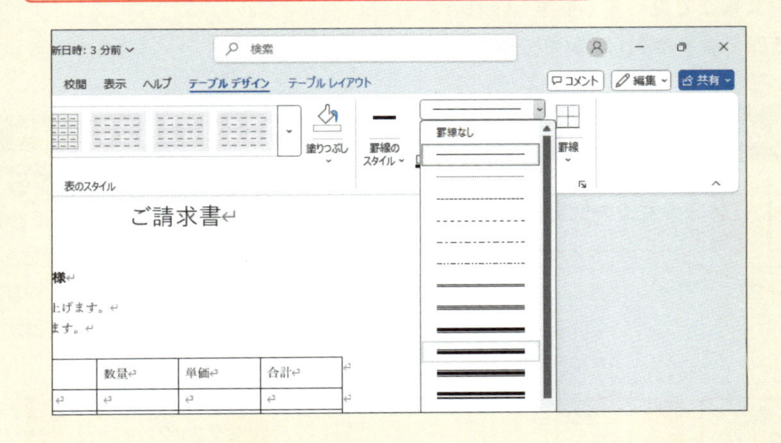

数式だって入れられる！

そしてなんと！　Wordの表に数式を入れて、自動で計算されるようにできます。Excelと少し書式が違うけど、数字を変えるだけで計算結果が変わるんですよ！

す、すごい！　こんな機能があったんですね。テンプレートに入れて活用したいです！

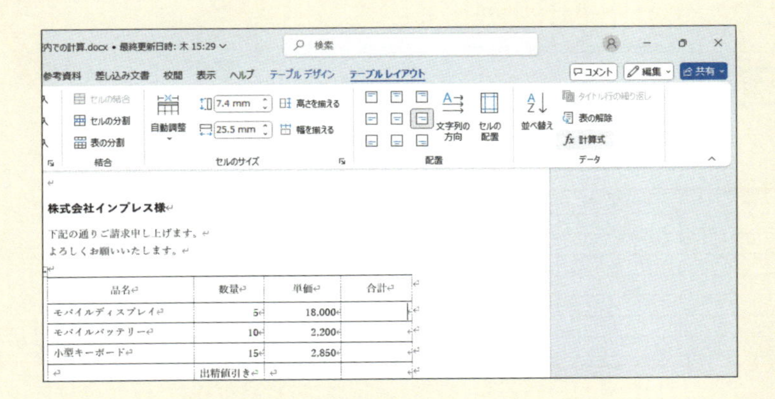

レッスン

33 行と列を指定して表を挿入するには

表の挿入

練習用ファイル L033_表の挿入.docx

Wordの編集画面には、Excelのような罫線で仕切られた表を挿入できます。表を使うと、見積書や請求書のような書類から、名簿や一覧表といった表形式の文書まで見やすく手早く作れるようになります。マウスのドラッグ操作で表を挿入してみましょう。

1 セルの数を決めて表を作成する

ここでは縦8行、横4列の表を作成する

1 表の左上の位置をクリック

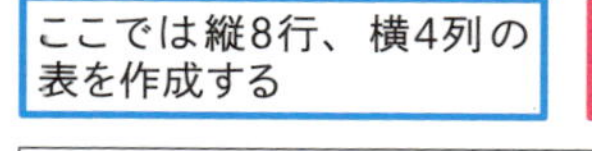

2 ［挿入］タブをクリック

3 ［表］をクリック

4 ここをクリック

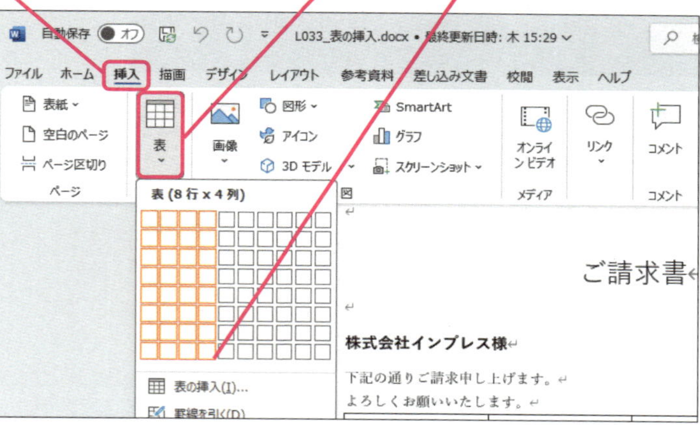

縦8行、横4列の表が作成された

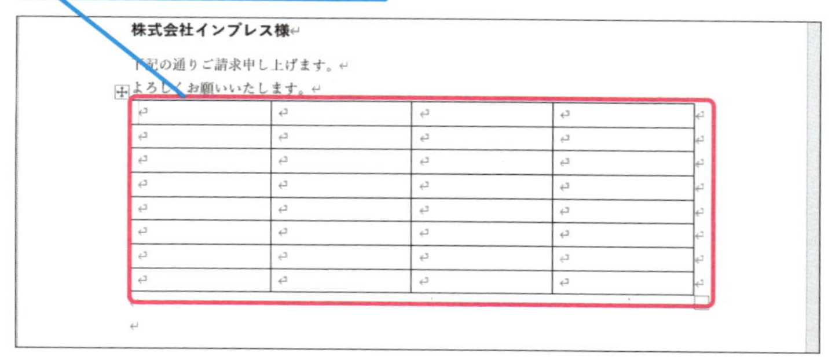

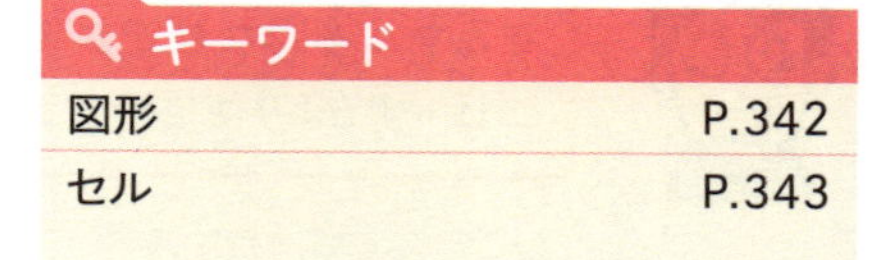

図形	P.342
セル	P.343

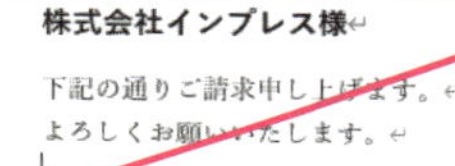

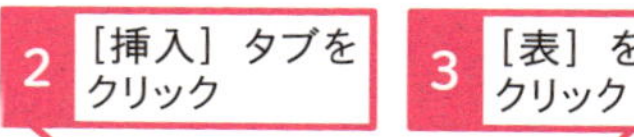

使いこなしのヒント

列数と行数を数字で指定する

表の挿入では、マウスによる操作の他に、列数と行数を数字で指定できます。あらかじめ、何列何行の表を作りたいか決めているときには、数字で指定すると確実に作表できます。

1 ［挿入］タブをクリック

2 ［表］をクリック

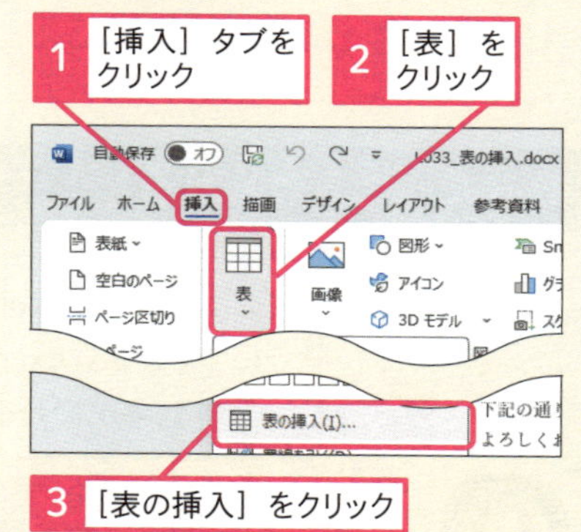

3 ［表の挿入］をクリック

4 列数と行数を入力

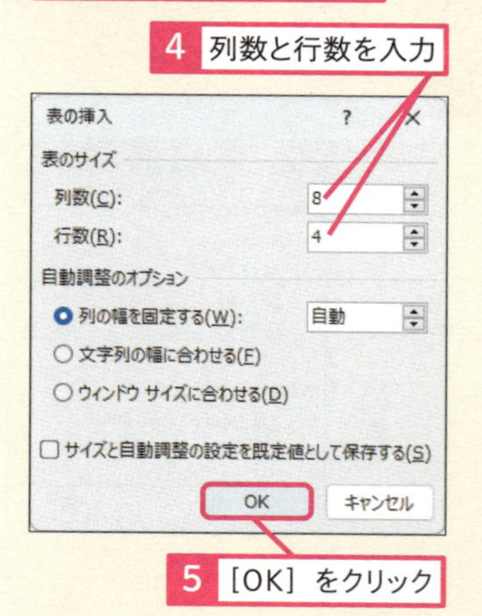

5 ［OK］をクリック

基本編 第5章 文書に表を入れる

使いこなしのヒント

Wordの表とExcelのセルの違い

Wordの表に入力した文字は、列の幅よりも長くなると行が自動的に下に伸びます。Excelでは、セルの幅よりも多くの文字を入力すると、標準の設定のままでは右隣のセルに文字が表示されます。文字の多い表を作るときには、Wordの罫線の方が文字に合わせて伸縮するので便利です。

2 罫線を引いて表を作成する

1 ［挿入］タブをクリック

2 ［表］をクリック

3 ［罫線を引く］をクリック

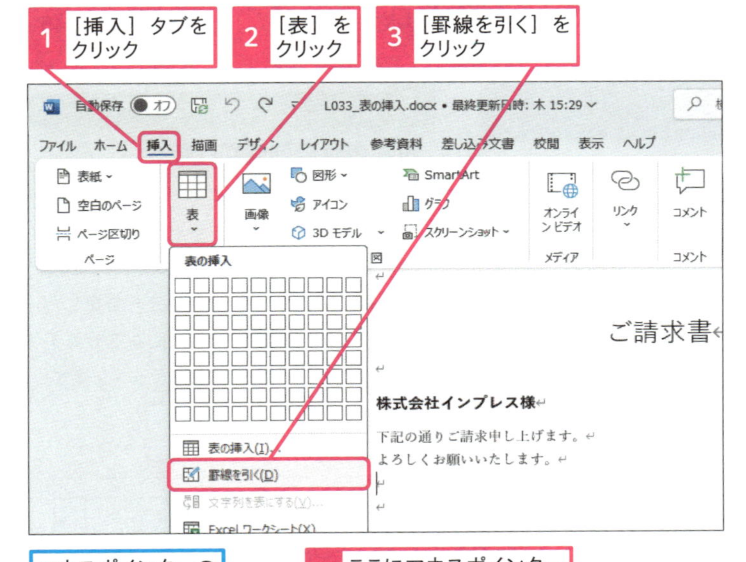

マウスポインターの形が変わった

4 ここにマウスポインターを合わせる

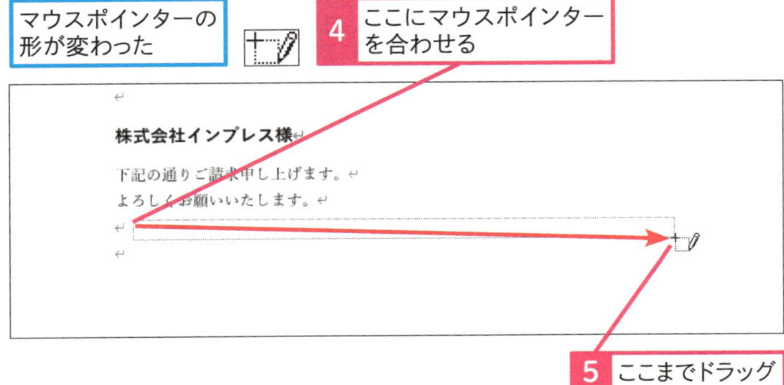

5 ここまでドラッグ

罫線を引いて、表の一部が作成された

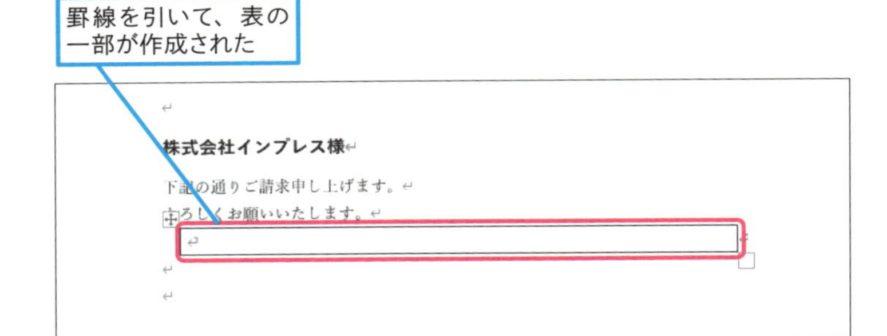

使いこなしのヒント

簡単に行を増やすには

罫線が入った表の右下にカーソルを移動して Enter キーを押すと、簡単に罫線の行を追加できます。

1 ここをクリック

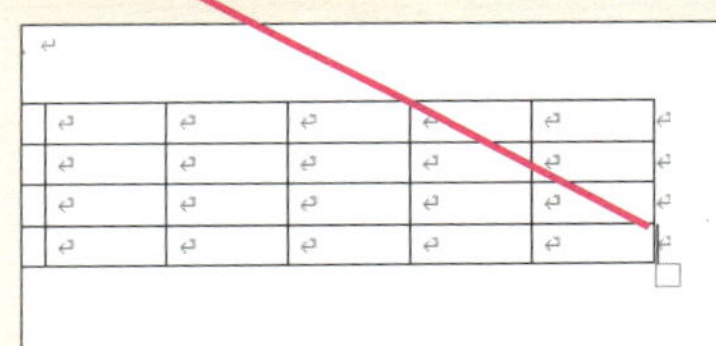

2 Enter キーを押す

行を追加できた

まとめ Wordの表はマウスで手早く挿入できる

Wordの表は、列数と行数を指定して編集画面に挿入します。挿入された表は、列数に合わせて左右の幅が均等になるように調整されます。罫線で仕切られた表は、その一コマごとがExcelのセルのような独立した編集領域になります。文字や数字の入力や、一コマごとに独立した配置や装飾ができます。また、図形を描くようなマウスの操作で、自由に罫線を引けます。

レッスン
34 行や列の幅を変えるには

行や列の幅

練習用ファイル L034_行や列の幅.docx

表の挿入では、自動的に列の幅と高さが均等に調整されます。挿入した表の列や行は、後から自由に幅や高さを調整できます。作成したい一覧表や計算表の用途に合わせて、幅や高さを調整して見やすい表を作りましょう。

1 列の幅をドラッグして変える

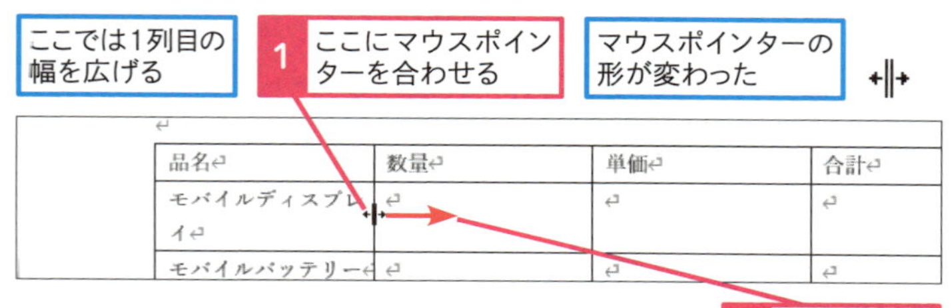

1列目の幅が広がった

品名	数量	単価	合計
モバイルディスプレイ			
モバイルバッテリー			
小型キーボード			

2 行の高さをドラッグして変える

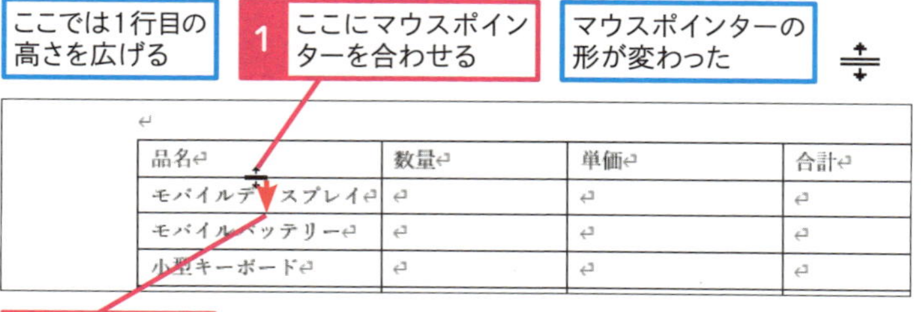

1行目の高さが広がった

品名	数量	単価	合計
モバイルディスプレイ			
モバイルバッテリー			

キーワード

使いこなしのヒント

特定の行の列幅だけを調整するには

列の罫線をマウスでドラッグすると、すべての行にわたって列幅が変更されます。もしも、特定の行の列幅だけを変更したいときには、対象となる行にあるセルを選択してから、列の罫線をドラッグします。

1 ここにマウスポインターを合わせる

品名	数量	単価
モバイルディスプレイ		
モバイルバッテリー		
小型キーボード		

マウスポインターの形が変わった

2 そのままセルをクリック

3 列の罫線をドラッグ

品名	数量	単価
モバイルディスプレイ		
モバイルバッテリー		
小型キーボード		

使いこなしのヒント

正確な数値で行と列を調整するには

[表のプロパティ] にある [行] や [列] で、正確な数値で高さや幅を指定できます。

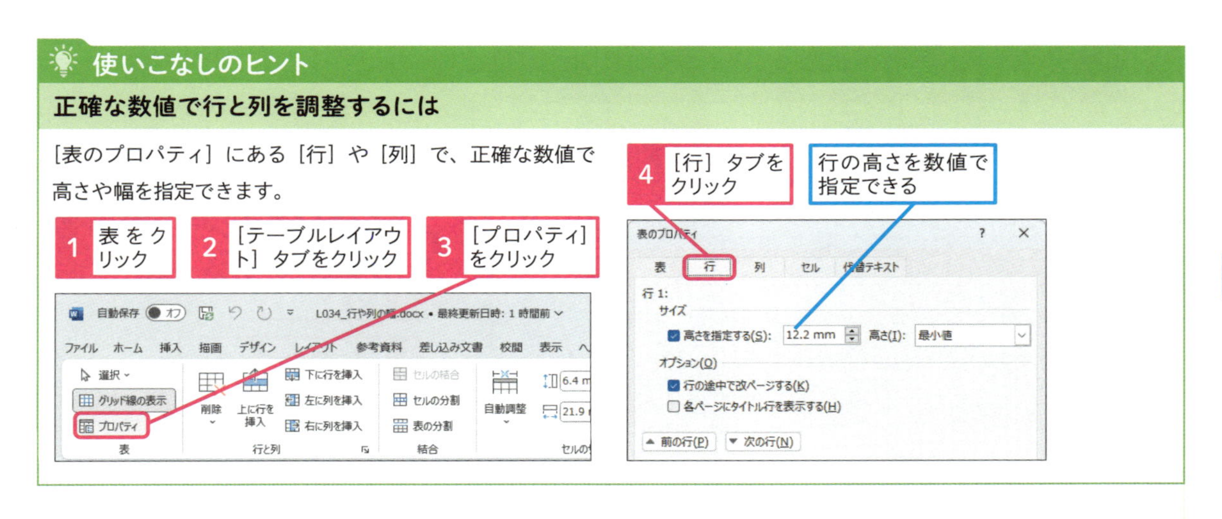

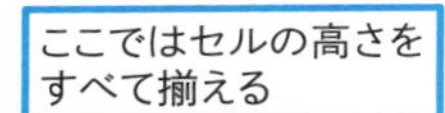

3 セルの高さを揃える

ここではセルの高さをすべて揃える

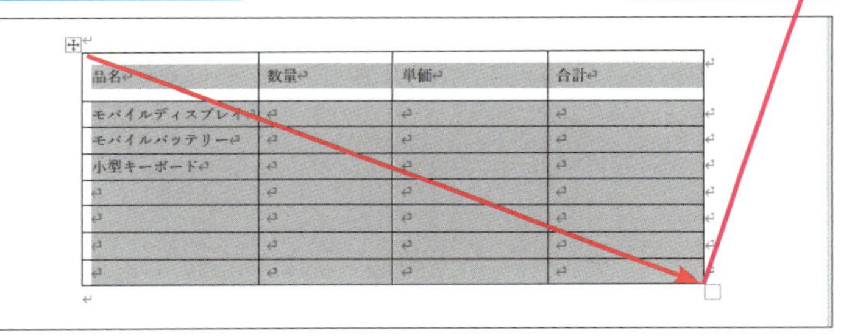

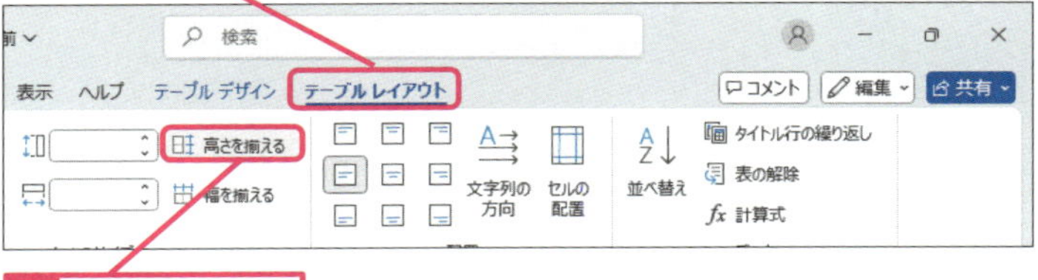

セルの高さがすべて揃った

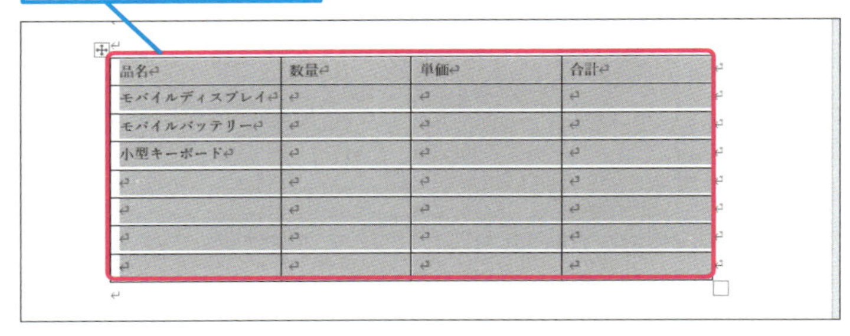

使いこなしのヒント

表の大きさを変えるには

挿入した表の右下に表示される□をマウスでドラッグすると、表全体の大きさを変えられます。

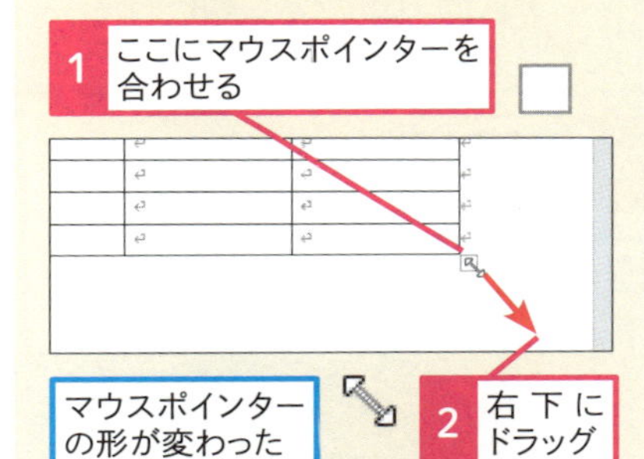

表全体の大きさが変更された

次のページに続く

4 セルの幅を揃える

ここではセルの幅をすべて揃える

1 表をドラッグして選択

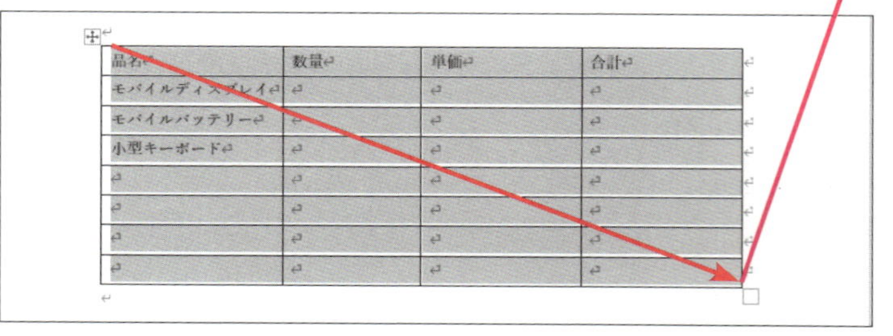

2 ［テーブルレイアウト］タブをクリック

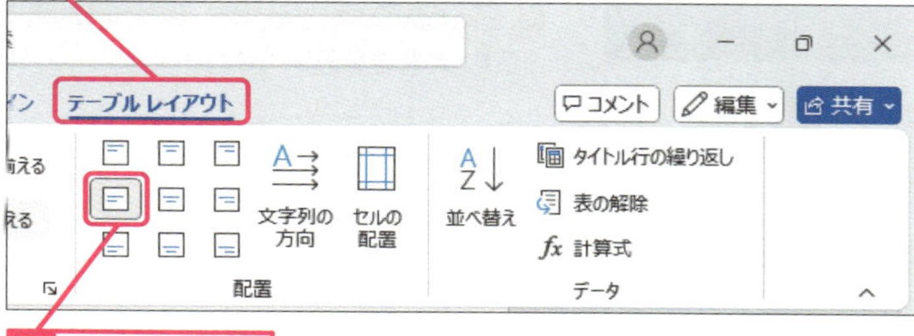

3 ［幅を揃える］をクリック

セルの幅がすべて揃った

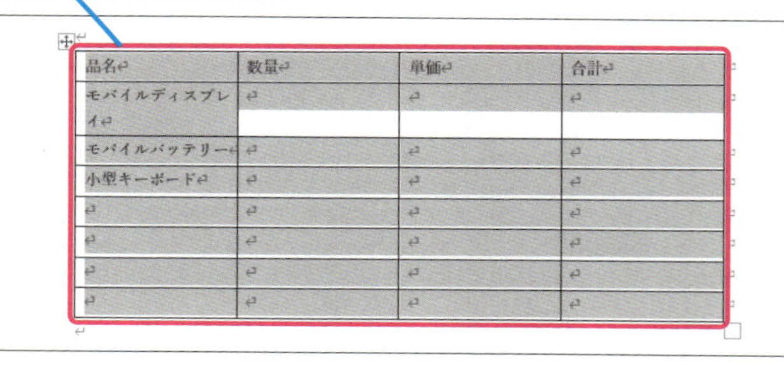

使いこなしのヒント

セルの中での垂直方向の文字の配置

［表のプロパティ］にある［セル］で、表の中に入力した文字や数字の垂直方向の配置を指定できます。

1 表をクリック

2 ［テーブルレイアウト］タブをクリック

3 ［プロパティ］をクリック

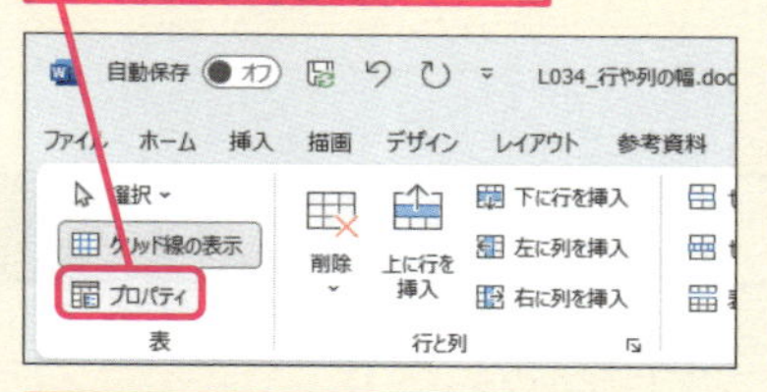

4 ［セル］タブをクリック

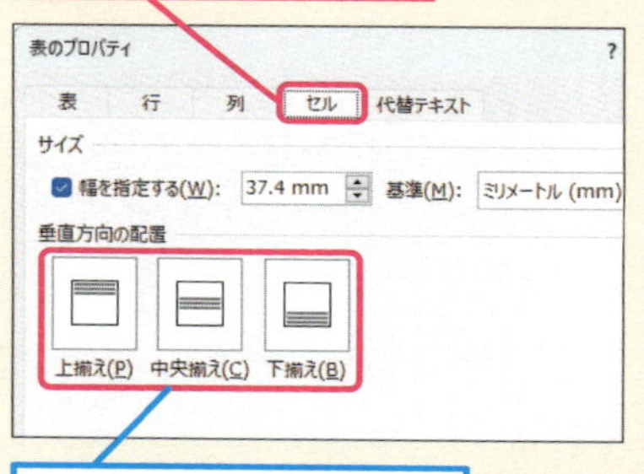

セル内での垂直方向の文字の配置を指定できる

使いこなしのヒント

表全体を移動したいときには

挿入した表の左上に表示される⊞をマウスでドラッグすると、表全体を移動できます。また、ドラッグするときに Shift キーを押しながらドラッグすると、垂直や水平方向に移動を限定できます。さらに、Ctrl キーを押しながらドラッグすると、表をコピーできます。

1 ここにマウスポインターを合わせる

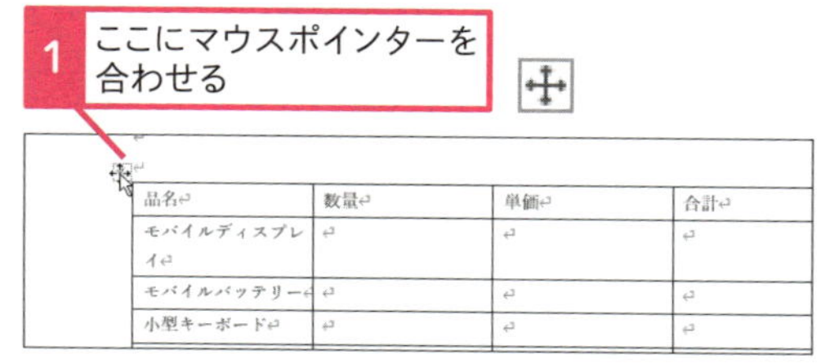

マウスポインターの形が変わった

ドラッグすると表全体を移動できる

5 文字の幅に合わせる

ここではセルに入力された文字に合わせて、幅を変更する

1 表をドラッグして選択

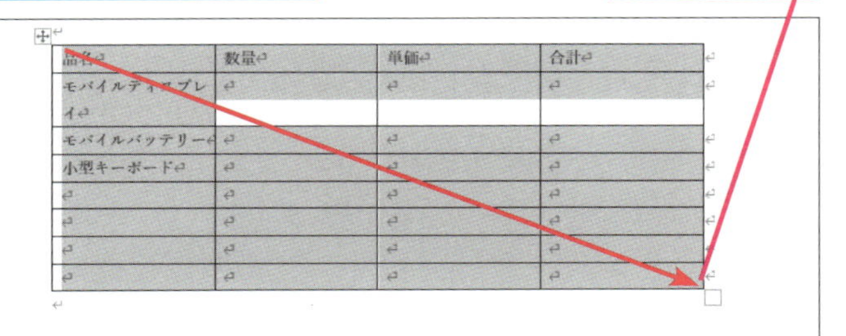

2 ［テーブルレイアウト］タブをクリック

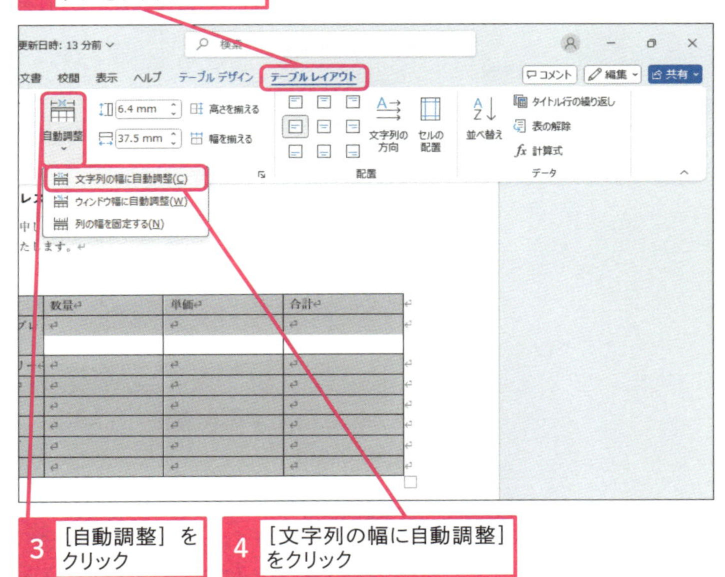

3 ［自動調整］をクリック

4 ［文字列の幅に自動調整］をクリック

セルに入力された文字に合わせて、幅が変更された

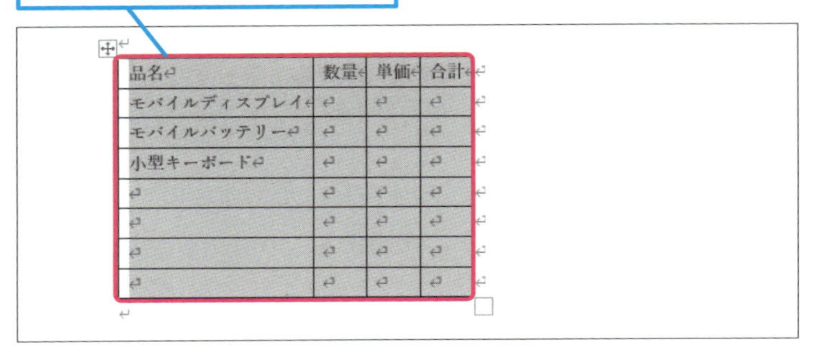

使いこなしのヒント

表の縦横比を保ったまま拡大・縮小するには

表全体のサイズを変更するときに、Shiftキーを押してマウスでドラッグすると、表の縦横比を保ったまま拡大・縮小できます。

1 ここにマウスポインターを合わせる

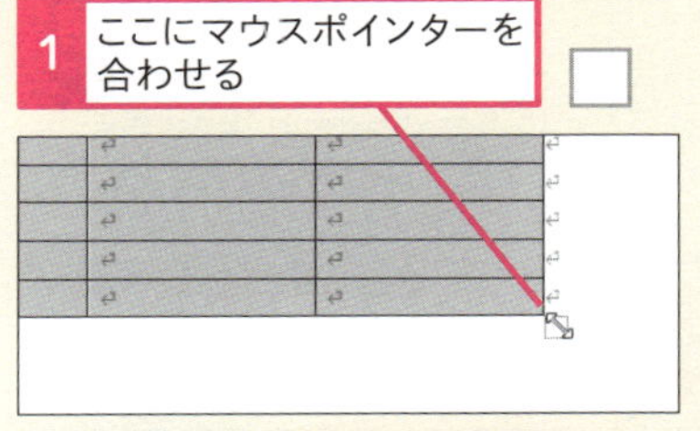

マウスポインターの形が変わった

2 Shiftキーを押しながらドラッグ

縦横比を保ったまま拡大・縮小できる

使いこなしのヒント

セル内の文字サイズを変更するには

セルに入力した文字のサイズを変更するには、テキストを選択してリボンやミニツールバーからフォントのサイズを指定します。

使いこなしのヒント

セル内の行を増やすには

セルの中で改行すると、自動的に新しい行が挿入されてセル内の行が増えます。また、セルの横幅を超えるテキストが入力されたときにも、自動的にセルの高さが伸びます。

次のページに続く

6 ウィンドウの幅に合わせる

ここではウィンドウの幅に合わせて、幅を変更する

1 表をドラッグして選択

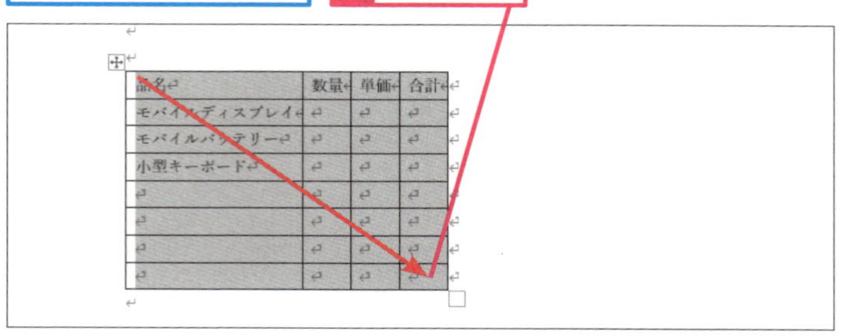

2 ［テーブルレイアウト］タブをクリック

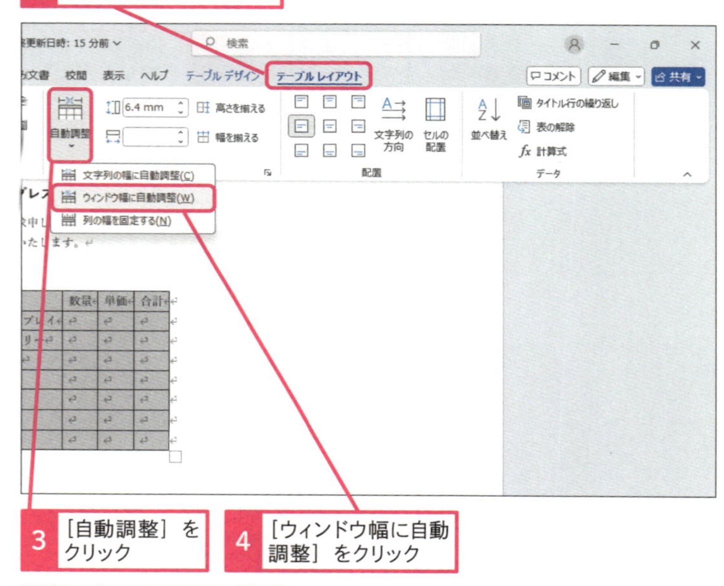

3 ［自動調整］をクリック

4 ［ウィンドウ幅に自動調整］をクリック

ウィンドウの幅に合わせて、幅が変更された

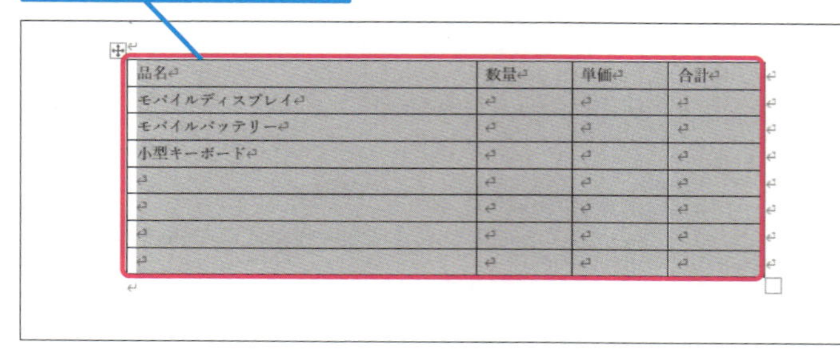

使いこなしのヒント

表を挿入すると表示されるタブに注目

表を挿入すると、［テーブルデザイン］と［テーブルレイアウト］という表専用のタブが表示されます。これらのタブには、表のデザインと文字などのレイアウトに関連したリボンが用意されています。

表を挿入すると、［テーブルデザイン］タブと［テーブルレイアウト］タブが表示される

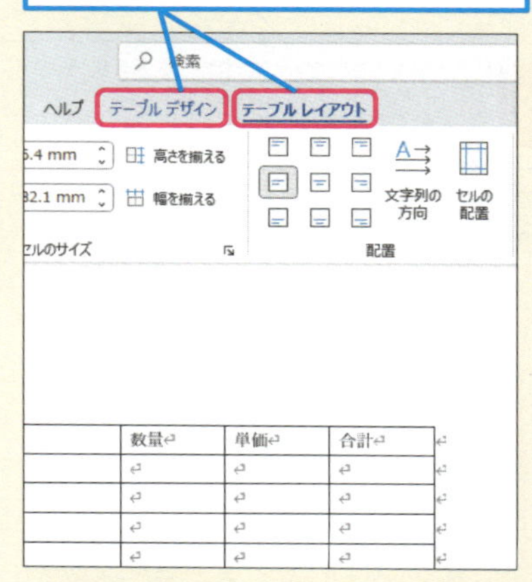

使いこなしのヒント

セルごとに文字の配置を指定できる

セル内のテキストは、セルごとに文字の配置を指定できます。また、インデントもセルごとに指定できます。

使いこなしのヒント

セルの幅はルーラーからも修正できる

表を挿入すると、ルーラーにセルごとの幅を示す［列の移動］が表示されます。ルーラーに表示されている［列の移動］をマウスでドラッグしてもセルの幅を修正できます。

7 行の高さを数値で設定する

ここでは1行目の高さを9.6mmに設定する

1 1行目のセルをクリック

品名	数量	単価	合計
モバイルディスプレイ			
モバイルバッテリー			
小型キーボード			

2 ［テーブルレイアウト］タブをクリック

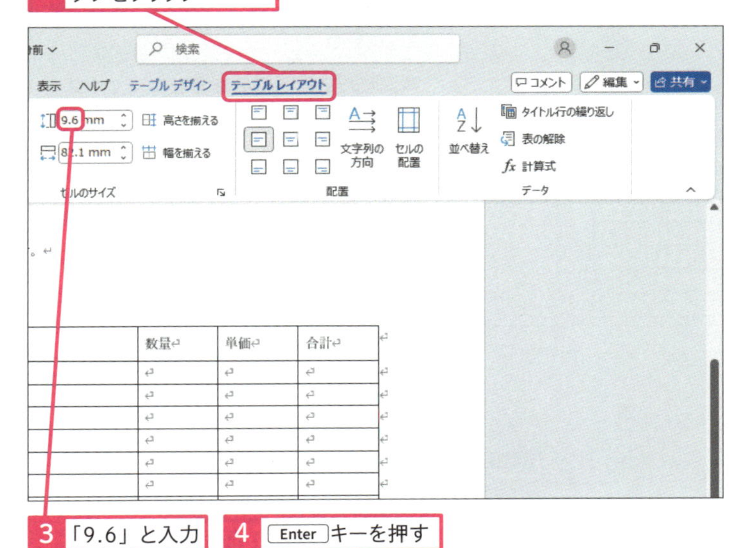

3 「9.6」と入力

4 Enter キーを押す

1行目の高さが9.6mmに設定された

品名	数量	単価	合計
モバイルディスプレイ			
モバイルバッテリー			
小型キーボード			

使いこなしのヒント

行や列を選択するとミニツールバーから操作できる

表のどこかを選択すると、ミニツールバーが表示されます。表のミニツールバーには、行や列を挿入するアイコンがあります。

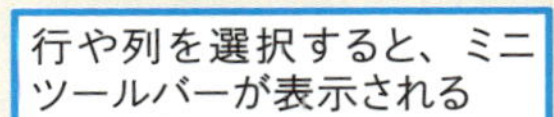

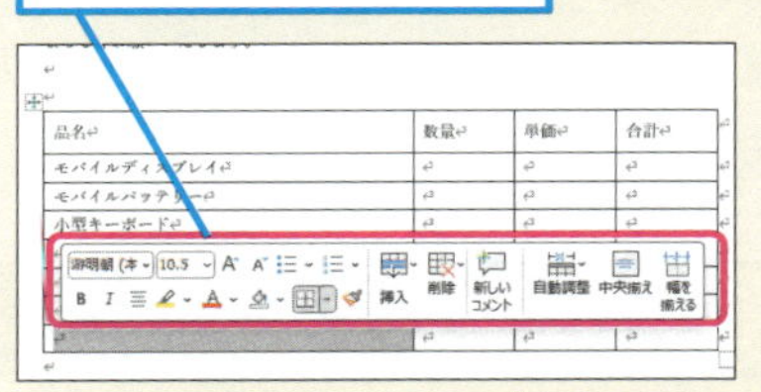

まとめ 幅や高さの変更は連続した行に有効

マウスのドラッグやリボンの［テーブルレイアウト］で修正した列や幅は、後から行を追加しても同じレイアウトが継承されます。しかし、新しい表を挿入すると、幅や高さは標準の設定に自動的に調整されてしまいます。幅や高さの変更は、連続している表にのみ適用されます。もし、すでにサイズを調整した表をもうひとつ利用したいときには、表全体をコピーして貼り付けると、同じレイアウトが利用できます。

レッスン
35 行や列を挿入するには

行や列の挿入

練習用ファイル L035_行や列の挿入.docx

表の行や列は後から追加できます。最初に予定していた行数や列数よりも、入力したい項目が増えたときには、行や列を挿入して調整しましょう。行や列の挿入では、追加したい方向に合わせて上下左右が選べます。

1 行を挿入する

ここでは4行目の下に、行を1行挿入する

1 4行目のセルをクリック

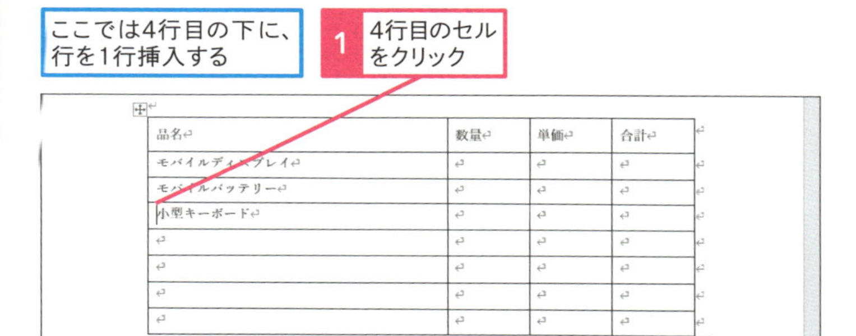

2 [テーブルレイアウト] タブをクリック

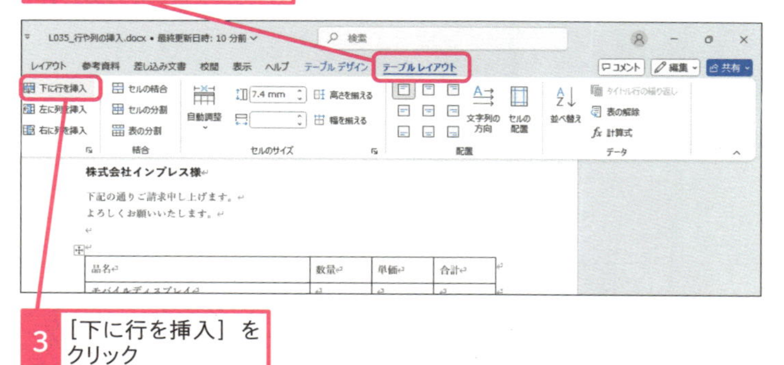

3 [下に行を挿入] をクリック

4行目の下に、行が1行挿入された

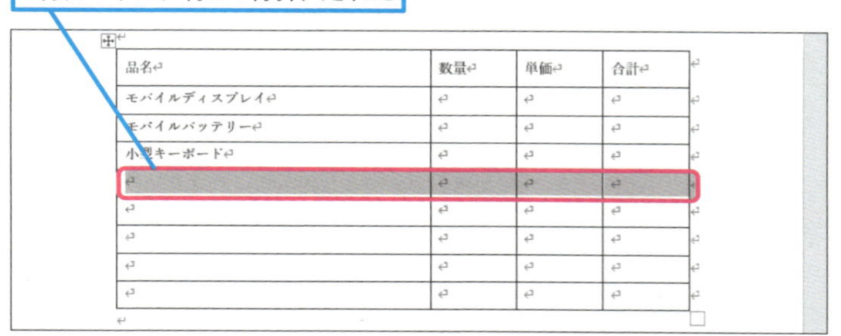

キーワード

セル P.343
ミニツールバー P.345

使いこなしのヒント

右クリックでミニツールバーを表示する

挿入したい列や行のあるセルでマウスを右クリックすると、ミニツールバーを表示できます。

列や行を選択しておく

1 選択範囲を右クリック

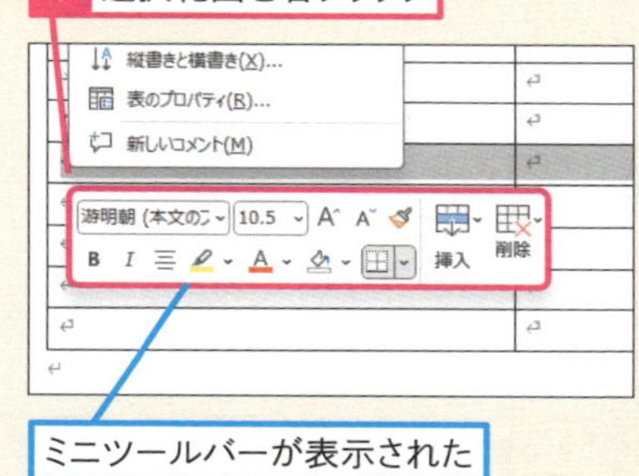

ミニツールバーが表示された

使いこなしのヒント

行や列を選択するとミニツールバーから操作できる

表のどこかを選択すると、ミニツールバーが表示されます。表のミニツールバーには、行や列を挿入するアイコンがあります。

2 列を挿入する

ここでは4列目の右に、列を1列挿入する

1 4列目のセルをクリック

品名	数量	単価	合計
モバイルディスプレイ			
モバイルバッテリー			
小型キーボード			

2 ［テーブルレイアウト］タブをクリック

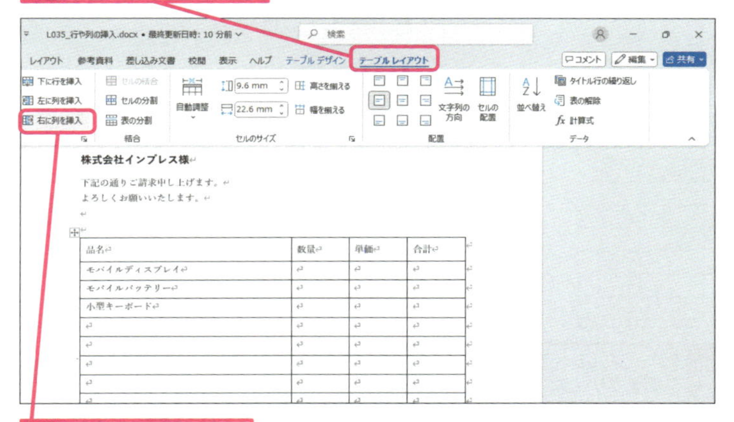

3 ［右に列を挿入］をクリック

4列目の右に、列が1列挿入された

品名	数量	単価	合計	
モバイルディスプレイ				
モバイルバッテリー				
小型キーボード				

使いこなしのヒント

一度に複数の行や列を挿入するには

複数の行や列をまとめて挿入したいときには、その行数や列数分の範囲をあらかじめ選択してから、挿入を実行します。行や列の挿入は、ミニツールバーからも実行できます。

複数の行を選択しておく

1 ［テーブルレイアウト］タブをクリック

2 ［下に行を挿入］をクリック

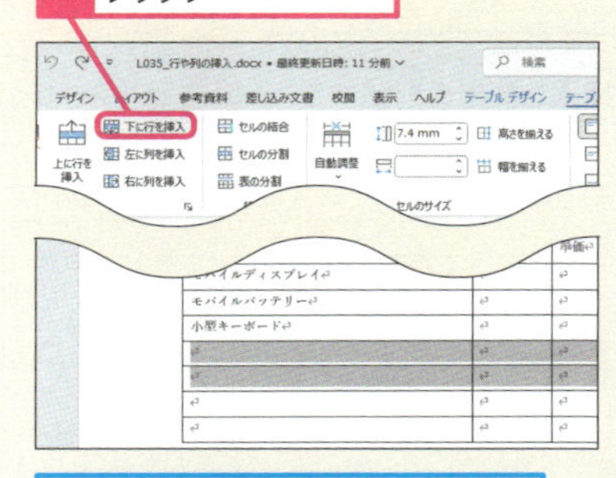

選択した行数分の行が挿入された

品名	数量	単価	合計
モバイルディスプレイ			
モバイルバッテリー			
小型キーボード			

まとめ 列の挿入では文書の幅に注意する

列や幅の挿入では、選択されているセルの幅や高さを基準にして、上下左右に新たなセルが表示されます。行の挿入であれば、文書の高さいっぱいになると、自動的に改ページされます。しかし、列の挿入では文書の横幅を超えてしまうことがあります。もしも、列が用紙からあふれてしまったときには、列の幅を調整するか、次のレッスンを参考にして、不要な列を削除しましょう。

レッスン

36 行や列を削除するには

行や列の削除

練習用ファイル L036_行や列の削除.docx

不要な行や列は削除できます。列や行を挿入し過ぎてしまったり、文字や数字を入力した後で、不要な行や列が残ってしまったりしたときには、削除して表をすっきりさせましょう。また、特定のセルだけを削除することもできます。

1 行を削除する

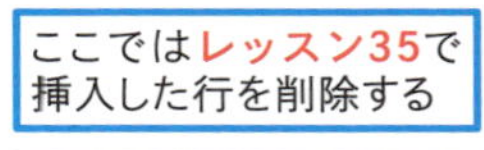

1 削除する行のセルをクリック

品名	数量	単価	合計	
モバイルディスプレイ				
モバイルバッテリー				
小型キーボード				

2 [テーブルレイアウト] タブをクリック

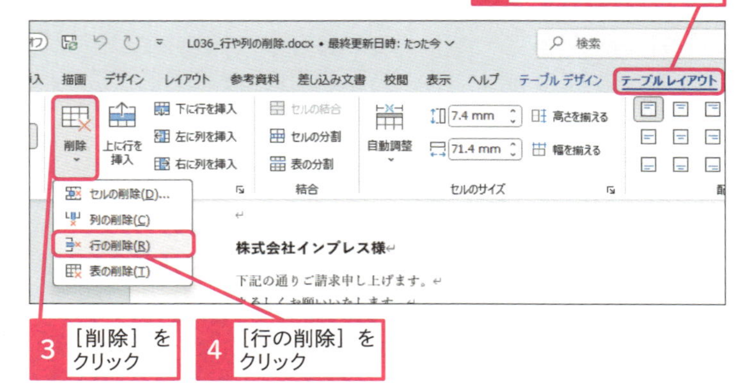

3 [削除] をクリック

4 [行の削除] をクリック

選択した行が削除された

品名	数量	単価	合計	
モバイルディスプレイ				
モバイルバッテリー				
小型キーボード				

キーワード

セル	P.343
ミニツールバー	P.345

使いこなしのヒント

削除する前に文字や数字を移しておくには

行や列を削除すると、その中に入力されていた文字や数字もまとめて消されてしまいます。もしも、数字や文字を残して、セルだけを削除したいときには、あらかじめ別のセルにコピーしておくようにしましょう。

使いこなしのヒント

表全体を削除するには

ミニツールバーの削除にある［表の削除］を選ぶと、表全体を削除できます。

ミニツールバーを表示しておく

1 ［削除］をクリック

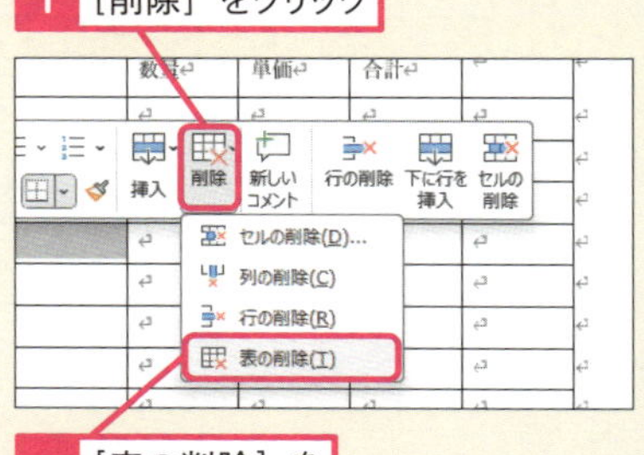

2 ［表の削除］をクリック

2 列を削除する

ここではレッスン35で挿入した列を削除する

1 削除する列のセルをクリック

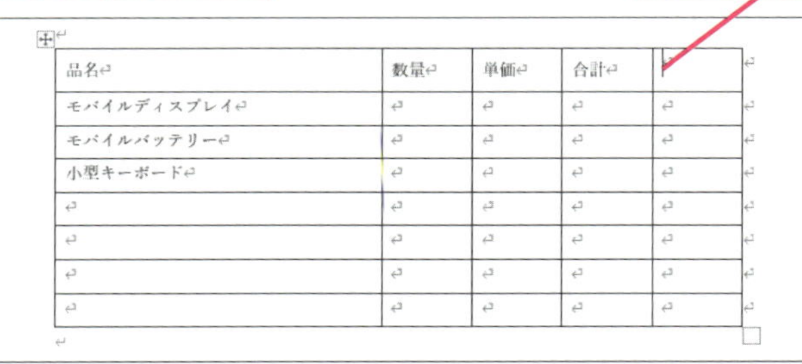

2 [テーブルレイアウト]タブをクリック

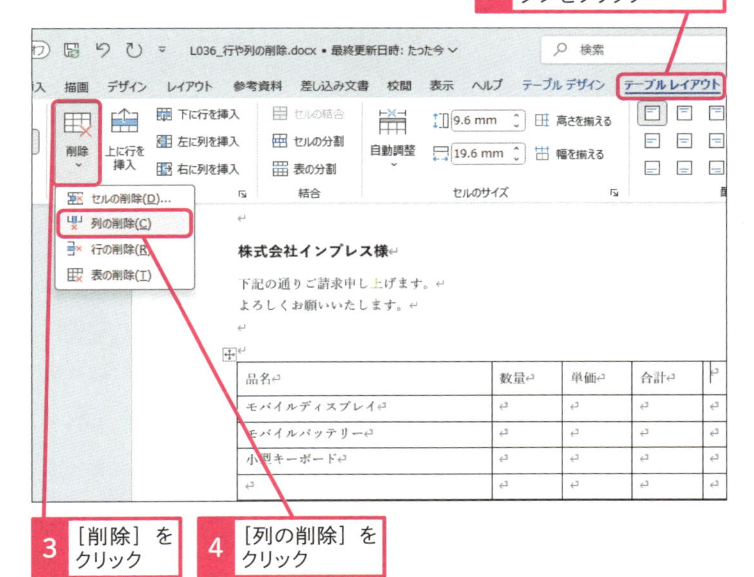

3 [削除]をクリック

4 [列の削除]をクリック

選択した列が削除された

スキルアップ

セルを削除する

[セルを削除後、左に詰める]では、対象となるセルだけを削除して、右端のセルが消されます。一方[セルを削除後、上に詰める]では、セル内のデータは消されて、下の行の内容がひとつずつ上に繰り上げられます。また、ミニツールバーでも[セルの削除]が利用できます。

ここでは2行目の左端のセルを削除する

1 2行目の左端のセルをクリック

2 [テーブルレイアウト]タブをクリック

3 [削除]をクリック

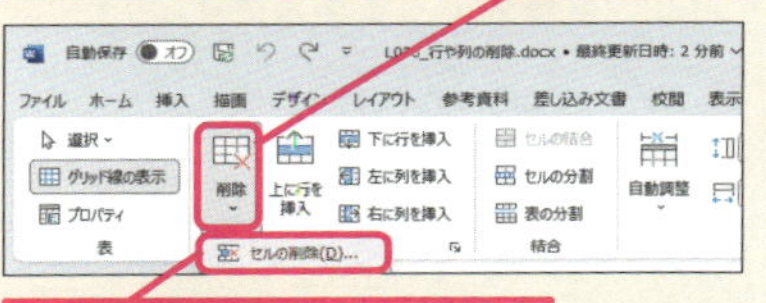

4 [セルの削除]をクリック

5 [セルを削除後、左に詰める]をクリック

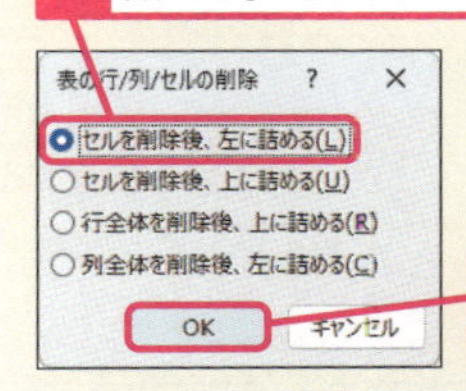

6 [OK]をクリック

2行目の左端のセルが削除された

まとめ Wordの表は必要な列と行だけを利用する

Wordの表は使いたいだけの列数と行数を編集画面に挿入できます。挿入した後からも、自由に列や行を追加したり削除したりできます。表によっては、はじめから列数や行数を決められずに、作っていく途中で調整が必要になります。そのときに、多めに列や行を挿入しておいて、後から不要なセルを削除して調整すると、ページにきれいに収まる表になります。

レッスン
37 罫線の太さや種類を変えるには

［テーブルデザイン］タブ

練習用ファイル L037_テーブルデザイン.docx

表の罫線は、太さや種類や色を自由に変えられます。表の線を変更すると、セルの内容への注目度を高めたり、反対に不要な線を消すことで、表のデザイン性を向上したりできます。

1 罫線の太さを変える

ここでは「出精値引き」と入力されたセルの罫線の太さを変更する

1 ［テーブルデザイン］タブをクリック

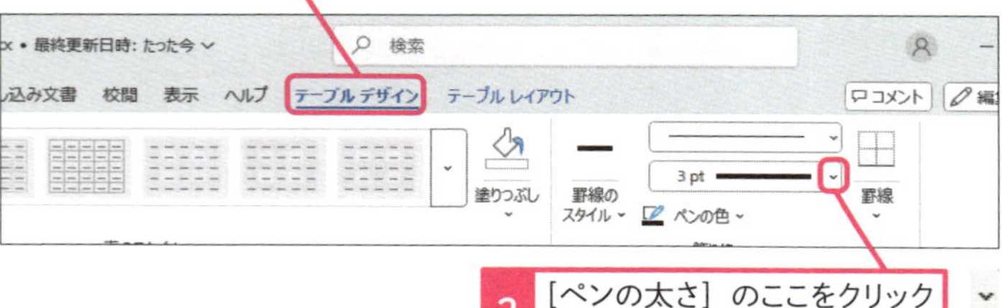

2 ［ペンの太さ］のここをクリックして［3pt］を選択

3 「出精値引き」と入力されたセルのここをクリック

モバイルディスプレイ↵	↵	↵	↵
モバイルバッテリー↵	↵	↵	↵
小型キーボード↵	↵	↵	↵
↵	出精値引き↵	↵	↵
↵	小計↵	↵	↵
↵	消費税↵	↵	↵
↵	合計↵	↵	↵

セルの罫線の太さが変更された

モバイルディスプレイ↵	↵	↵	↵
モバイルバッテリー↵	↵	↵	↵
小型キーボード↵	↵	↵	↵
↵	出精値引き↵	↵	↵
↵	小計↵	↵	↵
↵	消費税↵	↵	↵
↵	合計↵	↵	↵

ここここをクリックして同じ太さに変更する

キーワード

スタイル P.342
セル P.343
ミニツールバー P.345

使いこなしのヒント

テーブルデザインとは

表がドキュメントに含まれている場合に表示される［テーブルデザイン］タブには、罫線やセルなど表のデザインに関連するリボンが用意されています。［テーブルデザイン］の一部の機能は、ミニツールバーからも利用できます。

◆［テーブルデザイン］タブ

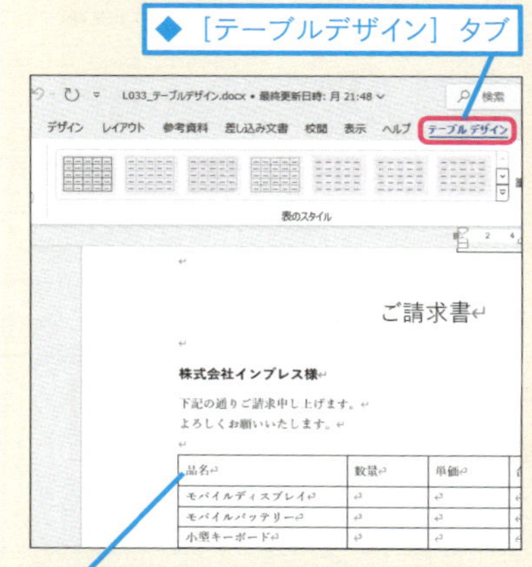

ドキュメントに表が含まれていると［テーブルデザイン］タブが表示される

2 罫線の種類を変更する

ここでは「消費税」と入力されたセルの罫線の種類を変更する

1 ［テーブルデザイン］タブをクリック

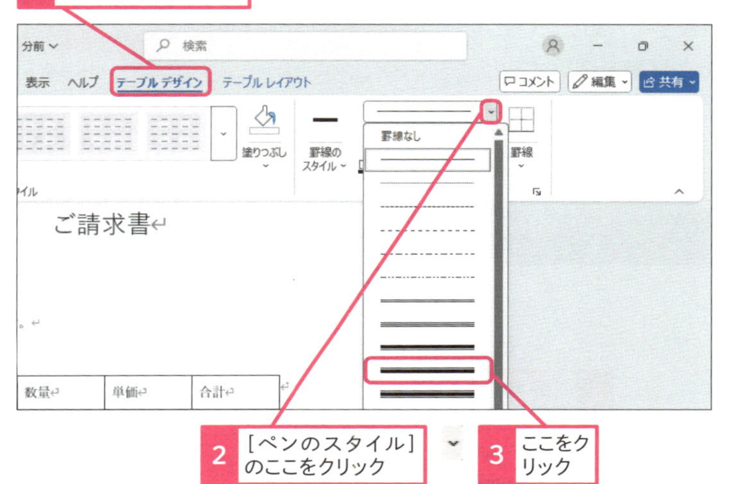

2 ［ペンのスタイル］のここをクリック

3 ここをクリック

4 ［ペンの太さ］のここをクリックして［2.25pt］を選択

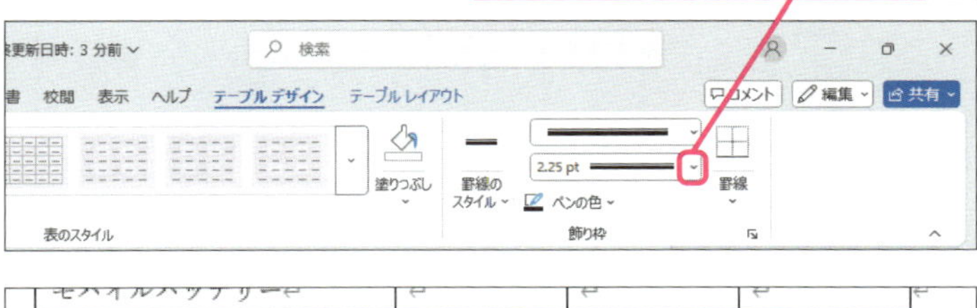

モバイルバッテリー			
小型キーボード			
	出精値引き		
	小計		
	消費税		
	合計		

5 「消費税」と入力されたセルのここをクリック

セルの罫線の太さと種類が変更された

この2つの罫線をクリックして同じ罫線に変更する

モバイルバッテリー			
小型キーボード			
	出精値引き		
	小計		
	消費税		
	合計		

使いこなしのヒント

［表のスタイル］でカラフルな表をデザインする

［テーブルデザイン］の［表のスタイル］を使うと、カラフルな一覧表をデザインできます。

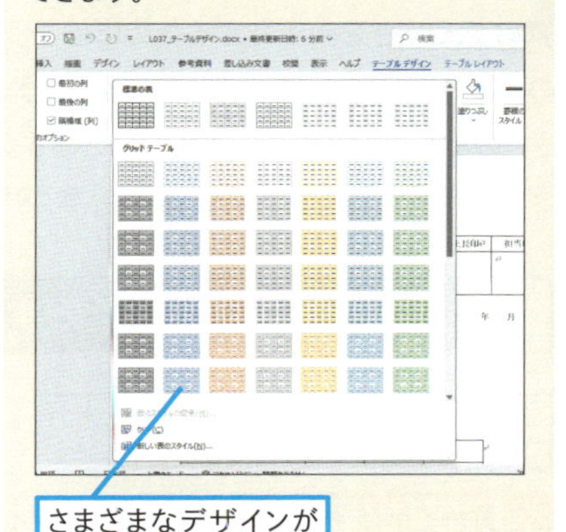

さまざまなデザインが用意されている

使いこなしのヒント

罫線を消してデザイン性を高める

作成する表によっては、すべての罫線を見せるのではなく、一部の線を表示しないことで、より洗練されたデザインになります。例えば、一覧表などでは、両端の縦線を消すだけでも、すっきりした見た目になります。

まとめ　タイトルや合計などで線種を効果的に使う

表の中には、タイトルとなる行や数字を集計したセルなど、注目してもらいたい部分や重要性の高い内容があります。そうした箇所に、太い線や色を使うと、表の中での注目度を変えられます。その反対に、一覧表や名簿のような連続した内容が入力される行では、通常の罫線による区切りでは読みにくくなります。そうしたときに、線の種類や配色を変えると見やすさを向上できます。

レッスン

38 不要な罫線を削除するには

罫線の削除

練習用ファイル　手順見出しを参照

表の見やすさを向上させるためには、文字や数字を入力しないセルの罫線を消して、すっきりさせましょう。また、罫線を削除すると、2つのセルを1つのセルに統合できます。さらに、マウスでの罫線引きを活用すると、斜めの罫線も手早く引けます。

キーワード

アイコン	P.340
セル	P.343
ダイアログボックス	P.343

1 罫線を引く位置を変更する

L038_罫線の削除_01.docx

ここでは「モバイルディスプレイ」と入力されたセルの左の罫線を削除する

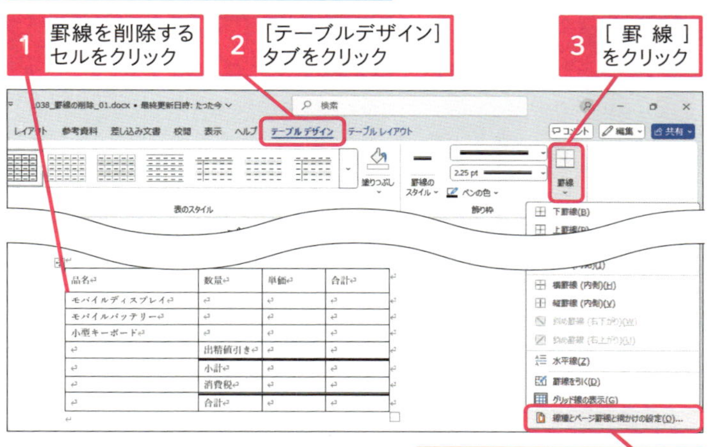

[罫線と網かけ]ダイアログボックスが表示された

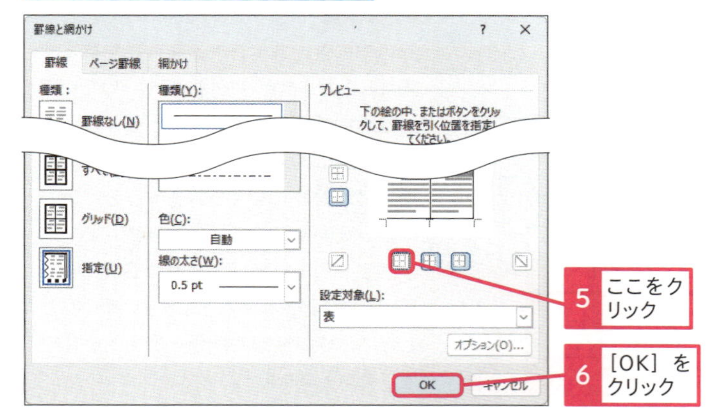

使いこなしのヒント

斜めの罫線も作成できる

[罫線]にある斜めのアイコンを使うと、セルの中に斜めの線も引けます。

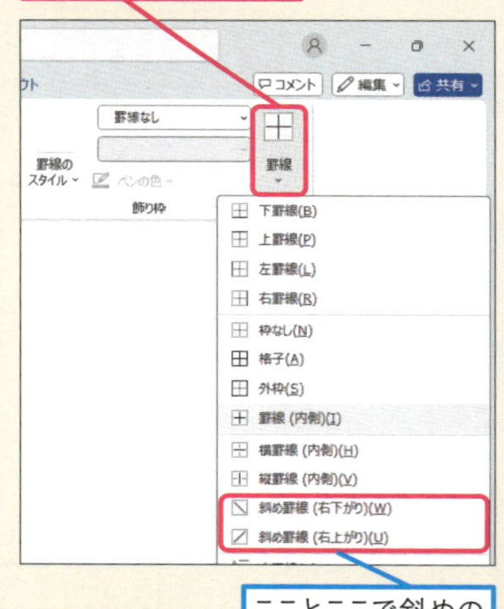

● セルの罫線が削除された

選択したセルの左の罫線が削除された

品名	数量	単価	合計
モバイルディスプレイ			
モバイルバッテリー			
小型キーボード			
	出精値引き		
	小計		
	消費税		

2 内側の罫線のみを削除する

L038_罫線の削除_01.docx

ここでは表の内側の罫線のみを削除する

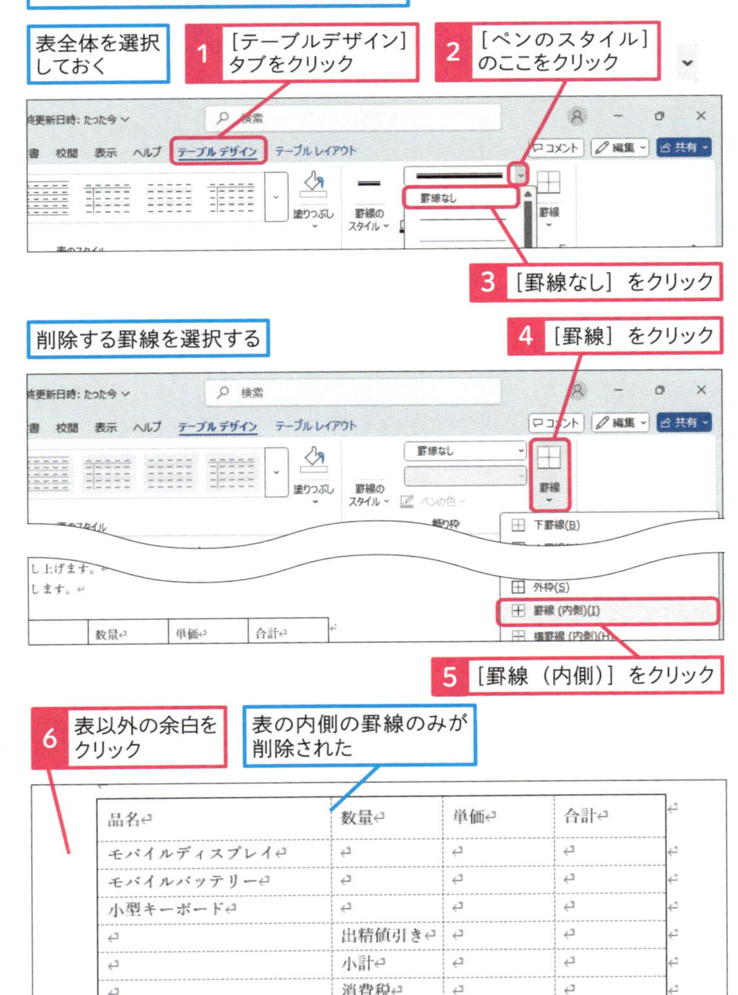

品名	数量	単価	合計
モバイルディスプレイ			
モバイルバッテリー			
小型キーボード			
	出精値引き		
	小計		
	消費税		
	合計		

使いこなしのヒント

マウスでも斜めの線が引ける

マウスでの罫線引きを利用すると、セルの中にセルを挿入したり、斜めの罫線も手早く引けたりできます。

使いこなしのヒント

プレビューをクリックしても変更できる

[罫線と網かけ]で表示されているプレビューの線をクリックしても、罫線を引く位置を変更できます。

[罫線と網かけ]ダイアログボックスを表示しておく

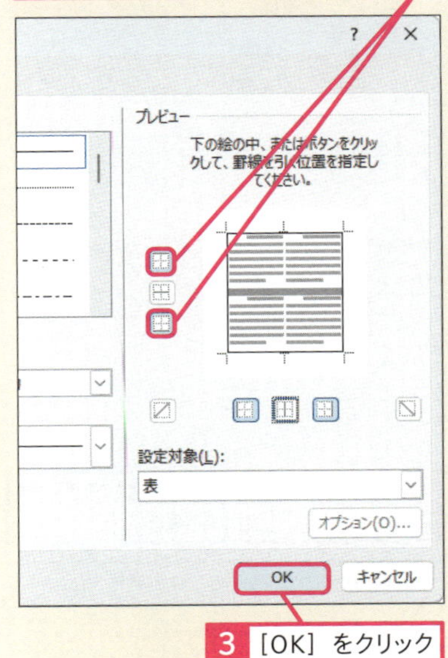

3 [OK]をクリック

38 罫線の削除

次のページに続く

3 罫線をまとめて削除する

L038_罫線の削除_02.docx

ここではすべての罫線をまとめて削除する

1 表をドラッグして選択

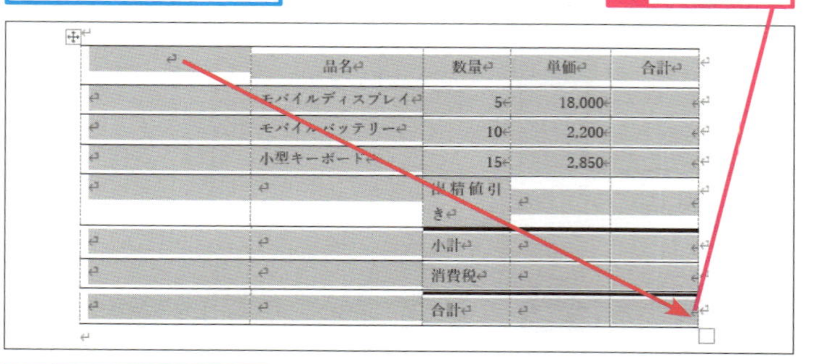

2 ［テーブルデザイン］タブをクリック

3 ［罫線］をクリック

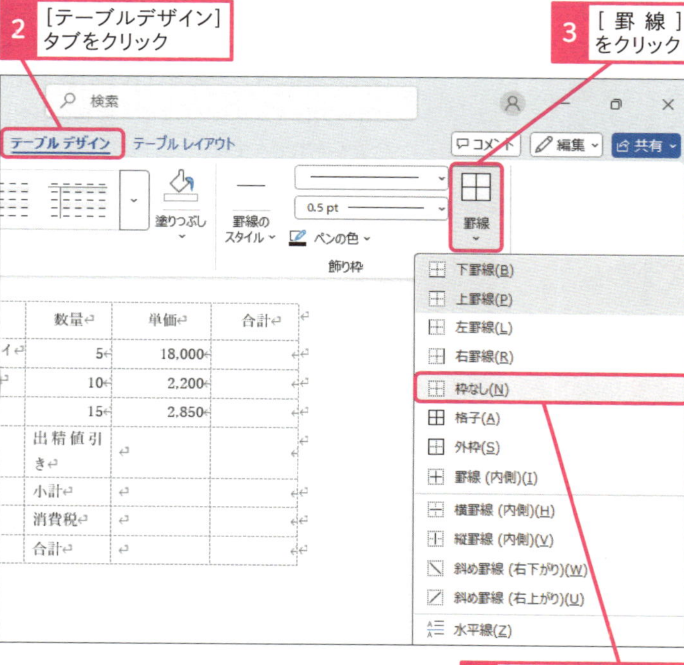

4 ［枠なし］をクリック

5 表以外の余白をクリック

表の罫線がすべて削除された

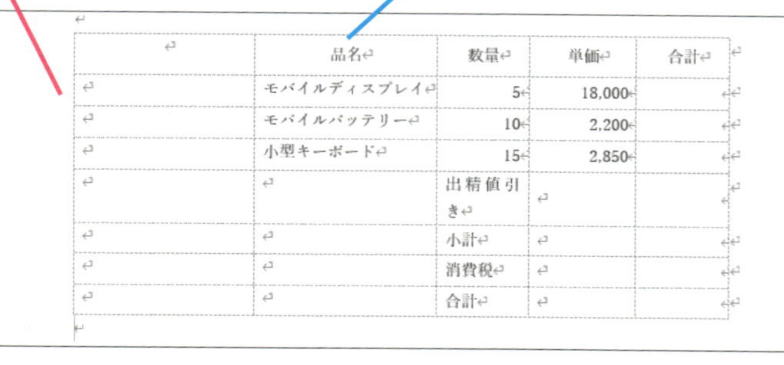

使いこなしのヒント

セルの幅を工夫すると文字列を縦にレイアウトできる

統合したセルを含む行の幅を狭くすると、文字列を縦書きのようにレイアウトできます。統合されたセルの中で、文字の位置を調整したいときには、［表のプロパティ］から［垂直方向の配置］を指定します。

幅を狭くするセルを含む行を選択しておく

1 ［テーブルレイアウト］タブをクリック

2 ［プロパティ］をクリック

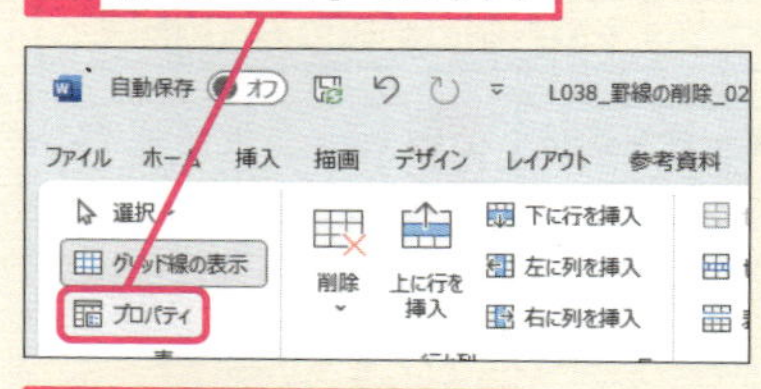

3 ［セル］タブをクリック

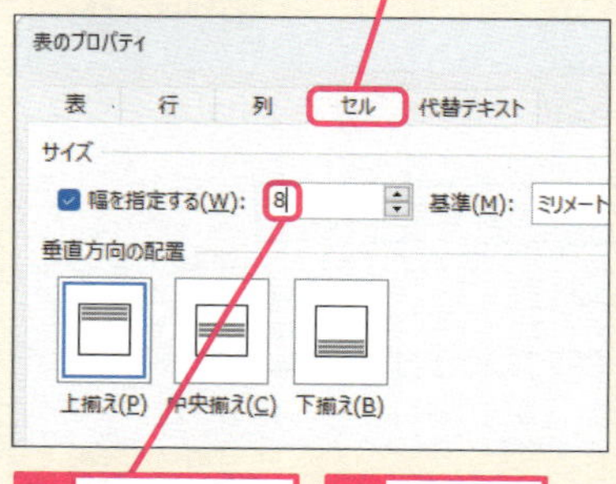

4 ［サイズ］に「8」と入力

5 ［OK］をクリック

セルの幅が狭くなり、縦書きのように文字をレイアウトできた

諸経費	品名	数量
	モバイルディスプレイ	5
	モバイルバッテリー	10
	小型キーボード	15
		出精値引き

4 罫線を削除してセルを統合する

L038_罫線の削除_02.docx

1 結合する範囲をドラッグして選択

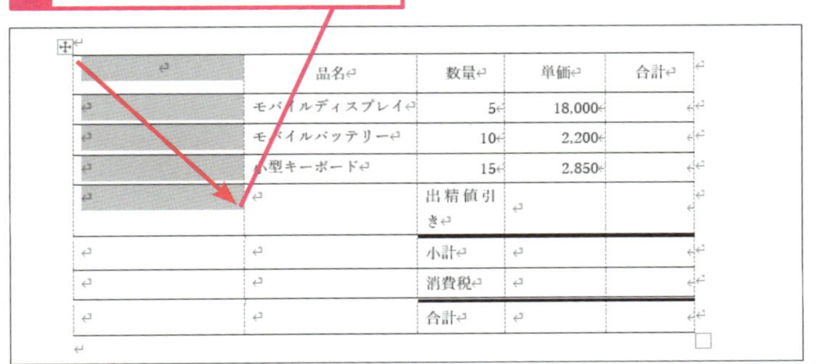

	品名	数量	単価	合計
	モバイルディスプレイ	5	18,000	
	モバイルバッテリー	10	2,200	
	小型キーボード	15	2,850	
		出精値引き		
		小計		
		消費税		
		合計		

［テーブルレイアウト］タブを表示しておく

2 ［セルの結合］をクリック

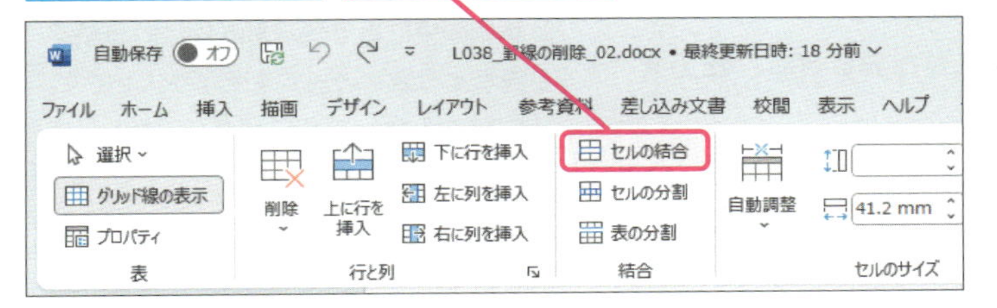

セルが結合された

	品名	数量	単価	合計
	モバイルディスプレイ	5	18,000	
	モバイルバッテリー	10	2,200	
	小型キーボード	15	2,850	
		出精値引き		
		小計		
		消費税		
		合計		

3 「諸経費」と入力

諸経費	品名	数量	単価	合計
	モバイルディスプレイ	5	18,000	
	モバイルバッテリー	10	2,200	
	小型キーボード	15	2,850	
		出精値引き		
		小計		
		消費税		
		合計		

使いこなしのヒント

ルーラーでセルのレイアウトを確認する

ルーラーを表示しておくと、セルに入力できる範囲を確認できます。セルの中は、独立した小さな編集領域になっています。それぞれのセルに左右の幅と余白が設定されています。ルーラーにあるインデントを操作すると、セルの中での余白や左右のマージンを調整できます。

使いこなしのヒント

セルの中に水平線を引くには

ミニツールバーの罫線を引く項目の中から［水平線］を選ぶと、セルの中に水平線を引けます。

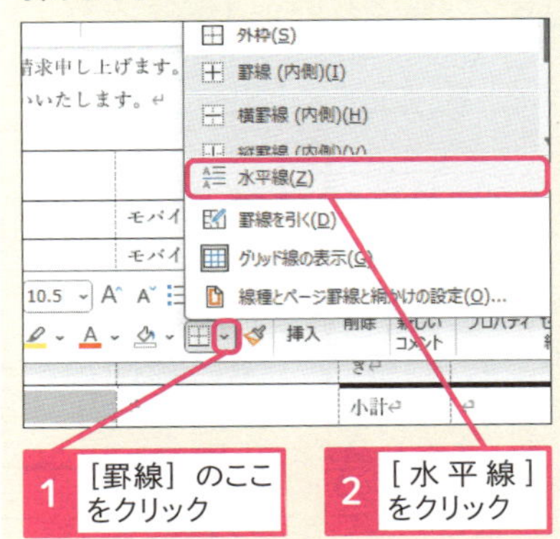

1 ［罫線］のここをクリック

2 ［水平線］をクリック

まとめ 罫線を削除して複雑な表をデザインする

罫線の削除は、セルを横方向や縦方向に統合します。表の中には、左側に縦書きの項目を入力して、その右側に関連する項目が複数並ぶようなデザインがあります。このような表の作成には、罫線の削除が効果的です。なお、罫線の削除で幅を狭くすると文字が自動的に縦に配置され、縦書きの項目になります。

レッスン
39 表の中で計算するには

表内での計算　練習用ファイル　L039_表内での計算.docx

Wordの表には、Excelのような計算機能があります。計算を利用するためには、表のセルの座標を理解して、四則演算や合計などの数式を登録します。数式を登録すると、表の数字を変えて何度でも計算できるようになります。

キーワード

セル	P.343
フィールドコード	P.344

用語解説

表示形式

計算式の中にある表示形式は、計算結果を表示する数字の形式を選ぶリストです。通貨記号やカンマ区切りのパーセント表示などを選べます。

使いこなしのヒント

クイックパーツからも計算式を挿入できる

［挿入］タブにある［クイックパーツ］の［フィールド］からも、計算式を挿入できます。表を使わずに数字や関数を使った計算をしたいときには、［クイックパーツ］を使うと便利です。

1 セルの位置関係を覚える

Wordの表には、Excelのように上や左に座標を示すアルファベットと数字は表示されていません。しかし、挿入した表ごとに、左上をA1として座標が割り当てられています。

表の上端のセルから下に向かって、1、2、3…と行番号が付けられている

表の左端のセルから右に向かって、A、B、C…と列番号が付けられている

	A	B	C	D
1	品名	数量	単価	合計
2	モバイルディスプレイ	5	18,000	
3	モバイルバッテリー	10	2,200	
4	小型キーボード	15	2,850	
5		出精値引き		
6		小計		
7		消費税		
8		合計		

たとえばこのセルは、左から3つ目なので列番号は「C」、上から8つ目なので行番号は「8」となり、セル番地はC8となる

スキルアップ

フィールドコードを参照するには

表に挿入された計算式は、Wordのフィールドコードという特殊なコードです。フィールドコードの内容を確認するには、右クリックメニューから［フィールドコードの表示/非表示］を選択します。フィールドコードが表示されていると、直接その数字やセルの座標などを修正できます。修正したフィールドコードの計算結果を確認したいときには、再び［フィールドコードの表示/非表示］を選択します。また、キーボードの Shift + F9 キーを押すことでも、フィールドコードの表示と非表示を切り替えられます。

2 セルに計算式を入力する

ここではセルD2に、セルB2とセルC2に入力された数値の積を求める

1 セルD2をクリック

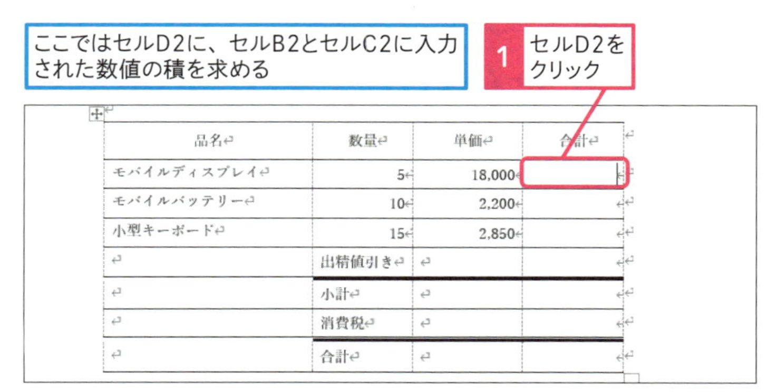

品名	数量	単価	合計
モバイルディスプレイ	5	18,000	
モバイルバッテリー	10	2,200	
小型キーボード	15	2,850	
	出精値引き		
	小計		
	消費税		
	合計		

計算式を入力する

2 ［テーブルレイアウト］タブをクリック

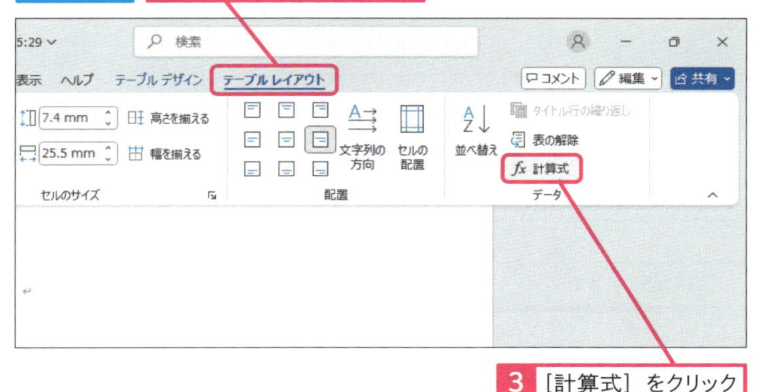

3 ［計算式］をクリック

［計算式］ダイアログボックスが表示された

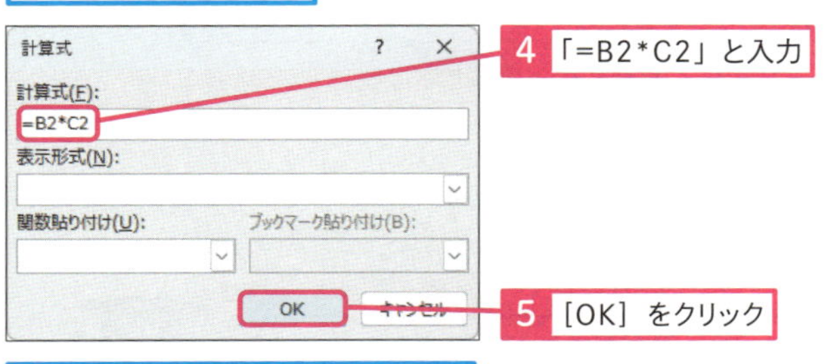

4 「=B2*C2」と入力

5 ［OK］をクリック

セルD2に、セルB2とセルC2に入力された数値の積が表示された

品名	数量	単価	合計
モバイルディスプレイ	5	18,000	90,000
モバイルバッテリー	10	2,200	
小型キーボード	15	2,850	
	出精値引き		
	小計		
	消費税		
	合計		

使いこなしのヒント
覚えておくと便利な関数

計算に使う関数の中で、いくつか代表的なものは、次のようになります。

●覚えておくと便利な関数

関数	機能
AVERAGE ()	平均値
COUNT ()	個数
INT ()	整数値
MAX ()	最大値
MIN ()	最小値
SUM ()	合計

使いこなしのヒント
Wordで使える関数

Wordで使える関数は、マイクロソフトのサイトに一覧が掲載されています。

● Word または Outlook の表で計算式を使用する

https://support.microsoft.com/ja-jp/office/word-または-outlook-の表で計算式を使用する-cbd0596e-ea8a-485e-a35d-b2cb2c4f3e27

まとめ 計算式の基本はExcelと同じで関数も使える

Wordの計算式は、Excelと同じようにセルの座標を利用します。フィールドコードの計算式では、座標を使った四則演算の他にも、SUM（合計）やMAX（最大値）にMIN（最小値）などの関数も利用できます。Wordで使える関数の数は、Excelよりも少ないですが、伝票や集計、分類といった用途に使える関数が用意されています。必要に応じて関数を使うと、挿入する表の用途も広がります。

この章のまとめ

Wordの表を使いこなして文書作りのスキルアップ

Wordの表は、編集画面に任意の行と列を指定して挿入できます。挿入した後からも、幅や高さに行列数を自由に変更できます。また、線の種類も豊富で、カラフルなデザインも簡単に作れます。そして、フィールドコードによる計算もできるので、さまざまな用途の作表に活用できます。ビジネスで使う文書の多くが、タイトルと文章と表で構成されているので、Wordの表を使いこなせるようになると、文章と表を組み合わせた文書の作成スキルが大きく向上します。

品名	数量	単価	合計
モバイルディスプレイ	5	18,000	90,000
モバイルバッテリー	10	2,200	
小型キーボード	15	2,850	
	出精値引き		
	小計		
	消費税		
	合計		

Wordの表がこんなにすごかったなんて……！

表はExcelで作ってWordに貼り付け、という人も多いけど、Wordの上で作った方が使いやすい場合もあるんです。

単純な計算だったら、数式を入れておくと便利ですね。

そうですね。ぜひ使い方をマスターして、便利な自分用テンプレートを作りましょう！

基本編

第6章

デザインを工夫して印刷する

Wordは、用紙サイズを変えると、はがきサイズの文書も作成できます。また、図形や写真を挿入したり、文字を縦書きやカラフルにして、見栄えのするはがきをデザインしたりできます。さらに、宛名印刷ウィザードを使うと、はがきの宛名も印刷できます。

レッスン
40 Introduction この章で学ぶこと
印刷物を作ってみよう

印刷を目的にした文書作成では、Wordの編集画面を用紙のサイズに合わせます。標準の設定では、ビジネスでよく使われるA4（縦）の用紙サイズになっていますが、はがきや便箋などサイズや向きの違う紙に印刷するには、編集画面を印刷する用紙に合わせましょう。

基本編の総まとめです！

この章では、はがきの印刷物を作るんですよね、先生♪

ええ。これまで基本編で学んだことを活かして、ビジネスにも使える印刷物の作り方を紹介します。

うーん、できるかなー。ちょっと自信ないです。

大丈夫、それぞれの操作は丁寧に説明して、前のレッスンも参照先として紹介します。がんばって作っていきましょう。

はがきサイズの印刷物を作る

この章では新社屋のお知らせをはがきを横にして作ります。これまでに学んだことに加え、文字の装飾、写真の挿入、罫線などを紹介します。

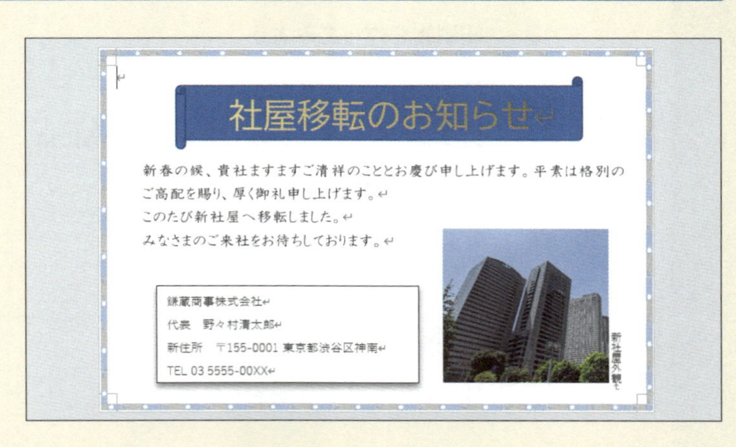

おさらいしながら作っていこう

文字の装飾の方法はいろいろありますが、ここでは［文字の効果と体裁］を使います。また、写真の挿入は図形の挿入と、ほぼ同じやり方で調整できます。

デザインがどんどん整って、操作しているだけでも楽しいですー！

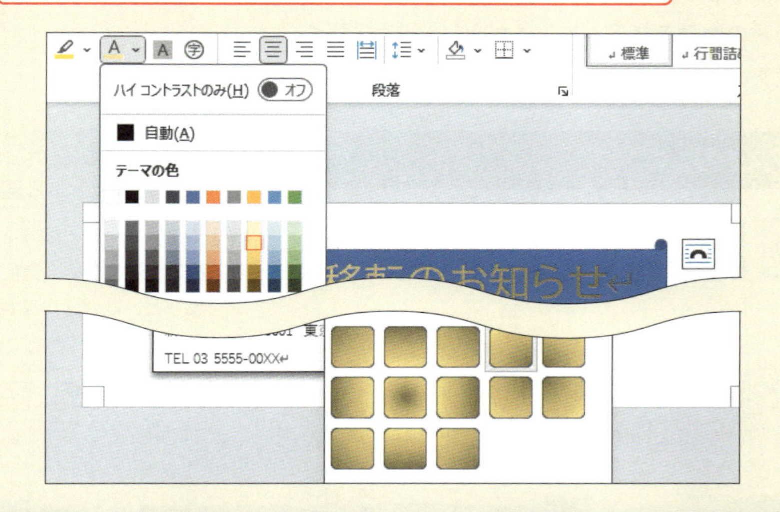

宛名もWord で印刷できる

そして宛名印刷。Officeの他のアプリにはない、Word独自の機能です。はがきだけでなく封筒や年賀状などにも対応するので、ぜひ使い方を覚えましょう。

宛名印刷用のソフトみたいに、順番に設定すれば印刷できるんですね。すごい！

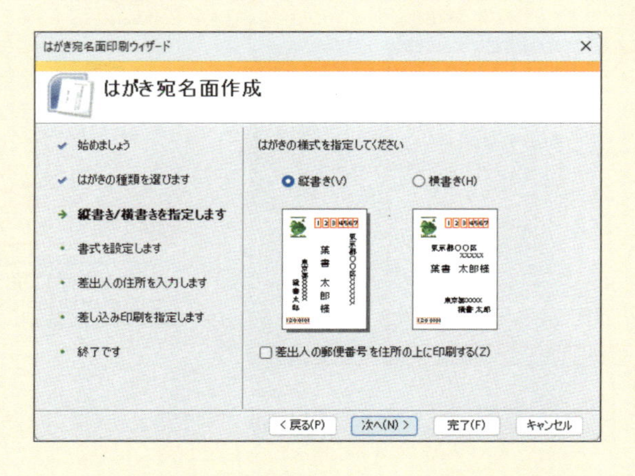

レッスン

41 はがきサイズの文書を作るには

サイズ

練習用ファイル なし

Wordの編集画面は、印刷したい文書の用途に合わせてサイズを自由に変更できます。あらかじめ用意されているサイズを選んで変更するだけではなく、任意の数値を指定して、はがきなど様々なサイズの用紙に対応できます。

1 文書のサイズを選ぶ

レッスン03を参考に、新規文書を作成しておく

文書のサイズが［A4］に設定されている

1 ［レイアウト］タブをクリック

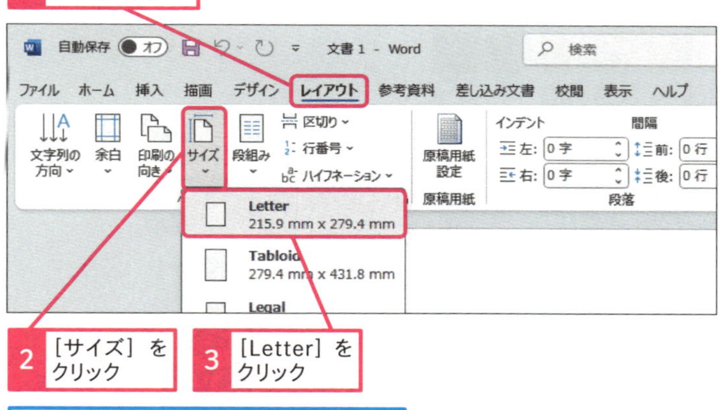

2 ［サイズ］をクリック

3 ［Letter］をクリック

文書のサイズが［Letter］に変更された

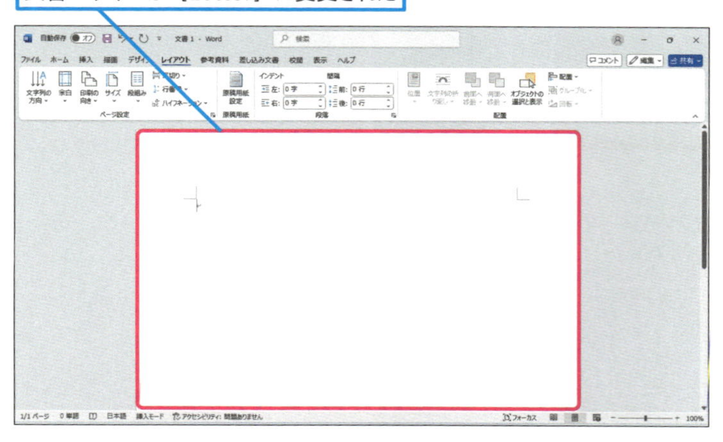

キーワード

はがき宛名面印刷ウィザード P.344

使いこなしのヒント

定型フォーマットから選ぶには

Wordには、はがきの宛名と文面の両方を作る機能があります。［差し込み文書］タブを使うと、はがきの文面や宛名をウィザード形式で手早く作成できます。

1 ［差し込み文書］タブをクリック

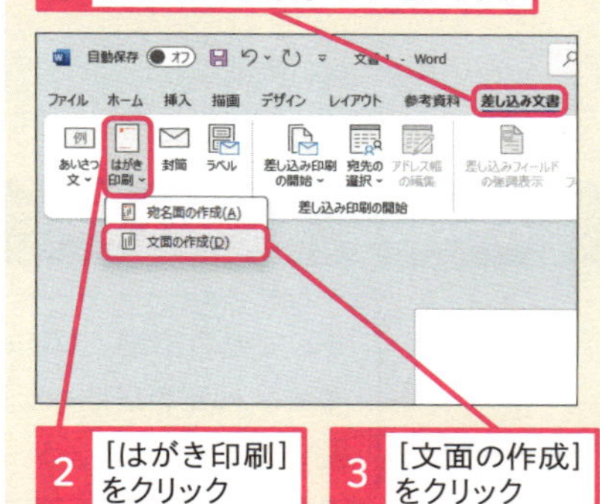

2 ［はがき印刷］をクリック

3 ［文面の作成］をクリック

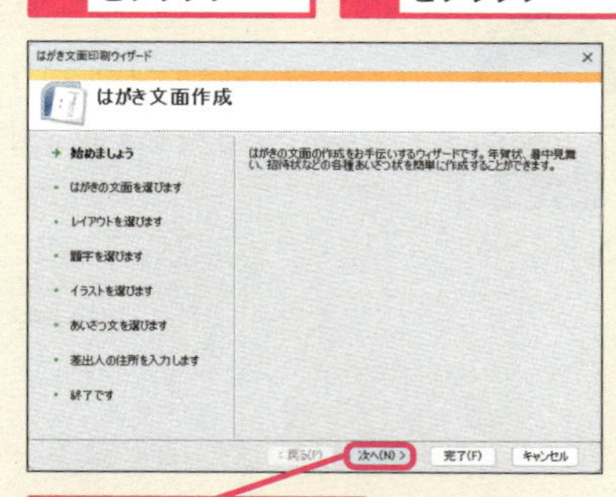

4 ［次へ］をクリック

画面の指示に従って、はがきの文面を作成していく

2 文書のサイズを自由に設定する

ここでは文書のサイズを、官製はがきのサイズである幅148mm、高さ100mmに設定する

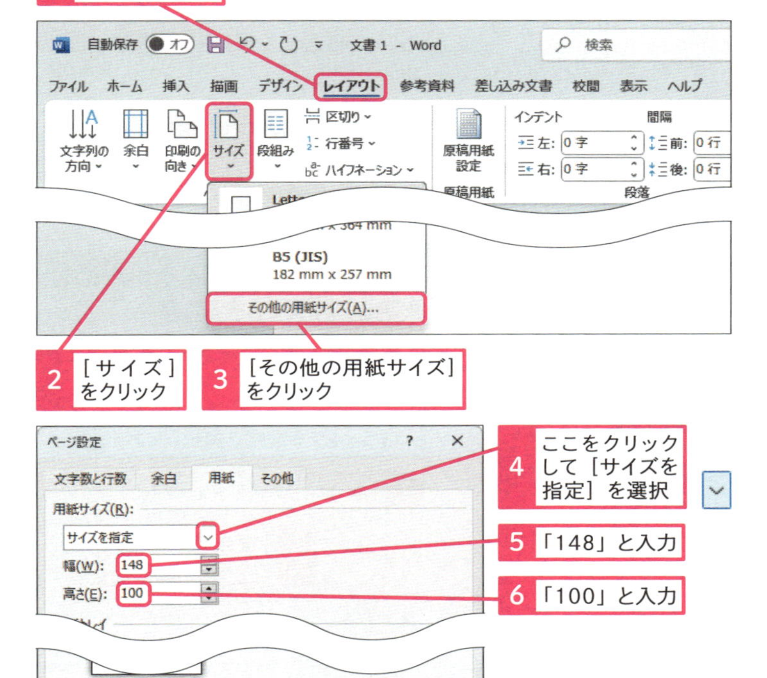

文書のサイズが、幅148mm、高さ100mmに設定された

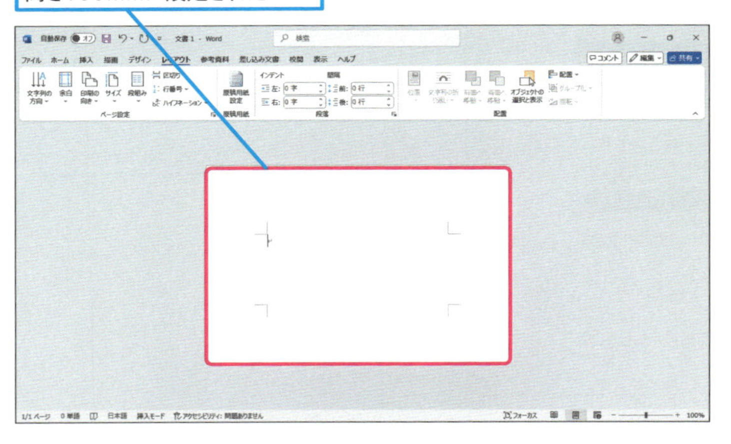

使いこなしのヒント
文書の縦と横を変更するには

用紙の縦と横のレイアウトは、後から［印刷の向き］で変更できます。横書きの文書を縦書きにするときや、はがきを印刷する方向を変えたいときなどに、印刷の向きを変えると便利です。

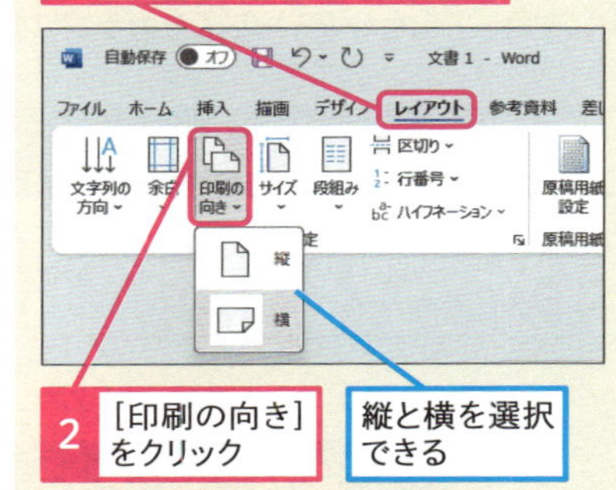

使いこなしのヒント
印刷の画面からもサイズや向きを変更できる

［ファイル］の［印刷］からも、用紙のサイズや印刷の向きを変更できます。［印刷］では、実際の用紙の向きと印刷のイメージが表示されるので、サイズと縦横が正しく指定されているか確認できます。

まとめ はがきは自由な文書作りの基本

ビジネスで使う文書は、A4判の紙を中心に使いますが、Wordで作り出せる文書のサイズは自由です。はがきの作成では、A4判以外の文書の作り方を通して、自由なサイズの紙に、好きな文面を入力する方法を理解できます。また、官製はがきに印刷するためには、Wordの編集画面の用紙サイズを148mm×100mmにするだけではなく、プリンターで使用する用紙の設定も、はがきを選んでおく必要があります。この2つの設定が合致すると正しいはがきの印刷ができます。

レッスン

42 カラフルなデザインの文字を挿入するには

フォントの色、文字の効果と体裁

練習用ファイル L042_文字の装飾.docx

Wordでは、色やスタイルを使ってカラフルなデザインの文字を装飾できます。はがきの目的や書類のタイトル、チラシの見出しなど、特に注目してもらいたい文字をカラフルに装飾して目立たせます。

キーワード

図形	P.342
フォント	P.344
ホーム	P.345

1 文字の色を変更する

ここではタイトルの文字の色を金色に変更する

1 ここをクリック

2 色を変更する文字をドラッグして選択

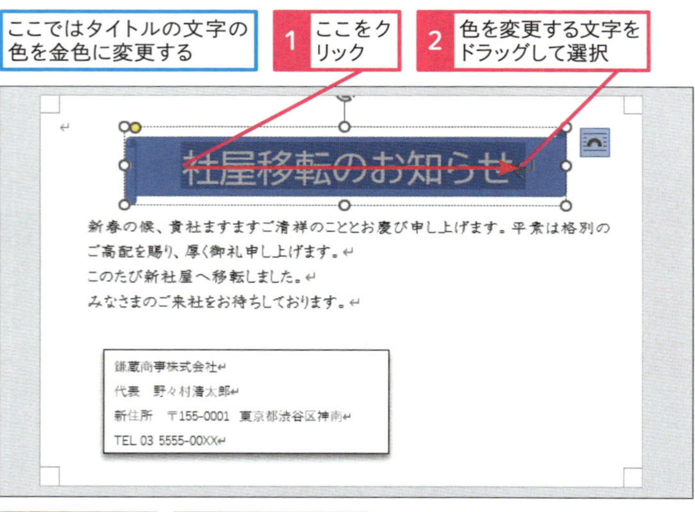

3 選択範囲を右クリック

4 ［フォントの色］のここをクリック

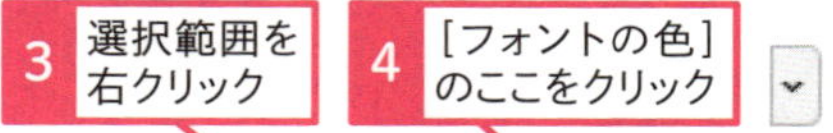

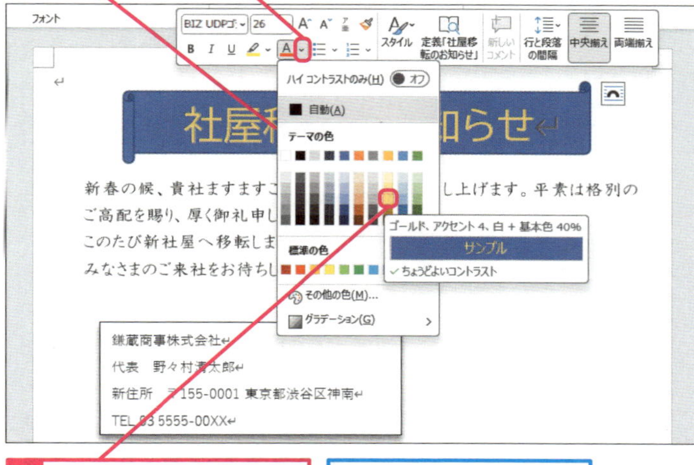

5 ［ゴールド、アクセント4、白＋基本色40%］をクリック

色の組み合わせのサンプルが表示された

使いこなしのヒント

文字をハイライトするには

蛍光ペンの色を指定すると、文字をハイライトできます。

ハイライトする文字を選択しておく

1 ［ホーム］タブをクリック

2 ［蛍光ペンの色］のここをクリック

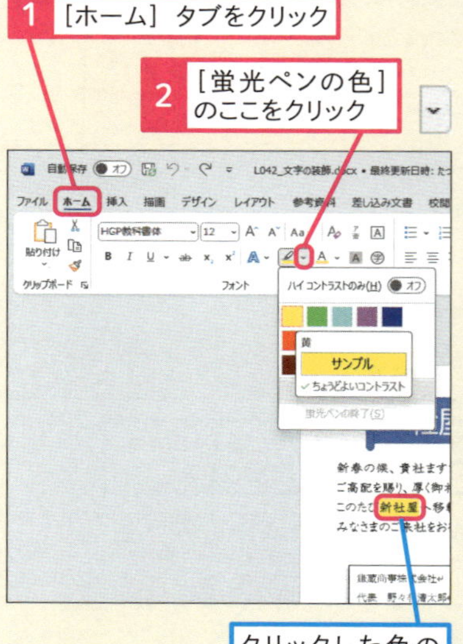

クリックした色のハイライトが付く

2 文字の色を自由に設定する

ここでは自分で色を指定して、文字の色を変更する

手順1を参考に変更する文字を選択しておく

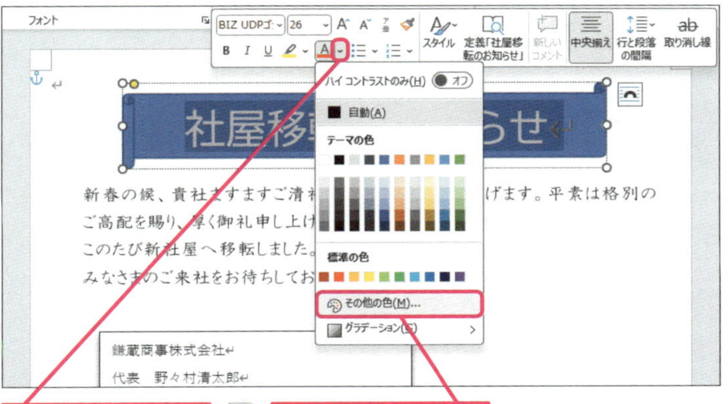

1 ［フォントの色］のここをクリック

2 ［その他の色］をクリック

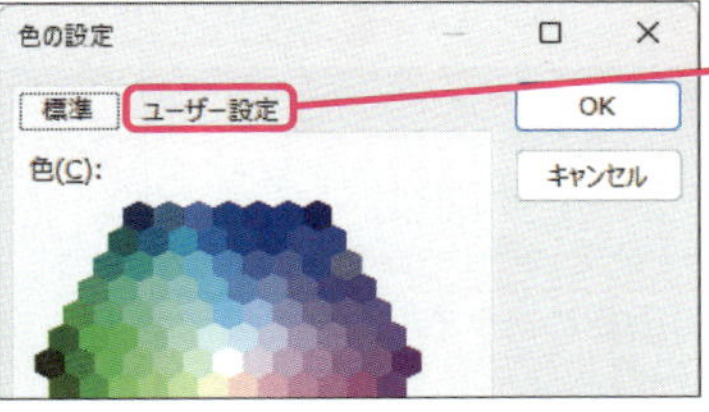

3 ［ユーザー設定］タブをクリック

4 ［赤］に「200」、［緑］に「250」、［青］に「220」とそれぞれ入力

指定した文字の色がここに表示される

5 ［OK］をクリック

6 ここをクリック

指定した文字の色に変更された

社屋移転のお知らせ

使いこなしのヒント

図形に文字を挿入するには

このレッスンのように図形に文字を挿入するには、図形の上でマウスを右クリックして［テキストの追加］を選びます。

1 図形を右クリック

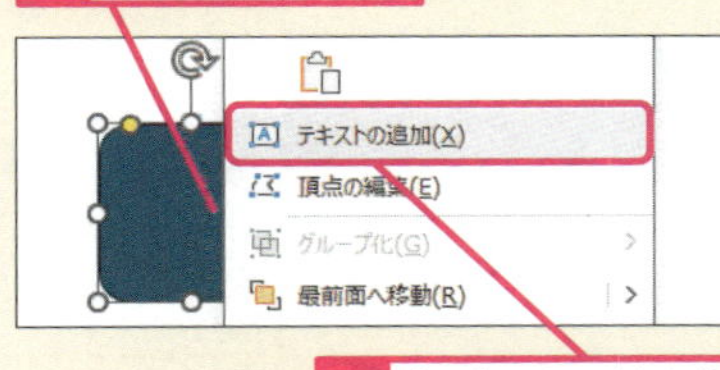

2 ［テキストの追加］をクリック

文字が入力できる状態になった

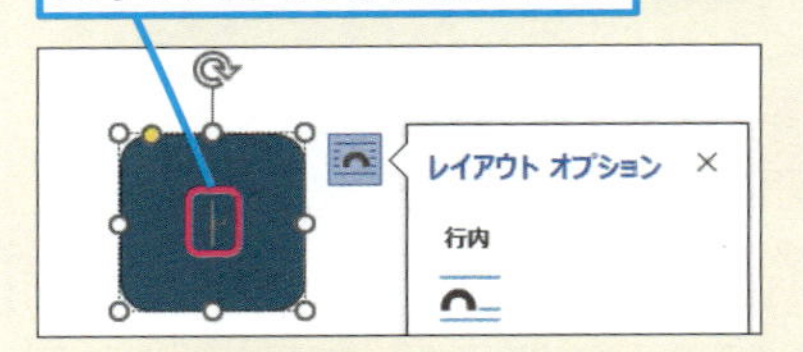

使いこなしのヒント

RGBで色を指定するには

色を構成する3原色の要素になるR（赤）、G（緑）、B（青）は、それぞれが0から255までの階調で色を調整できます。すべて0は黒になり、反対にすべて255で白になります。3原色の配色は、マウスの操作や数値を直接変更して調整できます。

使いこなしのヒント

右クリックメニューを活用しよう

文字の装飾に関する機能の多くは、右クリックメニューに用意されています。操作に慣れてきたら、いちいちリボンまでマウスを動かさずに、右クリックメニューを開いて、手早く装飾しましょう。

次のページに続く

3 文字にグラデーションを付ける

手順1を参考に、文字を金色にして選択しておく

1 ［フォントの色］のここをクリック

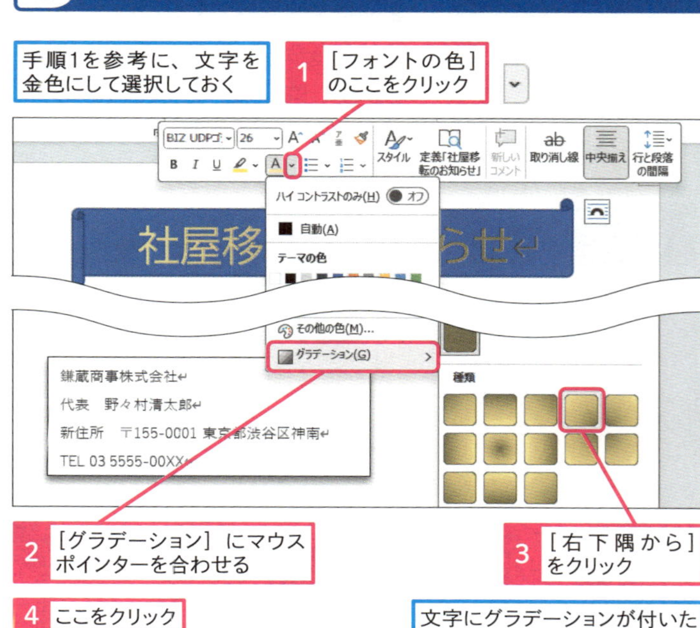

2 ［グラデーション］にマウスポインターを合わせる

3 ［右下隅から］をクリック

4 ここをクリック

文字にグラデーションが付いた

4 文字を装飾する

手順1を参考に、装飾する文字を選択しておく

1 ［ホーム］タブをクリック

2 ［文字の効果と体裁］をクリック

3 ここをクリック

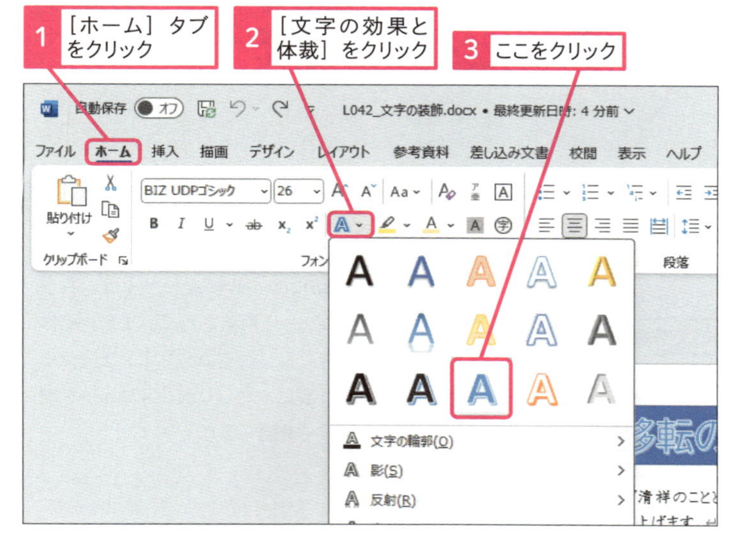

使いこなしのヒント

オリジナルのグラデーションを作る

装飾に使うグラデーションは、あらかじめ用意されている塗りつぶし方だけではなく、［図形の書式設定］の［塗りつぶし］でオリジナルを作成できます。グラデーションの作成では、2つの色を組み合わせたり、濃淡や方向を自由に設定したりできます。

1 図形をクリック

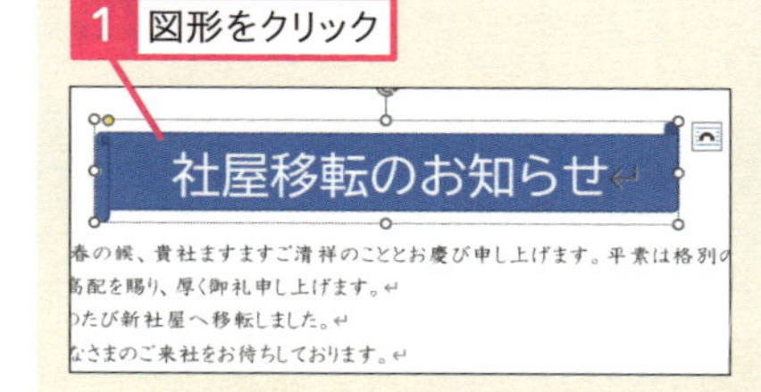

2 ［図形の書式］タブをクリック

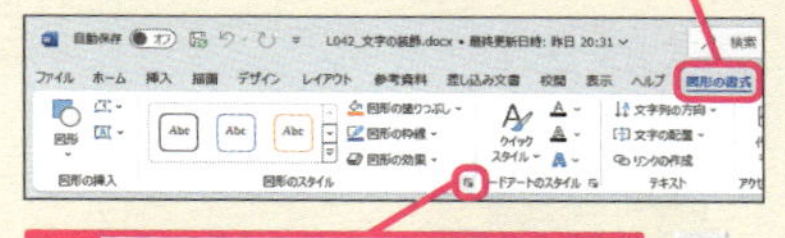

3 ［図形のスタイル］の［図形の書式設定］をクリック

4 ［塗りつぶし（グラデーション）］をクリック

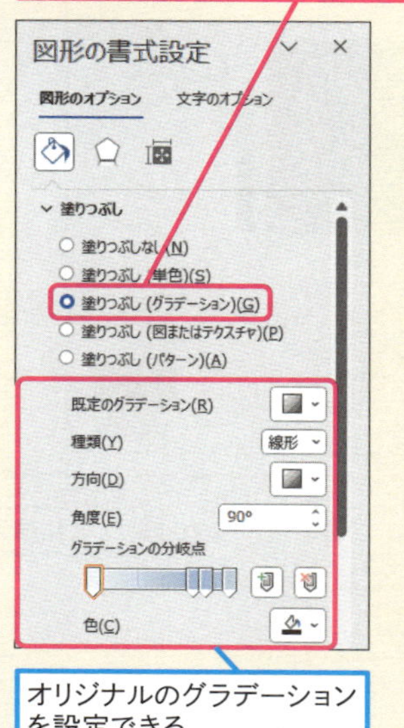

オリジナルのグラデーションを設定できる

● 文字の効果を反映できた

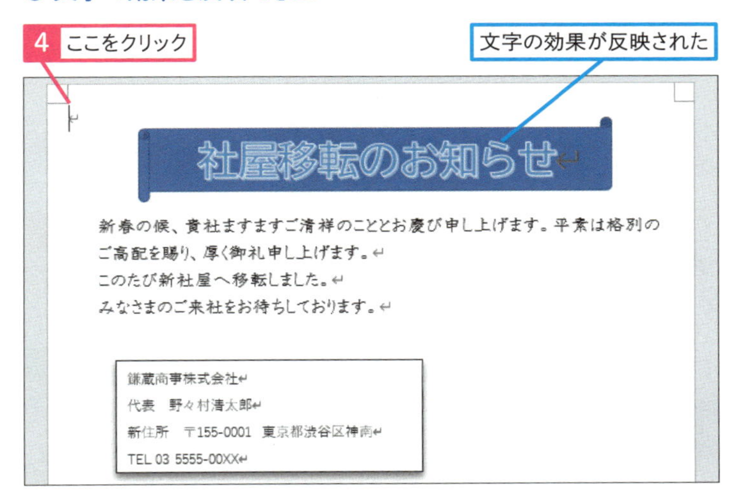

5 文字の効果を調整する

手順1を参考に、文字の効果を反映しておく

手順1を参考に、効果を調整する文字を選択しておく

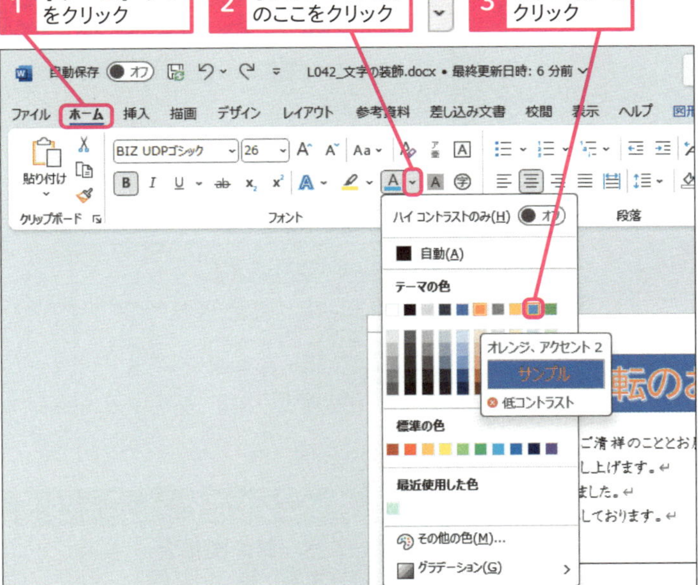

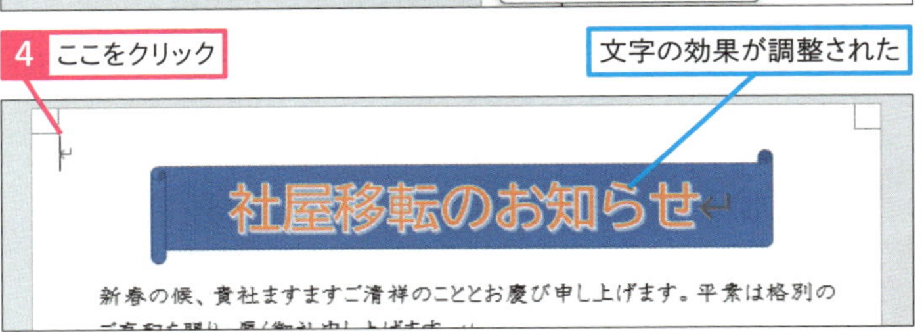

スキルアップ

文字の効果を個別に設定するには

［文字の効果と体裁］に用意されている文字の装飾は、影と反射と光彩を組み合わせてオリジナルの効果を設定できます。また、影と反射と光彩は、それぞれの［オプション］を指定すると、さらに自由な調整ができます。

文字を選択しておく

1 ［図形の書式］タブをクリック

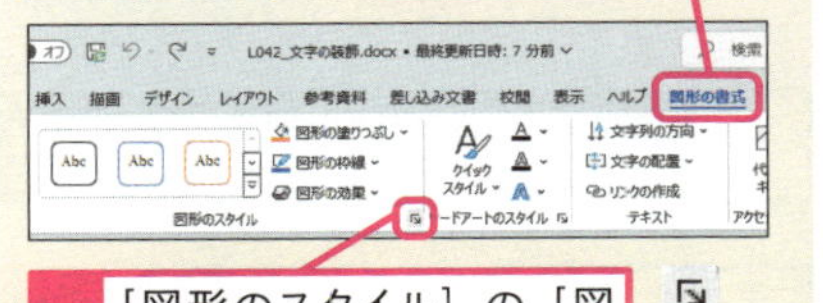

2 ［図形のスタイル］の［図形の書式設定］をクリック

3 ［文字のオプション］をクリック

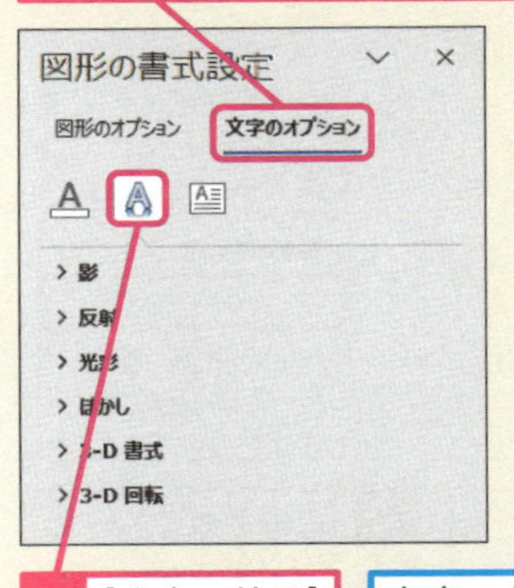

4 ［文字の効果］をクリック

文字の効果を個別に設定できる

まとめ 凝った装飾は文書の中で効果的に活用しよう

Wordの文字は、サイズやフォントの種類を変えられるだけではなく、色や効果を加えると印象的な装飾になります。しかし、装飾を多用し過ぎると本当に読んでもらいたい文章が見落とされてしまう心配もあります。そのため、色や効果による装飾を効果的に活用するために、できるだけ限られた文字に設定するように心がけましょう。

レッスン

43 写真を挿入するには

画像の挿入

練習用ファイル L043_画像の挿入.docx

Wordの編集画面には、デジタルカメラやスマートフォンなどで撮影した画像を挿入できます。文書に挿入したい画像があるときは、あらかじめパソコンに保存しておいて、Wordの［挿入］タブから編集画面に表示します。

1 パソコンに保存した写真を挿入する

ここでは［ピクチャ］フォルダーに保存した写真を挿入する

1 ［挿入］タブをクリック

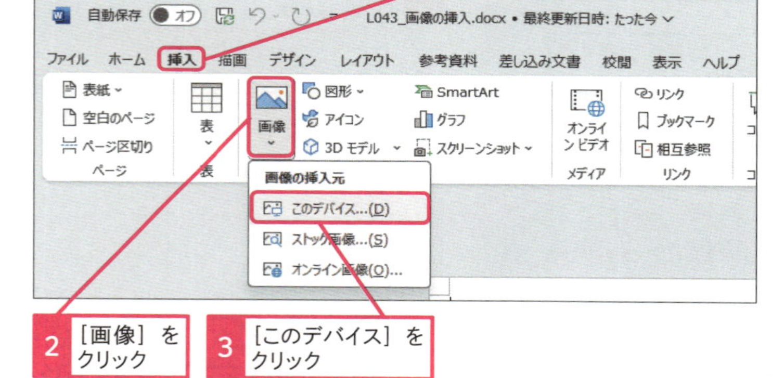

2 ［画像］をクリック

3 ［このデバイス］をクリック

［図の挿入］ダイアログボックスが表示された

4 画像の保存場所を選択

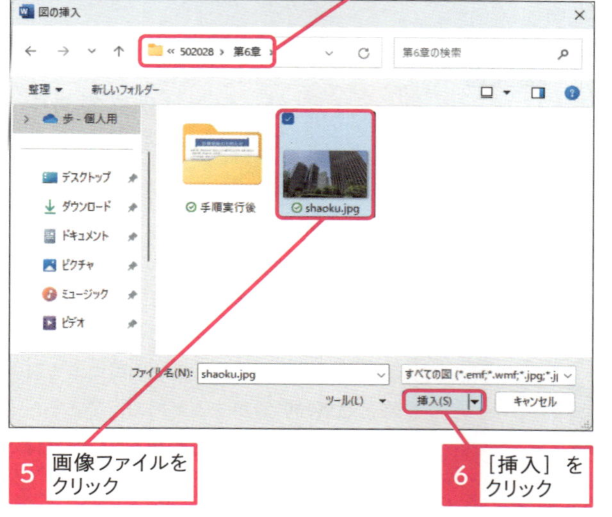

5 画像ファイルをクリック

6 ［挿入］をクリック

キーワード

貼り付け P.344

使いこなしのヒント

挿入できる画像のファイル形式は？

Wordの編集画面に挿入できる画像の種類は、デジタルカメラやスマートフォンで使われているJPEG（ジェイペグ）形式をはじめとして、インターネットの画像データで使われているPNG（Portable Network Graphics）形式やWindowsの各種メタファイルなどになります。もしも、Wordで対応していない形式の画像データを挿入したいときには、あらかじめ画像編集ソフトなどで、JPEGやPNG形式に変換しておきましょう。

手順1の［図の挿入］ダイアログボックスのここをクリックすると、挿入できる画像のファイル形式の一覧が表示される

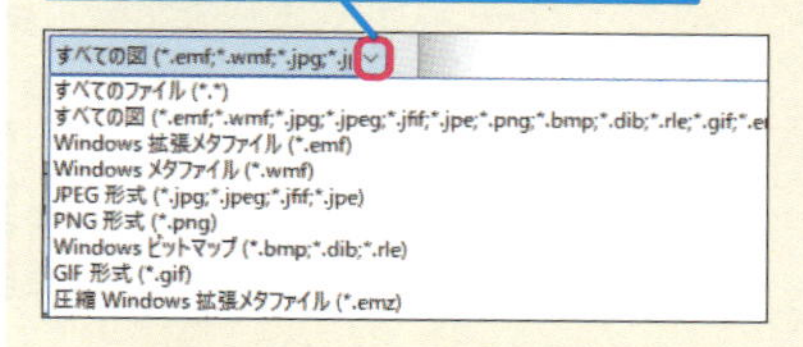

使いこなしのヒント

ホームページの画像をコピーするには

ホームページに掲載されている画像は、マウスを右クリックして［画像をコピー］をクリックし、Wordの編集画面に［貼り付け］をすると挿入できます。ただし、ホームページの画像には著作権があるので、商用利用するときには注意してください。

● 選択した画像が挿入された

次のレッスン44で大きさや位置などを変更する

2 無料で使える写真を挿入する

ここでは［ストック画像］から画像を選択して挿入する

1 ［挿入］タブをクリック

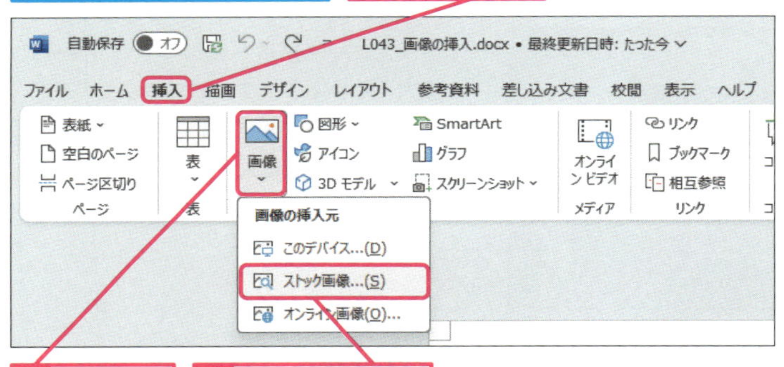

2 ［画像］をクリック

3 ［ストック画像］をクリック

4 「ビジネス」と入力

5 挿入する画像をクリック

6 ［挿入］をクリック

選択した画像が挿入される

使いこなしのヒント

ストック画像の商用利用について

ストック画像で入手した画像は、入手元のサイトのライセンスに準拠します。Wordで利用する限りは、自由に挿入して編集できます。しかし、画像をチラシや企画書などの商業目的で利用する場合には、著作権者からの許可や購入などの手続きが必要になります。また、ストック画像で入手した画像は、Wordでの利用のみが許可されています。画像データをコピーや保存して、Word以外のアプリで使うことは禁じられています。ただし、WordからPDFやODFなどへのエクスポートは許可されています。

使いこなしのヒント

オンライン画像を使用したい場合は

オンライン画像の利用では、パソコンのインターネット接続が必須です。

まとめ 画像を挿入して紙面に彩を添える

新聞や雑誌が写真を多く掲載しているのは、読む人たちに情報を端的に伝えるためです。写真は文章よりも多くの情報を短時間で伝えるインパクトがあります。文書の中にも画像を効果的に挿入すると、読む人の注目度を高めたり、理解を深めたりできます。ただし、多くの画像には著作権や肖像権があるので、配布などを目的とした文書に写真を挿入するときには、自分で撮影したオリジナルの画像データを使うようにしましょう。

レッスン

44 写真の大きさを変えるには

画像のサイズ変更

練習用ファイル　L044_画像のサイズ変更.docx

挿入した画像は、図形と同じように移動や拡大・縮小できます。また、画像と文字の重ね合わせや文字の流し込みなども指定できます。さらに、トリミングを使うと、挿入した画像の一部分だけを編集画面に表示できます。

1 画像を縮小する

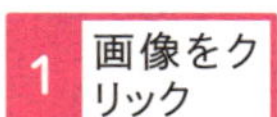

画像のまわりにハンドルが表示された

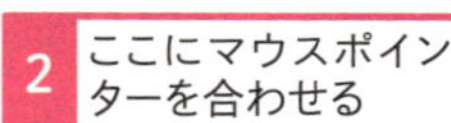

マウスポインターの形が変わった

画像が縮小された

縦横比は自動的に固定される

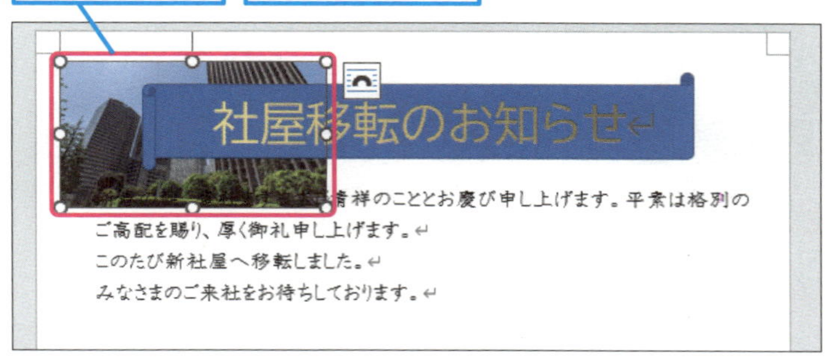

キーワード

図形　P.342
スタイル　P.342

使いこなしのヒント

上下左右のハンドルをドラッグすると縦横比を変えられる

画像の四隅に表示されている○をドラッグすると、縦横比が維持されたままで、拡大・縮小できます。反対に、上下左右の各辺に表示されている○をドラッグすると、画像の縦横比を変えて縮小・拡大できます。

使いこなしのヒント

Ctrl キーで自由に変形できる

画像の四隅に表示されている○をドラッグするときに、Ctrl キーを押したままにしておくと、縦横比も変化させて自由に拡大・縮小できます。

2 画像の大きさを数値で設定する

レッスン43を参考に、画像を挿入しておく

ここでは高さを42.39mmに設定する

1 画像をクリック

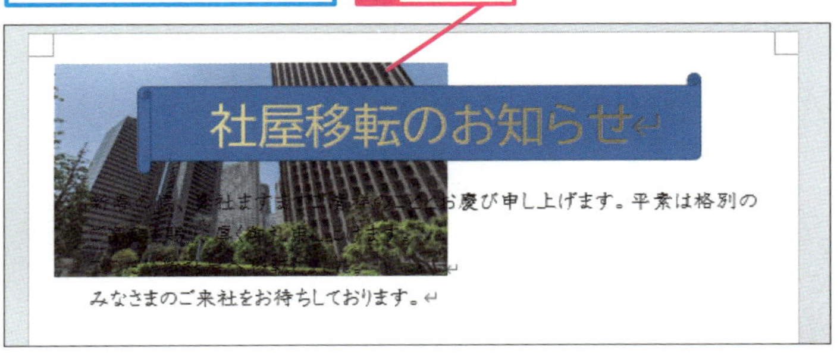

［図の形式］タブが表示された

2 ［図の形式］タブをクリック

3 ［高さ］に「42.39」と入力

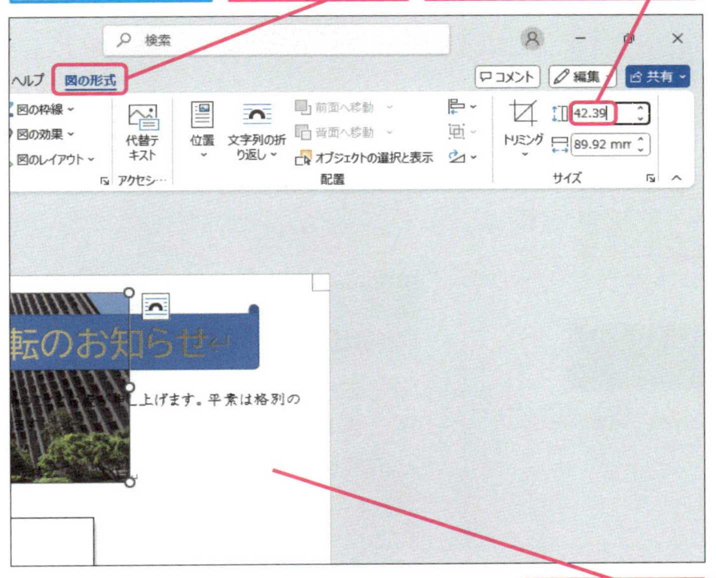

4 余白をクリック

設定した数値の大きさに画像が変更された

縦横比は自動的に固定される

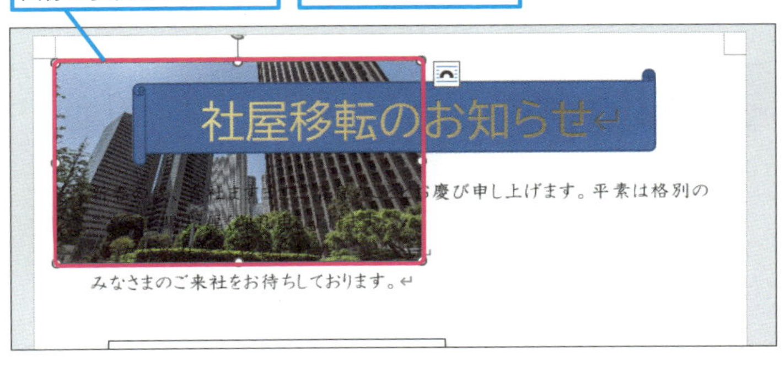

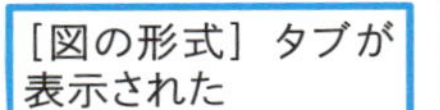

使いこなしのヒント

レイアウトオプションで文字の折り返しもできる

画像に表示されている［レイアウトオプション］をクリックすると、図形と同じように文字の折り返しを指定できます。

使いこなしのヒント

画像のスタイルで画像を加工できる

画像を右クリックして表示される右クリックメニューから［スタイル］をクリックすると、画像に影やフレームを付けたり、傾けて表示させたり、丸くトリミングしたり、ユニークなデザインを指定できます。画像のスタイルは、画像を選択しているときに表示される［図の形式］タブにある［図のスタイル］からも利用できます。

1 画像を右クリック

2 ［スタイル］をクリック

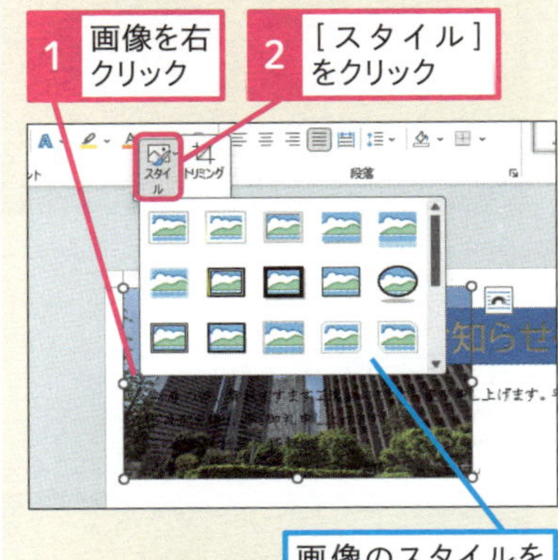

画像のスタイルを選択できる

次のページに続く

3 写真をトリミングする

レッスン43を参考に、画像を挿入しておく

1 画像をクリック

2 ［図の形式］タブをクリック

3 ［トリミング］をクリック

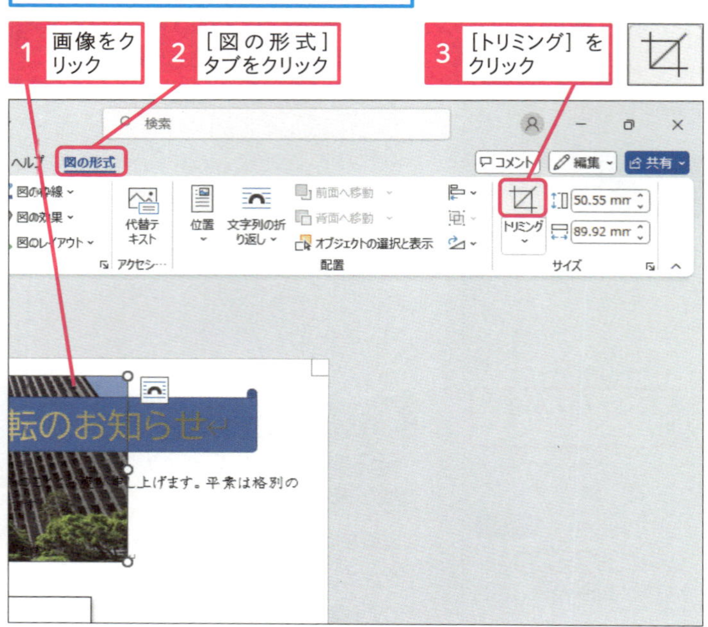

ハンドルの形が変わった

ここでは左下だけを残すように切り取る

4 ここにマウスポインターを合わせる

5 下にドラッグ

画像の下の部分だけが残った

6 ここにマウスポインターを合わせる

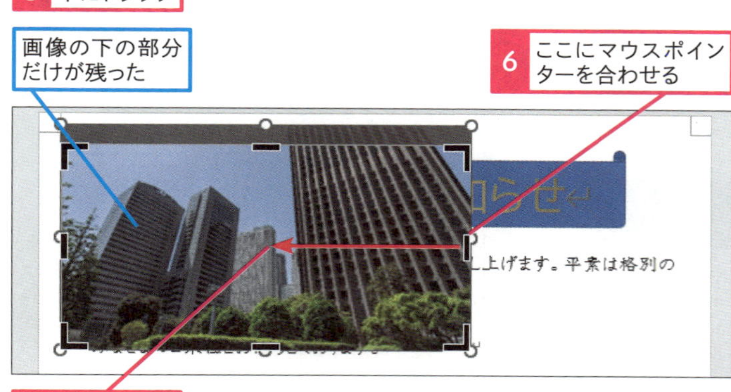

7 左にドラッグ

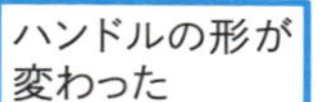

使いこなしのヒント

トリミング後も元の写真の情報は残される

トリミングされた画像は、編集画面に表示される範囲を変更しただけなので、挿入時の内容は保持されています。もし、トリミングをやり直したいときには、再び［トリミング］を実行すると、元の画像とトリミング用のハンドルが表示されます。

使いこなしのヒント

縦横比を決めてトリミングできる

トリミングするときに、縦横比を維持したいときには、Shiftキーを押しながらマウスでドラッグします。

● 写真のトリミングを確定する

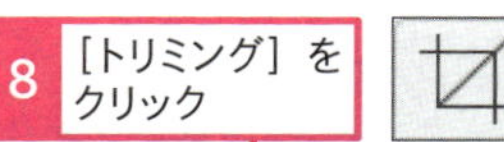

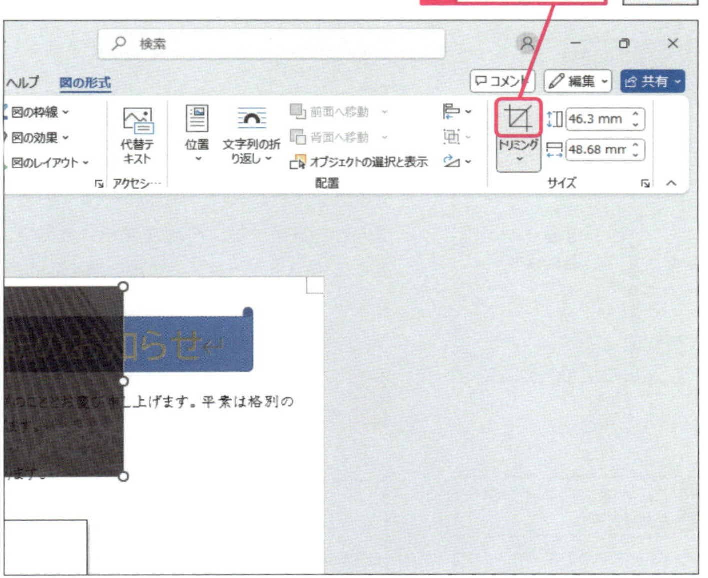

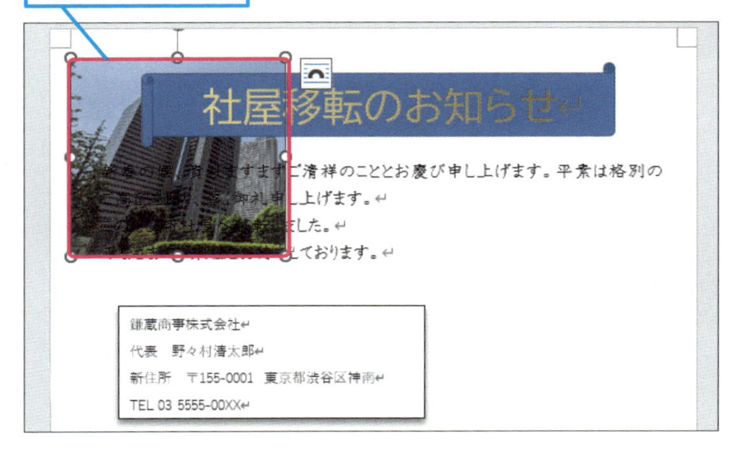

使いこなしのヒント

画像のサイズを元に戻したいときには

拡大・縮小をして、思うようにサイズを調整できなかったときは、［レイアウト］の［サイズ］から、［リセット］をクリックすると、元のサイズに戻せます。

使いこなしのヒント

トリミングしたサイズに画像を合わせるには

トリミングしたフレームの外側に表示されている画像をドラッグすると、表示したい部分を調整できます。また、表示したいサイズに合わせて画像の拡大・縮小もできます。

まとめ　画像のサイズは拡大・縮小とトリミングで調整

編集画面に挿入した画像は、拡大・縮小とトリミングという2つの方法でサイズを調整できます。画像全体を活かしてサイズを調整したいときには、主に拡大・縮小を使います。挿入した画像の中に、見せたくない部分があるときには、トリミングで余計な部分を取り除いてから、拡大・縮小で調整するといいでしょう。必要な部分だけを的確なサイズで表示すると、文章と画像のバランスもよくなります。

レッスン

45 文字を縦書きにするには

縦書きテキストボックス、文字列の方向

練習用ファイル L045_縦書き.docx

はがきのように、文章が短くてレイアウトに工夫が求められるような文書の作成では、テキストボックスを活用して、タイトルや画像とのバランスを調整すると、見栄えのいい紙面になります。このときに、縦書きテキストボックスを使うと、自由な位置に縦書きの文字を配置できます。

1 縦書きの文字を挿入する

ここでは画像の横に縦書き文字を挿入する

1 ［挿入］タブをクリック

2 ［図形］をクリック

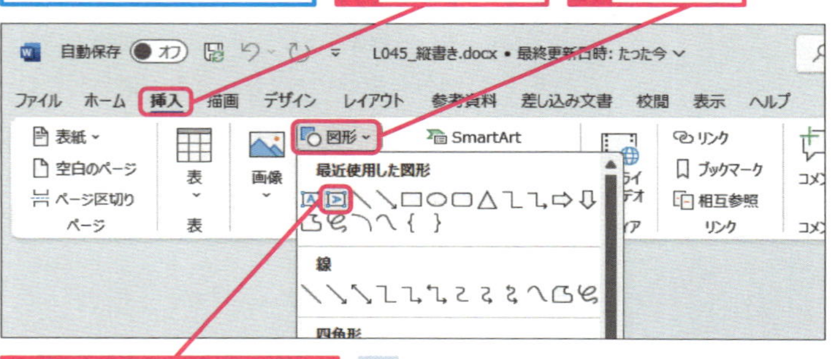

3 ［縦書きテキストボックス］をクリック

4 ここにマウスポインターを合わせる

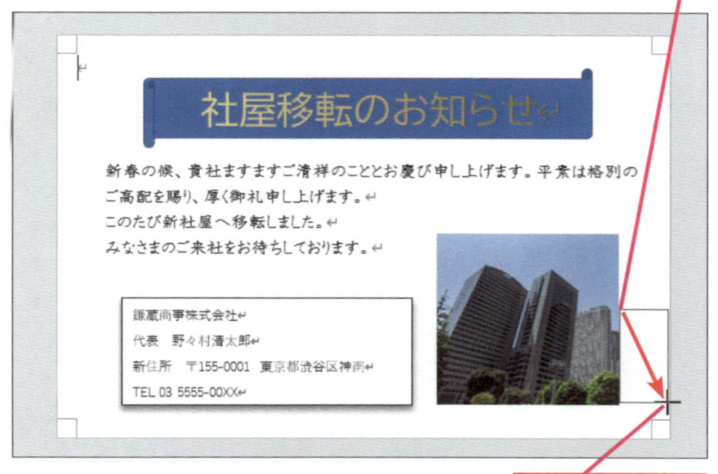

5 ここまでドラッグ

キーワード

図形 P.342
テキストボックス P.343

使いこなしのヒント

横書きの文字を挿入するには

手順1で［テキストボックス］をクリックすると、横書きの文章を自由な位置に配置できるテキストボックスを挿入できます。

使いこなしのヒント

テキストボックスの枠線を消すには

テキストボックスは、図形の一種なので挿入した直後には、枠線が表示されています。テキストボックスの枠線を消すには、右クリックメニューの［枠線］から［枠線なし］を設定します。

1 テキストボックスの枠線を右クリック

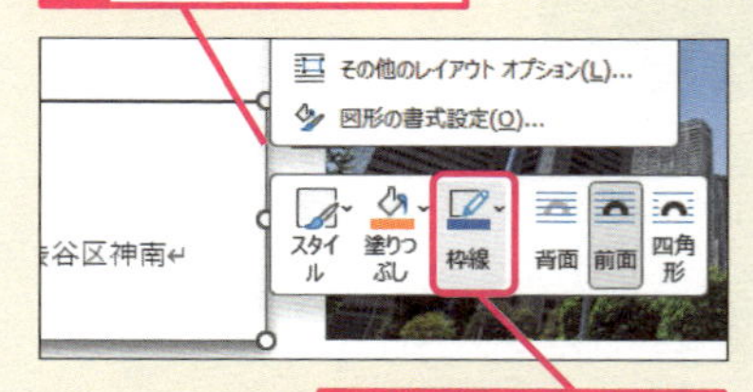

2 ［枠線］をクリック

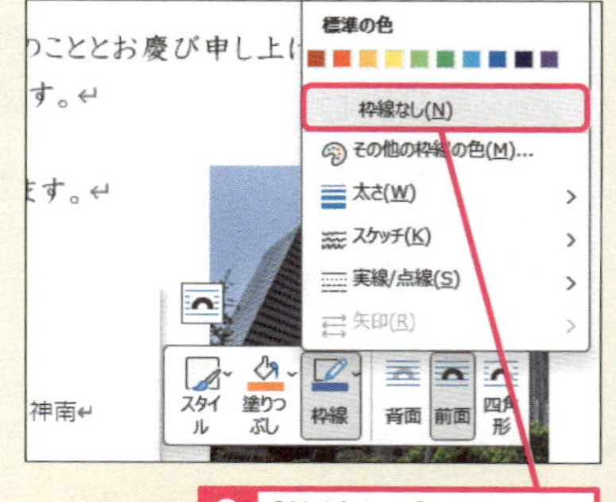

3 ［枠線なし］をクリック

基本編 第6章 デザインを工夫して印刷する

● 文字を入力する

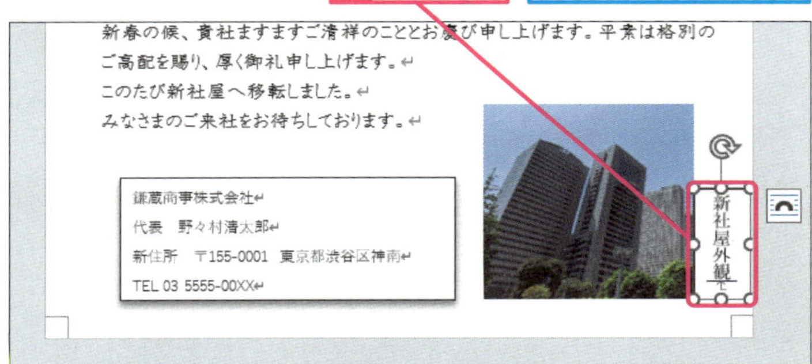

2 すべての文字を縦書きにする

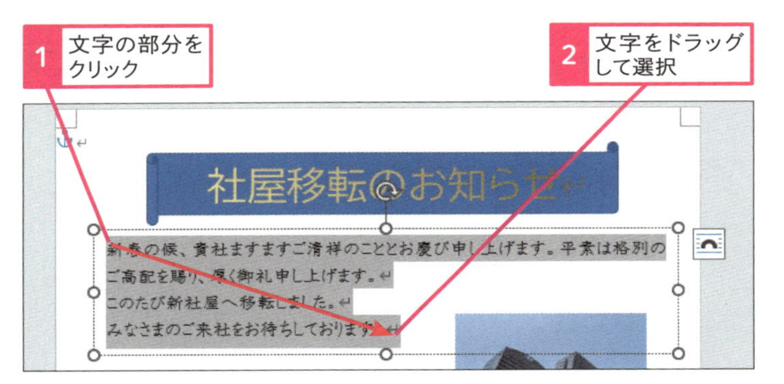

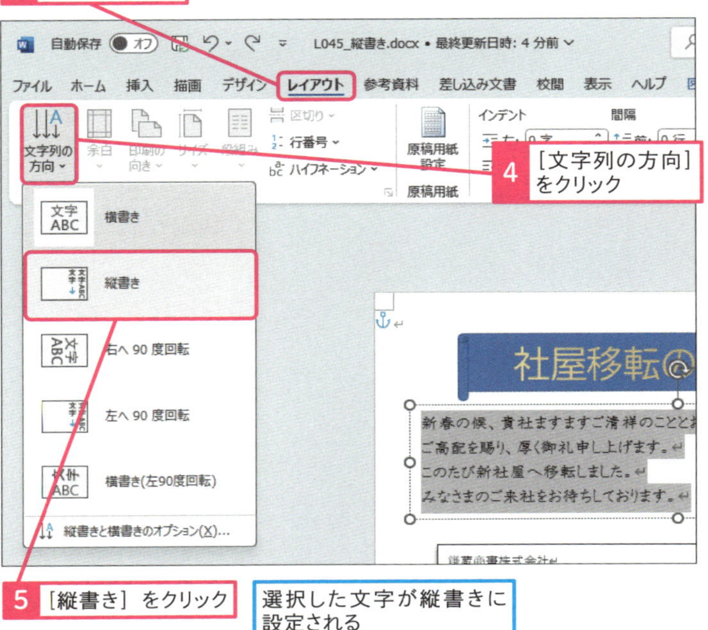

使いこなしのヒント

[文字列の方向] は後から縦書きと横書きを設定できる

テキストボックスは、文字を挿入したい方向に合わせて、縦書きと横書きが用意されていますが、後から文字列の方向を変更できます。

使いこなしのヒント

文書全体の文字列の方向を変えるには

テキストボックスの中の文字ではなく、編集画面の文章に対して、文字列の方向を変更すると、文書全体を横書きから縦書きに変更できます。もし、特定のページだけの文字列の方向を変えたいときには、対象とする文字列の前後にセクション区切りを挿入しておきます。

使いこなしのヒント

縦書きと横書き以外の文字の向き

手順2の [文字列の方向] をクリックしたときに表示される [縦書きと横書きのオプション] を使うと、縦書きや横書きの他に、横向きなどの方向をどの範囲に設定するか、対象を指定できます。

まとめ 縦書きを効果的に使って読みやすくする

ビジネスで使われる文書やインターネットのコンテンツなど、身の回りにある文字列の多くは横書きが中心です。しかし、日本語を構成する漢字やひらがなは、本来は縦方向に書いて読む文字でした。そのため、小説や新聞などでは縦書きが基本で、縦に並んでいた方が、読みやすいと感じる人も多くいます。こうした背景から、縦書きを効果的に使うと、文章を読みやすくしたり、紙面の構成に合わせて文字列をレイアウトしたりできます。

レッスン
46 ページ全体を罫線で囲むには

ページ罫線

練習用ファイル L046_ページ罫線.docx

ページ罫線は、罫線の一種ですが、通常の線とは違い、ページ全体に縁取りのような線を引く機能です。ページ罫線を効果的に使えば、紙面全体が明るい雰囲気や、個性的なデザインになります。案内状にページ罫線を引いて、印象を変えてみましょう。

1 ページ全体を罫線で囲む

ここでは、ページのふちに模様を付ける

1 ［デザイン］タブをクリック

2 ［ページ罫線］をクリック

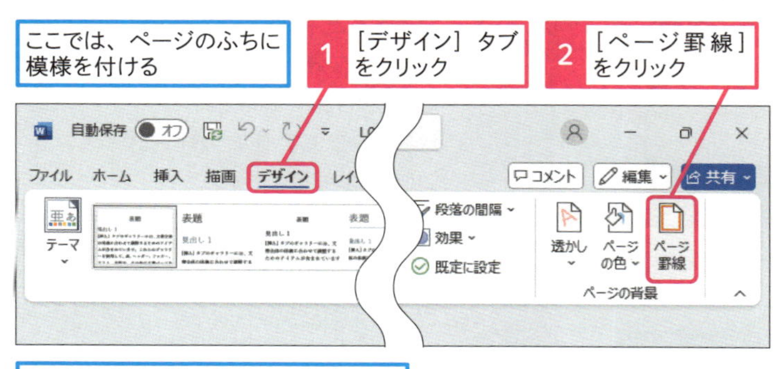

［罫線と網かけ］ダイアログボックスが表示された

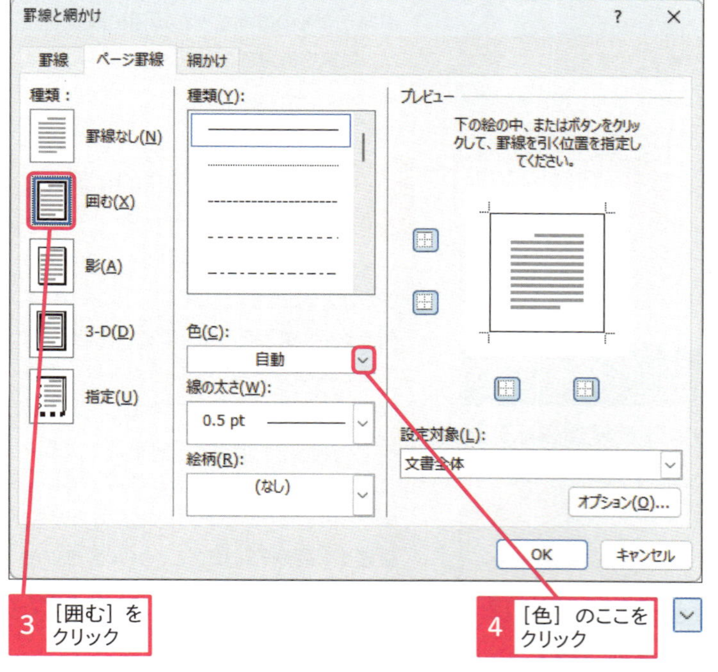

3 ［囲む］をクリック

4 ［色］のここをクリック

キーワード

罫線	P.342
ダイアログボックス	P.343

使いこなしのヒント

罫線を解除するには

ページ罫線を解除したいときは、［罫線と網かけ］で、［罫線なし］をクリックします。

1 ［罫線なし］をクリック

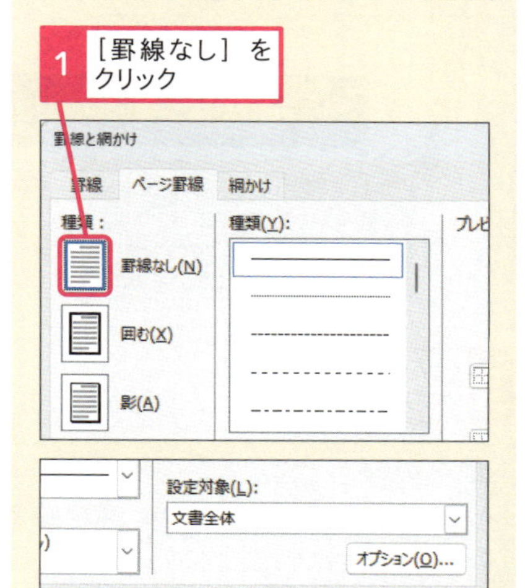

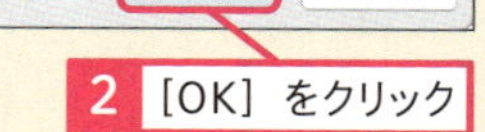

2 罫線の色を選択する

ここでは罫線の色を水色にする

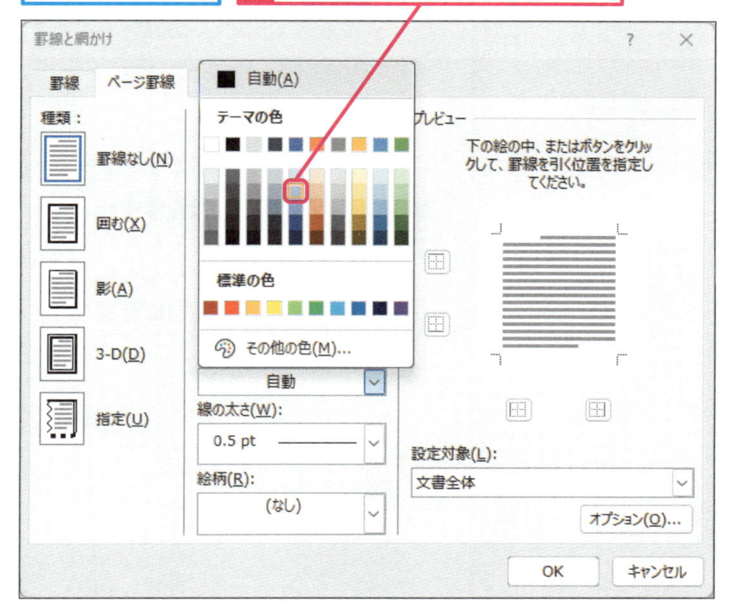

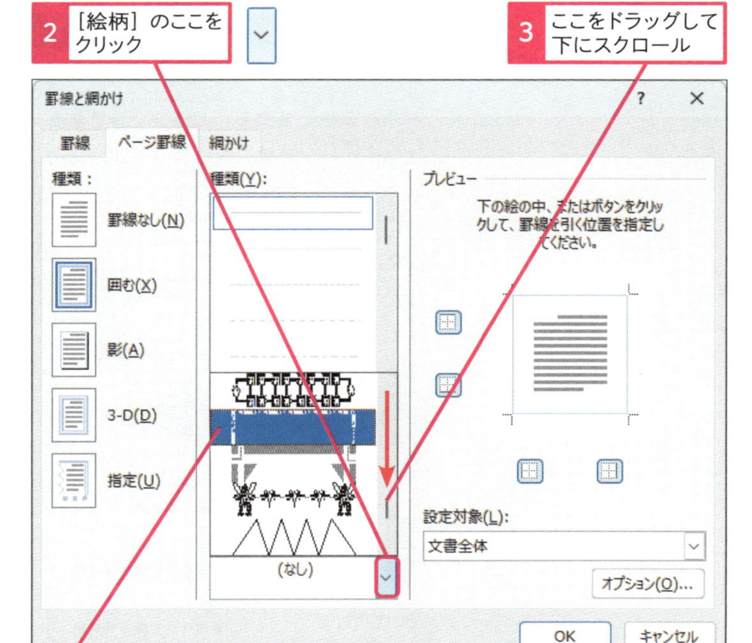

使いこなしのヒント

ページ罫線を部分的に削除するには

[罫線と網かけ] のプレビューで、消したい線をクリックすると、任意のページ罫線を削除できます。

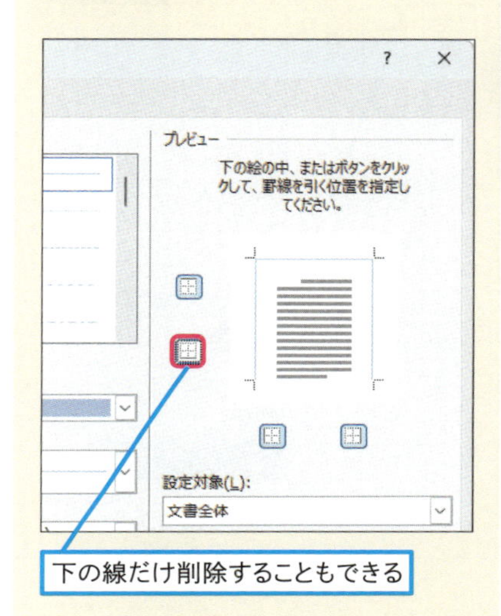

使いこなしのヒント

ページ罫線の設定対象を変えるには

ページ罫線は文書全体を対象にして引くだけではなく、設定対象を変更すると、文書全体ではなく、セクションで区切られたページのみに限定できます。

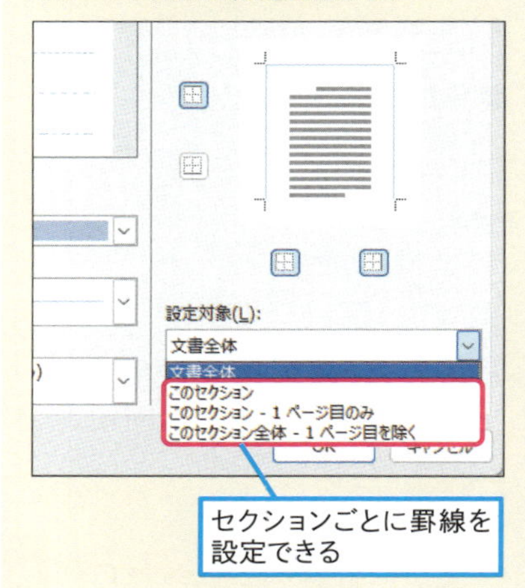

次のページに続く

● 余白を設定する

自動的に［線の太さ］が31ptに設定された

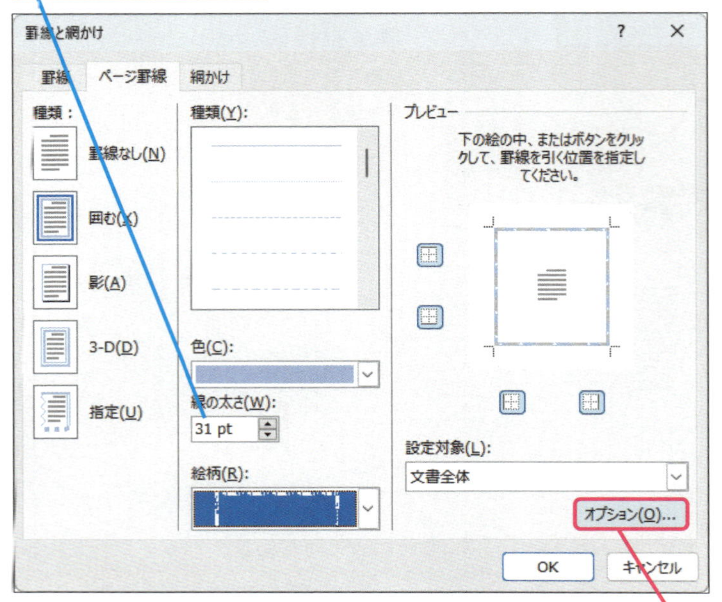

5 ［オプション］をクリック

［罫線とページ罫線のオプション］ダイアログボックスが表示された

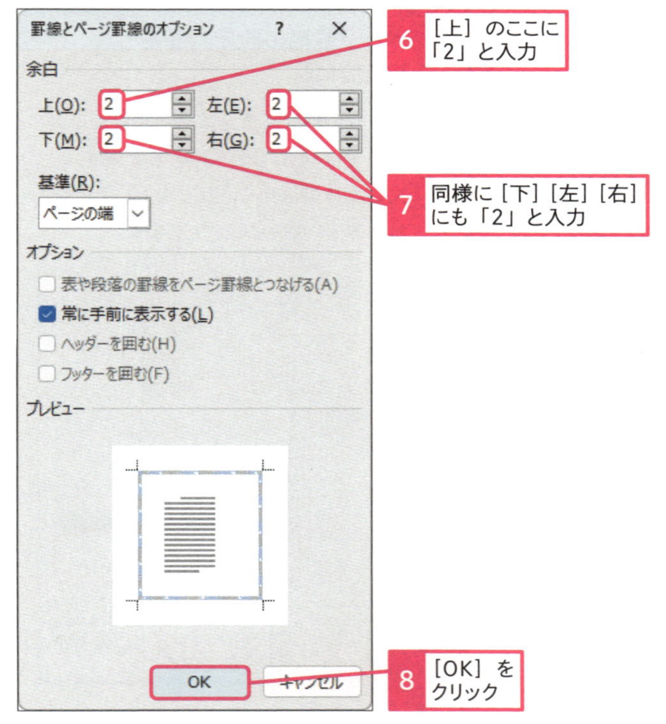

6 ［上］のここに「2」と入力

7 同様に［下］［左］［右］にも「2」と入力

8 ［OK］をクリック

使いこなしのヒント

絵柄を使ってカラフルに紙面を飾る

ページ罫線で使える絵柄には、ハートやツリーのようなカラフルな絵柄も数多く用意されています。

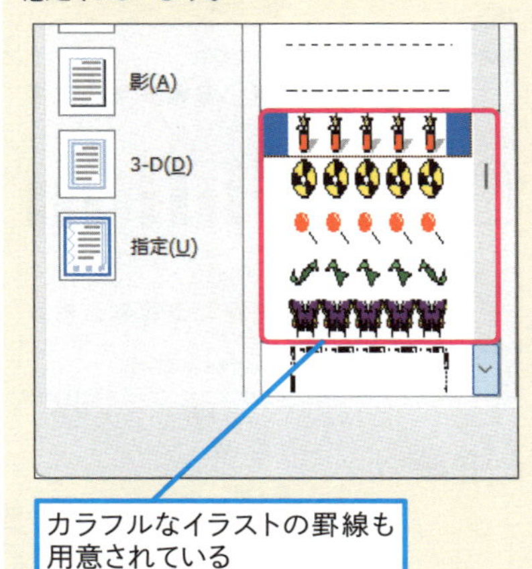

カラフルなイラストの罫線も用意されている

使いこなしのヒント

罫線以外のページの背景

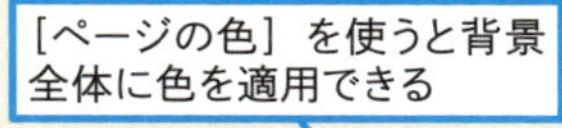

ページ全体に背景として指定できる装飾には、ページ罫線の他にもページ全体の色や、透かし文字などが利用できます。

［ページの色］を使うと背景全体に色を適用できる

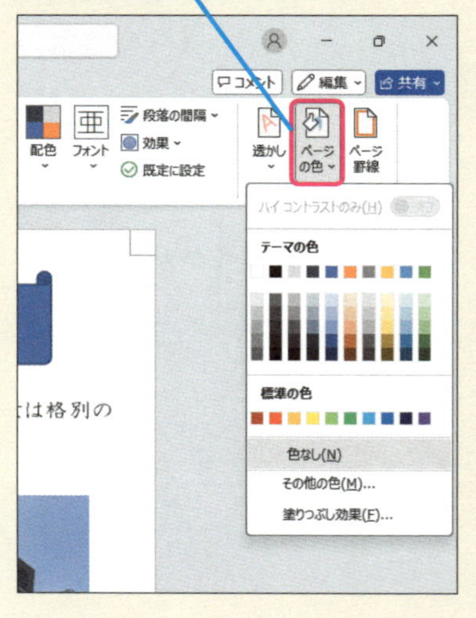

● 罫線の設定を完了する

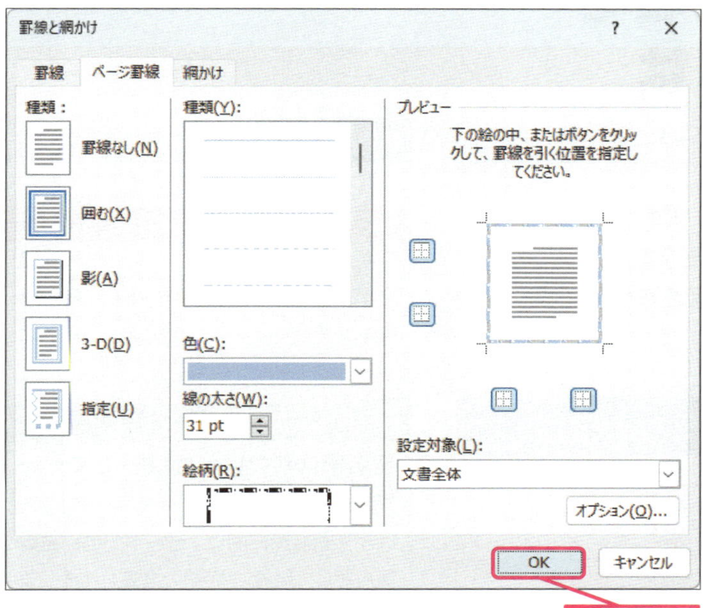

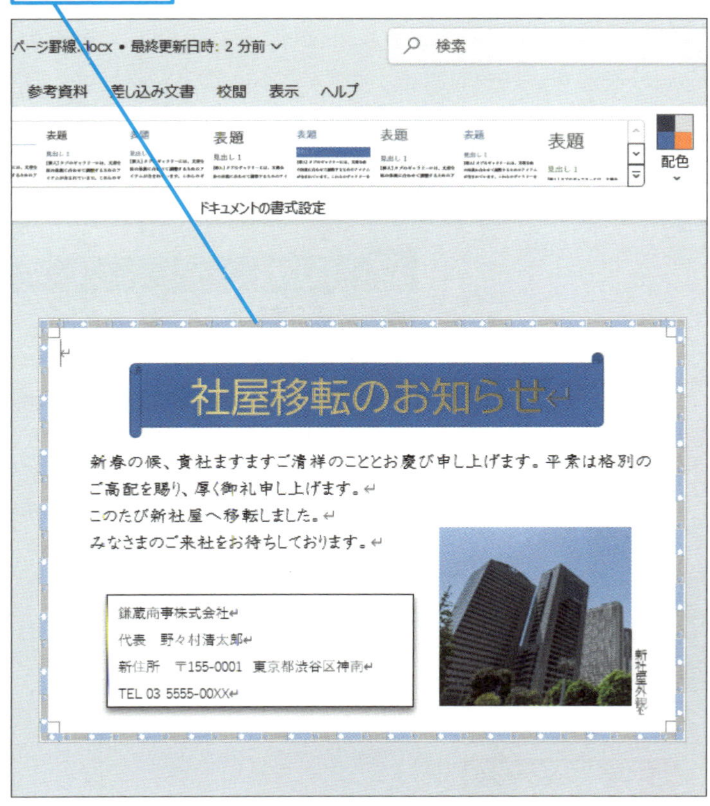

使いこなしのヒント

ヘッダーやフッターをページ罫線で囲むには

［罫線と網かけ］の［オプション］で、基準を［ページの幅］から［本文］に変更すると、編集画面に挿入した表や段落の罫線をページ罫線とつなげたり、ヘッダーやフッターをページ罫線で囲めたりします。

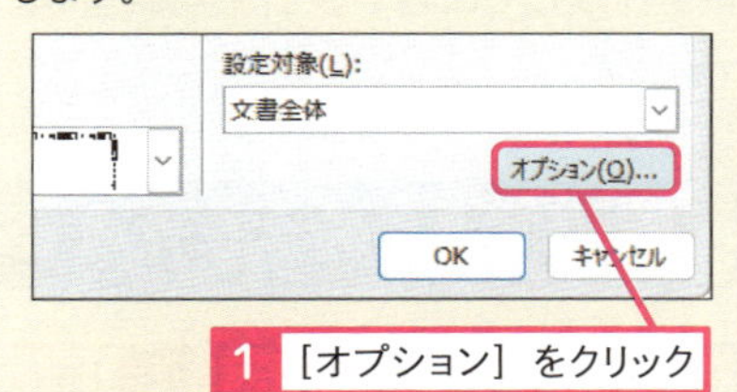

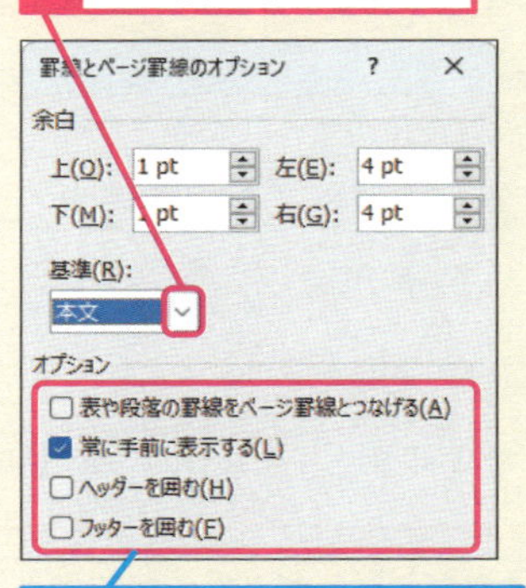

まとめ　ページを囲う枠線で紙面に彩を添える

ページ罫線では、表の罫線とは異なる絵柄の線を使えます。ページ罫線で用紙を縁取ると、紙面が引き締まった印象になります。また、ページ罫線の中には、賞状やグリーティングカードなどに使える絵柄もあるので、いろいろな柄でサイズや色の組み合わせを試して、個性的な紙面をデザインしてみましょう。

レッスン
47 はがきの宛名を作成するには

はがき宛名面印刷ウィザード

練習用ファイル なし

はがき宛名面印刷ウィザードを利用すると、画面との対話形式で、はがきの表面に印刷する宛名書きを作成できます。また、アドレス帳を作成して氏名や住所を登録すると、複数の宛先をまとめて印刷できます。

1 はがきの宛名を作成する

レッスン03を参考に、白紙の文書を作成しておく

1 [差し込み文書]タブをクリック

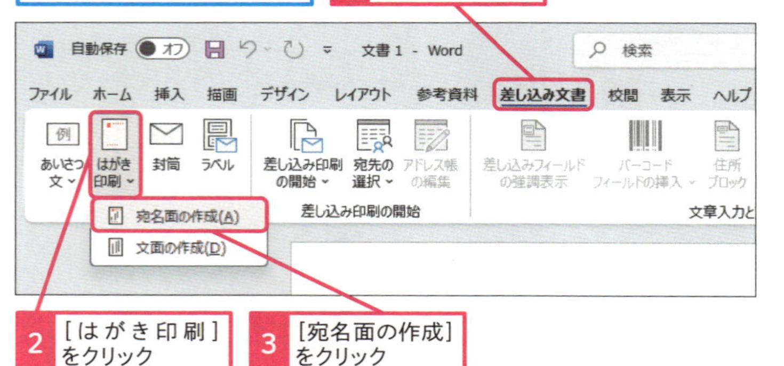

2 [はがき印刷]をクリック

3 [宛名面の作成]をクリック

新しい文書が開いた

[はがき宛名面印刷ウィザード]が表示された

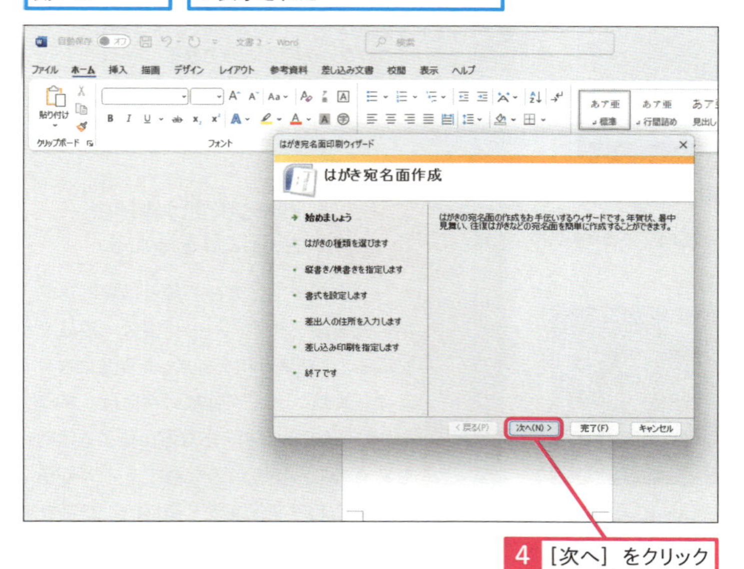

4 [次へ] をクリック

キーワード

使いこなしのヒント

宛名面は別のWord文書として作成される

はがき宛名面印刷ウィザードでは、宛名面用として新規にWordの文書を作成します。宛名印刷を終えても、再び同じ宛名印刷をしたいときには、名前を付けて保存しておきましょう。

用語解説

差し込み印刷

差し込み印刷は、あらかじめ用意されている文面の中に、指定した部分だけを別の文書に用意しておいた項目で入れ替えて印刷する機能です。宛名の印刷や、ダイレクトメールで文面の宛名だけをお得意様の名前にする、といった用途に活用します。

● はがきの種類を選択する

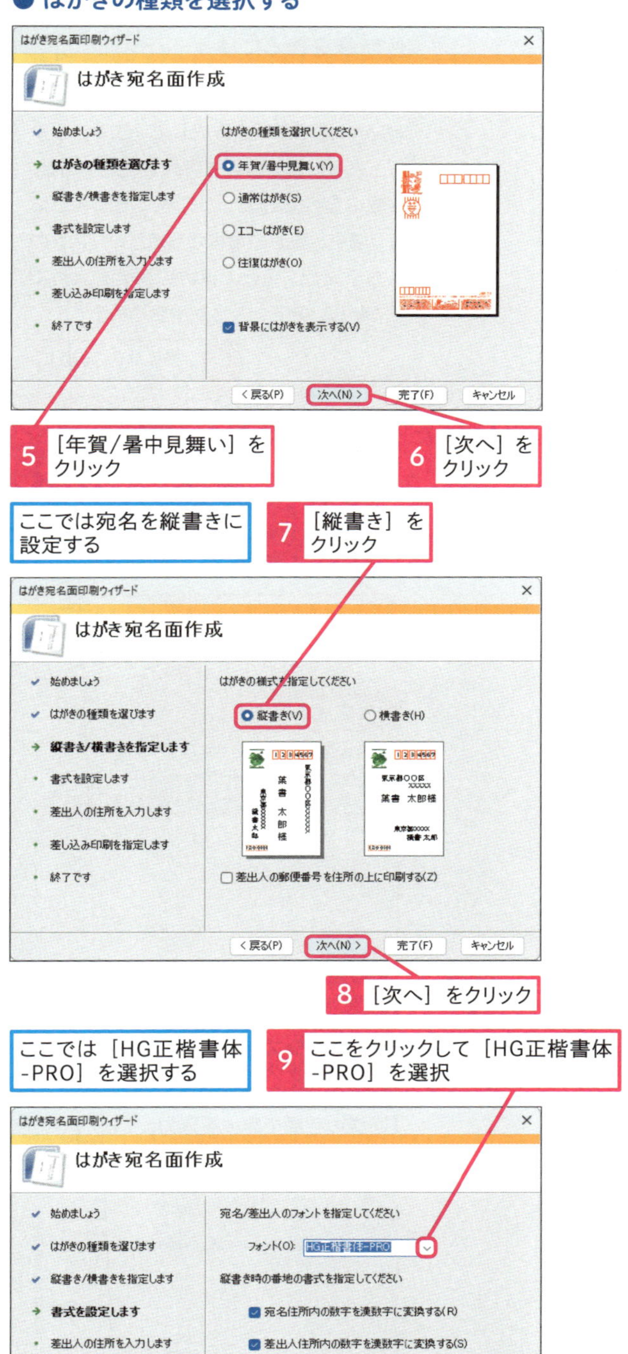

はがきの種類について

Wordで印刷できるはがきの種類は、年賀状や暑中見舞い、くじ付きの官製はがきの他にも、通常のはがきやエコーはがきに往復はがきなどが用意されています。

使いこなしのヒント

差し込み印刷を確認するには

[差し込み文書]タブで[結果のプレビュー]をオンにすると、アドレス帳に登録した名前を1件ずつプレビューできます。

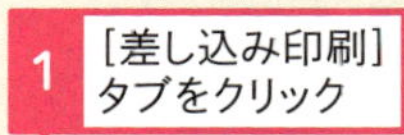

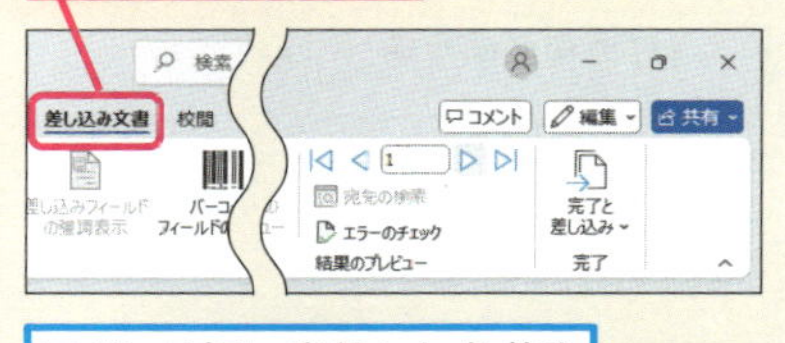

アドレス帳に登録した名前を1件ずつプレビューできる

次のページに続く →

● 差出人の情報を入力する

差出人の名前や住所などを入力する

11 宛名面に印刷する差出人（自分）の情報を入力

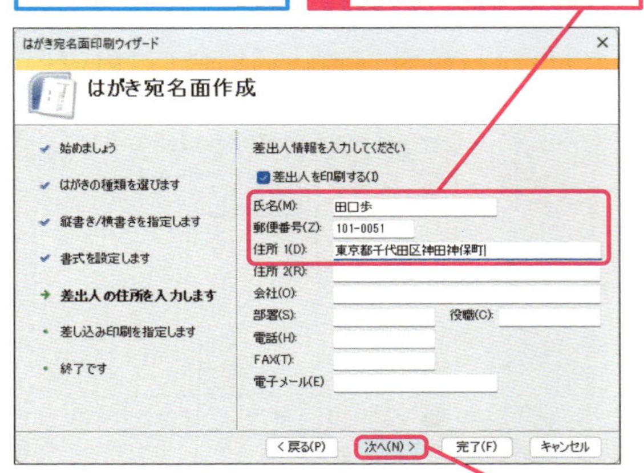

12 ［次へ］をクリック

ここでは差し込み印刷の機能を利用しない

13 ［使用しない］をクリック

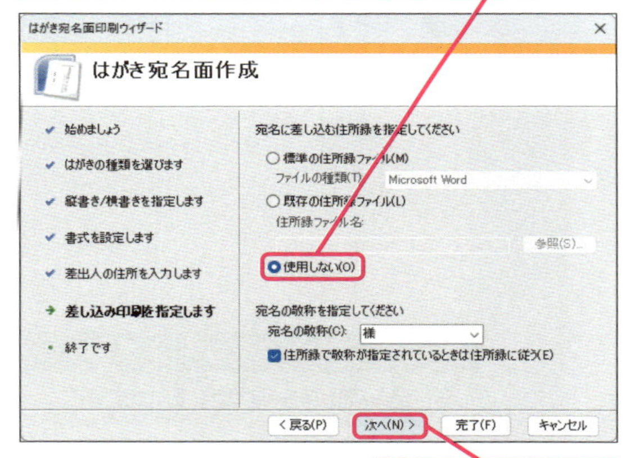

14 ［次へ］をクリック

［はがき宛名面印刷ウィザード］の設定が完了したので閉じる

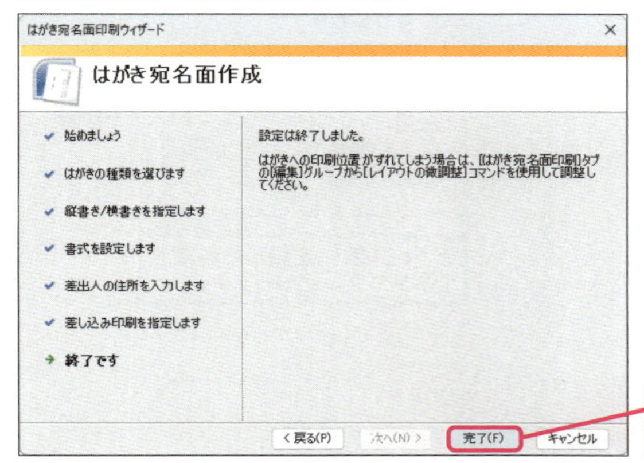

15 ［完了］をクリック

使いこなしのヒント

住所録を作るには

このレッスンでは住所録を指定しないで、1名分の宛名だけを作成しています。しかし、宛名に差し込む住所録を指定すると、複数の宛名を連続して印刷できるようになります。宛先の選択から新しいリストの入力を実行すると、複数の宛名を入力できる新しいアドレス帳が用意されます。

1 ［差し込み文書］タブをクリック

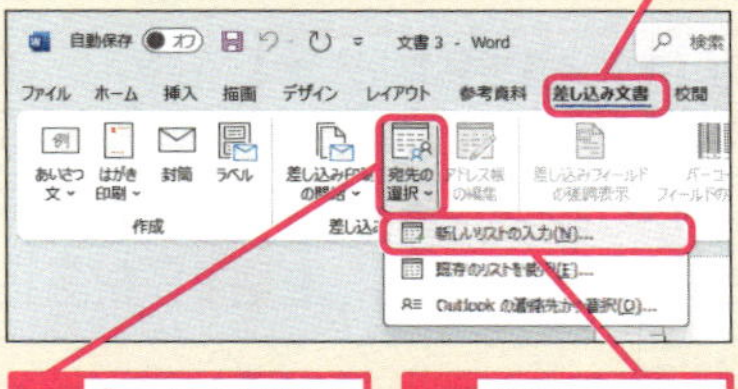

2 ［宛先の選択］をクリック

3 ［新しいリストの入力］をクリック

4 宛先を入力

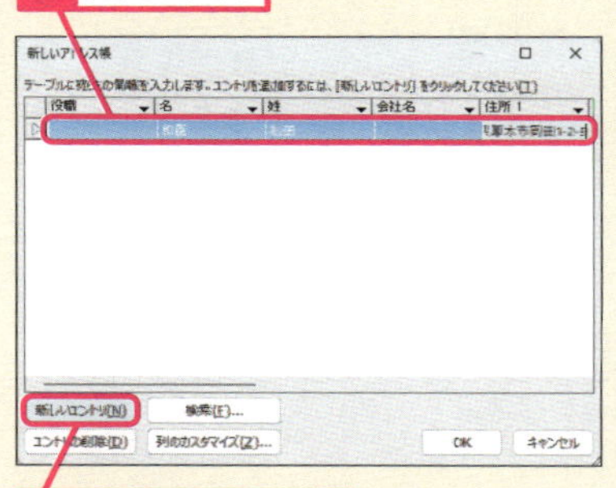

5 ［新しいエントリ］をクリック

同様の手順で宛先を入力しておく

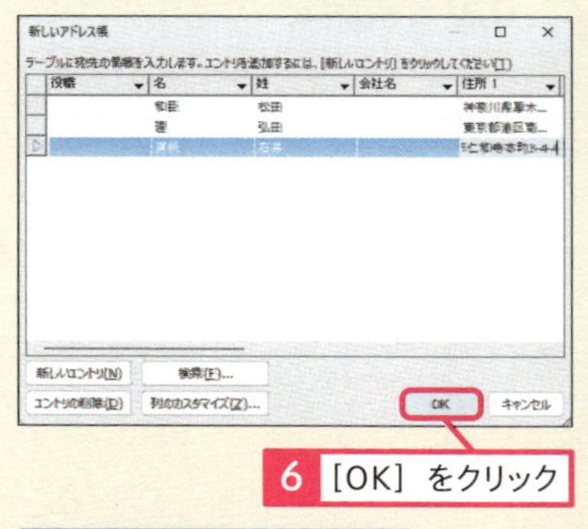

6 ［OK］をクリック

名前を付けて保存しておく

2 宛先を入力する

手順1を完了すると、自動的に新しい文書に宛名面が作成される

ここでは宛先を入力する

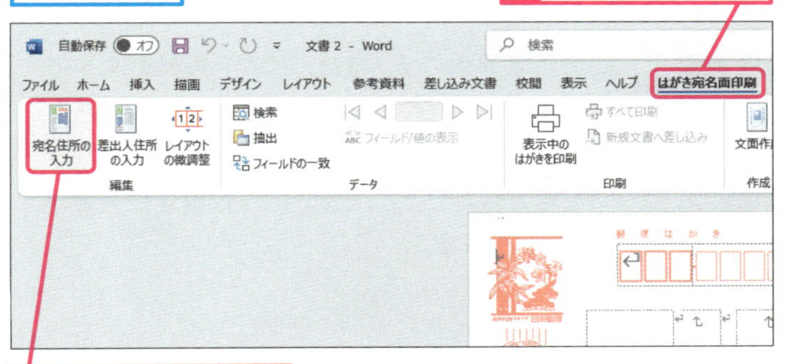

［宛名住所の入力］ダイアログボックスが表示された

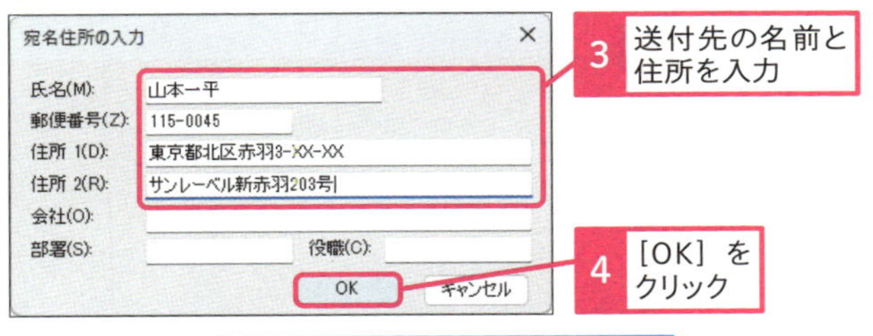

宛先を入力できた

はがきの面と向きに注意しながら、**レッスン12**を参考に印刷する

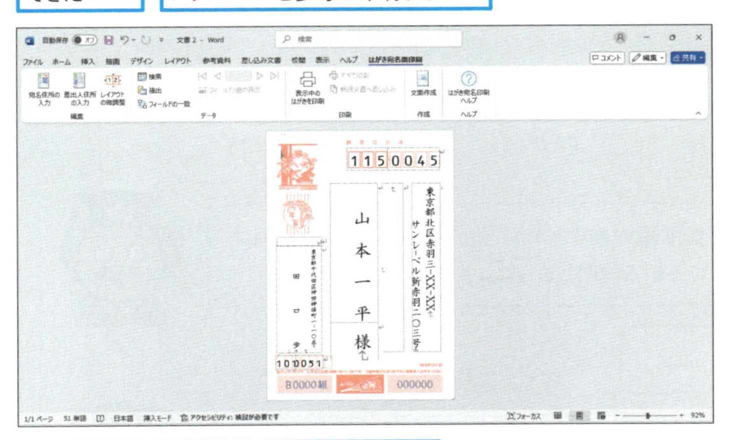

必要に応じて「年賀状（宛名面）」といった名前を付けて、文書を保存しておく

使いこなしのヒント

アドレス帳の文書はどこに保存される?

アドレス帳に入力した氏名や住所は、Windowsの［ドキュメント］フォルダにある［My Data Sources］フォルダの中に、名前を付けて保存されます。標準の設定では、「Address20」という文書名として保存されます。

使いこなしのヒント

ExcelやOutlookの住所録も使える

差し込み印刷で使える住所録のデータソースは、Wordの文書以外にも、ExcelやAccessにMicrosoft Officeアドレス帳などのデータも利用できます。詳しい手順は**レッスン78**を参照してください。

まとめ 宛名印刷は差し込み印刷の基本

はがき宛名面印刷ウィザードで作成した宛名面では、アドレス帳を作成すると、複数の宛名を印刷できるようになります。差し込み印刷では、はがきの表面に複数のテキストボックスを配置して、アドレス帳に入力されたデータを順番に差し込んで印刷します。その仕組みがわかれば、自分でテキストボックスを調整して、微妙な位置を調整したり、フォントのサイズを変更したりして、納まり切らない住所などを一行に表示することもできます。差し込み印刷の基本がわかると、案内状の氏名を変えて印刷したり、送り先ごとに一部が異なる文面にしたりと、応用の幅も広がります。

この章のまとめ

テキストボックスの活用で写真や文字を自由に配置する

テキストボックスを活用すると、通常の編集画面ではレイアウトが難しい縦書きと横書きの文章を組み合わせた印刷物を手軽に作成できます。年賀状や招待状のような印刷物では、大きな文字で短い文章をレイアウトする文面が多いので、この章で紹介したテキストボックスの使い方は効果的です。また、はがき以外の文書でも、凝ったレイアウトの印刷物を作りたいときには、編集画面に入力した文章とテキストボックスを組み合わせると、部分的な縦書きや横書きを挿入できます。

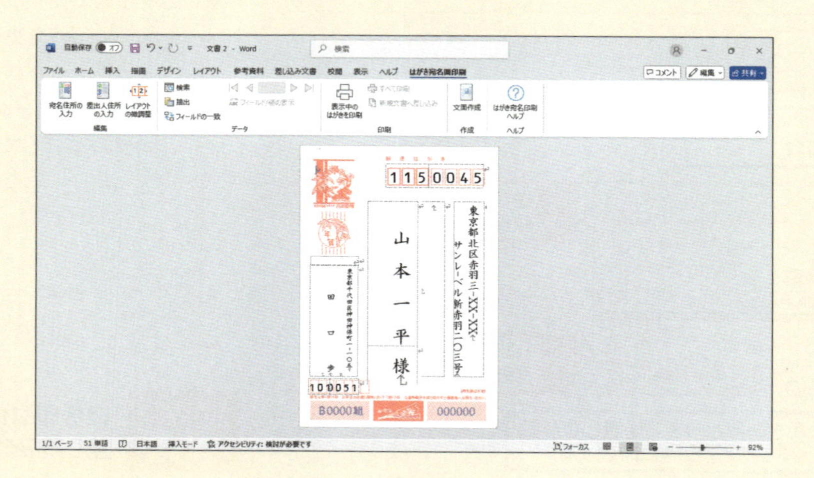

盛りだくさんの内容でした～

基本編の総まとめだったからね。復習もかねていろいろ説明しました。

忘れてるとこもありました……。

不安なところはちょっとおさらいしておきましょう。次からは活用編です！

活用編

第7章

Copilotを活用して文書を作るには

Copilotはマイクロソフトが提供している生成AI（人工知能）です。生成AIは、膨大なデータから学習した情報をもとに、テキストや画像などのコンテンツを新たに生成します。あいさつ文や問い合わせなどの文面作りに困ったときに、Copilotを活用すると文章の下書きやアイディア出しなどの参考になります。

レッスン
48 Introduction この章で学ぶこと 生成AIって何に使えるの？

Copilotは、簡単な指示を与えるだけで本格的な文章を生成したり、長い文章を解析して要約するなど、文書作りや読解にかかる時間を節約する機能を提供します。文章の書き出しやレポートの整理などに困っているときにCopilotを活用すると、新しい文章の発見や見落としていた問題点への注目などの効果も期待できます。

活用編に突入です！

この章から活用編ですね。

はい。張り切っていきましょう！
この章では話題の生成AI「Copilot」を紹介しますよ。

AIかー。ちょっとピンとこないんですよね。

生成AIとWordとの相性はバツグン、使わないのはもったいない！　Copilotの基本から学んでいきましょう♪

Copilotは大きく分けて3種類

マイクロソフトの生成AI「Copilot」はWord 2024で使える無償版が1種類、Microsoft 365のWordで使える有償版が2種類あります。Word 2024で使用できるのは無償版のみですが、十分に高性能ですよ！

●この章で紹介するCopilot

レッスン	Officeの種類	Copilotの種類
レッスン49	Office 2024	Microsoft Copilot（無償版）
レッスン50	Office 2024	Microsoft Copilot（無償版）
レッスン51	Office 2024	Microsoft Copilot（無償版）
レッスン52	Microsoft 365	Copilot in Word（有償版）
レッスン53	Microsoft 365	Copilot in Word（有償版）

AIが得意なことをやってもらおう

生成AIが得意とするのは文書の下書きや要約。Copilotも、シンプルなチャットを送るだけですぐに高度な内容の文書を生成してくれます。

これならそのまま使えそう……！　最近あまり使ってなかったんですが、こんなに進歩してたんですね！

友人に向けた初冬のあいさつ文、考えてみました：

初冬の寒さがいよいよ本格的になってきましたね。風邪などひかれていないでしょうか。

この季節になると、あたたかい飲み物がより一層おいしく感じます。近いうちに、お気に入りのカフェで一緒にホットココアでも楽しみませんか？

それでは、寒さに負けず、お互い元気に過ごしましょう。また連絡しますね。

この感じでどうでしょうか？心温まるメッセージで、友人もきっと喜んでくれるはず。

Microsoft 365のCopilotにできること

そしてこれがMicrosoft 365のCopilot「Copilot in Word」です。Wordの文書に直接、生成結果を反映できるんですよー！

文書作成がぐっと効率化できそう。詳しい使い方を知りたいです！

コロナ禍の中でテレワークが急増したことで、なぜサイバー攻撃による被害が発生しているのだろうか。その理由は、サイバー攻撃からの守り方の変化にある。これまで多くの企業は「境界線型」の防御モデルを基準に、セキュリティ対策を構築してきた。それは、中世の城塞都市のような守り方になる。企業の管理する情報機器とネッ

Copilot を使って書き換える　<　3/3　>

多くの企業はこれまで「境界線型」の防御モデルを採用し、中世の城塞のようにセキュリティ対策を構築してきた。

AI で生成されたコンテンツは誤りを含む可能性があります。

置き換え　下に挿入

は、不正なアクセスを遮断するための防護壁となるファイヤーウォールや、侵入する

レッスン

49 Copilotを活用して文書を作るには

Copilotの種類

練習用ファイル なし

Copilotには有償版と無償版があります。無償版はタスクバーのCopilotアイコンから利用できます。無償版でも、最大で18,000文字までの文章の要約や、プロンプトから指示して新しい文章を作成できます。また、有償版ではWordの編集画面やリボンからCopilotを実行できます。

1 Copilot in Windowsを使う

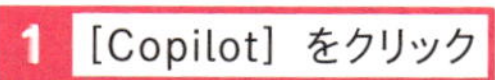

1 ［Copilot］をクリック

Copilotが起動した

2 ［サインイン］をクリック

画面の表示に従ってMicrosoftのアカウントでログインしておく

キーワード

使いこなしのヒント

Copilot利用にはMicrosoftアカウントが必要

Copilotを利用するには、無償版でもMicrosoftアカウントが必要になります。Windows 11に登録しているアカウントと同じものでログインしましょう。

使いこなしのヒント

Copilotのスタイルを選ぶ

CopilotはMicrosoft Edgeでは、3つのスタイルを選択できます。標準の設定では、創造性と厳密さをバランスよく配分するスタイルが選択されています。創造的を選ぶと、独創的で空想的な文章が生成されます。厳密にすると簡潔で正確な内容になります。詳しくはレッスン51のヒントで紹介します。

2 Microsoft 365のWordでCopilotを使う

1 ［Copilotを使って下書き］をクリック

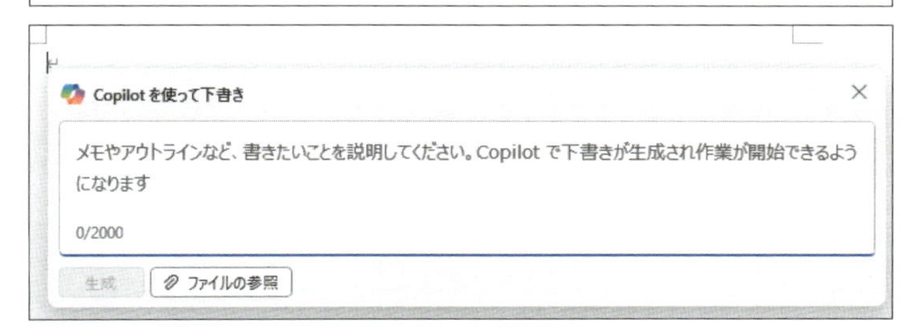

入力用のウィンドウが表示された

3 Microsoft 365の作業ウィンドウに表示する

［ホーム］タブを表示しておく

1 ［Copilot］をクリック

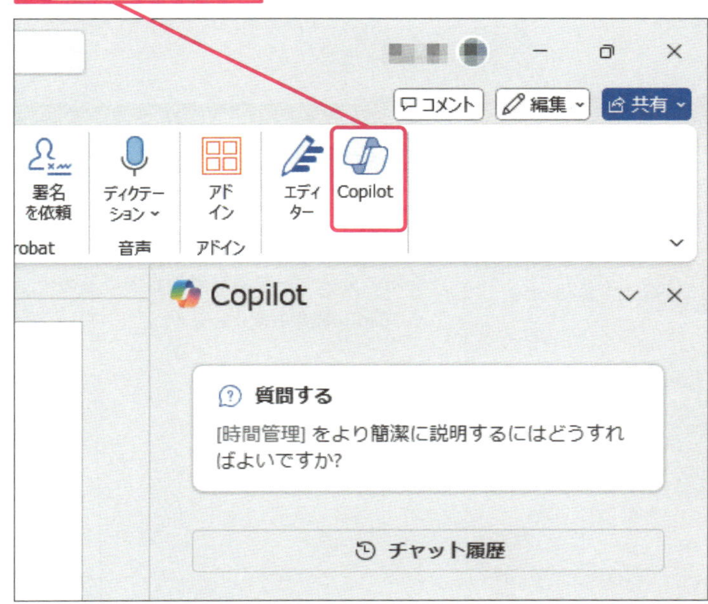

作業ウィンドウに［Copilot］が表示された

使いこなしのヒント

Microsoft Copilot ProとMicrosoft 365 Copilotの違い

有償版のCoplilotには、Microsoft Copilot ProとMicrosoft 365 Copilotの2つの料金プランがあります。Microsoft Copilot Proは、Microsoft アカウント向けの有償版で Microsoft 365 の Word、Excel、PowerPoint、OneNote、OutlookでCopilotを使えるようになります。法人でMicrosoft 365を導入しているときには、Microsoft 365 Copilotを契約するとBusiness Chat へのアクセスに加え、上記のアプリ及びTeams、Microsoft Loop、Edge for Businessなど（OneNoteを除く）でCopilotが利用できます。

使いこなしのヒント

WordでCopilotを使うにはMicrosoft 365が必須

Wordの編集画面やリボンからCopilotを使うためには、Word 2024ではなくMicrosoft 365のWordが必須となります。Word 2024でCopilotの生成AIを活用するには、レッスン50で紹介しているようにMicrosoft Copilot（無償版）で文章を生成します。

まとめ 目的に合わせて無償版と有償版を選ぶ

Microsoft Copilot（無償版）は、Microsoft アカウントを登録している人ならば誰でも利用できます。無償版には機能や性能に制限がありますが、簡単な質問への回答や文章の下書きなどの利用であれば、実用的な結果を生成してくれます。しかし、より精度の高い回答を求めたり、入力したデータが外部に漏れないように配慮するならば、有償版のMicrosoft Copilot ProやMicrosoft 365 Copilotの利用が推奨されます。

レッスン
50 文書の下書きをCopilotで書くには

文書の下書き

練習用ファイル なし

Copilotを使うと簡単な質問文から文章の下書きを生成できます。季節のあいさつなど、新しい文章を書くときに書き出しや季語などに迷ったときに、Copilotで下書きを生成すると便利です。

キーワード

Copilot	P.340
アイコン	P.340

季節にあったあいさつ文を作る

After

時候のあいさつを入れた文書を生成できた

友人に向けた初冬のあいさつ文、考えてみました：

初冬の寒さがいよいよ本格的になってきましたね。風邪などひかれていないでしょうか。

この季節になると、あたたかい飲み物がより一層おいしく感じます。近いうちに、お気に入りのカフェで一緒にホットココアでも楽しみませんか？

それでは、寒さに負けず、お互い元気に過ごしましょう。また連絡しますね。

この感じでどうでしょうか？心温まるメッセージで、友人もきっと喜んでくれるはず。

1 プロンプトを入力する

レッスン49を参考に、Copilot in Windowsにログインしておく

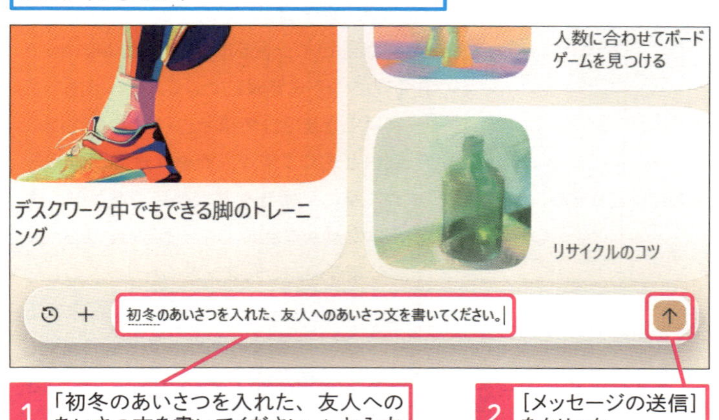

1 「初冬のあいさつを入れた、友人へのあいさつ文を書いてください。」と入力

2 ［メッセージの送信］をクリック

使いこなしのヒント

生成される文章は常に変化する

Cpilotによる文章の生成は、いつも同じ結果にはなりません。生成AIは、常に最新のデータを収集し学習しているので、Cpilotの結果も変化します。

2 結果を確認する

文書が生成された

初冬のあいさつを入れた、友人へのあいさつ文を書いてください。

友人に向けた初冬のあいさつ文、考えてみました：

初冬の寒さがいよいよ本格的になってきましたね。風邪などひかれていないでしょうか。

この季節になると、あたたかい飲み物がより一層おいしく感じます。近いうちに、お気に入りのカフェで一緒にホットココアでも楽しみませんか？

それでは、寒さに負けず、お互い元気に過ごしましょう。また連絡しますね。

この感じでどうでしょうか？心温まるメッセージで、友人もきっと喜んでくれるはず。

Wordに貼り付けて使用する

初冬の寒さがいよいよ本格的になってきましたね。風邪などひかれていないでしょうか。
この季節になると、あたたかい飲み物がより一層おいしく感じます。近いうちに、お気に入りのカフェで一緒にホットココアでも楽しみませんか？
それでは、寒さに負けず、お互い元気に過ごしましょう。また連絡しますね。

(Ctrl)

使いこなしのヒント

Microsoft EdgeでCopilotを使うには

Microsoft EdgeのツールバーにあるCopilotアイコンをクリックすると、Copilotペインが開いてチャットを利用できます。Copilotのチャットでは、開いているホームページの内容を要約できます。

Microsoft Edgeを起動しておく

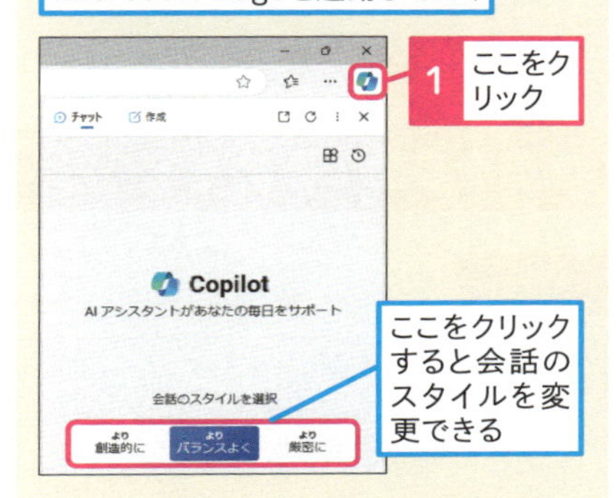

まとめ 下書きやアイデア出しに活用すると便利

Copilotは、簡単な質問や指示に対して文章の下書きを作成してくれます。レッスンのようなあいさつ文の下書きや、新しいアイデアを考えるときに活用すると、検索や文章の編集にかかる時間を節約できます。

スキルアップ

Notebookを活用しよう

Microsoft Edgeのツールバーから起動するCopilotのNotebookを活用すると、最大で18,000文字の文章を要約できます。また、生成AIの結果がメモ帳のように表示されるので、文章の編集も便利になります。

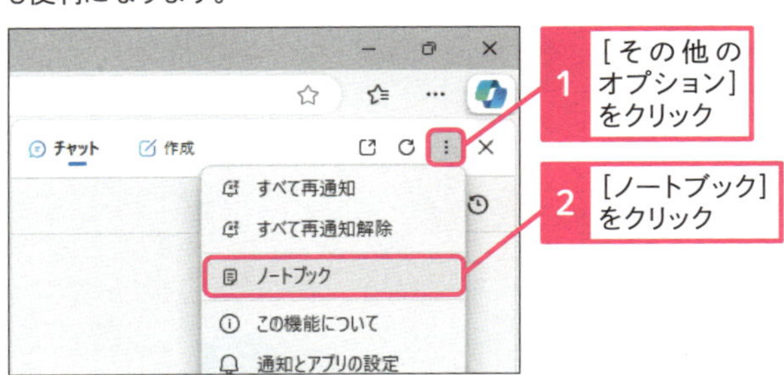

［Notebook］の表示に切り替わった

レッスン

51 長い文章を要約するには

文書の要約　練習用ファイル　L51_AI要約.docx

Windows 11で利用できるCopilotの無償版では、最大で18,000文字までの文章を要約できます。長い文章の要点を手早く把握したいときに活用すると便利です。

キーワード

アイコン	P.340
タスクバー	P.343
プロンプト	P.344

文書を自動で要約する

After

Wordの文書を要約できた

小型無人機の進化が停滞していた中、Parrot社のAR Droneが2010年に登場し、クアッドコプターの仕組みとスマートフォンの普及がドローン市場を一変させた。これにより、浮上や飛行、姿勢制御が簡単になった。ドローンの主要構成要素は以下の三つ:

1. **プロペラ:** 標準的な4枚の他に、6枚のヘキサコプターなどもある。
2. **フライトコントローラー:** ドローンの頭脳で、飛行をリアルタイムで制御する。
3. **機体設計:** 用途に応じた設計が重要で、各ベンダーが競争している。

商用ドローンの進化は、フライトコントローラーの性能や機体設計に依存しており、これからも発展が期待される。

1 Wordの文書をコピーする

要約したいWordの文書を開いておく

商用ドローン□はじめの一歩

「ドローンの基本と構成要素について」

●ドローンブームの立役者はクアッドコプターとスマートフォン

ライト兄弟が、はじめての飛行に成功してから約110年。その間に、航空機は数々の進化を遂げてきた。その一方で、小型の無人操縦機の分野では、100年を経ても大きな進化は起きていなかった。現在の4～8枚のプロペラを搭載したドローンが登場する以前、無線で飛ばす小型の飛行物といえば、飛行機やヘリコプターを模した物が中心だった。そのため、飛行機では滑走路が必要となり、空中で安定した姿勢や方向転換を行うために、高度な操縦技能が必要とされていた。ヘリコプター型の場合も、操縦や運用が厳しいために、農薬散布などの限られた目的に利用されていた。ところが、パリに本社がある Parrot 社が2010年にホビー用の AR-Drone というクアッドコプターを発表すると、市場は一変した。

1 Ctrlを押しながらAキーを押す

2 Ctrlを押しながらCキーを押す

使いこなしのヒント

長い文章の要約にはNotebookを活用する

Copilotのプロンプトには、最大で4,000文字までのテキストを入力できます。Notebookでは、最大18,000文字まで入力できます。長い文章を要約するときは、Notebookを使うと要約結果も編集しやすいので便利です。

2 Copilotで要約する

1 「以下の文書を要約して。」と入力

2 Shift キーを押しながら Enter キーを押す

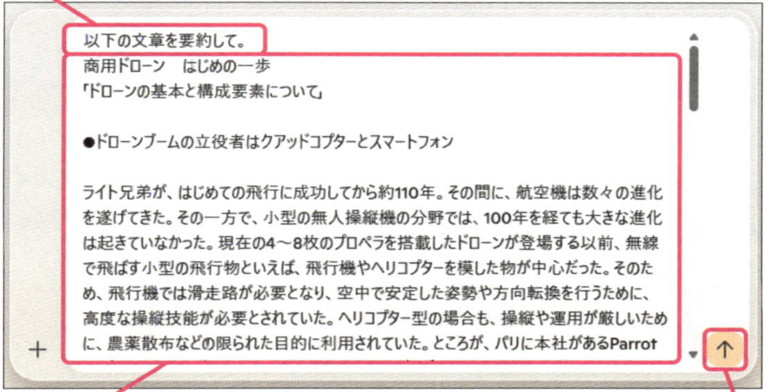

以下の文章を要約して。
商用ドローン　はじめの一歩
「ドローンの基本と構成要素について」

●ドローンブームの立役者はクアッドコプターとスマートフォン

ライト兄弟が、はじめての飛行に成功してから約110年。その間に、航空機は数々の進化を遂げてきた。その一方で、小型の無人操縦機の分野では、100年を経ても大きな進化は起きていなかった。現在の4～8枚のプロペラを搭載したドローンが登場する以前、無線で飛ばす小型の飛行物といえば、飛行機やヘリコプターを模した物が中心だった。そのため、飛行機では滑走路が必要となり、空中で安定した姿勢や方向転換を行うために、高度な操縦技能が必要とされていた。ヘリコプター型の場合も、操縦や運用が厳しいために、農薬散布などの限られた目的に利用されていた。ところが、パリに本社があるParrot

3 Ctrl キーを押しながら V キーを押す

4 ［送信］をクリック

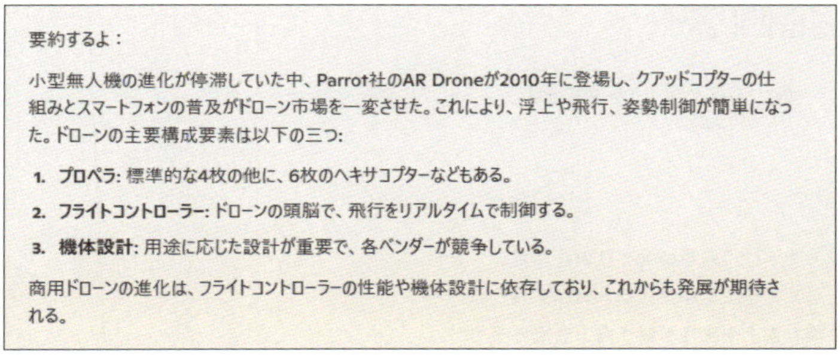

要約するよ：

小型無人機の進化が停滞していた中、Parrot社のAR Droneが2010年に登場し、クアッドコプターの仕組みとスマートフォンの普及がドローン市場を一変させた。これにより、浮上や飛行、姿勢制御が簡単になった。ドローンの主要構成要素は以下の三つ：

1. **プロペラ:** 標準的な4枚の他に、6枚のヘキサコプターなどもある。
2. **フライトコントローラー:** ドローンの頭脳で、飛行をリアルタイムで制御する。
3. **機体設計:** 用途に応じた設計が重要で、各ベンダーが競争している。

商用ドローンの進化は、フライトコントローラーの性能や機体設計に依存しており、これからも発展が期待される。

要約が表示された

3 内容を修正する

1 「丁寧な表現にして。」と入力

2 ［メッセージの送信］をクリック

丁寧な表現にして。

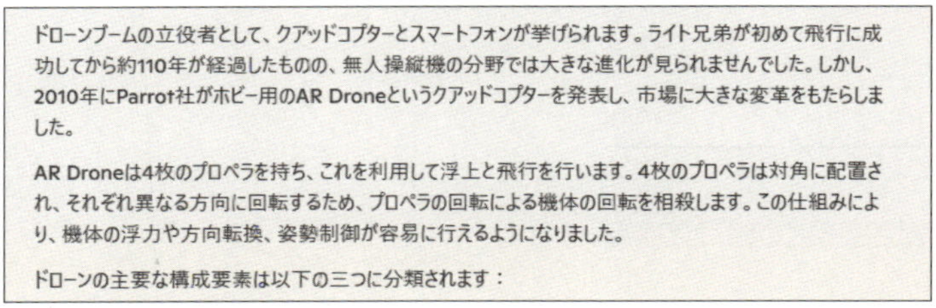

ドローンブームの立役者として、クアッドコプターとスマートフォンが挙げられます。ライト兄弟が初めて飛行に成功してから約110年が経過したものの、無人操縦機の分野では大きな進化が見られませんでした。しかし、2010年にParrot社がホビー用のAR Droneというクアッドコプターを発表し、市場に大きな変革をもたらしました。

AR Droneは4枚のプロペラを持ち、これを利用して浮上と飛行を行います。4枚のプロペラは対角に配置され、それぞれ異なる方向に回転するため、プロペラの回転による機体の回転を相殺します。この仕組みにより、機体の浮力や方向転換、姿勢制御が容易に行えるようになりました。

ドローンの主要な構成要素は以下の三つに分類されます：

丁寧な表現に修正された

使いこなしのヒント

要約する結果の文字数も指示できる

長い文章を要約するときの質問文に「100文字以内で要約して」のように文字数を指定できます。ただし、Copilotでは内容の要約を優先するので、必ずしも結果が指定した文字数に収まるとは限りません。

使いこなしのヒント

CopilotはWebブラウザーからも利用できる

Copilotは、Webブラウザーからも以下のサイトを開いて利用できます。
https://copilot.microsoft.com/
タスクバーのアイコンから利用しているCopilotへの指示や回答は、Microsoft アカウントで連動しているので、Webブラウザーのcopilotにも反映されます。

使いこなしのヒント

無償版のCopilotでは要約する内容に注意する

無償版のCopilotでは、Notebookやプロンプトに入力されたテキストや音声などのデータは、学習のために利用されます。そのため、個人のプライバシーや企業の機密情報など、外部に漏れると困る情報は入力しないように注意しましょう。

まとめ　Copilotを活用してWordの文書作成を効率化する

長い文章の要約は、Copilotが得意とする活用分野です。長い論文やレポートなども、18,000文字以内ならば無償版のCopilotで要約できます。18,000文字を超えている長文は、分割して要約するか最大80,000語まで対応する有償版を利用します。

レッスン

52 Microsoft 365版で下書きするには

Copilot in Wordで下書き

練習用ファイル　なし

Microsoft 365のWordで、Microsoft Copilot ProやMicrosoft 365 Copilotなどの有償版を契約すると、Wordの編集画面やリボンからCopilot in Wordが使えるようになります。Copilot in Wordでは、編集画面から直接文章の下書きや要約を実行できます。

キーワード

Microsoft 365	P.340
プロンプト	P.344
リボン	P.345

企画書を作ってWordに反映する

After

Word上で文書を生成できた

新規プロジェクト企画書

プロジェクト名: 次世代スマートホームシステム開発

プロジェクト概要

次世代スマートホームシステム開発プロジェクトは、最新の IoT 技術を活用し、安全で快適な生活空間を提供することを目的としています。本システムは、家庭内のあらゆるデバイスを一元管理し、エネルギー効率の向上や生活の質の向上を図るものです。

1 プロンプトを入力する

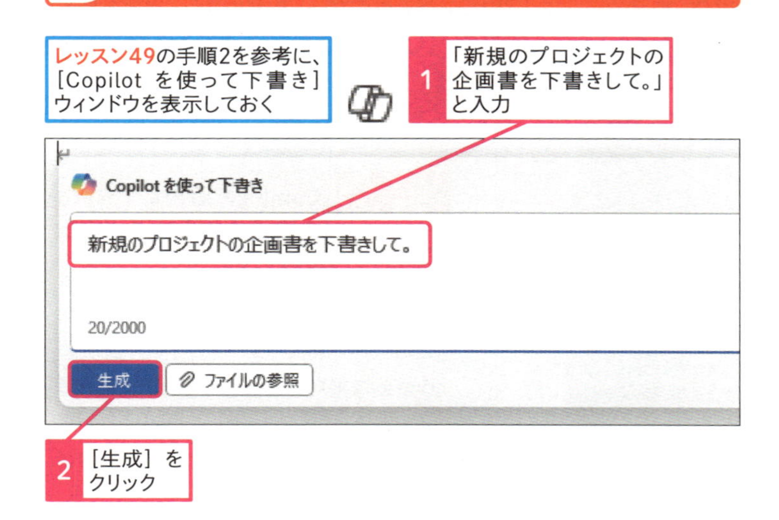

使いこなしのヒント

ファイルを参照して下書きするには

[ファイルの参照] を使うと、Wordの文書やPowerPointのスライドから、内容を要約して新しい下書きを生成できます。参照するファイル名は、プロンプトに「/」(スラッシュ) を入力して、直接指定できます。

2 結果を確認する

文書が生成された

新規プロジェクト企画書

プロジェクト名: 次世代スマートホームシステム開発

プロジェクト概要

次世代スマートホームシステム開発プロジェクトは、最新の IoT 技術を活用し、安全で快適な生活空間を提供することを目的としています。本システムは、家庭内のあらゆるデバイスを一元管理し、エネルギー効率の向上や生活の質の向上を図るものです。

目的および目標

目的

- ユーザーの生活を便利にし、安全性を高める。
- エネルギー消費を最適化し、環境負荷を軽減する。
- 市場競争力を高め、企業の成長を促進する。

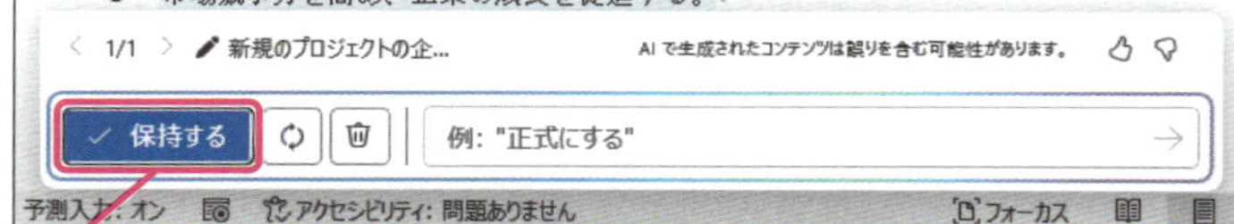

1 ［保持する］をクリック

Wordの文書として確定した

スキルアップ

作業ウィンドウのCopilotを活用しよう

リボンにあるCopilotアイコンを使うと、作業ウィンドウから編集中の文書に対してプロンプトから質問を入力できます。文章の要約やテーマの把握などに使うと便利です。

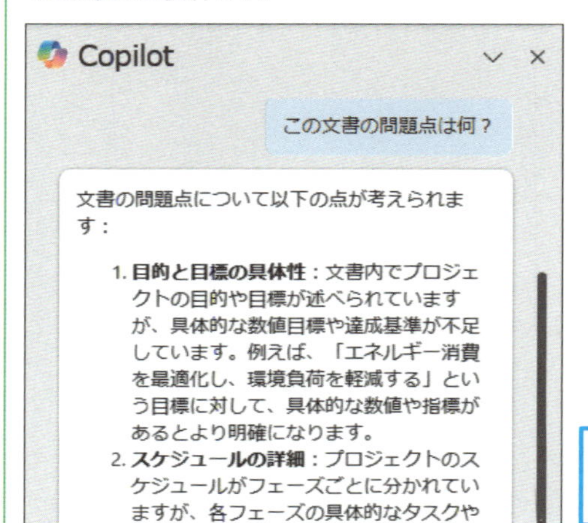

ドキュメントの内容について直接質問を作成できる

使いこなしのヒント

再生成で違う下書きを選ぶには

Copilotで生成された下書きは、［再生成］をクリックすると異なる生成内容を表示します。また［保持する］をクリックするまでは、プロンプトに「もっと親しみやすく」など文体の指示を入力すると、内容を変えて再生成します。

使いこなしのヒント

生成する内容の精度や著作権に注意する

Copilotで生成される文章には、インターネットで公開されている膨大なデータが使われています。一般的なビジネス文書やあいさつ文などは、汎用的な内容が生成されるので、そのまま利用しても著作権などを侵害する可能性は低いでしょう。一方で、時事的な内容や法令に創作的な表現など、生成する内容によっては内容の正確さの確認や、著作権への配慮が必要になります。正確さや著作権に疑問があるときには、生成された文章や単語をミニツールバーの［定義］などで調べて確認するようにしましょう。

まとめ

Copilotが使えるWordは文章の生成や修正が便利になる

WordでCopilotが使えるようになると、編集画面から直接下書きを生成したり、他の文書を参照した生成や要約が可能になります。生成された結果も、編集画面に反映できるので修正も楽になります。頻繁に新しい文章を書く作業や、数多くの文書を要約する必要があるときには、WordでCopilotが使えると便利です。

レッスン

53 文書を自動で書き換えるには

Copilot in Wordで変更

練習用ファイル L53_AI変更.docx

Copilot in Wordは、編集画面に入力されている文章を自動で書き換える［自動書き換え］が使えます。すでに書かれている文章を書き換えたいときや、生成された文章の一部だけを直したいときに使うと、新しい内容が提案されます。

キーワード
Copilot P.340
プロンプト P.344

文書の一部を変更する

After

文書の一部を変更できた

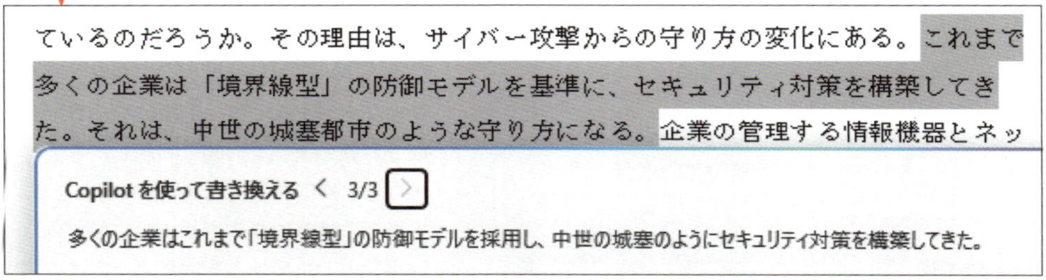

ているのだろうか。その理由は、サイバー攻撃からの守り方の変化にある。これまで多くの企業は「境界線型」の防御モデルを基準に、セキュリティ対策を構築してきた。それは、中世の城塞都市のような守り方になる。企業の管理する情報機器とネッ

Copilot を使って書き換える ＜ 3/3 ＞

多くの企業はこれまで「境界線型」の防御モデルを採用し、中世の城塞のようにセキュリティ対策を構築してきた。

1 書き換えたい部分を選択する

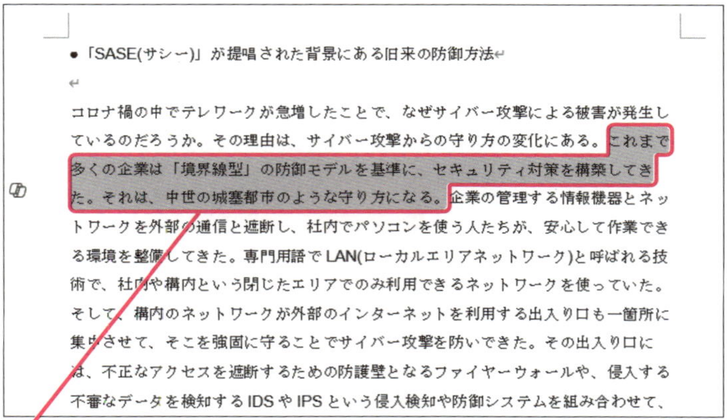

● 「SASE(サシー)」が提唱された背景にある旧来の防御方法

コロナ禍の中でテレワークが急増したことで、なぜサイバー攻撃による被害が発生しているのだろうか。その理由は、サイバー攻撃からの守り方の変化にある。これまで多くの企業は「境界線型」の防御モデルを基準に、セキュリティ対策を構築してきた。それは、中世の城塞都市のような守り方になる。企業の管理する情報機器とネットワークを外部の通信と遮断し、社内でパソコンを使う人たちが、安心して作業できる環境を整備してきた。専門用語でLAN(ローカルエリアネットワーク)と呼ばれる技術で、社内や構内という閉じたエリアでのみ利用できるネットワークを使っていた。そして、構内のネットワークが外部のインターネットを利用する出入り口も一箇所に集中させて、そこを強固に守ることでサイバー攻撃を防いできた。その出入り口には、不正なアクセスを遮断するための防護壁となるファイヤーウォールや、侵入する不審なデータを検知するIDSやIPSという侵入検知や防御システムを組み合わせて、

1 書き換えたい部分を選択

使いこなしのヒント

文章から表にも自動で変換できる

Copilot in Wordによる書き換えは文章から文章の他に、文章から表へも変換できます。数字などを含む文章で利用すると、視覚的な表として書き換えられます。

2 自動で書き換える

1 [Copilotを使って書き換え]をクリック

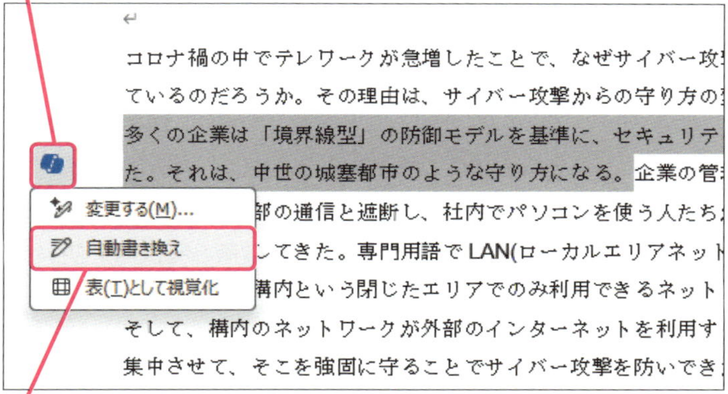

コロナ禍の中でテレワークが急増したことで、なぜサイバー攻
ているのだろうか。その理由は、サイバー攻撃からの守り方の
多くの企業は「境界線型」の防御モデルを基準に、セキュリテ
た。それは、中世の城塞都市のような守り方になる。企業の管
部の通信と遮断し、社内でパソコンを使う人たち
してきた。専門用語でLAN(ローカルエリアネット
構内という閉じたエリアでのみ利用できるネット
そして、構内のネットワークが外部のインターネットを利用す
集中させて、そこを強固に守ることでサイバー攻撃を防いでき

変更する(M)...
自動書き換え
表(T)として視覚化

2 [自動書き換え]をクリック

書き換えの候補が表示された

3 ここをクリックして候補を選択

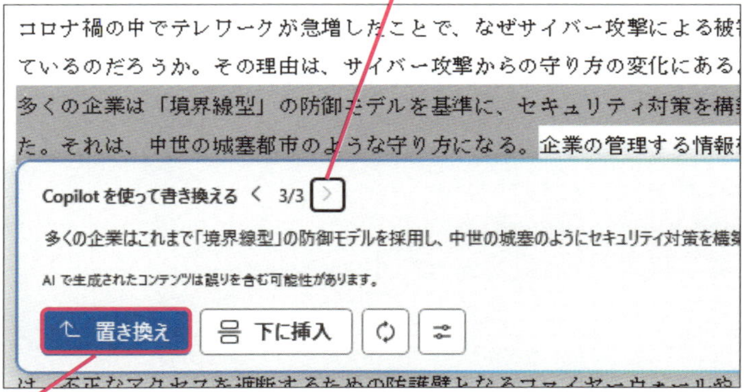

コロナ禍の中でテレワークが急増したことで、なぜサイバー攻撃による被
ているのだろうか。その理由は、サイバー攻撃からの守り方の変化にある
多くの企業は「境界線型」の防御モデルを基準に、セキュリティ対策を構
た。それは、中世の城塞都市のような守り方になる。企業の管理する情報

Copilot を使って書き換える < 3/3 >
多くの企業はこれまで「境界線型」の防御モデルを採用し、中世の城塞のようにセキュリティ対策を構築
AI で生成されたコンテンツは誤りを含む可能性があります。
置き換え 下に挿入

4 [置き換え]をクリック

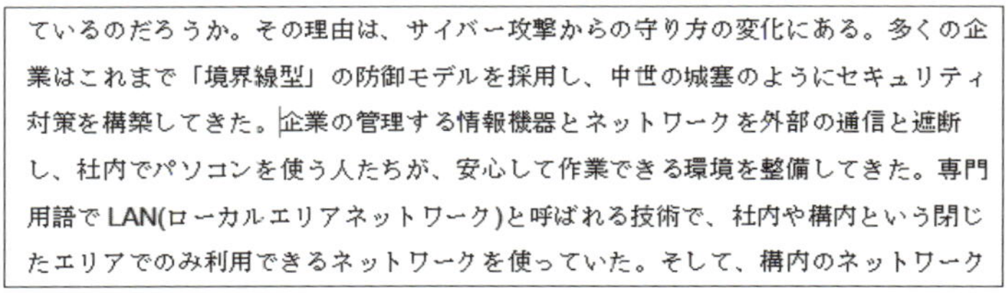

ているのだろうか。その理由は、サイバー攻撃からの守り方の変化にある。多くの企業はこれまで「境界線型」の防御モデルを採用し、中世の城塞のようにセキュリティ対策を構築してきた。企業の管理する情報機器とネットワークを外部の通信と遮断し、社内でパソコンを使う人たちが、安心して作業できる環境を整備してきた。専門用語でLAN(ローカルエリアネットワーク)と呼ばれる技術で、社内や構内という閉じたエリアでのみ利用できるネットワークを使っていた。そして、構内のネットワーク

選択した部分が書き換えられた

使いこなしのヒント

変更と書き換えはどう違うの?

[変更する]を選ぶと、選択している文章に対してプロンプトから書き換え方法を指示できます。文体を変えたいとか、よりフォーマルな表現にするなど、細かい指示で書き換えたいときに使います。

使いこなしのヒント

文章のトーンも調整できる

Copilot in Wordで書き換えられた変更の候補に対して、文章のトーンも再指定できます。標準で生成される[普通]の他に、[カジュアル][専門家][関係][創造的]という4つのトーンが指定できます。

まとめ Copilotを賢く使って文章の仕上がりを高める

Copilotによる生成AIの活用では、簡単な指示からの下書きの創作、長い文章の要約、既存の文章の書き換え、といった便利な使い方ができます。Copilotに指示する内容を工夫すれば、企画書や提案書、プロジェクトの計画など、さまざまな用途に合わせた文書の下書きも可能です。また既存の文書もCopilotを活用して、内容の問題を抽出したり、文章のトーンや表現を書き換えて、読み手の注目度や文書全体の仕上がりを高められます。

この章のまとめ

用途に合わせてCopilotを使い分けよう

Copilotは有償版を契約していなくても、Windows 11のアイコンやWebブラウザーから無料で利用できます。簡単な文章の生成や要約であれば、無償版でも役に立ちます。またWordでCopilotを使えるようになると、編集画面から直接使えるようになるので、編集作業の効率があがります。Copilotは、Wordでどのくらい文章を生成したり要約するかという頻度を考えて、用途に合わせて無償版と有償版を使い分けるといいでしょう。

翼など、多様な設計が求められる。さらに、長時間飛行のための新技術や軽量素材の採用など、機体設計は商用ドローンの成否を大きく左右する要素となっている。この分野で、より革新的な機体が登場すれば、ドローンを取り巻く産業は、さらに大きな発展を遂げる。そして、日本では商用目的を中心として、大手メーカーやベンチャー企業が、独自のドローン設計を競っている。

要約するよ：

小型無人機の進化が停滞していた中、Parrot社のAR Droneが2010年に登場し、クアッドコプターの仕組みとスマートフォンの普及がドローン市場を一変させた。これにより、浮上や飛行、姿勢制御が簡単になった。ドローンの主要構成要素は以下の三つ:

1. **プロペラ**: 標準的な4枚の他に、6枚のヘキサコプターなどもある。
2. **フライトコントローラー**: ドローンの頭脳で、飛行をリアルタイムで制御する。
3. **機体設計**: 用途に応じた設計が重要で、各ベンダーが競争している。

商用ドローンの進化は、フライトコントローラーの性能や機体設計に依存しており、これからも発展が期待される。

思っていたよりも簡単に使えてびっくりしました！

でしょう！　生成AIは難しいものではないんです。習うより慣れろ、ですよ。

著作権や内容の正確さについては要注意ですね。

ええ。AIが作ったものをそのままにしないで、必ずチェックしましょう。

活用編

第8章

レイアウトに凝った文章を作るには

Wordをもっと便利に使いこなすために、この章では音声入力や翻訳、行間やインデントにルーラーなど、踏み込んだ機能や活用テクニックを紹介します。効率の良い文章の入力やレイアウトに欠かせないルーラーの活用など、凝ったレイアウトに役立つWordの秘訣を解説します。

レッスン 54

Introduction この章で学ぶこと

Wordを使いこなすコツ

キーボードの操作が苦手な人は、音声入力を使うと文章を作成する時間を短縮できるでしょう。また、チームや組織で文書を仕上げていくときには、変更履歴やコメントがとても役に立ちます。これらの操作を覚えると、文書作りや共同編集の効率が向上します。

Wordの便利な機能を使う

この章はWordの……せ、先生！　何してるんですか？

ああ、見られてしまった……！　いや実は、Wordで日記をつけてるんだけど、その、音声で入力をね……。

えっ、音声入力！　めっちゃ便利そうですね！

あ、うん、そうだね。この章ではWordの便利な機能をいろいろ紹介します（日記のことは忘れてー！）。

Windows 11で便利になった音声入力

Wordで音声入力を行う方法はいくつかありますが、ここではWindows 11に標準搭載されている音声入力を紹介します。なんと、ショートカットキーで起動できるんですよ。

文字を自由自在に配置する

この章の一番のポイントはこのルーラー。スペースを使わずに文字や文章、段落の配置を自由に調整できるんです。

こういう仕組みだったんですね。長年のナゾがとけました！

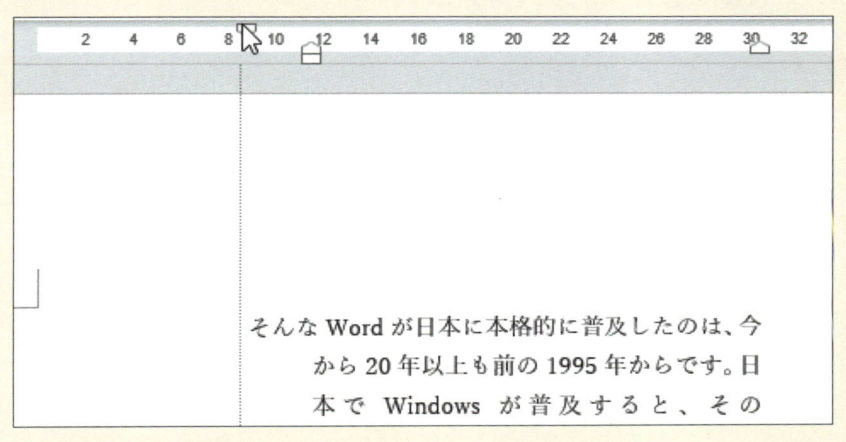

文書の見栄えを整えるコツも満載

この章では他にも、ヘッダーやフッター、段組み、アイコンの追加なども説明します。文書の見栄えががらっと変わりますよ！

すっきりとして読みやすくなりますね。全部マスターしたいです！

はじめに

テレワークへの移行を積極的に推進する大手企業が増えていく傾向にあって、遅れているのが中小企業になる。一部のITに特化している中小企業を除けば、多くの中小企業はテレワークを実践できる環境が整っていない。東京商工リサーチが国内2万1.741社に実施したアンケートによれば、自粛要請が出ていた期間に、在宅勤務を実施した企業は2万1,408社中の1万1.979社(55.9%)だった。企業規模での実施比率を見てみると、大企業の83.3%に対して、中小企業は50.9%と少ない。その理由は、社内インフラの未整備や人員不足だと推察されている。

(https://www.soumu.go.jp/johotsusintokei/whitepaper/ja/r03/html/nd123410.html)

レッスン

55 音声で入力するには

音声入力　練習用ファイル　なし

Windows 11の音声入力を使って、Wordでは文章を「声」で入力できます。キーボードの操作に不慣れでも、声にするだけで編集画面に文字を入力できるので、文書作成の効率が大きく向上します。

キーワード

Microsoft 365	P.340
リボン	P.345

音声で文字を入力する

Before

キーボードではなく音声で文字を入力したい

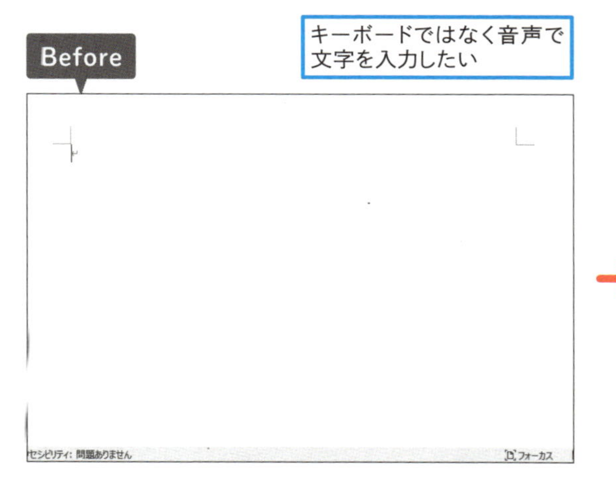

After

音声で文字が入力された

スキルアップ

Microsoft 365の場合は「ディクテーション」ツールが使える

このレッスンの画面では、Word 2024を例に解説しています。Microsoft 365のWordを使っているときには、[⊞]+[H]キーではなく、リボンにある［ディクテーション］から、音声入力を開始できます。

◆ディクテーション

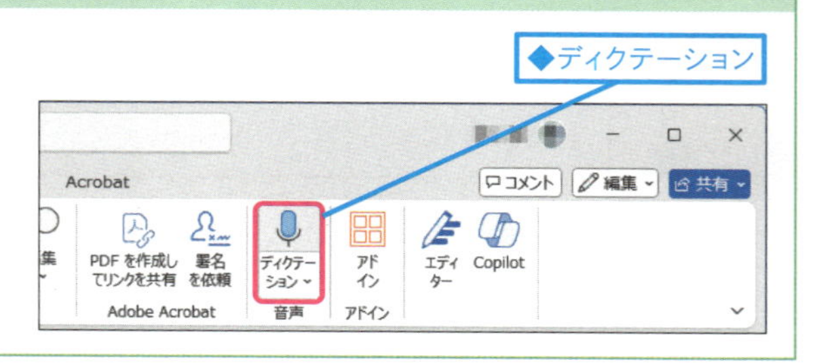

使いこなしのヒント

スマートフォンなどで音声入力するには

Windowsではなく、スマートフォンで音声入力するには、Wordのアプリをスマートフォンにインストールします。スマートフォンから音声入力したドキュメントは、Microsoftアカウントで OneDriveに保存した文書ファイルとして連携すると、パソコンのWordでも利用できます。

1 音声で入力する

Wordを起動して、新規文書を作成しておく

1 ⊞キーを押しながら、Hキーを押す

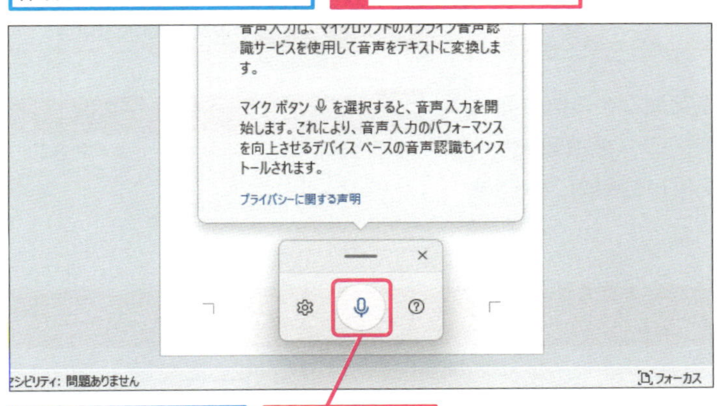

Microsoftの音声認識サービスが起動した

2 ここをクリック

［聞き取り中］と表示された

3 マイクに向かって「テレワークへの移行を」と発声

音声で文字が入力された

音声入力を終了するにはここをクリックする

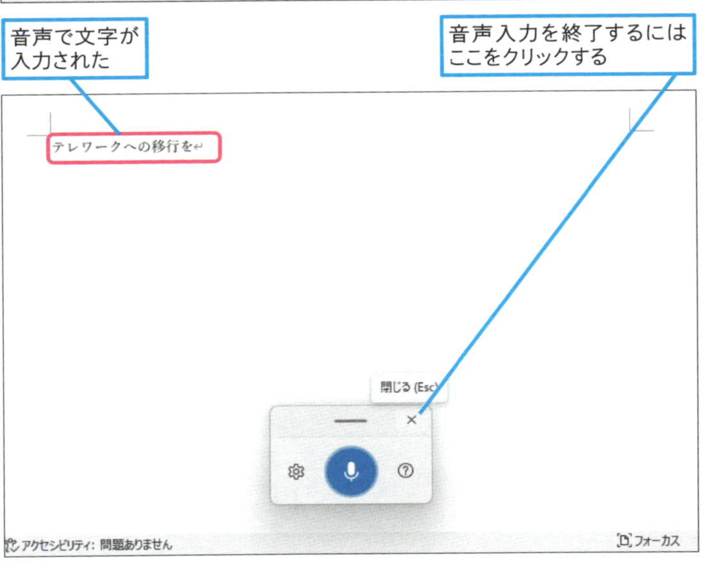

使いこなしのヒント

音声入力をセットアップするには

⊞+Hで音声入力が機能しないときには、Windowsの［設定］から、音声入力をセットアップします。

使いこなしのヒント

長い文章を音声入力するときには

長い文章を音声入力しようとすると、途中で途切れてしまうことがあります。そのときには、音声入力の［設定］で、句読点の自動挿入をオンにしましょう。

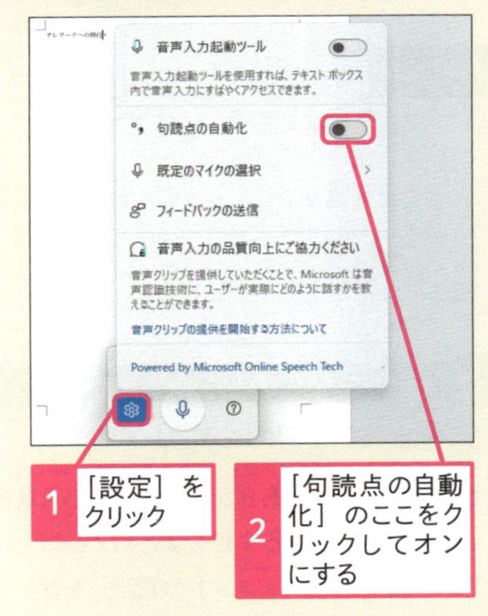

1 ［設定］をクリック

2 ［句読点の自動化］のここをクリックしてオンにする

まとめ　音声入力を活用して入力の作業を効率化する

Wordの音声入力は、自分の話した「声」だけではなく、録音した音声や動画などもパソコンのマイクで聞き取れるならば、文章として入力できます。音声入力を活用すると、会議での会話や講演内容などを文字として残せるようになります。ただし、音声入力では会話している人物を区別できません。また、AI（人工知能）による日本語の解析も100%ではないので、入力された文章は、後から編集する必要があります。

レッスン
56 文書を翻訳するには

翻訳

練習用ファイル L056_翻訳.docx

Wordの翻訳機能を使うと、日本語の文章を英語などの他言語に翻訳できます。翻訳には、クラウドベースのニューラル機械翻訳サービスが利用されるので、パソコンをインターネットに接続しておきましょう。

キーワード

クラウド P.341

日本語を英語に翻訳する

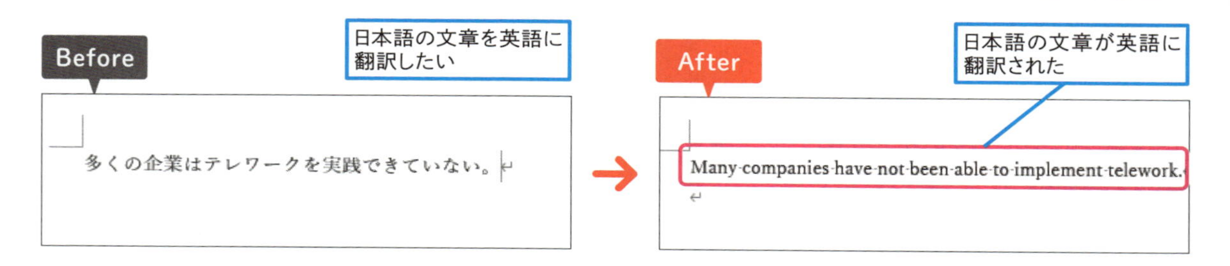

使いこなしのヒント

文書全体を翻訳するには

翻訳する範囲は、あらかじめ選択した文章と文書全体を選べます。完成している文書をまとめて翻訳したいときには、以下の手順で［ドキュメントの翻訳］を使います。ドキュメントの翻訳を実行すると、元の文書はそのままで、翻訳された新しい文書が自動的に作成されます。

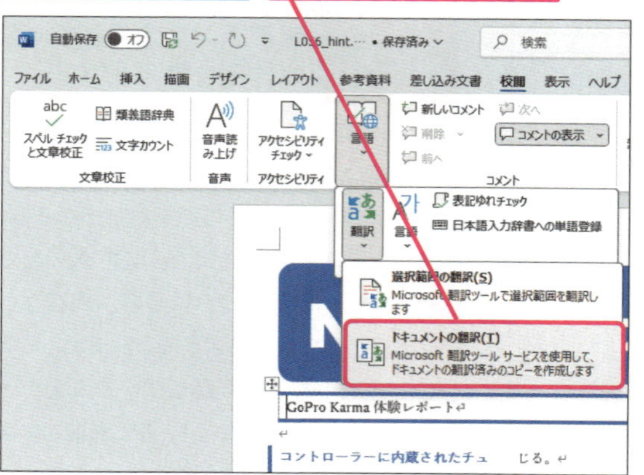

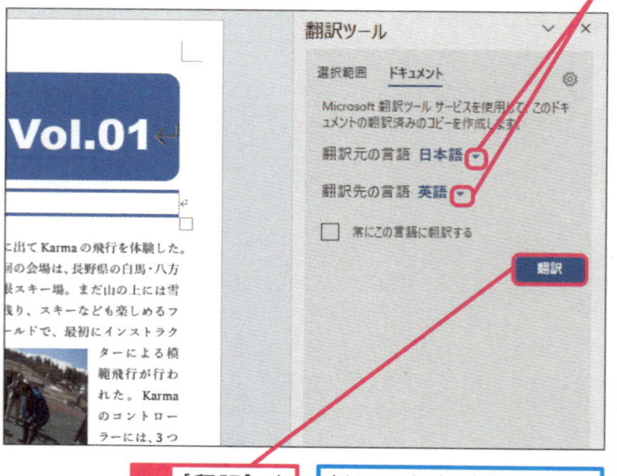

1 文書を翻訳する

翻訳する文章をドラッグして選択しておく

1 [校閲] タブをクリック

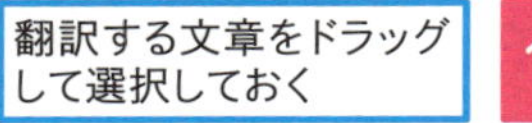

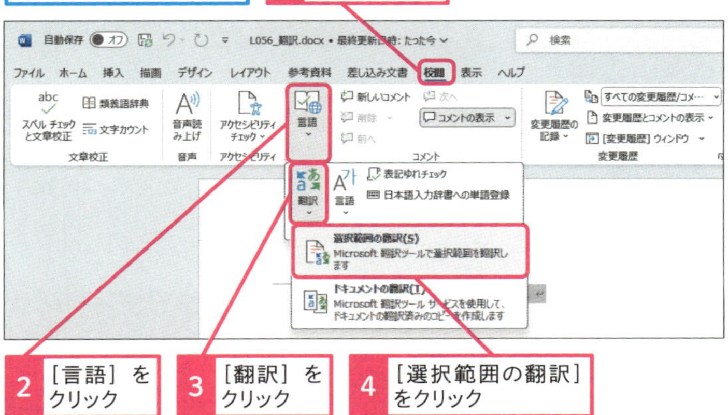

2 [言語] をクリック

3 [翻訳] をクリック

4 [選択範囲の翻訳] をクリック

[翻訳ツール] 作業ウィンドウが表示された

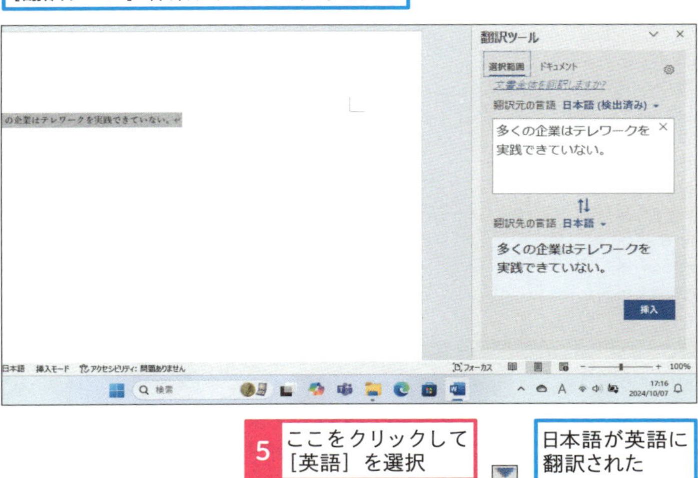

5 ここをクリックして [英語] を選択

日本語が英語に翻訳された

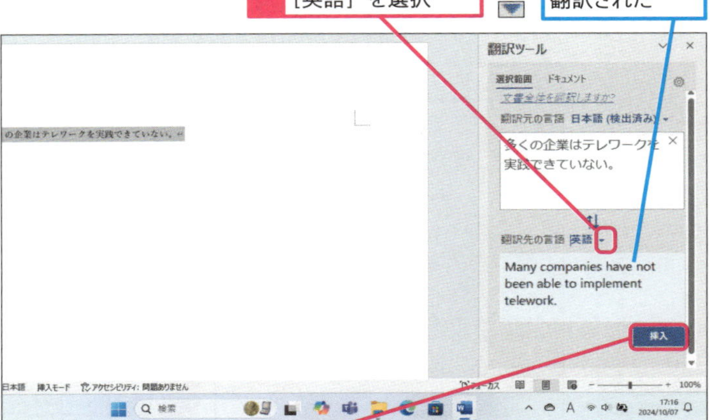

6 [挿入] をクリック

翻訳された文章が、元の日本語の文章と置き換わる

使いこなしのヒント

外国語の文書を日本語に翻訳できる

Wordで翻訳できる言語は、クラウドベースのニューラル機械翻訳サービスに対応しています。対応する最新の言語は、Microsoftのサイトで紹介されています。

▼Translator の言語サポート
https://learn.microsoft.com/ja-jp/azure/ai-services/translator/language-support

使いこなしのヒント

翻訳した文章は置き換えられる

範囲を選択して翻訳した文章は、翻訳先の言語に置き換えられます。対訳のように元の文章を残しておきたいときには、事前にコピーしておきましょう。

ここに注意

Wordの翻訳ツールは、クラウドを利用したAI（人工知能）による翻訳サービスです。そのため、パソコンがインターネットに接続されていないと、翻訳ツールは利用できません。翻訳を実行する前に、インターネットの接続を確認しておきましょう。

まとめ 翻訳ツールを活用してグローバルな文書を作る

Wordの翻訳ツールは、クラウドを利用したAI（人工知能）による翻訳サービスです。対応する言語の数は多く、クラウドサービスなので現在は利用できない言語も、将来的には対応する可能性があります。ただし、あくまでも機械翻訳サービスなので、訳された言語が100%正確とは限りません。ビジネスや契約など重要な文書で利用するときには、翻訳された内容を専門家に推敲してもらいましょう。

レッスン

57 行間を調整するには

行間の調整　練習用ファイル L057_行間の調整.docx

標準的なWordの文書では、行間隔が1.0に設定されています。1.0は上下の文章が重ならない間隔になります。長い文章では、行間隔が狭いと読みにくくなります。そのときには、行間隔を調整して上下の行間に隙間が空くようにしましょう。

キーワード

ダイアログボックス	P.343
段落	P.343
ホーム	P.345

文章の行間を広げる

Before

行間が詰まっていて読みづらいので、行間を広げたい

ライト兄弟が、はじめての飛行に成功してから約 110 年。そ
を遂げてきた。その一方で、小型の無人操縦機の分野では、10
きていなかった。現在の 4～8 枚のプロペラを搭載したドロー
ばす小型の飛行物といえば、飛行機やヘリコプターを模した物
行機では滑走路が必要となり、空中で安定した姿勢や方向転換
能が必要とされていた。ヘリコプター型の場合も、操縦や運用
どの限られた目的に利用されていた。ところが、パリに本社が
ビー用の AR Drone というクアッドコプターを発表すると、市
AR Drone は、4 枚のプロペラを回転させて浮上と飛行を行う
りが 2 枚、半時計回りが 2 枚、それぞれ対角線上に配置され

After

行間が広がった

ライト兄弟が、はじめての飛行に成功してから約 110 年。そ
を遂げてきた。その一方で、小型の無人操縦機の分野では、10
きていなかった。現在の 4～8 枚のプロペラを搭載したドロー
ばす小型の飛行物といえば、飛行機やヘリコプターを模した物
行機では滑走路が必要となり、空中で安定した姿勢や方向転換
能が必要とされていた。ヘリコプター型の場合も、操縦や運用
どの限られた目的に利用されていた。ところが、パリに本社が
ビー用の AR Drone というクアッドコプターを発表すると、市

使いこなしのヒント

行間を数値で設定する

行間隔は、1.0から3.0までの数値を選ぶだけではなく、行間のオプションから任意の数値を設定できます。既定値の行間では、文章の読みにくさが改善されないときには、数値を調整してみましょう。

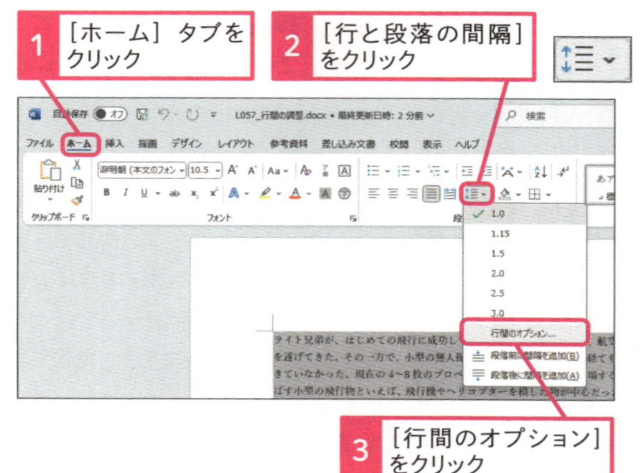

[段落] ダイアログボックスが表示された

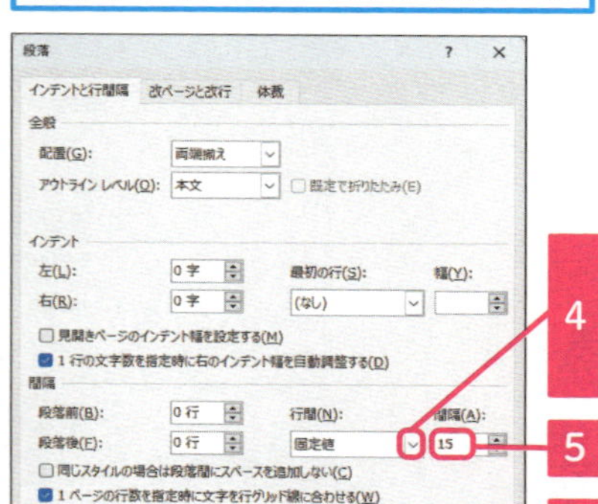

1 行間を広げる

行間が詰まっていて読みづらい

レッスン24を参考に文章全体を選択しておく

ライト兄弟が、はじめての飛行に成功してから約 110 年。その間に、航空機は数々の進化を遂げてきた。その一方で、小型の無人操縦機の分野では、100 年を経ても大きな進化は起きていなかった。現在の 4~8 枚のプロペラを搭載したドローンが登場する以前、無線で飛ばす小型の飛行物といえば、飛行機やヘリコプターを模した物が中心だった。そのため、飛行機では滑走路が必要となり、空中で安定した姿勢や方向転換を行うために、高度な操縦技能が必要とされていた。ヘリコプター型の場合も、操縦や運用が厳しいために、農薬散布などの限られた目的に利用されていた。ところが、パリに本社がある Parrot 社が 2010 年にホビー用の AR-Drone というクアッドコプターを発表すると、市場は一変した。
AR-Drone は、4 枚のプロペラを回転させて浮上と飛行を行う。4 枚のプロペラは、時計回りが 2 枚、半時計回りが 2 枚、それぞれ対角線上に配置されている。異なる回転方向を対角に配置することで、プロペラの回転によって生じる機体の回転を相殺する。その結果、4 枚のプロペラの回転数を同時に上げていけば、浮力が得られる。
そして、均等に回転しているプロペラの回転数を一部だけ変化させると、機体を傾けることが可能になり、その傾きを利用して方向転換や姿勢制御を行う。プロペラで浮上するといえば、ヘリコプターが有名だが、その仕組みは大きく違う。クアッドコプターは、固定ピッチ

1 [ホーム] タブをクリック

2 [行と段落の間隔] をクリック

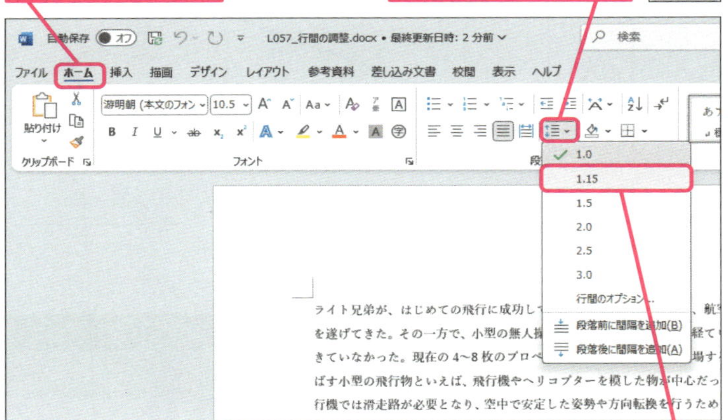

3 [1.15] をクリック

4 ここをクリック

行間が広がって読みやすくなった

ライト兄弟が、はじめての飛行に成功してから約 110 年。その間に、航空機は数々の進化を遂げてきた。その一方で、小型の無人操縦機の分野では、100 年を経ても大きな進化は起きていなかった。現在の 4~8 枚のプロペラを搭載したドローンが登場する以前、無線で飛ばす小型の飛行物といえば、飛行機やヘリコプターを模した物が中心だった。そのため、飛行機では滑走路が必要となり、空中で安定した姿勢や方向転換を行うために、高度な操縦技能が必要とされていた。ヘリコプター型の場合も、操縦や運用が厳しいために、農薬散布などの限られた目的に利用されていた。ところが、パリに本社がある Parrot 社が 2010 年にホビー用の AR Drone というクアッドコプターを発表すると、市場は一変した。
AR Drone は、4 枚のプロペラを回転させて浮上と飛行を行う。4 枚のプロペラは、時計回りが 2 枚、半時計回りが 2 枚、それぞれ対角線上に配置されている。異なる回転方向を対角に配置することで、プロペラの回転によって生じる機体の回転を相殺する。その結果、4 枚のプロペラの回転数を同時に上げていけば、浮力が得られる。
そして、均等に回転しているプロペラの回転数を一部だけ変化させると、機体を傾けることが可能になり、その傾きを利用して方向転換や姿勢制御を行う。プロペラで浮上するといえ

使いこなしのヒント

段落の前後にも間隔を空けられる

行と行の間隔は、連続した文章に対して設定できるだけではなく、改行で区切られた段落ごとにも設定できます。また、[段落] ダイアログボックスでは、段落の前後にも0.5単位で行間を設定できます。

使いこなしのヒント

最初から行間を空ける場合は

このレッスンでは文章の行間を調整しています。入力された文章全体の行間を調整するには、文章を Ctrl + A キーなどですべて選択してから、行間を設定します。また、最初から行間を空けた文章を入力したいときには、文書の1行目に行間を設定しておきましょう。

まとめ 文章の読みやすさは行間が大切

横書きの文章では、上下の行の幅が狭いと読んでいる行を取り違えるなど、読みにくくなります。そこで、適度に行と行の間隔を空けると、読みやすさが改善されます。ただし、行間を空けてしまうと、改行した行の間隔も広くなってしまいます。読みやすさを改善しつつ、段落と段落のメリハリもつけたいときには、行だけではなく段落の前後にも間隔を設定しましょう。行と段落の間隔が適度に調整された文章は、さらに読みやすくなります。

レッスン

58 ルーラーの使い方を覚えよう

ルーラーとインデント

練習用ファイル L058_ルーラーとインデント.docx

ルーラーは、編集画面に設定されている文章のレイアウトを確認したり変更したりするために利用する定規のような機能です。文章の左右寄せや字下げなどを思い通りに操作するためには、ルーラーの表示と操作は必須です。

キーワード

インデント	P.341
タブ	P.343
ルーラー	P.345

活用編 第8章 レイアウトに凝った文章を作るには

ルーラーを利用してインデントを設定する

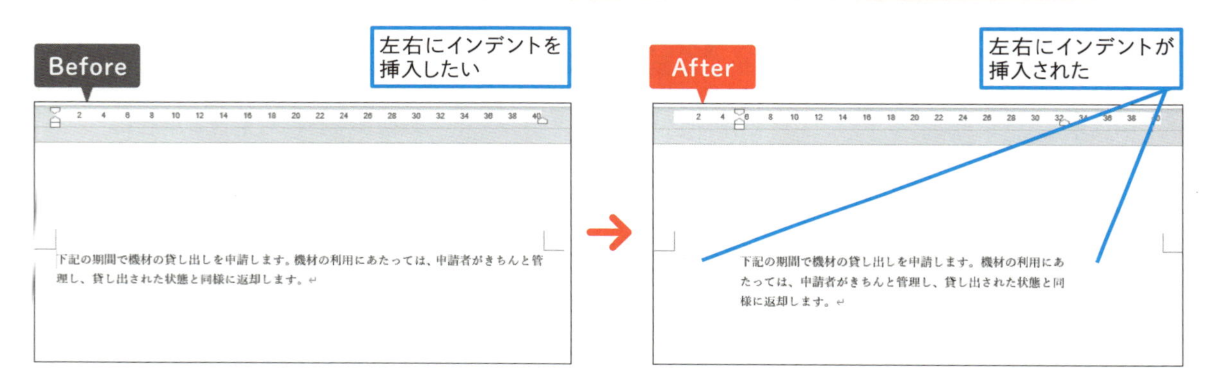

使いこなしのヒント

ルーラーの画面を確認しよう

ルーラーには、レイアウトの目安となる文字数のゲージと、左右インデントを意味する記号が表示されています。それぞれの表示の意味は次のようになります。

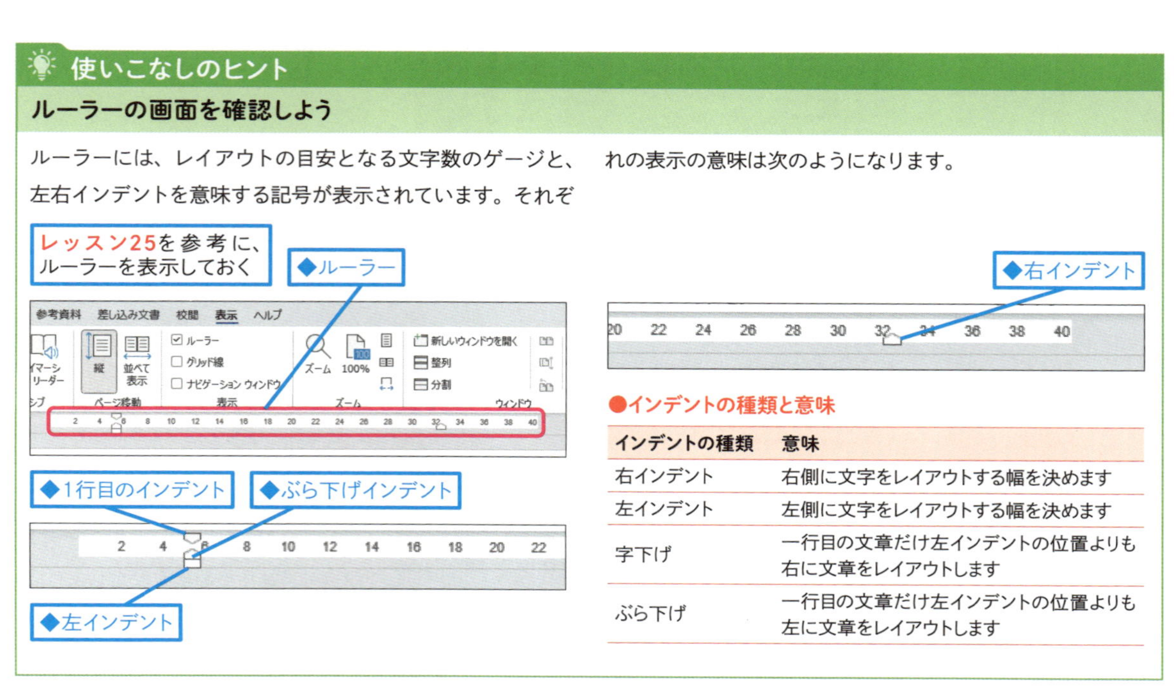

●インデントの種類と意味

インデントの種類	意味
右インデント	右側に文字をレイアウトする幅を決めます
左インデント	左側に文字をレイアウトする幅を決めます
字下げ	一行目の文章だけ左インデントの位置よりも右に文章をレイアウトします
ぶら下げ	一行目の文章だけ左インデントの位置よりも左に文章をレイアウトします

ルーラーを使用するメリット

ルーラーを使うと、字下げや文字寄せに左右余白などの設定をマウスだけで操作できるようになります。また、設定されているレイアウトの条件を視覚的に確認できます。

● ルーラーを使用したレイアウト

左ルーラーと右ルーラーで、文字の左右をレイアウトしている

1 「機材」の前に「また、」と入力する

下記の期間で機材の貸し出しを申請します。機材の利用にあたっては、申請者がきちんと管理し、貸し出された状態と同様に返却します。

左右の幅が一定なので、内容を修正してもレイアウトが崩れない

下記の期間で機材の貸し出しを申請します。また、機材の利用にあたっては、申請者がきちんと管理し、貸し出された状態と同様に返却します。

● スペースと改行を使用したレイアウト

スペースと改行で強引にレイアウトしている

1 「機材」の前に「また、」と入力する

下記の期間で機材の貸し出しを申請します。機材の利用にあ
たっては、申請者がきちんと管理し、貸し出された状態と同
様に返却します。

右にまだ入力できるスペースがあるので、右が揃わずレイアウトが崩れた

下記の期間で機材の貸し出しを申請します。また、機材の利用にあ
たっては、申請者がきちんと管理し、貸し出された状態と同
様に返却します。

使いこなしのヒント

ルーラーにタブを設定するには

ルーラーの任意の位置をマウスでクリックすると、タブを設定できます。標準の設定では、左揃えタブが設定されますが、ルーラーの左端のタブ切り替えをクリックすると、その他のタブやインデントに切り替えられます。

1 ［1行目のインデント］のアイコンが表示されるまで、ここを何度かクリック

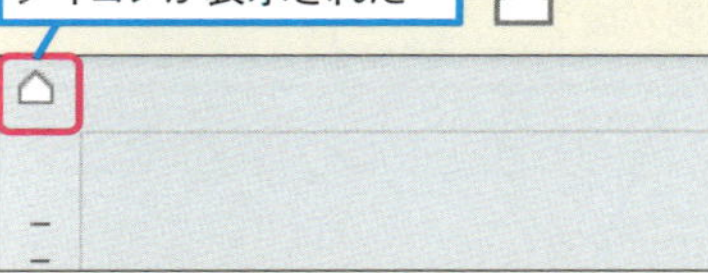

［1行目のインデント］のアイコンが表示された

2 ルーラーの［8］をクリック

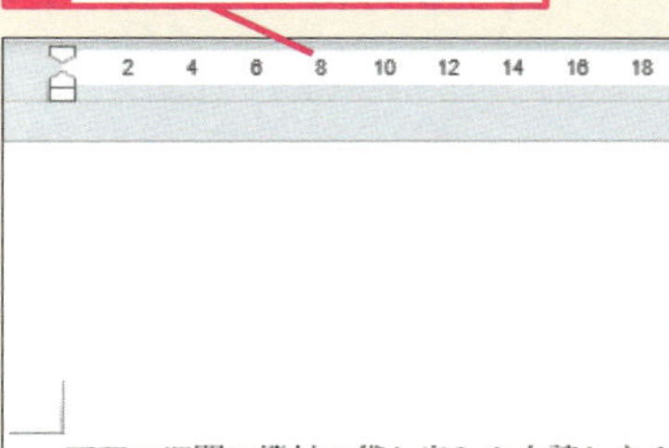

1行目が指定した位置でインデントされた

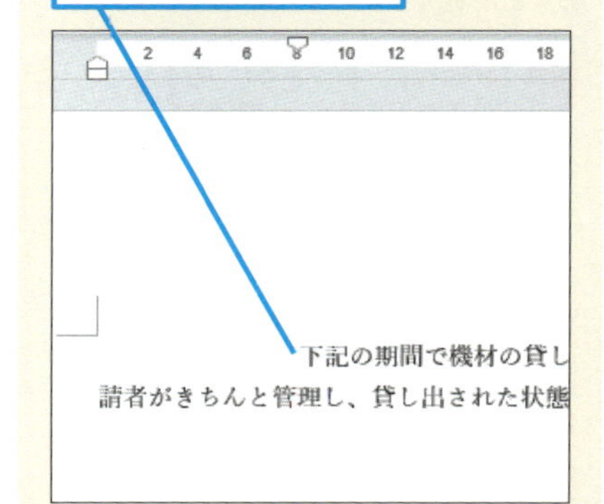

次のページに続く

1 ルーラーでインデントを挿入する

レッスン25を参考に、ルーラーを表示しておく

1 インデントを挿入する文章をドラッグで選択

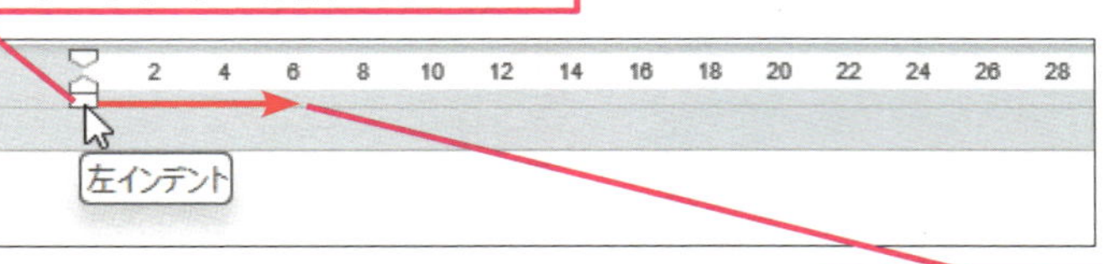

2 ［左インデント］と表示されるところにマウスポインターを合わせる

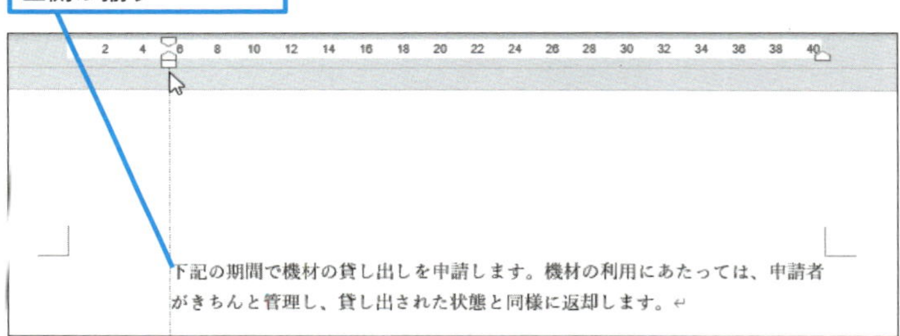

3 右にドラッグ

点線の位置に文章の左側が揃う

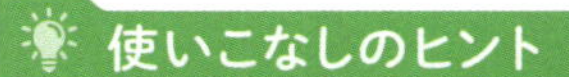

使いこなしのヒント

PowerPointにもルーラーがある

PowerPointでも、ルーラーを表示できます。本レッスンで解説しているように、レイアウトの設定を確認したり、左右の文字寄せを調整したりできます。

使いこなしのヒント

Excelにもルーラーがある

Excelのページレイアウトビューを利用すると、ルーラーを表示できますが、Wordのように使うことはできません。Excelのセルにもインデントは設定できますが、Wordのようにルーラーで設定を確認したり修正したりはできません。

使いこなしのヒント

ルーラーの表示をmm単位に切り替えるには

［Wordのオプション］の［詳細設定］から［単位に文字幅を使用する］のチェックマークを外すと、ルーラーに表示される数字の単位がmmに切り替わります。より正確な数値でインデントや左右寄せを設定したいときには、mm表示にしておくと便利です。

1 ［ファイル］タブをクリック

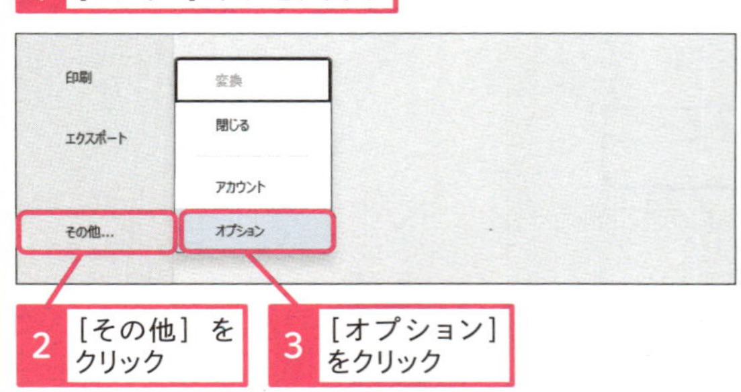

2 ［その他］をクリック

3 ［オプション］をクリック

4 ［詳細設定］をクリック

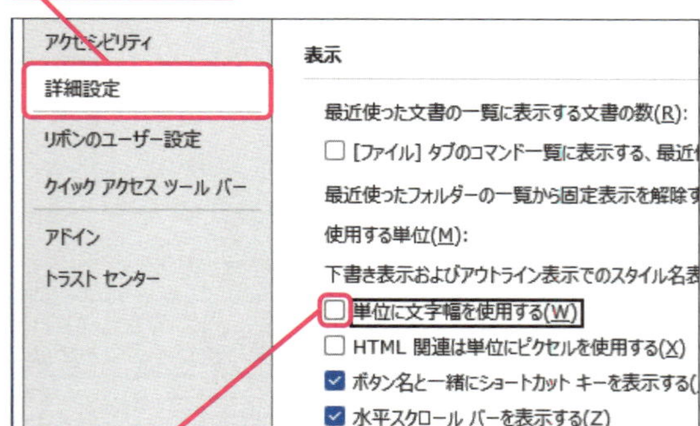

5 ［単位に文字幅を使用する］のここをクリックしてチェックマークを外す

6 ［OK］をクリック

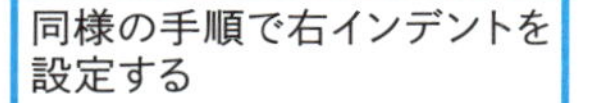

● 右インデントを挿入する

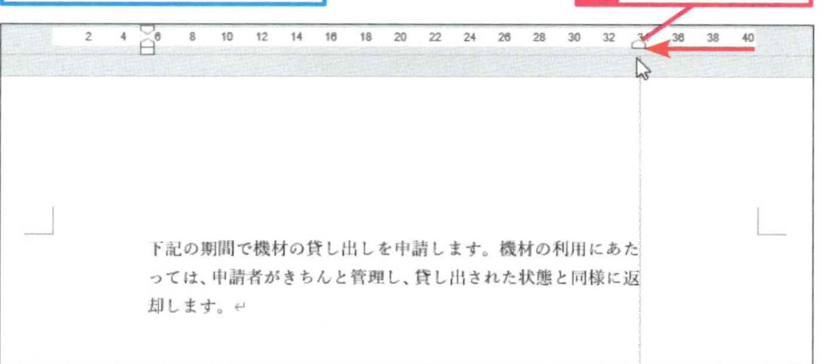

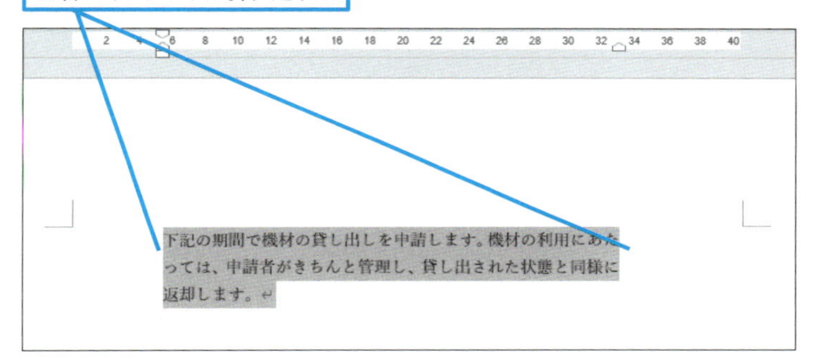

まとめ

ルーラーは常に表示しておこう

デザインに優れた文書作りにおいて、ルーラーの表示は必須です。ルーラーが表示されていなければ、文章がどのような設定で字下げや右寄せされているのか、容易に確かめられません。また、文字の左右揃えもルーラーに設定されている左右のインデントが基準になっているので、意図しない左右や中央揃えになったときにも、ルーラーが表示されていると理由をすぐに確認できます。

スキルアップ

［段落］ダイアログボックスでさまざまな設定ができる

［段落］ダイアログボックスを開くと、ルーラーに設定されているインデントや字下げの内容を正確な数値で確認できます。また、このダイアログボックスでは、インデントを20mmなど正確な数値で入力できます。

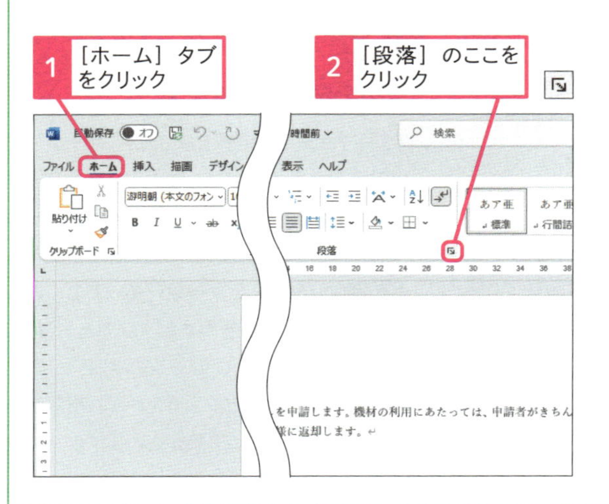

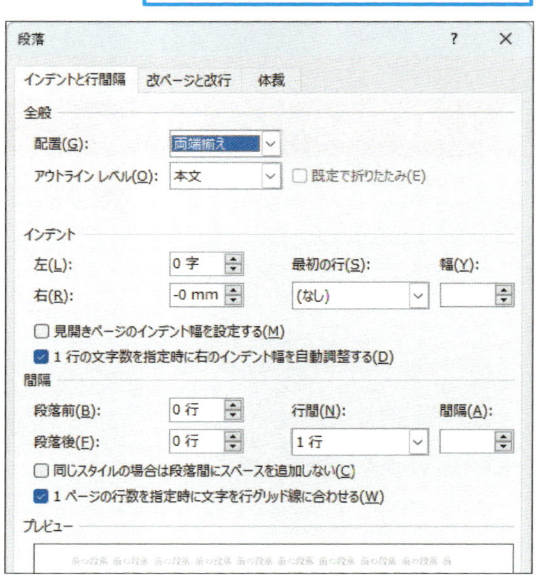

レッスン
59 インデントを使って字下げを変更するには

字下げの変更　練習用ファイル　手順見出しを参照

字下げはリボンにあるインデントの増減ボタンで、1文字ずつ調整できますが、ルーラーを使うとマウスの操作だけで任意の位置に変更できます。また、複数の段落にも、ルーラーならばまとめてインデントを設定できます。

キーワード

インデント	P.341
タブ	P.343
ルーラー	P.345

文頭を1文字下げる

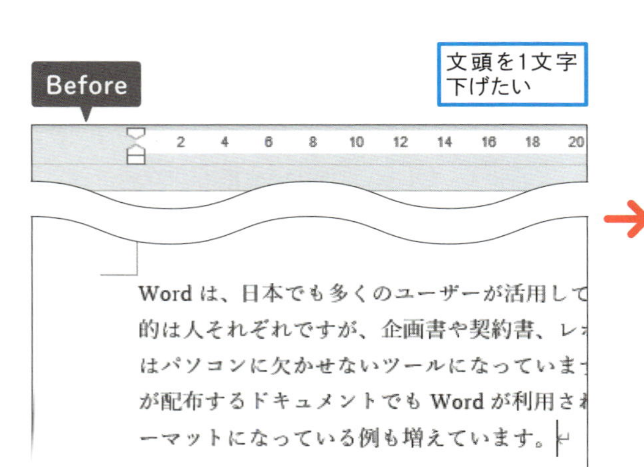

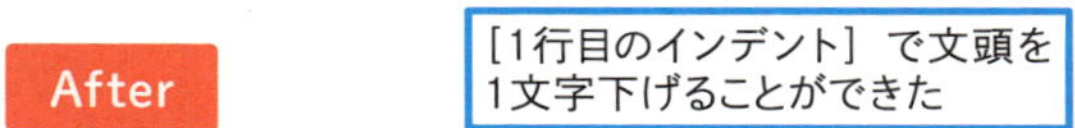

Wordは、日本でも多くのユーザーが活用し
目的は人それぞれですが、企画書や契約書、
はパソコンに欠かせないツールになっていま
が配布するドキュメントでもWordが利用さ
ーマットになっている例も増えています。

1 文頭を1文字だけ字下げする

L059_字下げの変更_01.docx

1 文字をドラッグして選択

Wordは、日本でも多くのユーザーが活用しているワープロソフトです。パソコンを使う目的は人それぞれですが、企画書や契約書、レポート、資料などの文書作りにおいて、Wordはパソコンに欠かせないツールになっています。一般のビジネスだけではなく、官公庁などが配布するドキュメントでもWordが利用されており、Wordの文書ファイルが規定のフォーマットになっている例も増えています。

使いこなしのヒント

インデントの設定は段落を単位に機能する

手順1では文字を選択しましたが、ルーラーに設定されるインデントによる文字のレイアウトは、改行記号までの複数行にわたって有効に機能します。そのため、インデントを設定したい文章が複数行あっても、改行されていない段落のまとまりであれば、その文章のどこかにカーソルがあれば、ルーラーに設定したインデントが、複数行の段落全体にわたって設定されます。

● インデントを実行する

2 ［1行目のインデント］と表示されるところにマウスカーソルを合わせる

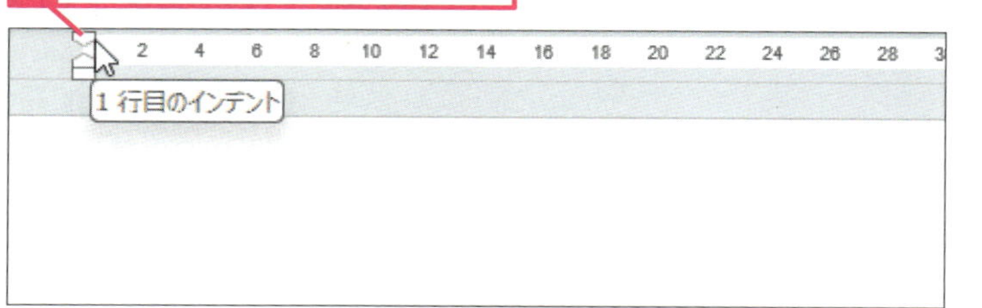

3 右にドラッグ

点線の位置から1行目が始まる

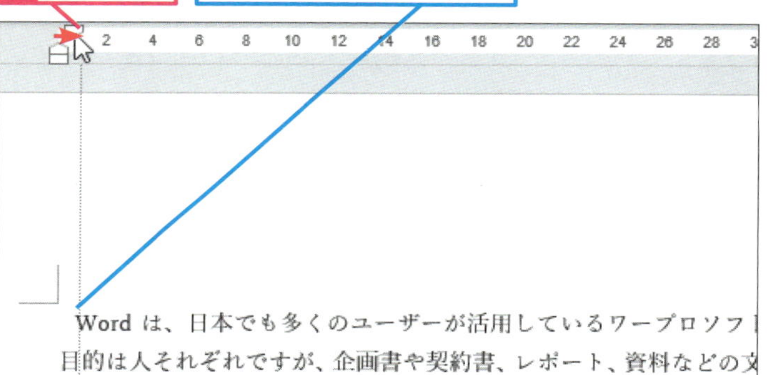

文頭が1文字だけ字下げされる

使いこなしのヒント

インデントの設定は書式としてコピーできる

書式のコピーと貼り付けを使うと、段落に設定されたインデントを他の段落にもコピーできます。

使いこなしのヒント

行頭のスペースには空白を利用しない

インデントによる字下げの方法を知らないと、行頭の1文字を下げるために、スペースバーで空白を挿入してしまいます。空白による字下げは、1文字程度であれば、それほどレイアウトに影響は与えませんが、文章を右に寄せるために空白をいくつも挿入してしまうと、後から文章を修正したときに、空白による再調整が必要になります。文章の字下げは、空白で調整しないで、ルーラーの左インデントを組み合わせて、左側の位置を決めましょう。

1行目と文章全体のインデントを設定する

Before

文頭の「そんな」だけ左にぶら下げたい

そんな Word が日本に本格的に普及したのは、今から 20 年以上も前の 1995 年からです。日本で Windows が普及すると、その Windows で利用できるワープロソフトとして、Word は広く使われてきました。あるいは、Word を使うために Windows を導入した企業も多くありました。そして、本書で解説している Word 2016 は、Windows 10 だけではなく、Windows 8.1/8 や Windows 7 でも利用できるワープロソフトとして、現在でも多くの人に活用されています。↵

文章全体を左に寄せたい

→

After

［1行目のインデント］で文字をぶら下げることができた

そんな Word が日本に本格的に普及したのは、今から 20 年以上も前の 1995 年からです。日本で Windows が普及すると、その Windows で利用できるワープロソフトとして、Word は広く使われてきました。あるいは、Word を使うために Windows を導入した企業も多くありました。そして、本書で解説している Word 2016 は、Windows 10 だけではなく、Windows 8.1/8 や Windows 7 でも利用できるワープロソフトとして、現在でも多くの人に活用されています。↵

文章全体のインデントが変更された

次のページに続く

2 ぶら下げインデントを設定する

L059_字下げの変更_02.docx

すでに左右にインデントが挿入されている

文章をドラッグして選択しておく

1 ［1行目のインデント］と表示されるところにマウスカーソルを合わせる

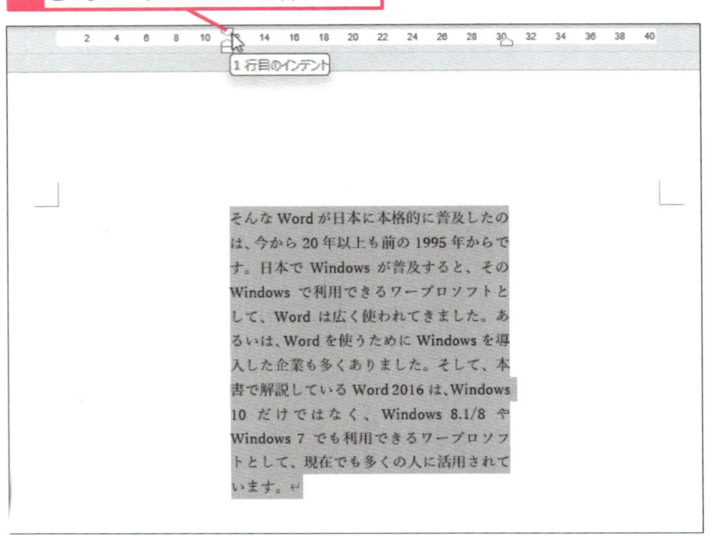

2 左にドラッグ

点線の位置から1行目が始まる

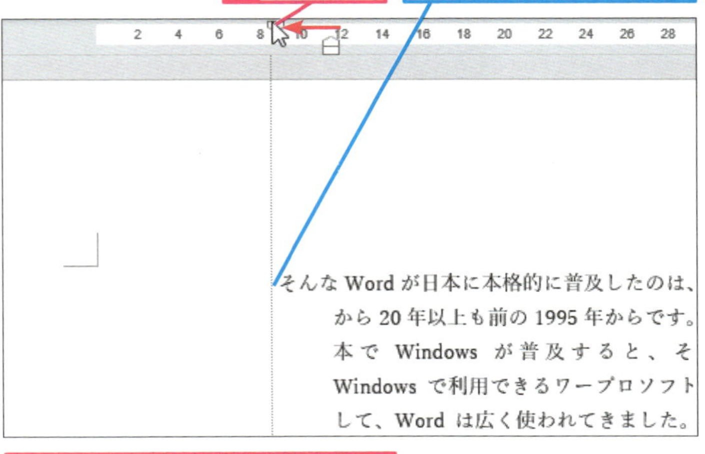

3 ［左インデント］と表示されるところにマウスカーソルを合わせる

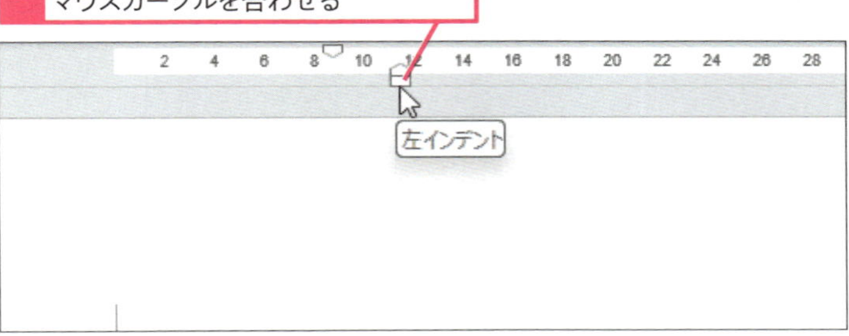

使いこなしのヒント

文章の右寄せは改行で調整しないように注意する

Wordのインデントによる右側の文字寄せに慣れていないと、一行の長さを短くするために文章の途中で改行して調整してしまいます。文章の途中で改行を挿入すると、インデントによる文字寄せが機能しなくなるだけではなく、後から文章を修正したときに、右端がずれてしまいます。文章の右寄せは改行で調整しないで、ルーラーに表示したインデントで幅を狭くするようにしましょう。

使いこなしのヒント

字下げやぶら下げはダイアログボックスで数値として確認できる

［段落］ダイアログボックスを使うと、ルーラーに設定した1行目のインデントやぶら下げインデントの数値を確かめられます。

使いこなしのヒント

字下げとぶら下げは二者択一

左インデントで設定する1行目のインデントは、基準となる左インデントに対して、左右に移動するので、字下げにするか、ぶら下げにするかは、二者択一になっています。

使いこなしのヒント

ぶら下げインデントはどんなときに使うのか

ぶら下げインデントは、一般的な日本語の文書では利用しません。二行目以降を字下げする表記は、主にプログラム開発に使われるソースコードという記述言語のレイアウトで使われます。ソースコードでは、インデントではなく、タブを使って字下げしますが、類似した表記をインデントで表現したレイアウトが、ぶら下げになります。

● インデントを設定する

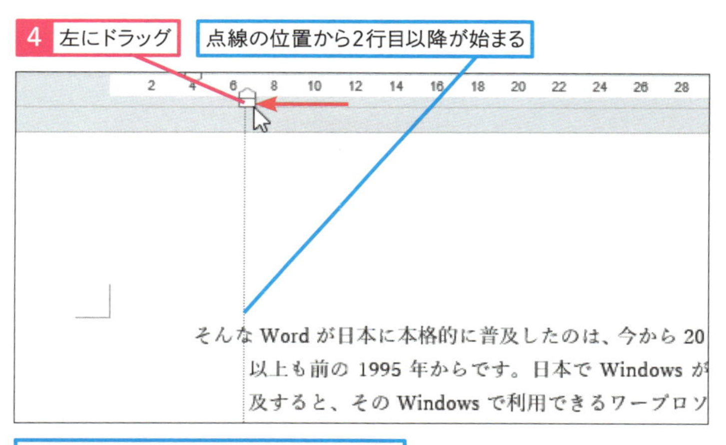

「そんな」のぶら下がりが維持したまま、文章全体の左インデントが変更される

使いこなしのヒント

ドロップキャップとぶら下げインデントの違いは

一行目の文字を強調する方法に、ドロップキャップがあります。Wordのドロップキャップでは、先頭の一文字目を表の中に入れて大きくしています。ぶら下げインデントを使うと、ドロップキャップの［余白に表示］と類似したレイアウトをデザインできます。

タブ位置を設定する

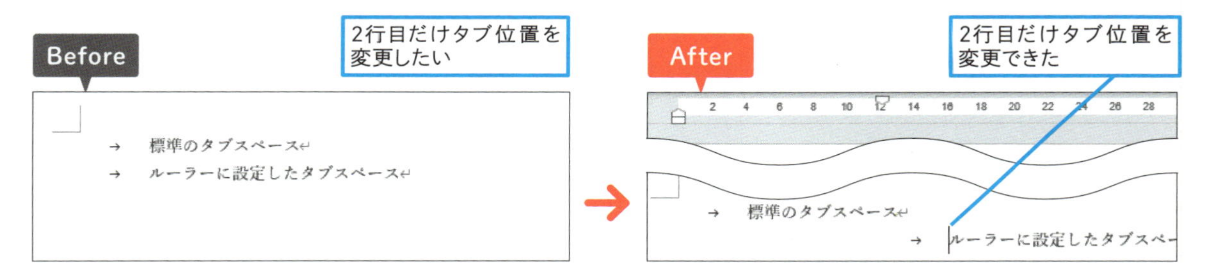

3 ルーラーでタブ位置を設定する

L059_字下げの変更_03.docx

レッスン18を参考にタブ記号を表示しておく

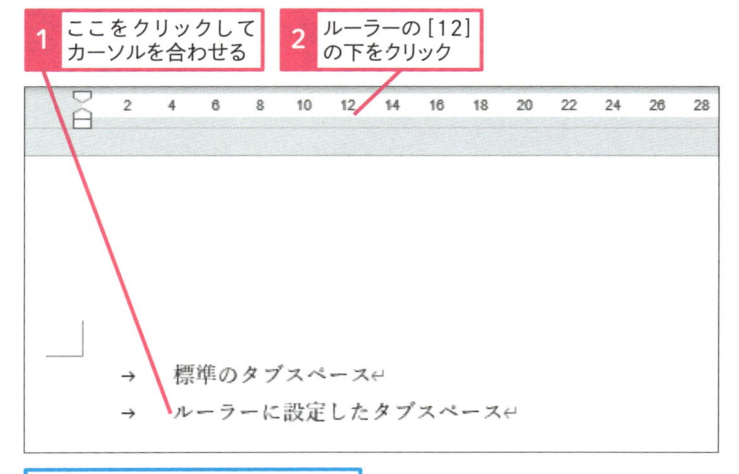

2行目だけ、タブ位置が変更される

まとめ ルーラーを使いこなしてWordマスターになろう

ルーラーによるインデントやタブの設定は、Wordの文書を思い通りにレイアウトするためのテクニックです。Wordの文章は、インデントで設定された左右の幅にしたがって、文字をレイアウトします。左揃えや中央揃えなどの配置も、インデントで定義されている左右の幅を基準にしています。インデントを利用すると、後から文章を修正しても左右の位置が自動的に調整されるので、編集作業の効率が向上します。

文書を2段組みにするには

段組み　練習用ファイル　L060_段組み.docx

段組みとは、指定された範囲の幅に「段」という区切りを作り文字を並べていく機能です。段組みを使うと、一行の文字数を短くして読みやすくできます。Wordの段組みの機能を使って、チラシやカタログなどに応用できるレイアウトに凝った文書を作っていきましょう。

キーワード
段組み　P.343
ルーラー　P.345

2段組みにして読みやすくする

● 文書を2段組みにする

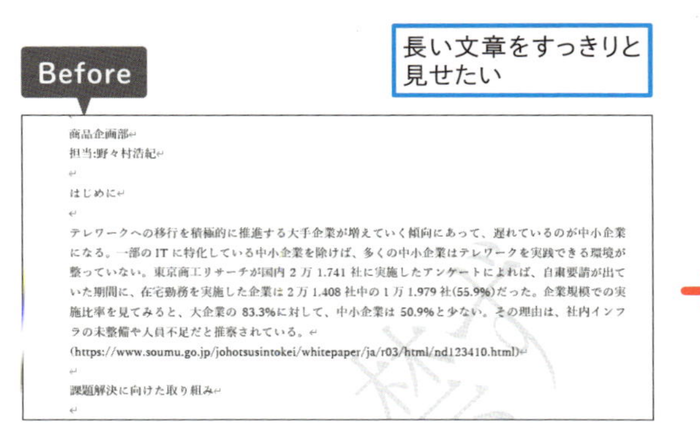

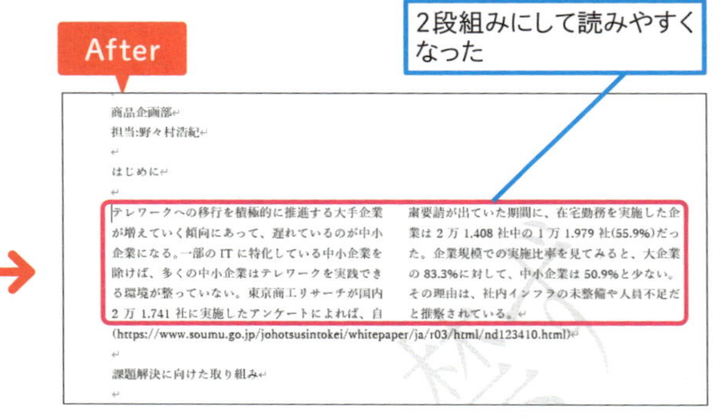

1 2段組みにする

ここでは文書の本文を2段組みにする

1 本文をドラッグして選択

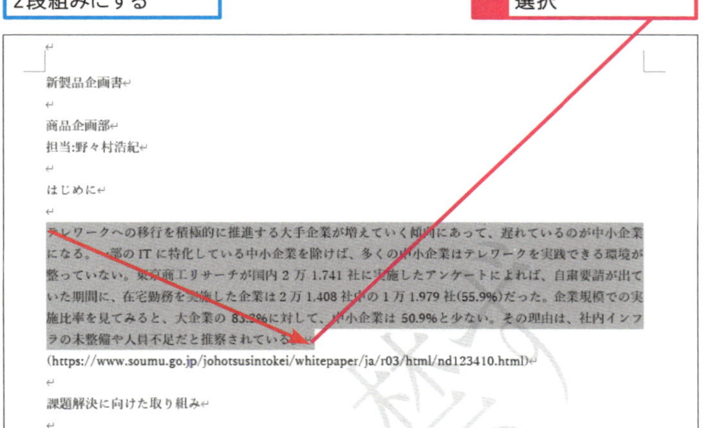

使いこなしのヒント

文章の途中から段組みを設定するには

文書全体ではなく、部分的に段組みを設定したいときには、段組みにする部分だけを範囲選択して、[レイアウト] の [段組み] で、段数を設定します。このときに、文書全体を選択していると、部分的な段組みにはならないので、注意しましょう。

スキルアップ

1段目を狭くした段組みの活用方法

文字の読みやすさの秘訣は、一行の文字数にあります。一般的に、長い文章を書いたときに、一行の長さが20文字を超えると、目で追いながら読み続けるのは困難になります。そのため、新聞や雑誌などでは、段を使って一行の文字数を短くしています。通常の段組みでは、一行の文字数が均等になるようにレイアウトしますが、より読みやすくする目的で、部分的に幅を狭くして、文字数を短くするレイアウトも、使い方によっては、読みやすさに貢献します。

手順1を参考に、段組みを設定する文章を選択しておく

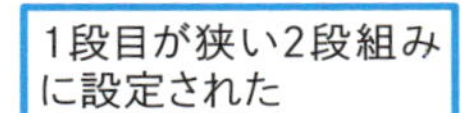

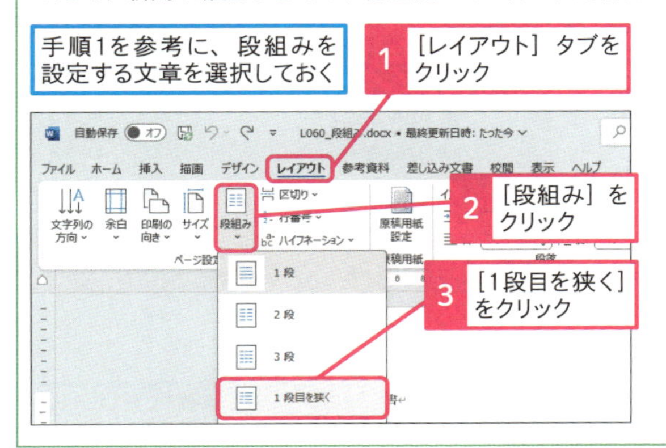

1段目が狭い2段組みに設定された

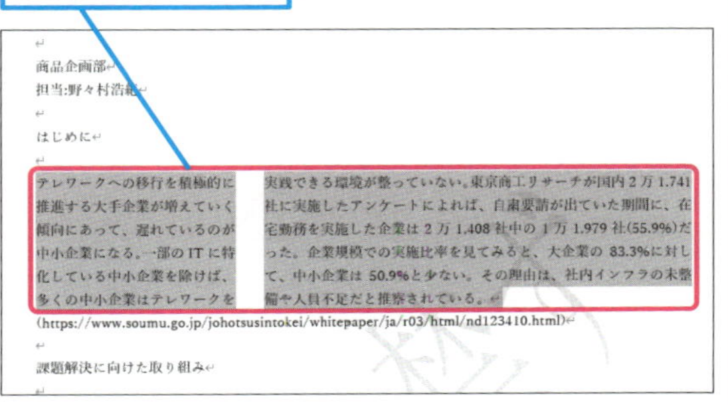

● 段組みを設定する

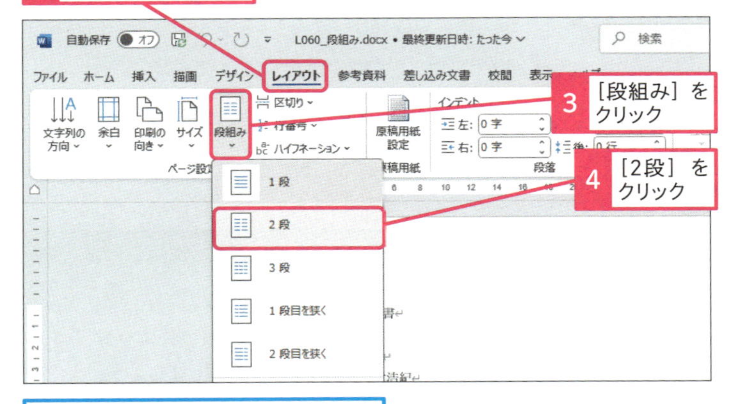

選択した本文が2段組みに設定された

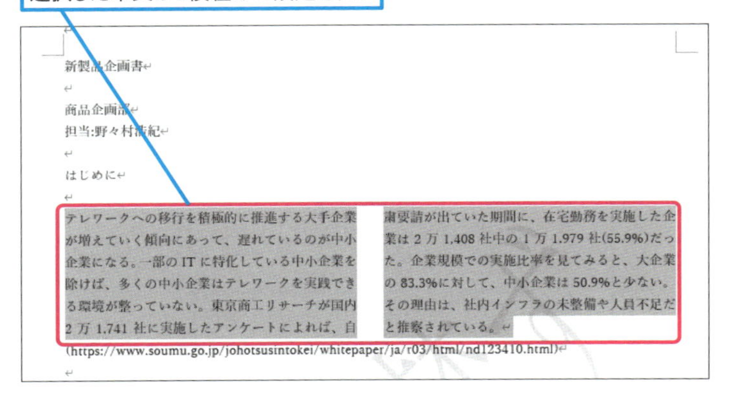

使いこなしのヒント

段組みの詳細設定で段数を任意に指定できる

［段組みの詳細設定］を使うと、3段よりも多くの段数を指定できます。また、各段の幅も任意に調整できます。

使いこなしのヒント

ルーラーで段組みを確認する

段組みを指定すると、ルーラーに段の幅と余白が表示されます。

まとめ 段組みは読みやすい文書の基本

人に見てもらう文書を作るときには、限られた紙面にできるだけ多くの情報を盛り込み、それを的確にレイアウトする工夫が必要です。文字の多い文書では、段組みを使うと文章の一行が短くなり、長い文章を入力しても、読みやすくできます。また、文字と画像をバランスよくレイアウトして、カタログやチラシのような凝った文書も作れます。

レッスン 61

設定済みの書式をコピーして使うには

書式のコピー

練習用ファイル L061_書式のコピー.docx

Wordには、装飾やインデントなどの書式だけをコピーする［書式のコピー／貼り付け］という機能があります。この特殊なコピー機能を使うと、すでに設定した書式を別の文字に適用できます。文書に統一性のある装飾を施したいときに使うと便利です。

キーワード

インデント	P.341
書式のコピー	P.342
貼り付け	P.344

書式をコピーする

● 設定済みの書式だけをコピーする

Before

「はじめに」に設定された書式だけを、他の文字にも適用したい

はじめに

課題解決に向けた取り組み

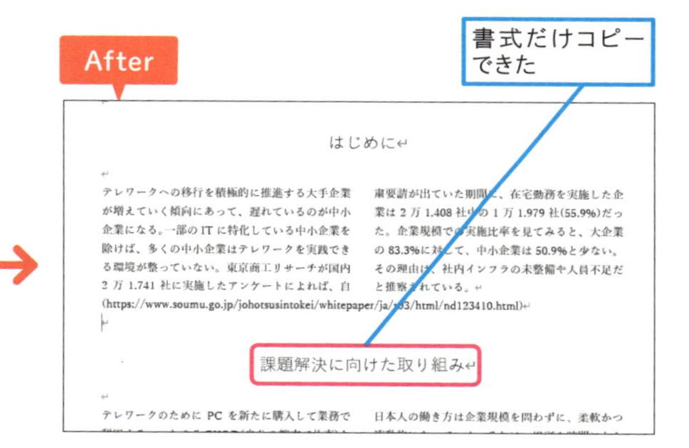

スキルアップ

書式のコピーを連続して行うには

［書式のコピー／貼り付け］ボタン（ ）をダブルクリックすると、コピーした書式を連続して貼り付けられます。機能を解除するには、［書式のコピー／貼り付け］ボタン（ ）をもう一度クリックするか、Esc キーを押しましょう。

書式をコピーする文字を選択しておく

はじめに

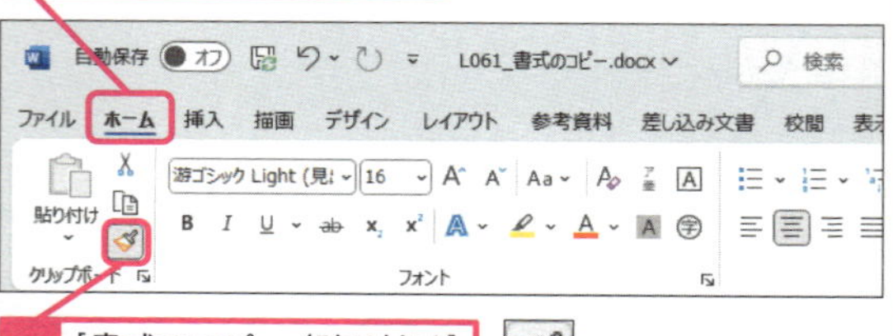

1 ［ホーム］タブをクリック

2 ［書式のコピー／貼り付け］をダブルクリック

別の文字をドラッグすれば、コピーした書式を連続して貼り付けられる

1 書式を他の文字に適用する

ここでは「はじめに」に設定された書式を、他の文字に適用する

1 ここにマウスポインターを合わせる

テレワークへの移行を積極的に推進する大手企業が増えていく傾向にあって、遅れているのが中小企業になる。一部のITに特化している中小企業を除けば、多くの中小企業はテレワークを実践できる環境が整っていない。東京商工リサーチが国内2万1.741社に実施したアンケートによれば、自粛要請が出ていた期間に、在宅勤務を実施した企業は2万1,408社中の1万1.979社(55.9%)だった。企業規模での実施比率を見てみると、大企業の83.3%に対して、中小企業は50.9%と少ない。その理由は、社内インフラの未整備や人員不足だと推察されている。
(https://www.soumu.go.jp/johotsusintokei/whitepaper/ja/r03/html/nd123410.html)

2 ここまでドラッグ

3 [ホーム]タブをクリック

4 [書式のコピー/貼り付け]をクリック

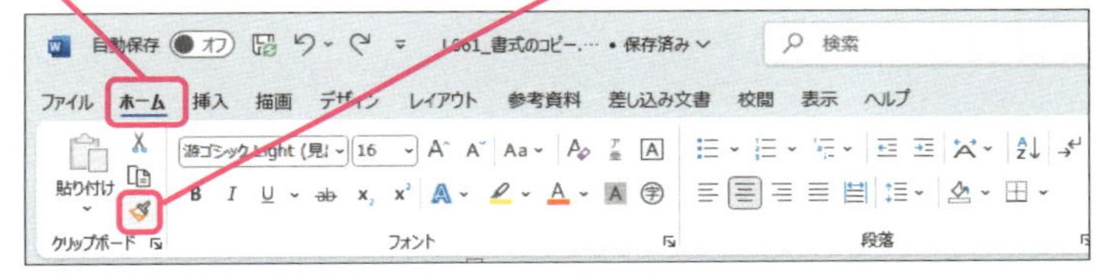

ここでは「問題解決に向けた取り組み」に、コピーした書式を適用する

5 下にスクロール

6 ここにマウスポインターを合わせる

マウスポインターの形が変わった

7 ここまでドラッグ

課題解決に向けた取り組み

テレワークのためにPCを新たに購入して業務で利用する、いわゆるBYOD(自分の端末で仕事)というスタイルも増えている。NECがテレワークの実態について調査したところ、100人未満の企業

日本人の働き方は企…流動的になっていく…われることなく、個…大限の効果を発揮す…

8 余白をクリック

ドラッグした箇所に、コピーした書式が適用された

除けば、多くの中小企業はテレワークを実践できる環境が整っていない。東京商工リサーチが国内2万1.741社に実施したアンケートによれば、自…の83.3%に対して、中小企業は50.9%と少ない。その理由は、社内インフラの未整備や人員不足だと推察されている。
(https://www.soumu.go.jp/johotsusintokei/whitepaper/ja/r03/html/nd123410.html)

課題解決に向けた取り組み

テレワークのためにPCを新たに購入して業務で利用する、いわゆるBYOD(自分の端末で仕事)というスタイルも増えている。NECがテレワークの実態について調査したところ、100人未満の企業では、44%が個人購入で、21%が併用と回答して

日本人の働き方は企業規模を問わずに、柔軟かつ流動的になっていく。それは、場所や時間にとらわれることなく、個人にとっての最良な環境で最大限の効果を発揮する働き方、いわゆるノマドワーカーへと進化する。そうしたノマドワーカーを

アクセシビリティ: 問題ありません　フォーカス

使いこなしのヒント

右クリックでも書式をコピーできる

文字を右クリックすると表示されるミニツールバーを使えば、書式のコピーも簡単です。以下の手順も試してみましょう。

1 書式をコピーする文字を選択して右クリック

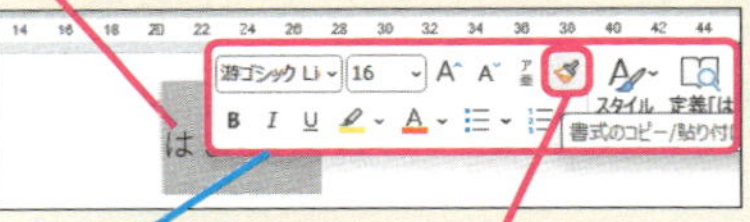

◆ミニツールバー

2 [書式のコピー/貼り付け]をクリック

書式がコピーされる

別の文字をドラッグして書式を貼り付ける

使いこなしのヒント

よく使う書式はスタイルに登録する

フォントやサイズに色など、よく使う装飾があるときには、[書式のコピー/貼り付け]ではなく、スタイルとして登録しておくと便利です。

まとめ 書式は後からまとめて適用すると効率的

[書式のコピー/貼り付け]を使うと、同じ書式をまとめて適用できるので、編集作業の効率化につながります。Wordの文書作成では、先に文字を入力して、後からまとめて書式などを変更した方が、編集機能を効率よく使えるので、作業時間の短縮や装飾し忘れなどのミス軽減につながります。

レッスン

62 文字と文字の間に「……」を入れるには

タブとリーダー

練習用ファイル L062_タブとリーダー.doc

文字と文字の間に空白を挿入する方法にタブがあります。タブで区切られた空白は、リーダーを設定すると「……」などの記号に置き換えられます。メニューや項目の一覧などに利用すると便利です。

キーワード

インデント	P.341
タブ	P.343
ルーラー	P.345

文字と文字の間に「……」を入れる

● タブで区切られている文字の間に「……」と入れる

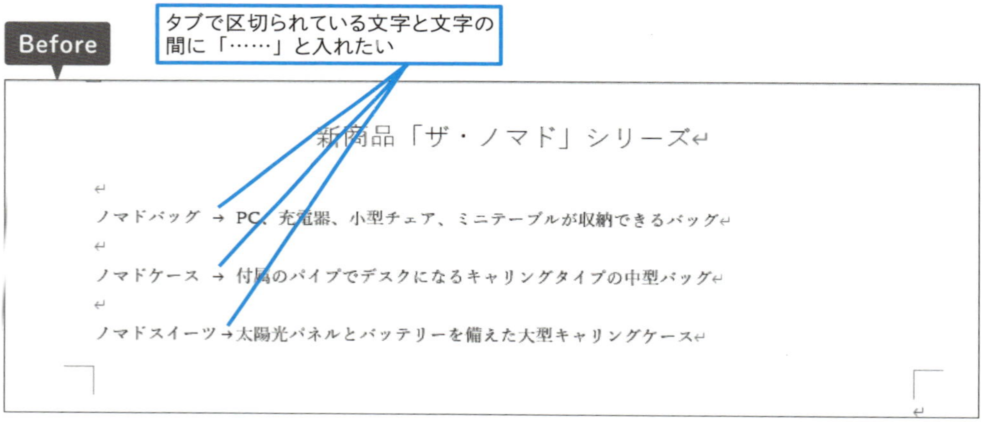

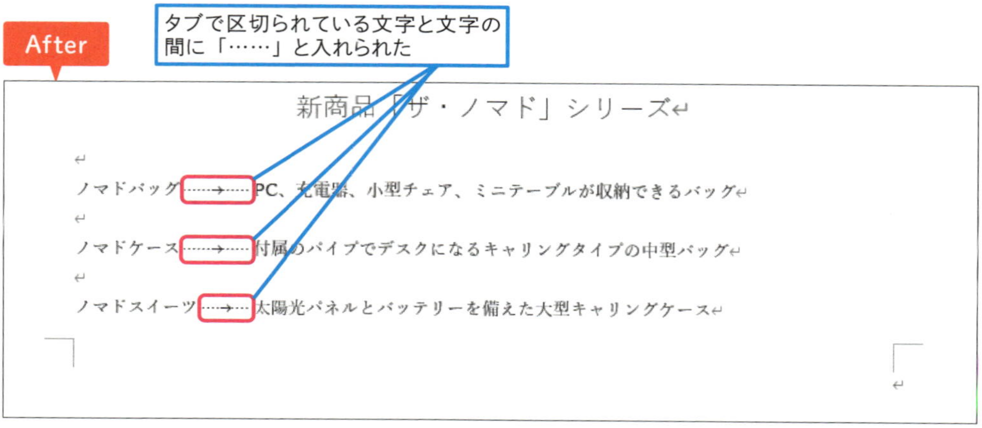

Before

タブで区切られている文字と文字の間に「……」と入れたい

新商品「ザ・ノマド」シリーズ

ノマドバッグ → PC、充電器、小型チェア、ミニテーブルが収納できるバッグ

ノマドケース → 付属のパイプでデスクになるキャリングタイプの中型バッグ

ノマドスイーツ → 太陽光パネルとバッテリーを備えた大型キャリングケース

After

タブで区切られている文字と文字の間に「……」と入れられた

新商品「ザ・ノマド」シリーズ

ノマドバッグ……→……PC、充電器、小型チェア、ミニテーブルが収納できるバッグ

ノマドケース……→……付属のパイプでデスクになるキャリングタイプの中型バッグ

ノマドスイーツ…→…太陽光パネルとバッテリーを備えた大型キャリングケース

1 ルーラーを表示する

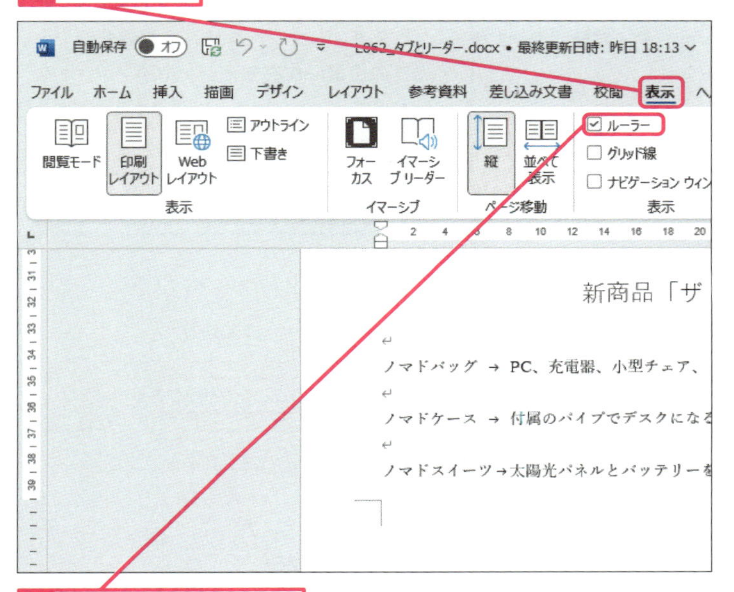

ルーラーが表示された

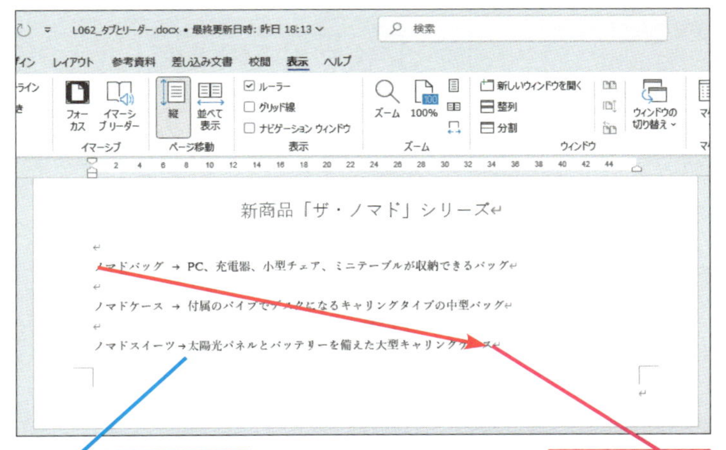

用語解説

タブ

キーボードの Tab （tabulatorの略称）キーによって入力されるタブコードは、スペースキーによる空白とは異なり、標準の間隔やルーラーに設定されているタブ位置まで、空白を挿入して文字の先頭を調整します。タブの由来となっているtabulatorとは、表を意味する単語で、一定の間隔を設けて文字や数字を読みやすくするためのレイアウトです。

使いこなしのヒント

タブコードを表示するには

挿入したタブコードや隠れている編集記号をまとめて表示するには、［編集記号の表示/非表示］をクリックします。また、［Wordのオプション］で個々に設定した編集記号は、［編集記号の表示/非表示］がオフになっていても、常に表示されます。

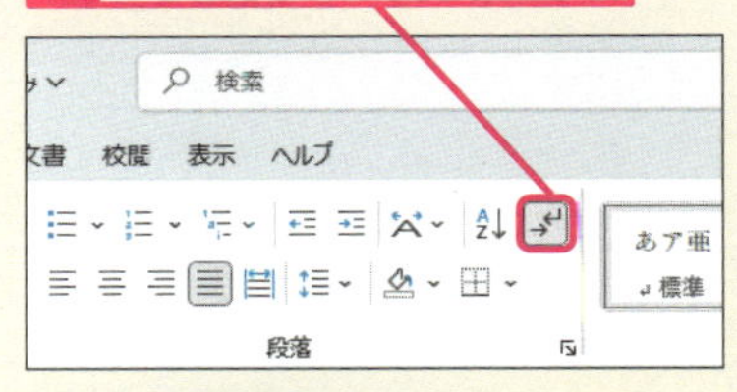

編集記号が表示される

使いこなしのヒント

ルーラーを非表示にするには

表示したルーラーを非表示にしたいときには、［ルーラー］のチェックマークを外します。

次のページに続く

2 タブの後ろの文字の先頭位置を揃える

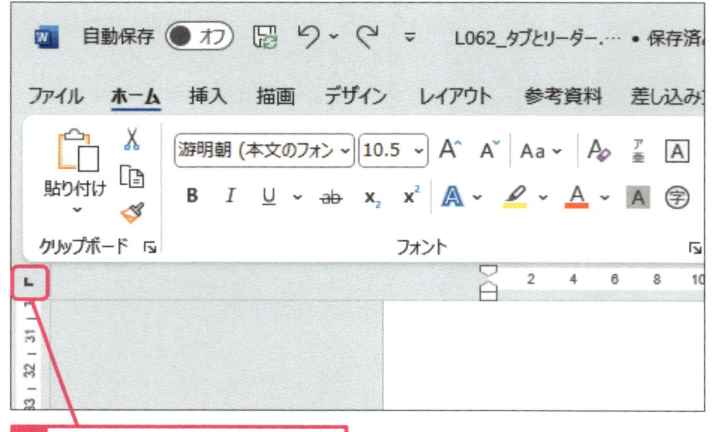

1 ここをクリックして［左揃えタブ］を表示

2 ルーラーの［10］の下をクリック

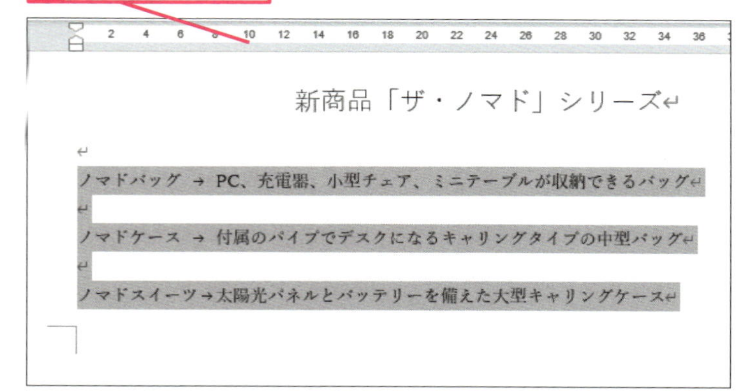

タブの後ろの文字の先頭位置が、ルーラーの［10］の位置に揃った

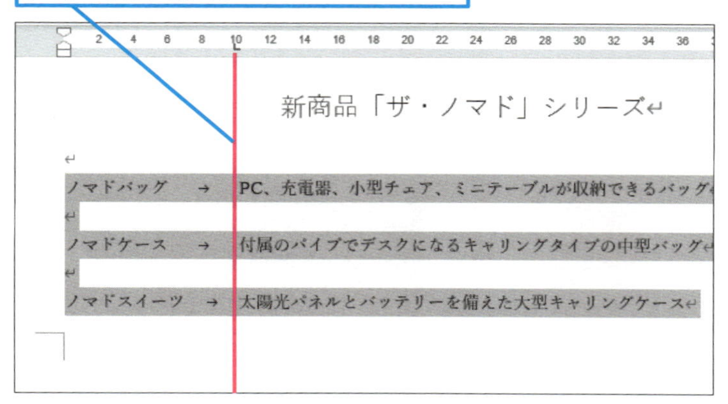

使いこなしのヒント

ルーラーを活用した文書作り

タブや段組みなどを活用した文書のレイアウトでは、ルーラーを表示しておくと便利です。ルーラーには、文書の余白やタブの位置に左右マージンやインデントなど、文字のレイアウトに関連するさまざまな情報が表示されます。

どちらも文頭が空いているが、インデントなのか空白なのかわからない

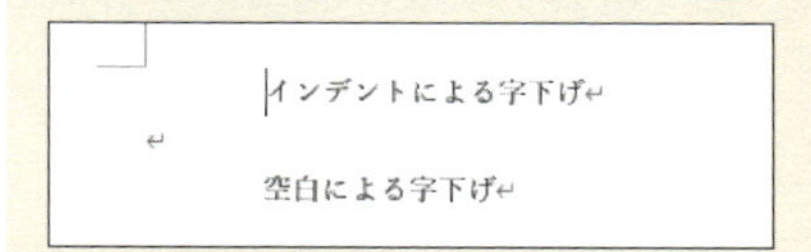

1 1文目のここをクリック

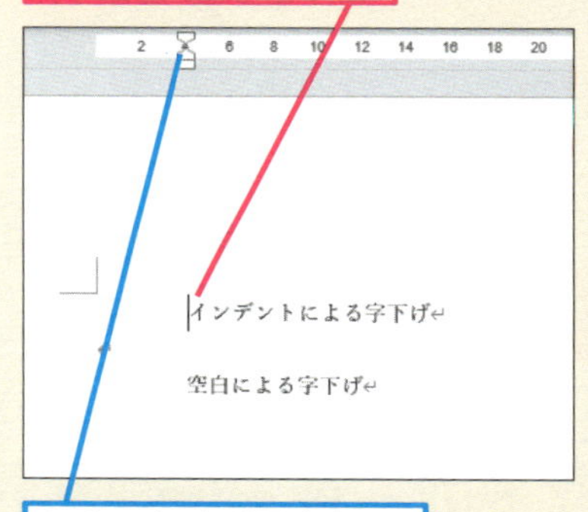

左インデントが設定されていることが分かる

2 2文目のここをクリック

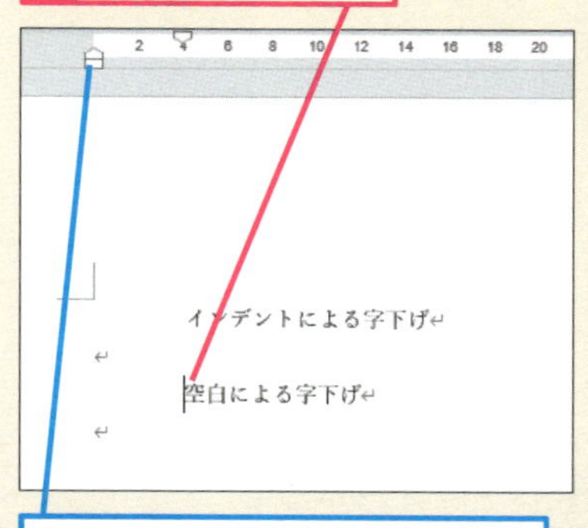

左インデントが設定されておらず、空白が入力されていることが分かる

3 リーダーを挿入する

商品名と説明文の間の空白を「……」に変更する

1 ［ホーム］タブをクリック

手順2と同じ範囲を選択しておく

2 ［段落］のここをクリック

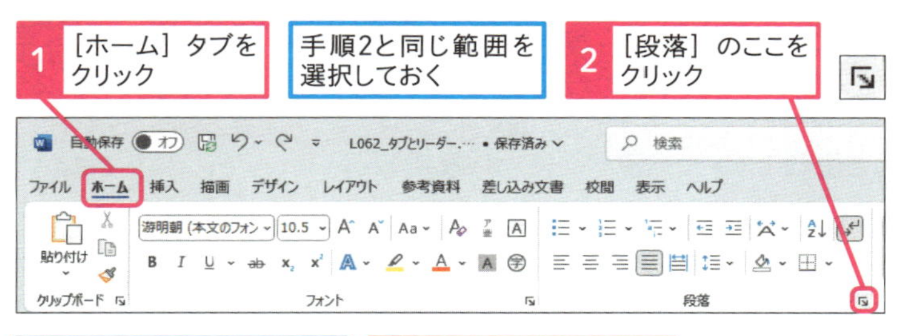

［段落］ダイアログボックスが表示された

3 ［インデントと行間隔］タブをクリック

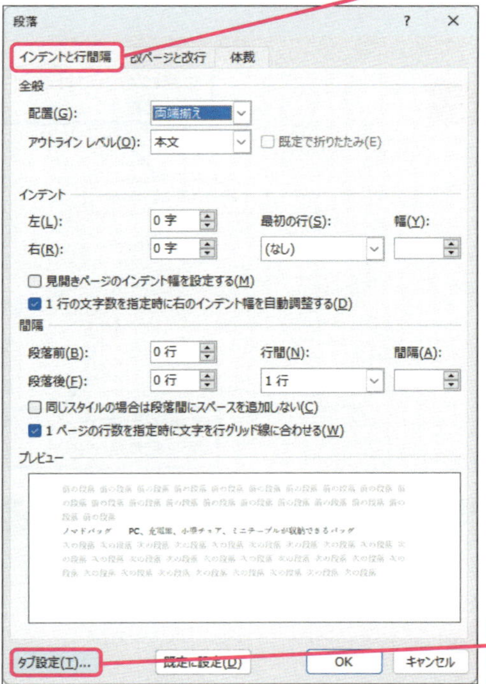

4 ［タブ設定］をクリック

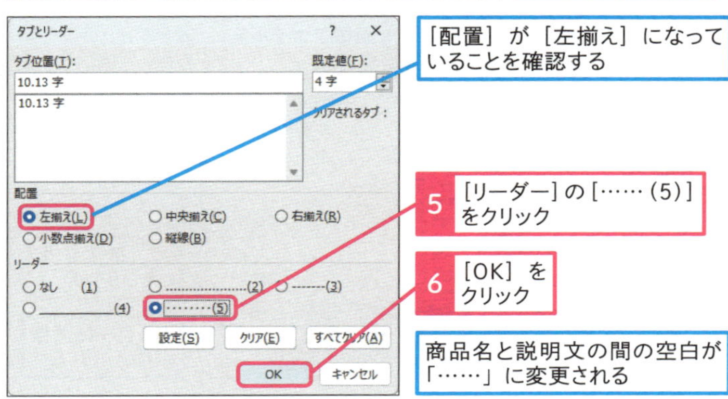

［配置］が［左揃え］になっていることを確認する

5 ［リーダー］の［……（5）］をクリック

6 ［OK］をクリック

商品名と説明文の間の空白が「……」に変更される

用語解説

リーダー

リーダーは、タブコードに対応した区切り記号です。標準のタブでは、［なし］になっています。

使いこなしのヒント

タブの配置の種類は5種類ある

タブの配置は、このレッスンで利用している［左揃え］のほか、全部で5種類あります。目的に合わせて、タブを使い分けましょう。

使いこなしのヒント

読みやすさを優先してリーダー線を選ぼう

リーダー線の種類は、文字や数字の読みやすさを優先して決めます。点線が粗過ぎたり細か過ぎたりして、文字や数字が読みにくくなるようであれば、全体のバランスを見て選びましょう。

まとめ　タブとリーダーで読みやすい表になる

タブコードを入力するTabキーは、パソコンが登場するよりもはるか昔のタイプライターに装備されていた機能です。その目的は、一定の空白を設けて数字や文字の行頭を揃える作表にありました。罫線が登場する以前は、Tabキーによる表レイアウトが使われていました。Wordでは、このレッスンのように項目と内容を揃えたり、メニュー表のような用途にタブとリーダーを使ったりすると、シンプルで読みやすい一覧表をレイアウトできます。

レッスン

63 複数のページに共通した情報を入れるには

ヘッダーの編集

練習用ファイル L063_ヘッダーの編集.docx

複数のページに会社名やページ数に日付など、共通した内容を表示したいときには、ヘッダーやフッターを使うと便利です。ヘッダーとフッターは、文書の上下余白に、統一性のある情報を表示します。

キーワード

フッター	P.344
ヘッダー	P.345
余白	P.345

ヘッダーを編集する

● ページの余白に文字を入れる

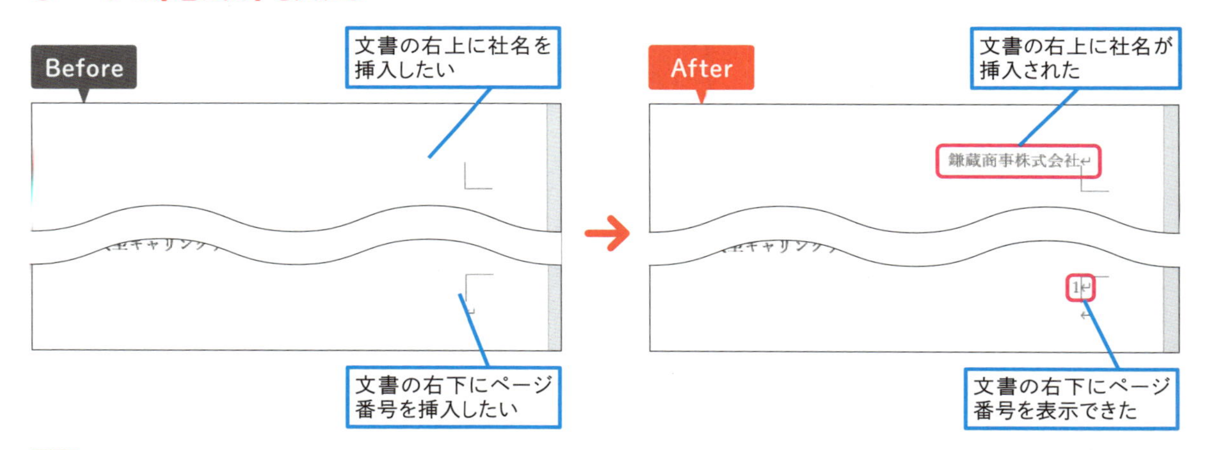

スキルアップ

ヘッダーにロゴを挿入するには

ヘッダーやフッターには、文字だけではなく会社のロゴのような画像データも挿入できます。また、図形も挿入できます。ヘッダーやフッターに直接作画してもいいですし、編集画面で作成した図形をコピーして、ヘッダーやフッターに貼り付けてもいいでしょう。

手順1を参考に、ヘッダーが編集可能な状態にしておく

1 [画像]をクリック

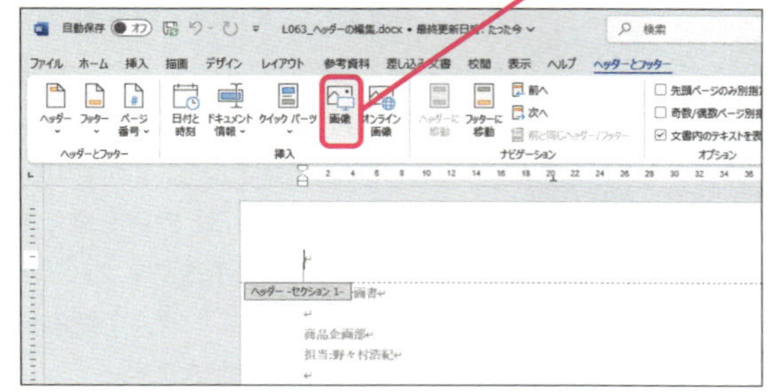

2 保存場所を選択

3 画像ファイルをクリック

4 [挿入]をクリック

ヘッダーに画像が挿入される

1 余白に文字を挿入する

ここでは文書の右上に会社名を挿入する

1 ［挿入］タブをクリック

2 ［ヘッダー］をクリック

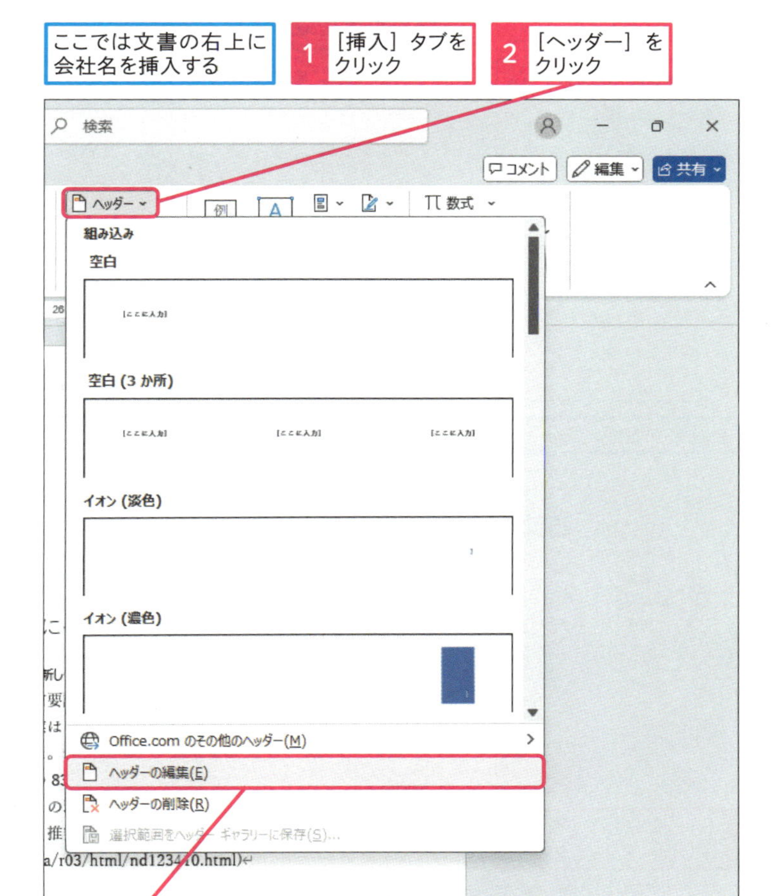

3 ［ヘッダーの編集］をクリック

4 社名を入力

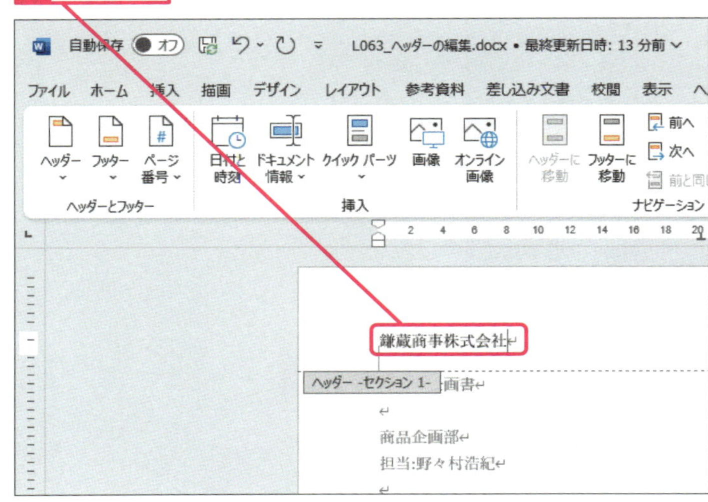

使いこなしのヒント

ダブルクリックで編集を開始できる

ここではリボンの操作でヘッダーの編集を開始しますが、ページの上部余白をマウスでダブルクリックしても、編集を始められます。フッターも同様です。本文の編集領域のどこかをダブルクリックすると、ヘッダーやフッターの編集が終了して、編集領域が通常の表示に戻ります。

使いこなしのヒント

ヘッダー、フッターとは

ヘッダーは文書の上部に設けられた余白の入力領域です。フッターは文書の下部に設けられた余白に対応します。編集画面の上下に、複数のページに共通した情報を表示できます。

次のページに続く

● 文字を右に揃える

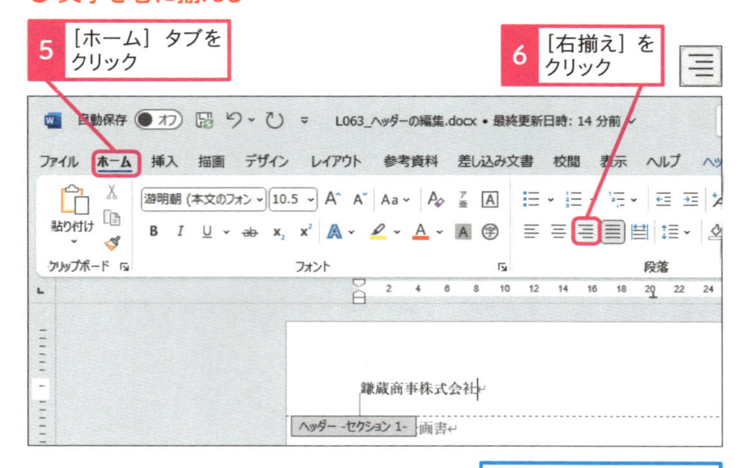

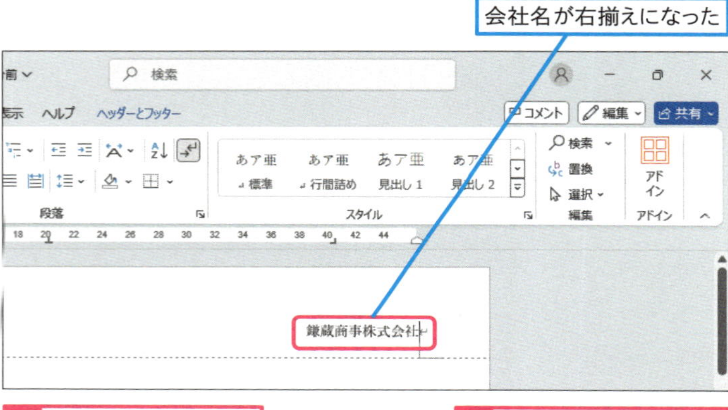

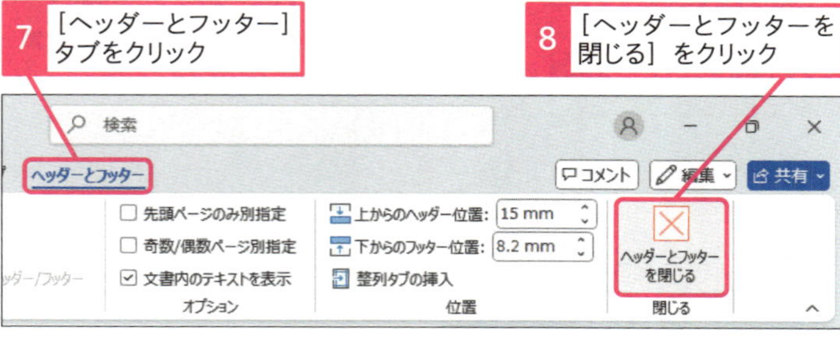

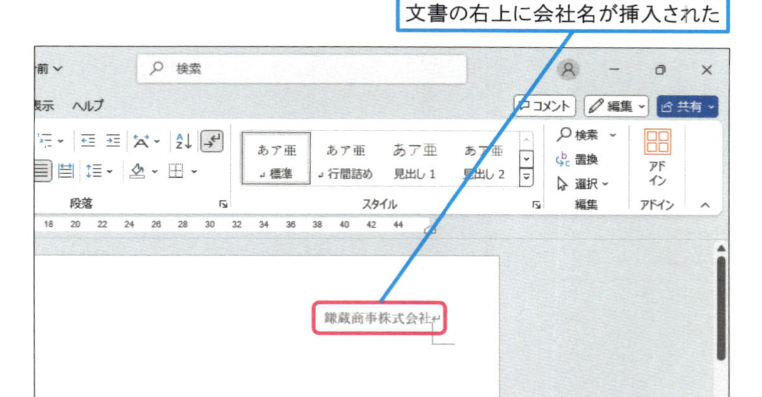

使いこなしのヒント

ヘッダーやフッターは余白の中に収める

ヘッダーやフッターには、何行でも文字や数字を入力できます。しかし、ヘッダーやフッターの行数が多くなると、編集画面は狭くなります。ヘッダーやフッターに入力する情報は、用紙に設定している上下余白の範囲内に収めましょう。

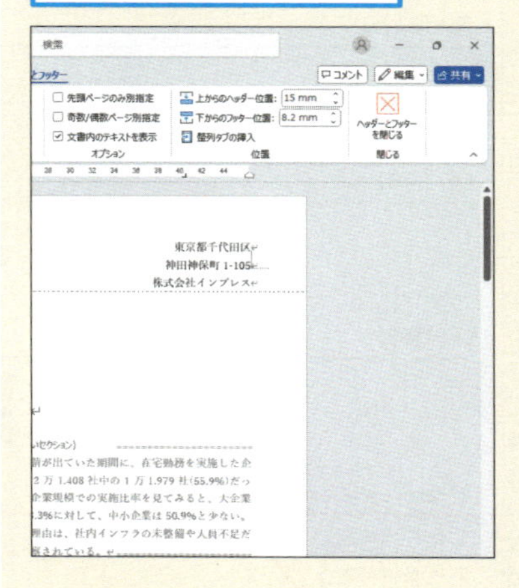

2 余白にページ番号を挿入する

ここでは文書の右下にページ番号を挿入する

1 ［挿入］タブをクリック

2 ［ページ番号］をクリック

3 ［ページの下部］にマウスポインターを合わせる

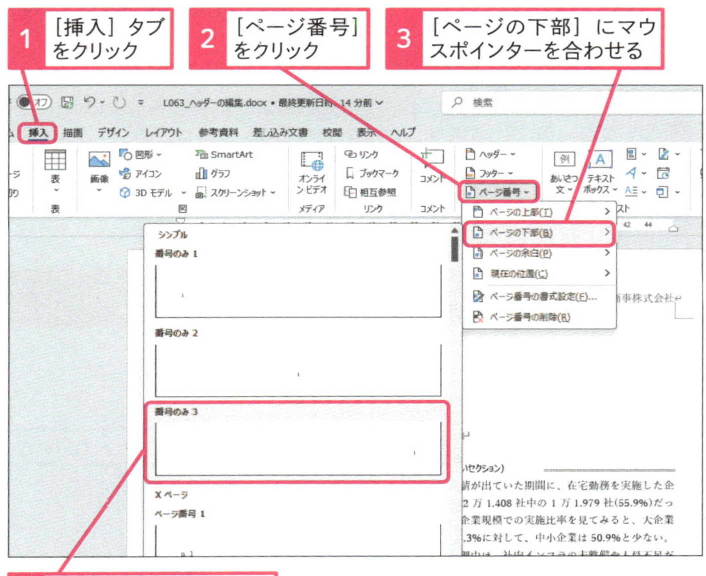

4 ［番号のみ3］をクリック

ページの右下にページ番号が挿入された

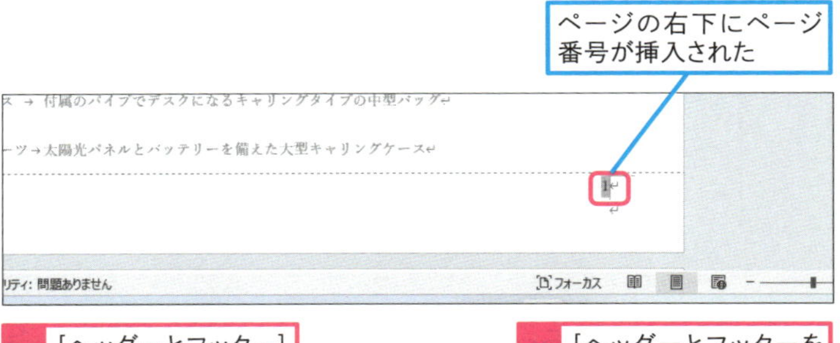

5 ［ヘッダーとフッター］タブをクリック

6 ［ヘッダーとフッターを閉じる］をクリック

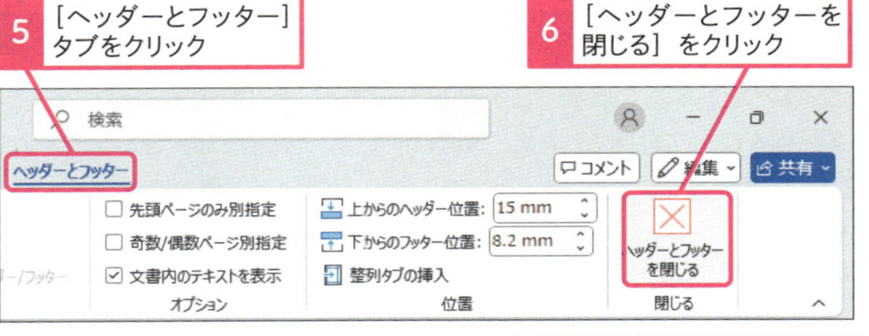

フッターの編集が完了し、ページ番号が確定された

使いこなしのヒント

上下の余白はルーラーで確認できる

ルーラーを表示しておくと、ヘッダーやフッターを挿入する文書の上下余白を確認したり、マウスのドラッグでサイズを調整したりできます。

1 ここにマウスポインターを合わせる

2 ここまでドラッグ

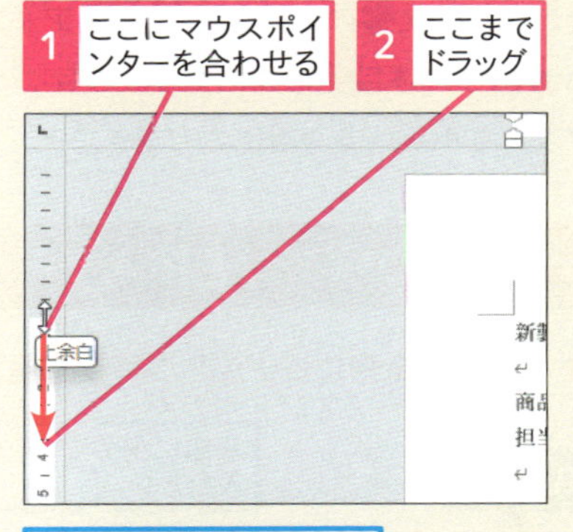

上下の余白を調整できた

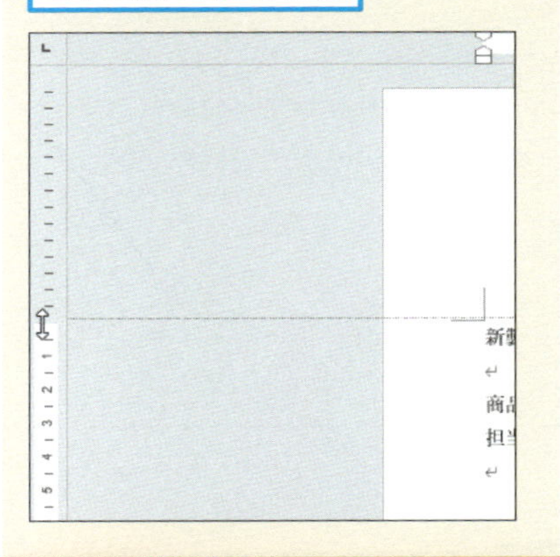

まとめ ヘッダーやフッターで統一性のある文書作り

ヘッダーやフッターを使うと、複数ページにわたる文書に同じ情報を印刷できます。長い文書であればページ番号は必須です。また、ビジネスで使う文書では、ロゴや社名などを入力しておくと、レターヘッドのような統一感のあるレイアウトになります。その他にも、［重要］や［社外秘］に［緊急］などの情報や、作成者の氏名、作成日など、本文には入れられないけれども、見落とされては困る情報にも、ヘッダーやフッターを使うと便利です。

レッスン
64 ページにアイコンを挿入するには

アイコン

練習用ファイル L064_アイコン.docx

編集画面には、文字や画像の他にアイコンと呼ばれる絵柄も挿入できます。文書のアクセントとしてアイコンを挿入すると、強調したい情報への注目度を高めたり、文字だけでは単調になりがちなレイアウトにメリハリを演出したりできます。

キーワード

Microsoft 365	P.340
アイコン	P.340
図形	P.342

ページにアイコンを挿入する

● ページの余白にビジュアル要素を追加する

Before

余白に何かビジュアル要素を入れたい

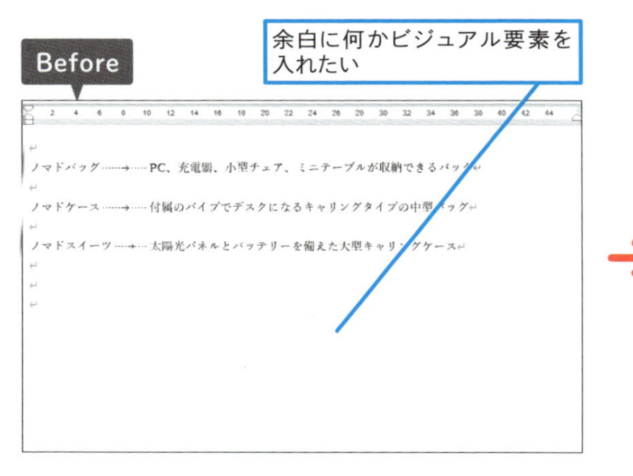

After

アイコンを入れられた

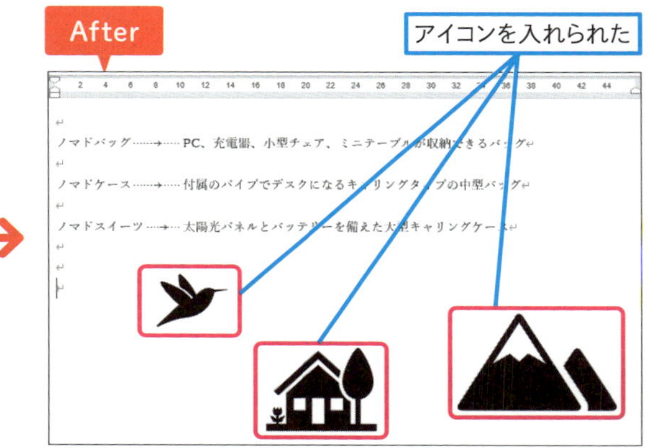

使いこなしのヒント

アイコンを図形として分解する

アイコンは、Wordの作画機能で作られた絵柄です。挿入したアイコンに［グラフィックス形式］タブから［図形に変換］を実行すると、アイコンを構成する絵柄が、個々の図形として分解されます。複数のアイコンの絵柄を組み合わせて、オリジナルのアイコン作りなどに利用すると便利です。

1 アイコンをクリック

2 ［グラフィックス形式］タブをクリック

3 ［図形に変換］をクリック

個々の図形として分解された

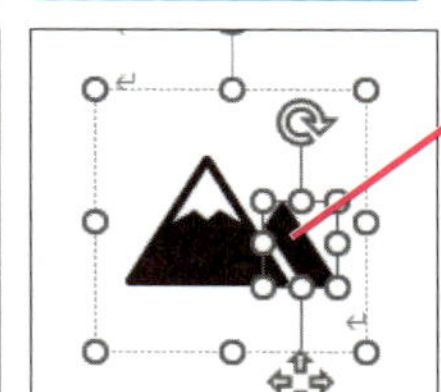

4 図形のどこかをクリック

分解された一部だけが選択された

1 アイコンを挿入する

ここでは山のアイコンを挿入する

1 挿入する付近をクリック

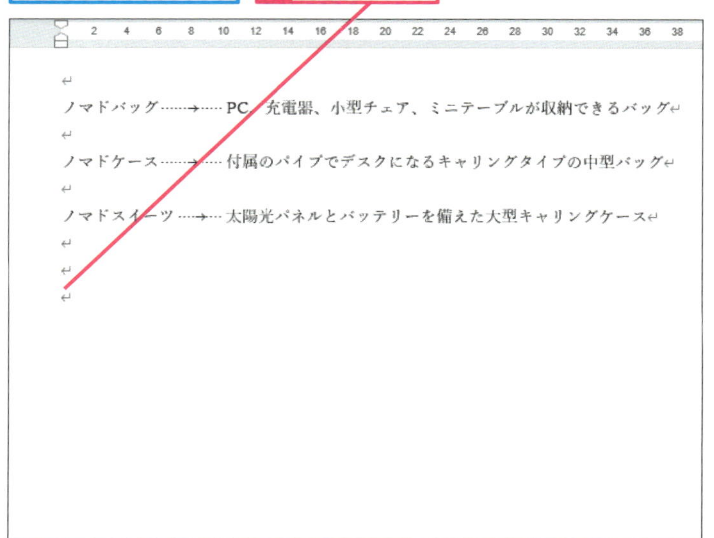

2 ［挿入］タブをクリック

3 ［アイコン］をクリック

4 「山」と入力

5 アイコンをクリック

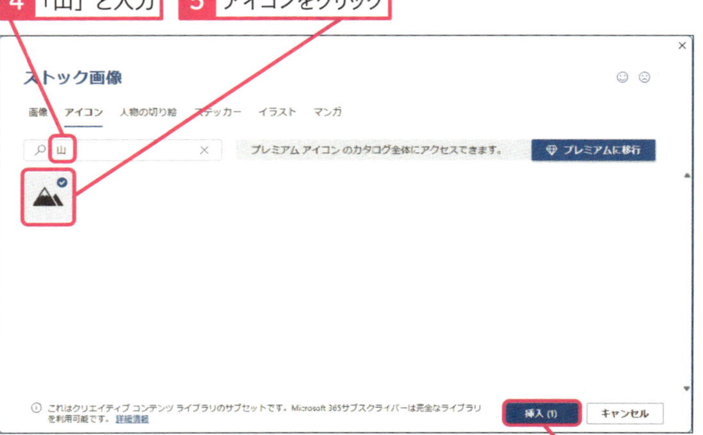

6 ［挿入］をクリック

用語解説

アイコン

Wordで挿入できるアイコンは、大きな絵文字のような図柄です。モノトーンのシンプルな絵柄なので、文書のアクセントとして活用できます。

300種類以上のアイコンを使用できる

使いこなしのヒント

アイコンはキーワードで検索できる

アイコンは、一覧表示から選ぶ方法の他に、キーワードを使って検索できます。使いたいアイコンが見つからないときには、検索でいろいろなアイコンを探してみましょう。

使いこなしのヒント

Microsoft 365とOffice 2024では利用できるアイコンの範囲が違う

アイコンの種類は、Word 2024とMicrosoft 365で利用できる範囲が異なります。Microsoft 365では、挿入できる［画像］の中に［ストック画像］という項目があり、この中からもアイコンを検索できます。ストック画像は、定期的に更新されるので、Word 2024よりも使える絵柄などが多くなります。

次のページに続く

2 アイコンを拡大する

アイコンが挿入された

1 ［レイアウトオプション］をクリック

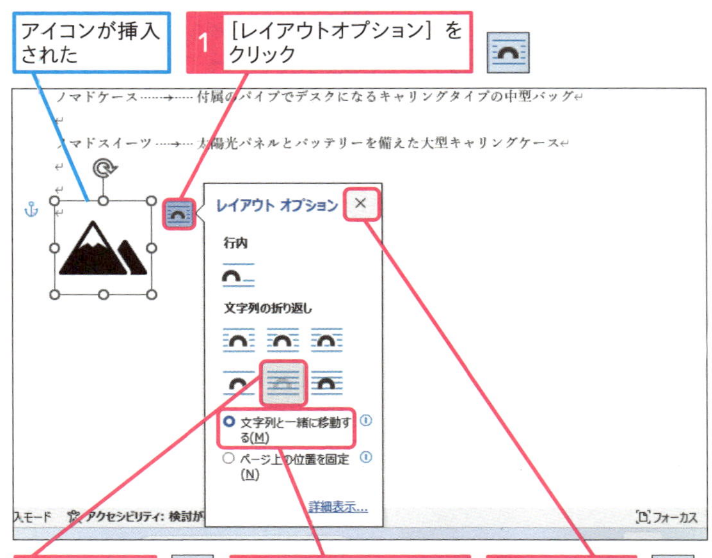

2 ［背面］をクリック

3 ［文字列と一緒に移動する］をクリック

4 ［閉じる］をクリック

5 アイコンのハンドルにマウスポインターを合わせる

マウスポインターの形が変わった

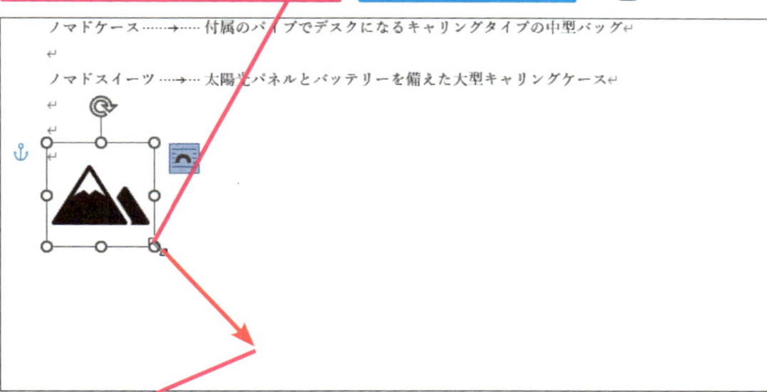

6 ここまでドラッグ

アイコンが拡大された

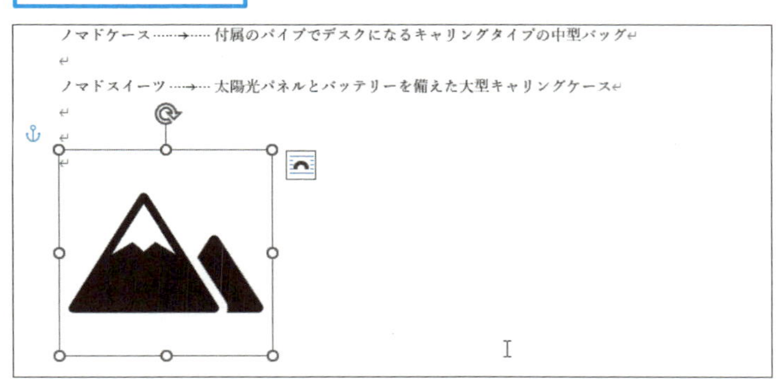

用語解説

レイアウトオプション

アイコンや図形を挿入したときに右上に表示される［レイアウトオプション］は、アイコンを文字に対してどのようにレイアウトするか決める機能です。通常では、文字の一部として扱う［行内］にレイアウトされています。［文字列の折り返し］に用意されているレイアウトオプションを選ぶと、アイコンと文字を任意の位置に配置してレイアウトできるようになります。

使いこなしのヒント

アイコンに色をつけるには

挿入したアイコンには、［グラフィックのスタイル］から、色をつけられます。

使いこなしのヒント

イカリ型のマークに注目しよう

レイアウトオプションでアイコンのレイアウト方法を［行内］以外に変更すると、アイコンを選択したときに⚓のマークが表示されるようになります。この⚓は、文字ではなく図形として編集画面にレイアウトされるようになったアイコンが、どこを起点にしているかを示す印です。起点となる行よりも上から文章などを挿入すると、行の移動に合わせてアイコンも移動します。もし、文字を編集してもアイコンを移動させたくないときには、レイアウトオプションで［ページ上の位置を固定］に変更します。また、⚓を含む行の文字をまとめて削除すると、アイコンも一緒に削除されます。

3 アイコンを移動する

1 アイコンの枠にマウスポインターを合わせる

マウスポインターの形が変わった

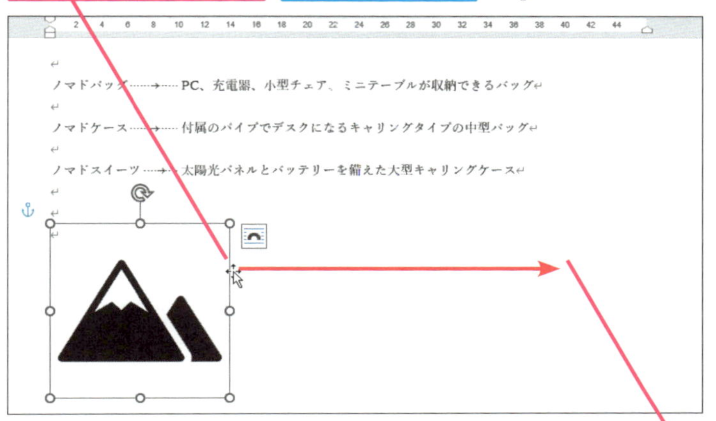

2 ここまでドラッグ

アイコンが移動した

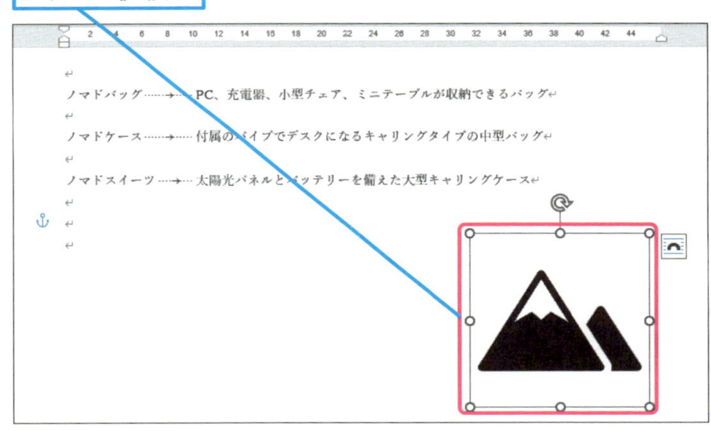

手順1～3を参考に、他のアイコンを挿入して、大きさや位置を調整する

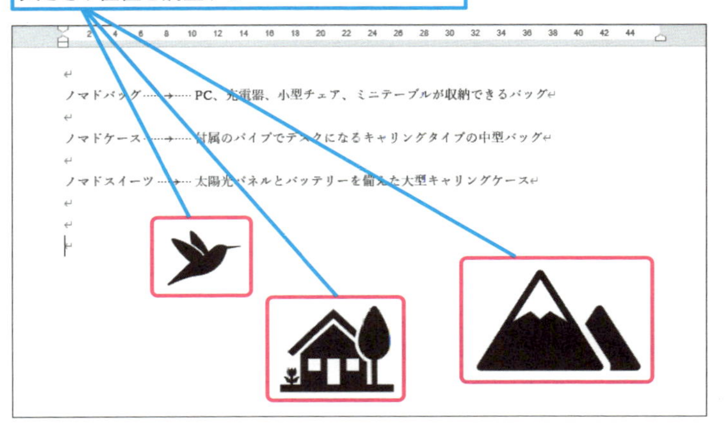

使いこなしのヒント

アイコンを装飾に利用する

アイコンの中にある木や雪の結晶に果物などの絵柄を装飾に利用すると、クリスマスのグリーティングカードやパーティーの招待状のようなデザインも手早くレイアウトできます。

クリスマスカードなども簡単に作成できる

使いこなしのヒント

アイコンの向きや角度を変えるには

［グラフィック形式］の［回転］で、アイコンの上下左右を反転できます。絵柄の向く方向を変えたり、逆さまの図柄で使ったりするときに利用すると便利です。

まとめ アイコンを活用してレイアウトに工夫を凝らそう

Wordのアイコンには、服や靴のような日用品から、パソコンやスマートフォン、会議風景と書類といったビジネス関連、植物や食べ物、動物や教育、さらには芸術や建物など、さまざまな用途に使える絵柄が揃っています。こうした絵柄と簡単な線を組み合わせるだけでも、簡易な地図を描いたり、絵柄を拡大してピクトグラムのような案内状を作ったりできます。また、文字だけでは単調になりがちな紙面にアイコンを加えると、直観的に情報を伝える一助にもなります。

この章のまとめ

Wordを使いこなして文書作成を楽しもう

音声入力や翻訳など、文書作成を補助する機能を使いこなせるようになると、Wordの利用がもっと楽しくなるでしょう。また、行間の調整や文字のインデントなどを活用すると、読みやすい文書をレイアウトできます。文書のレイアウトを行うときに、ルーラーを表示しておくと、字下げの位置を確認できるので便利です。そして、段組みやヘッダー・フッターを使いこなすと、文字の多い文章を読みやすくして、雑誌や新聞のようなレイアウトもできます。さらに、アイコンなどの図形を活用すると、文字よりも視覚的な情報伝達ができます。

ノマドバッグ→PC、充電器、小型チェア、ミニテーブルが収納できるバッグ

ノマドケース→付属のパイプでデスクになるキャリングタイプの中型バッグ

ノマドスイーツ→太陽光パネルとバッテリーを備えた大型キャリングケース

ところで先生、日記には何を書いてたんですか？

う、お、おっほん!! ひ、秘密です！ お見せするようなものではないですよ！

かわいいアイコン入ってましたね♪

まったく、二人とも……。音声入力は誰かに聞かれないようにしないとダメですね。

活用編

第9章

画像や図形で表現力を高めるには

段組みや書式設定を活用して、この章では読みやすさやデザインに凝った文書の作り方を解説します。また、画像の印象的な使い方や図形の書式設定など、さまざまな文書の作り方を覚えて、さらにWordを使いこなしていきましょう。

レッスン 65

Introduction この章で学ぶこと

文書のデザインを考えよう

英語の「デザイン（design）」は、日本語の「図案」や「設計」に「構想」などと訳されます。その意図は、「美しさ」や「使いやすさ」を実現するための創意工夫や成果の反映です。「design」の語源はラテン語の「designare（示す）」で、英語の「designate（指示する）」と同じ語源です。文書作りにおけるデザインにも、綺麗さや見た目の心地よさという表現力と、その文書で伝えたい意図を明確に「示す」伝達力が求められます。デザインに優れた文書を作るために、さらに踏み込んだWordの機能を学んでいきましょう。

Wordだってデザイン重視

この章はデザインですね… …ちょっとピンとこないです

いやいや、Wordは文書を完成させるためのソフト。きちんとしたデザインについて、学んでおかないとだめです。

きれいな文書は、読みやすくなりますよね。

そうです。この章ではWordの機能を使いながら、読みやすいデザインについて紹介していきます。

ヘッダーの応用で背景を画像にする

Wordの背景を全部、画像にしたいときに使いたいワザです。写真を配置しただけでは余白が残りますが、この方法を使うと全面を写真にすることができます。

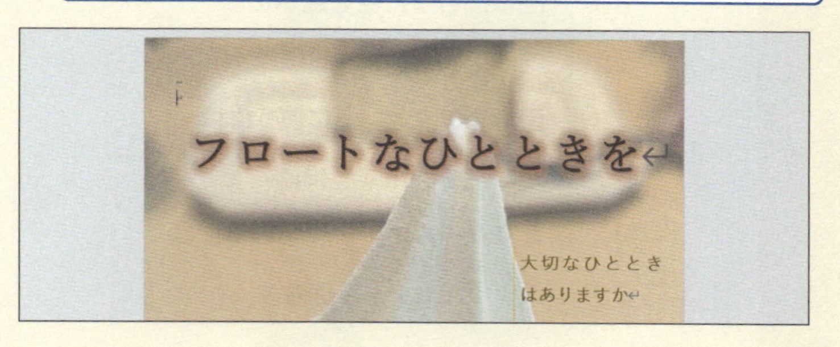

背景にぴったり合う文字を選ぶ

Wordにはさまざまな文字の装飾機能がありますが、正しいものを選ばないと悲惨な結果に。適切な効果を与えるにはどうすればいいか、ワードアートを使いながら解説します。

色の組み合わせとか、なんとなくでやってました。ルールが分かるとうれしいです！

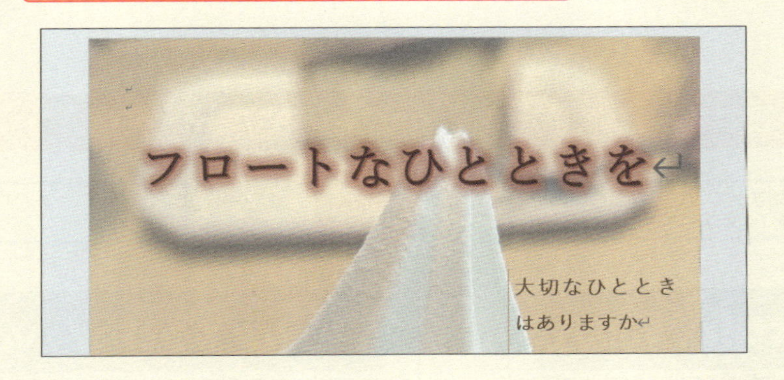

図形をアクセントに使う

そして、上級者向けのテクニックも紹介します。図形を効果的に使うことで、タイトルなどの文字を目立たせることができるんですよ。

これ、かわいいですね！　やり方を詳しく知りたいです！

レッスン

66 段組みを活用するには

行の文字数

練習用ファイル L066_文字数.docx

段組みによる文章のレイアウトは、段数だけではなく段と段の間隔を調整して、読みやすさを改善できます。また、ルーラーを表示しておくと、段の幅や段と段の間隔も視覚的に確認して、マウスのドラッグで調整できます。

キーワード	
ダイアログボックス	P.343
段組み	P.343
ルーラー	P.345

段組みの文字数を設定する

Before

段と段の間が詰まっていて読みづらいので、1段の文字数を14文字に減らしたい

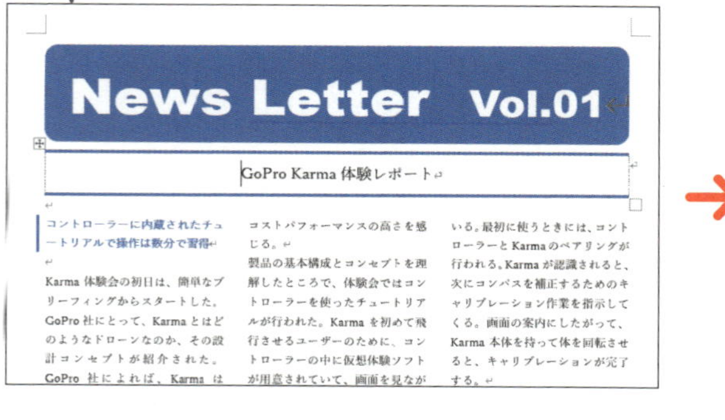

After

14文字ずつで改行するように設定された

使いこなしのヒント

段組みをルーラーで確認すると便利

ルーラーを表示しておくと、設定されている段組みの様子を視覚的に確かめられます。また、ルーラーをマウスでドラッグすれば、段の幅や間隔も調整できます。さらに、段ごとにインデントやタブ位置も設定できます。なお、ルーラーの表示を文字単位ではなくmmにしたいときには、オプションの詳細設定から［単位に文字幅を使用する］のチェックを外します。設定を変えると［段落］ダイアログボックスの指定も文字数からmmに変更されます。

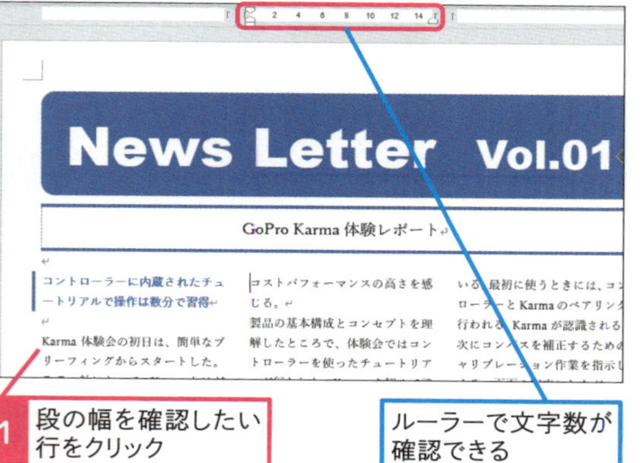

1 段組みを設定する

ここでは、タイトル部分をそのままにして、本文だけ3段組みに設定する

1 段組みが設定されている文字の先頭をクリック

カーソルより下の文章に段組みが設定される

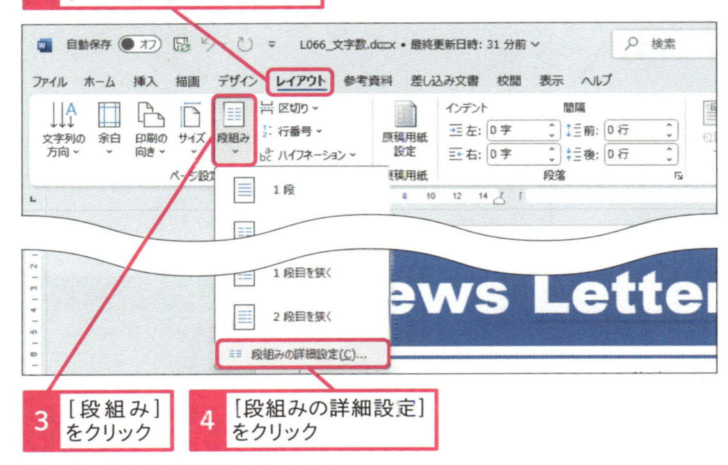

2 ［レイアウト］タブをクリック

3 ［段組み］をクリック

4 ［段組みの詳細設定］をクリック

［段組み］ダイアログボックスが表示された

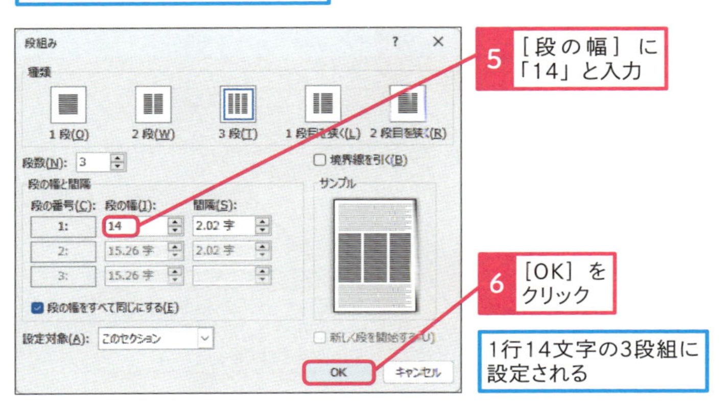

5 ［段の幅］に「14」と入力

6 ［OK］をクリック

1行14文字の3段組に設定される

使いこなしのヒント

段組みと文章を区切るセクション区切りとは

編集記号の表示をオンにしておくと、通常の文章と段組みされた文章の区切りに、セクション区切りという表示を確認できます。セクション区切りは、編集画面の中でレイアウトなどの設定を区別するための仕切りです。セクション区切りを削除してしまうと、段組みの位置がずれてしまいます。設定した段組みをずらさずに、前後の文章を編集したいときは、編集記号を表示して、セクション区切りを削除しないように注意しましょう。

◆セクション区切り

使いこなしのヒント

罫線を使った小見出しのデザイン

サンプルの文書で表示されている青い小見出しの左の線は罫線を使っています。罫線を工夫すると、デザインのように使えます。

まとめ 読ませる文章は段組みの文字数を工夫する

ニュースレターや会報誌のように、読んでもらいたい文章が多い文書では、段組みによるレイアウトが効果的です。Wordの段組みは、通常は編集画面の左右幅から逆算して、自動的に段数に合わせて段の幅と間隔を設定します。しかし、レッスンのように［段組み］ダイアログボックスを使うと、段の幅を文字数で指定できます。ただし、ここで設定される文字数は、Wordの標準フォントを基準にしています。より正確に段の幅を指定したいときには、文字数ではなく40mmのように数値を入力します。

レッスン
67 背景を画像にするには

ヘッダーの活用　練習用ファイル　L067_ヘッダーの活用.docx

ヘッダーには文字や画像が入力できます。この機能を応用すると、文書全体の背景となる画像を挿入できます。ヘッダーに挿入された画像は、本文の編集に影響されずに固定されるので、画像を背景にした自由な文字のレイアウトができます。

キーワード

ダイアログボックス	P.343
フッター	P.344
ヘッダー	P.345

文書の背景に画像を配置する

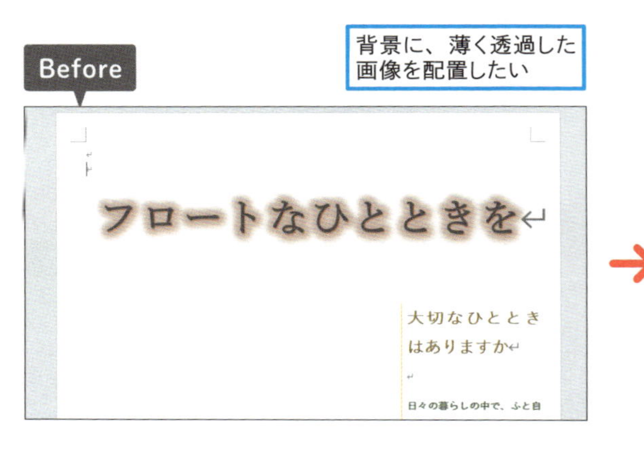

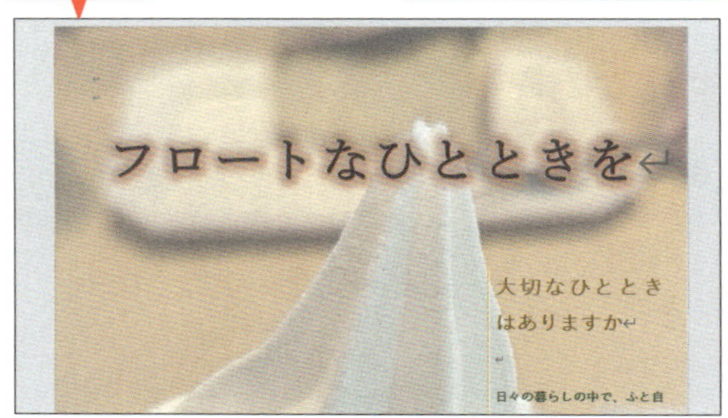

1 画像を配置する

ここではヘッダーに背景となる画像を配置する

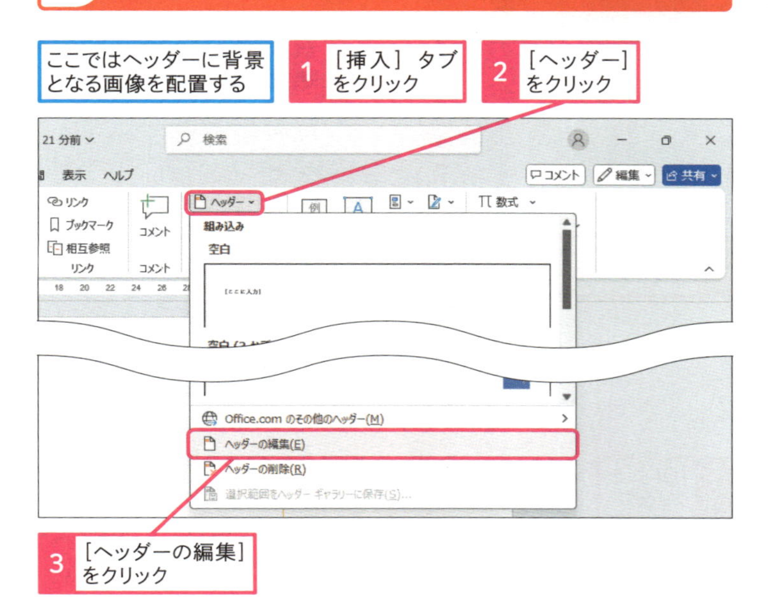

使いこなしのヒント

2ページ目以降に違うヘッダーを使うには

[ヘッダーとフッター] タブにある [先頭ページのみ別指定] にチェックマークを付けると、2ページ目以降からは違う内容のヘッダーやフッターを入力できます。

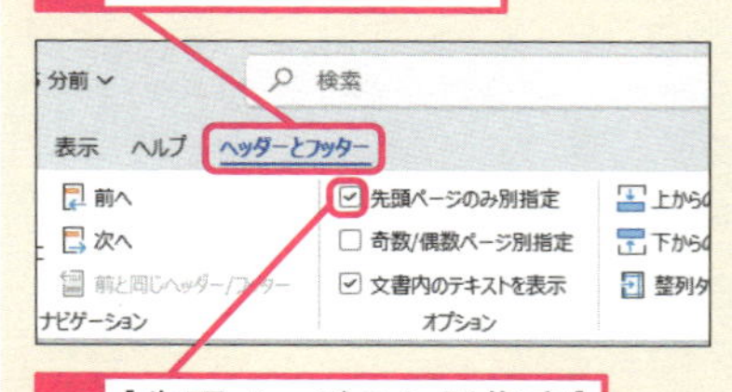

● 画像を選択する

ヘッダーが編集できるようになった

4 ［画像］をクリック

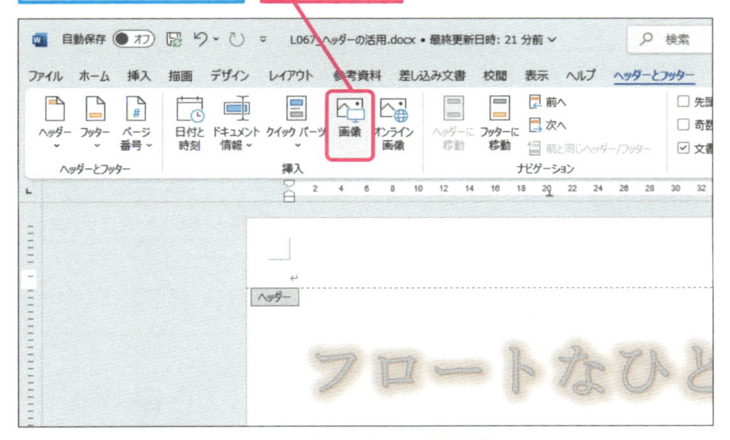

［図の挿入］ダイアログボックスが表示された

5 画像の保存場所を選択

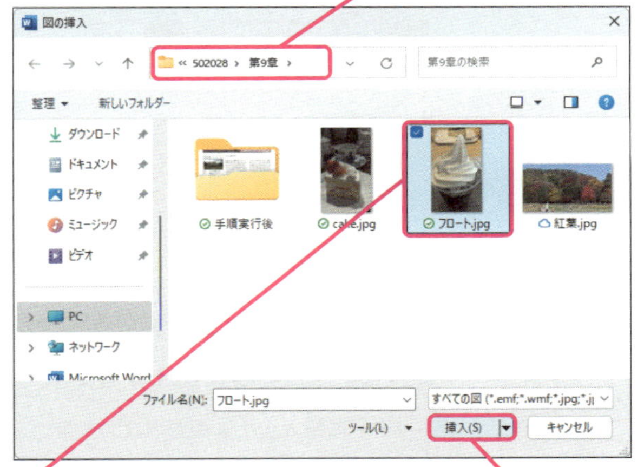

6 画像のアイコンをクリック

7 ［挿入］をクリック

画像が配置された

使いこなしのヒント

フッターでも同じ操作ができる

フッターにもレッスンのように画像を挿入できます。ただし、背景のように使うのであれば、画像はヘッダーに挿入するようにしましょう。

1 ［挿入］タブをクリック

2 ［フッター］をクリック

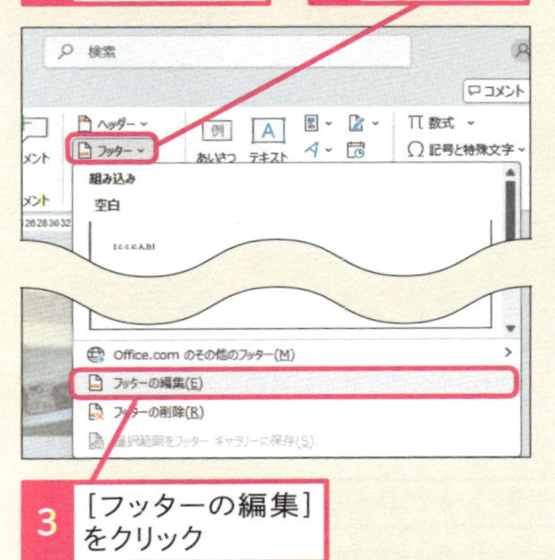

3 ［フッターの編集］をクリック

使いこなしのヒント

拡大や縮小はマウスのドラッグですばやく切り替えられる

編集画面の拡大や縮小は、［拡大］（＋）や［縮小］（－）をクリックする以外にも、［ズーム］（▮）をマウスでドラッグすると、手早く変更できます。

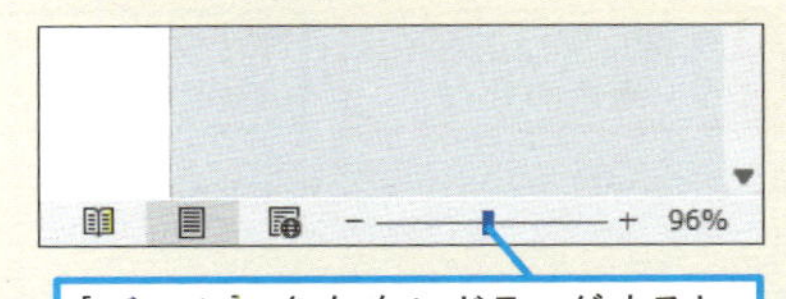

［ズーム］を左右にドラッグすると、拡大と縮小をすばやく切り替えられる

全体を表示しながら作業すると効率が良い

次のページに続く ➡

2 画像の大きさと位置を調整する

余白がないように画像を配置する

1 ［レイアウトオプション］をクリック

2 ［背面］をクリック

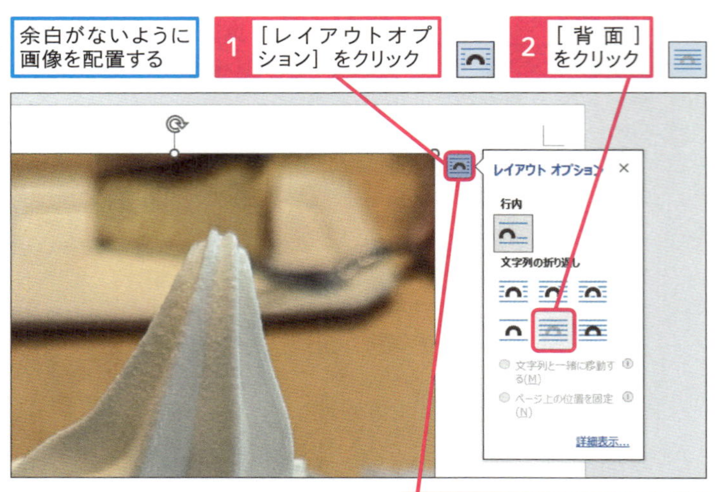

3 もう一度［レイアウトオプション］をクリック

文書全体が見えるように縮小する

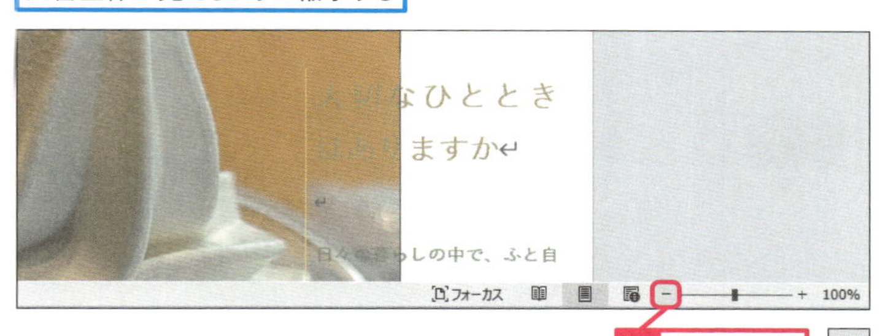

4 ［縮小］を6回クリック

5 画像にマウスポインターを合わせる

マウスポインターの形が変わった

6 右上にドラッグ

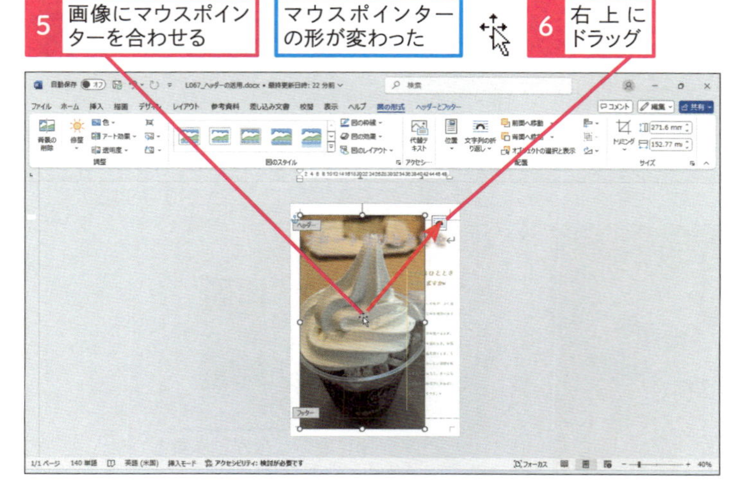

使いこなしのヒント

［ズーム］ダイアログボックスを使う

手早く編集画面のズームを行いたいときには、100%をクリックして、［ズーム］ダイアログボックスを表示します。

1 ［100%］をクリック

［ズーム］ダイアログボックスが表示された

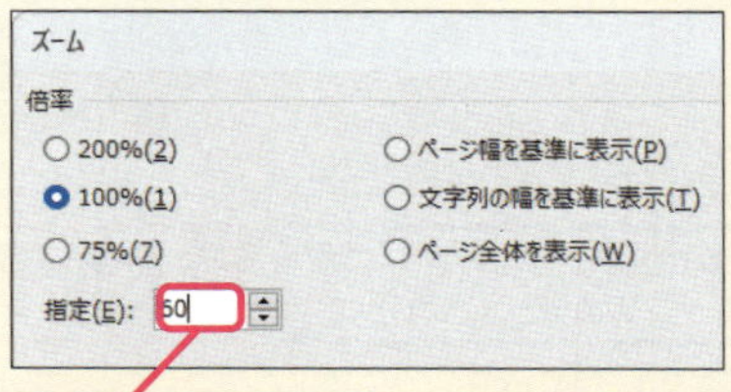

2 ［指定］に拡大率を入力

3 ［OK］をクリック

使いこなしのヒント

背景に適した画像に加工するには

ヘッダーに挿入した画像が本文の文字と重なって読みにくくなってしまうときには、［図の形式］タブで明るさやコントラストを調整します。

1 ［図の形式］タブをクリック

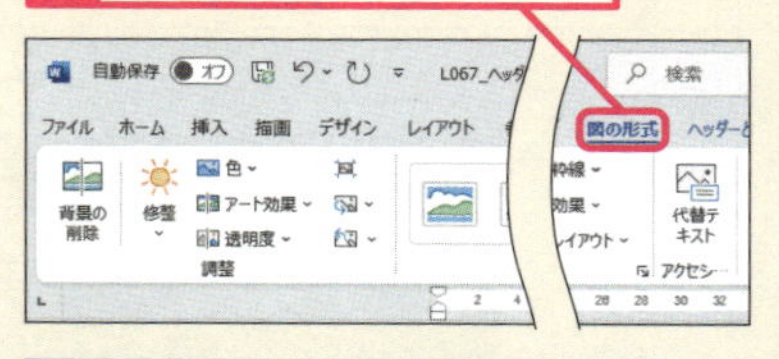

明るさやコントラストを調整できる

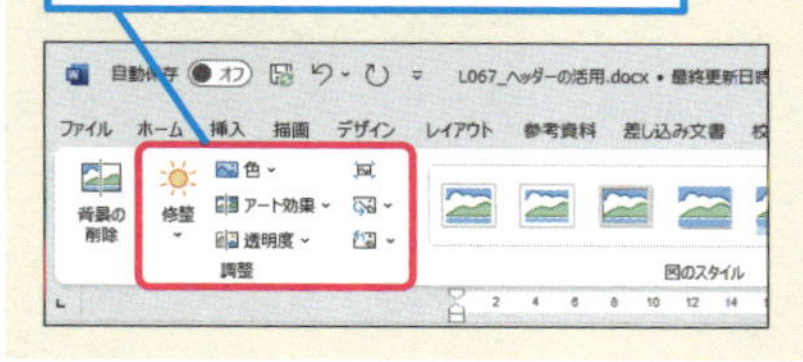

● 画像を拡大する

7 ここにマウスポインターを合わせる

マウスポインターの形が変わった

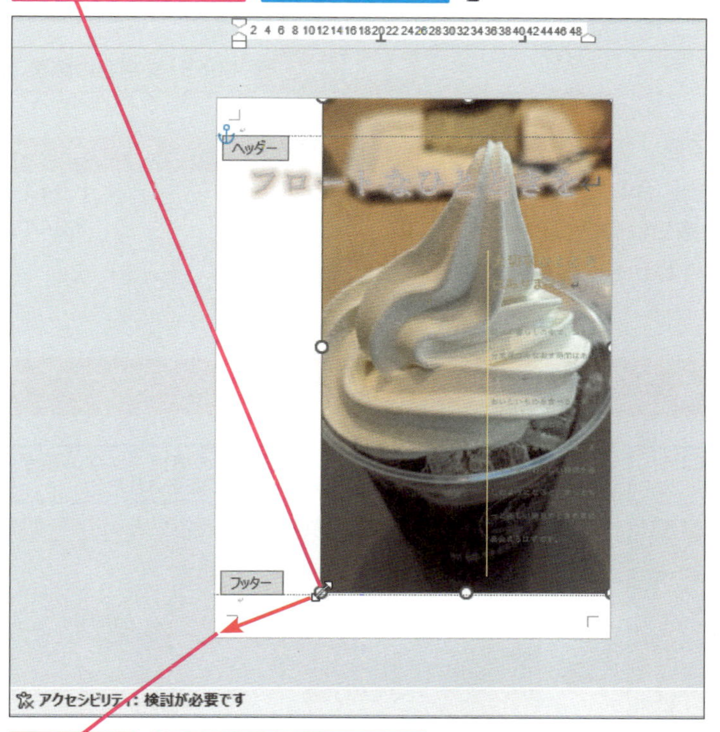

8 左下にドラッグ

画像の左端が、編集画面の左端に合うように拡大する

操作5～6を参考に、ちょうどいい位置までドラッグして調整する

9 ［ヘッダーとフッター］タブをクリック

10 ［ヘッダーとフッターを閉じる］をクリック

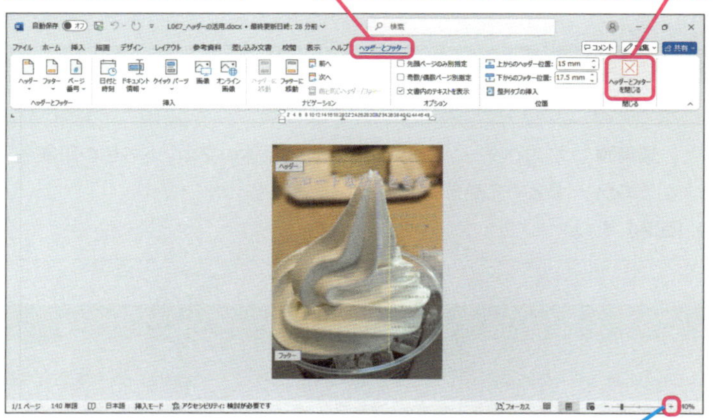

画像の大きさと位置が確定される

［拡大］をクリックして、表示倍率を100%に戻しておく

＋

使いこなしのヒント

画像に効果を付けることもできる

［図の形式］タブで、挿入した画像に色やアート効果などを設定できます。明るさやコントラストだけで背景に適した効果にならないときには、色を変えたり、アート効果でモノクロームや線画にしたりするなど試してみましょう。

手順1の操作1～3を実行しておく

1 ［図の形式］タブをクリック

2 ［アート効果］をクリック

クリックするとさまざまなアート効果を設定できる

まとめ 画像をデザインの一部として使う

ヘッダーを活用した画像の挿入は、写真などをデザインの一部として利用するテクニックです。本文に挿入する画像の多くは、文字だけでは伝えにくい情報を補足する目的で使われます。それに対して、ファッション誌やアート誌などでは、画像そのものを紙面のデザインとして利用しています。また、広告やチラシなどでも、読み手の興味を惹くために画像を印象的に使っています。Wordでも挿入した画像にさまざまな効果を施すことで、よりインパクトのあるデザインにできます。

レッスン

68 画像に合った色を選ぶには

文字色の調整

練習用ファイル L068_文字色の調整.docx

色には暖色系や寒色系など温度を感じさせる違いがあります。フォントに色を使うときには、伝えたい情報の目的に合わせて、色の組み合わせを考えると、より印象的で見る人の感受性に届く印象を与えられます。Wordでは、そうした色の組み合わせを［配色］として用意しています。

キーワード

ダイアログボックス P.343

フォント P.344

文書全体の文字の配色を変更する

Before

背景の画像とメリハリがつくように文字の色を変更したい

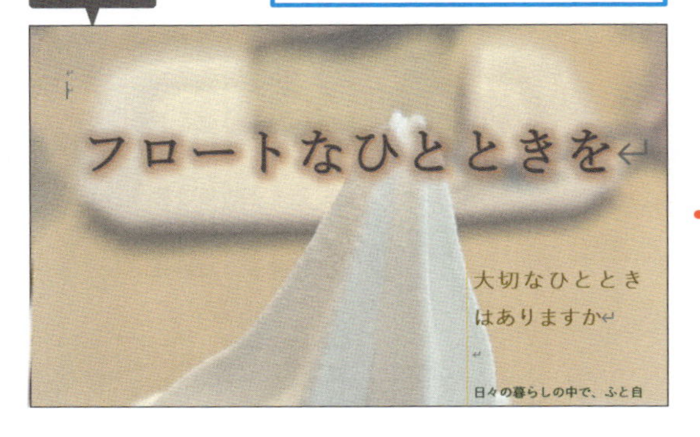

After

［配色］の機能で文字の色が全体的に変更された

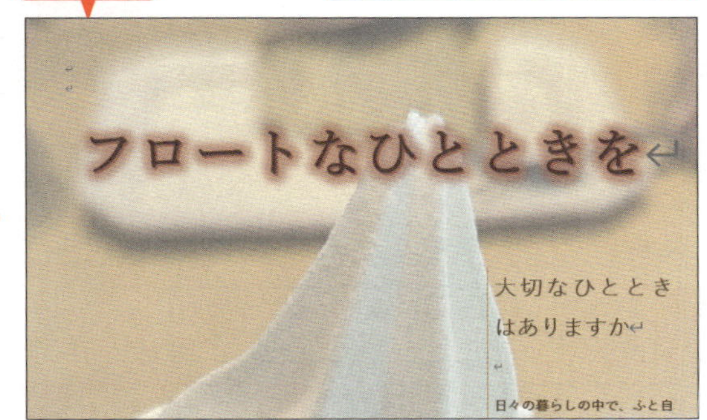

使いこなしのヒント

Wordの［配色］とは

Wordでは、フォントの色や背景にアクセントなど、編集画面に入力する文字の色をあらかじめ決めてあります。その色の組み合わせを［配色］と呼んでいます。標準の［配色］を別のパターンに変えると、文書全体のフォントの色の印象をまとめて変更できます。

使いこなしのヒント

色の組み合わせを意識して配色する

配色を変えるときには、文書全体の印象や組み合わせる画像の色などを考慮しましょう。例えば、食べ物に対して寒色系の色を使うと、食欲を感じさせないデザインになる心配があります。

使いこなしのヒント

オリジナルの配色を作れる

［テーマの新しい配色パターンを作成］ダイアログボックスで、オリジナルの配色を作って保存できます。

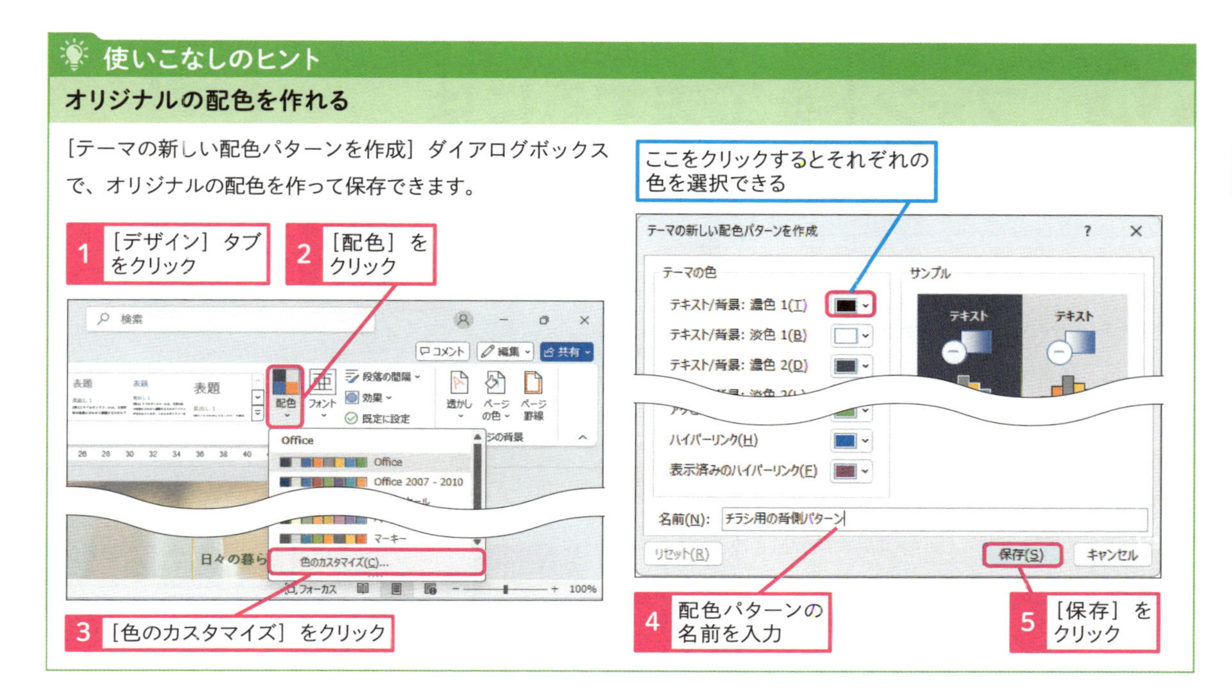

1 テーマを保存する

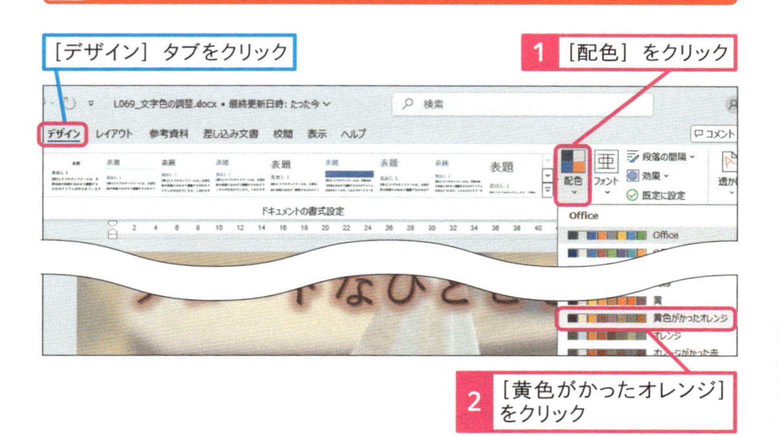

文字の配色を全体的に変更できた

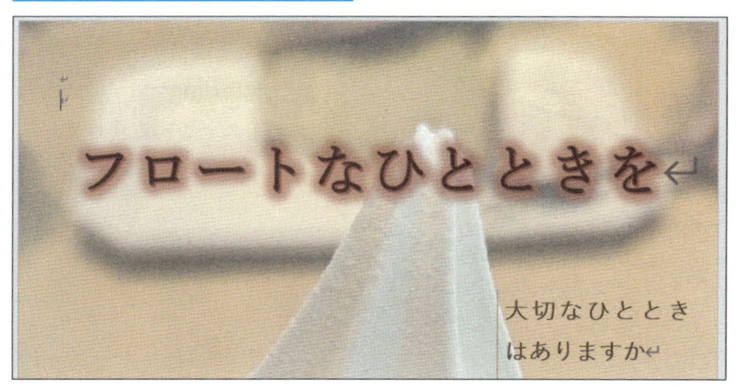

まとめ ［配色］で統一性のある色づかいにする

太陽や炎などを連想させる赤や黄色や橙色は、暖色系に分類されます。水や空や宇宙空間などを感じさせる青系の色は寒色系になります。寒色系は、理知的な印象や涼しさなどを与えます。Wordの配色も、暖色系と寒色系に分かれています。一般的に、暖色系は暖かみを伝えることや、食欲への刺激や注意喚起に効果があると考えられています。作成する文書の目的に合わせて、［配色］を活用して統一性のある色づかいにすると、文書の印象も向上します。

レッスン

69 フォントを工夫するには

フォントの工夫

練習用ファイル L069_フォントの工夫.docx

チラシのキャッチコピーやレポートのタイトルなど、文書の中には特に注目してもらいたい文字があります。そうした文字には、フォントの装飾を工夫すると、見栄えや注目度を高められます。

🔍 キーワード

タイトル文字を装飾する

Before

タイトルの文字が目立つように工夫したい

色づく季節の旅へ←

空が澄み切り、風が心地よく吹き抜ける季節がやってきた。木々の葉も緑から赤や黄色へ色づき始め、自然が織りなす美しいグラデーションが目に飛び込んでくる。そんな時、足を止めて、色づく季節の旅に出かけたくなってしまう。

→

After

タイトルの文字が目立つように装飾された

空が澄み切り、風が心地よく吹き抜ける季節がやってきた。木々の葉も緑から赤や黄色へ色づき始め、自然が織りなす美しいグラデーションが目に飛び込んでくる。そんな時、

使いこなしのヒント

用意されている装飾で素早くフォントを変更できる

文字の効果と体裁から設定できるフォントの装飾は、ワードアートで使われているデザインと同じです。編集画面に入力した文章も、文字の効果と体裁を使うと、凝った装飾を簡単に設定できます。

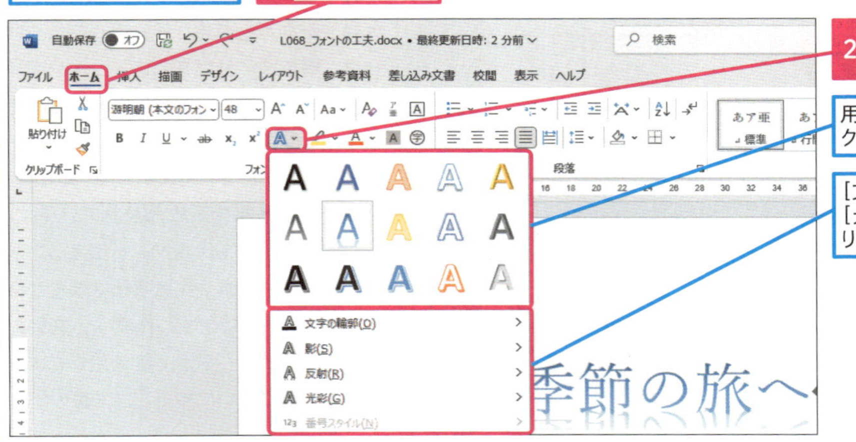

1 文字にさまざまな効果を付ける

タイトル文字にさまざまな効果を付ける

1 効果を付ける文字をドラッグして選択

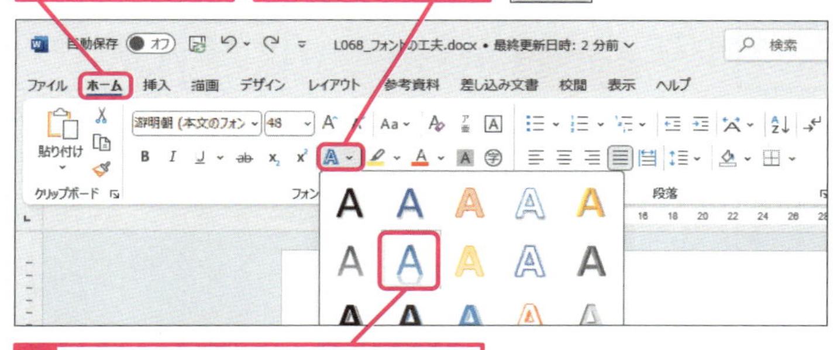

2 ［ホーム］タブをクリック

3 ［文字の効果と体裁］をクリック

4 ［塗りつぶし（グラデーション）：青、アクセントカラー 5;反射］をクリック

5 ［文字の効果と体裁］をクリック

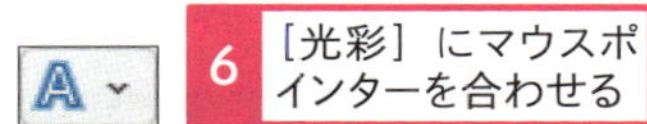

6 ［光彩］にマウスポインターを合わせる

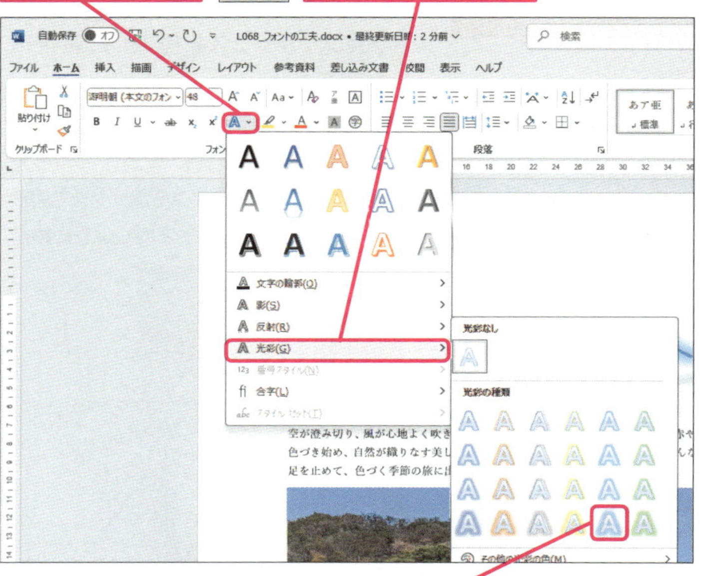

7 ［光彩:18pt;青、アクセントカラー 5］をクリック

タイトル文字が装飾される

使いこなしのヒント

オリジナルの装飾も作れる

［文字の効果と体裁］を使うと、影や反射に光彩などを独自に組み合わせて、オリジナルの装飾を作れます。

使いこなしのヒント

オリジナルの装飾をスタイルに登録する

オリジナルの装飾を作ったときは、スタイル名をつけて登録しておくと便利です。登録されたスタイル名を選ぶだけで、装飾を利用できます。

1 ［ホーム］タブをクリック

2 ［スタイル］をクリック

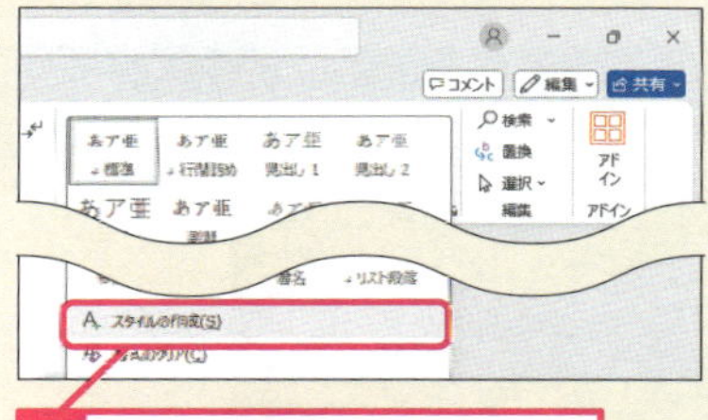

3 ［スタイルの作成］をクリック

4 スタイルの名前を入力

5 ［OK］をクリック

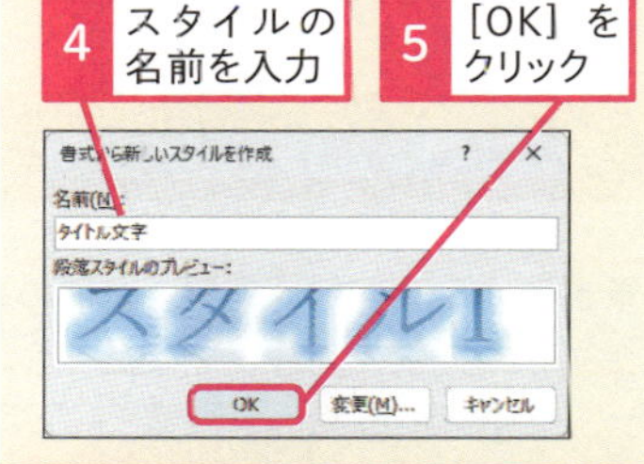

まとめ 印象に残るフォントの装飾で文書を目立たせる

文字の効果と体裁では、影や反射、3Dなど多彩な装飾を用意しています。色やサイズだけでは目立ちにくい文字も、文字の効果と体裁で装飾すると印象が強くなります。カタログやチラシなどの文書でも、いかに伝えたい情報を短く端的な言葉で印象強く見せるかが重要です。こうした文書で、文字の効果と体裁を活用して、フォントに印象の残る装飾を施せば、伝える力を向上させられます。

レッスン

70 図形をアクセントに使うには

アクセント　練習用ファイル　L070_アクセント.docx

Wordの図形は、情報を伝えるための形として利用するだけではなく、透明度を変えて色を工夫すると、デザインの一部として活用できます。文書の好きな場所に挿入できるテキストボックスも図形の一部です。その装飾を変えてアクセントにしてみましょう。

キーワード

図形	P.342
テキストボックス	P.343
ホーム	P.345

図形の枠線や背景色を設定する

Before

枠線を消したい

背景に色を付けたい

After

枠線が消えた

背景に色が付いた

1 背景に色を付ける

1 背景を付けるテキストボックスをクリック

2 ［図形の書式］タブをクリック

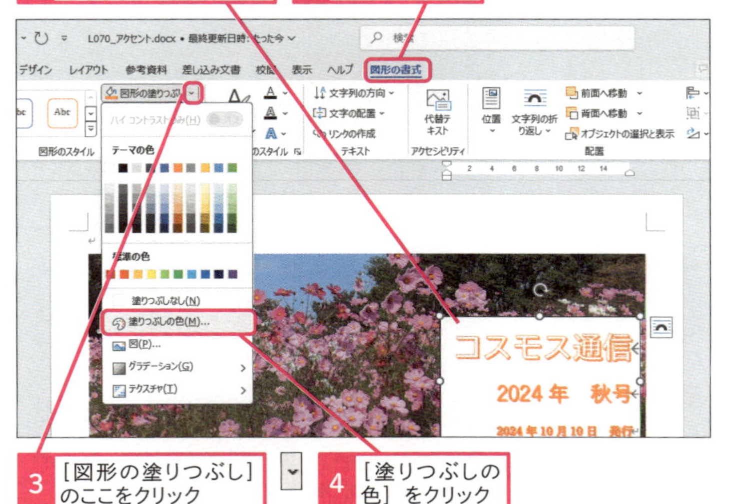

3 ［図形の塗りつぶし］のここをクリック

4 ［塗りつぶしの色］をクリック

使いこなしのヒント

テキストボックスを挿入した直後は枠が付いている

標準のテキストボックスは、枠線が表示され塗りつぶしは［白、背景1］になっています。しかし、テキストボックスも図形の一部なので、四角形と同じように枠線や塗りつぶしを設定できます。

枠線が付いている

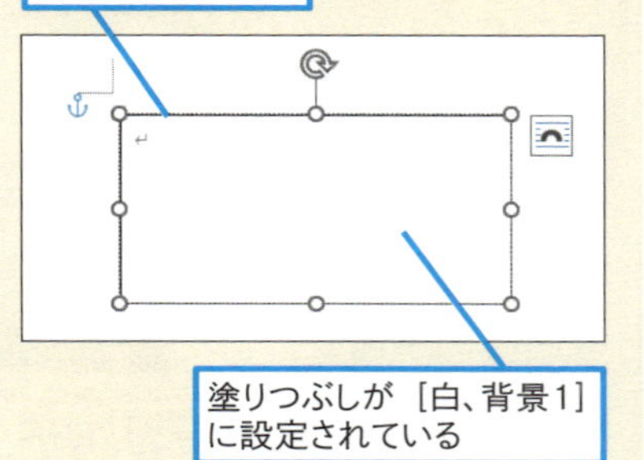

塗りつぶしが［白、背景1］に設定されている

● 背景色を設定する

［色の設定］ダイアログボックスが表示された

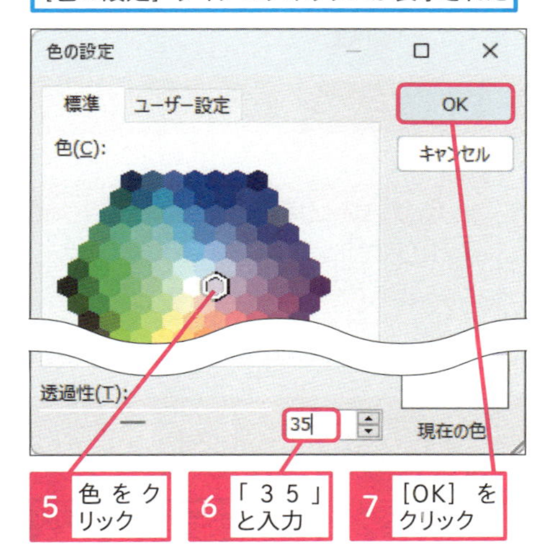

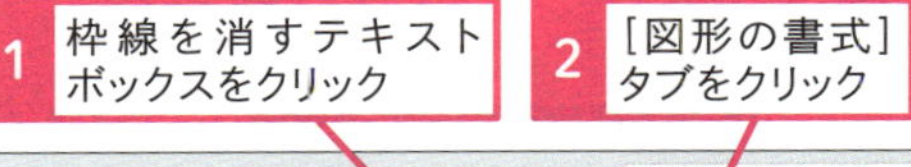

2 枠線を消す

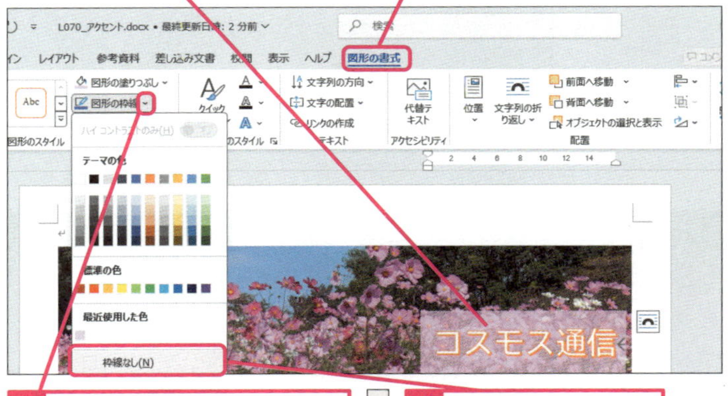

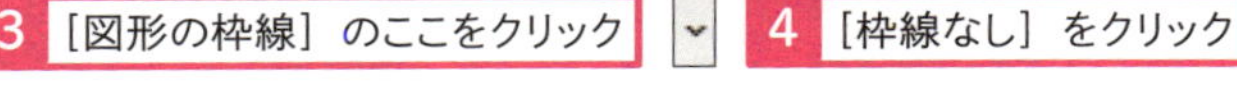

使いこなしのヒント

透過性を上げると色は薄くなる

色の透過性とは、透明度を意味しています。透過性の数値を上げていくと、透明度が高くなり図形の背景にある文字や画像が見えるようになります。

使いこなしのヒント

グラデーションの活用も効果的

図形をアクセントに使うときに、色や透過性の他にもグラデーションを活用すると、印象的なデザインになります。さらに、［その他のグラデーション］では、2つの色を組み合わせて変化のあるアクセントを表現できます。

まとめ　図形の塗りつぶしを多彩に組み合わせよう

図形を塗りつぶす色には、テーマの色で用意されている配色の他にも、［図形の書式］タブでさまざまな色の組み合わせや透過性の変更、グラデーションなどを利用できます。［図形の塗りつぶし］を活用すると、文書のデザイン性も高められます。いろいろな形の図形に多彩な塗りつぶしを組み合わせて、オリジナルのアクセントをデザインしてみましょう。

レッスン

71 ひな形を利用するには

テンプレート　練習用ファイル　なし

テンプレートという文書のひな形を利用すると、一から装飾を設定しなくても、目的に合わせてきれいにレイアウトされた文書を短時間で作成できます。Wordには数多くのテンプレートが用意されているので、いろいろなひな形で新規文書を作成してみましょう。

キーワード

テンプレート　P.343

テンプレートを利用して文書を作成する

Before

文字を入力すればいいだけの状態で文書作成を開始したい

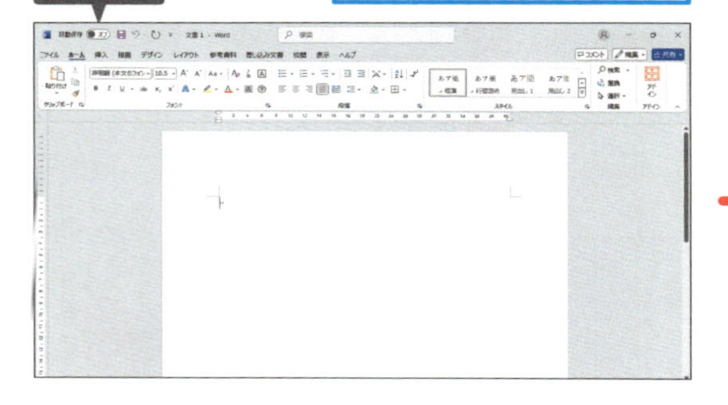

After

ひな形が適用された新規文書が作成された

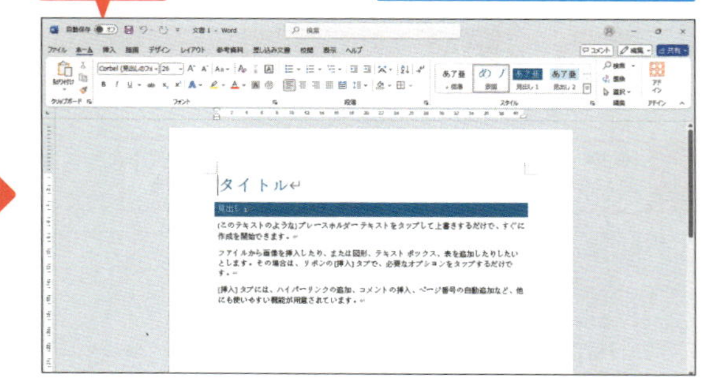

使いこなしのヒント

カテゴリーから選択することもできる

最初に表示されるテンプレートの一覧の他にも、ビジネスやカード、チラシなど、カテゴリーの分類からテンプレートを選択できます。また、オンラインのテンプレートも検索できます。

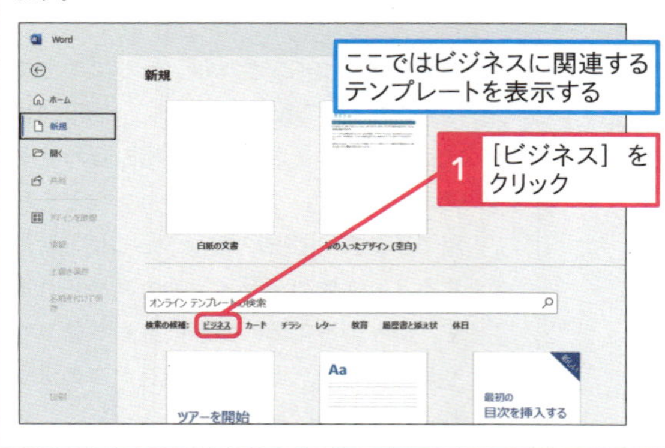

ここではビジネスに関連するテンプレートを表示する

1 ［ビジネス］をクリック

ビジネスに関連するテンプレートが表示された

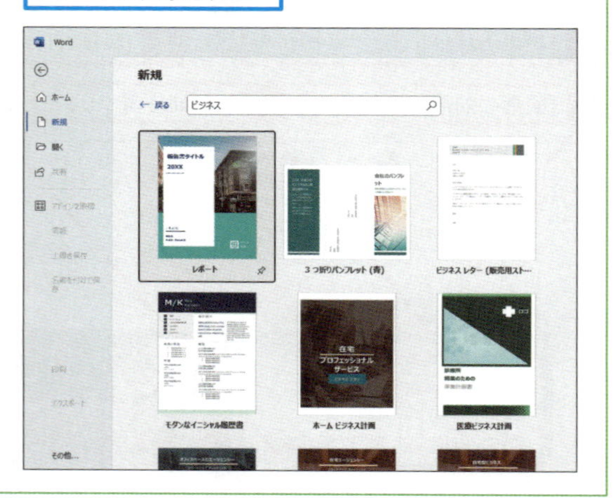

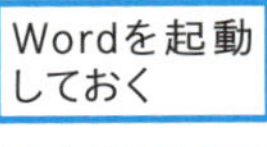

1 ひな形を利用する

Wordを起動しておく

1 [その他のテンプレート]をクリック

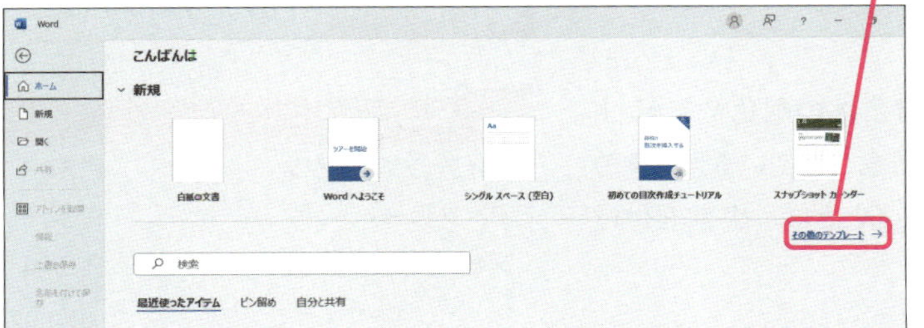

2 「帯の入ったデザイン」と入力

3 [検索の開始]をクリック

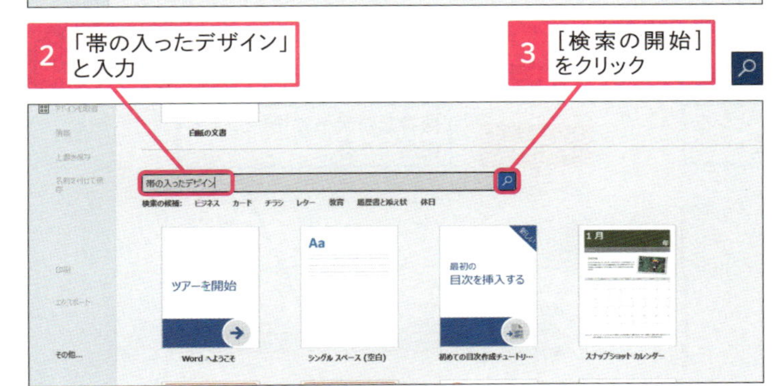

検索結果が表示された

4 [帯の入ったデザイン(空白)]をクリック

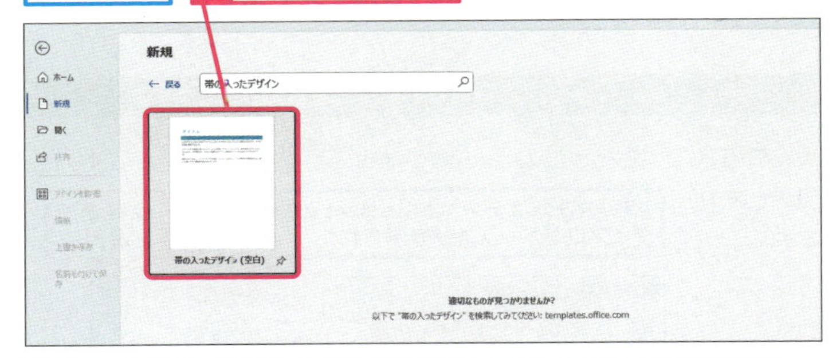

テンプレートの詳細が表示された

5 [作成]をクリック

テンプレートを適用した新規文書が作成される

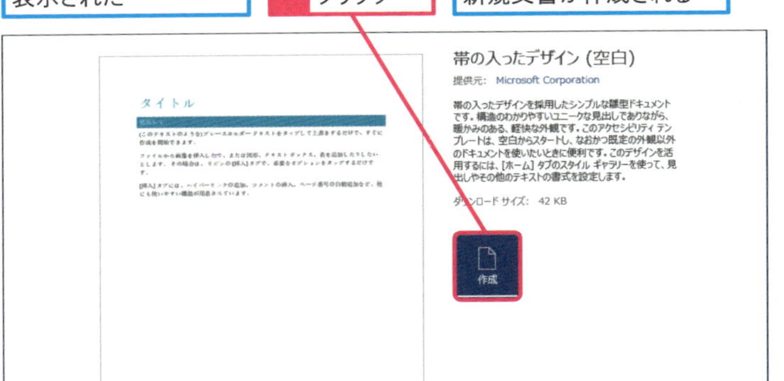

使いこなしのヒント

テンプレートと文書の違いは

Wordのテンプレートと文書には、装飾やレイアウトなどに違いはありません。新規の文書を作成するときに、[白紙の文書]を選ぶと、自動的に[Normal.dotm]という[標準テンプレート]がひな形として使われます。

使いこなしのヒント

オリジナルのテンプレートも作れる

文書を保存するときに、Wordテンプレート(*.dotx)を選択すると、その文書をテンプレートとして保存できます。
もし、同じ装飾を再利用したいのであれば、すでに作成された文書を開いて、新しい名前を付けて保存するだけです。しかし、新しい文書を作る目的を失念して、上書き保存してしまうと、元の文書が失われてしまいます。こうしたミスを未然に防ぐ目的にも、テンプレートを有効に活用できます。

まとめ テンプレートでWordの編集スキルをアップ

ひな形として利用できるテンプレートには、装飾の凝ったデザインやカレンダーに名刺など、印刷に活用できるレイアウトが数多く用意されています。これらのひな形をそのまま利用しても、見栄えのする文書が作成できます。さらに、テンプレートの内容を調べて、どのような装飾や罫線やレイアウトが使われているか研究すると、Wordの編集スキルを向上できます。

レッスン
72 オリジナルのテーマを作るには

テーマの保存

練習用ファイル L072_テーマの保存.docx

［デザイン］タブにある［テーマ］は、文書全体の配色やフォントを一括して変更する機能です。あらかじめ用意されているテーマの他に、テンプレートで気に入ったテーマがあるときは、名前を付けて保存して他の文書で利用できます。

キーワード

ダイアログボックス	P.343
テンプレート	P.343
フォント	P.344

文書のデザインを保存する

Before

テンプレートのデザインをテーマとして保存したい

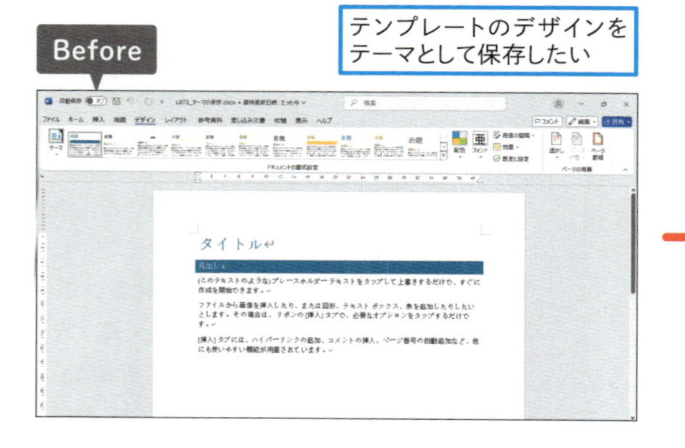

After

保存したテーマをいつでも使用できる

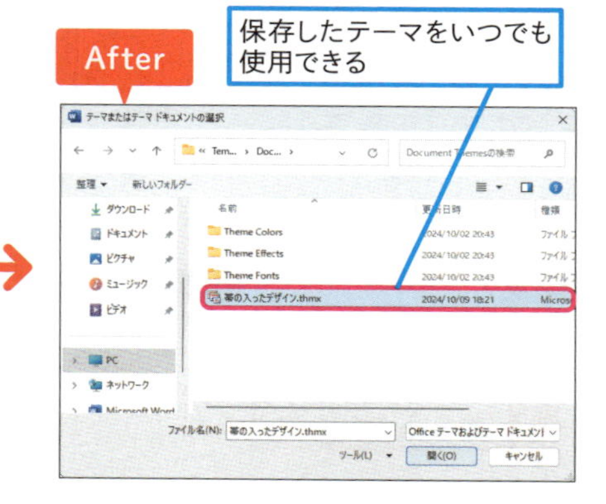

使いこなしのヒント

保存したテーマを使用するには

パソコンに保存してあるテーマを使用するには、［テーマの参照］でテーマが保存されているファイルを開きます。

1 ［デザイン］タブをクリック

2 ［テーマ］をクリック

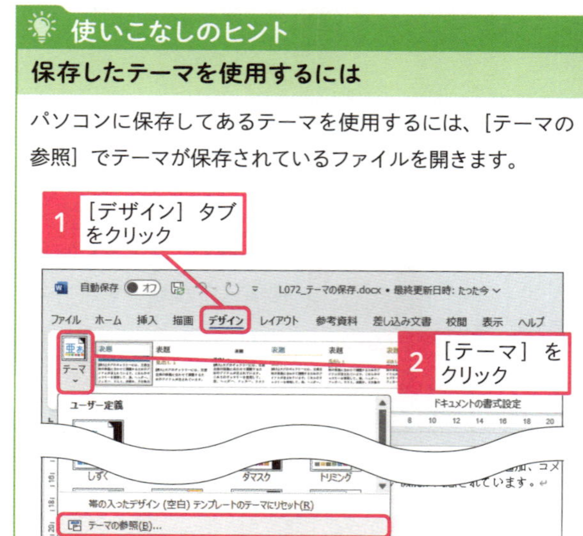

3 ［テーマの参照］をクリック

［テーマまたはテーマドキュメントの選択］ダイアログボックスが表示された

4 保存場所を選択

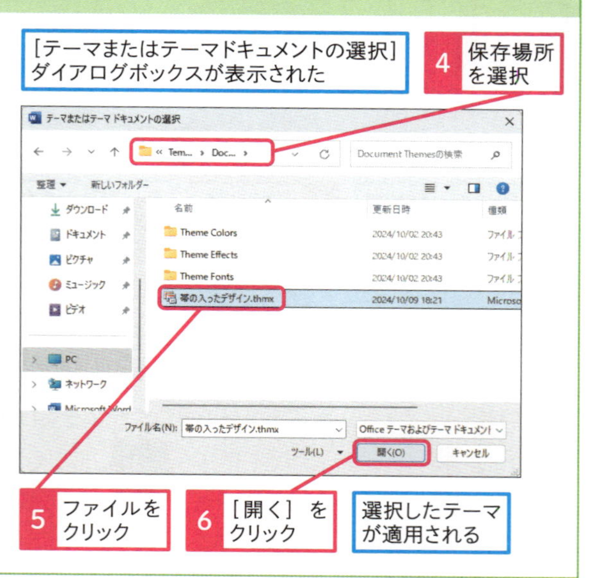

5 ファイルをクリック

6 ［開く］をクリック

選択したテーマが適用される

1 テーマを保存する

ここではレッスン71で作成したテンプレートのテーマを保存する

1 ［デザイン］タブをクリック

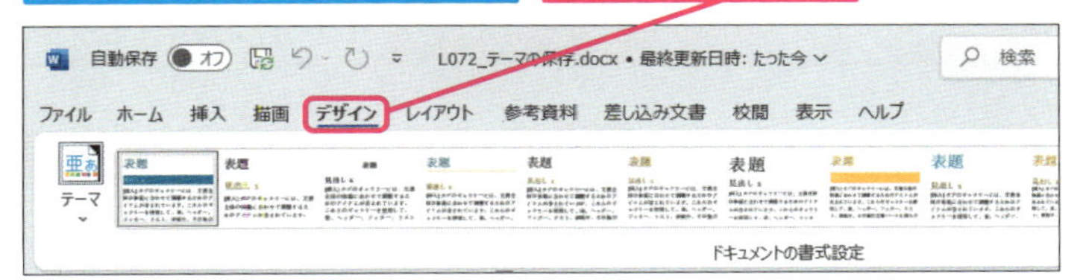

2 ［テーマ］をクリック

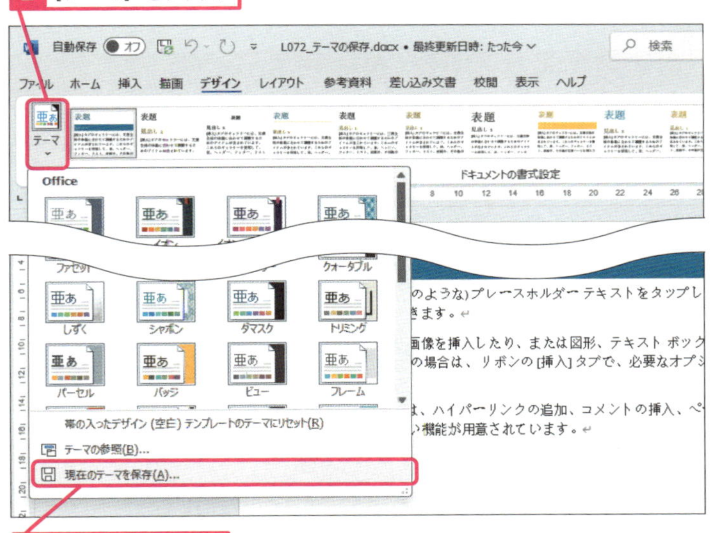

3 ［現在のテーマを保存］をクリック

［現在のテーマを保存］ダイアログボックスが表示された

4 保存場所を選択

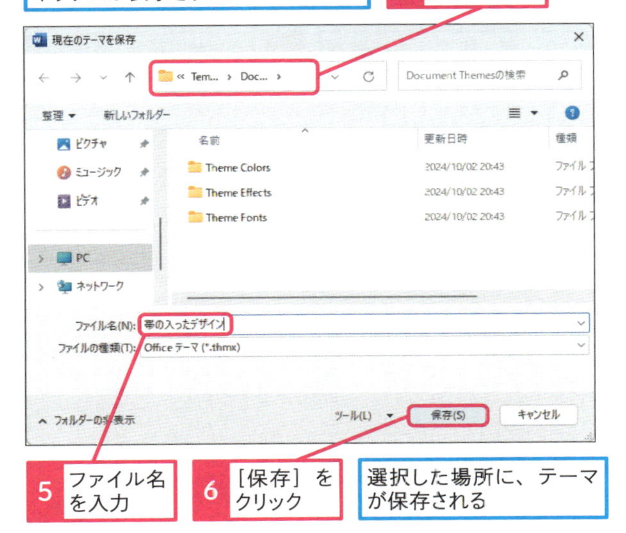

5 ファイル名を入力

6 ［保存］をクリック

選択した場所に、テーマが保存される

使いこなしのヒント

既存のテーマを編集して保存できる

編集した既存のテーマを他の文書でも使いたいときには、パソコンにテーマのファイルを保存します。［テーマ］から［既存のテーマの保存］で、名前を付けてファイルとしてパソコンに保存できます。

使いこなしのヒント

よく使うテーマは［ドキュメント］に保存しておくと便利

［既存のテーマの保存］を実行すると、初期設定のフォルダーに保存されます。初期設定のフォルダーは、分かりにくい場所にあるので、［ドキュメント］に保存しておいた方が、後で［テーマの参照］で開くときに、分かりやすくて便利です。

まとめ オリジナルのテーマを保存して文書のデザインを統一

テーマで利用できる装飾の組み合わせは、テンプレートから文書を新規に作成すると、標準の配色やフォントとは異なるデザインになります。気に入ったテーマを他の文書でも使いたいときには、テーマの保存を使って、パソコンに残しておくと便利です。また、オリジナルのテーマを作成したときにも、ファイルとして保存しておくと、統一性のあるデザインで文書を作成できます。

レッスン
73 スタイルセットを保存するには

スタイルセットの保存

練習用ファイル L073_スタイルセット.docx

よく使うフォントやサイズ、見出しレベルなどは、スタイルセットとして保存しておくと、一度にまとめて設定できるようになります。オリジナルのスタイルセットを作成して、Wordの書式設定をより効率よくしましょう。

キーワード

スタイル	P.342
フォント	P.344

文書の書式設定を保存する

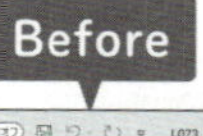

ページ全体の見出しレベルやフォントなどをまとめて保存したい

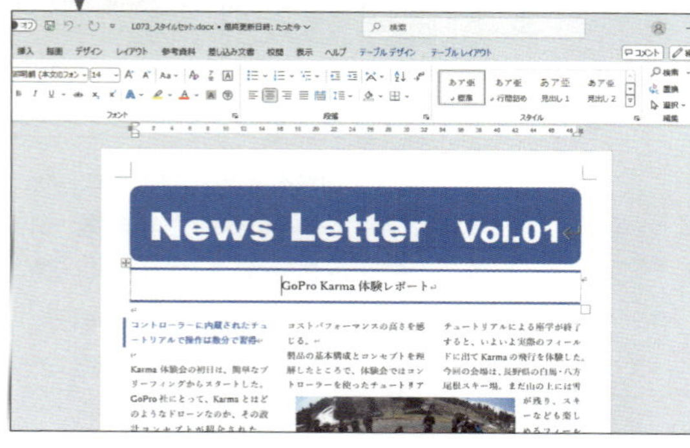

After

保存したスタイルセットを使用して、ページ全体に適用できるようになった

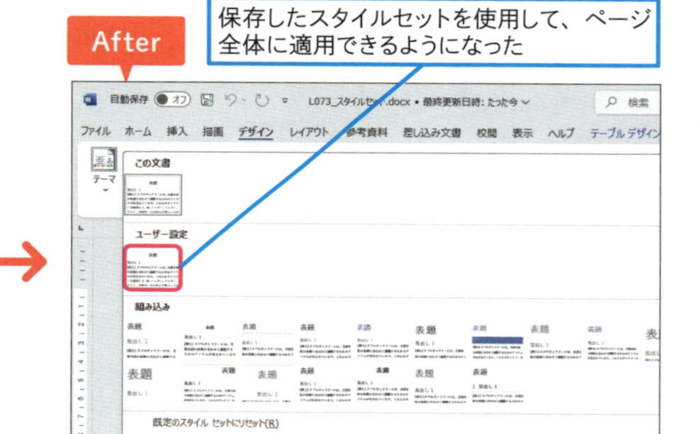

使いこなしのヒント

保存したスタイルセットを使用する

保存したスタイルセットは、ドキュメントの書式設定に追加されます。手順のように［その他］から追加したスタイルセットが選べます。

1 ［デザイン］タブをクリック

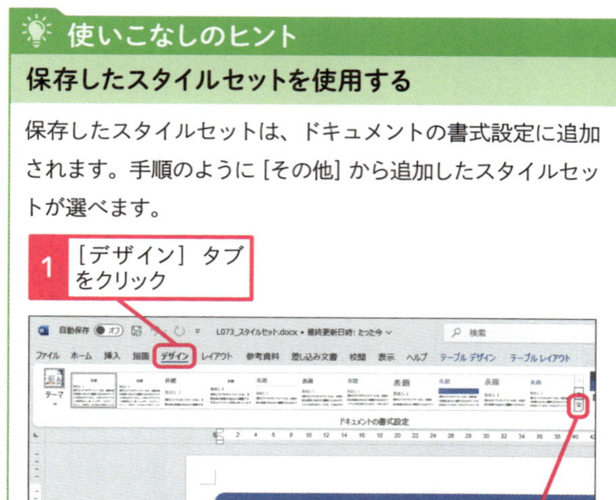

2 ［ドキュメントの書式設定］の［その他］をクリック

［ユーザー設定］の一覧が追加されている

3 ［ユーザー設定］のここをクリック

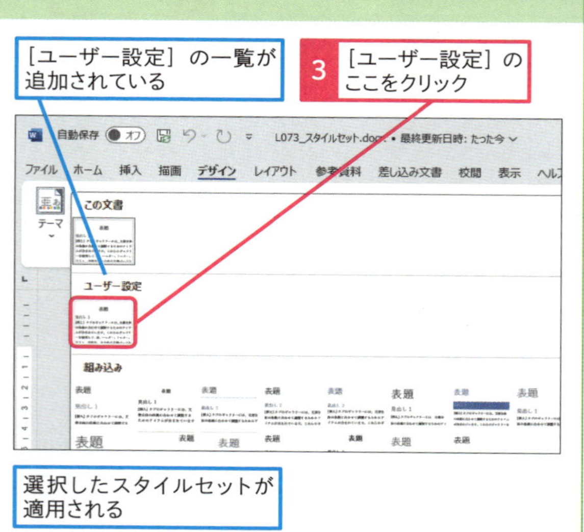

選択したスタイルセットが適用される

1 スタイルセットを保存する

ページ全体の見出しレベルやフォントなどをまとめて保存する

1 ［デザイン］タブをクリック

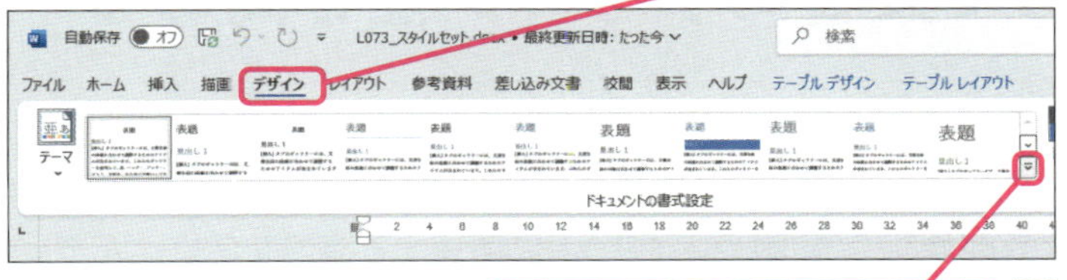

2 ［ドキュメントの書式設定］の［その他］をクリック

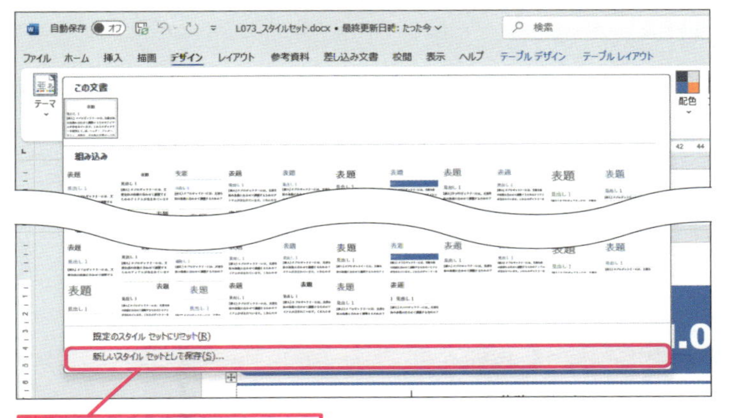

3 ［新しいスタイルセットとして保存］をクリック

［新しいスタイルセットとして保存］ダイアログボックスが表示された

右のヒントを参考に、保存場所を確認しておく

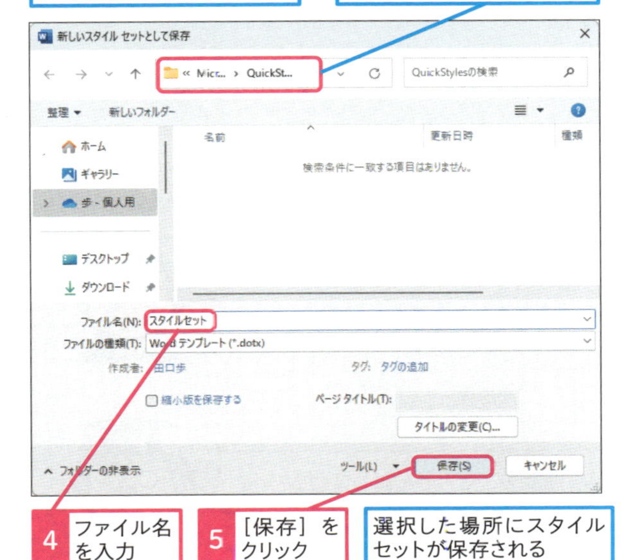

4 ファイル名を入力

5 ［保存］をクリック

選択した場所にスタイルセットが保存される

使いこなしのヒント

保存したスタイルセットを削除するには

使わないスタイルセットは、ドキュメントの書式設定の一覧から、手順のようにマウスの右クリックで削除できます。

［デザイン］タブを表示して、［ドキュメントの書式設定］の［その他］をクリックしておく

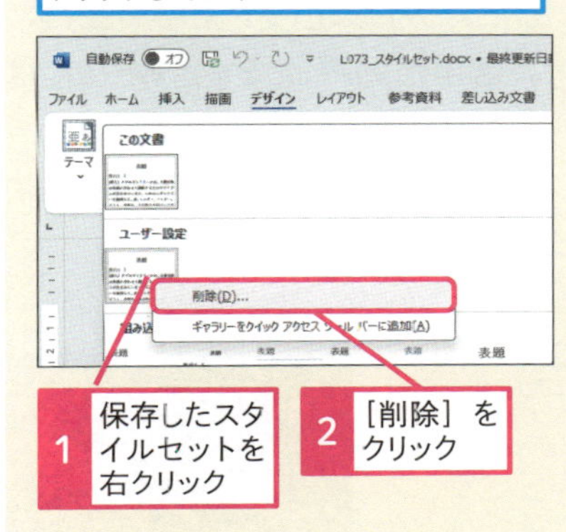

1 保存したスタイルセットを右クリック

2 ［削除］をクリック

使いこなしのヒント

スタイルセットはどこに保存すればいいの？

スタイルセットは、「C:¥Users¥ユーザー名¥AppData¥Roaming¥Microsoft¥QuickStyles」に、Wordテンプレートとして保存されます。このフォルダー以外に保存すると、自動的に読み込まれません。

まとめ　よく使うスタイルをまとめて保存しよう

スタイルセットはホームタブのスタイルに登録されている装飾をまとめて変更する機能です。あらかじめ登録されているスタイルセットを選ぶと、スタイルで装飾されている文書をひとまとめに変更できます。オリジナルの組み合わせを使いたいときに、スタイルセットを保存しておくと便利です。共通して使うスタイルセットを決めておくと、文書の装飾に統一性が保てます。

この章のまとめ

図形の装飾を活用して文書のデザイン性を高める

印刷物のような文書を作るには、この章で解説したような段組みや文字の装飾、図形や画像の活用が効果的です。Wordには、文字や図形を装飾する機能が豊富に備わっています。リボンで表示されている装飾を選ぶだけではなく、オリジナルの色づかいや効果も作成できます。装飾やレイアウトに関連する機能を使い込んでいけば、よりデザイン性に優れた注目度の高い文書を作れるようになります。

かわいいサンプルが多くて、楽しかったです～♪

それは良かった！　Wordはビジネス文書だけじゃなくて、デザインを生かした印刷物もちゃんと作れるんですよ。

発想と工夫しだいなんですね、先生！

そう、その通り！　Wordの多彩な機能を、どんどん試してください。

活用編

第10章

大量の書類を自動で作るには

Wordでは、Excelなど他のアプリとデータをやり取りしたり、フィールドコードという特殊なコードを活用して、式を計算したりページ番号などを自動的に入力できます。さらに、住所録などのデータを使って宛名や宛先を差し込み印刷として自動で挿入できます。

レッスン

74 Introduction この章で学ぶこと Wordが得意な自動化の方法って？

フィールドコードは、Wordの機能の中でも自動化に関連する特別な処理になります。複数の作業を一度で処理したり、計算や参照を自動化して作業の手間を軽減し、うっかりミスを防ぎます。また、差し込み印刷ではWord以外のアプリで作られた住所や氏名などのデータを挿入して、宛名印刷などの自動化に役立ちます。

宛名とかまとめて作りたい！

ふうふう、やっと20人分できたぞ。残りは30人か……。

さっきの書類、できた？　差し込み印刷ですぐに……え、何やってるの？

何って、差し込み印刷って手差しで印刷することでしょ？

あちゃー、全然違いますよ！　差し込み印刷は、個別のデータを文書に自動的に組み込める機能なんです。似た機能のフィールドコードと合わせて紹介しますね。

Wordに搭載された自動処理の機能

Wordには個別の情報やデータを文書に組み込むための機能がいくつか搭載されています。第6章で紹介したはがきの宛名作成機能もその1つですが、この章ではビジネス文書やメールの下書きに使える、フィールドコードと差し込み印刷を紹介します。

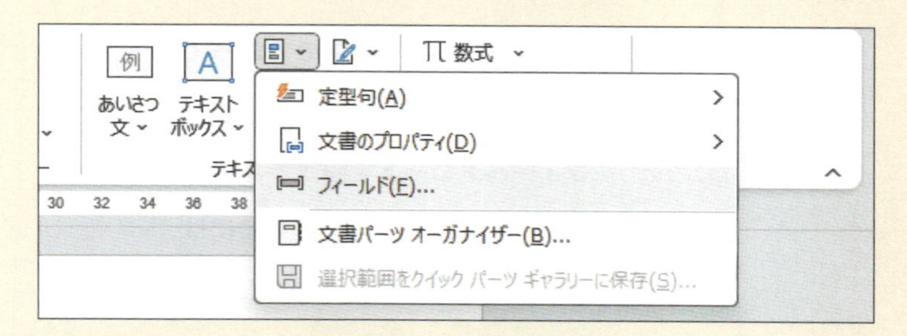

文書内の特定の箇所を一斉に更新できる

まずはフィールドコード。これは文書内に設定した「フィールド」を、基準に合わせて一斉に変更できる機能です。ビジネス文書などで、先方の名前が複数の場所に入っているときに使うと便利なんです。

同じ内容の文書を、先方の名前だけ変えて出したいときに便利ですよね。自作のテンプレートで使ってます♪

↵
このたびは、長野浩二様のご注文をいただきまして、ありがとうございます。↵
配送にあたり、改めて確認書を送らせていただきます。↵
内容をご確認いただいて、修正内容などあれば、ご一報いただけると幸いです。↵
↵

商品名↵	ご注文数↵	記名内容↵
名入り万年筆↵	1↵	長野浩二↵
名入り名刺入れ↵	1↵	長野浩二↵

文書の特定の場所にデータを自動的に組み込める

そしてこれが差し込み印刷。文書の特定の場所に、Excelなどのリストからデータを抽出して自動的に組み込めます。宛名印刷と同じようなことを文書の上でできるんですよ。

すごい、住所と名前だけ変えた文書が人数分、一瞬でできた！　ここ、これが知りたかったんです！

↵

新製品企画書↵

〒256-6828↵
神奈川県厚木市岡田 1-2-9↵
松田 和臣　様↵

レッスン

75 フィールドコードとは

フィールドコード　練習用ファイル　L075_フィールドコード.doc

文書を作成していると、顧客名や商品名など同じ内容を繰り返し入力することがあります。そうした繰り返しや連続した単語の入力には、フィールドコードとブックマークを組み合わせて活用すると便利です。

1 ［ブックマーク］画面を表示する

1 ［挿入］タブをクリック

2 ［ブックマーク］をクリック

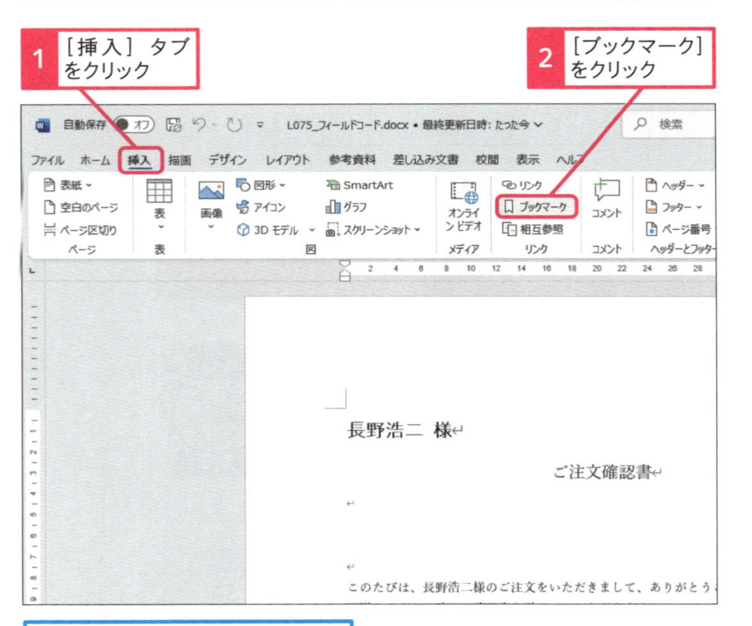

［ブックマーク］画面が表示された

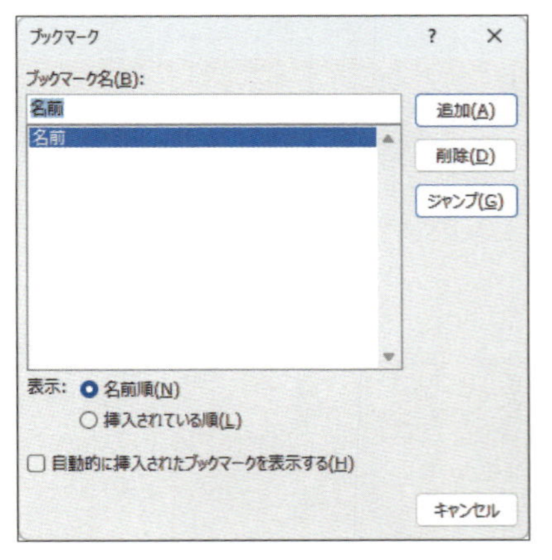

キーワード

置換	P.343
フィールドコード	P.344
ブックマーク	P.344

使いこなしのヒント

ブックマークとは

ブックマークは、編集画面に入力した文字などをフィールドコードで参照するための栞のような目印です。ブックマークを登録すると、このレッスンのようにフィールドコードで参照したり、［検索と置換］ダイアログボックスの［ジャンプ］タブで移動したりできます。

1 ［ホーム］タブをクリック

2 ［置換］をクリック

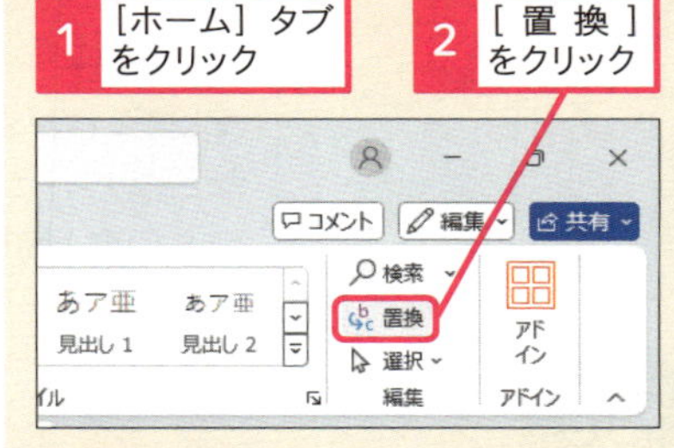

3 ［ジャンプ］タブをクリック

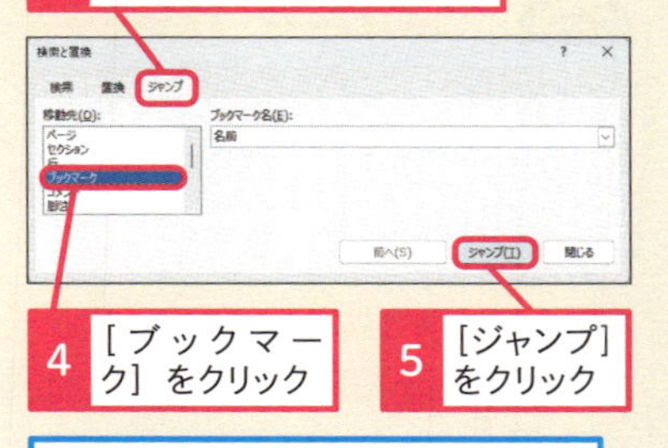

4 ［ブックマーク］をクリック

5 ［ジャンプ］をクリック

ブックマークが設定されたフィールドコードを検索できる

活用編 第10章 大量の書類を自動で作るには

2 ［フィールド］画面を表示する

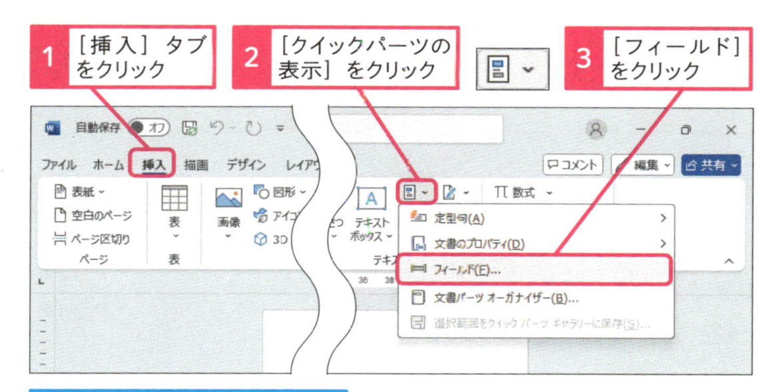

［フィールド］画面が表示された

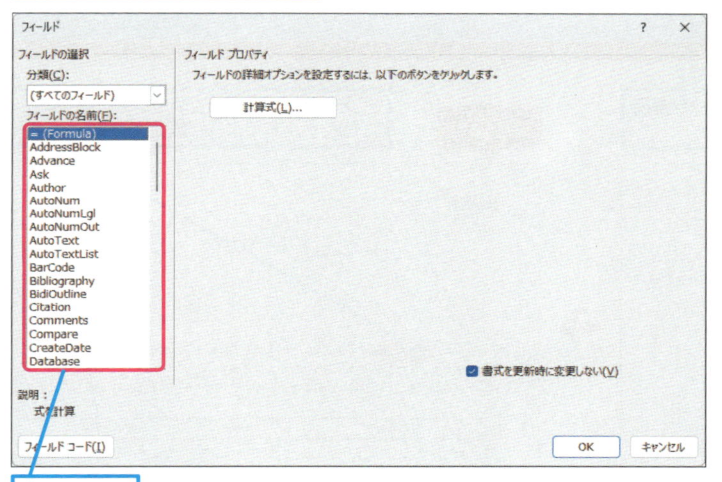

●おもなフィールドコード

フィールドコード	機能
＝（式）フィールド	数式を使用して数値を計算します。 {=式［ブックマーク］［\#数値形式］}
Pageフィールド	Pageフィールドがあるページの数を挿入します。 {PAGE［*書式スイッチ］}
Refフィールド	ブックマーク付きテキストまたはグラフィックを挿入します。 {［REF］Bookmark［スイッチ］}
Timeフィールド	文書に現在の時刻を挿入します。 {TIME［\@"Date-TimePicture"］}
UserNameフィールド	［Wordのオプション］の［ユーザー名］からユーザー名を挿入します。 {USERNAME［"NewName"］}

使いこなしのヒント

フィールドコードとは

フィールドコードは、数字の計算やページ数の表示、他のデータ参照、差し込み印刷、目次や索引の作成などで利用する特殊な情報処理のための記号です。フィールドコードを活用すると、すでに入力した文字を自動的に他の場所に転記する、といった処理も可能になります。

使いこなしのヒント

Wordで使えるフィールドコードの一覧

フィールドコードについては、マイクロソフトのホームページにも、詳しい使い方が紹介されています。

▼Word のフィールド コード一覧
https://support.microsoft.com/ja-jp/office/word-のフィールド-コード一覧-1ad6d91a-55a7-4a8d-b535-cf7888659a51

まとめ フィールドコードで文書作成を自動化する

Wordのフィールドコードは、文字の参照や数字の計算を自動化する特殊なコードの集まりです。Wordのフィールドコードは、70以上に及びます。それぞれのフィールドコードの機能は、ダイアログボックスで確認できます。

レッスン

76 フィールドコードを設定するには

フィールドコードの設定

練習用ファイル L076_フィールドコードの設定.docx

フィールドコードは、編集画面の任意の場所に挿入できます。挿入されたフィールドコードは、ダイアログボックスに表示されている英文字のコードではなく、計算された結果が表示されます。例えば、PAGEというフィールドコードを挿入すると、現在のページ数が表示されます。

キーワード

フィールドコード	P.344
フォント	P.344
ブックマーク	P.344

フィールドコードを設定する

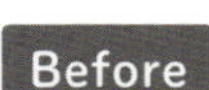

左上に入力された名前が、ほかの場所にも表示されるように設定したい

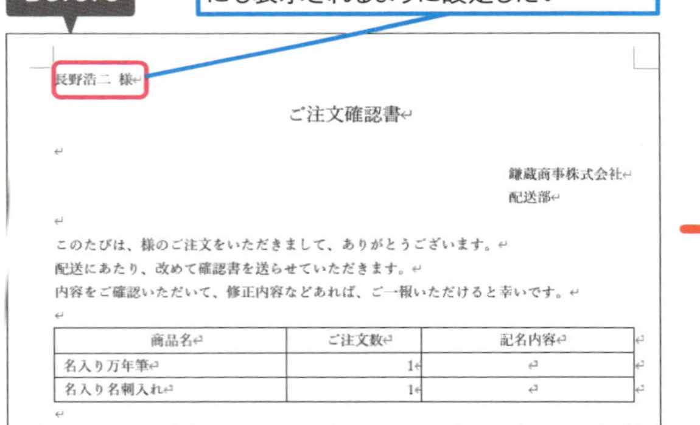

左上に入力された名前を、ほかの場所にも表示されるように設定できた

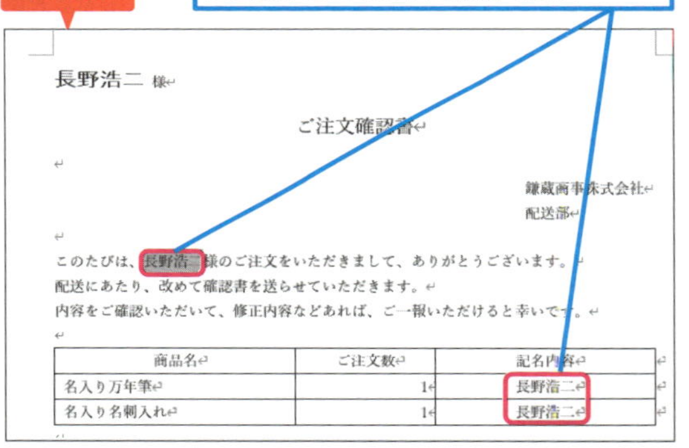

1 ブックマークを設定する

1 ブックマークに設定したい文字をドラッグして選択

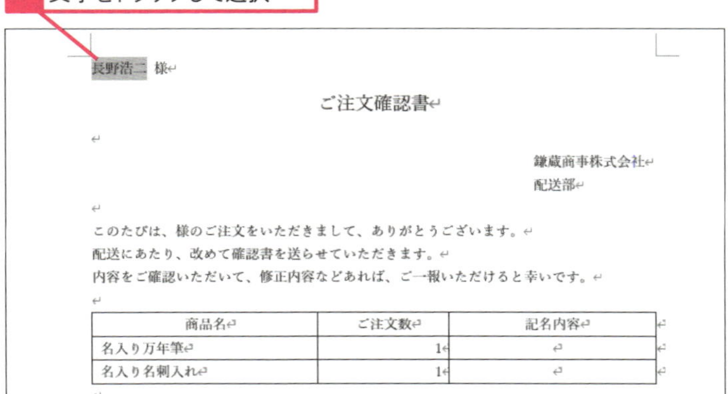

使いこなしのヒント

参照元の文字のフォントに注意する

レッスンで挿入した参照(REF)フィールドコードは、ブックマークが登録されている参照元の文字だけではなく装飾も参照されます。挿入されたフィールドコードの装飾は、後で変更すると、それ以降は参照元の文字だけを表示するようになります。

使いこなしのヒント

リンクを挿入するには

ブックマークがあるリンクグループには、ハイパーリンクなどを挿入する［リンク］があります。

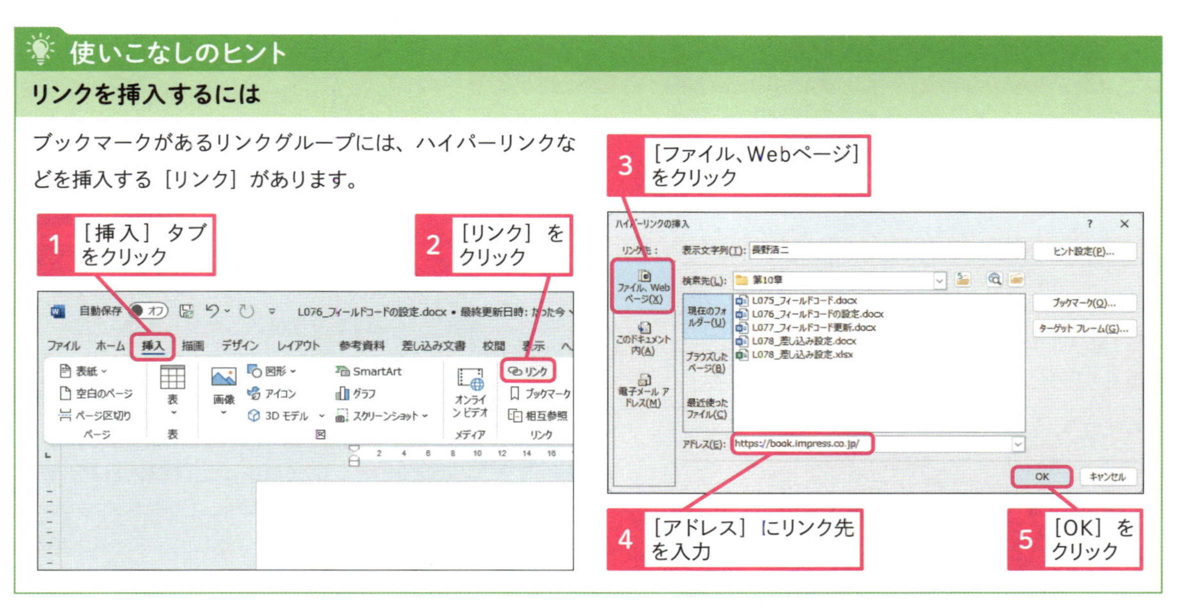

● ブックマークの名前を付ける

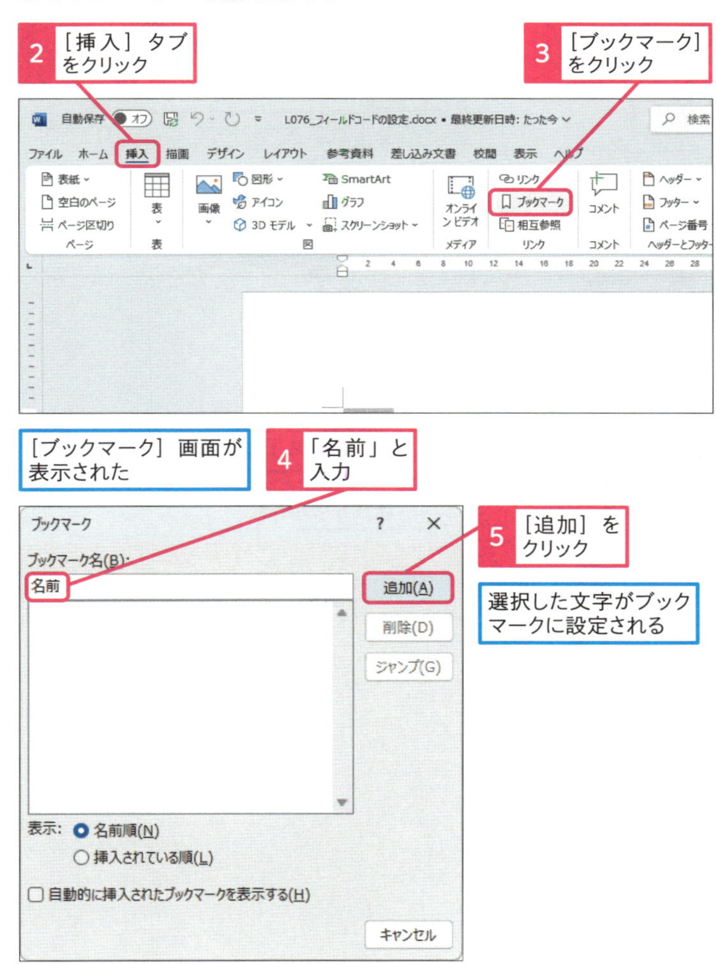

使いこなしのヒント

相互参照とは

相互参照を挿入すると、見出しや図表などの位置を参照するリンクが挿入されます。

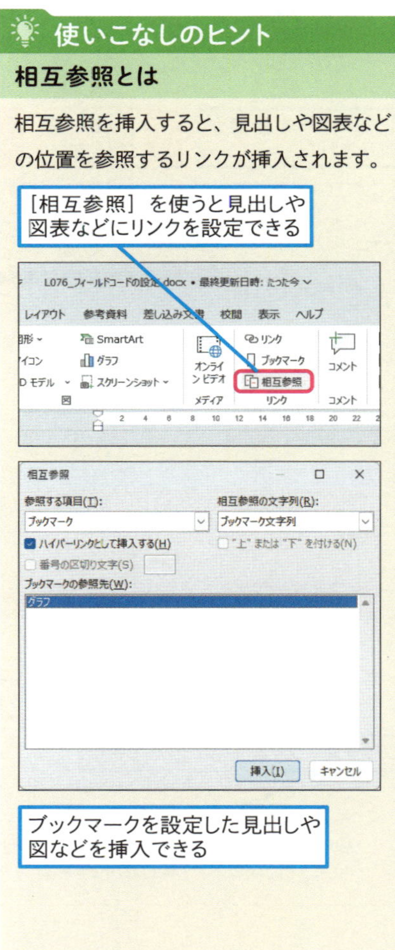

次のページに続く

2 参照フィールドを設定する

1 文字を挿入したい箇所をクリック

このたびは、様のご注文をいただきまして、ありがとうございます。
配送にあたり、改めて確認書を送らせていただきます。
内容をご確認いただいて、修正内容などあれば、ご一報いただけると幸いです。

3 ［クイックパーツの表示］をクリック

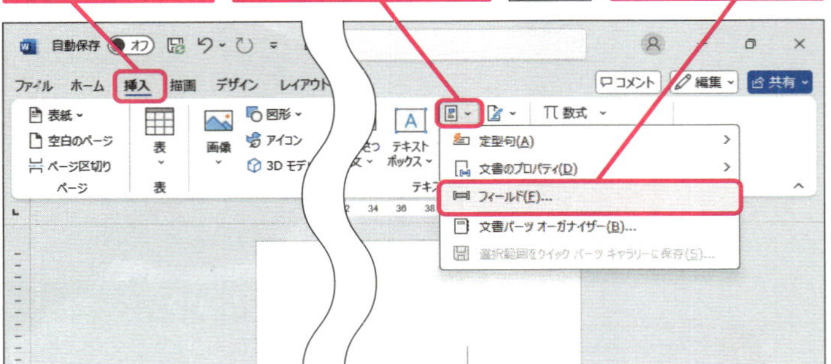

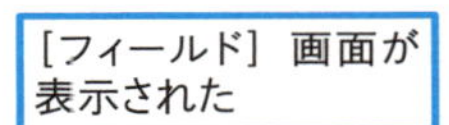

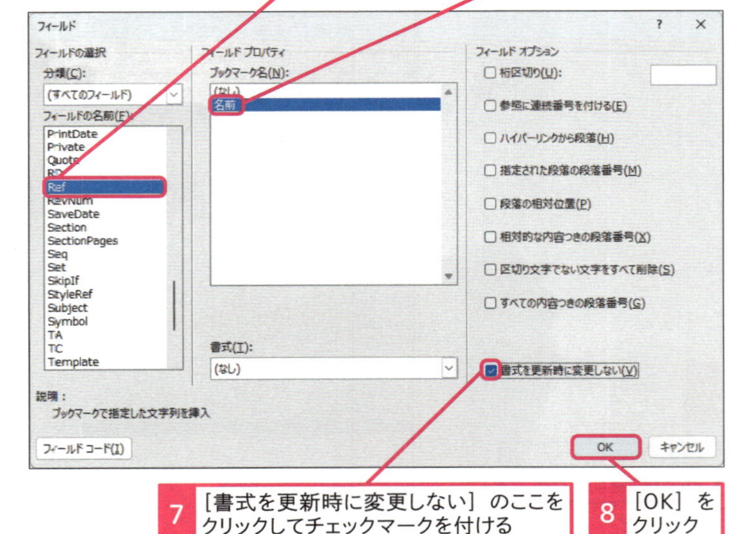

7 ［書式を更新時に変更しない］のここをクリックしてチェックマークを付ける

8 ［OK］をクリック

ブックマークを参照して表示できた

このたびは、長野浩二様のご注文をいただきまして、ありがとうございます。
配送にあたり、改めて確認書を送らせていただきます。
内容をご確認いただいて、修正内容などあれば、ご一報いただけると幸いです。

使いこなしのヒント

フィールドコードの種類と使い方

フィールドコードは、70種類以上ありますが、その用途は主に8つに分類されます。［リンクと参照］は、このレッスンで解説しているように、ブックマークなどの特定の情報を参照したり、ページ内やサイトへのリンクを挿入したりします。［差し込み印刷］は、宛名印刷などで使われます。［索引と目次］は、見出しに設定された項目から、目次と索引を作成します。そして、レッスン39で解説した［数式と計算］や、日付や時刻を自動的に入力するフィールドコードもあります。さらに、ページなどの番号を自動で入力したり、マクロの挿入や印刷などを実行したりする機能もあります。ダイアログボックスで種類ごとに表示すると、それぞれの用途がわかります。

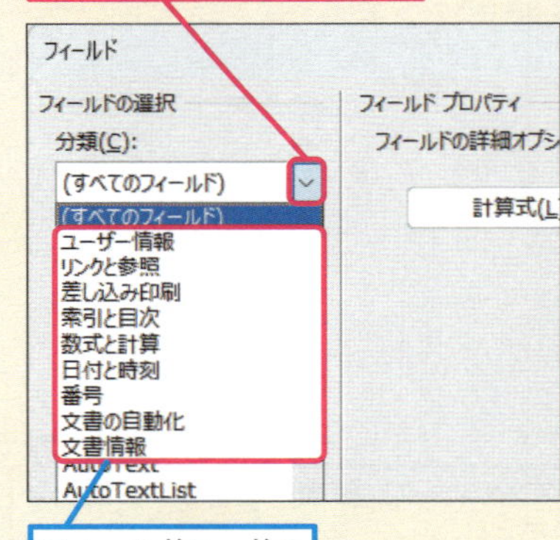

3 フィールドコードをコピーする

1 フィールドをドラッグして選択

2 Ctrlキーを押しながら、Cキーを押す

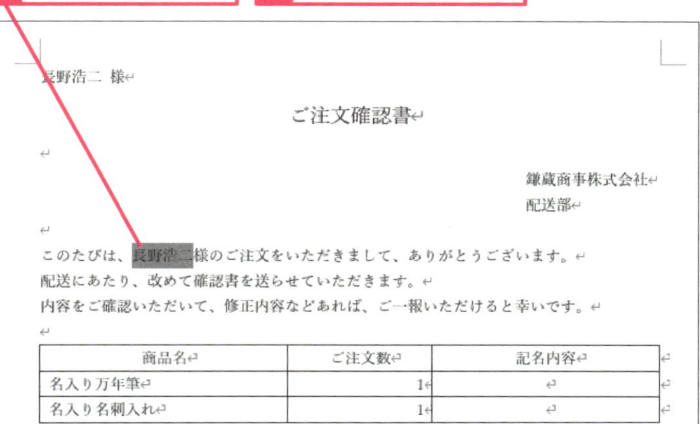

3 ここをクリック

4 Ctrlキーを押しながら、Vキーを押す

このたびは、長野浩二様のご注文をいただきまして、ありがとうございます。
配送にあたり、改めて確認書を送らせていただきます。
内容をご確認いただいて、修正内容などあれば、ご一報いただけると幸いです。

商品名	ご注文数	記名内容
名入り万年筆	1	
名入り名刺入れ	1	

同様にここにもフィールドを貼り付けておく

フィールドがコピーされた

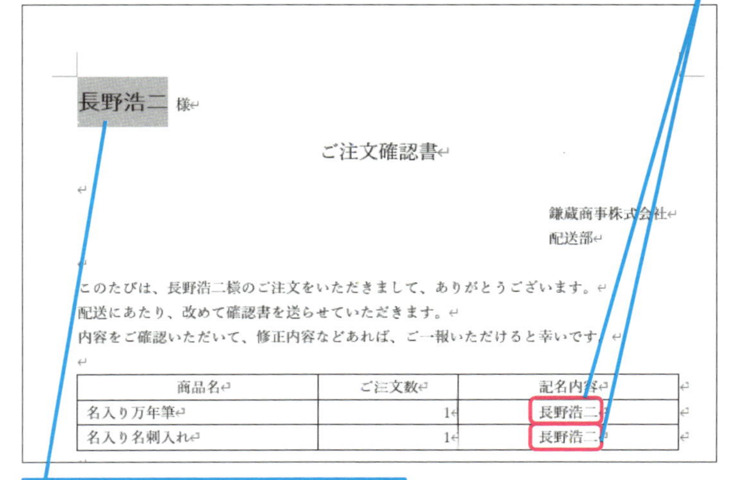

参照元の文字のフォントを［游ゴシック Light］の［太字］にし、フォントサイズを［16］に設定しておく

使いこなしのヒント

挿入されたフィールドコードを修正するには

挿入されたフィールドコードの内容を確認したり修正したりするには、Shift+F9キーを使います。フィールドコードが選択されている状態で、Shift+F9キーを押すと、フィールドコードを表示したり、元に戻したりできます。

1 フィールドコードをクリック

このたびは、長野浩二様のご注文をいただきまして、あ
配送にあたり、改めて確認書を送らせていただきます。
内容をご確認いただいて、修正内容などあれば、ご一報

2 Shift+F9キーを押す

フィールドコードが編集可能な状態になった

このたびは、{ REF 名前 ¥* MERGEFORMAT }様
とうございます。
配送にあたり、改めて確認書を送らせていただきます。
内容をご確認いただいて、修正内容などあれば、ご一報

まとめ フィールドコードで文書作成を自動化しよう

定型文の多くは、宛名や日付に必要最低限の項目を変更するか入力するだけで、必要な文書として利用できます。こうした利用パターンの決まった文書では、フィールドコードを活用すると、入力や更新を自動化できるようになり、文書作成の時間を短縮できます。また、図版や注釈の多い文書でフィールドコードを活用すると、参照先のミスを防ぎ、後から追加や削除しても、フィールドコードを更新すれば、ページ数や図版番号などを自動で再計算できます。

レッスン

77 フィールドコードを更新するには

フィールドコードの更新

練習用ファイル　L077_フィールドコード更新.docx

フィールドコードは、参照先の内容や計算対象の数字などが変更されたときには、F9キーで更新して最新の内容にします。また、印刷プレビューを利用すると、一括して更新できます。

キーワード

フィールドコードを更新する

Before

左上の名前をほかの名前に変更して、フィールドも更新したい

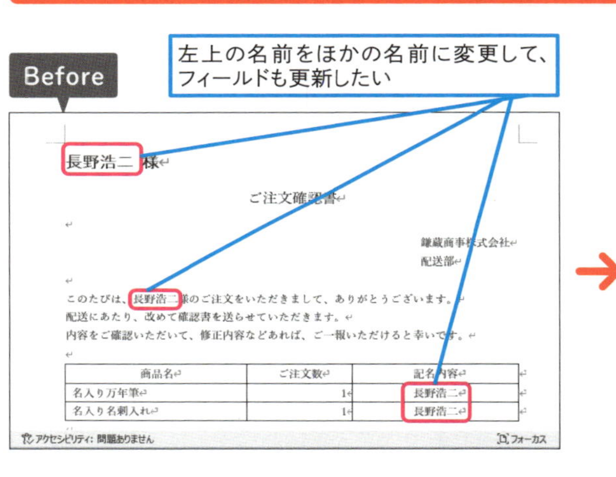

After

左上に新しく入力した名前が、フィールドに表示された

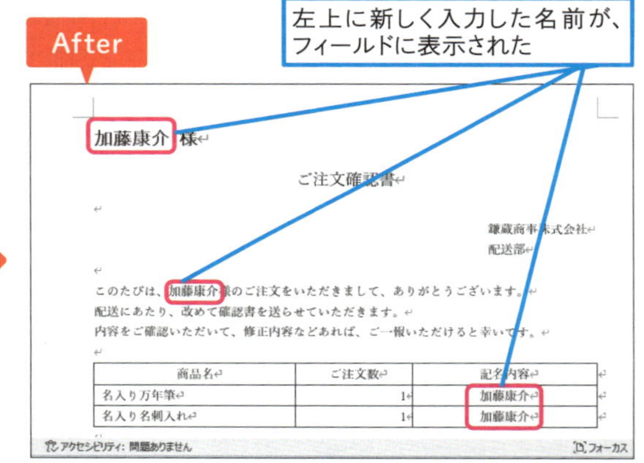

1 参照先を変更する

1 ブックマークを設定した名前のここをクリック

2 「加藤康介」と入力

3 Deleteキーを4回押す

加藤康介長野浩二　様

ご注文確認書

鎌蔵商事株式会社
配送部

このたびは、長野浩二様のご注文をいただきまして、ありがとうございます。
配送にあたり、改めて確認書を送らせていただきます。
内容をご確認いただいて、修正内容などあれば、ご一報いただけると幸いです。

商品名	ご注文数	記名内容
名入り万年筆	1	長野浩二
名入り名刺入れ	1	長野浩二

使いこなしのヒント

ブックマークを設定した文字が完全に消去されないようにする

ブックマークを設定した文字列は、範囲選択して書き換えてしまうと、登録されているブックマーク名も失われてしまいます。レッスンのように、フィールドコードの参照元となるブックマークの文字を修正するときには、先に変更する文字を入力してから、古い文字を削除するようにしましょう。

● 一括で更新する

4 ［ファイル］タブをクリック

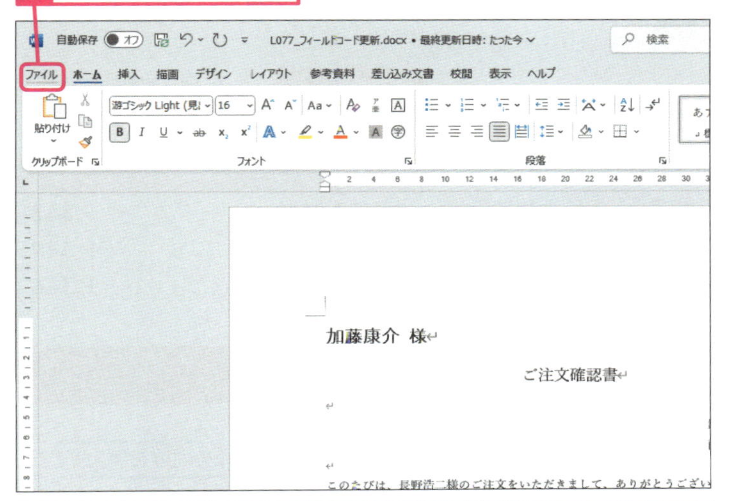

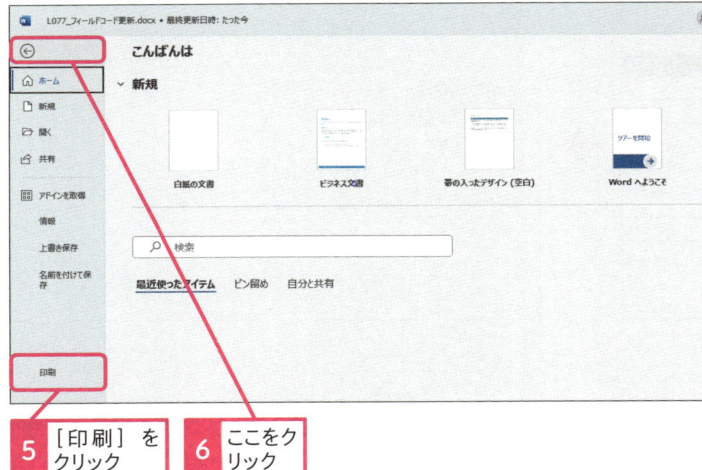

5 ［印刷］をクリック

6 ここをクリック

フィールドが更新された

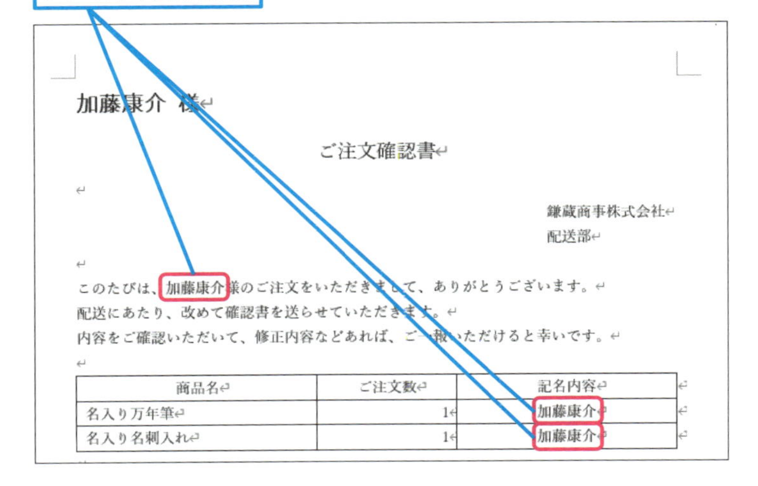

使いこなしのヒント

フィールドコードを個別に更新するには

個々のフィールドコードを更新するには、選択して F9 キーを押すか、マウスの右クリックで右クリックメニューを表示して、［フィールド更新］を実行します。

●キーボードで更新する

1 フィールドコードをクリック

2 F9 キーを押す

このたびは、長野浩二様のご注文をいただきまして、
配送にあたり、改めて確認書を送らせていただきます。

フィールドコードが個別に更新された

このたびは、加藤康介様のご注文をいただきまして、
配送にあたり、改めて確認書を送らせていただきます。

●右クリックメニューで更新する

1 フィールドコードを右クリック

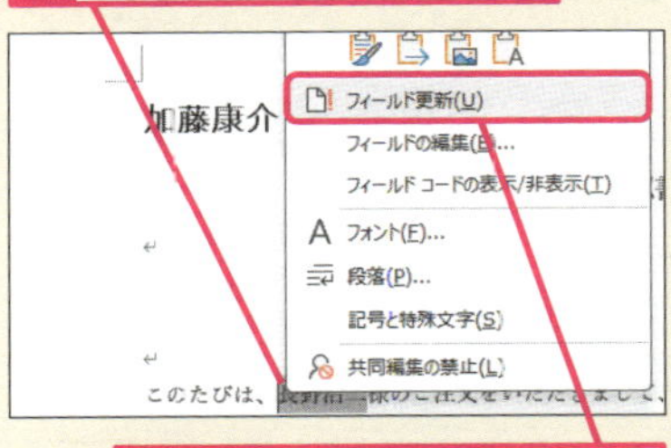

2 ［フィールド更新］をクリック

まとめ フィールドコードを使いこなしてWordの達人になろう

フィールドコードは、Wordの便利さに通じる大切な機能です。ページ番号が自動で更新されたり、表を使って計算できたりするのも、フィールドコードの働きです。フィールドコードの仕組みを理解すると、ページ番号をヘッダーやフッターではなく、編集画面でも表示できるようになります。また、ブックマークと相互参照を組み合わせると、特定の用語が記入されているページ数なども、目次や索引のように自動で計算して表示できます。

レッスン

78 差し込み印刷を設定するには

差し込み印刷の設定

練習用ファイル L78_差し込み設定.docx、L78_差し込み設定.xlsx

差し込み印刷は、宛名や住所など文書の中に部分的に違う内容を入力して、ダイレクトメールやチラシなどを印刷するときに活用すると便利な機能です。差し込み印刷を行うときは、差し込み文書とExcelなどで差し込み用のデータを準備しておきます

キーワード

差し込み印刷	P.342
フィールドコード	P.344
フォルダー	P.344

住所録の内容を指定の位置に挿入する

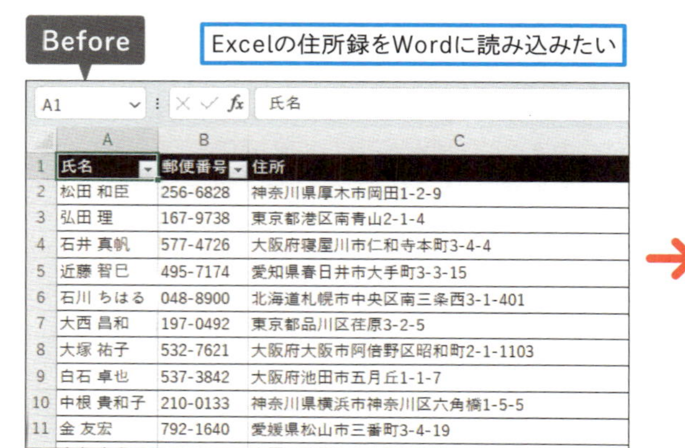

氏名	郵便番号	住所
松田 和臣	256-6828	神奈川県厚木市岡田1-2-9
弘田 理	167-9738	東京都港区南青山2-1-4
石井 真帆	577-4726	大阪府寝屋川市仁和寺本町3-4-4
近藤 智巳	495-7174	愛知県春日井市大手町3-3-15
石川 ちはる	048-8900	北海道札幌市中央区南三条西3-1-401
大西 昌和	197-0492	東京都品川区荏原3-2-5
大塚 祐子	532-7621	大阪府大阪市阿倍野区昭和町2-1-1103
白石 卓也	537-3842	大阪府池田市五月丘1-1-7
中根 貴和子	210-0133	神奈川県横浜市神奈川区六角橋1-5-5
金 友宏	792-1640	愛媛県松山市三番町3-4-19

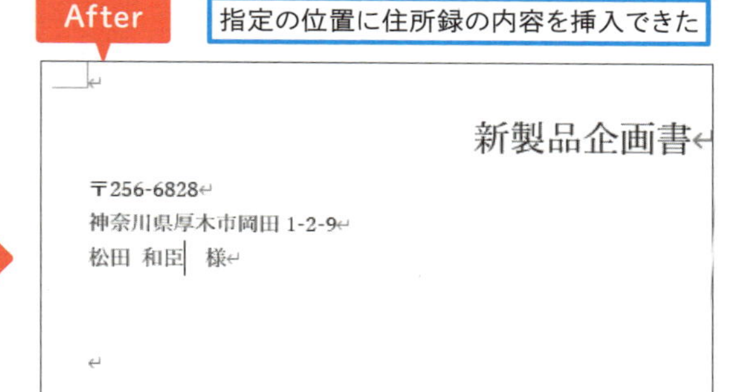

1 差し込み用のデータを用意する

Excelのファイルに氏名、郵便番号、住所などを記入した住所録を用意しておく

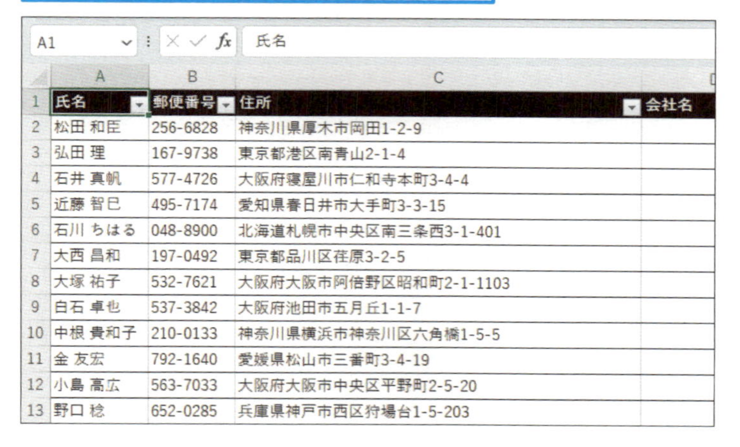

氏名	郵便番号	住所	会社名
松田 和臣	256-6828	神奈川県厚木市岡田1-2-9	
弘田 理	167-9738	東京都港区南青山2-1-4	
石井 真帆	577-4726	大阪府寝屋川市仁和寺本町3-4-4	
近藤 智巳	495-7174	愛知県春日井市大手町3-3-15	
石川 ちはる	048-8900	北海道札幌市中央区南三条西3-1-401	
大西 昌和	197-0492	東京都品川区荏原3-2-5	
大塚 祐子	532-7621	大阪府大阪市阿倍野区昭和町2-1-1103	
白石 卓也	537-3842	大阪府池田市五月丘1-1-7	
中根 貴和子	210-0133	神奈川県横浜市神奈川区六角橋1-5-5	
金 友宏	792-1640	愛媛県松山市三番町3-4-19	
小島 高広	563-7033	大阪府大阪市中央区平野町2-5-20	
野口 稔	652-0285	兵庫県神戸市西区狩場台1-5-203	

使いこなしのヒント

差し込み用のデータはWordでも作成できる

差し込み用のデータは、Wordで［新しいリストの入力］を使うと、Wordでも作成できます。

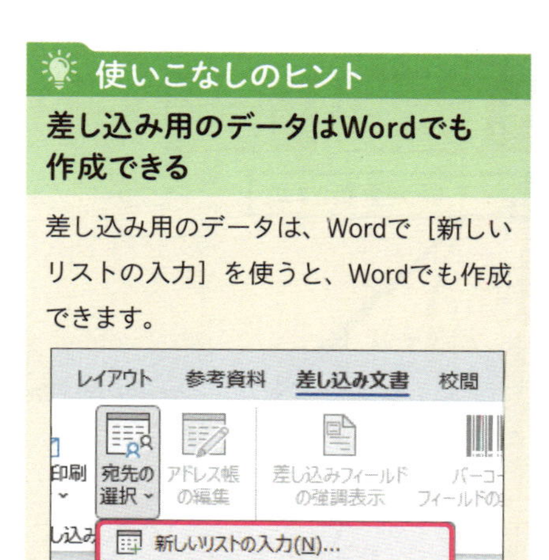

［宛先の選択］で［新しいリストの入力］をクリックし、リストを作成できる

2 データファイルを選択する

練習用ファイルを開いておく

1 ［差し込み文書］をクリック

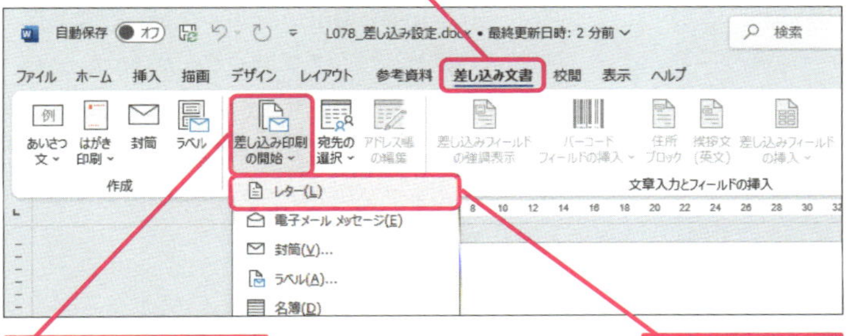

2 ［差し込み印刷の開始］をクリック

3 ［レター］をクリック

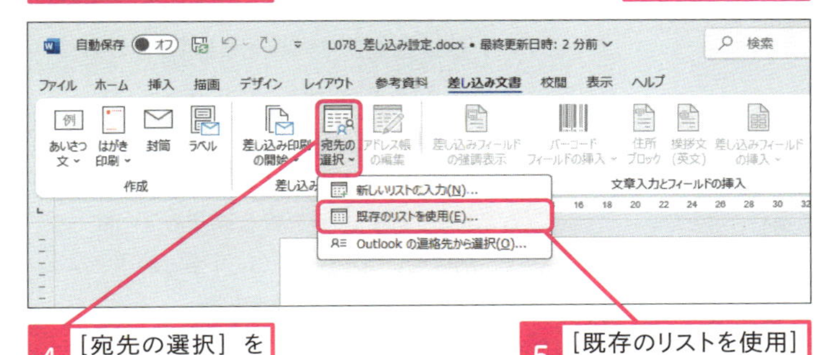

4 ［宛先の選択］をクリック

5 ［既存のリストを使用］をクリック

［データファイルの選択］画面が表示された

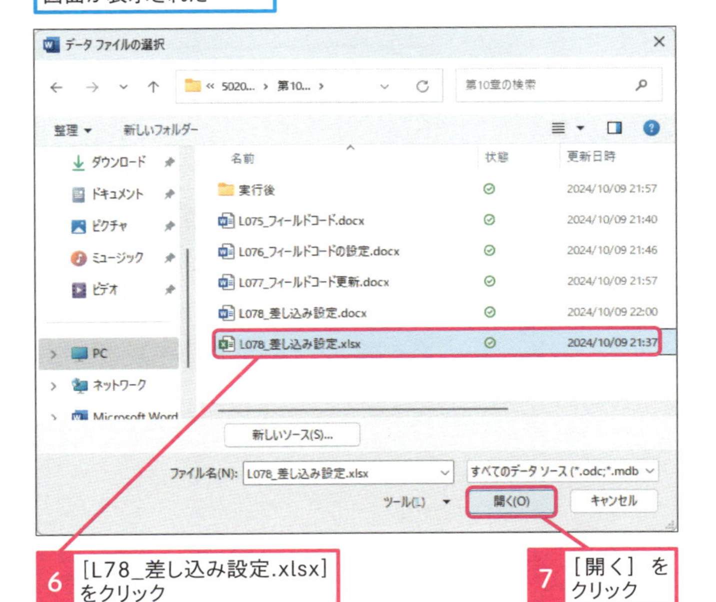

6 ［L78_差し込み設定.xlsx］をクリック

7 ［開く］をクリック

使いこなしのヒント

差し込み印刷に使用できるデータの種類

差し込み印刷で利用できるデータの種類には、レッスンで解説しているExcelやスプレッドシートの他にも、Outlook の連絡先リストや、SQL Serverに保存した既存のリスト内の名前やデータのリストが利用できます。

使いこなしのヒント

差し込み印刷ウィザードを活用しよう

差し込み印刷ウィザードを活用すると、電子メールのメッセージや封筒にラベルなど、目的の文書を選択して、ひな形を選ぶなど、作業ウィンドウに表示される手順をクリックしていくだけで、差し込み文書を作成できます。

使いこなしのヒント

Wordで作成したデータはどこに保存されるの？

Wordで作成した差し込み印刷用のデータは、標準の設定では［ドキュメント］の［My Data Sources］に保存されます。保存先とファイル名は、自由に設定できます。保存されるファイルは［Microsoft Office アドレス帳］という形式になります。

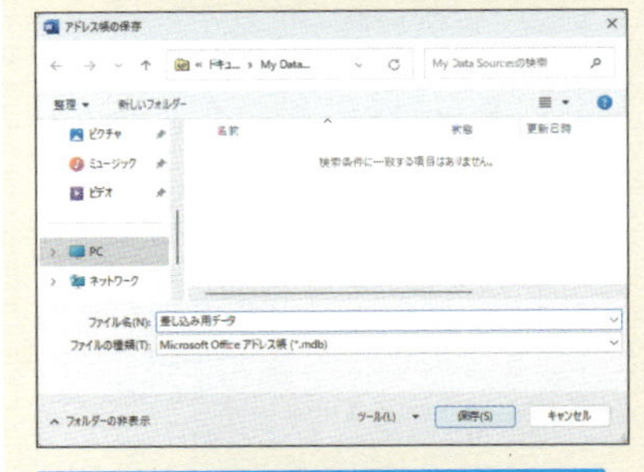

［ドキュメント］に新しいフォルダーが作成されて保存される

次のページに続く

3 差し込むデータを選択する

[テーブルの選択] 画面が表示された

1 シート名をクリック

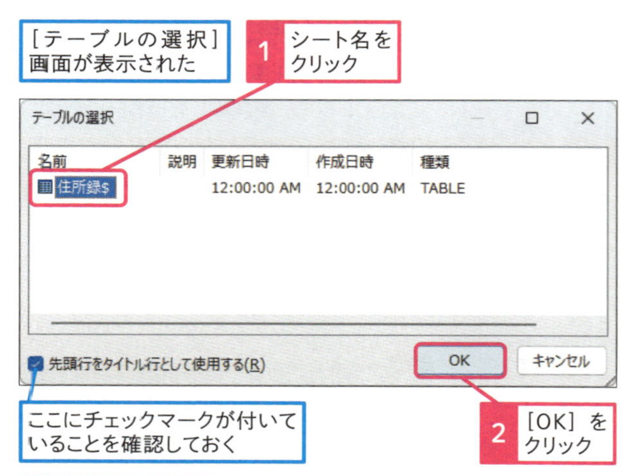

ここにチェックマークが付いていることを確認しておく

2 [OK] をクリック

3 [差し込み文書] をクリック

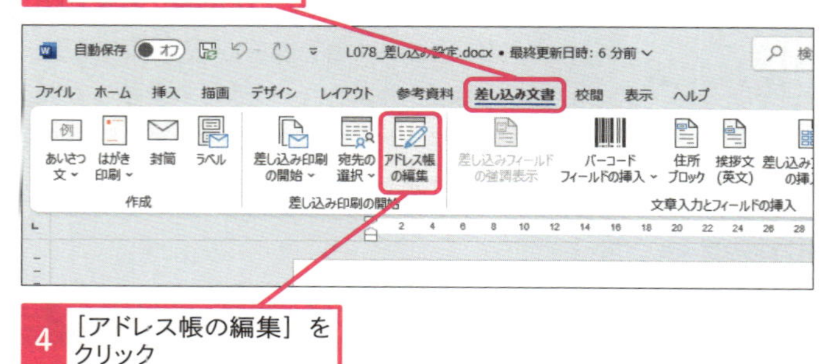

4 [アドレス帳の編集] をクリック

[差し込み印刷の宛先] 画面が表示された

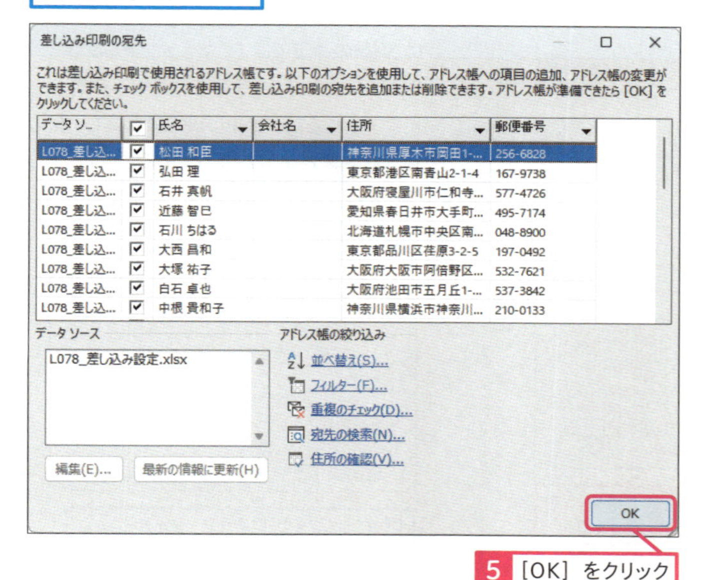

5 [OK] をクリック

使いこなしのヒント

差し込み用データのファイル形式とは

Wordで作成した差し込み用データは[Microsoft Office アドレス帳] 形式で保存され、エクスプローラーからはAccessのデータベース用ファイルとして認識されます。そのため、エクスプローラーからファイルをダブルクリックして開こうとするとAccessが起動します。

使いこなしのヒント

差し込みフィールドを確認するには

挿入された差し込みフィールドは[MERGEFIELD] というフィールドコードです。フィールド名にカーソルを合わせて、Shiftキーを押しながらF9キーを押すと、フィールドコード名と対象となるフィールドを確認できます。

〒256-6828
神奈川県厚木市岡田 1-2-9
{ MERGEFIELD 氏名 } 様

フィールドコードの後ろにフィールドの内容が記入されている

使いこなしのヒント

差し込むデータを選ぶには

[差し込み印刷の宛先] で表示されているチェックマークをクリックすると、差し込むデータを選択できます。

4 フィールドを設定する

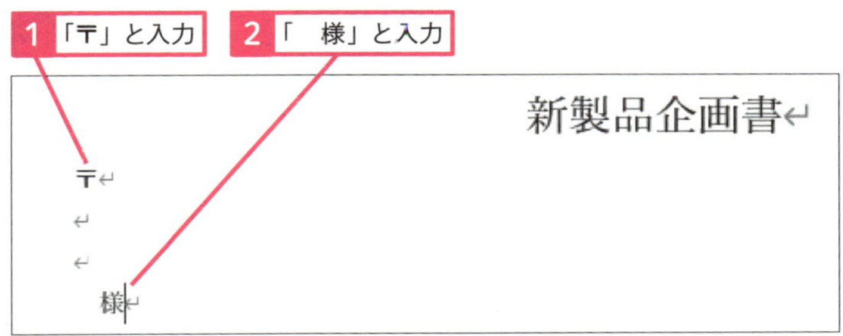

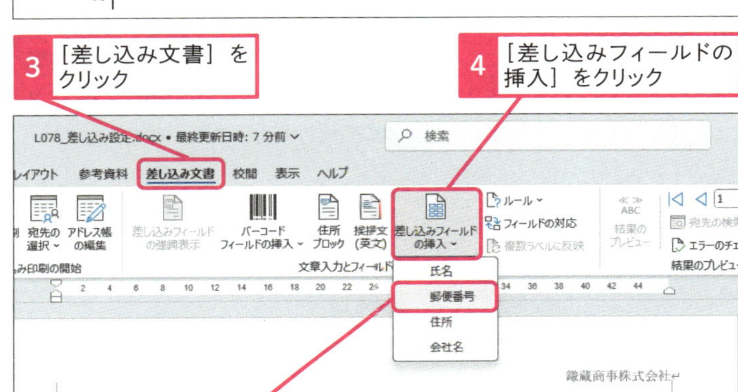

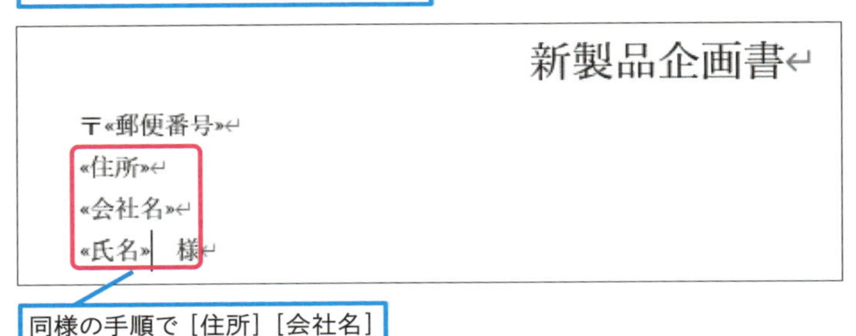

使いこなしのヒント

ルールを使うと複雑な条件でデータを選択できる

[ルール] を使うと差し込むデータを条件付きで指定できます。データの量が多いときに、特定の項目だけを自動的に選択したいときに使うと便利です。

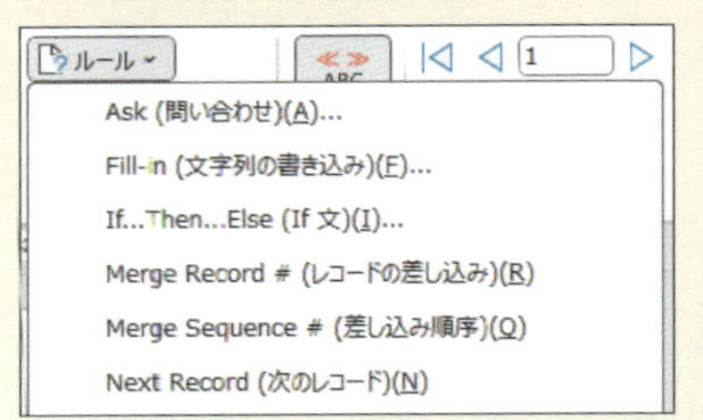

リボンの [ルール] をクリックすると指定可能な条件の一覧が表示される

使いこなしのヒント

バーコードも挿入できる

[バーコードフィールドの挿入] を利用すると、データに登録されている内容からバーコードを生成したり、住所情報から日本の郵便バーコードなどを生成できます。

次のページに続く

5 差し込むデータを選択する

1 ［結果のプレビュー］をクリック

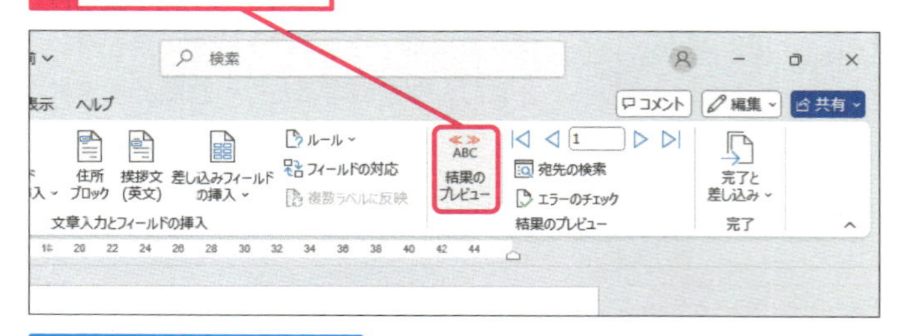

住所録の先頭のデータがフィールドに反映された

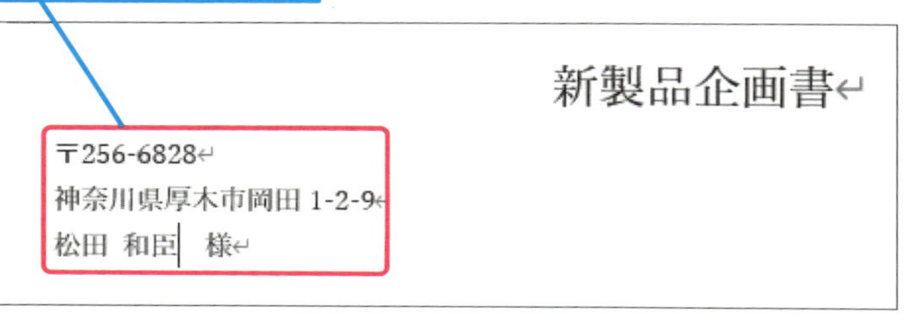

2 ［次のレコード］をクリック

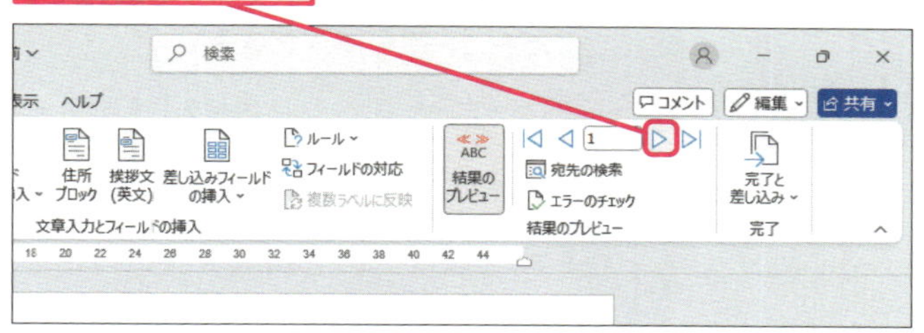

次のデータがフィールドに反映された

新製品企画書

〒167-9738

東京都港区南青山 2-1-4

弘田 理 様

使いこなしのヒント

カンマ区切りテキスト（.csv）のデータも使える

差し込み印刷に利用するデータは、Excel形式ではなくカンマ（,）で区切ったテキスト形式のファイルでも利用できます。表と同じように、一行目に差し込み対象となるフィールド名をカンマで区切って入力し、二行目以降に名前や宛名などのデータを入力していきます。既存のデータベースや住所管理ソフトなどでデータを作成してるときには、カンマ区切り形式のファイルに変換して利用すると便利です。

使いこなしのヒント

差し込み印刷するレコードを指定するには

差し込み印刷を実行するときに、レコード番号を指定すると、データの中から特定の範囲だけを印刷できます。

使いこなしのヒント

アドレス帳を編集するには

Wordで作成したアドレス帳やカンマ区切りファイルは、［アドレス帳の編集］を使って、登録されている内容を編集できます。

6 印刷を実行する

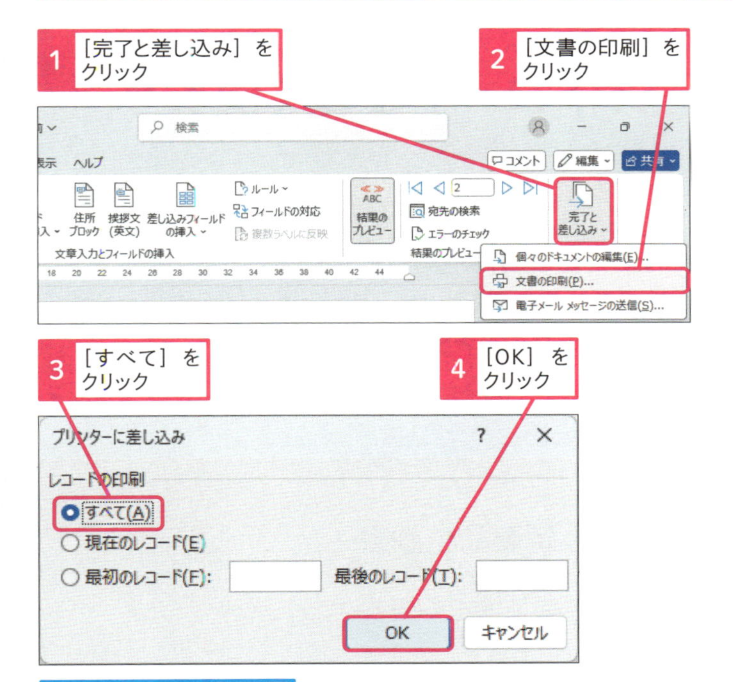

レッスン12を参考に印刷を実行する

7 新規文書として保存する

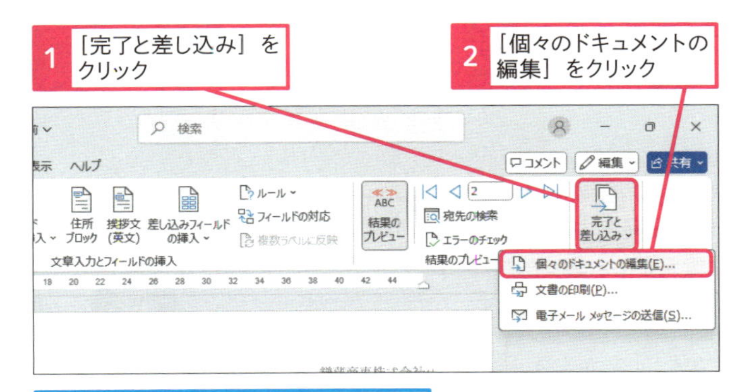

手順6と同様に［OK］をクリックすると差し込み文書が新規ファイルとして作成される

使いこなしのヒント

差し込み印刷の文書をメールで送信するには

差し込み印刷する文書は、メールのメッセージとしても送信できます。

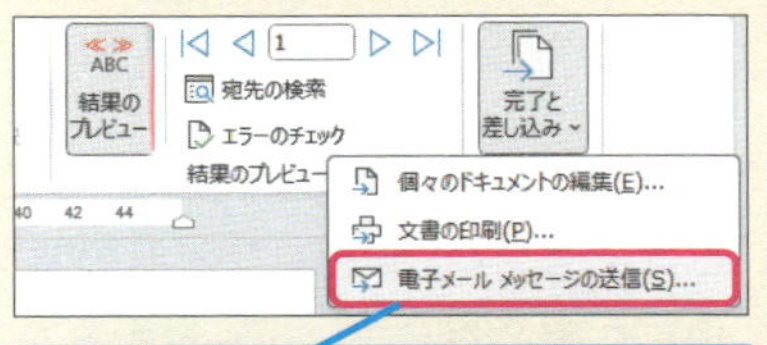

［電子メールメッセージの送信］をクリックするとメール用の画面が表示される

使いこなしのヒント

複数のメールアドレスに送信するには

メールへの差し込みでは、メッセージのオプションとして［宛先］と［件名］を差し込みフィールドから選択できます。差し込み用のデータに、送信先のメールアドレスを入力しておくと、宛先を自動でMicrosoft Outlookを使って送信できます。

まとめ 差し込み印刷を効果的に使おう

同じ内容の文書を複数の相手に送るときに、差し込み印刷を活用して、相手の名前や個別のメッセージを変えて印刷すると、受け取る側の印象も変わります。画一的なチラシや案内文よりも、自分の名前が記載されていて、他の人とは違う情報や案内があると、その文書に対する注目度も高くなります。差し込み印刷を活用し、個々の相手に合わせたパーソナルな文書を効率よく作成して、効果的な情報伝達を実現しましょう。

この章のまとめ

他のアプリやフィールドコードを賢く使おう

Wordの文書作成は、ゼロから文章を入力するだけではなく、Excelなど他のアプリですでに作成した表やグラフにデータなどを活用できます。また、フィールドコードを使いこなすと、数字を計算したリアドレス帳などから名前や宛名を転記する作業も自動化できます。フィールドコードを賢く使って、Wordの文書作成を便利で効率よくしていきましょう。

新製品企画書

〒256-6828
神奈川県厚木市岡田 1-2-9
松田 和臣 様

フィールドコードを改めて使ってみましたが、やっぱり便利ですね。

ええ、シンプルに設定できて確実です。紹介しきれませんでしたが、用途に合わせてより高度な設定もできるんですよ。

差し込み印刷、すごく便利です！　ますますWordが好きになっちゃいました♪

でしょう！　メールの文面にも使えますので、ぜひ試してみてください！

活用編

第11章

文書を共同編集するには

Wordの文書は、Windowsを搭載したパソコンでWordアプリを使って編集する方法だけではなく、クラウドを活用してスマートフォンから利用したり、複数の利用者で一つの文書を共同で編集したりできます。そんな多様な文書の作り方を学んでいきましょう。

レッスン 79

Introduction この章で学ぶこと

文書をクラウドで活用しよう

アフターコロナを見据えた柔軟な働き方の実現や、デジタルを活用してビジネスを加速していくDX（デジタル変革）にとって、クラウドの利活用は必須となっています。WordによるOneDriveを使った文書の保存や共有は、そうしたDXや働き方改革を推進するために必要な知識のひとつです。

クラウドって何だっけ？

えーと、クラウド、クラウド……。どう使うんでしたっけ？

クラウドが苦手みたいですねえ。皆さん、普段から何気なく使ってるんですよ。

Office 2024だとOneDriveが主なサービスですね。

そうです！　実はWindows 11とOffice 2024はクラウドの機能が強化されてます。詳しく説明していきますよ。

OneDriveを使いこなそう

OneDriveにファイルを保存すると、パソコンの［ドキュメント］フォルダーと自動的に同期されます。どちらのファイルも、インターネットを介して同じ状態に更新されるんです。

共同編集もスムーズにできる！

そしてクラウドといえば共同編集。他の人と同時に文書を開いて、修正やコメントをもらうことができます！

一度に全員で修正できるんだ。これ、便利ですね！

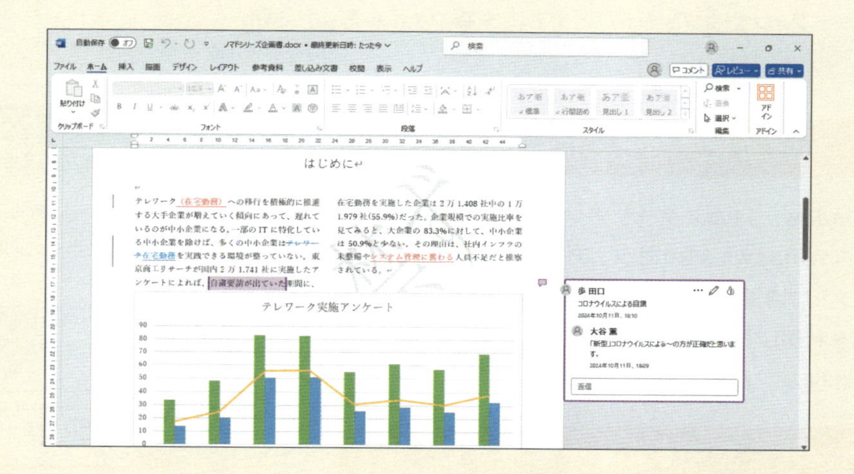

スマートフォンでもWordが開ける！

さらに、パソコンがなくても大丈夫！　スマートフォンでもWordの文書を開くことができます。この章では、スマートフォンで文書を編集する方法も紹介しますよ。

出先とかでちょっと作業したいときに便利ですね。さっそくアプリをインストールします！

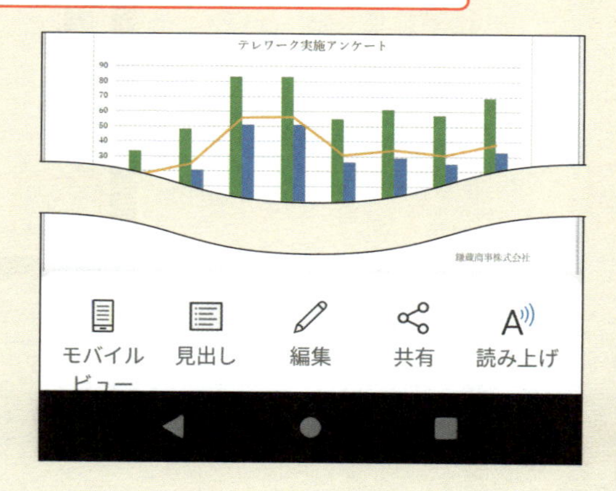

レッスン
80 文書をOneDriveに保存するには

OneDriveへの保存

練習用ファイル L080_OneDrive保存.docx

OneDriveは、Microsoftがクラウドで提供しているファイル共有サービスです。Wordの文書をOneDriveに保存すると、パソコンだけではなくスマートフォンやタブレットなどでも、文書ファイルを利用できます。

OneDriveでファイルを共有するには

OneDriveは、Windows 11のスタートアップで起動するサービスです。標準的なWindows 11のセットアップでは、登録したMicrosoftアカウントに連動したOneDriveが利用できるようになります。また、Wordを利用していなくても、OneDriveの［ドキュメント］フォルダーが、自動的にパソコンに同期されます。

1 OneDriveに共有する文書を保存する

OneDriveに保存する文書を開いておく

1 ［ファイル］タブをクリック

2 ［名前を付けて保存］をクリック

3 ［OneDrive - 個人用］をクリック

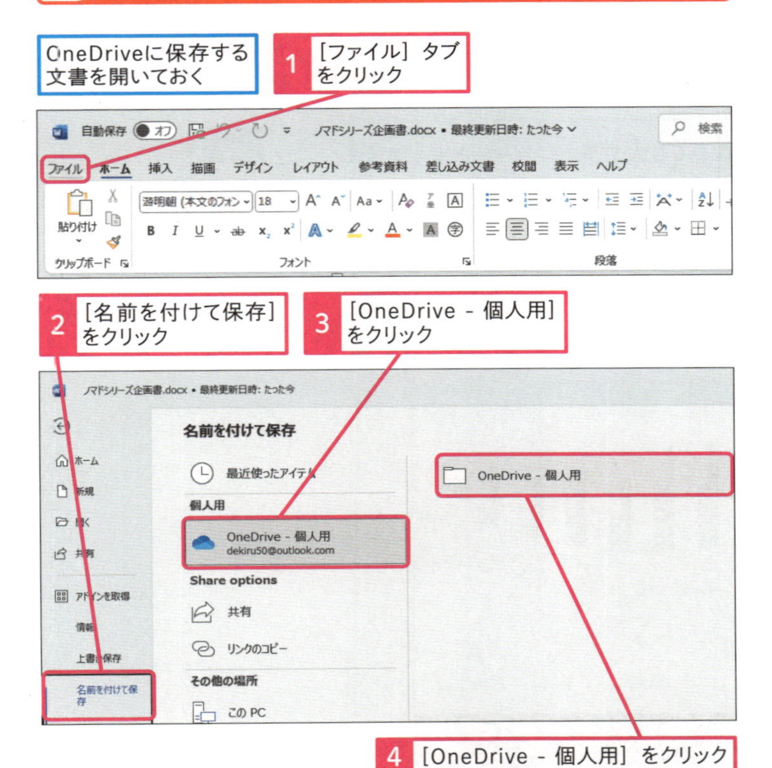

4 ［OneDrive - 個人用］をクリック

キーワード

使いこなしのヒント

OneDriveの動作を確認する

WindowsのタスクバーにあるOneDriveのアイコンをクリックすると、同期の状態などを確認できます。

1 ［OneDrive - 個人用］をクリック

同期の状態などを確認できる

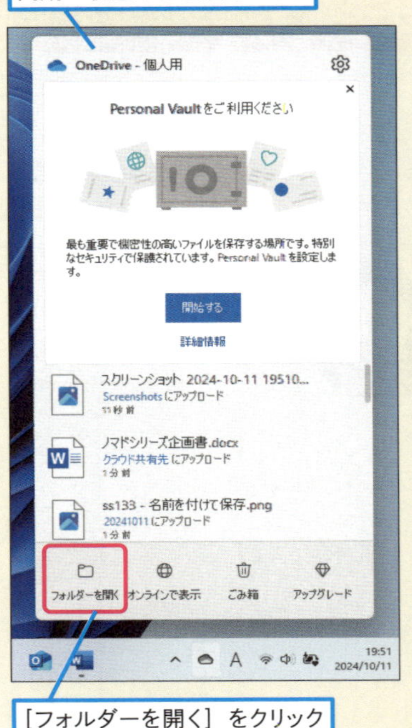

［フォルダーを開く］をクリックすると、［OneDrive］フォルダーが表示される

● 共有するためのフォルダーを作成する

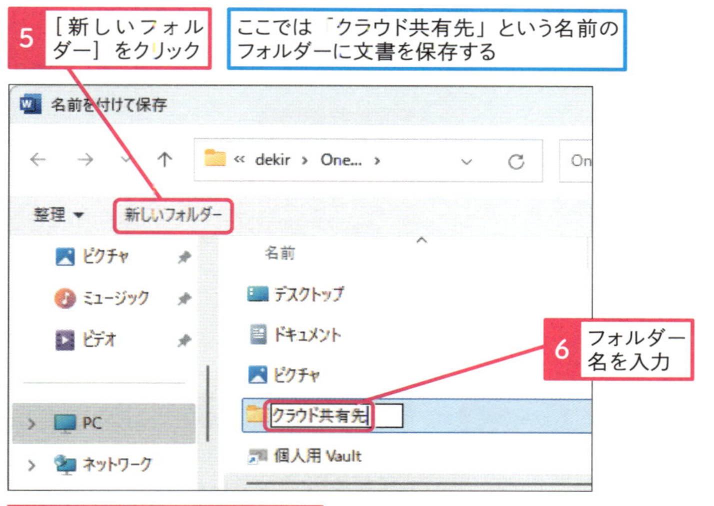

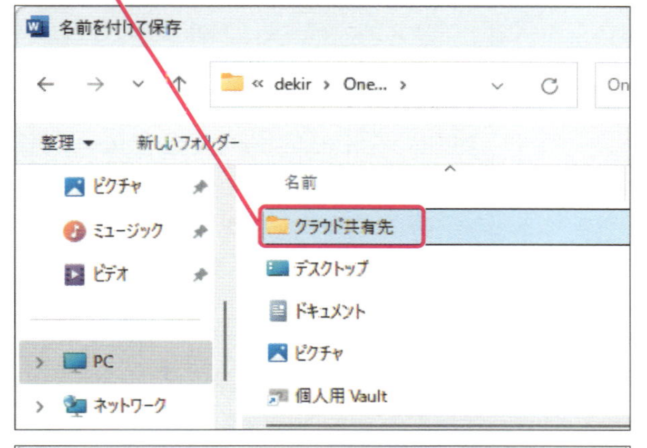

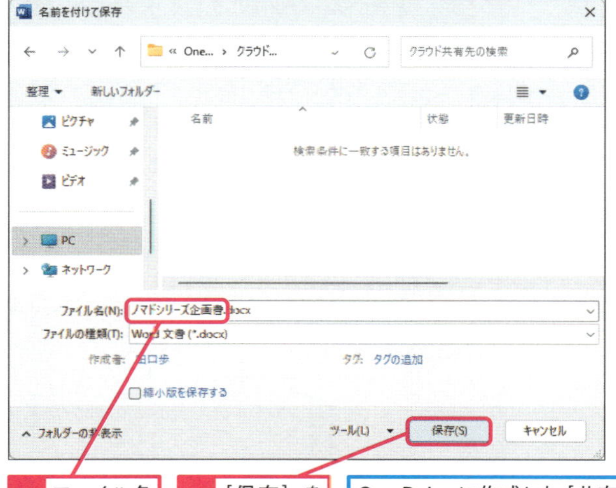

使いこなしのヒント

OneDriveが機能しないときには

OneDriveは、Windowsのスタートアップの際にアカウントを登録します。もし、スタートアップでOneDriveがオフになっていると、ファイルが同期しなくなります。

使いこなしのヒント

OneDriveで利用できる容量とは

個人で利用する「Microsoft 365」では、5GBの容量を無料で利用できます。もし、5GB以上の保存容量を使いたいときは、月額260円の「Microsoft 365 Basic」を契約すると、100GBまで利用できます。さらに、「Microsoft 365 Personal」を契約すると、1TB（1,000GB）まで利用できます。

● OneDriveのプラン

容量	価格
5GB	無料
100GB	260円/月 2,440円／年
1TB	1,490円/月* 14,900円/年

* Microsoft 365 Personalで利用できるサービスを含む

まとめ　OneDriveは文書の安全な保管場所

クラウドで文書ファイルを保存したり共有したりできるOneDriveは、文書の安全な保管場所としても活用できます。パソコンに保存したファイルは、記憶装置が故障したり、パソコンが動かなくなってしまったりすると、文書ファイルを開くことができなくなります。しかし、OneDriveに保存されたファイルは、他のパソコンやスマートフォンなどから利用できるので、大切な文書ファイルのバックアップ先として重宝します。

レッスン
81 OneDriveに保存した文書を開くには

OneDriveから開く

練習用ファイル なし

OneDriveに保存した文書は、Wordの[開く]から通常の文書ファイルと同じように開けます。OneDriveのファイルがパソコンと同期されていると、インターネットに接続されていなくても、パソコンに保存されているOneDriveの同期ファイルが開きます。

1 OneDriveに保存した文書を開く

1 [開く]をクリック

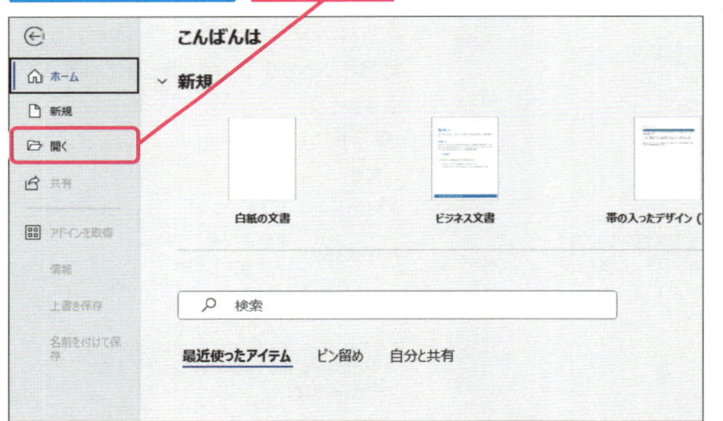

2 [OneDrive - 個人用]をクリック

3 [クラウド共有先]をクリック

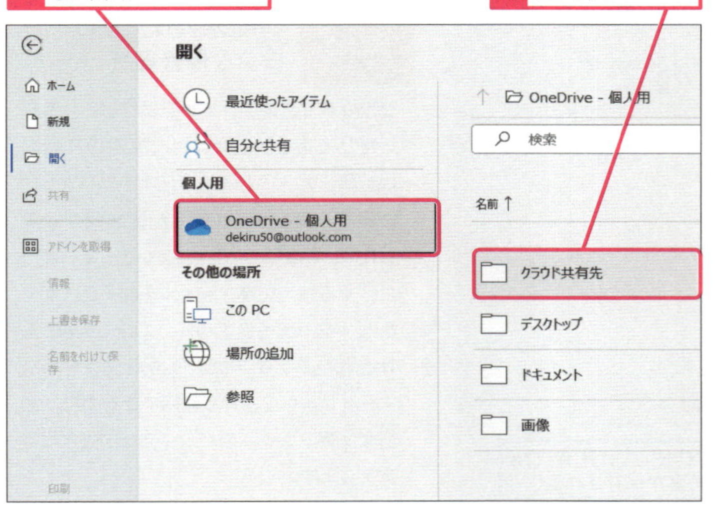

キーワード

OneDrive	P.340
共有	P.341
フォルダー	P.344

スキルアップ

OneDriveに保存したファイルの状態を確認するには

OneDriveに保存されているファイルは、エクスプローラーからも参照できます。エクスプローラーを［詳細］表示にしておくと、［状態］に、クラウドとパソコンの同期の状況がアイコンで表示されます。白いチェックマークが付く緑色の単色の円（✓）は、文書ファイルがパソコンにも保存されていて、インターネットに接続されていなくても、編集できる状態を意味しています。緑のアイコン（✓）は、オンライン専用の文書ファイルに付きますが、Wordで開くとパソコンにダウンロードされます。もし、再びオンライン専用に戻すときには、ファイルを右クリックして［空き領域を増やす］を選択します。青い雲のアイコン（☁）は、ファイルがオンラインでのみ使用できる状態を示します。このファイルを開いても、パソコンにはダウンロードされません。

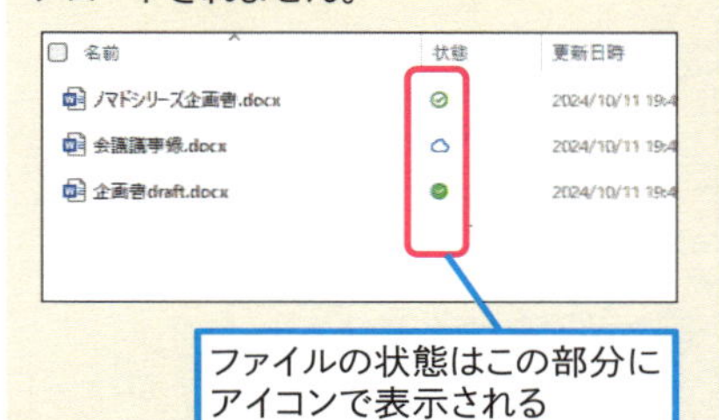

ファイルの状態はこの部分にアイコンで表示される

使いこなしのヒント

フォルダーウィンドウからOneDriveのファイルを開くには

エクスプローラーに表示されているOneDriveのアイコンは、クラウドと同期されているフォルダーを示しています。このエクスプローラーのOneDriveからも、レッスン80で保存した共有フォルダーの文書ファイルを開けます。

エクスプローラーを開いておく

1 [OneDrive]をクリック

2 [クラウド共有先] フォルダーをダブルクリック

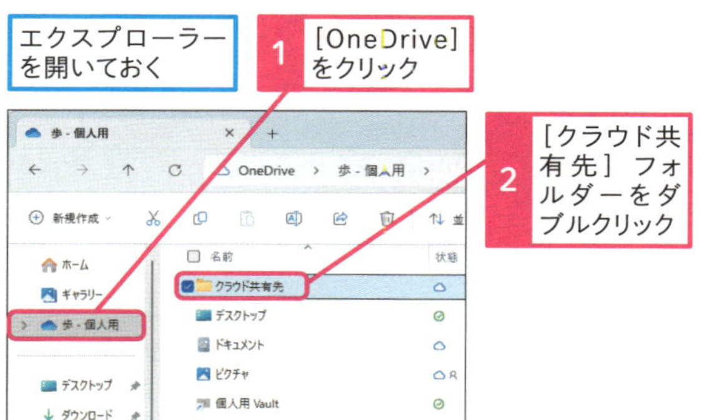

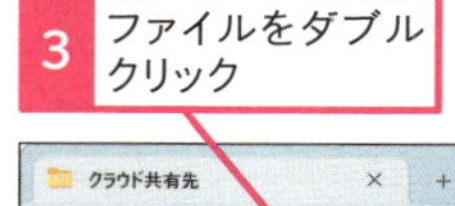

3 ファイルをダブルクリック

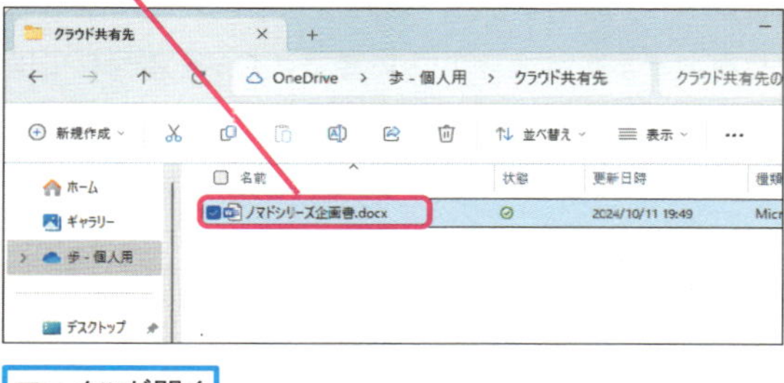

ファイルが開く

● 文書を選択する

レッスン80で保存した文書が表示された

4 ファイル名をクリック

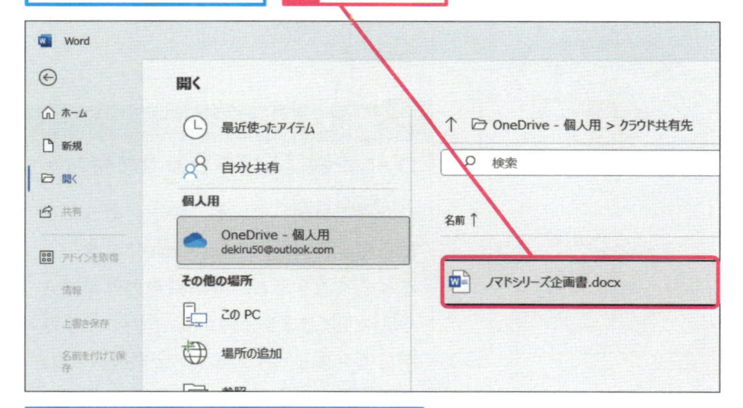

OneDriveの [クラウド共有先] フォルダーに保存した文書が開いた

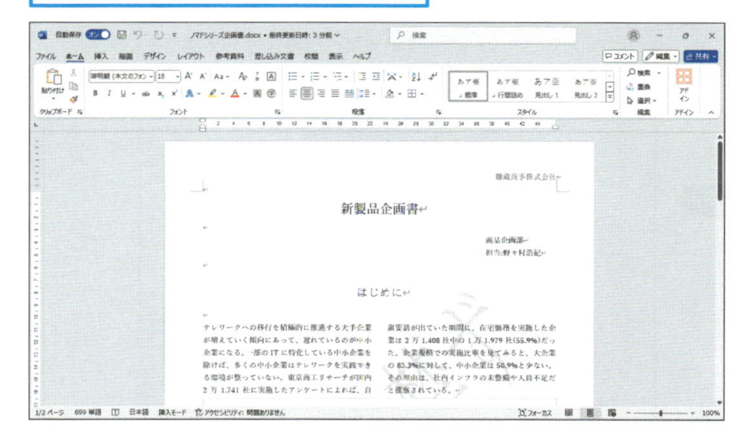

使いこなしのヒント

OneDriveの [クラウド共有先] フォルダーの文書ファイルを開く

このレッスンでは、レッスン80で保存した文書ファイルを開きます。もし、保存されていないときには、レッスンの画面にあるような文書ファイルは表示されません。

まとめ

Wordから開くときにもOneDriveの文書か確認できる

Wordで開こうとする文書ファイルが、OneDriveにあるかパソコンにあるかを確かめるには、[開く] で表示されているファイル名の下に表示されている文書ファイルの保存場所に注目します。OneDriveに保存されている文書には、[OneDrive－個人用] と表示されています。OneDriveは、Windowsのセットアップ時にマイクロソフトアカウントを登録すると、自動的に用意されますが、後から設定を変えたいときには、OneDriveの設定を開いて、アカウントや同期の方法などを変更できます。

レッスン

82 文書を共有するには

共有　練習用ファイル　なし

OneDriveを活用すると、離れた人ともクラウドを介して一つの文書を共有できます。メールに文書ファイルを添付して送る方法とは違い、共有ならばオリジナルの文書ファイルを複数の人たちで閲覧したり編集したりできるので、文書作成の共同作業に適しています。

1 Wordで文書を共有する

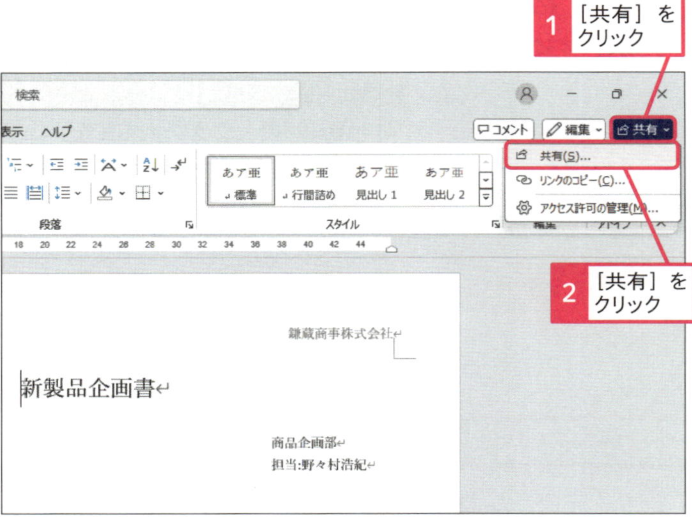

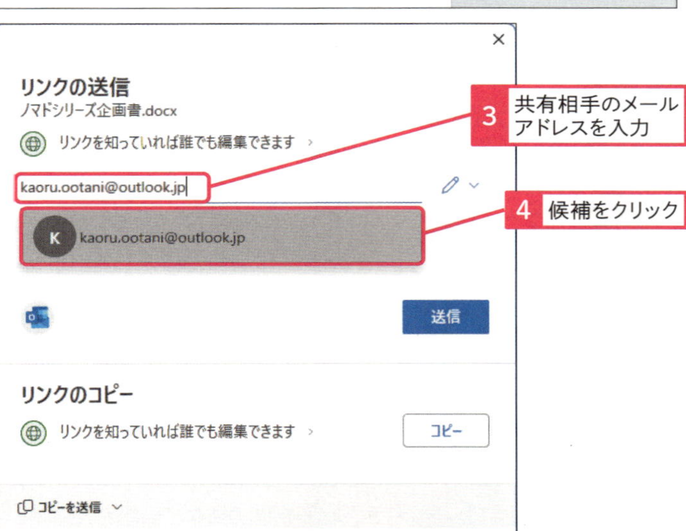

キーワード

OneDrive	P.340
共有	P.341
クラウド	P.341

使いこなしのヒント
共有の基本はURLの伝達

OneDriveで共有する文書ファイルには、その保存場所を示すURL（インターネットのアドレス）が割り振られています。OneDriveの文書ファイルを共有するためには、そのURLをメールやショートメッセージなどを使って、共有したい相手に伝達します。

使いこなしのヒント
コメント機能と組み合わせて使おう

この章で解説している「校正」関連の機能を組み合わせて、OneDriveで文書ファイルを共有すると、共同編集の作業がさらにはかどります。例えば、コメントを活用してショートメッセージを交換したり、変更履歴を共有して内容の修正を提案したり、複数のユーザーが同時に編集するなど、離れた場所にいても1箇所に集まっているような働き方を実践できます。

[コメント] 機能と組み合わせて使うと、文書の回覧をさらにスムーズに行える

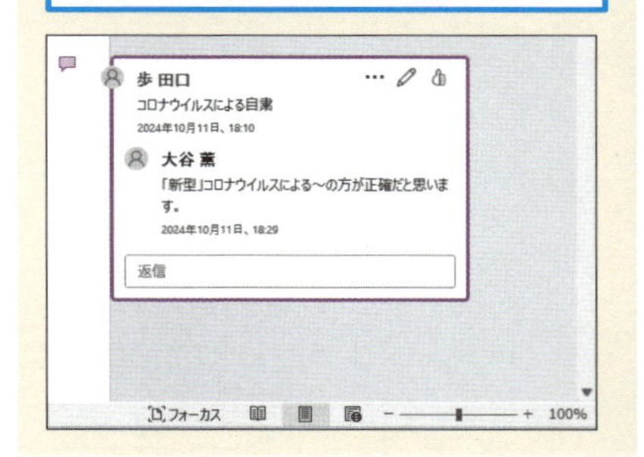

● 共有相手にメッセージを送信する

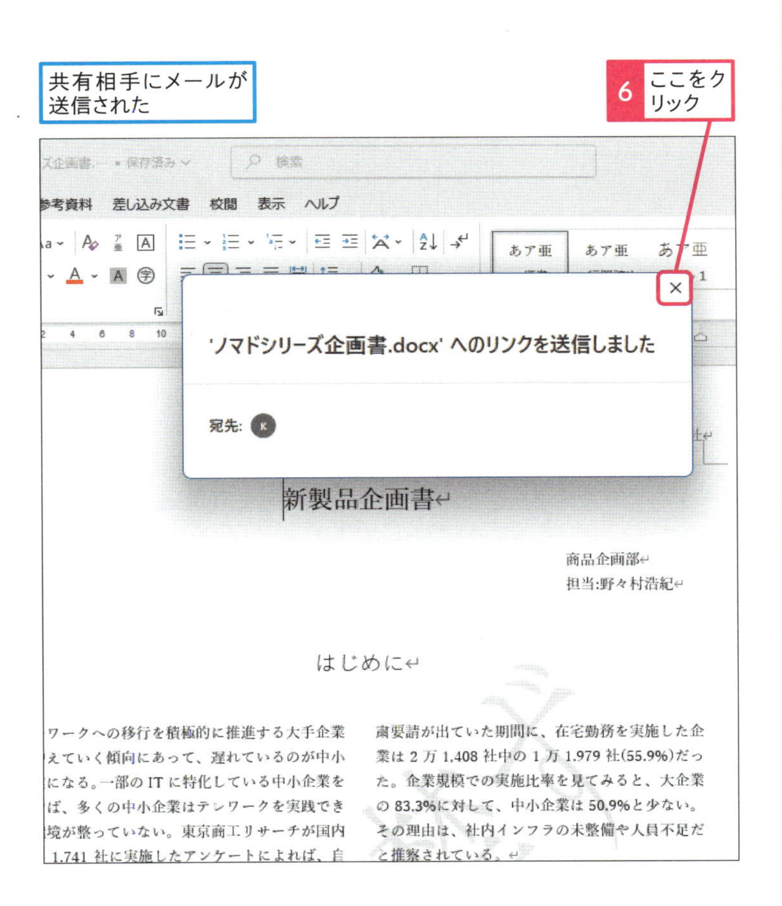

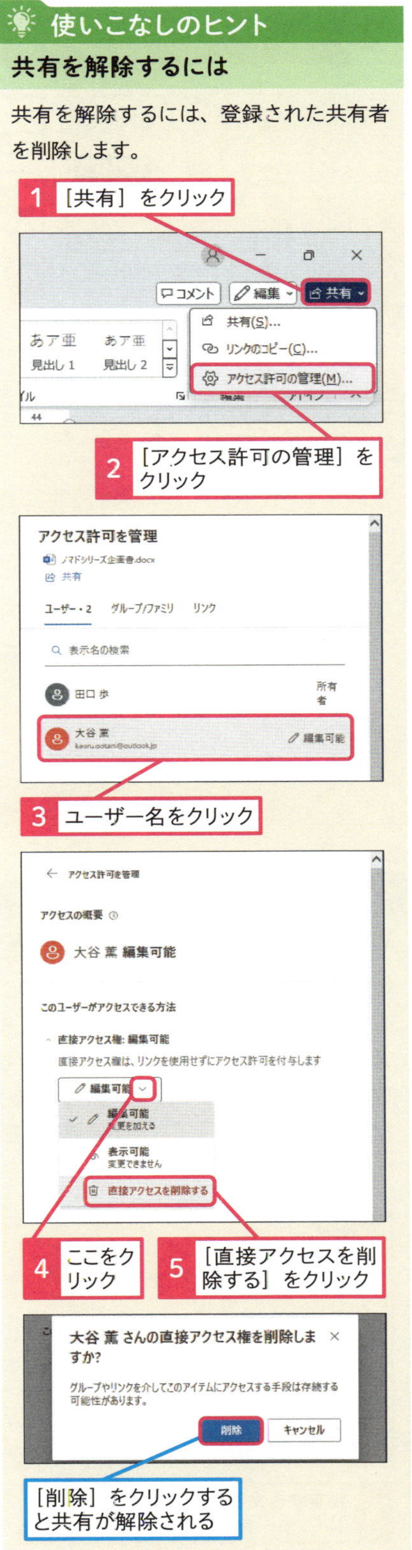

次のページに続く

2 Wordで文書のリンクをコピーする

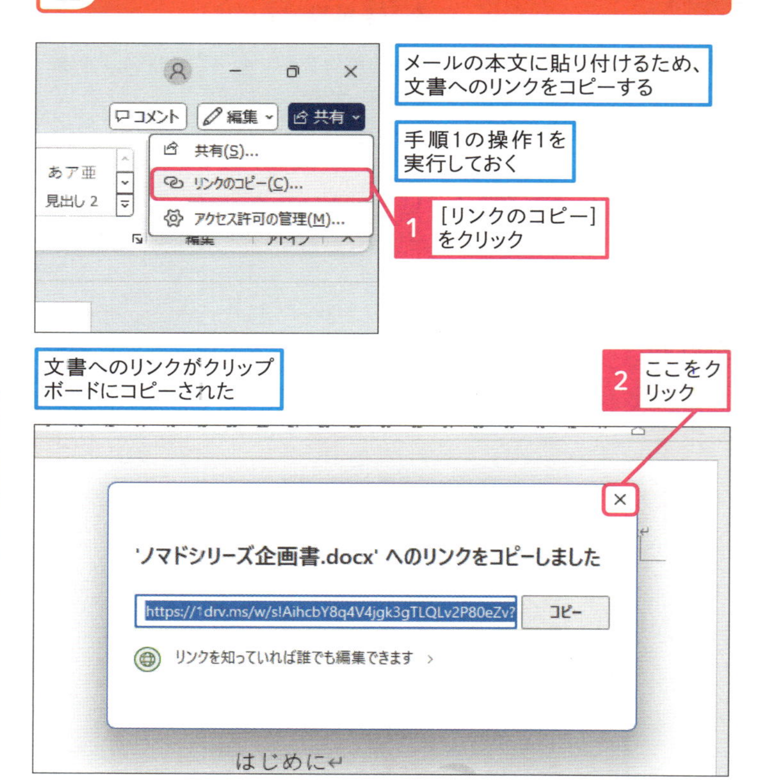

使いこなしのヒント

共有する文書の権限を設定するには

文書の共有設定は、標準で共有リンクを受け取った相手も文書を編集できるようになっています。もしも、閲覧だけを許可するには、以下の手順で、［表示可能］に設定しておきましょう。

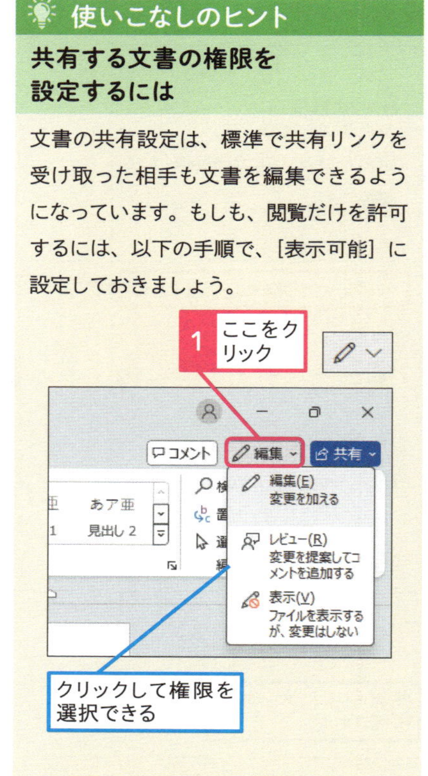

スキルアップ

Webブラウザーを使って文書を共有する

OneDriveをWebブラウザーで開いているときも、文書に共有を設定できます。複数の文書をまとめて共有したいときや、Wordが使えないパソコンで共有リンクを相手に送りたいときなどに利用すると便利です。また、Webブラウザーから共有リンクを指定すると、文書ごとではなく、フォルダー単位でも共有を設定できます。文書が多いときなどは、フォルダーを共有するといいでしょう。

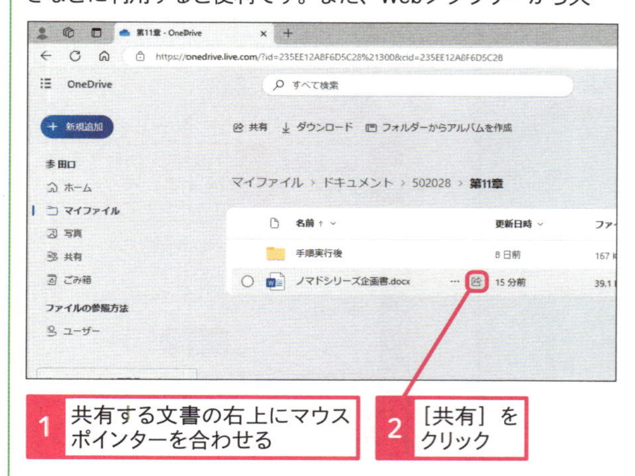

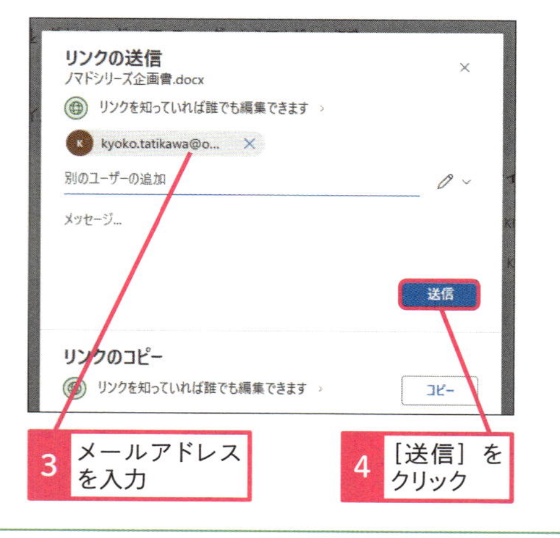

3 エクスプローラーで文書を共有する

1 共有したいファイルをクリック

2 ［共有］をクリック

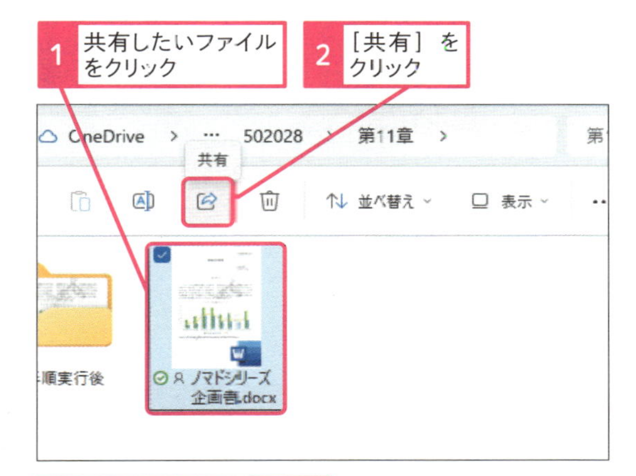

3 共有先のメールアドレスを入力

4 ［送信］をクリック

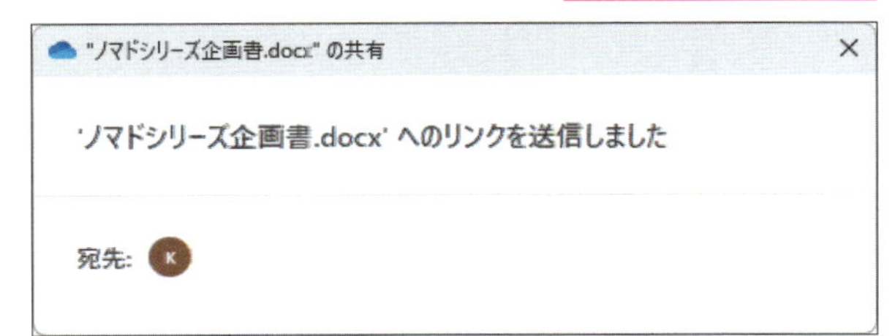

共有を知らせるメールが送信された

使いこなしのヒント

［Microsoft Word］アプリで文書のリンクをコピーするには

OneDriveによる文書の共有は、スマートフォンの［Microsoft Word］アプリでも利用できます。アプリの画面から共有をタップして、リンクのコピーで得られたURLを共有したい相手に送信します。

Wordアプリで文書を表示しておく

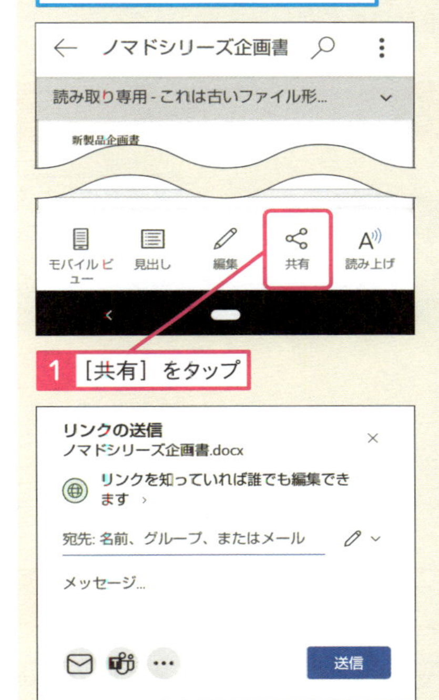

1 ［共有］をタップ

共有先のメールアドレスを入力して［送信］をクリックする

まとめ 共有でいつでもどこでも誰とでも文書作成できる

OneDriveで文書ファイルを共有すると、インターネットに接続されているパソコンやスマートフォンで、どこからでも一つの文書を複数の人たちで編集できます。OneDriveによる共有はとても便利ですが、URLを知っている人であれば、誰でも編集や閲覧できます。そのため、共有するURLは意図しない人に伝わらないように注意しましょう。

レッスン

83 文書を校正するには

変更履歴、コメント　練習用ファイル　L083_文書の校正.docx

複数人で一つの文書を作成するときに、変更履歴とコメントを活用すると便利です。変更履歴は修正した内容をすべて記録します。コメントを使うと、文章の気になる箇所に本文に影響されない文章を追加できます。

キーワード

文書を校正する

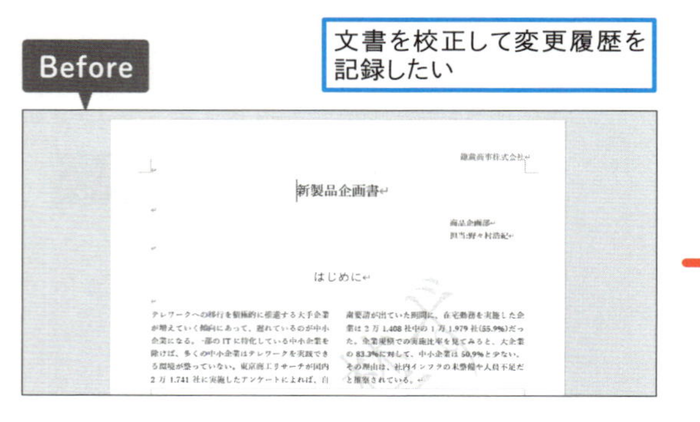

1 文書の変更履歴を記録する

文書に変更を加えると、記録するように設定する

1 ［校閲］タブをクリック

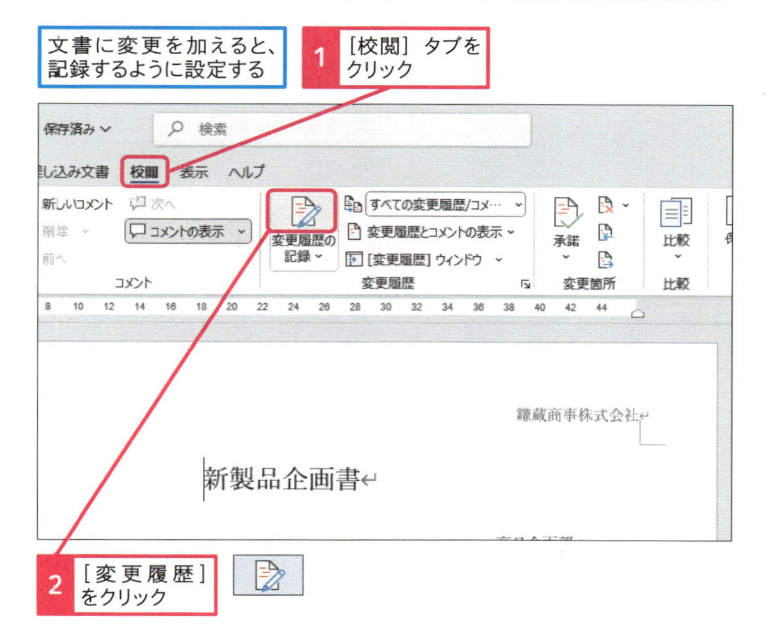

2 ［変更履歴］をクリック

使いこなしのヒント

どんな変更履歴が記録されるの?

［変更履歴］をオンにすると、それ以降に編集画面で行ったすべての変更内容が記録されます。記録される変更は、文字に対する追加や削除、装飾などから、図形や画像の挿入や削除など多岐にわたります。変更履歴をオンにして作成された文書は、履歴をたどって、変更前の文書に戻せます。

● 文書を変更する

文書に変更を加えると、履歴を残すように設定された

ここでは4行目の「テレワーク」を「在宅勤務」に変更する

3 「テレワーク」をドラッグして選択

4 「在宅勤務」と入力

企業になる。一部のITに特化している中小企業を除けば、多くの中小企業はテレワークを実践できる環境が整っていない。東京商工リサーチが国内 た。企業規模での実施比率を見てみると、大企業の83.3%に対して、中小企業は50.9%と少ない。その理由は、社内インフラの未整備や人員不足だ

元々入力されていた「テレワーク」に取り消し線が付いた

企業になる。一部のITに特化している中小企業を除けば、多くの中小企業はテレワーク在宅勤務を実践できる環境が整っていない。東京商工リサー (55.9%)だった。企業規模での実施比率を見てみると、大企業の83.3%に対して、中小企業は50.9%と少ない。その理由は、社内インフラの未整備や

変更を加えた行に縦棒が表示された

2 文書にコメントを付ける

ここでは右の段の「自粛要請が出ていた」に「コロナウイルスによる自粛」というコメントを付ける

1 「自粛要請が出ていた」をドラッグして選択

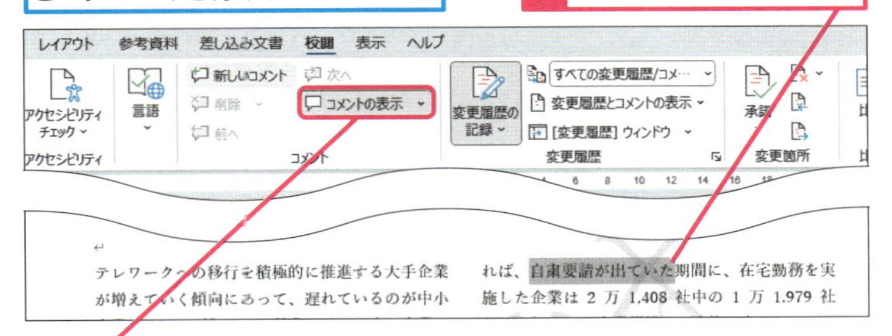

テレワークへの移行を積極的に推進する大手企業が増えていく傾向にあって、遅れているのが中小 れば、自粛要請が出ていた期間に、在宅勤務を実施した企業は2万1,408社中の1万1,979社

2 ［新しいコメント］をクリック

編集画面の右側に、コメントを入力する画面が表示された

3 「コロナウイルスによる自粛」と入力

れば、自粛要請が出ていた期間に、在宅勤務を実施した企業は2万1,408社中の1万1,979社(55.9%)だった。企業規模での実施比率を見てみると、大企業の83.3%に対して、中小企業は50.9%と少ない。その理由は、社内インフラの未整備や人員不足だと推察されている。

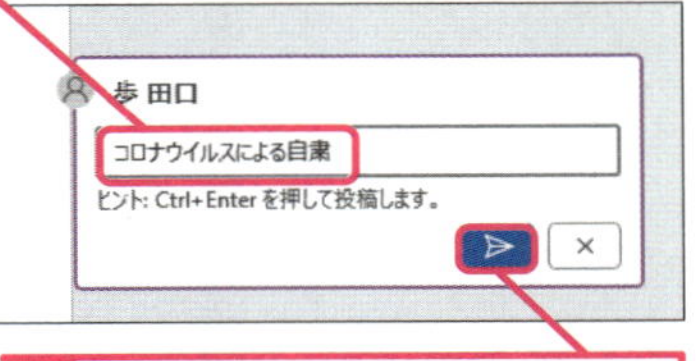

4 ［コメントを投稿する］をクリック

コメントが付けられた

れば、自粛要請が出ていた期間に、在宅勤務を実施した企業は2万1,408社中の1万1,979社(55.9%)だった。企業規模での実施比率を見てみると、大企業の83.3%に対して、中小企業は50.9%と少ない。その理由は、社内インフラの未整備や人員不足だと推察されている。

使いこなしのヒント

コメントを削除するには

コメントでは［返信］による返答の他に、不要になった内容を削除できます。コメントの内容は本文には反映されませんが、文書には保存されているので、完成した文書を他の人に提出するときには、コメントを削除しておいた方がいいでしょう。

1 ここをクリック

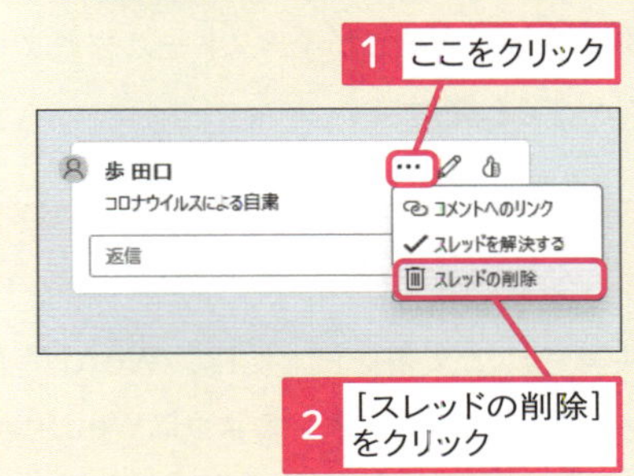

2 ［スレッドの削除］をクリック

まとめ 校正機能を活用して作業を円滑に進める

変更履歴やコメントなどの文書校正に関連した機能は、共同作業に役立ちます。ビジネスで作成される文書の多くは、一人で完成させるのではなく、関係する人たちが共同して原稿や資料を入力します。また、関連する部署で回覧されたり推敲されたりします。こうした業務の流れの中で、誰がどのように修正したのかを後から確認できる変更履歴は、とても便利な機能です。また、直接修正するのではなく、意見を述べたり、修正を指示したりするときに、コメントの挿入は便利です。

レッスン

84 共有された文書を開くには

共有された文書　練習用ファイル　なし

OneDriveで共有された文書ファイルのURLを受け取った相手は、そのURLを開くとWeb用Wordなどを使って文書を開けます。共有する相手もWordがインストールされているパソコンを使っていると、Wordでも開けます。

共有された文書を開けるWordの種類

共有された文書を開くには、Wordがインストールされているパソコンの他にも、レッスンのようにWeb用Wordや、スマートフォンにインストールした［Microsoft Word］アプリなどが利用できます。

1 共有された文書を開く

ここでは田口さんが共有した文書を、大谷さんが開く例で操作を解説する

メールソフトやWebメールを開いておく

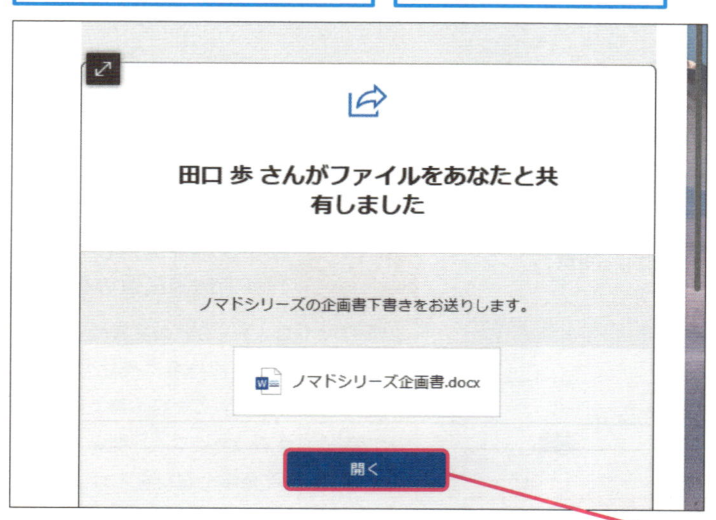

1 ［開く］をクリック

キーワード

使いこなしのヒント

共同作業では変更履歴を活用しよう

複数の人たちで一つの文書を編集するときには、変更履歴をオンにしておくと、誰がどのように修正したのか確認できるので便利です。

1 ［校閲］タブをクリック

2 ［変更履歴の記録］をクリック

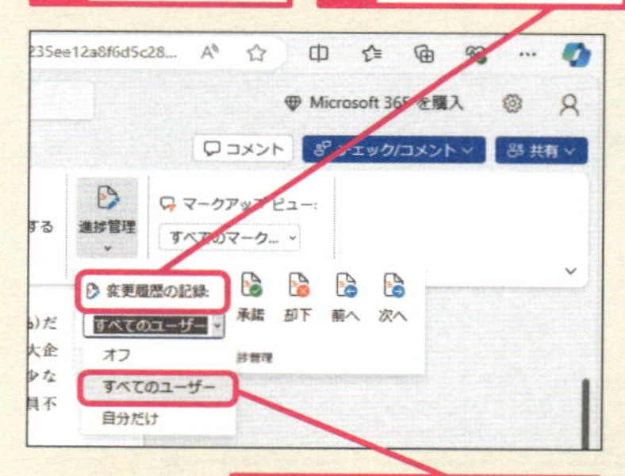

3 ［すべてのユーザー］をクリック

変更履歴が記録される

テレワーク（在宅勤務）への移行を積極的に推進する大手企業が増えていく傾向にあって、遅れているのが中小企業になる。一部のITに特化している中小企業を除けば、多くの中小企業はテレワーク在宅勤務を実践できる環境が整っていない。東京商工リサーチが国内2万1.741社に実施したアン

● 文書に付いたコメントを確認する

Microsoft Edgeが起動し、OneDrive上で共有されている文書が表示された

コメントが付いている

2 コメントをクリック

コメントの内容が表示された

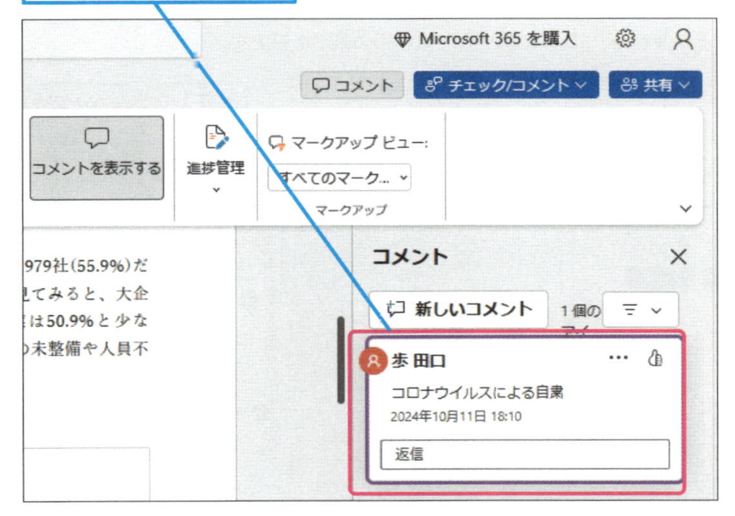

使いこなしのヒント

Webブラウザーでファイルをダウンロードするには

Web用Wordのダウンロードを利用すると、OneDriveにある文書ファイルをパソコンにダウンロードできます。ただし、ダウンロードしたファイルを編集しても、OneDriveの共有文書には修正内容が反映されません。ダウンロードは、バックアップを保存するなどの目的で利用します。

1 [ファイル]をクリック

2 [コピーを作成する]をクリック

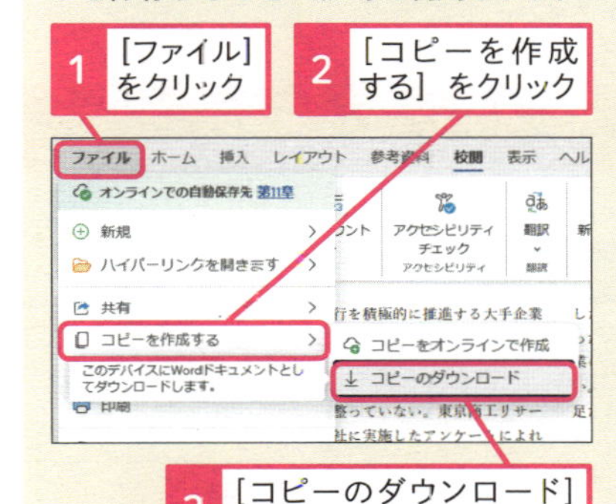

3 [コピーのダウンロード]をクリック

まとめ 閲覧と編集を使い分けて文書を共有する

OneDriveで共有された文書ファイルは、パソコンにWordがインストールされていなくても、Web用Wordやスマートフォンの[Microsoft Word]アプリで開けます。開いた共有文書ファイルに、編集権限が与えられていれば、文書の内容も修正できます。そのため、共有する文書ファイルは相手に合わせて、閲覧だけにするか編集も可能にするか、決めておくようにしましょう。

レッスン

85 コメントに返信するには

コメントの返信　練習用ファイル　なし

文書に挿入されたコメントには、メールのような返信を追加できます。コメントも変更履歴のように、誰が挿入したのかわかるので、コメントされた内容への対応や質問などに、返信を活用すると便利です。

キーワード

コメント	P.342
スレッド	P.343
変更履歴	P.345

コメントに返信する

Before

他のユーザーが付けたコメントに返信を付けたい

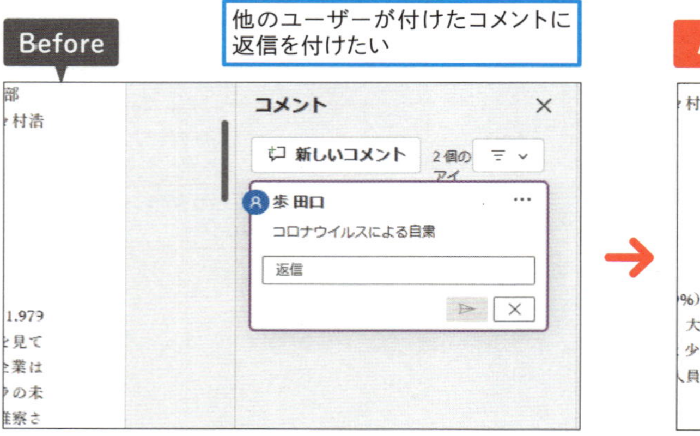

After

コメントに返信を付けられた

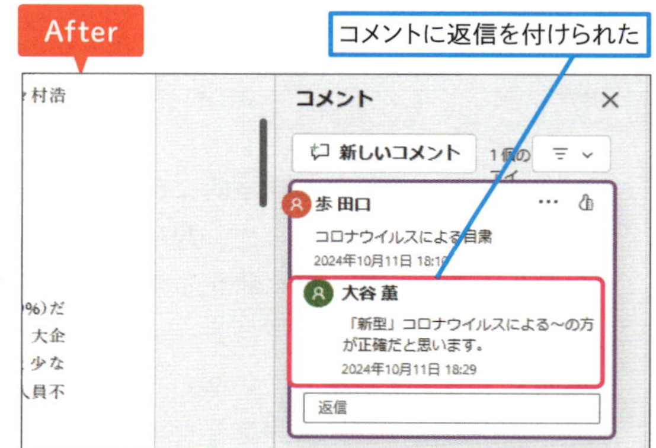

使いこなしのヒント

解決したスレッドを表示するには

コメントをリスト形式で表示すると、解決したコメントを一覧で確認できます。コメントの多い文書で利用すると便利です。リスト形式は、Word 2021からの新機能です。古いバージョンのWordでは字形の表示のみです。

1 [コメントを表示する]をクリック

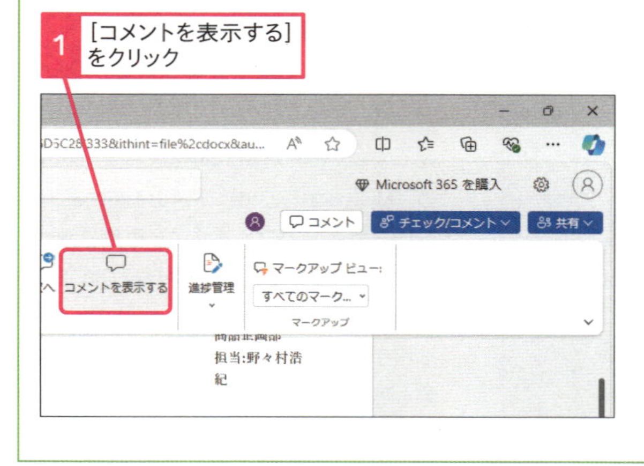

解決したスレッドの一覧が表示された

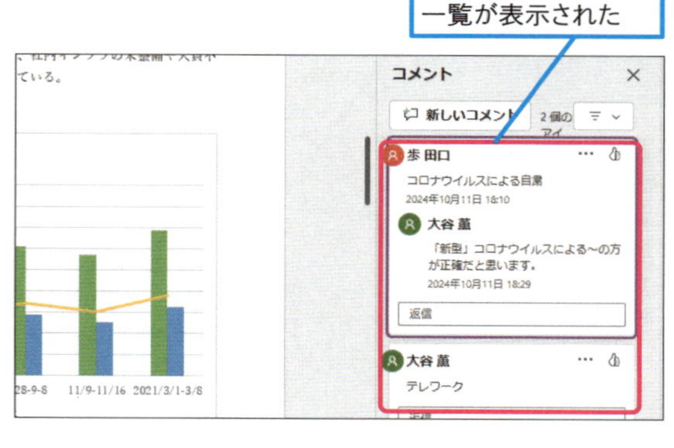

1 コメントを表示する

ここでは、レッスン84で入力されたコメントに、違うユーザーが返信する

1 ［コメントを表示する］をクリック

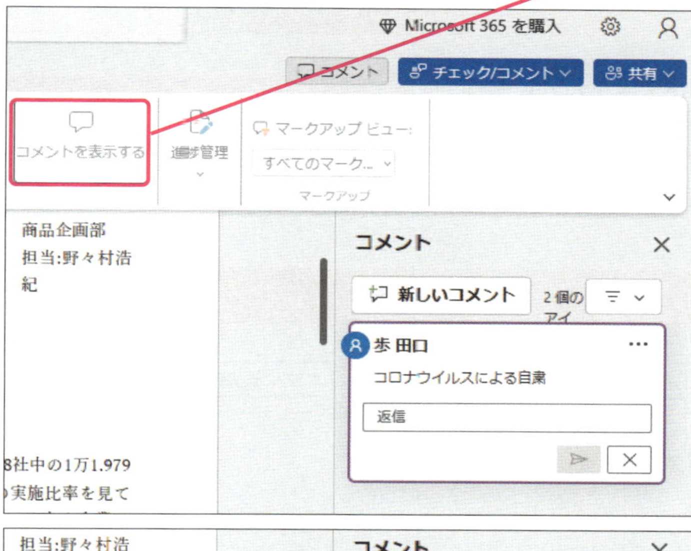

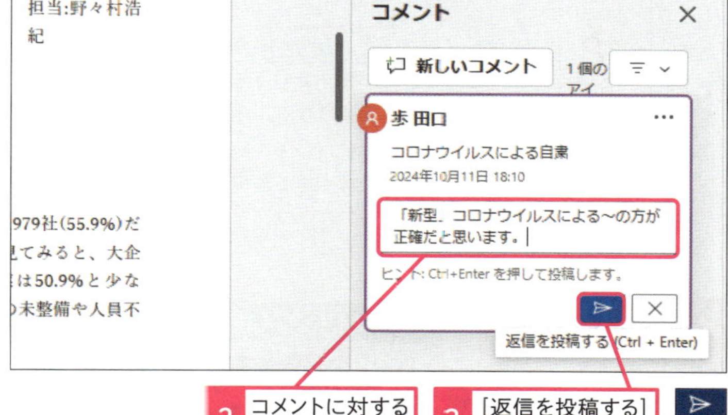

2 コメントに対する返信を入力

3 ［返信を投稿する］をクリック

コメントに返信できた

◆スレッド

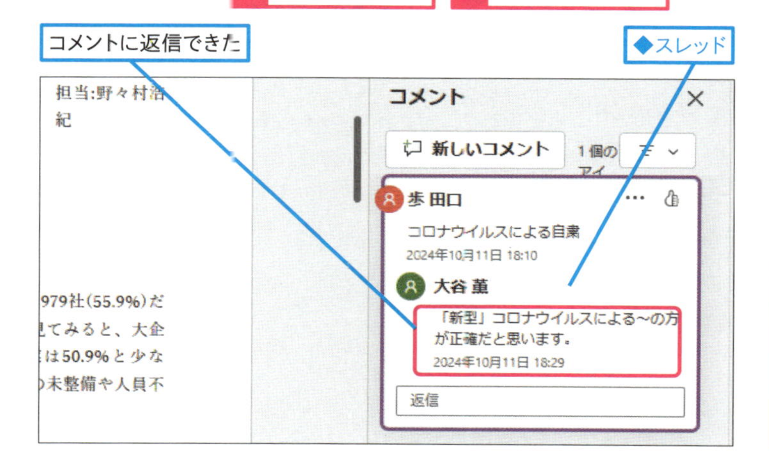

使いこなしのヒント

スレッドの削除と解決の違いを知ろう

挿入されたコメントには、返信で文章を追加できるだけではなく、［その他のスレッドの操作］から、［スレッドの削除］と［スレッドを解決する］が選択できます。［スレッドの削除］は、コメントそのものを削除します。［スレッドを解決する］を選ぶと、コメントはスレッドからは削除されますが、薄く表示されて残ります。

1 ［その他のスレッドの操作］をクリック

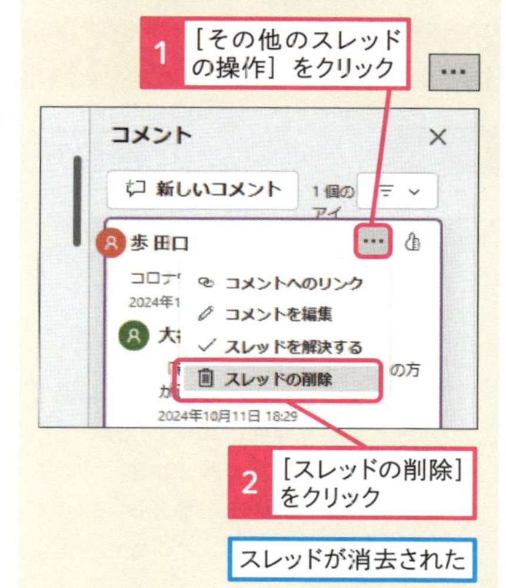

2 ［スレッドの削除］をクリック

スレッドが消去された

まとめ コメントを活用して円滑なコミュニケーションを

コメントの挿入や返信は、Wordの文書を介したショートメッセージのやり取りと同じです。例えば、メールの文面に修正してもらいたい内容を記載してファイルを添付して送るよりも、コメントを挿入した方がより的確に修正箇所と内容を指定できます。また、コメントへの返信も、依頼や要望に対して端的な回答を入力できるので、相手に意図が伝わりやすくなります。コメントを活用した文書作成の共同作業は、コミュニケーションを円滑にして、効率化や正確な修正につながります。

レッスン

86 文書の修正を提案するには

修正の提案　練習用ファイル　なし

受け取った共有文書の内容に対して、新しい文字を入力すると、変更履歴を使って修正の提案を追加できます。共同作業で入力された文章は、利用者ごとに色分けされコメントを挿入すると利用者の名前も表示されます。

キーワード

キーワード	ページ
OneDrive	P.340
コメント	P.342
変更履歴	P.345

共有された文書に提案を入力する

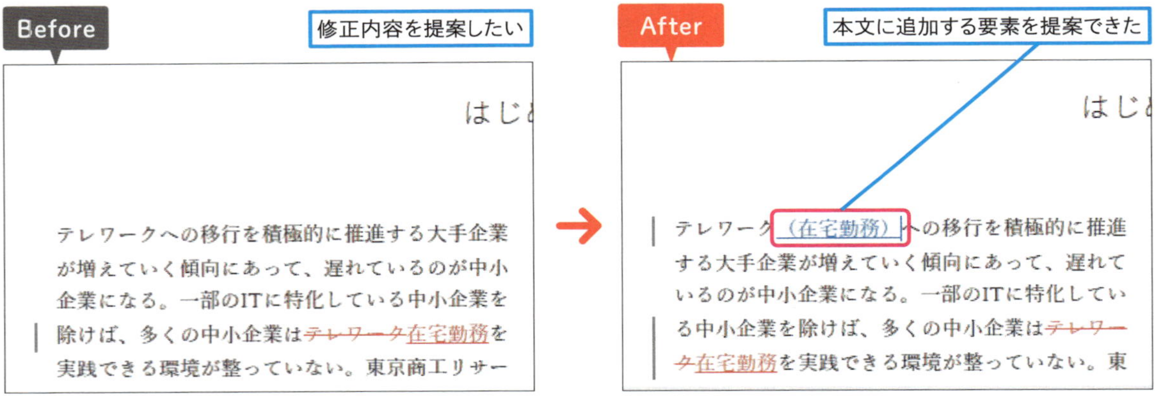

Before　修正内容を提案したい

はじめ

テレワークへの移行を積極的に推進する大手企業が増えていく傾向にあって、遅れているのが中小企業になる。一部のITに特化している中小企業を除けば、多くの中小企業は~~テレワーク~~在宅勤務を実践できる環境が整っていない。東京商工リサー

After　本文に追加する要素を提案できた

はじめ

テレワーク（在宅勤務）への移行を積極的に推進する大手企業が増えていく傾向にあって、遅れているのが中小企業になる。一部のITに特化している中小企業を除けば、多くの中小企業は~~テレワーク~~在宅勤務を実践できる環境が整っていない。東

1 提案内容を入力する

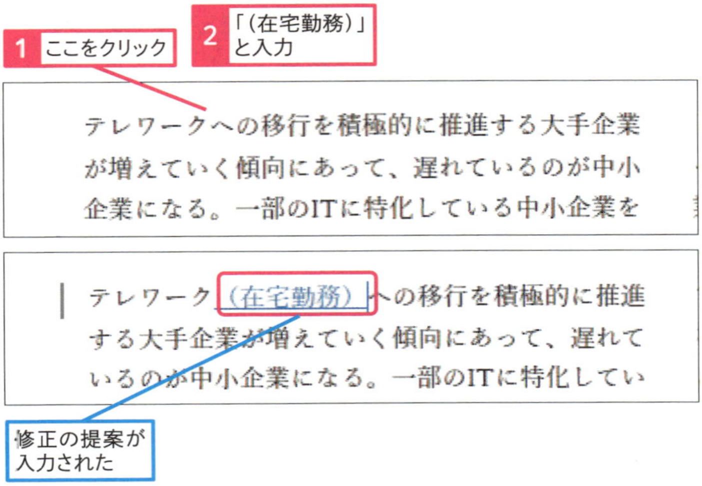

1 ここをクリック

2 「（在宅勤務）」と入力

テレワークへの移行を積極的に推進する大手企業が増えていく傾向にあって、遅れているのが中小企業になる。一部のITに特化している中小企業を

テレワーク（在宅勤務）への移行を積極的に推進する大手企業が増えていく傾向にあって、遅れているのが中小企業になる。一部のITに特化してい

修正の提案が入力された

使いこなしのヒント

Wordを起動して編集するには

受け取った共有文書の内容に対して、新しい文字を入力すると、変更履歴を使って修正の提案を追加できます。共同作業で入力された文章は、利用者ごとに色分けされコメントを挿入すると利用者の名前も表示されます。

2 提案を追加する

1 変更箇所をクリック

2 「システム管理に携わる」と入力

社(55.9%)だった。企業規模での実施比率を見てみると、大企業の83.3%に対して、中小企業は50.9%と少ない。その理由は、社内インフラの未整備や人員不足だと推察されている。

みると、大企業の83.3%に対して、中小企業は50.9%と少ない。その理由は、社内インフラの未整備やシステム管理に携わる人員不足だと推察されている。

修正の提案が入力された

3 コメントを追加する

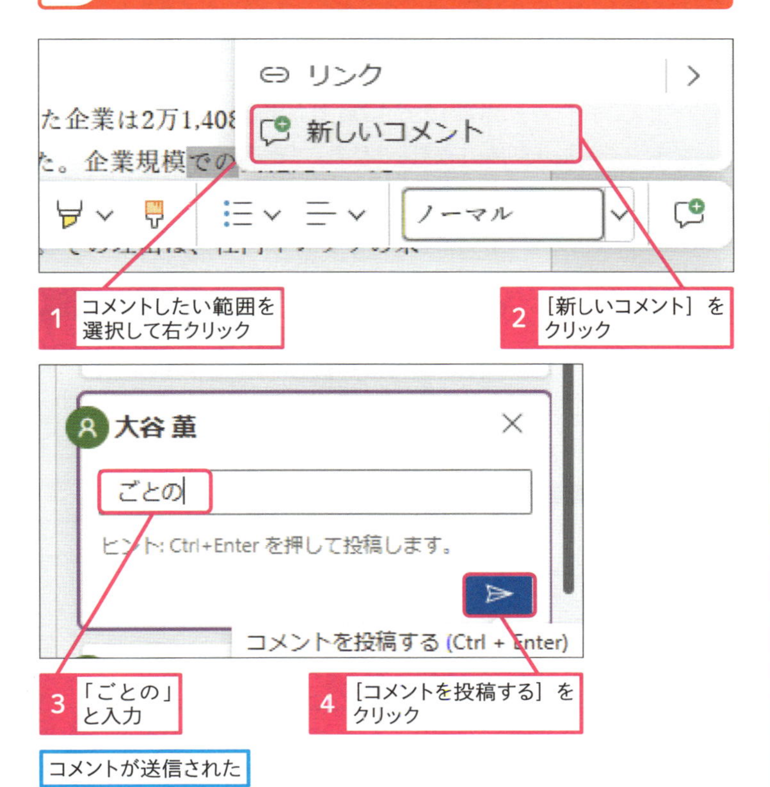

使いこなしのヒント

文書が共有されると利用者の名前が表示される

自分が編集している共有文書が開かれると、その相手の名前とカーソルの位置などが、編集画面に表示されます。共同で作業するときに、誰がどこを閲覧しているのか、修正しようとしているのか、相手のカーソル位置から推測できます。

ここをクリックすると相手の名前が表示される

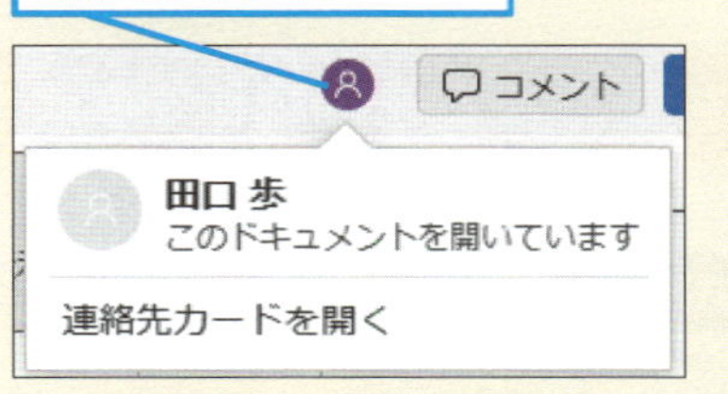

まとめ 新しい働き方に対応するWordの文書共有

テレワークやサテライトオフィスの利用が普及する中で、課題となっていたのが会議室で行われていた共同作業の遠隔化でした。OneDriveを活用したWordの文書共有は、共同作業の遠隔化に貢献します。ZoomやTeamsなどでオンライン会議を行いながら、同時に一つの文書を共同で編集すれば、全員が会議室に集まらなくても、チームワークを発揮した企画書や会議資料の作成を実現できます。

レッスン

87 校正や提案を承認するには

校正の反映　練習用ファイル　なし

追加された校正や修正の提案は、まとめて承認したり内容ごとに確定や却下ができます。また、挿入されたコメントも個々に確認したり解決して表示を消したりできます。

🔑 キーワード

Web用Word	P.340
コメント	P.342
変更履歴	P.345

校正や提案を確認して確定する

Before　修正や提案が入っている

テレワーク（在宅勤務）への移行を積極的に推進する大手企業が増えていく傾向にあって、遅れているのが中小企業になる。一部の IT に特化している中小企業を除けば、多くの中小企業はテレワーク在宅勤務を実践できる環境が整っていない。東京商工リサーチが国内 2 万 1.741 社に実施したアンケートによれば、自粛要請が出ていた期間に、

After　内容を確認して修正を確定できた

テレワーク（在宅勤務）への移行を積極的に推進する大手企業が増えていく傾向にあって、遅れているのが中小企業になる。一部の IT に特化している中小企業を除けば、多くの中小企業は在宅勤務を実践できる環境が整っていない。東京商工リサーチが国内 2 万 1.741 社に実施したアンケートによれば、「新型」コロナウイルスによる自粛要請が

1 変更箇所を確認する

1 ［校閲］タブをクリック

2 ［承諾］をクリック

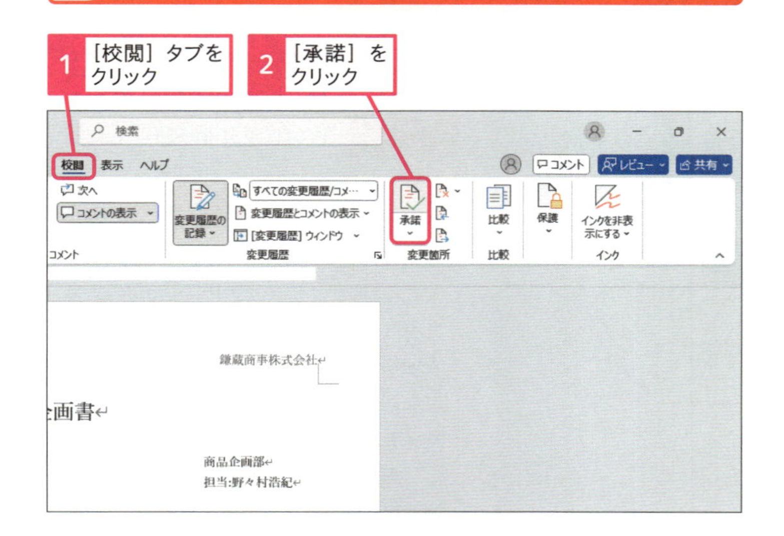

💡 使いこなしのヒント

承諾を元に戻すには

承認した承諾を元に戻したいときは、［元に戻す］をクリックします。

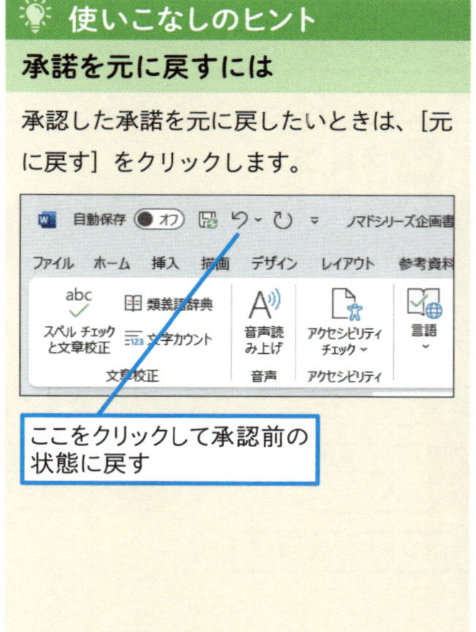

2 修正を承諾する

修正の提案箇所が選択された

1 続けて［承諾］をクリック

テレワーク（在宅勤務）への移行を積極的に推進する大手企業が増えていく傾向にあって、遅れているのが中小企業になる。一部の IT に特化している中小企業を除けば、多くの中小企業はテレワーク在宅勤務を実践できる環境が整っていない。東

修正が承諾された

テレワーク（在宅勤務）への移行を積極的に推進する大手企業が増えていく傾向にあって、遅れているのが中小企業になる。一部の IT に特化している中小企業を除けば、多くの中小企業はテレワーク在宅勤務を実践できる環境が整っていない。東

次の該当箇所が選択された

［承諾］をクリックすると続けて承諾される

3 修正を却下する

修正の提案箇所を選択しておく

と、大企業の 83.3%に対して、中小企業は 50.9%と少ない。その理由は、社内インフラの未整備やシステム管理に携わる人員不足だと推察されている。

1 ［元に戻す］をクリック

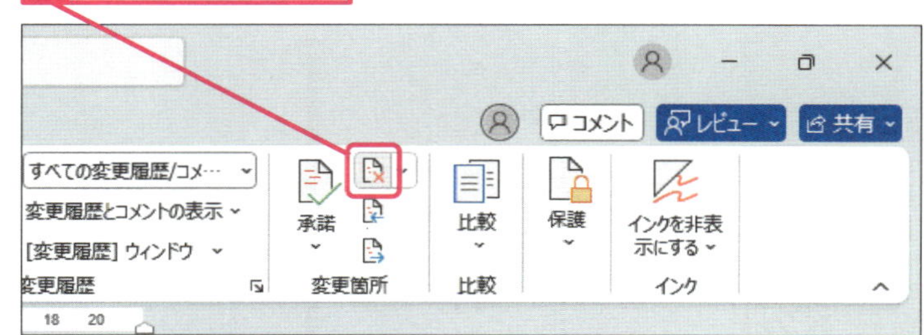

修正した文字が削除される

使いこなしのヒント

すべての変更を元に戻すには

承認や却下したすべての変更を元に戻すには、［元に戻す］から［すべての変更を元に戻す］を実行します。

使いこなしのヒント

Web用Wordで承認や却下を元に戻すには

Web用のWordでは、承認や却下を元に戻す機能が装備されていません。しかし、承認や却下した直後であれば、［ホーム］にある［元に戻す］で変更を取り消せます。

使いこなしのヒント

変更履歴とコメントの表示を切り替えるには

変更履歴とコメントの表示は、［すべての変更履歴］をクリックしてすべての情報を表示するか、シンプルな表示にするか、表示しないか切り替えられます。

次のページに続く

4 修正箇所をまとめて承諾する

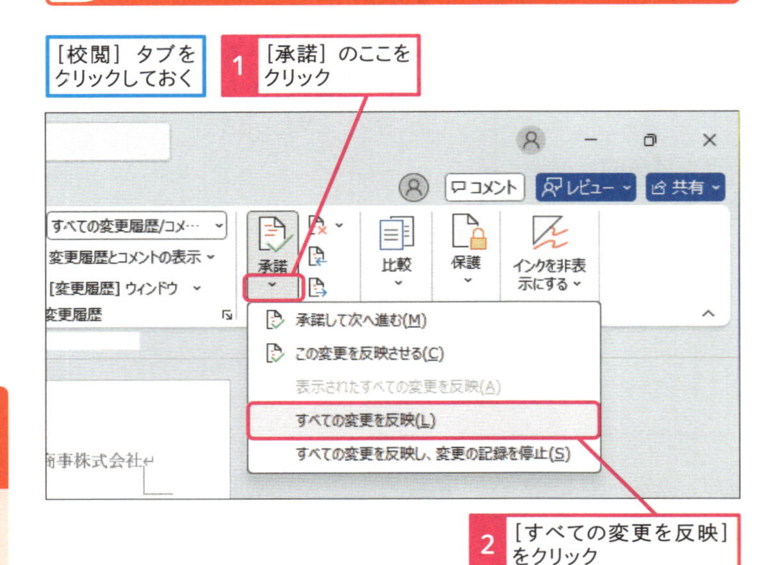

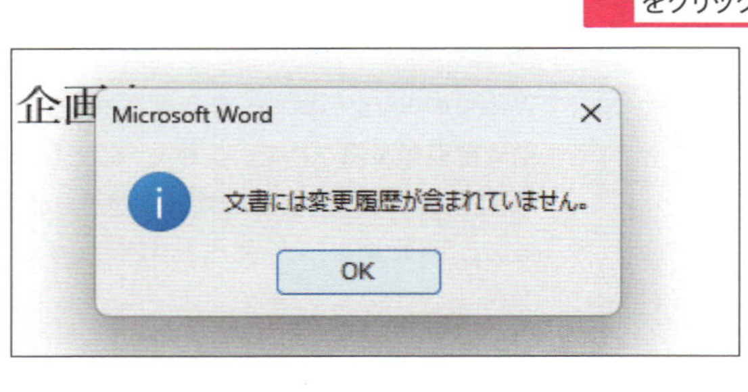

使いこなしのヒント

修正が混乱したら［初版］に戻って再検討する

修正の追加や承認に却下などが混乱して、元の文書がわからなくなったときには、[すべての変更履歴] をクリックして [初版] を選ぶと修正前の状態を確認できます。

スキルアップ

変更履歴ウィンドウを活用しよう

[変更履歴] ウィンドウを表示すると、変更されている箇所の一覧が表示されます。この一覧から変更箇所をクリックすると、該当するページに素早く移動できます。

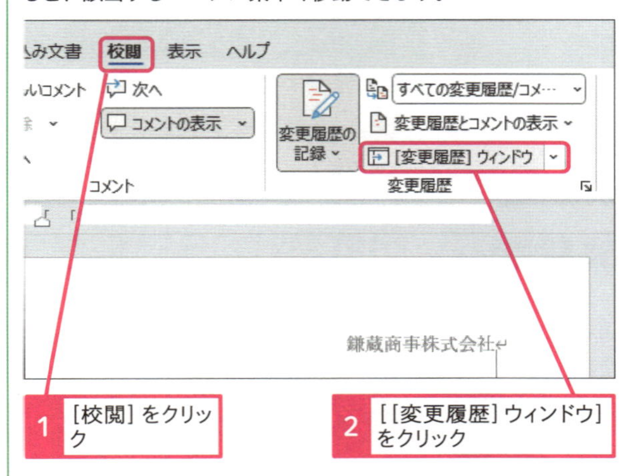

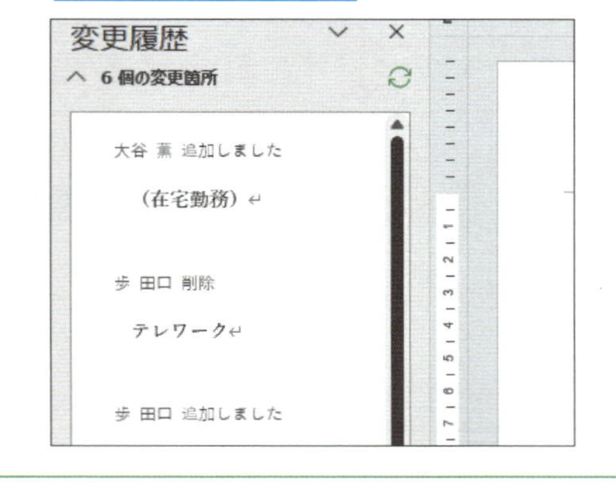

5 コメントを解決する

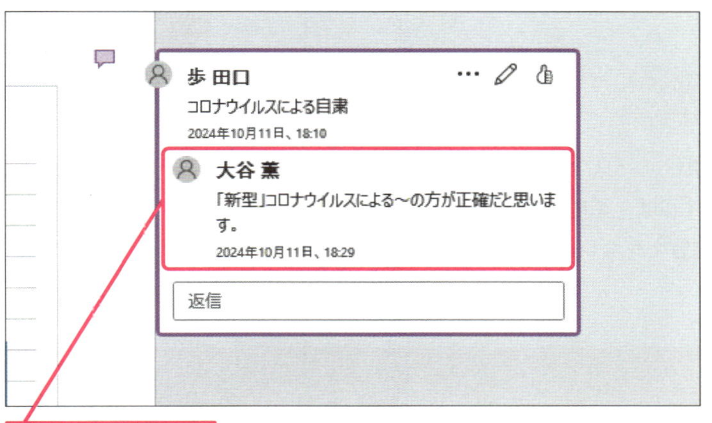

1 コメントの内容を確認

2 [その他のスレッド操作]をクリック

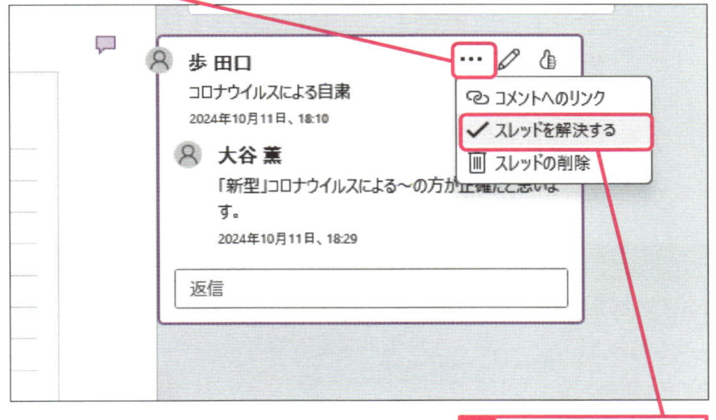

3 [スレッドを解決する]をクリック

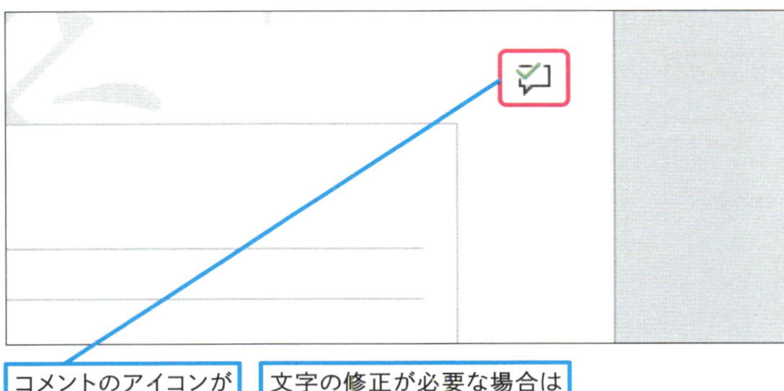

コメントのアイコンが解決済に変わった

文字の修正が必要な場合は手動で修正する

使いこなしのヒント

変更履歴とコメントの表示方法を変えるには

[変更履歴とコメントの表示]では、どの履歴を表示するかを選択できます。また、コメントの表示方法も吹き出しか文中かを切り替えたり、表示するユーザーを選定できます。

使いこなしのヒント

変更履歴ウィンドウを活用する

変更履歴ウィンドウを活用すると、修正履歴を作業ウィンドウで確認できます。表示する作業ウィンドウは、縦長と横長が選べます。変更の履歴を重視するときは縦長を、変更された内容を詳しく見たいときには横長の作業ウィンドウが便利です。

まとめ 変更履歴で改版の管理をする

変更履歴で記録された文書は、修正内容を反映して保存するまで、過去の内容をすべて記録しています。この仕組みを活用し、途中で追加された変更履歴ごとに文書ファイルを保存することで、文書の改版履歴として管理できます。変更履歴には、修正したWordのユーザー名も保存されるので、誰がどのような意図で修正したのかも記録できます。

レッスン

88 文書の安全性を高めるには

文書の保護

練習用ファイル L088_文書の保護.docx

Wordで作成した文書の安全性を高める方法に、パスワードの設定があります。パスワードを設定した文書ファイルは、もしも意図しない第三者の手に渡っても、Wordで開いて閲覧できないので、情報漏えい対策の一助になります。

キーワード

暗号化	P.341
ファイル	P.344
マクロ	P.345

文書にパスワードを設定する

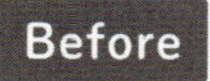

限られた人しか文書が開けないようにしたい

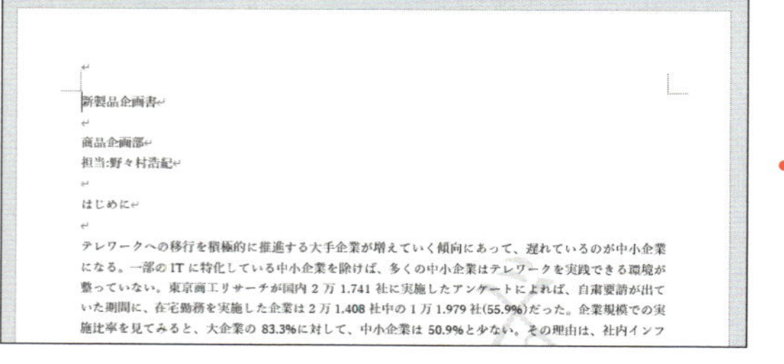

After

パスワードの確認

このファイルの内容を暗号化します

パスワードの再入力(R):

注意: 忘れてしまったパスワードを回復することはできません。パスワードと、それに対応するドキュメント名を一覧にして、安全な場所に保管することをお勧めします。
(パスワードは、大文字と小文字が区別されることに注意してください。)

OK キャンセル

文書を開くときにパスワードが必要な設定に変更された

スキルアップ

パスワードを付ける前に実行したい［ドキュメント検査］

［ドキュメント検査］を実行すると、コメントが残っているか、作成者などの個人名が入っていないか、マクロやアドインなどがないか、といった項目をチェックできます。安全な文書を相手に送付する前には、［ドキュメント検査］で不要なデータは削除しておきましょう。

レッスンの手順を参考に［情報］画面を表示しておく

1 ［問題のチェック］をクリック

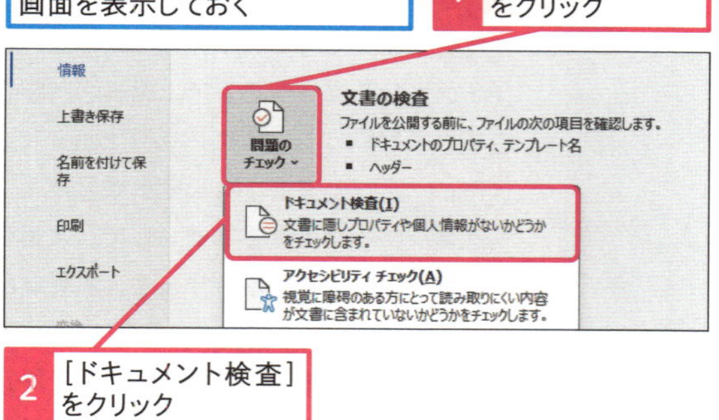

2 ［ドキュメント検査］をクリック

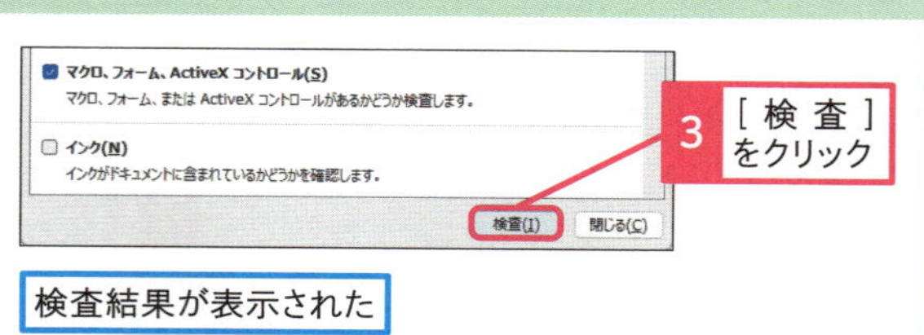

3 ［検査］をクリック

検査結果が表示された

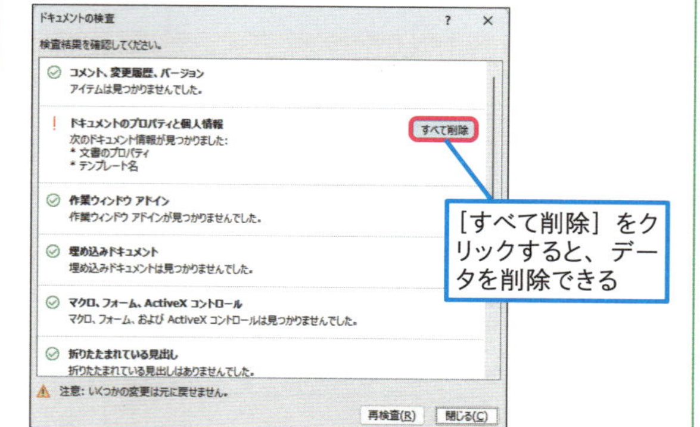

［すべて削除］をクリックすると、データを削除できる

1 ［文書の保護］でパスワードを設定する

ここでは、文書を開くときにパスワードが必要な設定に変更する

1 ［ファイル］タブをクリック

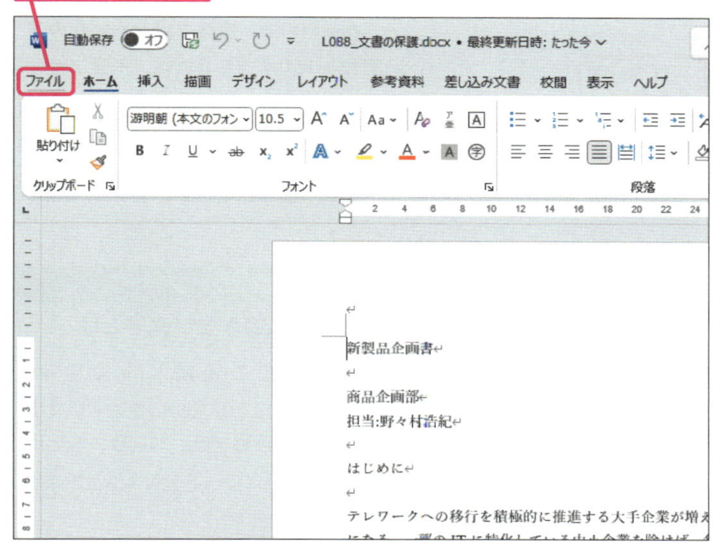

2 ［情報］をクリック

3 ［文書の保護］をクリック

4 ［パスワードを使用して暗号化］をクリック

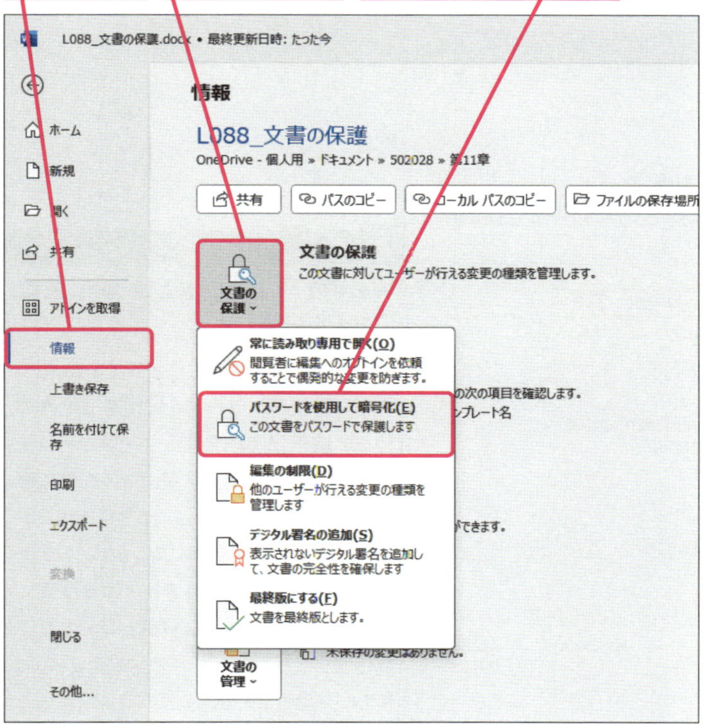

使いこなしのヒント

文書の編集を制限するには

完成した文書を他の人に修正されたくないときには、編集を制限します。制限できる条件はいくつかありますが、変更不可にすると文書は読み取り専用になります。

1 ［校閲］タブをクリック

2 ［保護］をクリック

3 ［編集の制限］をクリック

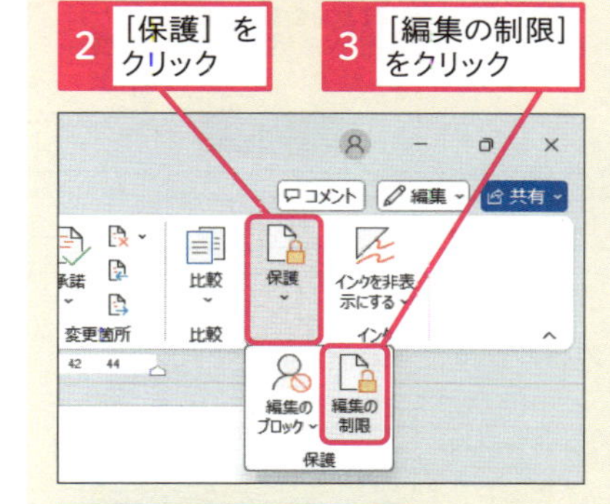

ここでは文書を読み取り専用に設定する

4 ここをクリックしてチェックマークを付ける

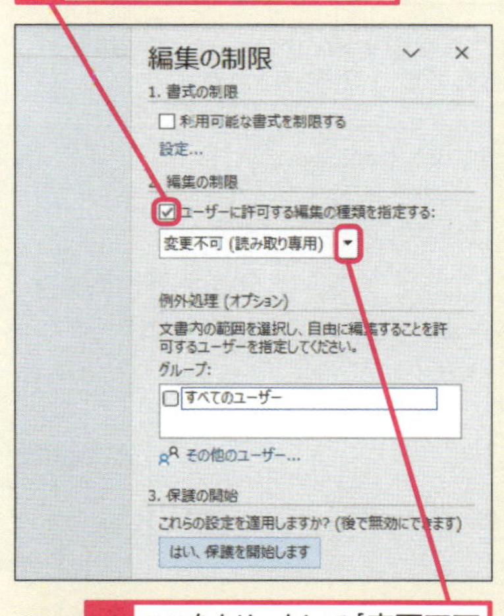

5 ここをクリックして［変更不可（読み取り専用）］を選択

上書き保存してファイルを閉じておく

次のページに続く

● パスワードを設定する

［ドキュメントの暗号化］ダイアログボックスが表示された

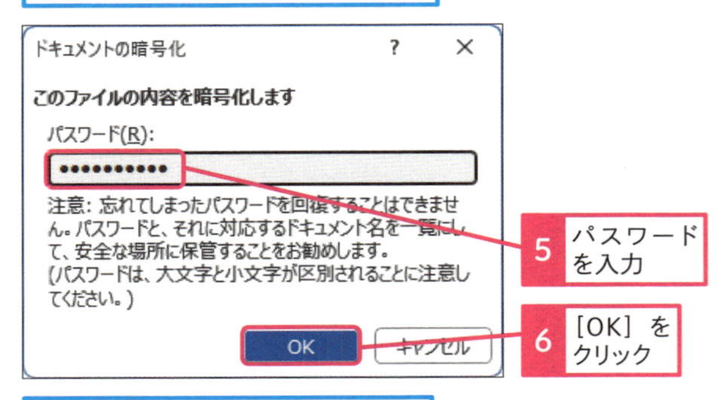

5 パスワードを入力

6 ［OK］をクリック

もう一度、同じパスワードを入力する

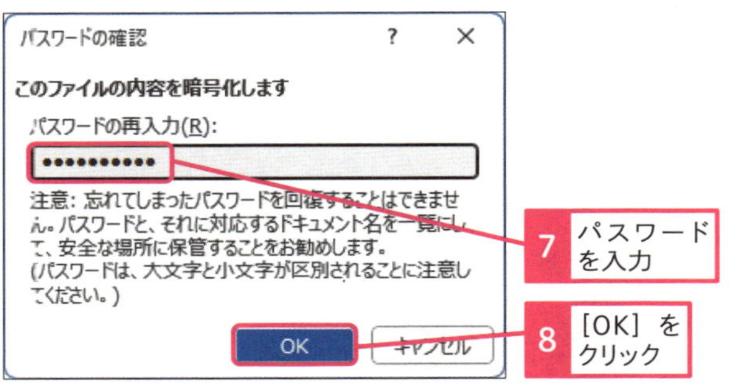

7 パスワードを入力

8 ［OK］をクリック

「この文書を開くには、パスワードが必要です。」と表示された

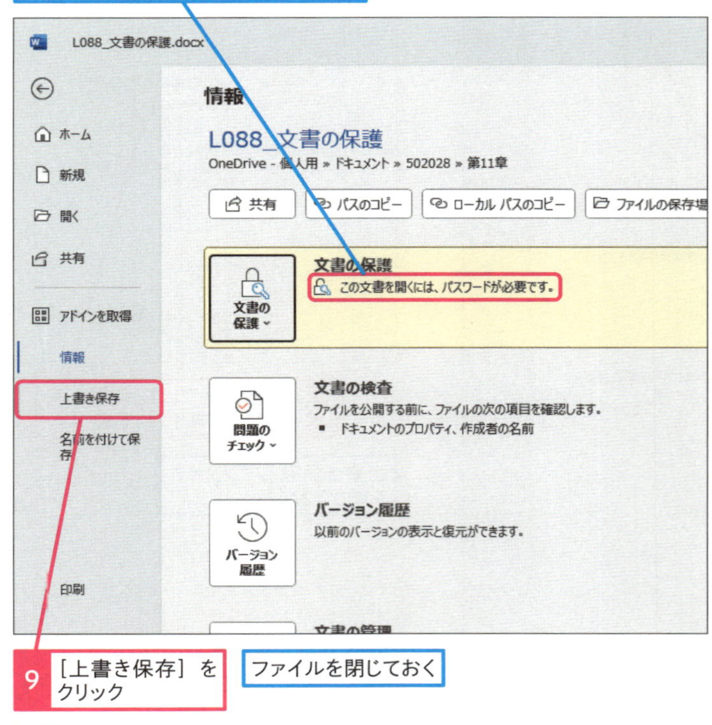

9 ［上書き保存］をクリック

ファイルを閉じておく

使いこなしのヒント

パスワードに使える文字の種類は

パスワードには、半角英数の大文字、小文字、数字、記号の組み合わせが利用できます。入力できる文字数は15文字までです。入力するパスワードは、画面に表示されないので、複雑な組み合わせの英数記号を入力するときには、手元に控えを残しておくようにしましょう。

使いこなしのヒント

パスワードに適さない文字とは

「12345」などの連続した数字や、「password」のように思いつきやすい文字や数字の組み合わせは、パスワードには適しません。パスワードを考えるときに注意しましょう。

使いこなしのヒント

Wordのパスワードと暗号化圧縮ファイルの違いとは

ファイルを保護する方法として、Wordのように直接パスワードを設定する操作の他に、暗号化圧縮を使うケースがあります。Wordのパスワードが個々の文書に鍵をかける方法だとすれば、暗号化圧縮ファイルは鍵の付いた金庫にWordなどのファイルを収納して保護します。より確実にWordの文書ファイルを保護したいときには、暗号化圧縮ファイルとは別に、Wordにもパスワードを設定しておきましょう。

2 パスワードを設定した文書を開くには

手順1でパスワードを設定した文書を開こうとすると、[パスワード] ダイアログボックスが表示される

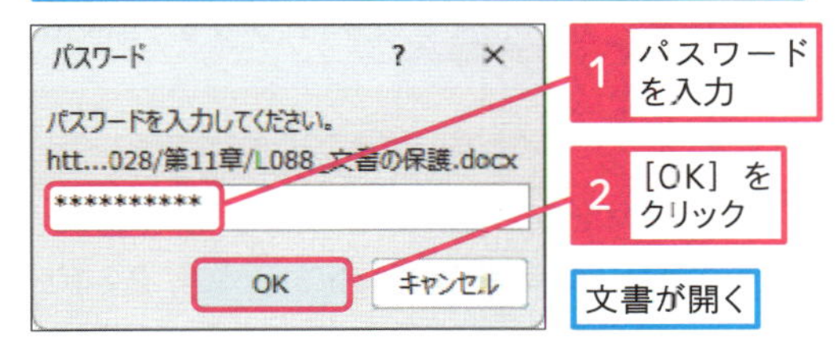

1 パスワードを入力

2 [OK] をクリック

文書が開く

3 文書のパスワードを解除するには

手順2を参考に、パスワードを設定した文書を開いておく

手順1を参考に、[ファイル] タブをクリックしておく

1 [情報] をクリック

2 [文書の保護] をクリック

3 [パスワードを使用して暗号化] をクリック

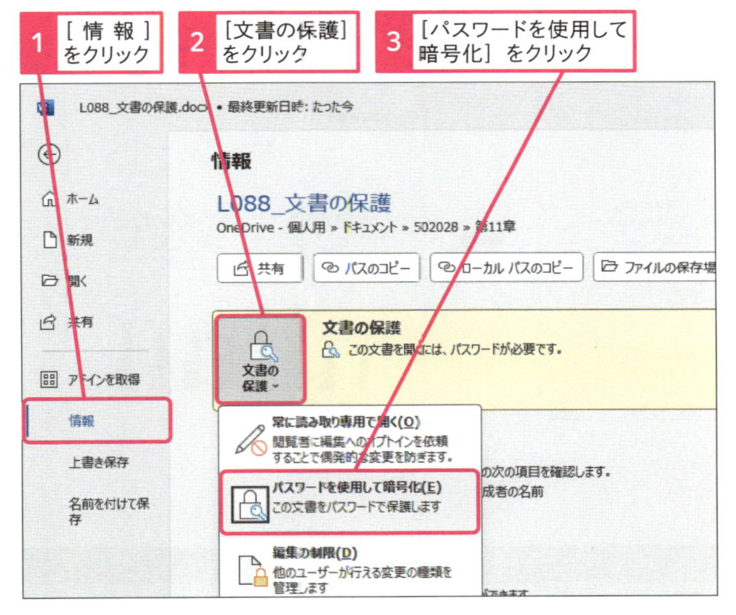

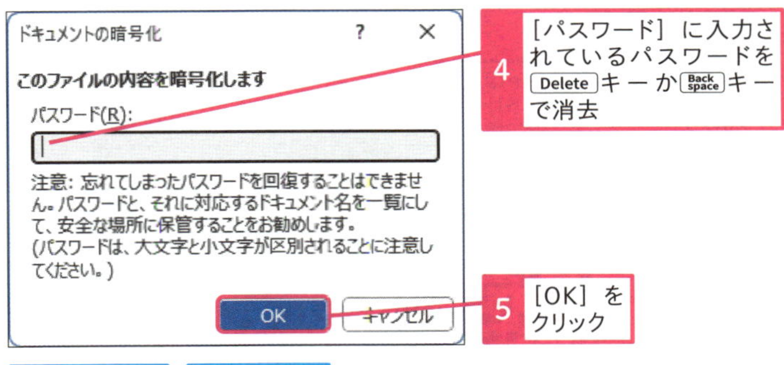

4 [パスワード] に入力されているパスワードを Delete キーか Back space キーで消去

5 [OK] をクリック

パスワードが解除される

上書き保存しておく

使いこなしのヒント

パスワードを設定した文書を送るときは

パスワードを設定した文書ファイルを相手に送るときには、パスワードも伝えなければなりません。そのときに、パスワードを付けた文書ファイルを添付したメールの文面には、決してパスワードを記載しないように注意しましょう。必ず、別のメールでパスワードを連絡するようにします。また、文書のやり取りが多い相手とは、事前に一つのパスワードを決めておいて、個々の文書ファイルごとにパスワードを伝えないようにするのも効果的です。

まとめ パスワードは100%の保護ではない

パスワードによるWordの文書ファイルの保護には、情報漏えい対策としての一定の効果はあります。しかし、悪意のあるハッカーにとって、15文字のパスワードは強固な防御にはなりません。また、安全のためにとパスワードを設定し過ぎてしまうと、他の人との文書ファイルのやり取りが面倒になります。そこで、あらかじめ情報を保護する優先度を考えて、社内外を問わずに意図しない第三者に読まれたら困る文書ファイルにのみパスワードを設定し、流出しないように管理しましょう。

レッスン

89 スマートフォンを使って文書を開くには

［Microsoft Word］アプリ

練習用ファイル L089_アプリで開く.docx

マイクロソフトがスマートフォンやタブレット用に無料で提供している［Microsoft Word］アプリを使うと、パソコン以外のモバイル機器でもWordの文書ファイルを編集できます。このレッスンでは、Androidスマートフォンの画面例を紹介していますが、iPhoneでも［Microsoft Word］アプリは利用できます。

キーワード

［Microsoft Word］アプリ	P.340
Microsoftアカウント	P.340
OneDrive	P.340

スマートフォンで文書を開く

Before

文書をスマートフォンで開きたい

[描画]

譲蔵商事株式会社

新製品企画書

商品企画部
担当:野々村浩紀

はじめに

テレワークへの移行を積極的に推進する大手企業が増えていく傾向にあって、遅れているのが中小企業になる。一部のITに特化している中小企業を除けば、多くの中小企業はテレワークを実践でき

は2万1,408社中の1万1,979社(55.9%)だった。企業規模での実施比率を見てみると、大企業の83.3%に対して、中小企業は50.9%と少ない。その理由は、社内インフラの未整備や人員不足だと

→

After

スマートフォンで文書を開くことができた

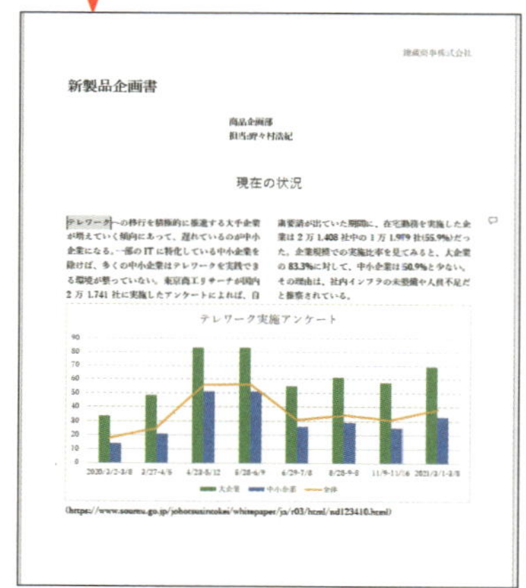

使いこなしのヒント

［Microsoft Word］アプリをインストールしておこう

スマートフォンでWordの文書を開くには、事前に利用している機種に合わせた［Microsoft Word］アプリをインストールしておきましょう。［Microsoft Word］アプリが利用できるiOSやAndroidには、対応するバージョンに制限があります。また、一部の機能はサブスクリプションのMicrosoft 365を契約していないと利用できません。

◆iPhone用の［Microsoft Word］アプリ

◆Androidスマートフォン用の［Microsoft Word］アプリ

● アプリの対応OS

iPhone、iPad…iOS 14.0以降に対応
Androidスマートフォン…Android バージョン 5.0 以降に対応

1 Wordを起動する

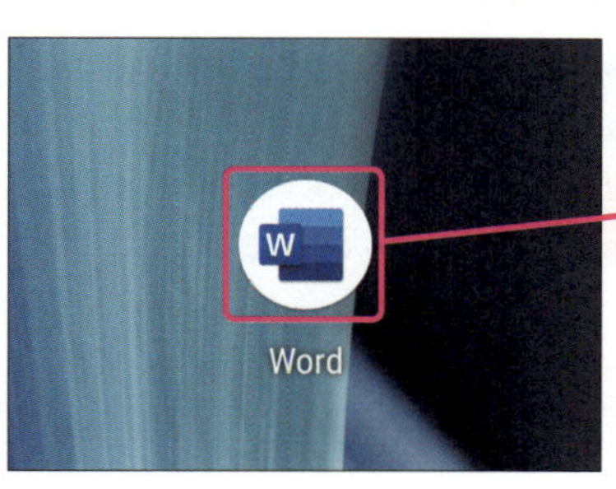

Wordアプリをインストールしておく

1 [Word]をタップ

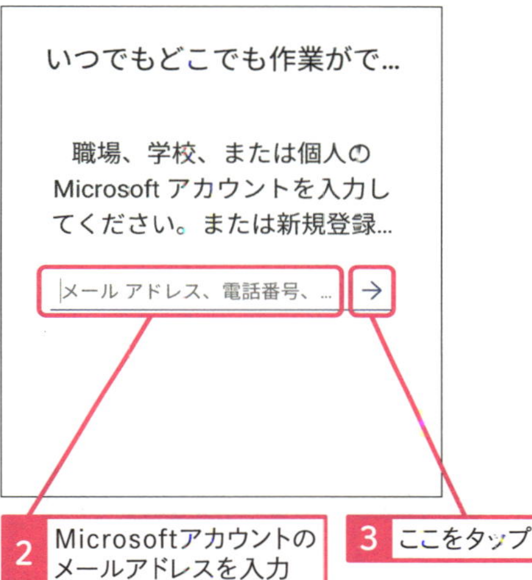

2 Microsoftアカウントのメールアドレスを入力

3 ここをタップ

2段階認証を設定している場合は確認コードなどを使ってサインインする

4 [Close]をタップ

使いこなしのヒント

最新バージョンのアプリを使おう

[Microsoft Word]アプリは、不定期にアップデートされます。iPhoneであればホーム画面の[App Store]をタップして、最新バージョンにアップデートしましょう。アプリのアップデートは無料ですが、容量が大きい場合、Wi-Fi接続でないとアップデートできません。

使いこなしのヒント

Microsoft OneDriveアプリもインストールしておくと便利

OneDriveに保存されているすべてのファイルをスマートフォンで閲覧したいときには、Microsoft OneDriveアプリもインストールしておくと便利です。

◆iPhone用の[Microsoft OneDrive]アプリ

◆Androidスマートフォン用の[Microsoft OneDrive]アプリ

使いこなしのヒント

タブレットでも利用できる

[Microsoft Word]アプリは、スマートフォンだけではなく、10インチ未満のiPadやAndroid OS搭載のタブレットでも利用できます。

次のページに続く ➡

2 ファイルを開く

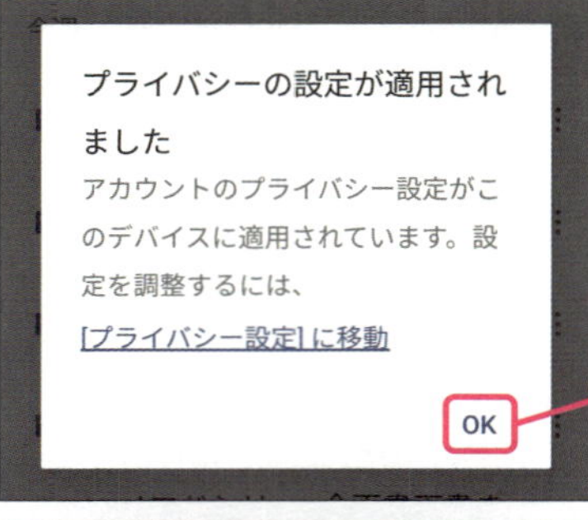

1 [OK] をタップ

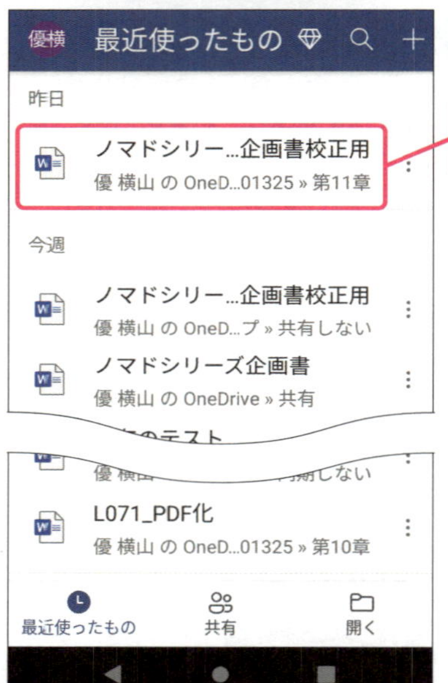

最近使ったファイルの一覧が表示された

2 任意のファイルをタップ

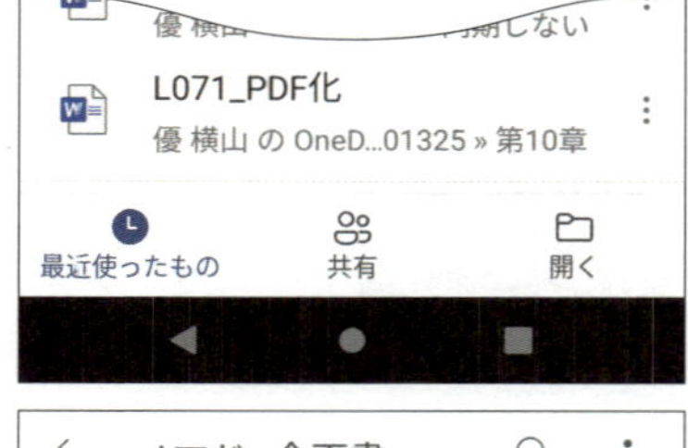

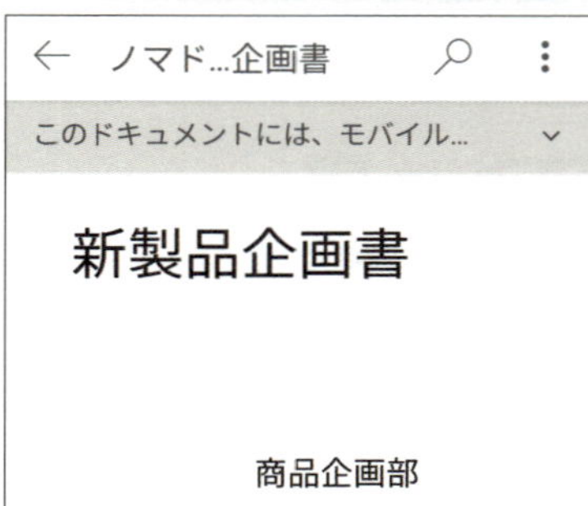

モバイルビューでWordファイルが表示された

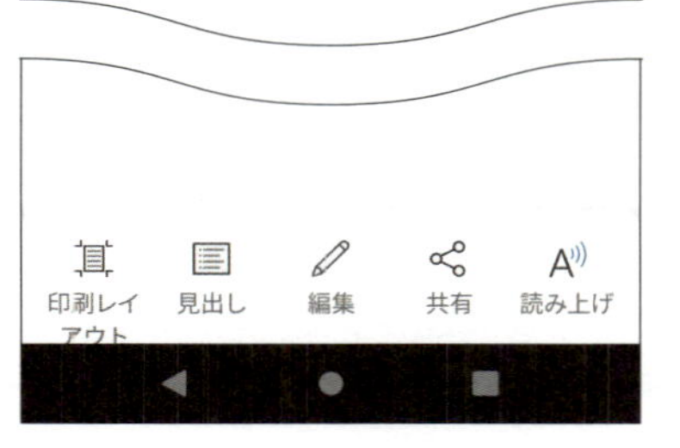

使いこなしのヒント

自動保存をオフにしておこう

[Microsoft Word] アプリは、標準の設定で自動保存がオンになっています。スマートフォンでの操作に慣れないうちは、意図しない操作ミスも自動で保存されてしまうので、最初のうちはオフにしておきましょう。

1 ここをタップ

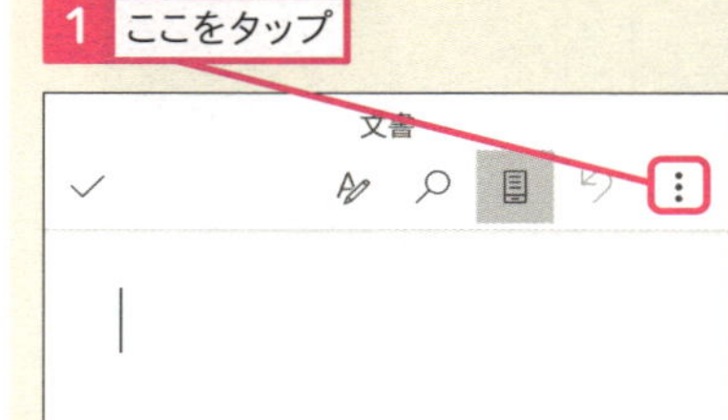

2 [設定] をタップ

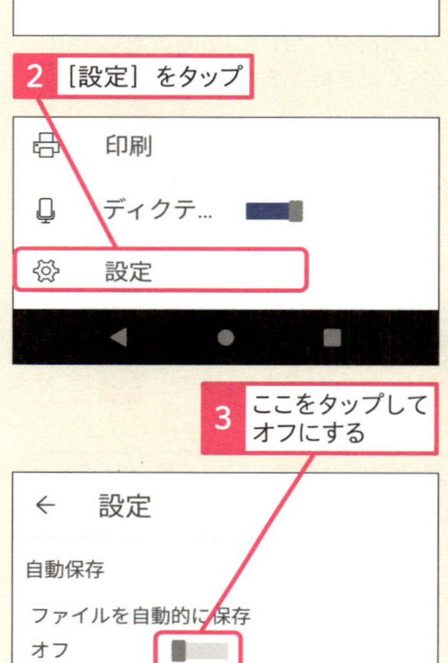

3 ここをタップしてオフにする

使いこなしのヒント

表示される内容には違いがある

スマートフォンの画面は、パソコンよりも狭いので、表示される文書の内容には細かい部分で違いがあります。画面では文字が1行に収まっていなくても、パソコンでは正しく表示されます。

3 ファイルを編集する

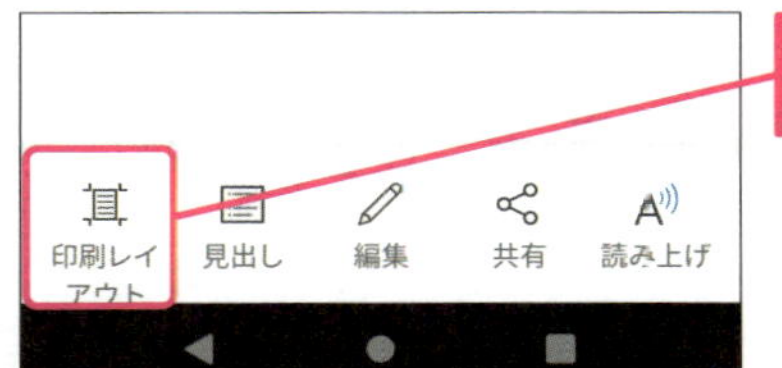

1 ［印刷レイアウト］をタップ

印刷レイアウトで表示された

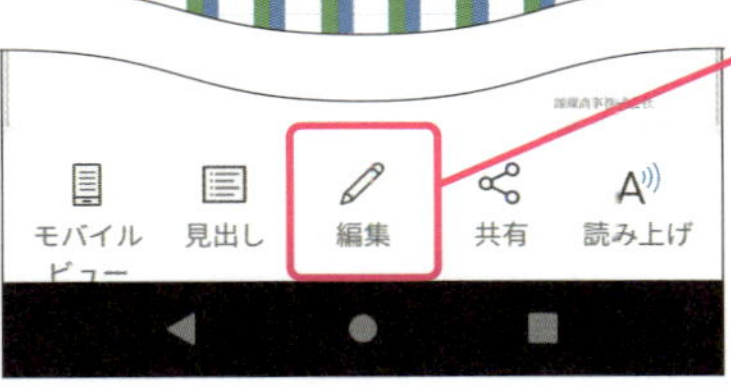

2 ［編集］をタップ

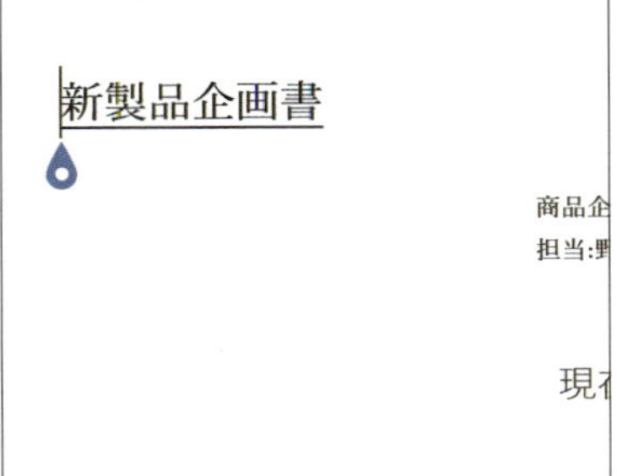

画面が拡大されて文字の先頭にカーソルが移動した

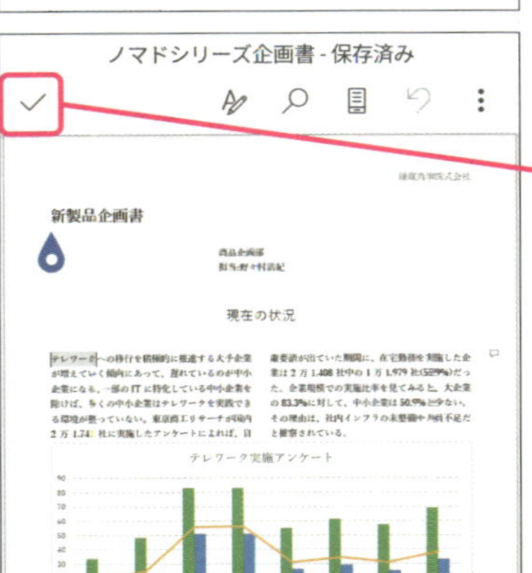

編集を終了すると拡大表示が解除される

3 ここをタップ

変更内容が保存された

使いこなしのヒント

OneDriveに新しい文書を作成して保存できる

［Microsoft Word］アプリを使えば、新しい文書を作って、OneDriveに保存できます。外出先で思い付いたメモやアイデアをスマートフォンなどで作成して、後からパソコンのWordで開いて清書する、といった使い方もできます。新しい文書を作成するには、手順2で［白紙の文書］をタップしましょう。

1 ここをタップ

2 ［白紙の文書］をタップ

まとめ スマートフォンで文書作成の機動力をアップ

パソコンの前に座ってキーボードを叩く、という文書作成の常識は、スマートフォンによって大きく変わります。スマートフォンのフリック入力に慣れている人ならば、キーボードを叩くよりも早く文章を入力できるでしょう。

この章のまとめ

OneDriveとWordで新しい働き方を始めよう

OneDriveを活用した文書ファイルの共有による共同作業は、新しい働き方に適したWordの使い方です。インターネットを介して、離れた場所から一つの文書ファイルにアクセスして、複数の人たちが同時に編集できる文書共有は、効率の良い共同作業を実現します。その理想を実現するためには、Wordを利用する人たちが、本章で解説したOneDriveや［Microsoft Word］アプリの基本的な使い方の習得が大切です。

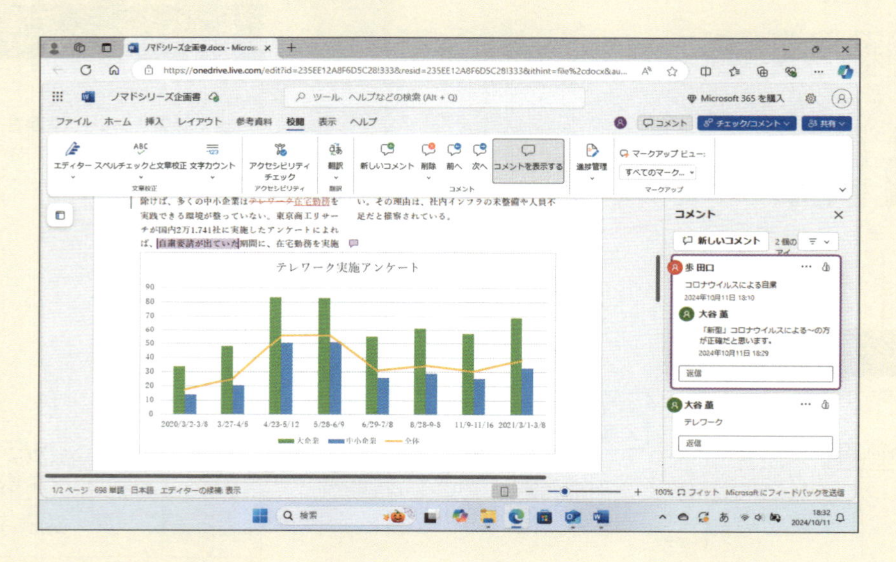

便利な機能が盛りだくさんでした！

音声入力は、実はスマートフォンでやると捗るんですよ。パソコンよりもマイクの性能がいいので、おすすめなんです♪

OneDriveももっと活用できそうです！

ええ、OneDriveはもともとWindowsに入ってますから、使わないともったいないです。どんどん使って、仕事を効率化しましょう！

活用編

第12章

マクロで入力を効率化する

マクロはWordの機能を自動的に処理します。マクロを活用すると、複数の操作が必要な装飾や、何度も繰り返して利用する作業などを、一回の操作で実行できるようになります。また、フィールドコードを使うと、計算や参照などを自動化できます。

レッスン **90**

Introduction この章で学ぶこと

マクロで作業を効率化しよう

マクロとフィールドコードは、Wordの機能の中でも自動化に関連する特別な処理になります。複数の作業を一度で処理したり、計算や参照を自動化したりして作業の手間を軽減し、うっかりミスを防ぎます。マクロは自分で登録しないと作成できませんが、フィールドコードはページ番号や日付などを入力すると、自動で定義されます。

マクロといっても簡単です♪

マ、マクロ！　プログラミングですか？　苦手ですー！

はははは、大丈夫！　Wordのマクロはコードを打ち込んだりせずに、操作を録画するみたいに作ることができますよ。

それならすぐにできそう！　どうやってやるんですか？

目立たないけど、すぐにできるボタンが付いてるんです。でもまずは、マクロの基本から学んでいきましょう。

マクロってどんなことができるの？

複数の操作を登録しておいて、ボタン1つでそれらを実行するのがマクロ機能です。この章では、文末の「ですます調」を「だである調」に変えるマクロを作ってみます。

検索と置換
検索　置換　ジャンプ
検索する文字列(N): ます
オプション：　あいまい検索 (日)
置換後の文字列(I): る
オプション(M) >>　置換(R)　すべて置換(A)　次を検索(F)　キャンセル

登録も編集も実に簡単！

マクロというと難しいプログラミングのイメージですが、Wordのマクロは実に簡単。動作を記録するだけで、自動でプログラムができるんです！

えっ、これだけでいいんですか!?
しかもアレンジも可能とか、想像以上です！

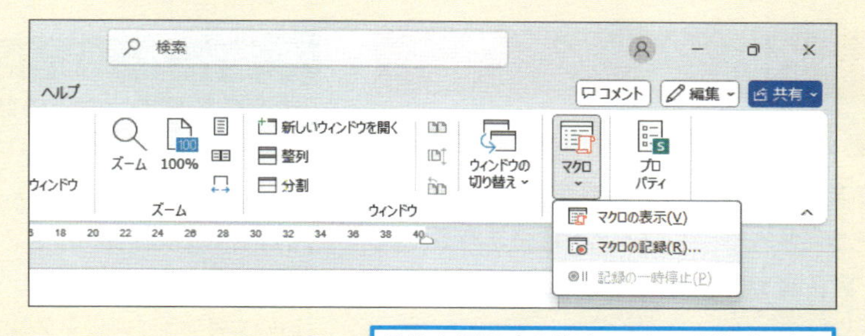

操作を記録するだけでマクロが作成できる

マクロの追加も紹介

マクロは追加して使うこともできます。よく使うものをまとめておくと、仕事がぐっと効率化できますよ。

文章を直したいときに使えそうですね。作り方を知りたいです！

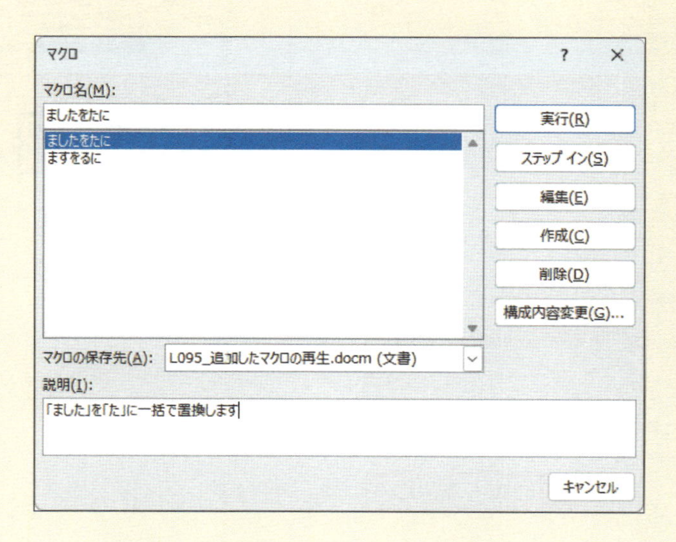

レッスン

91 マクロ付き文書を開くには

マクロ付き文書　練習用ファイル　L091_マクロ付き文書.docm

マクロが登録されている文書は、利用者が意図しない処理を自動で実行する危険性があるので、Wordが必ず確認を表示します。利用者が承認しないと、文書に登録されているマクロは実行されません。

マクロの危険性について知ろう

マクロはWordの機能を自動で実行できるだけではなく、Windowsに関連する命令も利用できます。この仕組みを悪用して、Wordのマクロの中にコンピューターウイルスやマルウェアが仕込まれる危険性もあります。そのため、第三者から受け取ったWordの文書ファイルにマクロが登録されているときには、すぐにマクロを実行しないで、その文書ファイルが信頼できるかどうかを確かめましょう。

1 マクロを有効にする

ファイルを開いておく

［セキュリティの警告］が表示された

1 ［コンテンツの有効化］をクリック

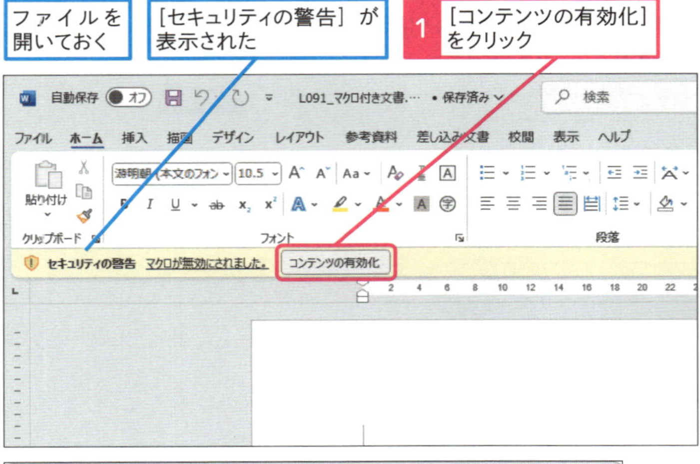

2 ［はい］をクリック

キーワード

テンプレート　P.343
マクロ　P.345

使いこなしのヒント

標準の設定ではマクロは文書ファイルに保存されない

レッスン92のように、標準の設定ではマクロは「Normal.dotm」というテンプレートファイルに保存されます。そのため、個別の文書ファイルにマクロは登録されません。マクロを登録した文書を第三者に渡したいときには、マクロの保存先を編集中の文書に変更します。

1 ここをクリックして編集中の文書のファイル名を選択

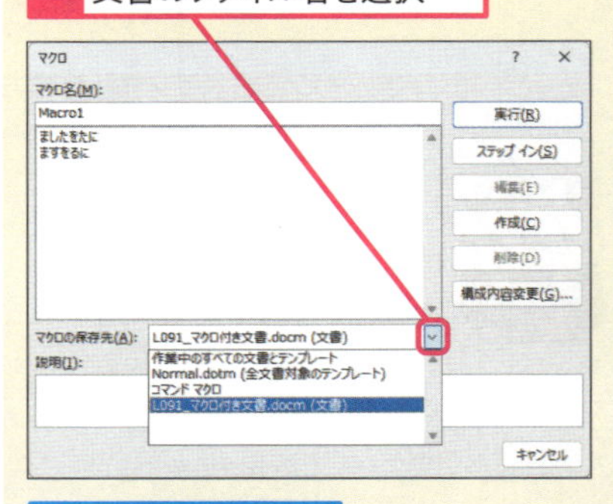

マクロの保存場所が変更された

● マクロが有効になった

マクロが有効になり、[セキュリティの警告] が非表示になった

レッスン92以降も、同様の手順でマクロを有効にする

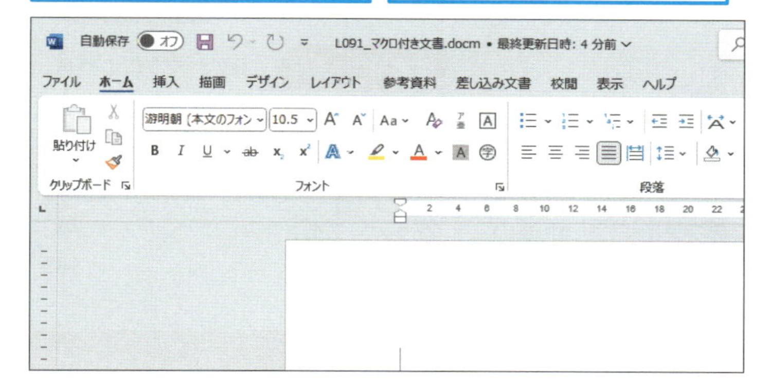

2 マクロを確認する

1 [表示] タブをクリック

2 [マクロ] のここをクリック

3 [マクロの表示] をクリック

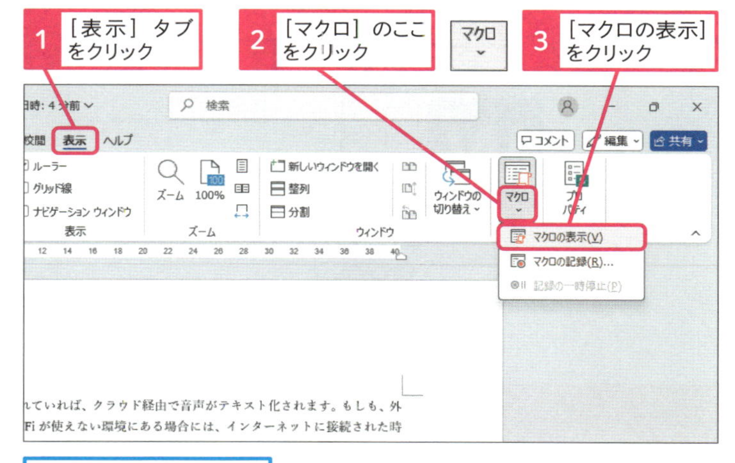

登録されているマクロの一覧が表示された

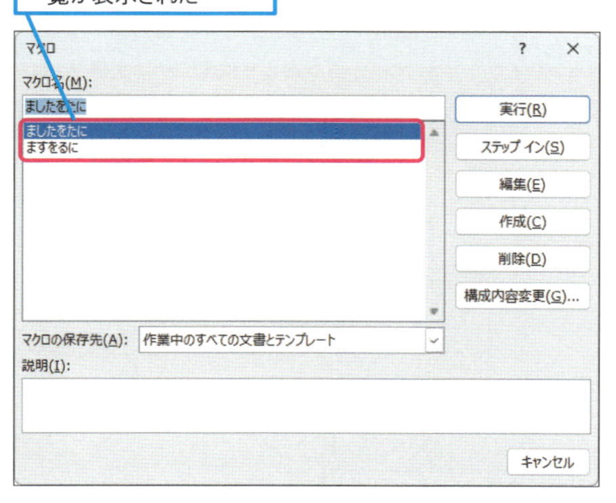

使いこなしのヒント

信頼できる文書かどうかを確かめるには

マクロが登録されている文書ファイルが安全かどうかを確認する方法の一つとして、文書情報の表示が有効です。[ファイル] の [情報] から、プロパティや関連ユーザーに表示されている内容を確認して、作成日などが不自然ではないか、作成者が信頼できる人物かどうかなどを確かめます。

1 [ファイル] タブをクリック

2 [情報] をクリック

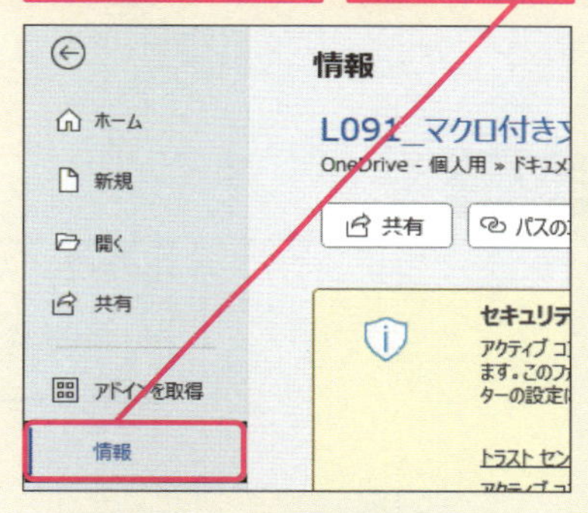

[セキュリティ情報] を確認する

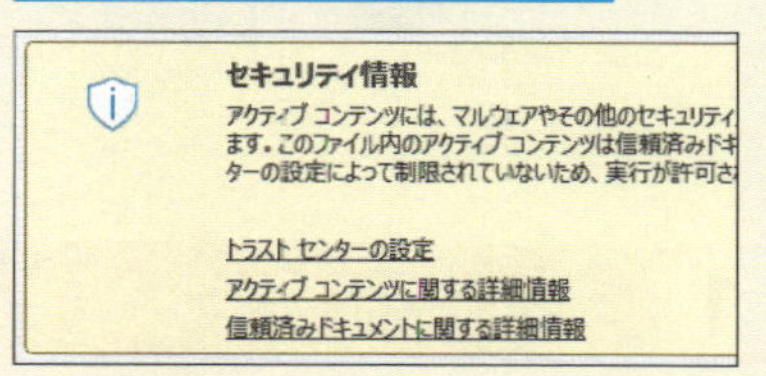

まとめ マクロは安全性に配慮して便利に活用する

メールに添付されていたWordのファイルを開いたらコンピューターウイルスやマルウェアに感染した、という被害の多くは、Wordに登録されているマクロに原因があります。マクロは使い慣れると便利な機能ですが、安全性への配慮が必要です。特に、他の人から送られてきたマクロ付きの文書ファイルに関しては、信頼性を十分に確認してからマクロの実行を許可するようにしましょう。

レッスン
92 マクロを登録するには

マクロの作成　練習用ファイル　L092_マクロの作成.docx

マクロはWordで行う操作を記録して再生する機能です。新しいマクロを作成するには、［マクロの記録］を開始して、実際の操作を行うだけです。また、マクロが記録された文書ファイルは、標準のdocx形式からdocm形式に変わります。

キーワード

検索	P.342
ダイアログボックス	P.343
マクロ	P.345

文書にマクロを登録する

Before

docx形式の文書にマクロを登録して、docm形式で保存したい

After

マクロが登録された文書をdocm形式で保存できた

1 マクロの記録を開始する

1 ［表示］タブをクリック

2 ［マクロ］のここをクリック

3 ［マクロの記録］をクリック

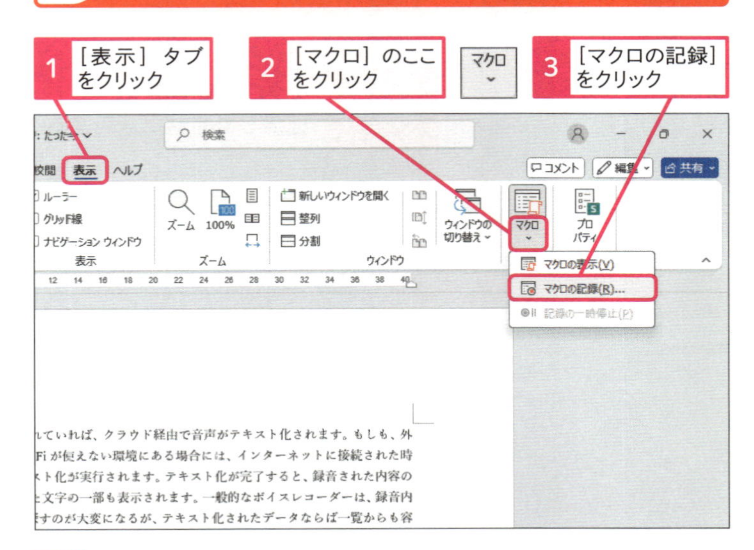

使いこなしのヒント

マクロが保存されたdocm形式とは

標準の設定では、マクロは「Normal.dotm」というファイルに保存されます。このレッスンのように意図的に文書ファイルにマクロも含めて保存するには、docm形式で保存します。

2 マクロの名前を入力する

［マクロの記録］ダイアログボックスが表示された

1 ［マクロ名］にマクロの名前を入力

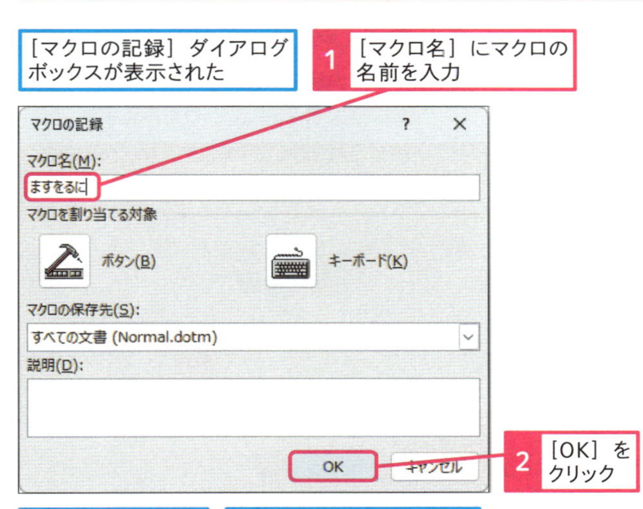

2 ［OK］をクリック

ここから実行する操作が記録される

ここでは、「ます」という文字を「る」に置換する

3 ［ホーム］タブをクリック

4 ［置換］をクリック

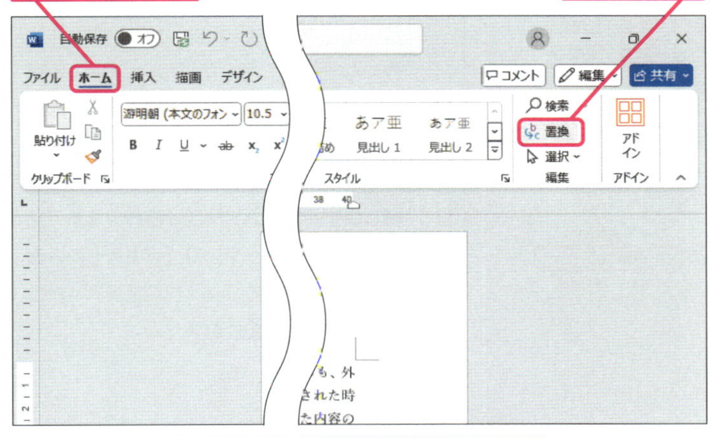

［検索と置換］ダイアログボックスが表示された

5 ［検索する文字列］に「ます」と入力

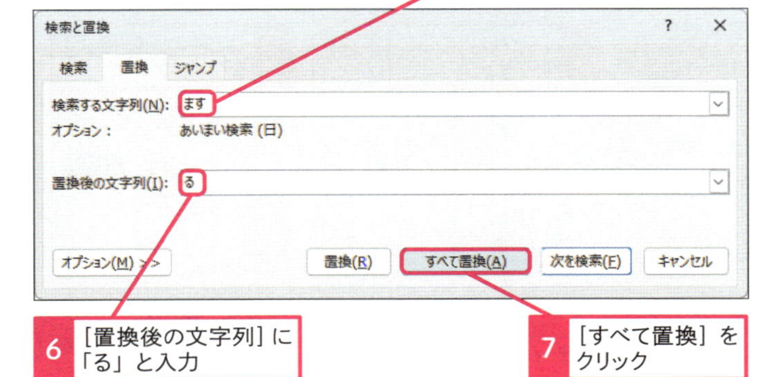

6 ［置換後の文字列］に「る」と入力

7 ［すべて置換］をクリック

使いこなしのヒント

［マクロを割り当てる対象］とは

マクロの記録に表示されているボタンとキーボードは、登録するマクロを実行するために割り当てる対象です。ボタンを選ぶと、クイックアクセスツールバーにマクロのボタンを追加します。キーボードを選ぶと、マクロをショートカットキーで実行できます。

●マクロをボタンに割り当てる

手順1の操作1～3を実行しておく

1 ［ボタン］をクリック

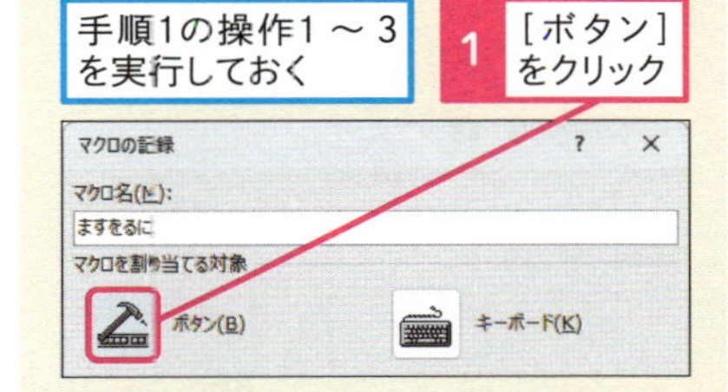

表示された画面で、クイックアクセスツールバーにマクロのボタンを追加できる

●マクロにショートカットキーを割り当てる

手順1の操作1～3を実行しておく

1 ［キーボード］をクリック

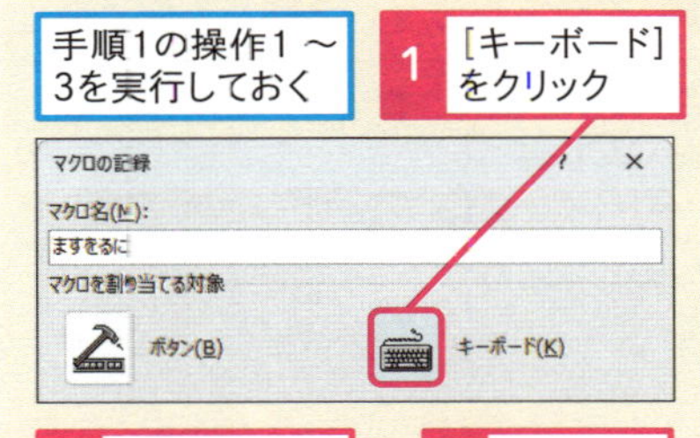

2 ［割り当てるキーを押してください］のここをクリック

3 割り当てるショートカットキーを押す

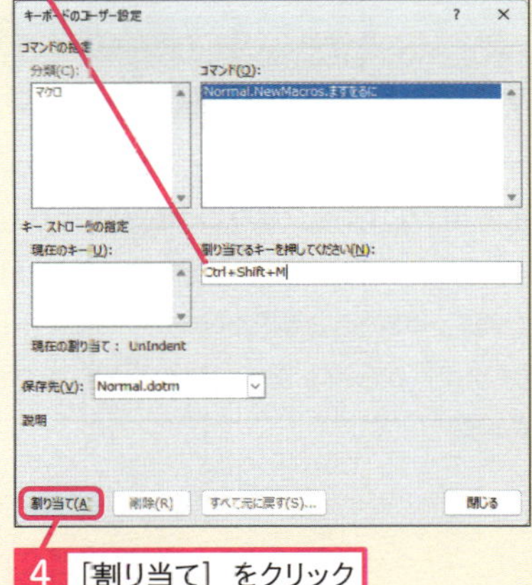

4 ［割り当て］をクリック

次のページに続く

3 マクロの記録を終了する

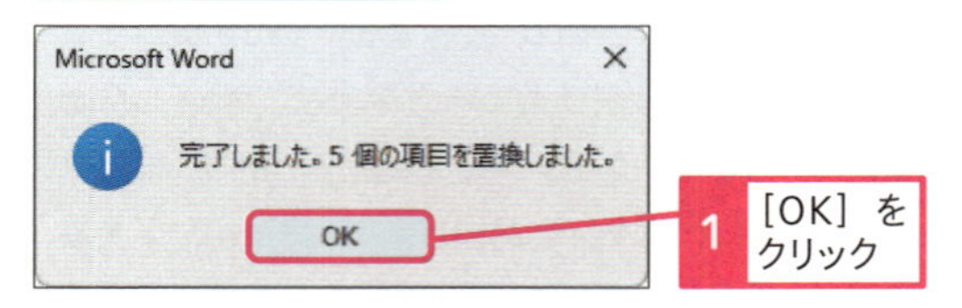

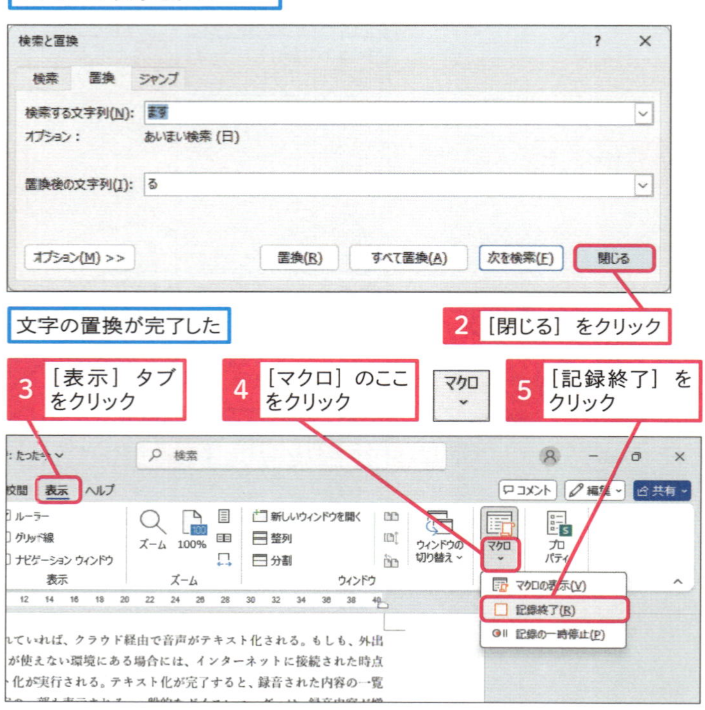

使いこなしのヒント

ステータスバーからマクロの記録を終了するには

マクロの記録を開始すると、画面下のステータスバーに、マクロを停止する□が表示されます。この□をクリックしても、マクロの記録を終了できます。

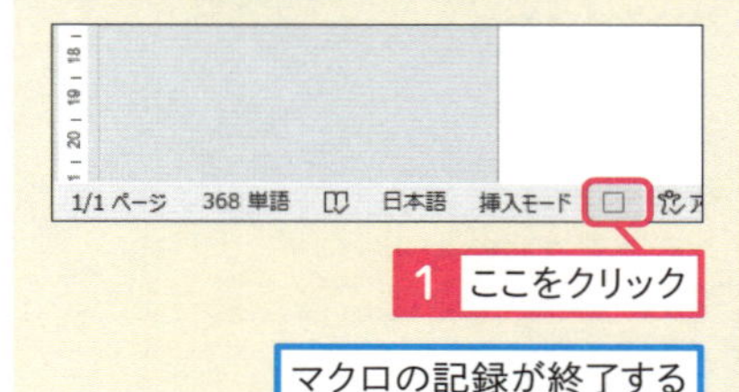

使いこなしのヒント

登録できるマクロと登録できないマクロ

マクロの記録で登録できるWordの機能は、主にダイアログボックスを使った操作になります。例えば、[テキストのみ貼り付け] をマクロに登録するには、[形式を指定して貼り付け] のダイアログボックスから [テキスト] を貼り付ける操作を記録します。アイコンだけで操作できる [貼り付けのオプション] の [テキストのみ保持] を実行しても、マクロにテキストだけの貼り付けは記録されません。

使いこなしのヒント

マクロの記録を一時停止するには

マクロの記録を開始すると、マクロから一時停止が選択できるようになります。マクロの記録を中断したいときには、[表示] タブの [マクロ] から [記録の一時停止] をクリックすると、記録を一時的に止められます。一時停止したマクロは、再び [マクロ] から [マクロ記録の再開] をクリックすると、記録を再開します。

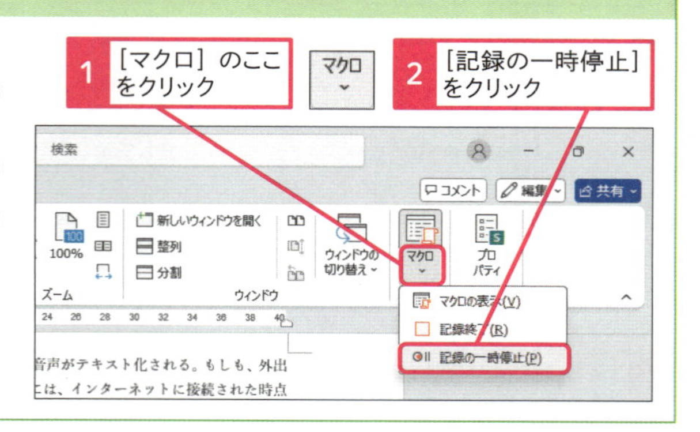

4 docm形式で文書を保存する

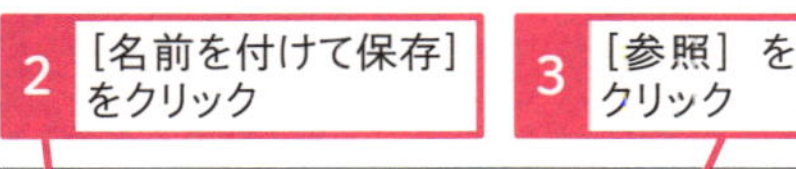

1 ［ファイル］タブをクリック

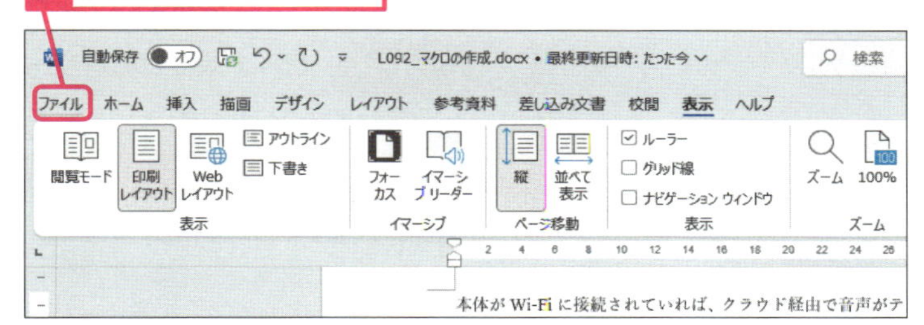

2 ［名前を付けて保存］をクリック

3 ［参照］をクリック

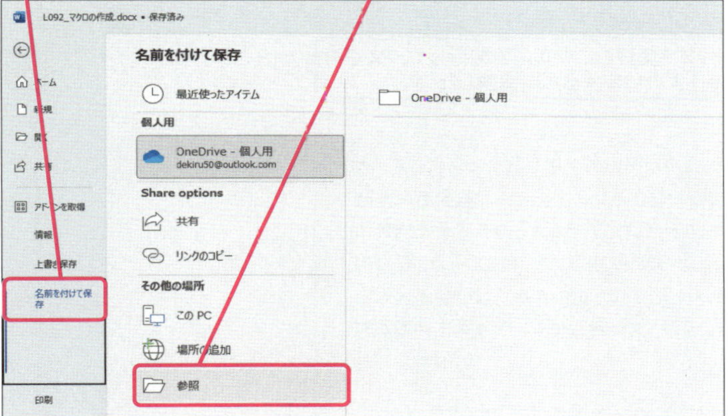

4 保存場所を選択

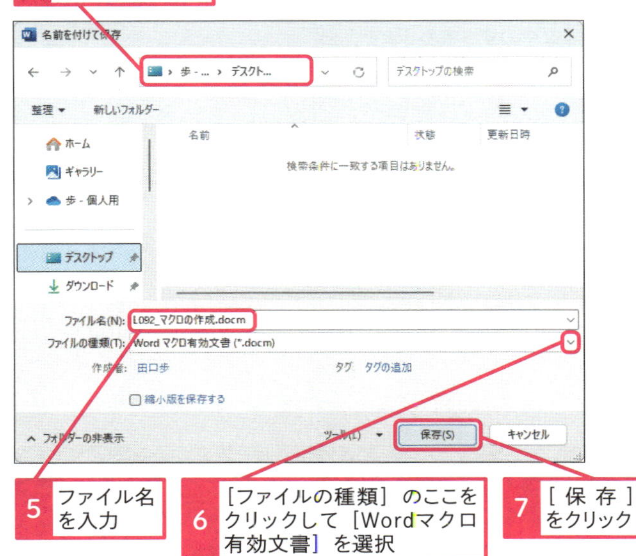

5 ファイル名を入力

6 ［ファイルの種類］のここをクリックして［Wordマクロ有効文書］を選択

7 ［保存］をクリック

マクロが登録された文書が、docm形式で保存される

使いこなしのヒント

文書ファイルの違いはアイコンで確認する

［フォルダーオプション］の［表示］で［ファイル名拡張子］のチェックマークを外してファイルの拡張子をエクスプローラーで表示させていないと、docm形式とdocx形式のファイル形式を区別することが困難です。そのときには、大きなアイコンの表示でファイルの違いを確認できます。

1 ［表示］をクリック

2 ［大アイコン］をクリック

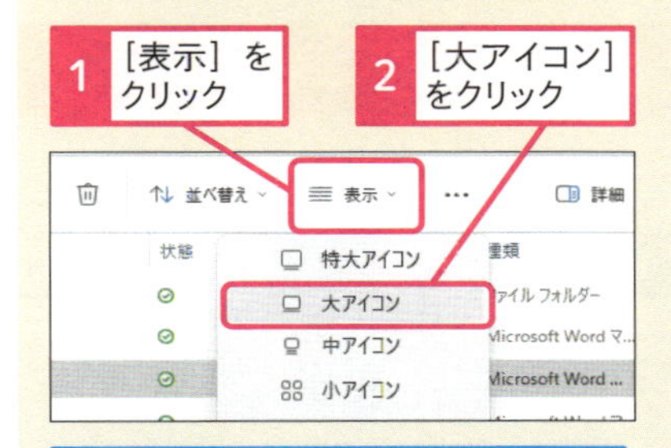

［L092_マクロの作成］が通常のdocx形式で、［L093_マクロの再生］がdocm形式ということが一目で分かるようになった

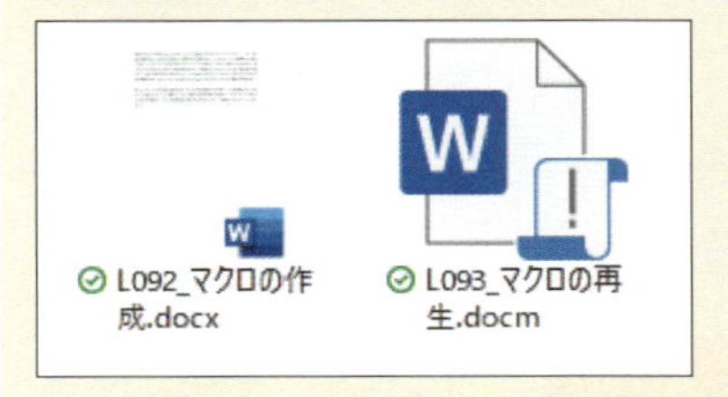

まとめ マクロを登録する前に操作の手順を確認しよう

マクロの登録は、記録を開始してから終了するまでに行った、マウスによるメニューの選択や、キーボードによる範囲選択などの操作が保存されます。選択したアイコンやキー操作によっては、マクロに記録されない機能もあります。マクロを記録するときには、事前に操作の手順を確認して、記録から終了までに余分な操作をしないようにしましょう。

マクロを再生するには

マクロの再生　練習用ファイル　L093_マクロの再生.docx

登録したマクロは、何度でも繰り返し実行できます。マクロの実行は、レッスンのようにタブからも再生できますが、よく使うマクロはボタンやショートカットキーに登録しておくと便利です。

キーワード

ショートカットキー	P.342
マクロ	P.345

記録したマクロを実行する

Before

レッスン92で登録したマクロを実行して、文中のすべての「ます」を「る」に置換したい

本体が Wi-Fi に接続されていれば、クラウド経由で音声がテキスト化されます。もしも、外出先や会議室など、Wi-Fi が使えない環境にある場合には、インターネットに接続された時点で音声データのテキスト化が実行されます。テキスト化が完了すると、録音された内容の一覧にテキスト化された文字の一部も表示されます。一般的なボイスレコーダーは、録音内容が増えると、後から探すのが大変になるが、テキスト化されたデータならば一覧からも容易に内容を判断できます。さらに、テキスト化されたデータに対しても、テキスト検索が利用できます。

After

文中のすべての「ます」を「る」に置換できた

本体が Wi-Fi に接続されていれば、クラウド経由で音声がテキスト化される。もしも、外出先や会議室など、Wi-Fi が使えない環境にある場合には、インターネットに接続された時点で音声データのテキスト化が実行される。テキスト化が完了すると、録音された内容の一覧にテキスト化された文字の一部も表示される。一般的なボイスレコーダーは、録音内容が増えると、後から探すのが大変になるが、テキスト化されたデータならば一覧からも容易に内容を判断できる。さらに、テキスト化されたデータに対しても、テキスト検索が利用できる。

使いこなしのヒント

マクロを実行する前に注意すること

マクロを実行するとレッスンのような文字列の置換では、元の文書は置き換えられてしまいます。もし、元の文書を残しておきたいときには、事前に名前を付けて保存しておきましょう。また、登録したマクロによっては、[元に戻す] で変更した内容を元に戻せます。

1 マクロを実行する

1 ［表示］タブをクリック

2 ［マクロ］をクリック

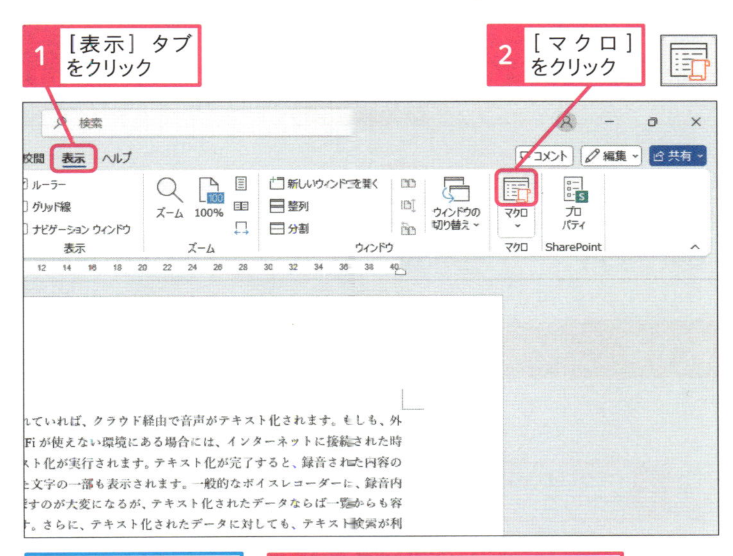

［マクロ］ダイアログボックスが表示された

3 ここをクリックして［L093_マクロの再生.docm（文書）］を選択

4 ［実行］をクリック

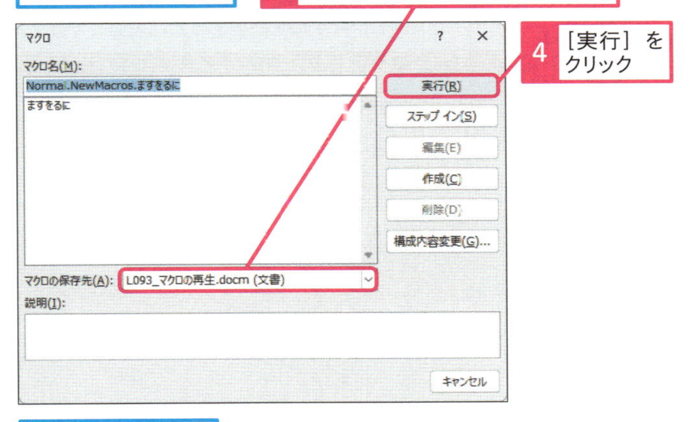

マクロが実行された

本体が Wi-Fi に接続されていれば、クラウド経由で音声がテキスト化される。もしも、外出先や会議室など、Wi-Fi が使えない環境にある場合には、インターネットに接続された時点で音声データのテキスト化が実行される。テキスト化が完了すると、録音された内容の一覧にテキスト化された文字の一部も表示される。一般的なボイスレコーダーは、録音内容が増えると、後から探すのが大変になるが、テキスト化されたデータならば一覧からも容易に内容を判断できる。さらに、テキスト化されたデータに対しても、テキスト検索が利用できる。

試しに、テレビでの会話や自分の思いついた言葉を認識させてみると、ほぼ間違いなくテキストに変換されました。情報によれば、複数の人間が同時に会話をしてしまったり、録音された言葉が曖昧だったり、同音異義語が多い単語などは、正しく判断されないケースもありました。

「ます」が「る」に置換されていることを確認する

時短ワザ

よく使うマクロはボタンやショートカットキーに登録しよう

このレッスンのように文体を変換するマクロは、文章を利用する頻度が多いときには、ボタンやショートカットキーに登録しておくと便利です。例えば、ボタンとしてクイックアクセスツールバーにマクロを登録しておくと、マウスでクリックするだけでマクロを再生できます。クイックアクセスツールバーへの登録方法は、レッスン92のヒントで紹介しています。具体的な手順は、そちらを参考にしてください。

まとめ よく使う操作や単純な繰り返しはマクロにしよう

Wordには複数の装飾をまとめて設定できるスタイルの保存や、あらかじめ書式を整えた文書が利用できるテンプレートなど、編集作業の手間を軽減できる機能が豊富に用意されています。それでも、置換で頻繁に利用する単語や記号などは、事前に登録して再利用できません。こうしたよく使う操作や、単純なコピーと貼り付けという繰り返し作業などは、マクロで効率化できます。Wordを使いこなしていくうちに、単純な作業を繰り返していると感じたら、マクロに登録できるか考えてみましょう。

レッスン

94 マクロを追加するには

マクロの追加　練習用ファイル　L094_マクロの追加.docm

マクロは複数登録できます。文体の変換のように、1回の置換だけでは、すべての文章を修正できないときには、対象とする文字ごとにマクロを登録して、置換を実行する手間を軽減できます。

1 もう1つのマクロの記録を開始する

すでに1つマクロが登録されている

1 ［表示］タブをクリック

2 ［マクロ］のここをクリック

3 ［マクロの記録］をクリック

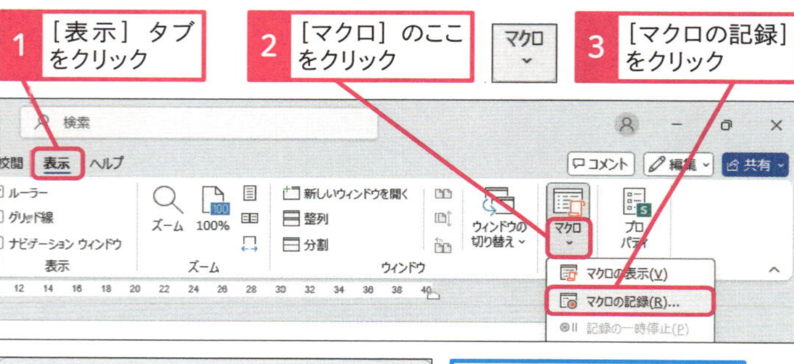

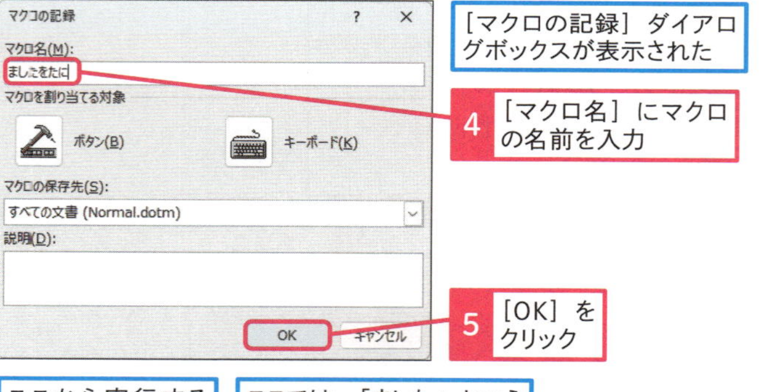

［マクロの記録］ダイアログボックスが表示された

4 ［マクロ名］にマクロの名前を入力

5 ［OK］をクリック

ここから実行する操作が記録される

ここでは、「ました」という文字を「た」に置換する

6 ［ホーム］タブをクリック

7 ［置換］をクリック

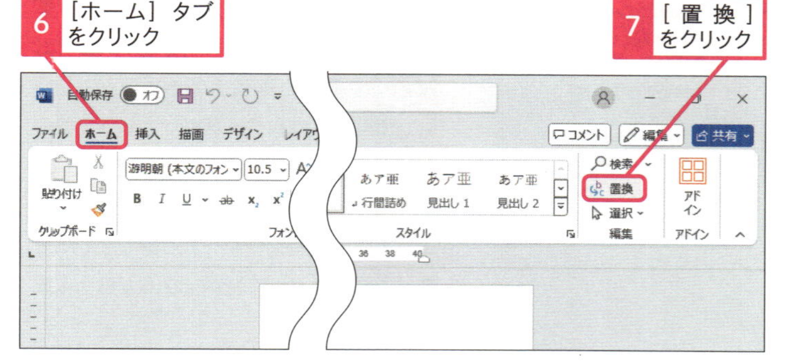

キーワード

使いこなしのヒント

マクロはいくつも登録できる

Wordのマクロは複数登録できます。WordのマクロはOffice Visual Basic for Applications（VBA）というOfficeアプリケーションの拡張に使用できるイベント駆動型のプログラミング言語で記録されています。新しいマクロを記録すると、VBAによるプログラムが1つ追加されます。

◆Office Visual Basic for Applications

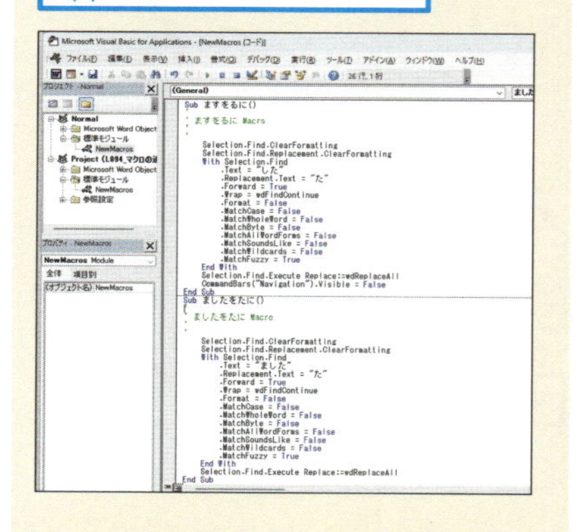

2 マクロの記録を終了する

［検索と置換］ダイアログボックスが表示された

1 ［検索する文字列］に「ました」と入力

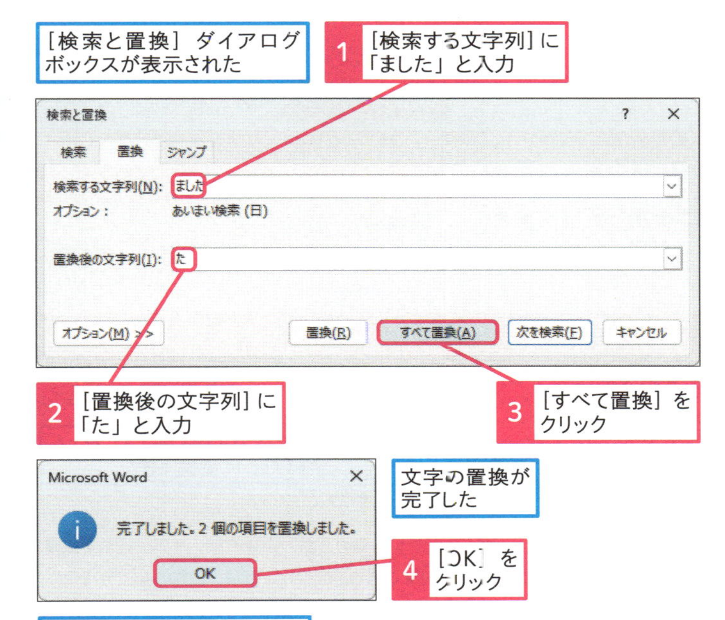

2 ［置換後の文字列］に「た」と入力

3 ［すべて置換］をクリック

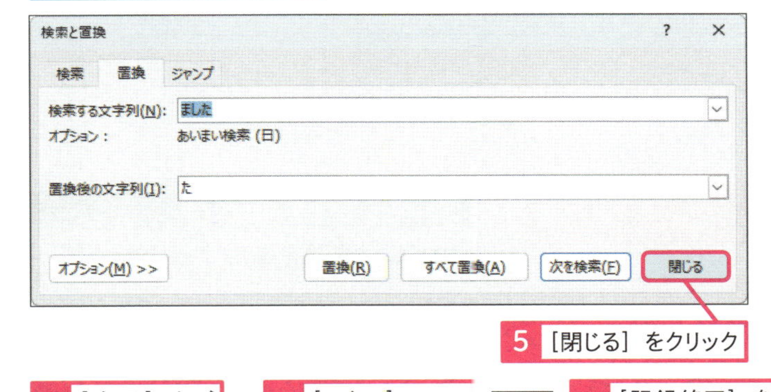

文字の置換が完了した

4 ［OK］をクリック

［検索と置換］ダイアログボックスが表示された

5 ［閉じる］をクリック

6 ［表示］タブをクリック

7 ［マクロ］のここをクリック

8 ［記録終了］をクリック

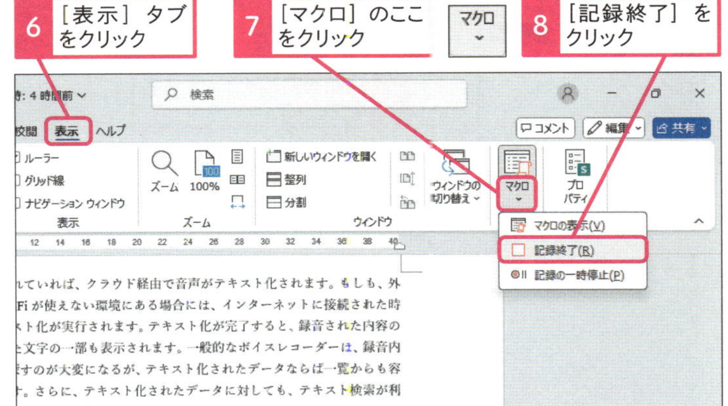

もう1つマクロが記録された

使いこなしのヒント

文体の変換に役立つ置換文字の例

マクロを活用した文体の置換では、このレッスンで紹介した2つの例の他にも、「でした」を「た」に、「です」を「である」などに置き換えるマクロを登録しておくと便利です。また、より的確に文末の文体を置き換えたいときには、「でした。」を「た。」など句読点も含めて指定するのも有効です。ただし、「。」を含む文字を置換するときには、あいまい検索はオフにしておきましょう。

1 ［検索する文字列］に「でした。」、［置換後の文字列］に「た。」と入力

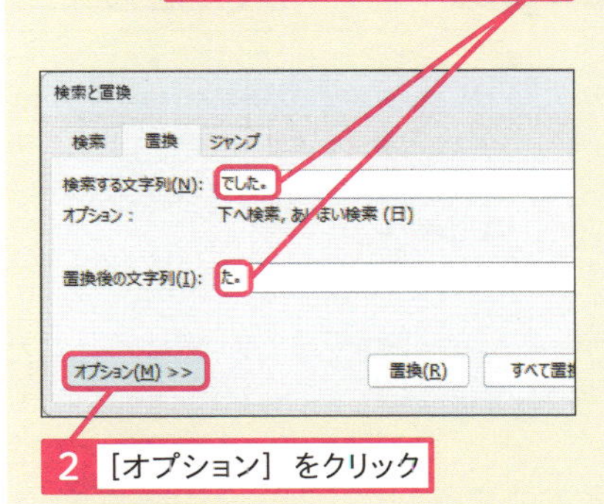

2 ［オプション］をクリック

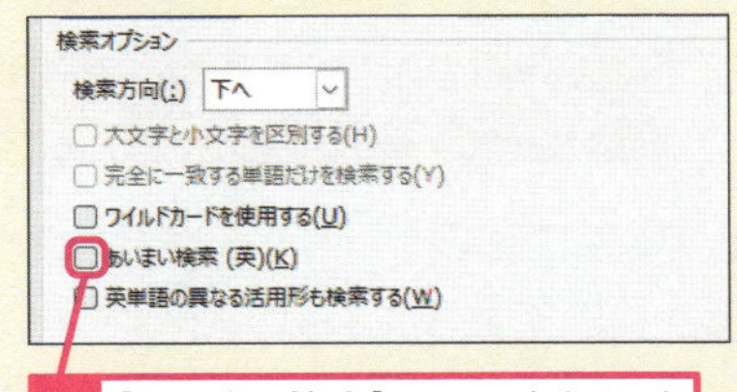

3 ［あいまい検索］のここをクリックしてチェックマークを外す

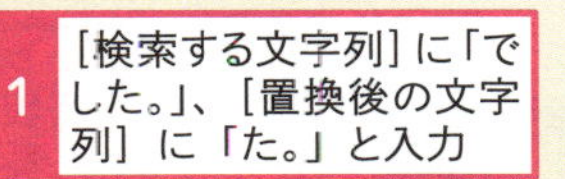

まとめ 小さなマクロを積み重ねて便利さを向上させる

マウスを何度も移動したりクリックしたりしなければならない操作も、マクロならば一回で実行できます。マクロの活用では、複雑な組み合わせや凝った自動処理に使おうと考えるよりも、小さな便利さを積み重ねていく方が、短期間に実用的な自動化を実現できます。

レッスン
95 追加したマクロを再生するには

追加したマクロの再生　練習用ファイル　L095_追加したマクロの再生.docm

複数のマクロを登録すると、マクロの一覧から実行するマクロを選択できるようになります。また、登録したマクロは後から名前を変えたり、保存する文書を変更したりできます。

キーワード

置換	P.343
マクロ	P.345

記録したマクロを実行する

Before　レッスン94で登録したマクロを実行して、文中のすべての「ました」を「た」に置換したい

試しに、テレビでの会話や自分の思いついた言葉を認識さストに変換されました。情報によれば、複数の人間が同時れた言葉が曖昧だったり、同音異義語が多い単語などは、ました。

After　文中のすべての「ました」を「た」に置換できた

試しに、テレビでの会話や自分の思いついた言葉を認識ストに変換された。情報によれば、複数の人間が同時に言葉が曖昧だったり、同音異義語が多い単語などは、正

1 マクロを実行する

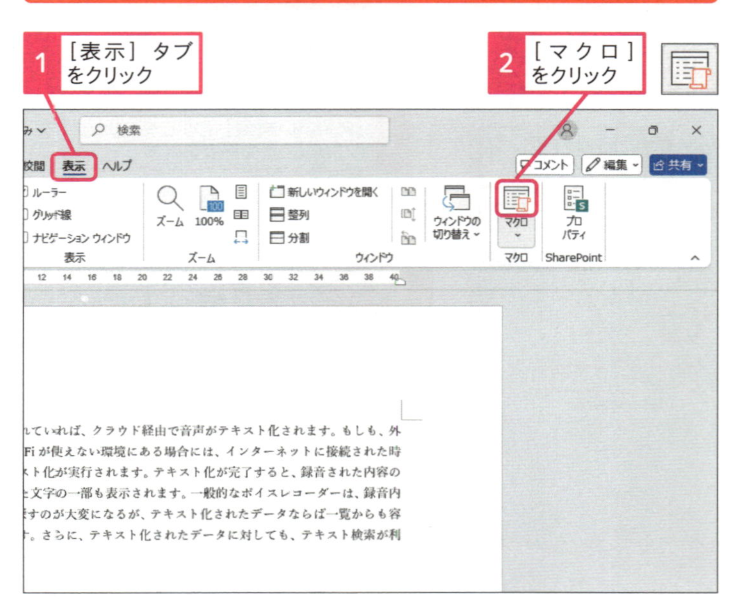

使いこなしのヒント

マクロに説明を追加するには

記録したマクロを他の人に使ってもらうときには、マクロに説明を追加しておくと、受け取った相手も機能を理解しやすくなります。

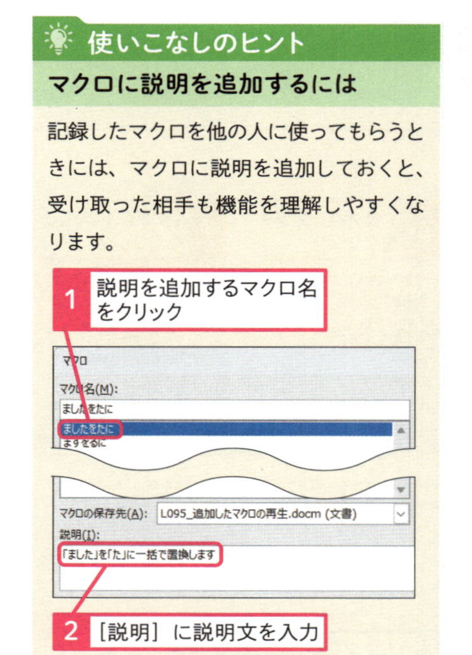

スキルアップ

マクロの構成内容を変更するには

登録されているマクロの名前や保存先を変更するには、マクロの表示から構成内容の変更を実行します。マクロの保存先を変更すると、文書全体ではなく特定の文書にのみマクロを保存できます。

［マクロ］ダイアログボックスを表示しておく

1 マクロ名をクリック

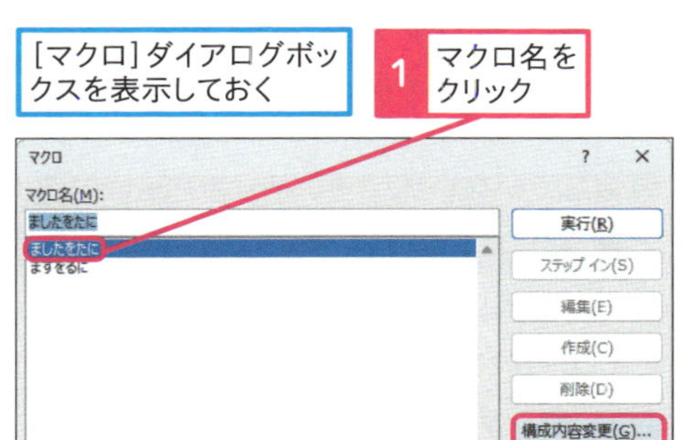

2 ［構成内容変更］をクリック

マクロの名前や保存先を変更できる

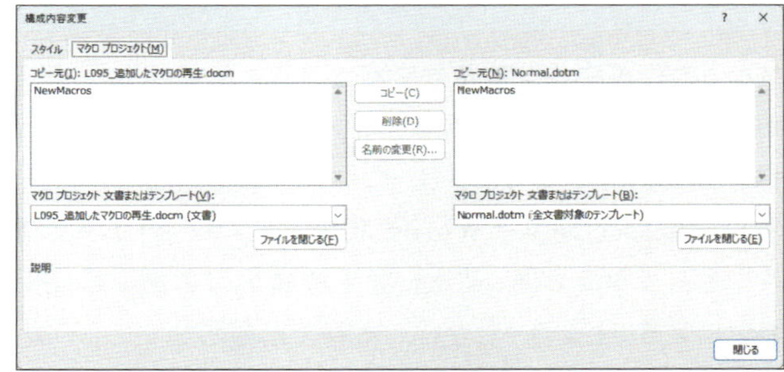

2 実行するマクロを選択する

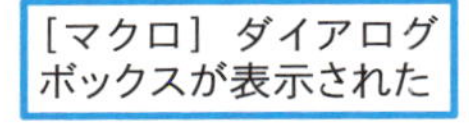

1 実行するマクロ名をクリック

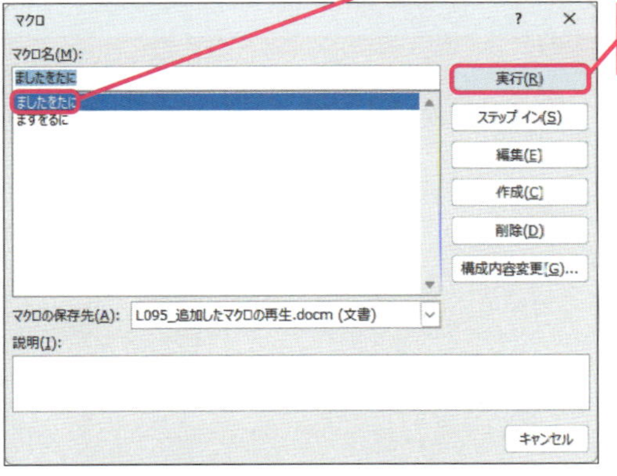

2 ［実行］をクリック

マクロが実行された

本体が Wi-Fi に接続されていれば、クラウド経由で音声がテキスト化されます。もしも、外出先や会議室など、Wi-Fi が使えない環境にある場合には、インターネットに接続された時点で音声データのテキスト化が実行されます。テキスト化が完了すると、録音された内容の一覧にテキスト化された文字の一部も表示されます。一般的なボイスレコーダーは、録音内容が増えると、後から探すのが大変になるが、テキスト化されたデータならば一覧からも容易に内容を判断できます。さらに、テキスト化されたデータに対しても、テキスト検索が利用できます。

試しに、テレビでの会話や自分の思いついた言葉を認識させてみると、ほぼ間違いなくテキストに変換された。情報によれば、複数の人間が同時に会話をしてしまったり、録音された言葉が曖昧だったり、同音異義語が多い単語などは、正しく判断されないケースもありた。

「ました」が「た」に置換されていることを確認する

使いこなしのヒント

マクロの実行後に内容をチェックしよう

ここで紹介している文体の変換は、実際に利用する文章によっては、期待する通りの文末にならないケースもあります。より正確な変換を行うためには、短い文末だけではなく、「ありました」のような長い文末を検索して「あった」へ変換するマクロを登録するなど、さらに複数の条件を登録して、実行する順番も検討する必要があります。

まとめ　マクロの保存先で使える文書の範囲が決まる

マクロの保存先を［作業中のすべての文書とテンプレート］にしておくと、記録した複数のマクロは編集するすべての文書で利用できます。反対に、編集中の文書だけにすると、記録したマクロは他の文書では利用できなくなります。複数のマクロを登録するときには、どの文書で利用するかを考えて、マクロの保存先を決めましょう。

マクロの自動処理で上級者を目指そう

Wordの編集操作を簡単に実行できるマクロや、計算に参照などを自動化できるフィールドコードは、文書作成というよりも、プログラム処理に近い機能になります。Wordを利用するスキルの中でも、マクロの使いこなしは上級者向けの機能といえるでしょう。しかし、本書で解説したマクロやフィールドコードの使い方は、プログラム開発に精通していない人でも、Wordの使い方を「ちょっと便利」にしてくれる役立つ知識です。また、マクロの仕組みを理解しておくと、サイバー攻撃などに使われる危険なマクロが埋め込まれたWordの文書ファイルに対する危機意識も高くなります。

```
Sub ますをるに()
'
' ますをるに Macro
'
'
    Selection.Find.ClearFormatting
    Selection.Find.Replacement.ClearFormatting
    With Selection.Find
        .Text = "した"
        .Replacement.Text = "た"
        .Forward = True
        .Wrap = wdFindContinue
        .Format = False
        .MatchCase = False
        .MatchWholeWord = False
        .MatchByte = False
        .MatchAllWordForms = False
        .MatchSoundsLike = False
        .MatchWildcards = False
        .MatchFuzzy = True
    End With
    Selection.Find.Execute Replace:=wdReplaceAll
    CommandBars("Navigation").Visible = False
End Sub
Sub ましたをたに()
'
' ましたをたに Macro
'
'
    Selection.Find.ClearFormatting
    Selection.Find.Replacement.ClearFormatting
    With Selection.Find
        .Text = "ました"
        .Replacement.Text = "た"
        .Forward = True
        .Wrap = wdFindContinue
```

マクロの機能は目からウロコでした！

いやーうれしいなあ♪　昔からある機能なんですけど、やっと今回紹介できましたよ！　どんどん使ってみてくださいね。

組み合わせて使うのも便利です！

こちらは少し難しかったですね。少しずつ試してみるといいですよ。

活用編

第13章

作業をさらに高速化する便利なテクニック

Wordをもっと使いやすくする秘訣は、設定のカスタマイズにあります。よく使う機能をすぐにクリックできるようにしたり、オリジナルのリボンやガイドラインを表示したりするなど、自分の使い方に合ったWordにカスタマイズすると、編集や入力の作業がもっと便利に楽しくなります。

レッスン

96 Introduction この章で学ぶこと Wordをカスタマイズしよう

カスタマイズは、既成品に手を加えて自分の好みに作り変えるという意味です。パソコンの操作に慣れている人には、2つのタイプがあります。1つは標準の設定のままで操作を熟知していくタイプです。もう1つは、自分が使いやすいようにカスタマイズするタイプです。どちらのタイプが合うのかは、使う人次第ですが、Wordのカスタマイズを覚えておくと「これはちょっと不便だな」と感じる操作も改善できるようになります。

自分好みに改造しよう！

この章は、Wordのカスタマイズですね。

ええ。今まで学んだ操作をより素早く実行できるように、Wordの設定を変更していきます。

自分専用のWordにできるんですねー♪

そうです、それぞれのお好みに合わせて、Wordを改造しちゃいましょう。どんなことができるのか、紹介しますね。

必ず覚えたいExcelとの連携

仕事でも最も連携が多い、Excelの表をWordに載せる方法を紹介します。Excelの表にリンクして、元のデータを変更すると自動的に更新されるようにもできるんですよ。

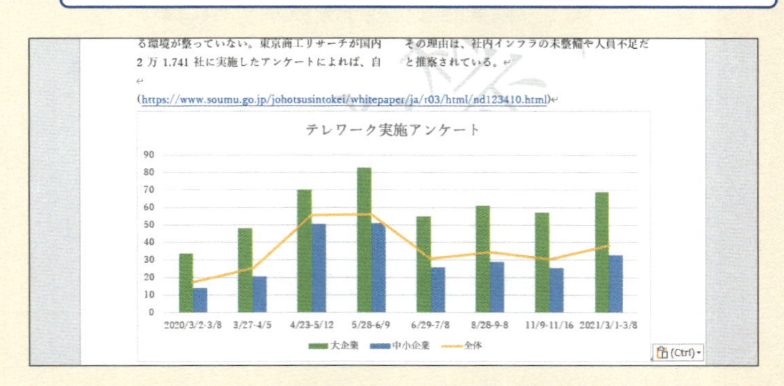

活用編 第13章 作業をさらに高速化する便利なテクニック

オリジナルのテンプレートを作る

さらに、よく使う文書をテンプレートとして保存する方法も紹介します。なるべくシンプルなものをテンプレートにして、何にでも使えるようにすると便利ですよ♪

Wordの他のテンプレートと同じように使えるんですね！　すごく便利です。

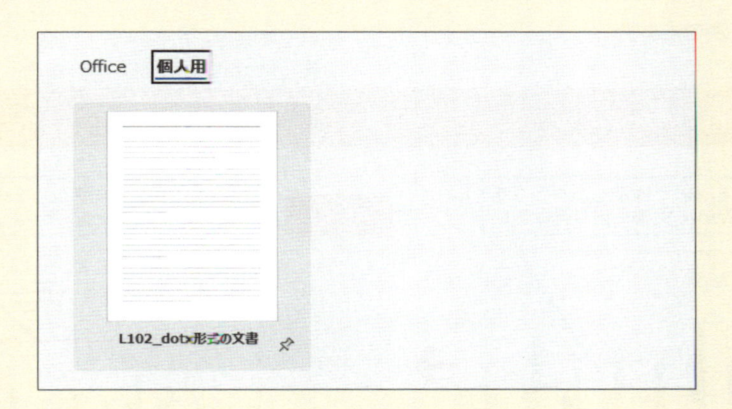

文字入力もカスタマイズしよう

そしてこれはプラスアルファ。WordというよりはWindowsの入力システムであるIMEの設定だけど、文書作成に使いやすくカスタマイズします。

文章を作るときの操作が、格段に変わりますね！いろいろ試してみたいです！

単語の登録

単語の登録

単語(D):

鎌蔵商事システム管理部

よみ(R):

かましす

ユーザー コメント(C):
(同音異義語などを選択しやすいように候補一覧に表示します)

レッスン
97 Excelのグラフを貼り付けるには

グラフの挿入

練習用ファイル　L097_グラフの挿入.docx、テレワークアンケート集.xlsx

Wordにもグラフを作成する機能は備わっていますが、すでにExcelで作成したグラフがあるならば、コピーと貼り付けを使って編集画面に挿入できます。Excelから貼り付けたグラフは、元のデータを修正しても、変更内容を反映できます。

キーワード

ショートカットメニュー　P.342
貼り付け　P.344

文書にグラフを貼り付ける

Before

Excelで作成したグラフをWord文書に貼り付けたい

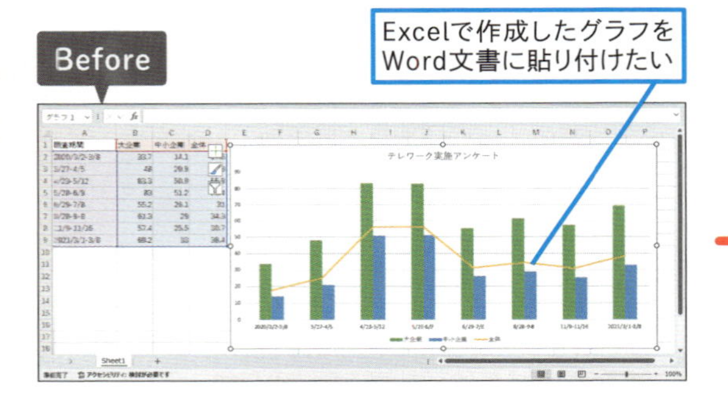

After

Word文書に、Excelで作成したグラフを貼り付けられた

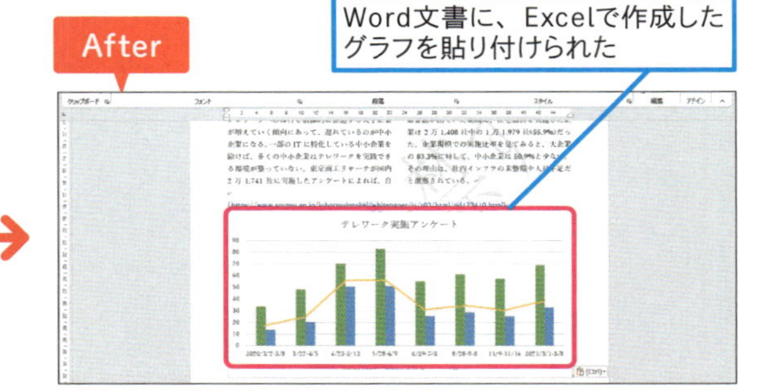

使いこなしのヒント

ExcelのグラフをWord文書に貼り付けるにはいくつかの方法がある

ExcelのグラフをWordの編集画面に貼り付けるときに、複数の貼り付け方法が用意されます。貼り付けた直後に表示される［貼り付けのオプション］では、5種類の貼り付け方法が表示されます。

●貼り付け方法の違い

貼り付け方法	アイコン	書式
貼り付け先のテーマを使用しブックを埋め込む		Wordで設定されているテーマなどの装飾を利用してグラフを貼り付けます
元の書式を保持しブックを埋め込む		Excelで設定されているテーマなどの装飾を利用してグラフを貼り付けます
貼り付け先テーマを使用しデータをリンク		Wordで設定されている装飾を利用してグラフを貼り付けるだけではなく、元のExcelのブックとデータやグラフの内容を連動させます
元の書式を保持しデータをリンク		Excelで設定されている装飾を利用してグラフを貼り付けるだけではなく、元のExcelのブックとデータやグラフの内容を連動させます
図		グラフを図に変換して貼り付けます。貼り付けた後は、内容を変更できなくなります

1 ExcelのグラフをWord文書に貼り付ける

「L097_グラフの挿入.docx」と「テレワークアンケート集計.xlsx」をそれぞれ開き、Excelの画面を前面に表示しておく

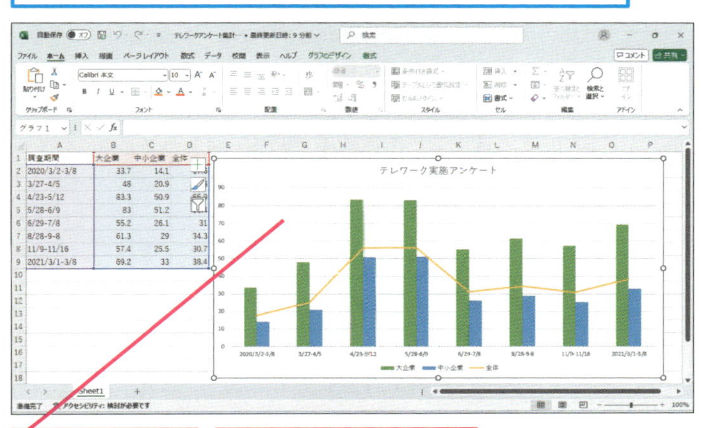

1 グラフエリアをクリック

2 Ctrlキーを押しながら、Cキーを押す

ウィンドウを切り替える

3 タスクバーの［Word］のボタンにマウスポインターを合わせる

Wordの縮小画面が表示された

4 そのままクリック

Wordに切り替わった

5 グラフを貼り付ける場所をクリックしてカーソルを移動

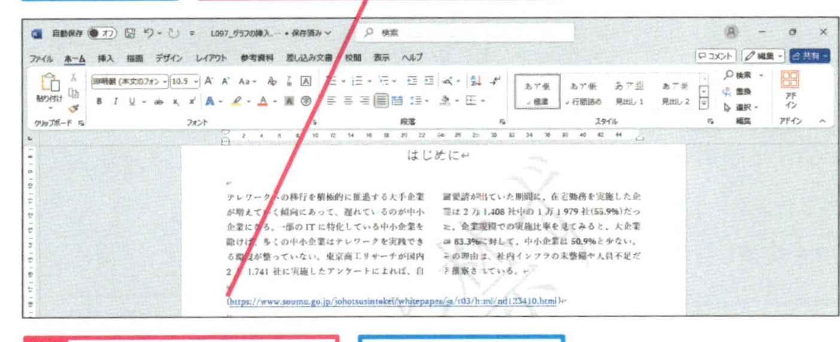

6 Ctrlキーを押しながら、Vキーを押す

Excelのグラフが貼り付けられる

ショートカットキー

コピー	Ctrl+C
貼り付け	Ctrl+V
ウィンドウの切り替え	Alt+Tab

時短ワザ

ウィンドウを効率よく切り替えよう

複数のアプリを使うときには、Alt+Tabキーを使うとアプリのウィンドウを手早く切り替えられます。また、画面の解像度が高いパソコンならば、複数のアプリを並べて表示しておくと、作業が捗ります。

1 Altキーを押しながらTabキーを押す

Tabキーを押すたびに、青い枠が移動する

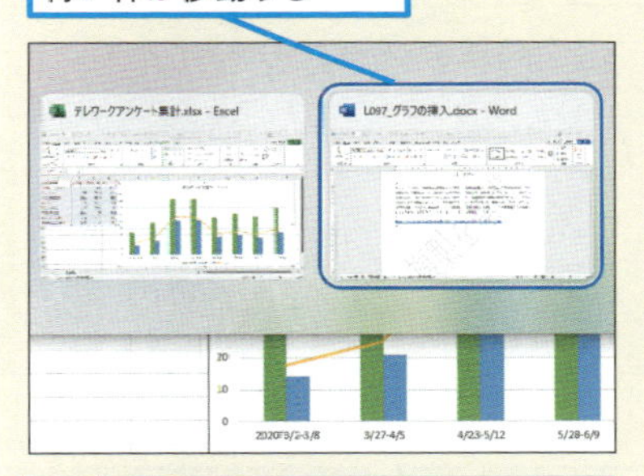

目的のアプリが青い枠で囲われているときにAltキーを離すと、そのアプリを表示できる

使いこなしのヒント

PowerPointのスライドもコピーできる

Excelのグラフと同様に、PowerPointで作ったスライドも、Wordに貼り付けられます。

使いこなしのヒント

ショートカットメニューでもコピーと貼り付けができる

マウスの右クリックで表示されるショートカットメニューからも、グラフのコピーや貼り付けができます。

次のページに続く

2 元のExcelデータの修正を反映する

手順1を参考に、Excelのグラフを Wordに貼り付けておく

Excelを前面に表示しておく

ここでは4/23-5/12の大企業の数値を変更する

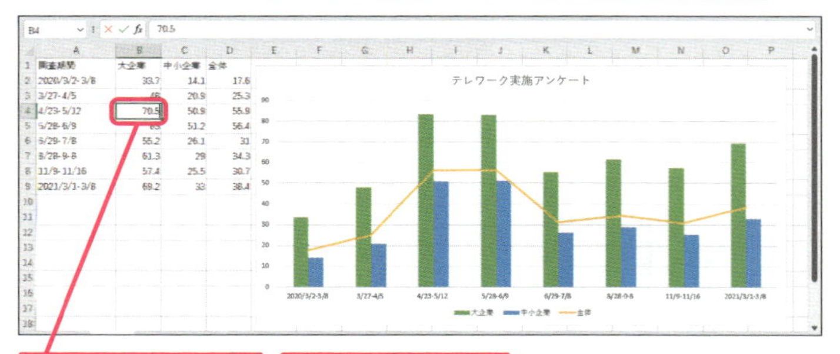

1 セルB4をクリック

2 「70.5」と入力

グラフにも変更が反映された

3 Ctrlキーを押しながら、Sキーを押す

Excelのブックが上書き保存される

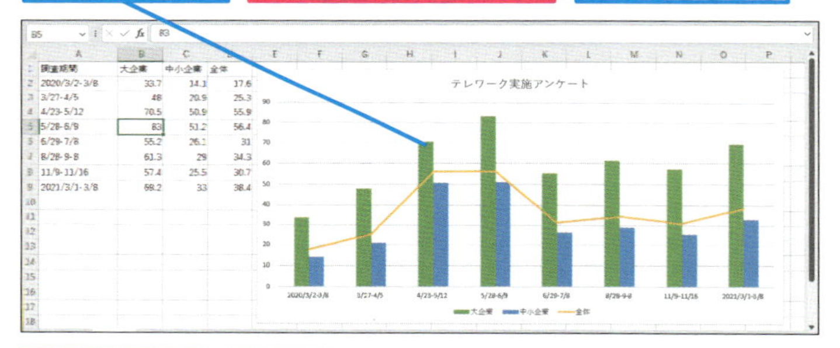

Wordを前面に表示しておく

Wordに貼り付けたグラフにも変更が反映されている

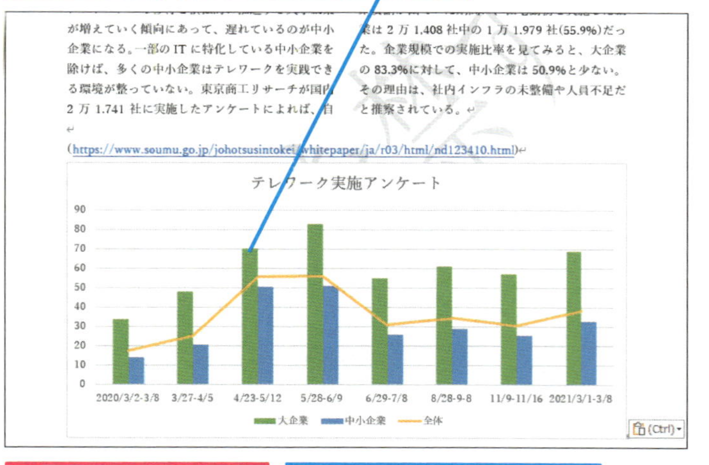

4 Ctrlキーを押しながら、Sキーを押す

Word文書も、グラフを変更した状態で保存される

使いこなしのヒント

WordとExcelで上書き保存をしよう

手順2のように、データをリンクして貼り付けられたグラフは、Excelのデータを修正すると、同時にWordのグラフも更新されます。ただし、修正した内容は、ExcelやWordを閉じると失われてしまうので、必ずWordとExcelそれぞれのファイルを上書き保存して更新します。

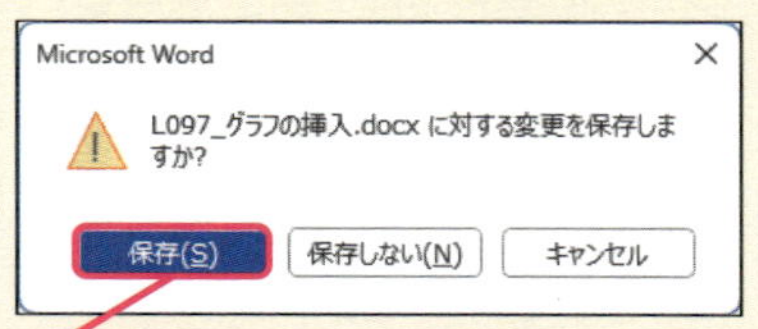

1 ［保存］をクリック

使いこなしのヒント

一度ファイルを閉じた後にExcelのデータに変更を加えたときは

一度ファイルを閉じた後にExcelのデータに変更を加えたときは、再びWordを開いて修正された内容を反映させましょう。

使いこなしのヒント

Wordでグラフの値を編集するには

ショートカットメニューから［データの編集］を実行すると、グラフの値をExcelで編集するかWordの表テーブルで編集するか選択できます。

1 グラフを右クリック

2 ［データの編集］をクリック

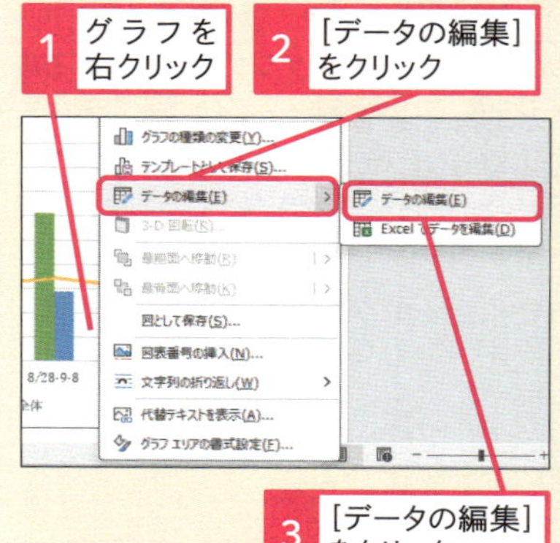

3 ［データの編集］をクリック

3 貼り付け方法を選択して貼り付ける

ここでは画像として貼り付ける

手順1を参考に、Excelのグラフをコピーして、グラフを貼り付ける場所をクリックしてカーソルを移動しておく

1 ［ホーム］タブをクリック

2 ［貼り付け］のここをクリック

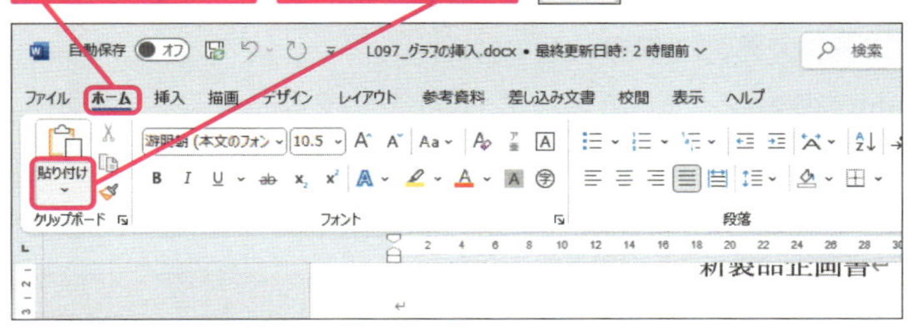

3 ［図］をクリック

同様の手順で、ほかの貼り付け方法を選択することもできる

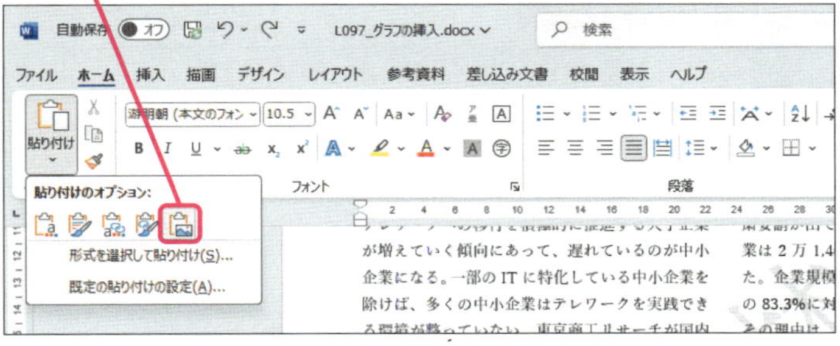

グラフが画像で貼り付けられた

4 グラフをクリック

5 ここを右下にドラッグ

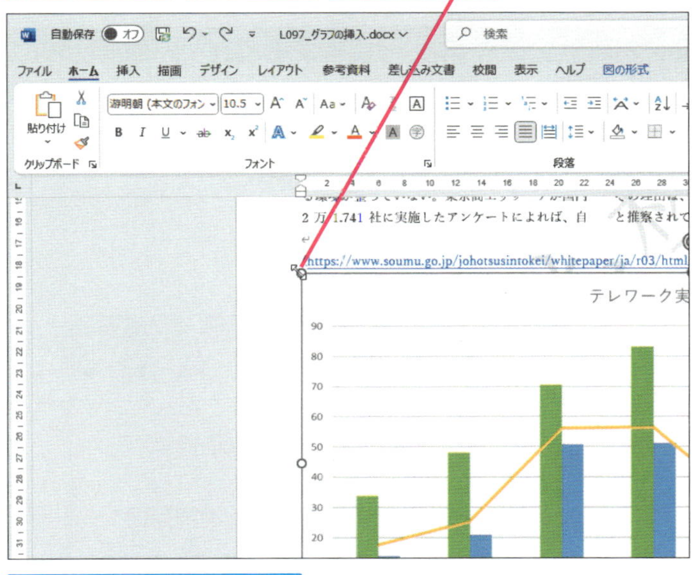

ちょうどいい大きさになるまでドラッグして調整する

使いこなしのヒント

［貼り付けのオプション］で貼り付け方法を変更できる

Excelのグラフを貼り付けた直後に表示される［貼り付けのオプション］は、グラフの書式とリンクを決めるオプションです。5種類ありますが、目的は大きく3つに分かれます。1つは、ExcelのグラフとWordのグラフを連携させるか、2つ目は、Excelとは連携しないでグラフとして利用するか、3つ目はグラフを図に変換して修正しない、という3種類です。これらの選択は、後から変更できません。通常の貼り付けでは、自動的にExcelのデータと連携して、書式などはWordのテーマを利用する設定になります。

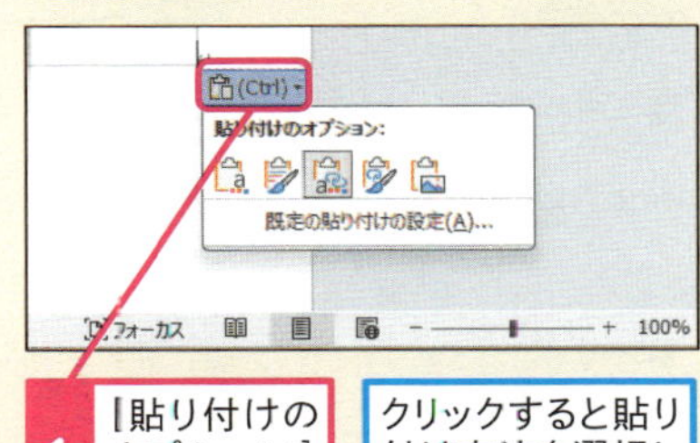

1 ［貼り付けのオプション］をクリック

クリックすると貼り付け方法を選択し直せる

まとめ Excelのグラフや表を活用した文書作成の秘訣

Wordにもグラフを作成する機能はあります。しかし、数字の計算や修正にグラフ作成においては、Excelが優れています。一方で、グラフを含めたレポートや報告書を作ろうとすると、Excelだけで文章やタイトルまでレイアウトするのは手間がかかります。そこで、WordとExcelの連携が効果を発揮します。Windowsのアプリには、それぞれ処理するデータに合わせた適性があります。それら適材適所のアプリを効果的に活用して、データをWordに貼り付けて編集すると、効率よく情報が集約された文書を作成できます。

レッスン

98 文書をPDF形式で保存するには

PDF化

練習用ファイル　L098_PDF化.docx

Wordがインストールされていないパソコンやスマートフォンなどで文書ファイルを閲覧してもらいたいときには、文書をPDF形式で保存します。PDF形式は、Adobe Acrobat ReaderやWebブラウザで閲覧できるファイル形式なので、Wordが使えなくても内容を読んでもらえます。

キーワード

PDF	P.340
ダイアログボックス	P.343

Wordの文書をPDF形式にする

Before

Word文書をPDF形式で保存したい

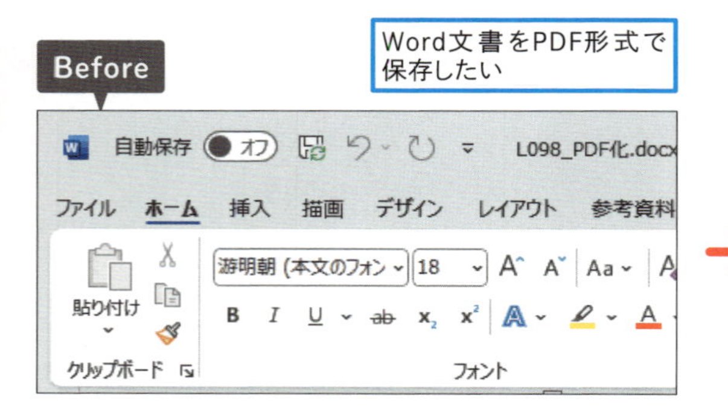

After

PDF形式で保存された

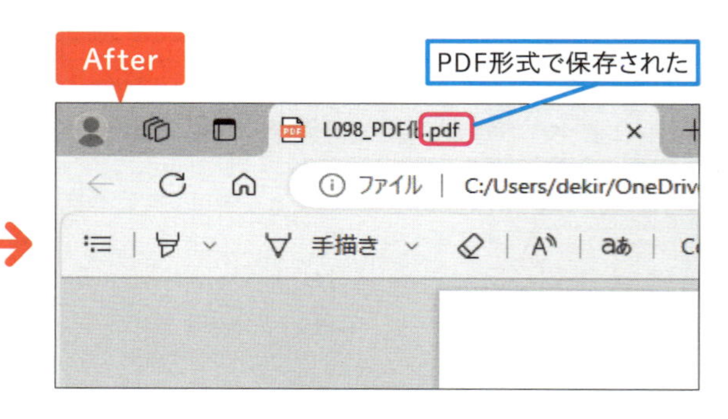

スキルアップ

PDFをより活用するならAdobe Acrobat Readerが便利

PDF形式のファイルは、Webブラウザーでも閲覧できますが、無料でインストールできるAdobe Acrobat Readerを使うと、PDF用の編集ツールなどが利用できて便利です。

▼Adobe Acrobat Reader DCのダウンロードページ
https://get.adobe.com/jp/reader

Adobe Acrobat Readerのダウンロードページを表示しておく

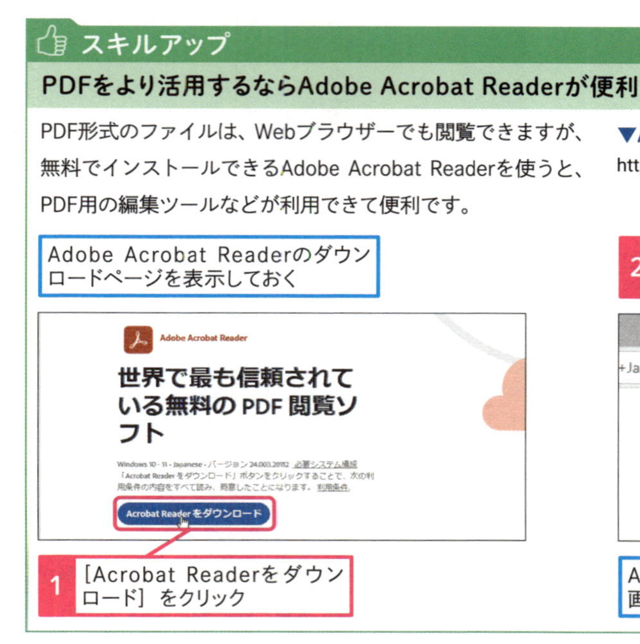

1 ［Acrobat Readerをダウンロード］をクリック

2 ［ファイルを開く］をクリック

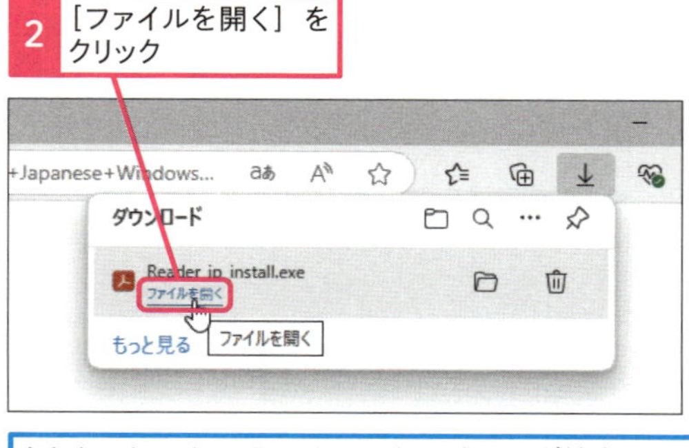

Adobe Acrobat Readerのインストールが始まるので、画面の指示にしたがって操作を進める

1 ［エクスポート］画面からPDF形式で保存する

1 ［ファイル］タブをクリック

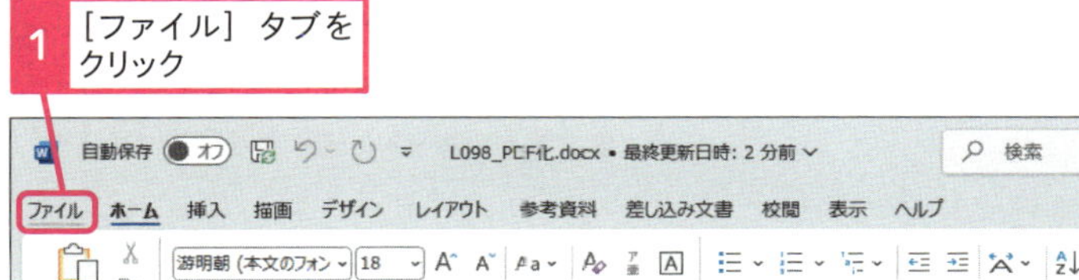

2 ［エクスポート］をクリック

3 ［PDF/XPSの作成］をクリック

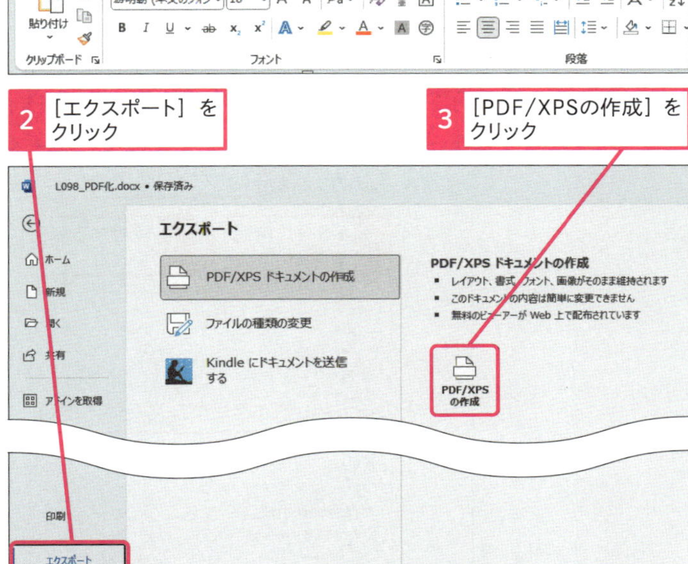

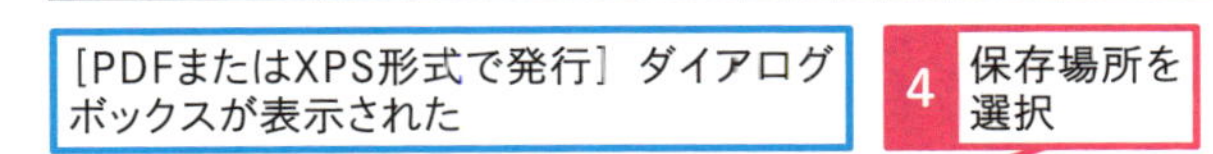

［PDFまたはXPS形式で発行］ダイアログボックスが表示された

4 保存場所を選択

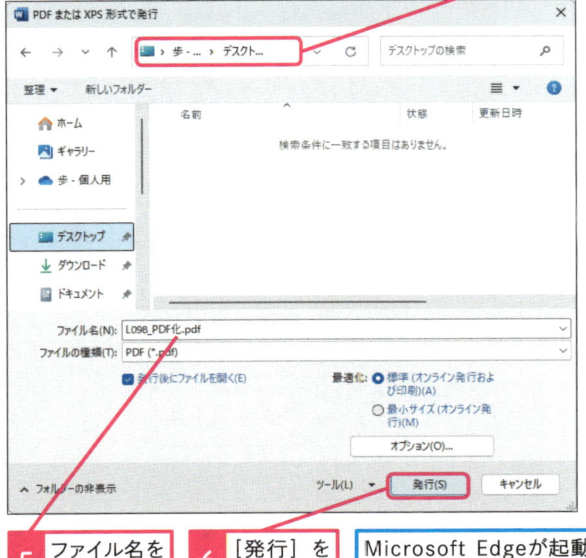

5 ファイル名を入力

6 ［発行］をクリック

Microsoft Edgeが起動して、保存したPDF形式のファイルが開く

用語解説

PDF

PDFは、Portable Document Formatの頭文字をとった略称です。PDFは、パソコンやスマートフォンなど各種の電子機器で、特定のアプリやOSに依存しないで、文章や図版を表示できる電子文書のファイル形式です。

使いこなしのヒント

Microsoft EdgeでもPDFを閲覧できる

PDFは、WebブラウザーのMicrosoft Edgeでも表示できます。Adobe Acrobat ReaderなどPDF専用アプリがインストールされていないWindows 11で、PDF形式を開くと、自動的にMicrosoft Edgeが起動して、内容が表示されます。

使いこなしのヒント

PDFのサイズを選択できる

PDFを保存するとき、［最小サイズ］を選択すると、保存するPDFのファイルサイズを小さくできます。

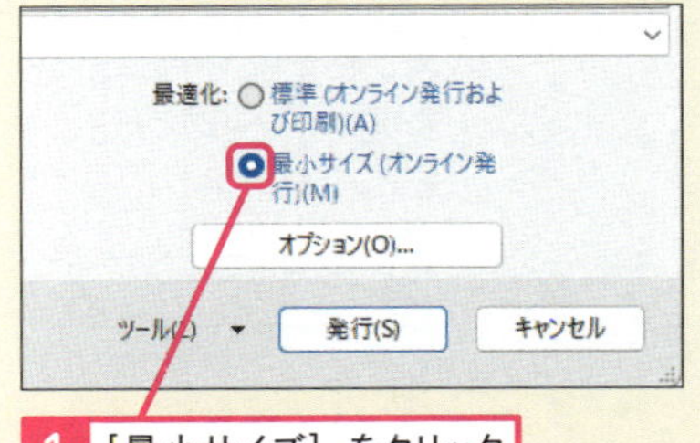

1 ［最小サイズ］をクリック

保存するPDFのファイルサイズが小さくなる

次のページに続く

2 ［印刷］画面からPDF形式で保存する

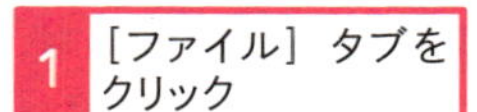

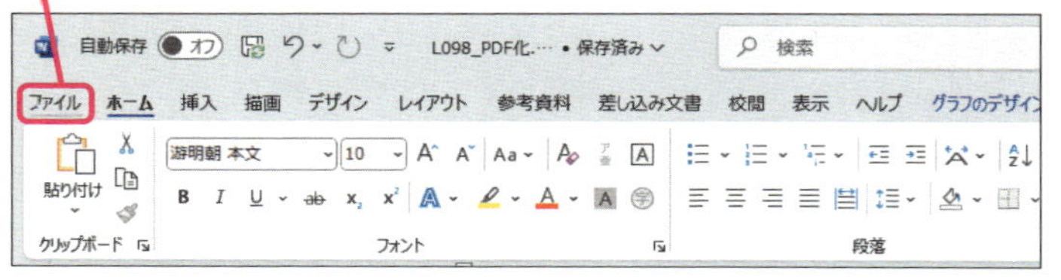

2 ［印刷］をクリック

3 プリンター名をクリック

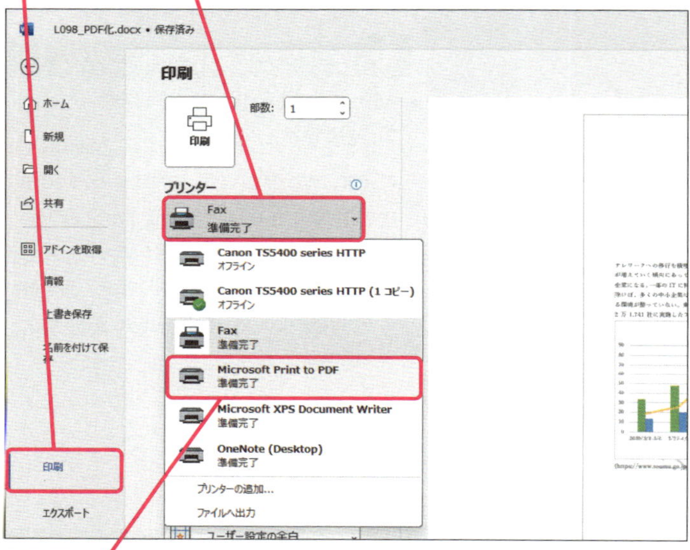

4 ［Microsoft Print to PDF］をクリック

5 ［印刷］をクリック

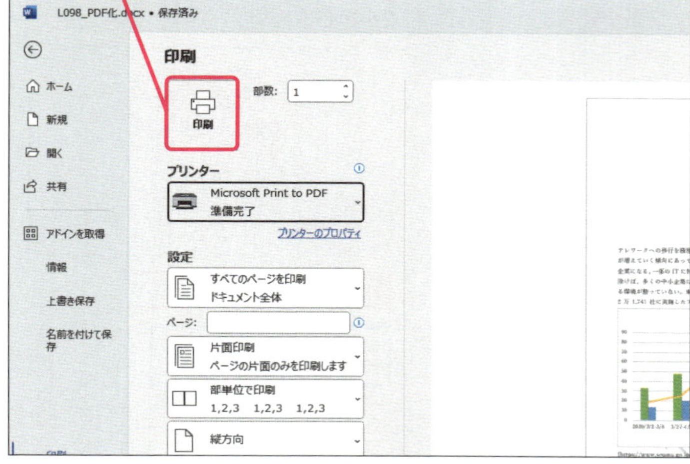

PDFに保存する範囲を指定できる

オプションを開くと、PDFに保存するページ範囲を指定できます。

● ［エクスポート］画面から保存するとき

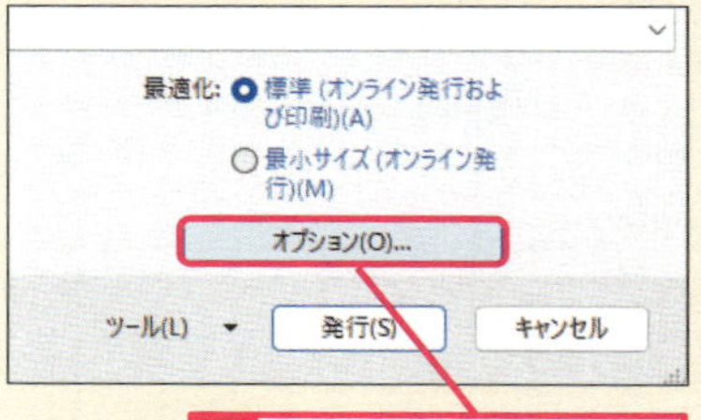

2 ［ページ指定］をクリック

3 保存する範囲を入力

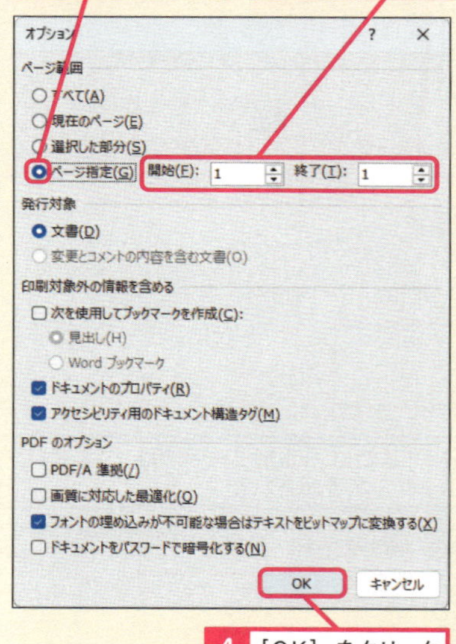

4 ［OK］をクリック

● ［印刷］画面から保存するとき

1 ここをクリックして［ユーザー指定の範囲］を選択

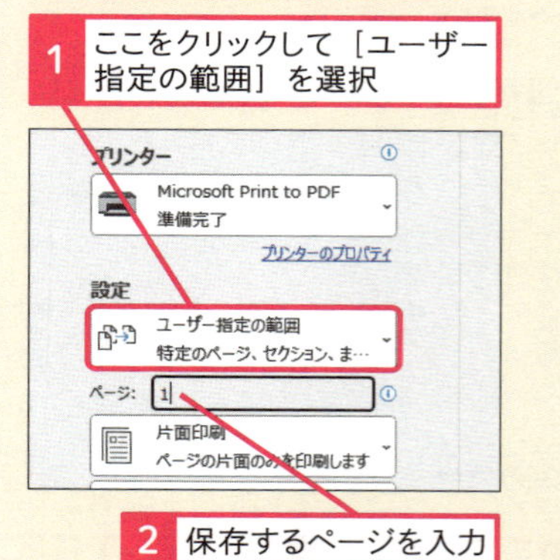

2 保存するページを入力

スキルアップ

PDFのファイルをWordで開くこともできる

PDFのファイルをWordで開くと、編集画面で修正できる文書ファイルに変換されます。ただし、変換されるレイアウトは、元のPDFを100%再現するものではありません。

レッスン05を参考に、[ファイルを開く]ダイアログボックスを表示しておく

1 PDFのファイルをクリック

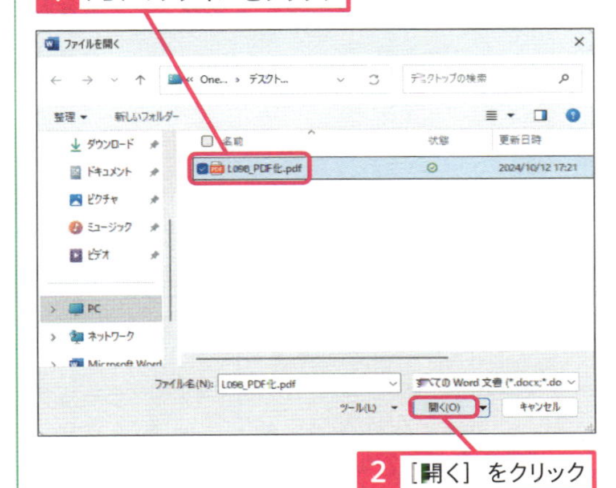

2 [開く] をクリック

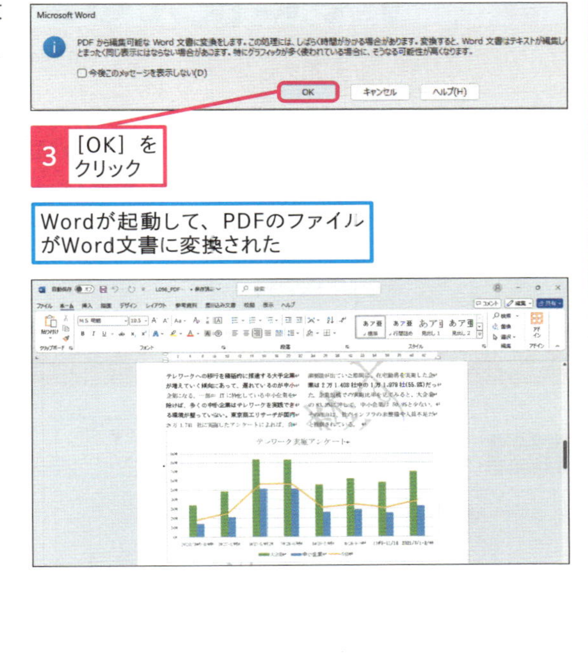

3 [OK] をクリック

Wordが起動して、PDFのファイルがWord文書に変換された

3 保存場所を選択する

[印刷結果を名前を付けて保存] ダイアログボックスが表示された

1 保存場所を選択

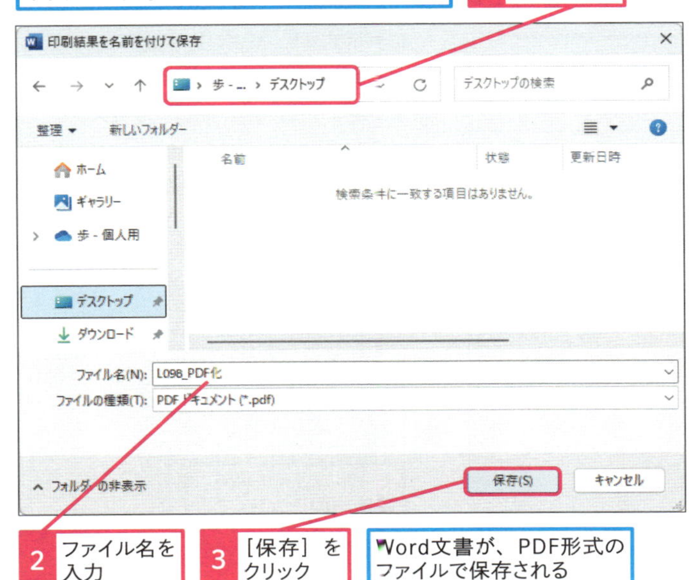

2 ファイル名を入力

3 [保存] をクリック

Word文書が、PDF形式のファイルで保存される

まとめ 配布や保管を目的とした文書はPDF形式が便利

PDF形式で保存されたファイルは、Wordを使わなくても内容を閲覧できるので、第三者に配布する書類や、議事録のように長期にわたって保管する文書の保存に適しています。また、タブレットやスマートフォンなどでも閲覧できるので、ペーパーレス化を推進する働き方でも、回覧や配布を目的とした文書にPDFを活用するといいでしょう。文書をPDF形式で保存する方法は、手順1で紹介しているように [印刷] 画面から行うだけではなく、[エクスポート] からも実行できます。しかし、[エクスポート] によるPDF形式は、編集中の文書の用紙サイズや向きに限定されます。[印刷] 画面では、PDF形式にする直前に用紙の種類や向きを変更できます。

レッスン 99

よく使う機能をすぐに使えるようにするには

クイックアクセスツールバー

練習用ファイル なし

リボンに用意されている編集機能の中で、特に使う頻度が高いボタンは、クイックアクセスツールバーに登録しておくと、より手早くマウスでクリックして実行できます。よく使う機能をクイックアクセスツールバーに登録してみましょう。

キーワード

アイコン	P.340
クイックアクセスツールバー	P.341
リボン	P.345

よく使う機能を追加する

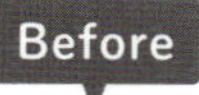

よく使う機能を1回のクリックですぐに使えるように、常に表示しておきたい

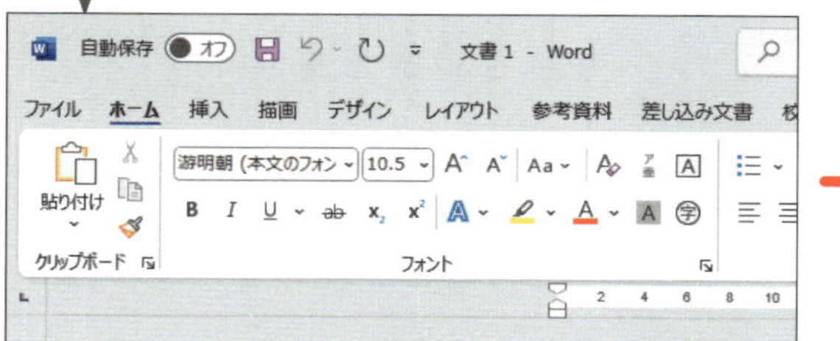

After

クイックアクセスツールバーに、よく使う機能が追加された

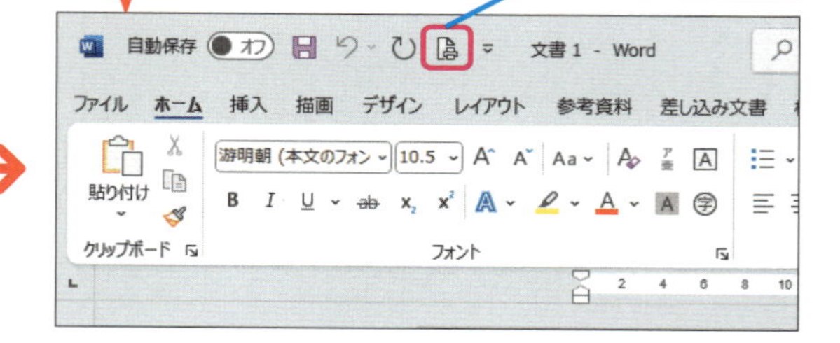

1 クイックアクセスツールバーに機能を追加する

レッスン07を参考に、[Wordのオプション] を表示しておく

ここでは、すぐに [印刷] 画面が表示できるように設定する

1 [クイックアクセスツールバー] をクリック

2 ここをドラッグして下にスクロール

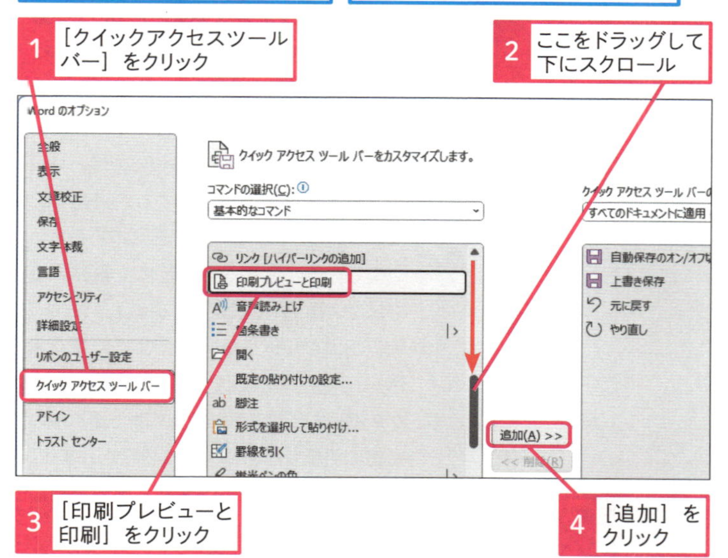

3 [印刷プレビューと印刷] をクリック

4 [追加] をクリック

使いこなしのヒント

マウスの移動距離を少なくできる

クイックアクセスツールバーをリボンの下に表示すると、リボンよりも少ないマウスの移動でツールを選べるようになります。よく使うツールをクイックアクセスツールバーにまとめておけば、リボンを折りたたんで編集画面を広く使えます。

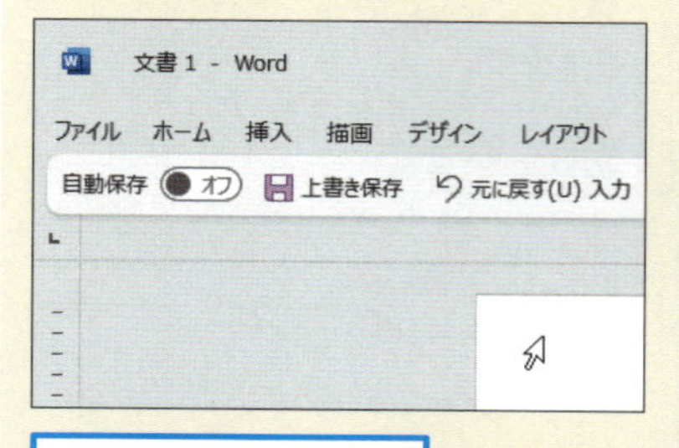

ツールの表示を減らして編集画面を大きくできる

活用編 第13章 作業をさらに高速化する便利なテクニック

使いこなしのヒント

追加した機能をクイックアクセスツールバーから削除するには

追加したコマンドをクイックアクセスツールバーから削除したいときには、そのアイコンをマウスで右クリックして、ショートカットメニューから削除を実行します。また、手順の実行後に右側に追加されたコマンドを選択して、[削除]をクリックしても、削除できます。

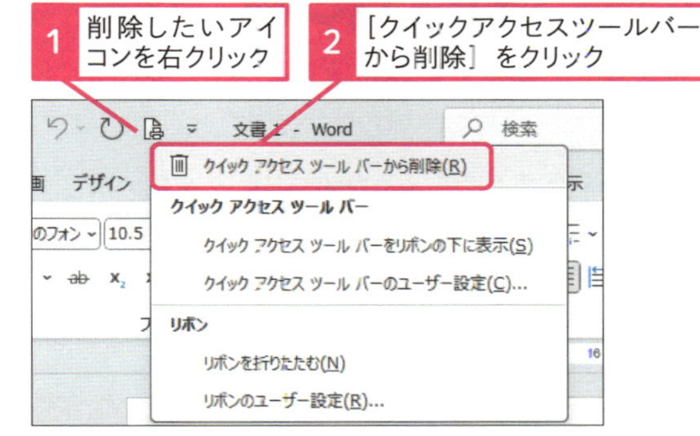

2 クイックアクセスツールバーの設定を確定する

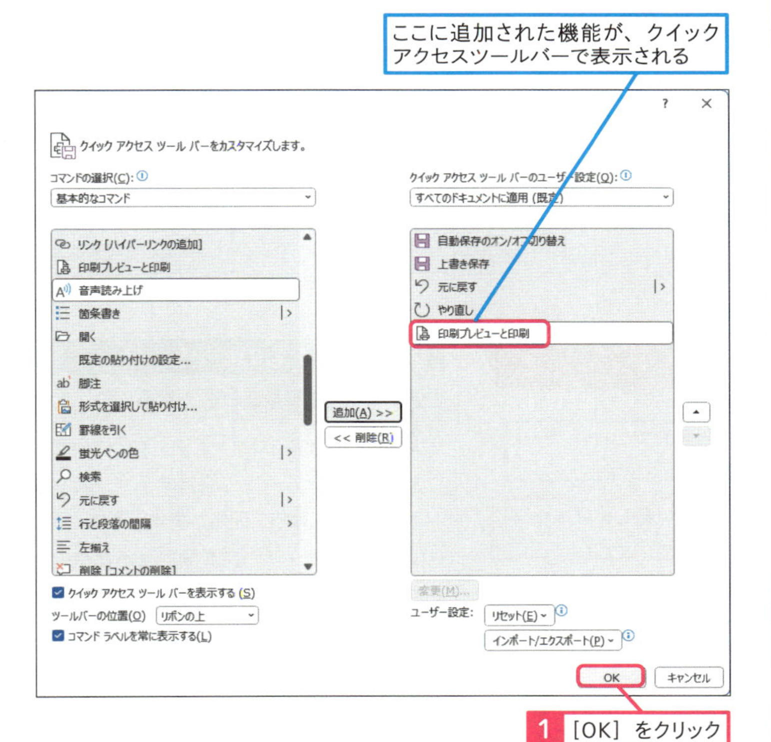

使いこなしのヒント

もっと手早くコマンドを追加するには

リボンに表示されているアイコンをマウスで右クリックすると、クイックアクセスツールバーに手早く追加できます。

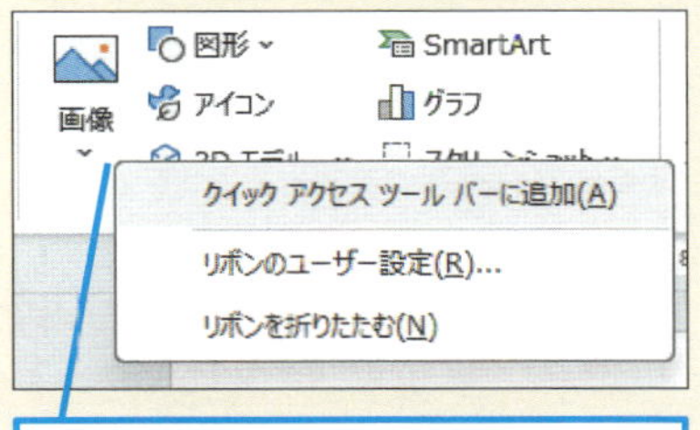

まとめ [ホーム]のリボンにないコマンドを追加しよう

[ホーム]タブやマウスの右クリックで利用できるショートカットメニューには、Wordの中でも特によく使う機能が集約されています。それでも、図形の挿入や段組みの設定に表の挿入などは、[ホーム]タブにはありません。そこで、クイックアクセスツールバーに登録すると、より素早くコマンドを実行できます。

レッスン

100 自分だけのリボンを作るには

リボンのカスタマイズ

練習用ファイル なし

Wordのカスタマイズでは、コマンドを選ぶためのリボンも自分だけの内容にできます。既存のリボンにコマンドを追加するだけではなく、オリジナルのリボンも作れます。

キーワード

リボンをカスタマイズする

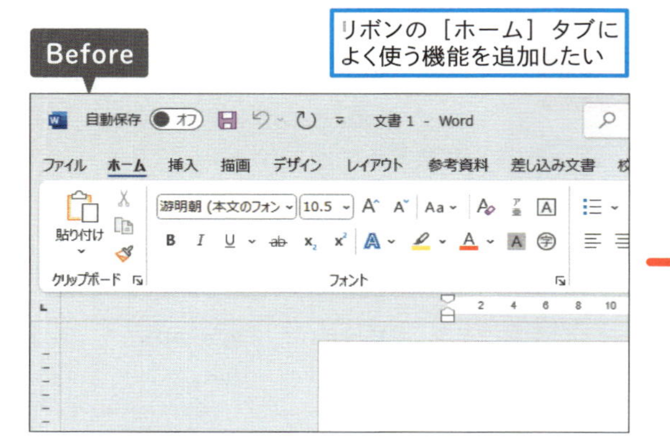

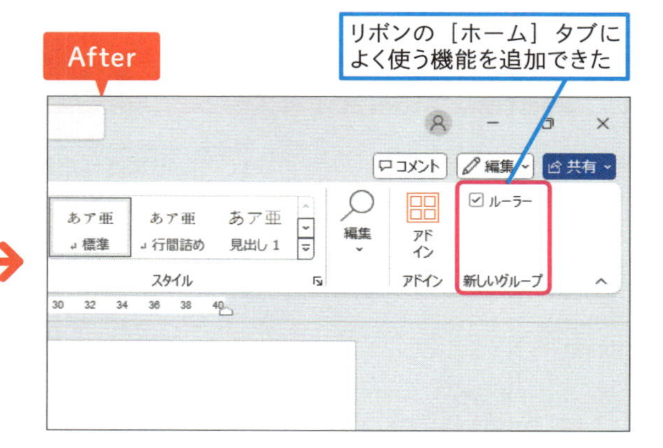

1 新しいグループを作成する

レッスン07を参考に、［Wordのオプション］を表示しておく

ここでは、［ホーム］タブに［ルーラー］の機能を追加する

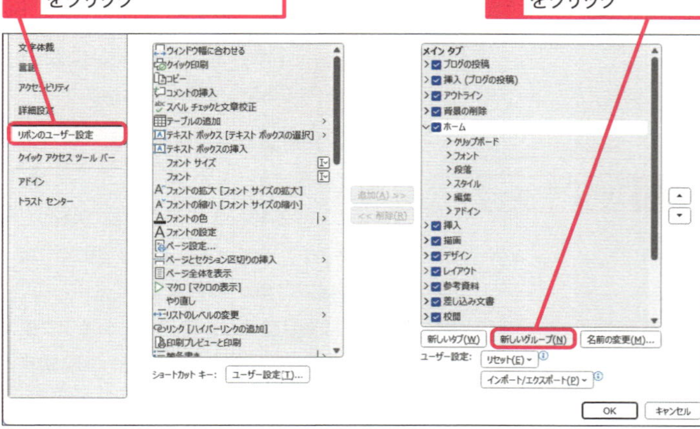

使いこなしのヒント

タブを追加することもできる

リボンに追加するコマンドは、すでに用意されているグループに登録するか、新しいグループを作って設定します。また、［新しいタブ］でグループを登録するためのオリジナルのタブも追加できます。

使いこなしのヒント

ショートカットメニューから変更できる

リボンのユーザー設定は、マウスの右クリックでショートカットメニューから実行できます。

● 新しいグループに機能を追加する

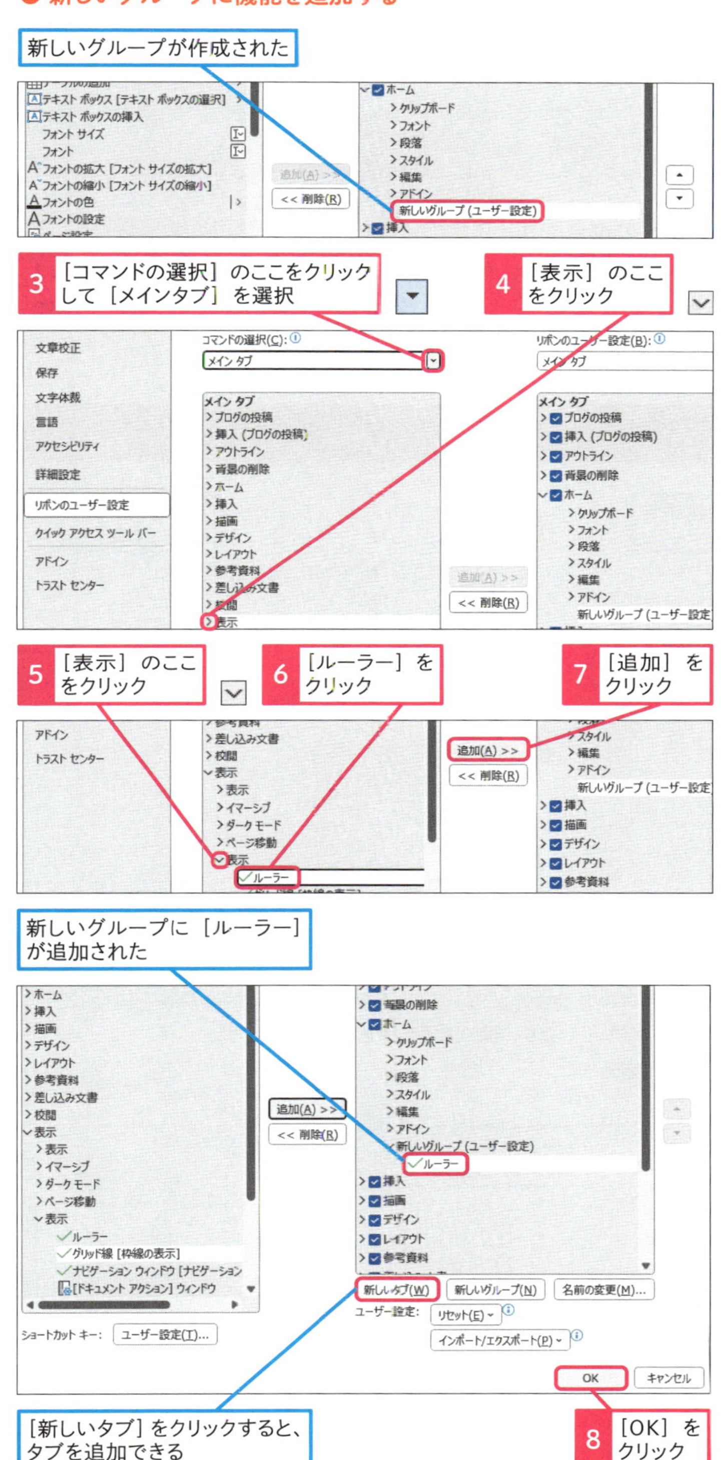

［ホーム］タブの［新しいグループ］に［ルーラー］の機能が追加される

使いこなしのヒント

グループの名前を変更するには

新しく追加したグループは、後から名前を変更できます。

［Wordのオプション］を表示しておく

1 名前を変更するグループ名をクリック

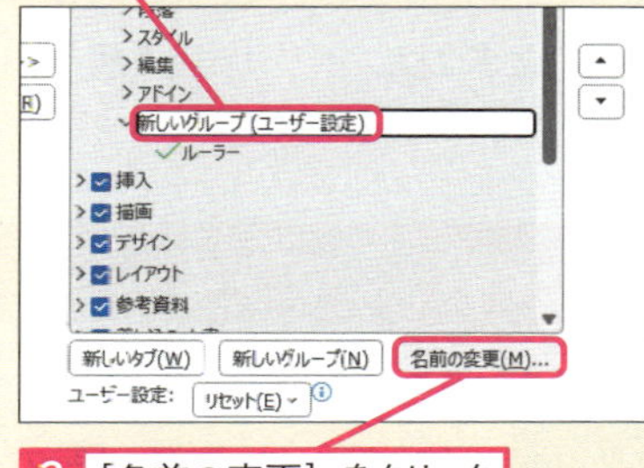

2 ［名前の変更］をクリック

アイコンをクリックして選択することもできる

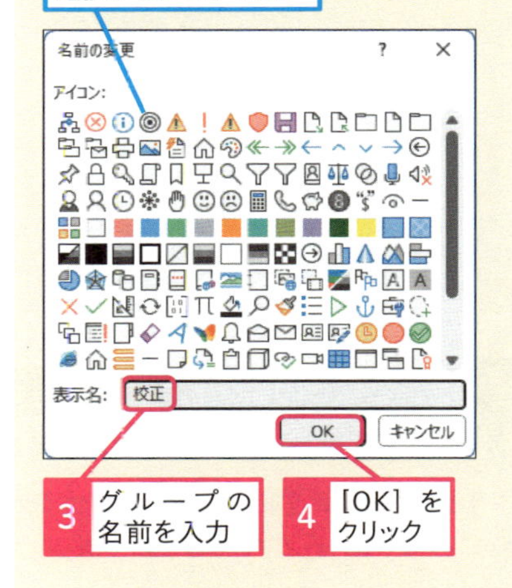

3 グループの名前を入力

4 ［OK］をクリック

まとめ オリジナルのリボンで作業効率をアップさせよう

Wordを使い込んでいくと、何度もタブを切り替える操作が増えてきます。そんなときは、それぞれのタブでよく使うコマンドをホームに追加したり、オリジナルのリボンを設定したりすると便利です。また、オリジナルのリボンでは、リボンにないコマンドやツールタブの内容も登録できます。

レッスン

101 編集画面に格子を表示するには

グリッド線 | 練習用ファイル なし

グリッド線という縦横の格子線を表示すると、図形の位置やサイズをガイドラインに合わせて調整できます。複数の図形を規則的に配置したいときには、グリッド線を使うと便利です。

キーワード

グリッド線	P.341
図形	P.342
ダイアログボックス	P.343

グリッド線を設定する

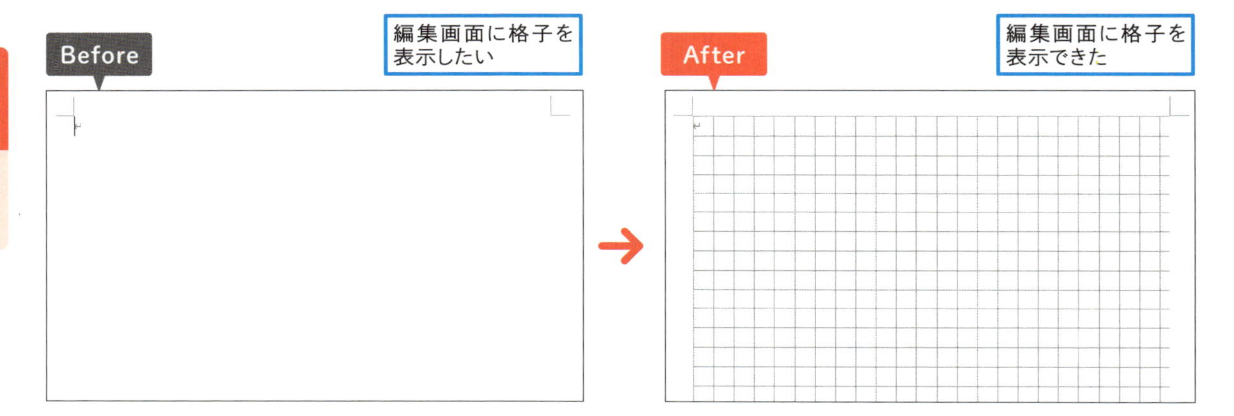

使いこなしのヒント

グリッド線で横線や縦線、格子を表示できる

グリッド線の標準設定では、横線だけが表示されます。手順1の［グリッドとガイド］ダイアログボックスで、縦線を表示したり、線の間隔を調整したりできます。

◆行グリッド
初期設定では横線だけが表示される

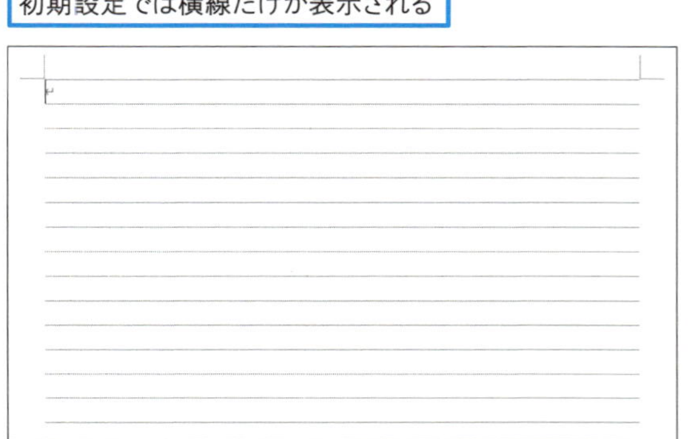

◆文字グリッド
縦の線を表示することもできる

1 編集画面に格子を表示する

1 ［レイアウト］タブをクリック

2 ［オブジェクトの配置］をクリック

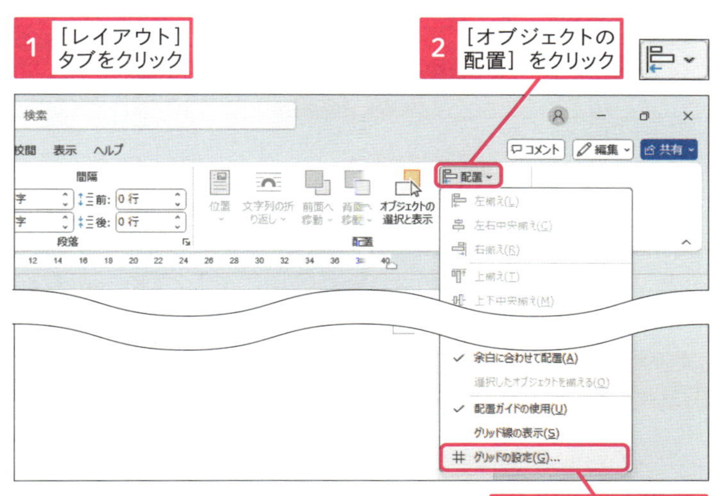

3 ［グリッドの設定］をクリック

［グリッドとガイド］ダイアログボックスが表示された

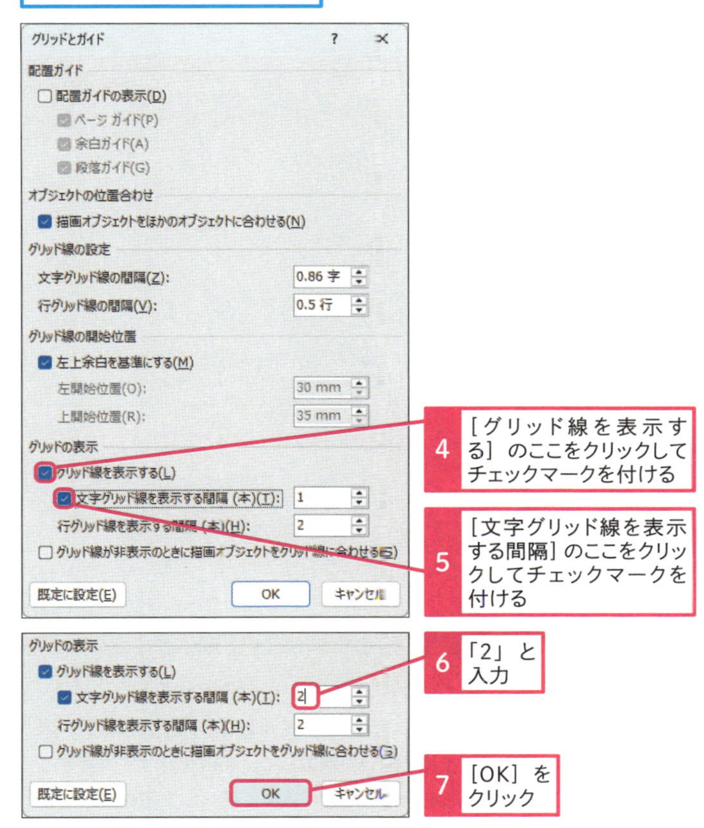

4 ［グリッド線を表示する］のここをクリックしてチェックマークを付ける

5 ［文字グリッド線を表示する間隔］のここをクリックしてチェックマークを付ける

6 「2」と入力

7 ［OK］をクリック

編集画面に格子が表示される

使いこなしのヒント

グリッド線の間隔を正確に設定するには

［グリッドとガイド］ダイアログボックスに表示されているグリッド線の間隔は、文字と行になっています。しかし、この項目に「10mm」などの数値を入力すると、mmに換算された文字や行数に設定されます。グリッド線を方眼紙のように正確な尺度で使いたいときには、mmで設定しましょう。

使いこなしのヒント

グリッド線を表示して図形を描く

グリッド線を表示して図形を描くと、図形はグリッド線に合わせてサイズを調整したり配置したりできるようになります。もし、表示されているグリッド線に影響されないように図形を変形したいときには、Alt キーを押しながらマウスでドラッグします。

グリッド線を表示しておく

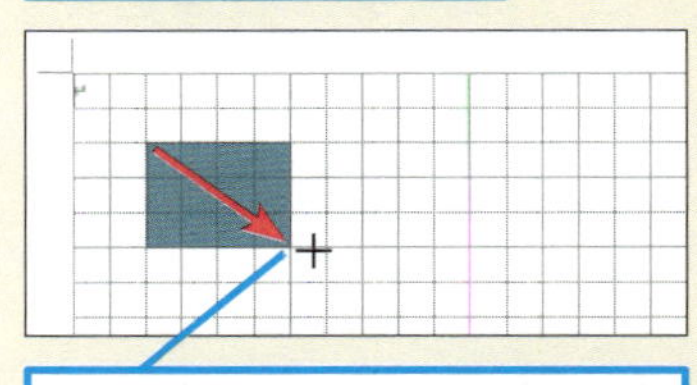

ドラッグすると、グリッド線に吸着するように図形を描画できる

まとめ グリッドを活用してWordの作図スキルをアップ

Wordで思うような作図ができない理由の一つが、挿入する図形の位置やサイズを正確に調整できない、という描画の自由さにあります。作図専用のソフトでは、図形の位置やサイズを調整するための機能が揃っています。そこで、Wordでもグリッド線を活用すれば、図形を正確な位置に並べたり、統一されたサイズに調整したりできるので、作図のスキルアップにつながります。

レッスン

102 文書をテンプレートとして保存するには

dotx形式の文書

練習用ファイル L102_dotx形式の文書.docx

テンプレートという文書のひな形は、用意されている内容を選ぶだけではなく、Wordテンプレート（*.dotx）形式で保存すると、オリジナルを作成できます。何度も同じ書式やヘッダーなどを使う文書があるならば、テンプレートにしておくと便利です。

キーワード

アイコン	P.340
テンプレート	P.343
ヘッダー	P.345

作成した文書をひな形として保存する

文書をひな形として保存したい

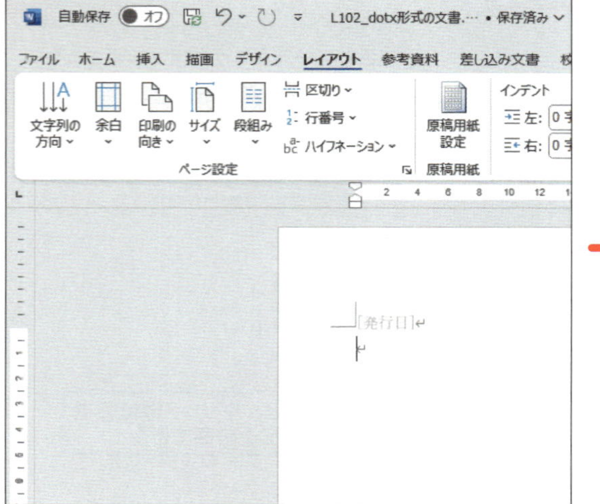

dotx形式で保存され、開くと「文書1」という新規の文書が作成されるようになった

使いこなしのヒント

元の文書が変更されずテンプレートを利用できる

通常の文書ファイルは、開いて編集して上書き保存を行うと、元の内容が失われて更新されます。それに対して、テンプレートとして保存された文書ファイルを開くと、文書名が新規文書と同じ［文書1］などになります。そのため、上書き保存を実行しても、新規の文書ファイルとして保存されます。既存の文書ファイルを開いて編集して、名前を付けて保存するよりも、ひな形を活用した方が確実に新しい文書作成ができます。

1 dotx形式で文書を保存する

dotx形式で保存する文書を開いておく

レッスン06を参考に、[名前を付けて保存] ダイアログボックスを表示しておく

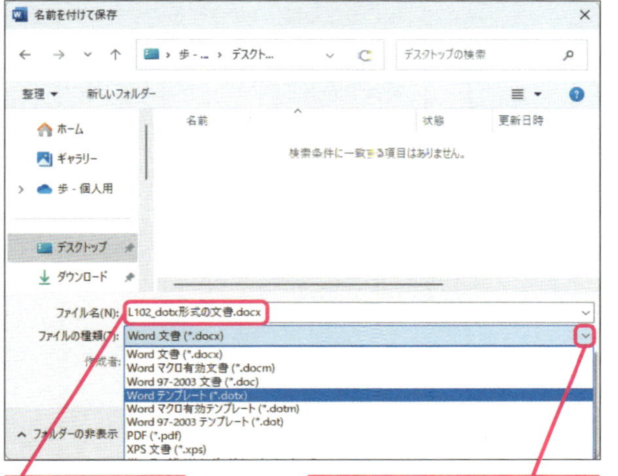

1 ファイル名を入力

2 ここをクリックして [Word テンプレート] を選択

自動的に保存場所が指定されるが、ここではデスクトップに保存する

3 [デスクトップ] をクリック

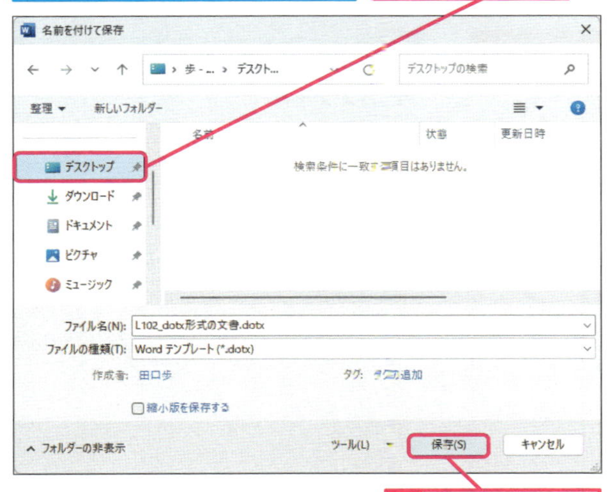

4 [保存] をクリック

文書がdotx形式で保存された

5 [閉じる] をクリック

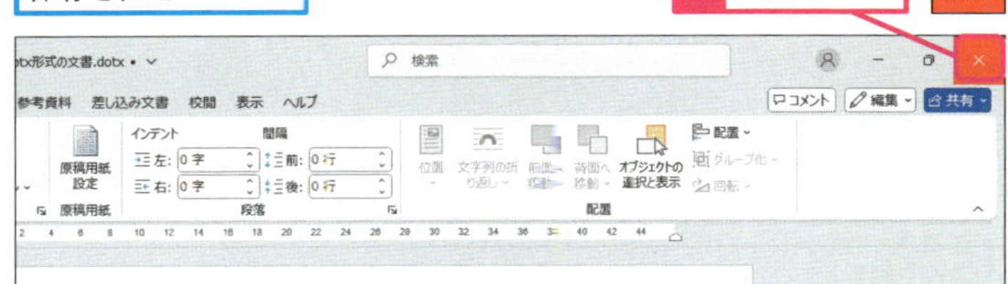

使いこなしのヒント

テンプレートはアイコンの違いで区別できる

拡張子を表示していなくても、[大アイコン] で文書ファイルかテンプレートかを区別できます。エクスプローラーから直接開くときには、アイコンの違いに注目すると容易に区別できます。ただし、Windows 11では、[常にアイコンを表示し、縮小版は表示しない] にチェックマークを付けておかないと、アイコンの違いが確認できません。

1 [もっと見る] をクリック

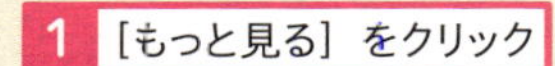

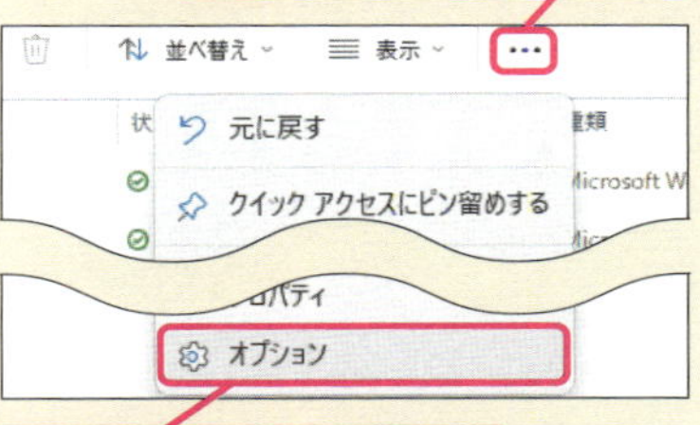

2 [オプション] をクリック

3 [表示] タブをクリック

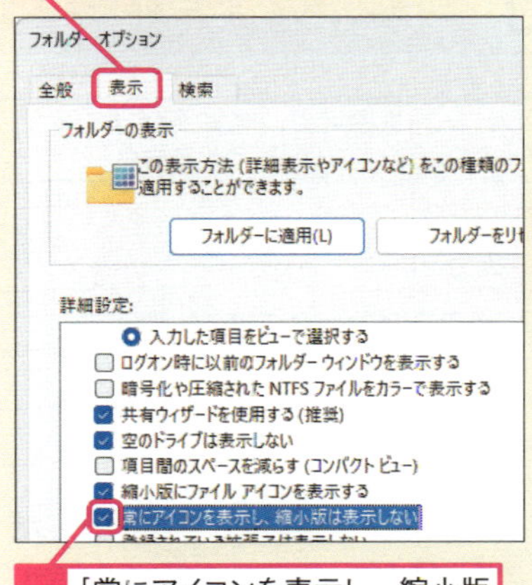

4 [常にアイコンを表示し、縮小版は表示しない] のここをクリックしてチェックマークを付ける

[表示] から [大アイコン] に切り替えると、[文書1] が通常のdocx形式、[文書2] がdotx形式ということが一目で分かる

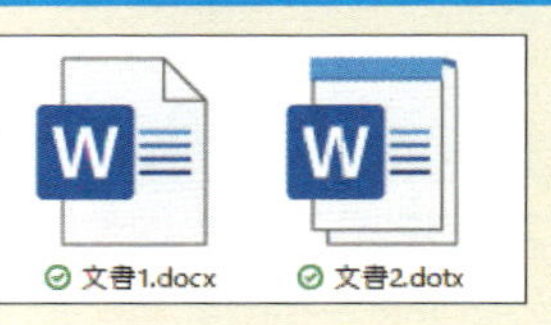

次のページに続く

2 dotx形式の文書を開く

手順1で保存した文書を表示しておく

1 dotx形式のファイルをダブルクリック

テンプレートが適用された「文書1」という新規の文書が作成された

この文書に変更を加えても、元のdotx形式の文書は変更されず、新しいファイルとして保存される

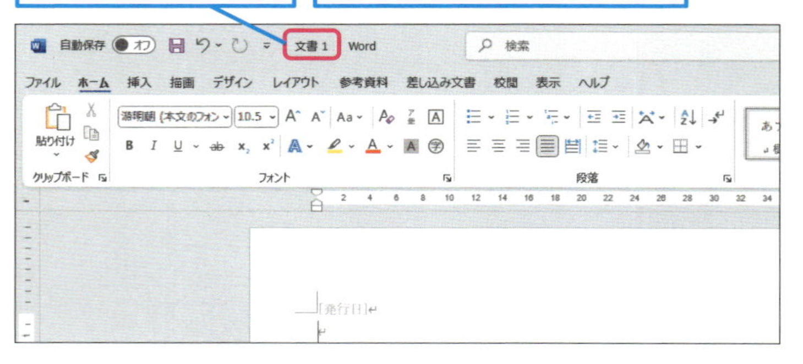

3 個人用のテンプレートとして保存する

レッスン06を参考に、[名前を付けて保存]ダイアログボックスを表示しておく

1 ファイル名を入力

2 ここをクリックして［Wordテンプレート］を選択

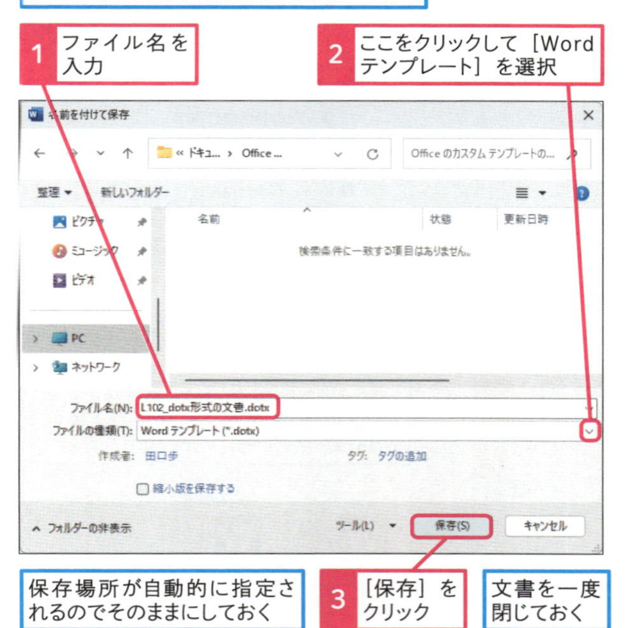

保存場所が自動的に指定されるのでそのままにしておく

3 ［保存］をクリック

文書を一度閉じておく

使いこなしのヒント

完成した文書からテンプレートを作って保存する

テンプレートは、すでに完成した文書があるのならば、1から作るよりもその内容を修正して保存すると便利です。例えば、宛名や固有名詞などの単語を取り除いて、汎用的に利用できる内容に編集してから、テンプレートとして保存すると、短時間で実践的なひな形を用意できます。

用語解説

テンプレート

テンプレート（template）には、「型板」や「鋳型」という意味があります。Wordでは、ひな形や定型書式として、新しい文書を作成するときの元になる文書を意味します。

● 個人用のテンプレートとして開く

Wordを起動しておく

4 ［その他のテンプレート］をクリック

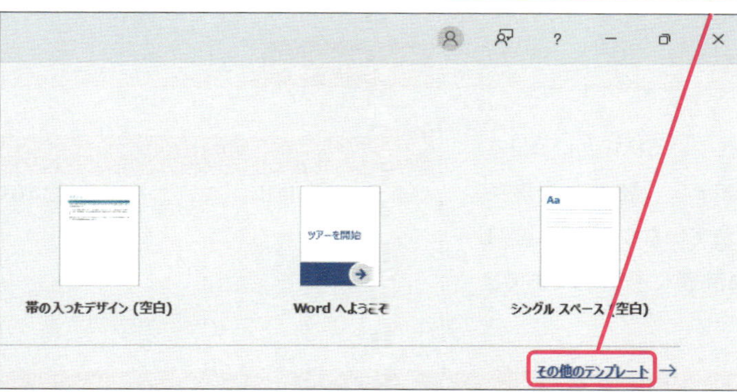

5 ［個人用］をクリック

個人用に保存されているテンプレートが表示される

6 テンプレートをクリック

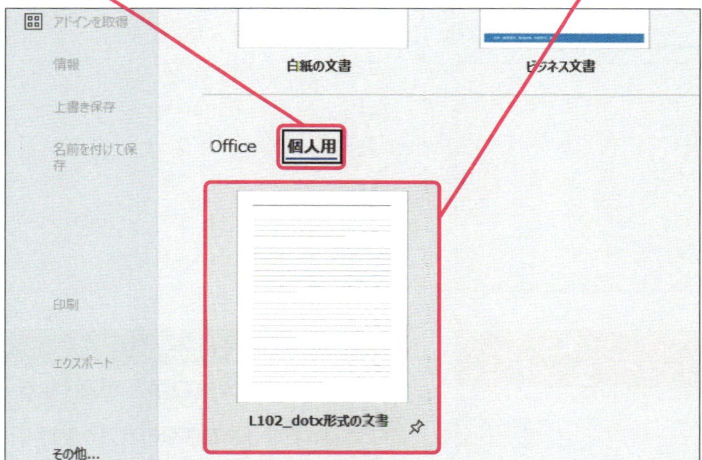

テンプレートが適用された「文書2」という新規の文書が作成された

この文書に変更を加えても、元のdotx形式の文書は変更されず、新しいファイルとして保存される

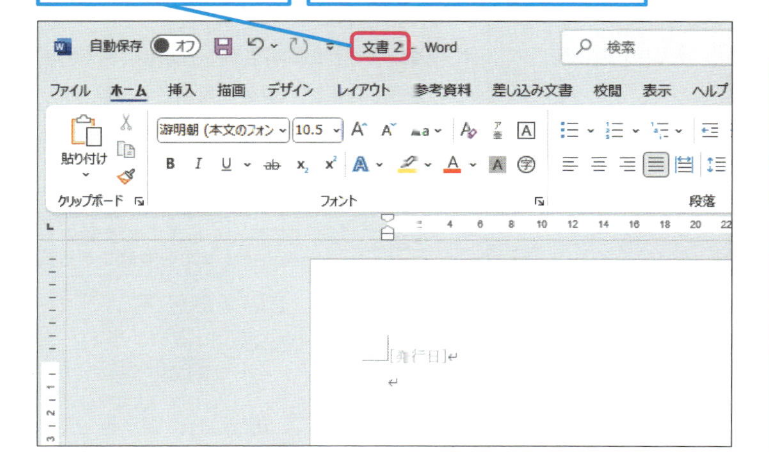

使いこなしのヒント

作っておくと便利なテンプレートとは

テンプレートとして保存しておくと便利な文書の例には、ヘッダーやフッターに会社として統一したロゴや社名などを入力してある文書や、稟議書に購買申請書のような社内の共通文書に、請求書や見積書などが考えられます。その他にも、社内外で統一性のある文書を頻繁に利用するときには、テンプレートを用意すると便利です。

使いこなしのヒント

テンプレートだけを他の人に使ってもらうには

個人で保存したテンプレートも、文書ファイルと同じように他の人に渡して使ってもらえます。通常の文書ファイルではなく、テンプレートとしてファイルを渡すと、オリジナルの書式やスタイルが保存されているテンプレートを変更せずに、新しい文書を作成できます。

まとめ テンプレートで上書き保存のミスを防ぐ

テンプレートと通常の文書ファイルの違いは、開いた後の保存方法です。テンプレートとして開いた文書は、必ず新規文書として保存できます。この仕組みを活用して、会社で統一したいレターヘッドや社外秘の文書に必ず透かしを表示したいときなどに、基本となるひな形をテンプレートとして保存しておくと便利です。

レッスン
103 よく使う単語を登録するには

IMEの設定とカスタマイズ　練習用ファイル　なし

Wordの日本語入力は、Windowsに搭載されているIMEという日本語入力ソフトを使っています。IMEは、さまざまな「読み」を漢字やカタカナに変換できますが、辞書に登録されていない単語は変換できません。よく使う特別な単語は、IMEの辞書に登録しておくと便利です。

キーワード
Microsoft IME　P.340

IMEの設定とカスタマイズ

After

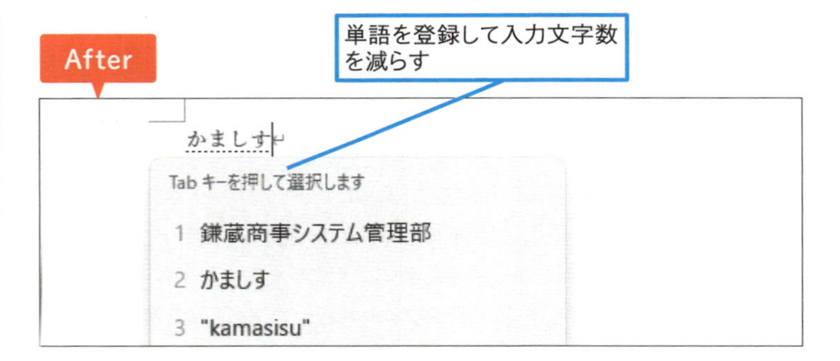

1 単語登録の準備をする

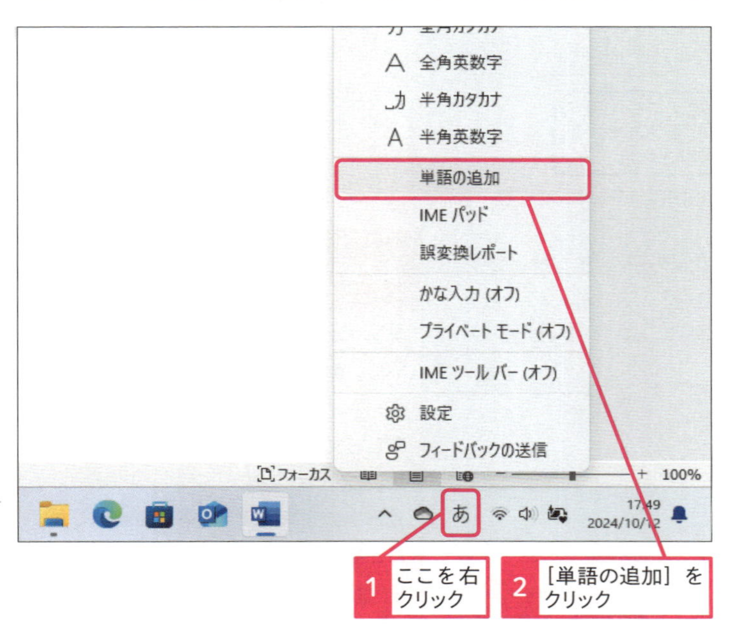

使いこなしのヒント
品詞を分けると変換の精度が高くなる

IMEには、さまざまな種類の単語を登録できます。単語を登録するときに、品詞という単語の種類を正確に分けておくと、変換の精度が高くなります。通常は「名詞」として登録しておけば十分ですが、人名や地名などの固有名詞を分類しておくと、登録した単語の前後に表示される候補の優先度が影響されます。

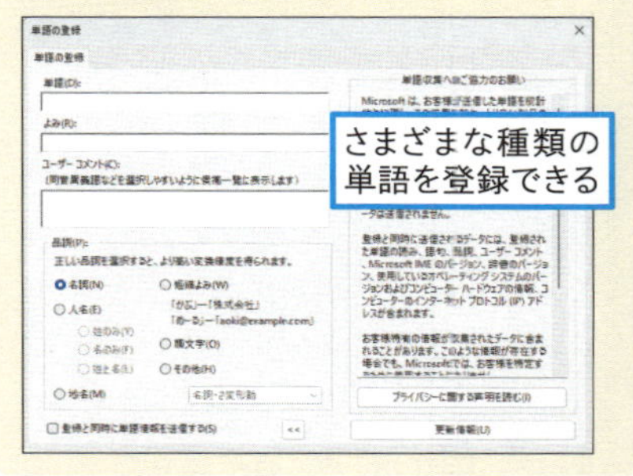

2 単語を登録する

1 変換後の文字を入力

2 変換前の文字を入力

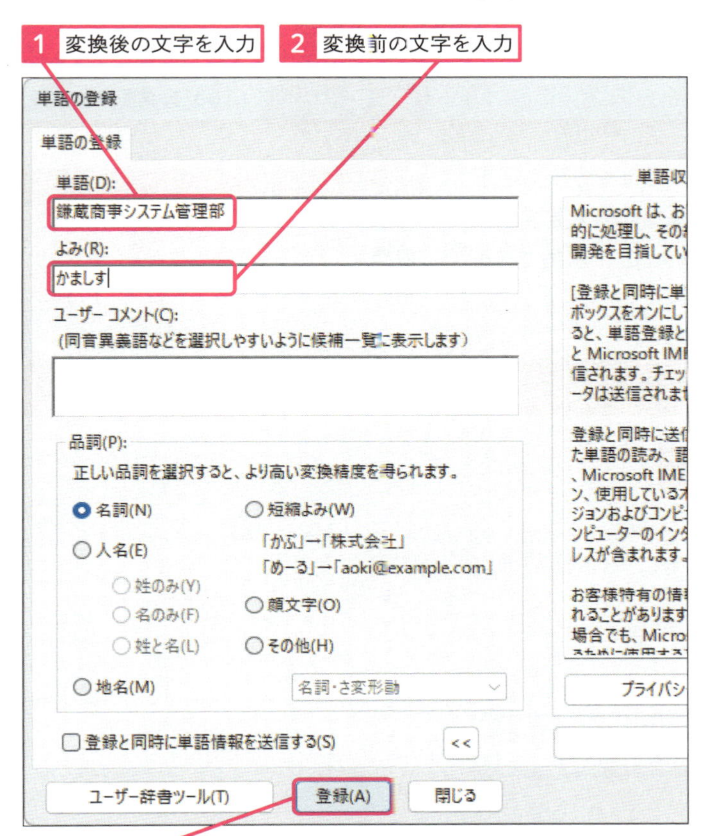

3 [登録] をクリック

登録後に［閉じる］をクリックして画面を閉じる

3 登録した単語を利用する

1 「かましす」と入力

変換候補に登録した単語が表示された

かましす

Tab キーを押して選択します

1 鎌蔵商事システム管理部
2 かましす
3 "kamasisu"
4 familism
5 dadaism

2 ここをクリック

使いこなしのヒント

登録した単語を削除するには

登録した単語を削除したいときは、単語を登録する画面から［ユーザー辞書ツール］を実行します。ユーザー辞書ツールには、登録した単語の一覧が表示されるので、不要な単語を選んで削除します。

［単語の登録］画面を表示しておく

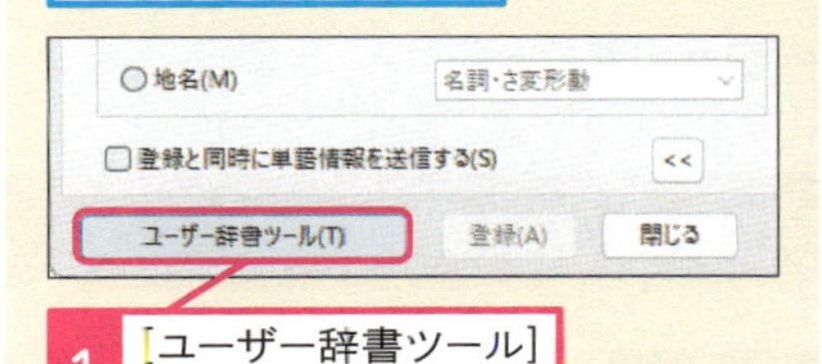

1 ［ユーザー辞書ツール］をクリック

2 ［編集］をクリック

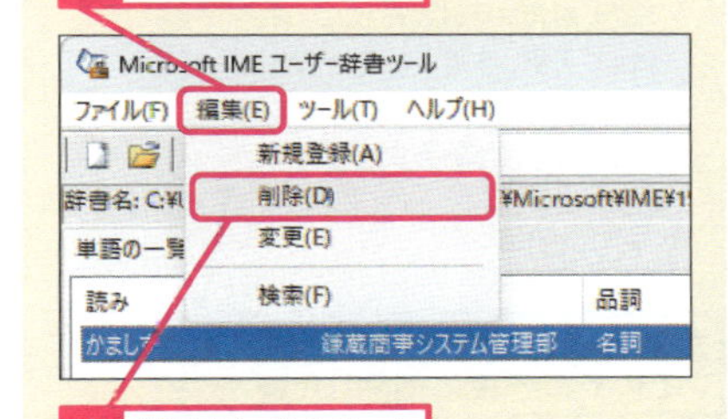

3 ［削除］をクリック

まとめ 変換しづらい単語を登録しておこう

日本語入力に使うIMEには、数多くの単語や外来語が登録されているので、日常的な文章であれば変換候補の中に必要な漢字やカタカナが表示されます。しかし、特別な読み方をする単語や長い部署名のように、入力と変換に手間がかかる単語は、IMEの辞書にわかりやすい読みで登録しておくと変換が便利になります。

レッスン

104 段落記号を削除するには

［検索と置換］の応用

練習用ファイル L104_段落記号の削除.docx

文字を検索して置換する機能で、通常の文字ではなく特殊文字を検索すると、段落記号など編集で利用する特殊な記号も置き換えたり削除したりできます。検索のオプションを覚えると、置換できる内容が広がります。

キーワード

検索	P.342
置換	P.343
特殊文字	P.343

特殊文字で置換する

Before

下記の期間で機材の貸し出しを↵
申請します。また、機材の利用に↵
あたっては、申請者がきちんと管↵
理し、貸し出された状態と同様に↵
返却します。↵

文章中に余計な改行が含まれているので、一度に削除したい

After

下記の期間で機材の貸し出しを申請します。また、機材の利用にあたっては、申請者がきちんと管理し、貸し出された状態と同様に返却します。↵

［検索と置換］で、改行を一度に削除できた

1 段落記号を削除する

1 段落記号を削除する文章をドラッグして選択

下記の期間で機材の貸し出しを↵
申請します。また、機材の利用に↵
あたっては、申請者がきちんと管↵
理し、貸し出された状態と同様に↵
返却します。↵

使いこなしのヒント

文字以外も検索したり置換したりできる

検索のオプションにある特殊文字では、このレッスンで紹介している段落記号の他にも、一覧からさまざまな記号や文字の条件を選択できます。例えば、複数のスペースを1つのタブに置き換えるときには、タブ文字（I）を利用します。また、段組みなどを区別しているセクション区切りなども検索できます。

● [検索と置換] ダイアログボックスを表示する

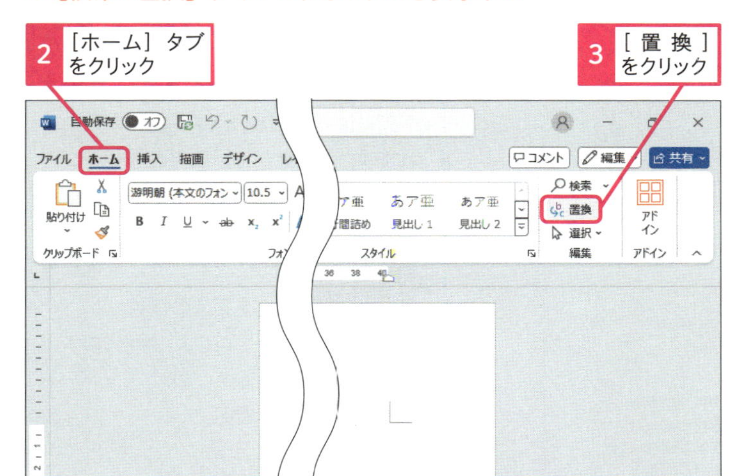

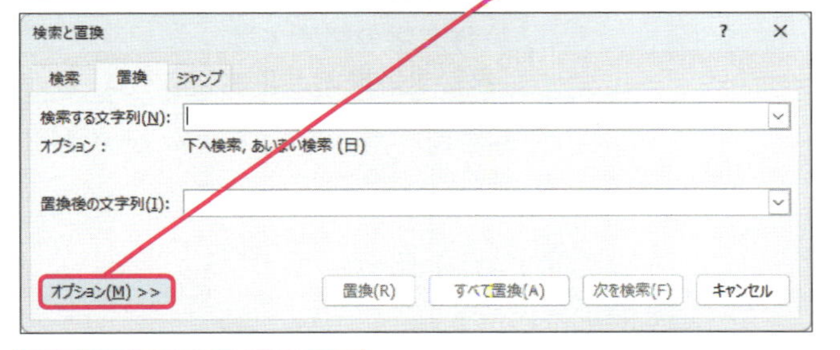

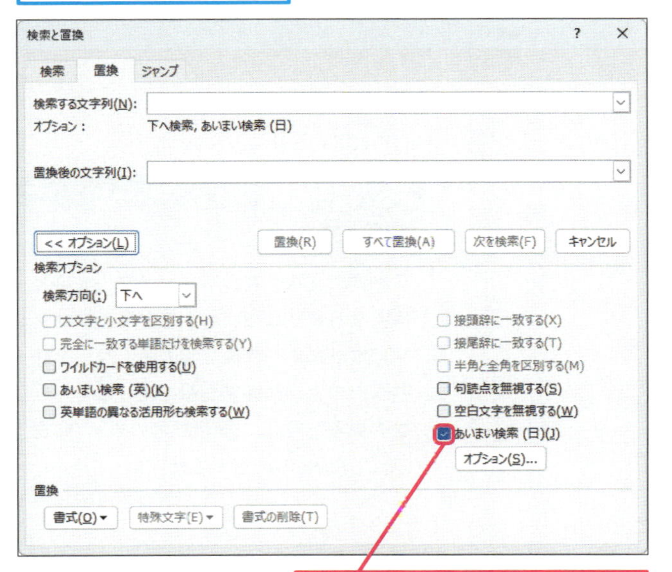

使いこなしのヒント

あいまい検索で設定できる条件とは

検索のオプションにあるあいまい検索は、日本語と英語に対して、検索の対象を厳密にするか、より広く探すか指定する機能です。例えば、日本語では以下の条件を任意に設定できます。

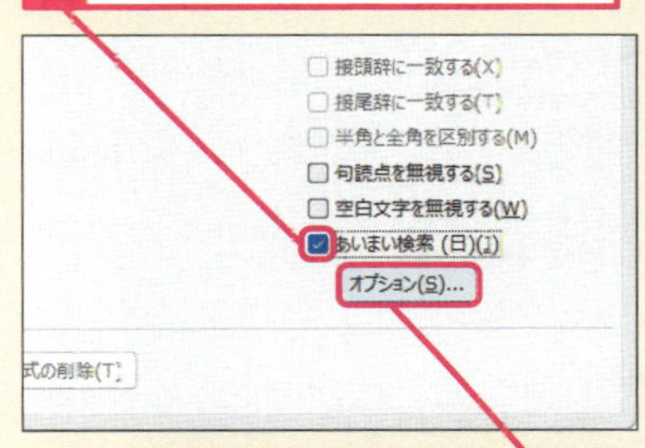

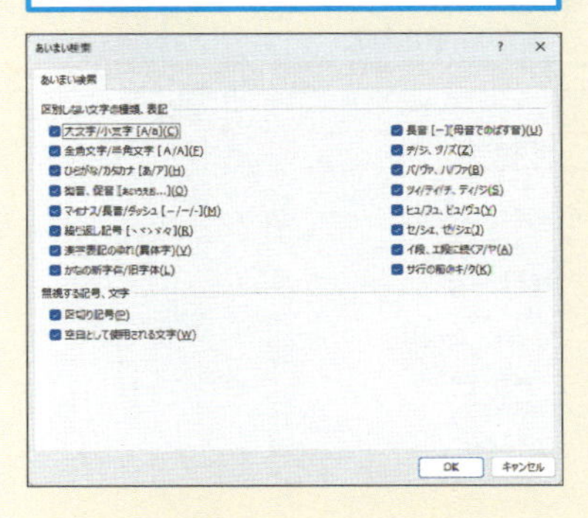

使いこなしのヒント

接頭辞と接尾辞とは

接頭辞は、「お寺」の「お」のように単語の前に付く言葉です。接尾辞は、「子供たち」の「たち」のように単語の末尾に付く言葉です。[検索オプション] では、これらの接頭辞と接尾辞に一致する条件なども指定できます。

次のページに続く

● 置換の条件を入力する

6 ［検索する文字列］のここをクリック

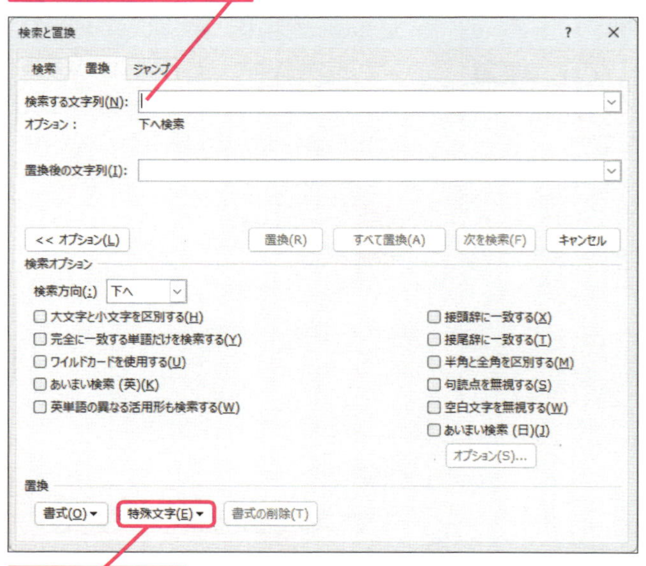

7 ［特殊文字］をクリック

条件に指定できる特殊文字の一覧が表示された

8 ［段落記号］をクリック

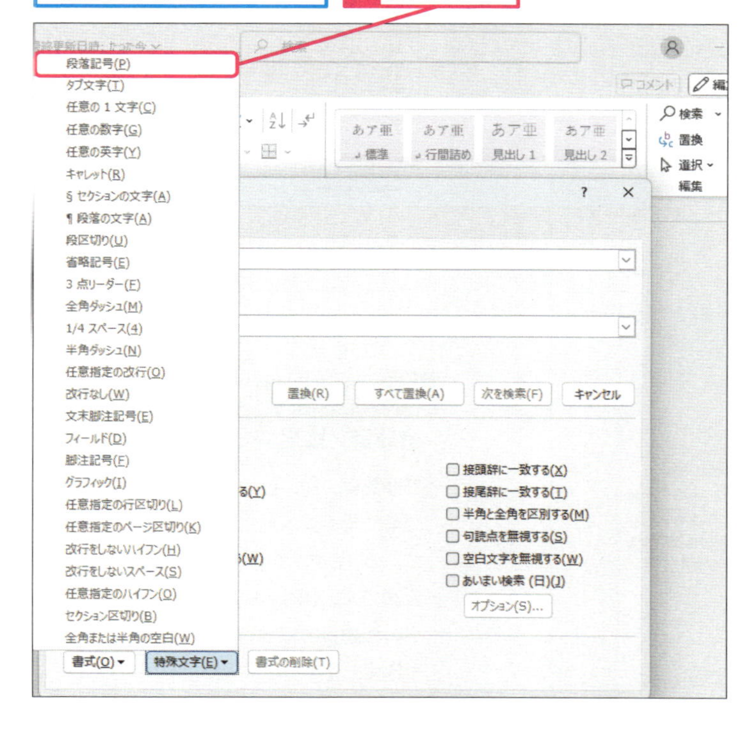

使いこなしのヒント

特殊文字は直接入力できる

特殊文字から段落記号を選ぶと、検索文字列には「^p」というメタ文字が入力されます。メタ文字は、段落記号やタブのような特殊な記号やコードを表現するための文字で、Wordでは「^」（チルダ）を組み合わせて表現しています。段落記号の「^p」の他にも、タブ文字の「^t」にページ区切りの「^m」などは、操作8のように一覧から選択してなくても、キーボードから直接入力できます。

使いこなしのヒント

特殊文字の検索では「あいまい検索」はオフにする

特殊文字で検索するときには、「あいまい検索」をオフにします。

用語解説

特殊文字

日本語の文章や英数字など通常の文字とは異なる特殊な扱いをする文字が特殊文字になります。特殊文字の中には、改行やタブのような編集記号もあります。一部の編集記号は、［編集記号の表示/非表示］で表示を切り替えられます。

● 置換を実行する

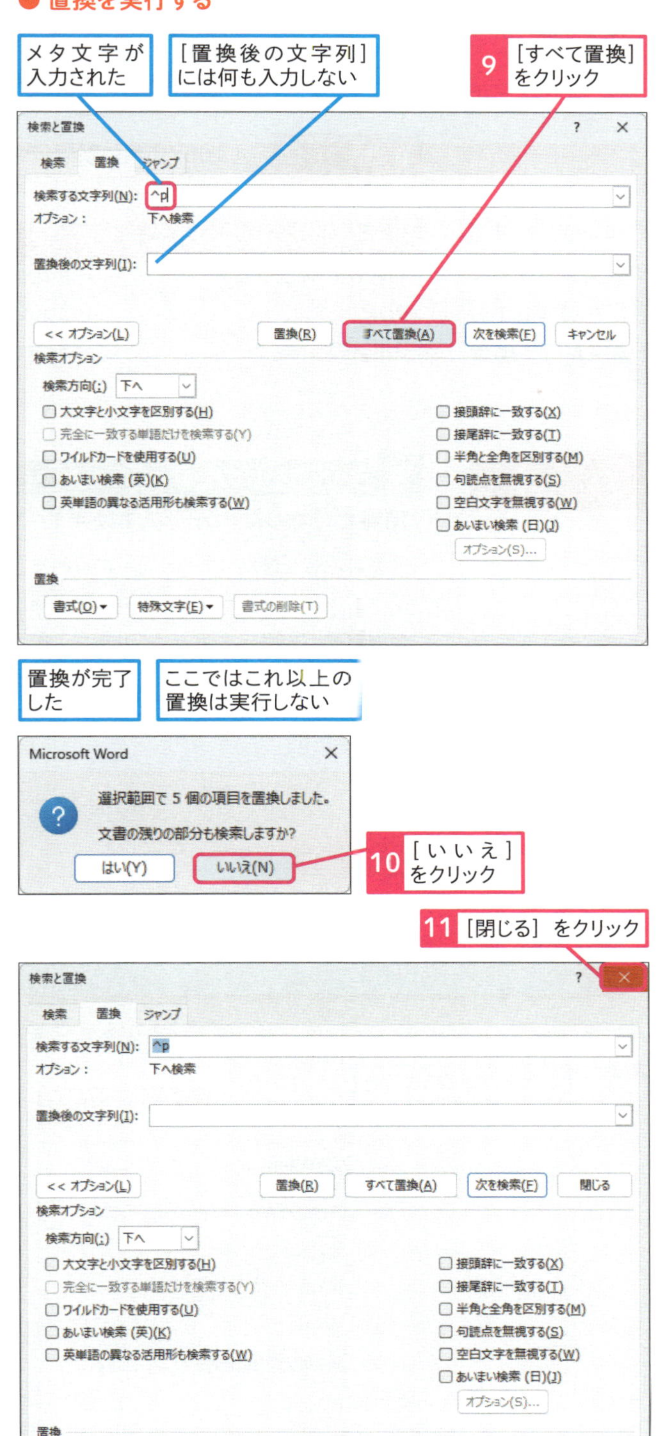

使いこなしのヒント

書式も置換できる

[検索オプション]では、文字や特殊な記号の他に、書式も検索したり置換したり、まとめて削除できます。

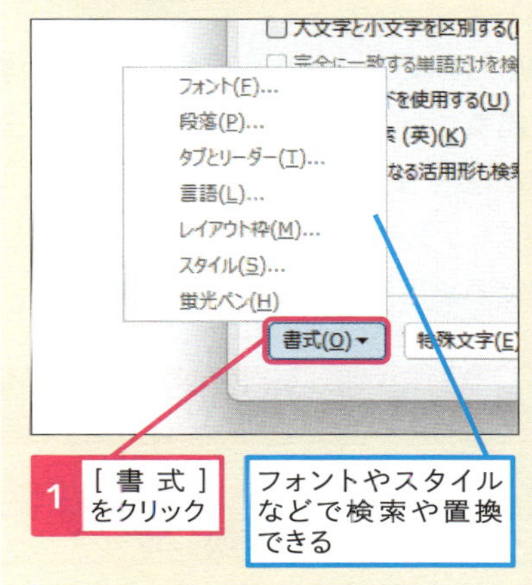

まとめ　検索と置換で文書の修正時間を短縮する

検索と置換は、Wordを使った文書作りの中でも、使いこなすと作業の効率を大きく向上できる便利な機能です。単純な文字の置き換えだけではなく、検索オプションの特殊文字や詳細な検索条件を使いこなせるようになると、意図した単語や書式を一回の操作でまとめて修正できるようになります。このレッスンを参考にして、いろいろな検索条件を設定して、どのような単語や特殊文字が検索されるのか研究してみるのもいいでしょう。

レッスン
105 文書が編集されないように設定するには

編集の制限　練習用ファイル　L105_編集の制限.docx

Wordの文書ファイルには、後から内容を修正できないようにする[編集の制限]を設定できます。第三者に提供する文書ファイルの内容を変更されたくないときには、[編集の制限]を設定しておきましょう。また、制限の一部を解除して、特定の場所だけを編集できる設定も可能です。

1 文書に編集の制限をかける

編集の制限をかける文書を開いておく

1 [ファイル]タブをクリック

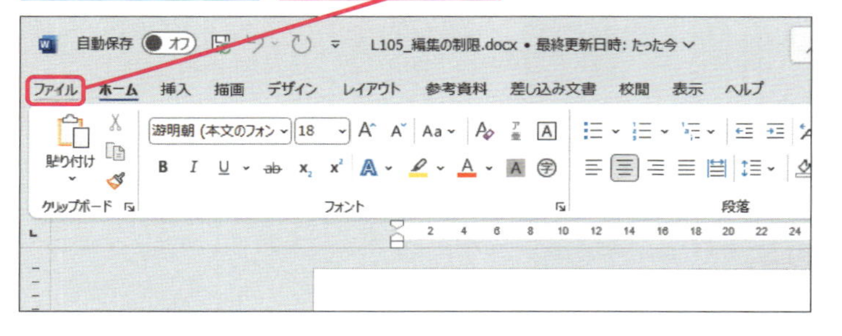

キーワード

使いこなしのヒント
閲覧だけならばPDF形式も効果的

文書の内容を読んでもらうだけの目的でファイルを提供するのであれば、編集制限の設定とは別に、PDFファイル形式での提供も効果的です。

使いこなしのヒント
設定できる制限の種類

制限できる編集の種類は、このレッスンで解説している文書全体の[変更不可]の他に、[変更履歴]や[コメント][フォームへの入力]などを選択できます。

●制限の種類

制限	内容
変更履歴	変更履歴として文書を編集できます。
コメント	文書にコメントだけを入力できます。
フォームへの入力	[開発]タブで挿入できるコンテンツ コントロールのフォームにのみ入力できます。
変更不可(読み取り専用)	すべての変更を制限して読み取り専用にします。

手順1の操作5までを実行しておく

1 ここをクリック

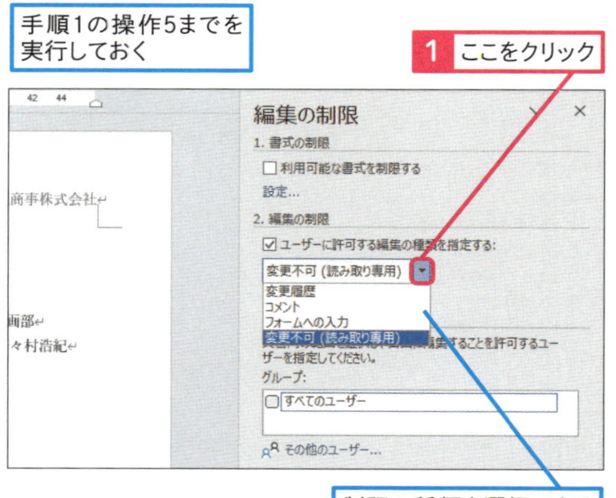

制限の種類を選択できる

● 編集の制限の内容を設定する

2 ［情報］をクリック

［情報］画面が表示された

3 ［文書の保護］をクリック

4 ［編集の制限］をクリック

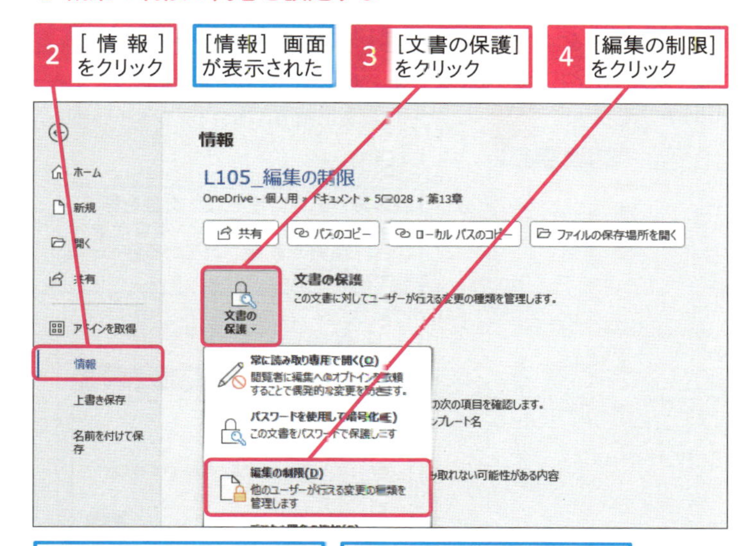

［編集の制限］作業ウィンドウが表示された

ここでは読み取り専用にして、編集できないように設定する

5 ［ユーザーに許可する編集の種類を指定する］のここをクリックしてチェックマークを付ける

6 ［変更不可（読み取り専用）］が選択されていることを確認

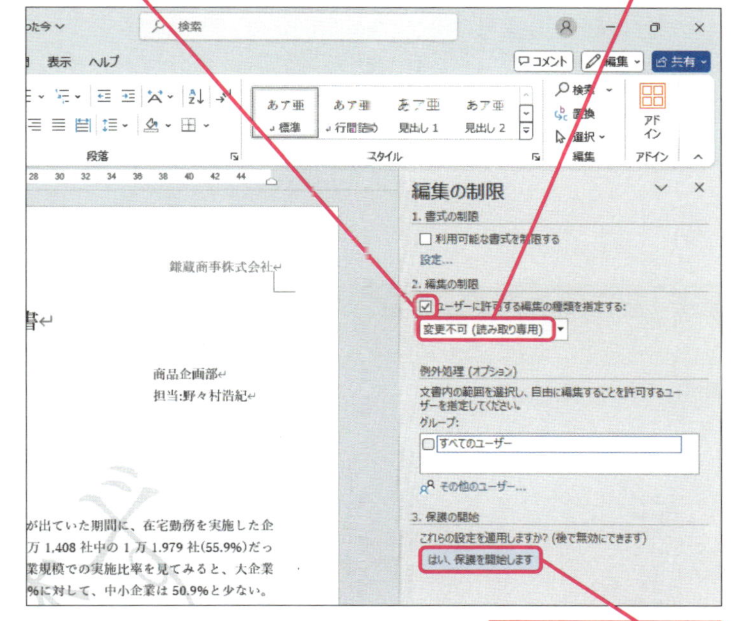

7 ［はい、保護を開始します］をクリック

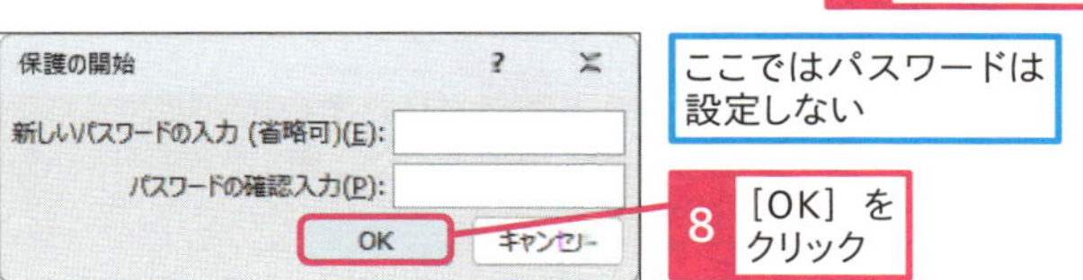

ここではパスワードは設定しない

8 ［OK］をクリック

使いこなしのヒント

特定の箇所だけを編集できるようにするには

編集の制限で［変更不可］を選んでも、例外処理を設定すると、特定の箇所の編集が可能になります。例えば、名前や住所だけを入力できる定型書類や、契約書など、他の文章を変更されたくない書類で利用すると便利です。

使いこなしのヒント

例外処理を設定するには

例外処理を設定するには、修正を可能にしたい箇所を選択して、許可するユーザーを指定します。すべてのユーザーを選ぶと、文書を受け取った相手が誰でも、例外箇所を編集できます。

例外処理を設定する箇所を選択しておく

1 ［すべてのユーザー］のここをクリックしてチェックマークを付ける

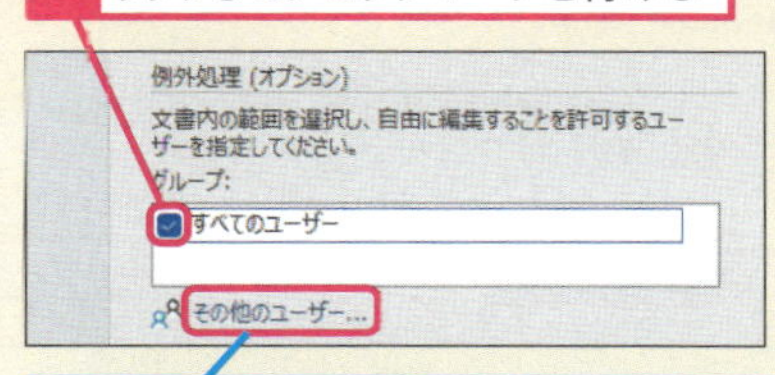

［その他のユーザー］をクリックすると、ユーザーごとに例外処理を設定できる

使いこなしのヒント

制限された文書を編集するには

編集が制限された文書では、編集の権限から編集が可能な場所を検索できます。

1 ［次の編集可能な領域を検索する］をクリック

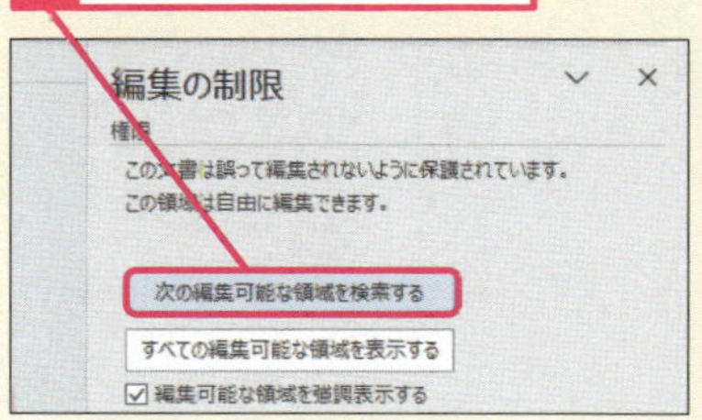

次のページに続く

● 文書を保存して閉じる

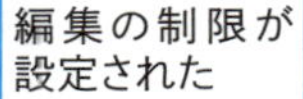

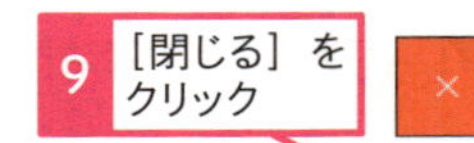

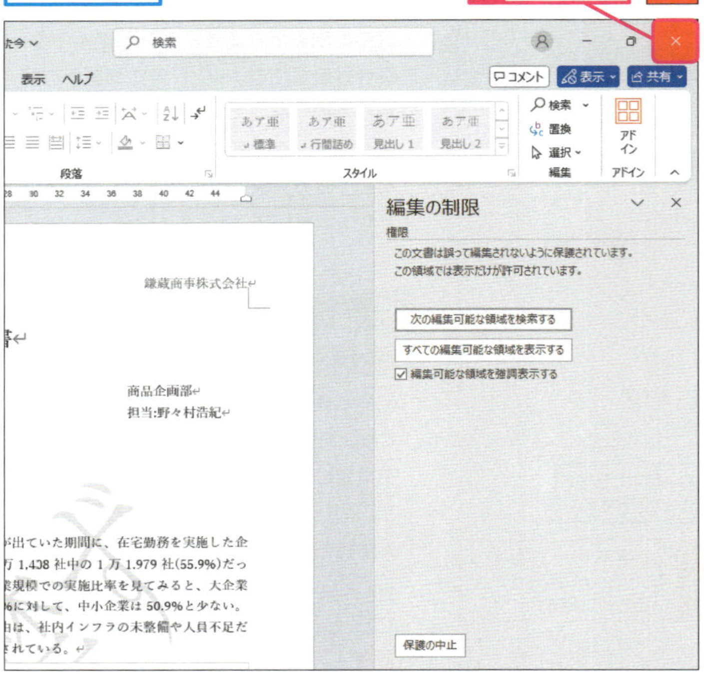

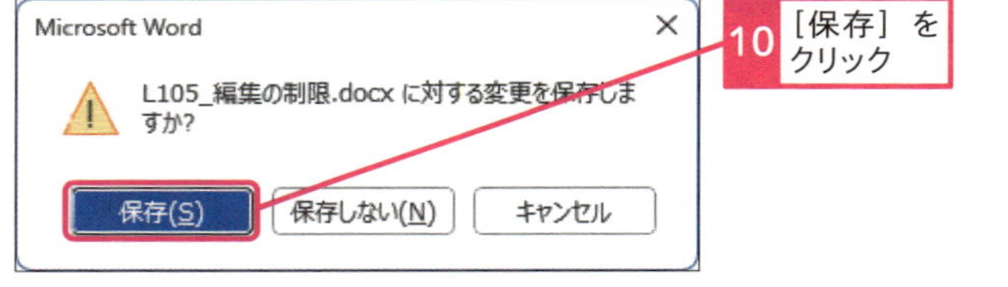

使いこなしのヒント

編集しようとするとどうなるの?

制限のかかった文書を編集しようとすると、［編集の制限］作業ウィンドウが表示されます。

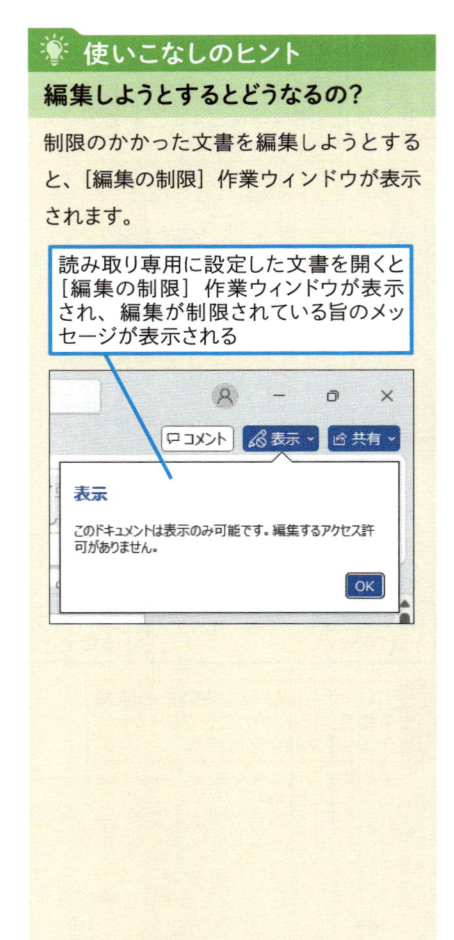

使いこなしのヒント

［開発］タブを表示するには

フォームを文書に追加するには、［開発］タブを表示します。［開発］タブは、［Wordのオプション］で設定します。

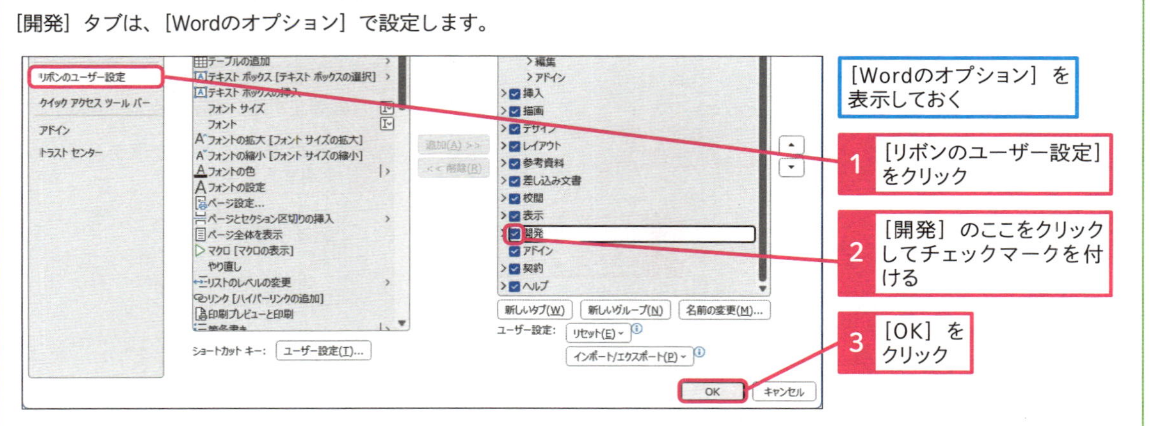

2 編集の制限を解除する

手順1を参考に［情報］画面を表示しておく

1 ［文書の保護］をクリック

2 ［編集の制限］をクリック

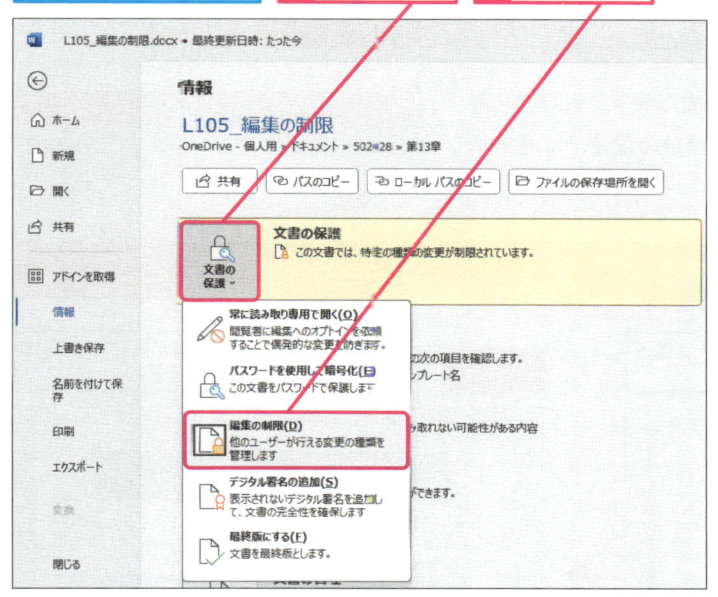

パスワードを設定しているときは、［文書保護の解除］ダイアログボックスが表示されるので、パスワードを入力して［OK］をクリックしておく

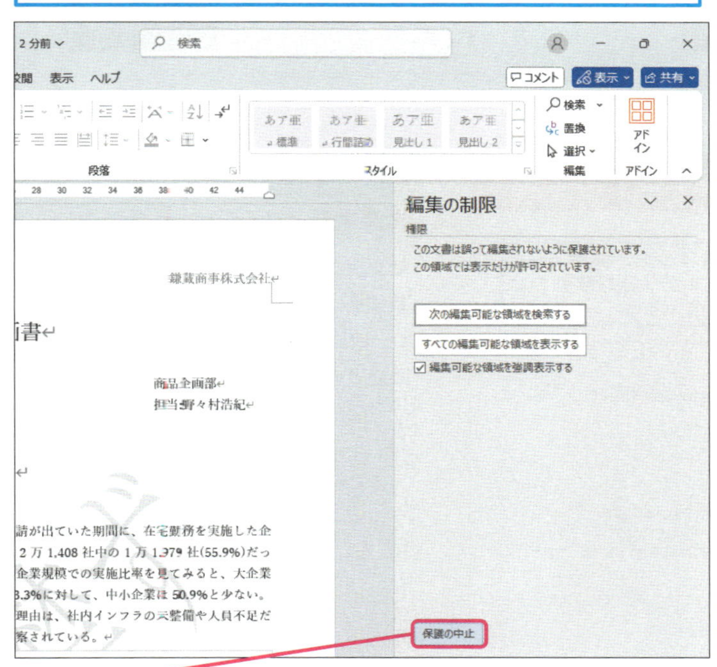

3 ［保護の中止］をクリック

編集の制限が解除された

上書き保存しておく

使いこなしのヒント
文書の保護を解除するには

制限のかかった文書の保護を解除するには、設定時に登録したパスワードを入力します。

使いこなしのヒント
フォームと制限を組み合わせて編集をコントロールする

編集の制限とフォームを活用すると、編集画面の特定の箇所だけに文字を入力したり、チェックマークを付けたりといった定型化された文書を作成できます。アンケート集計や回覧チェックなど、特定の内容だけの入力を求める文書などに利用すると便利です。

まとめ 意図しない内容の書き換えを保護する

編集の制限は、例外処理を活用すると、文書の一部分だけを修正できるようになります。稟議書や契約書に各種の提出書類の中には、必須の記入事項がある一方で、契約内容の文面や会社で利用している定型文など、書き換えられては困る内容が混在しています。こうした文書で編集の制限と例外処理を組み合わせると、特定の内容だけを入力してもらえる文書を作成できます。

レッスン

106 更新履歴からファイルを復元するには

バージョン履歴　練習用ファイル　L106_バージョン履歴.do

文書ファイルをOneDriveに保管すると、過去に保存された内容をバージョン履歴として遡って復元できます。標準の設定では過去の25バージョンまで復元できます。

キーワード

OneDrive	P.340
変更履歴	P.345

上書き保存したファイルも復元できる

Before

タイトルを変更した文書を、上書き保存して閉じてしまった

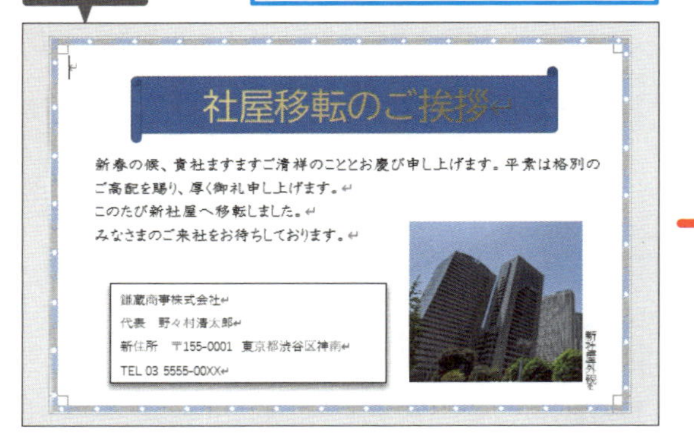

After

上書き保存する前の状態に戻すことができた

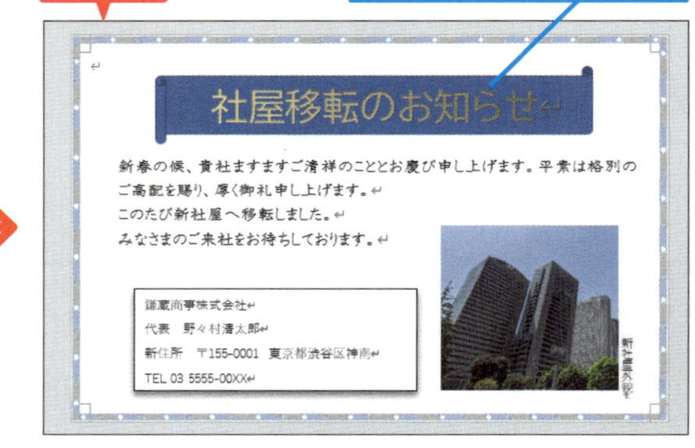

1 更新履歴からファイルを復元する

レッスン105を参考に、［情報］画面を表示しておく

ここではタイトルを「社屋移転のご挨拶」としてしまった文書を、タイトルが「社屋移転のお知らせ」の状態の文書に復元する

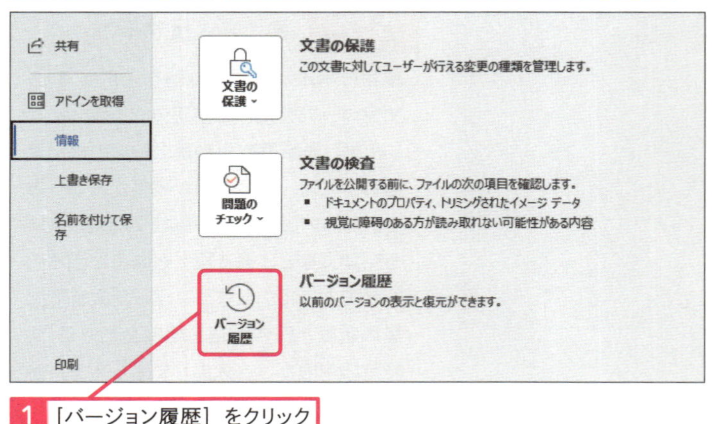

1 ［バージョン履歴］をクリック

使いこなしのヒント

変更履歴とバージョン履歴の違い

変更履歴は、文書ファイルに保存される編集操作の記録です。バージョン履歴は、OneDriveに文書ファイル単位で保存される過去のファイルの記録です。変更履歴が、部分的な修正箇所を復元できるのに対して、バージョン履歴では過去に保存された文書をまるごと復元します。

使いこなしのヒント

バージョン履歴はOneDriveの利用が必須

手順1の画面で、バージョン履歴が表示されないときには、開いている文書ファイルがOneDriveに保存されていない可能性があります。バージョン履歴が有効な文書ファイルは、過去にOneDriveに保存されたものに限られます。

● 変更履歴を選択する

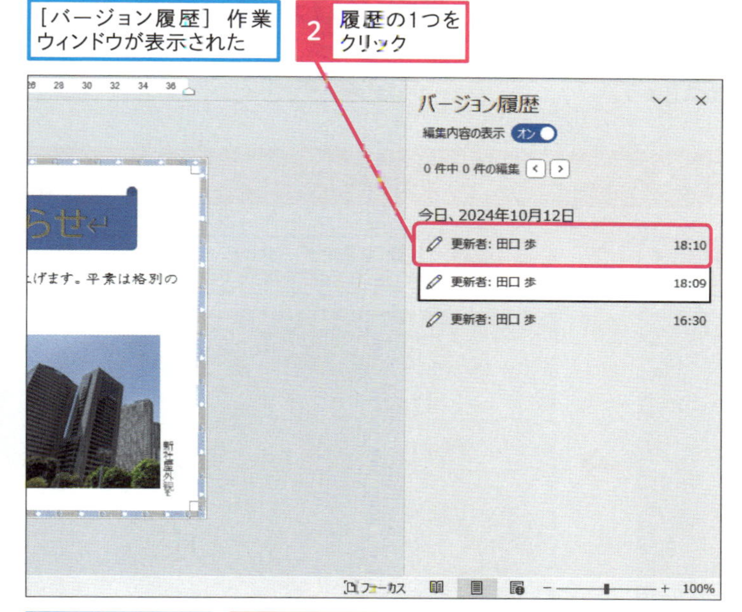

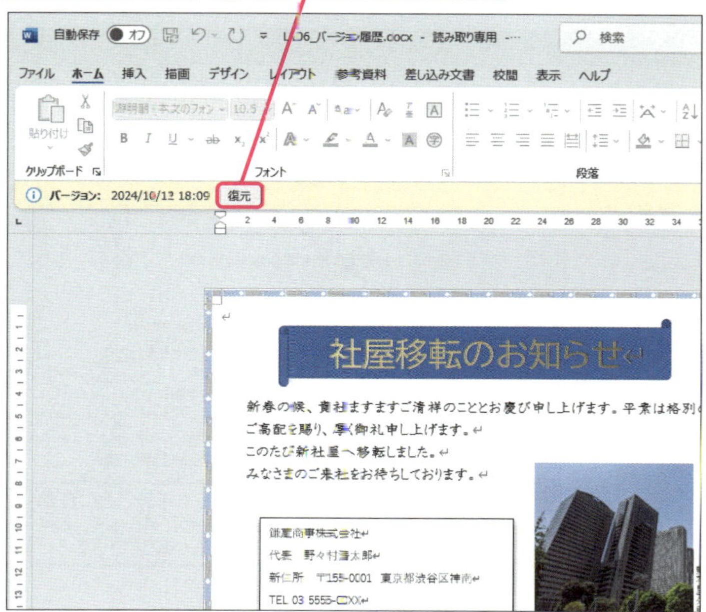

使いこなしのヒント

2つの文書を比較するには

[比較] を利用すると、2つの文書の変更内容を比べて表示できます。複数の人が編集した2つ以上の文書を1つにまとめるときなどに、比較して変更内容を確認すると便利です。

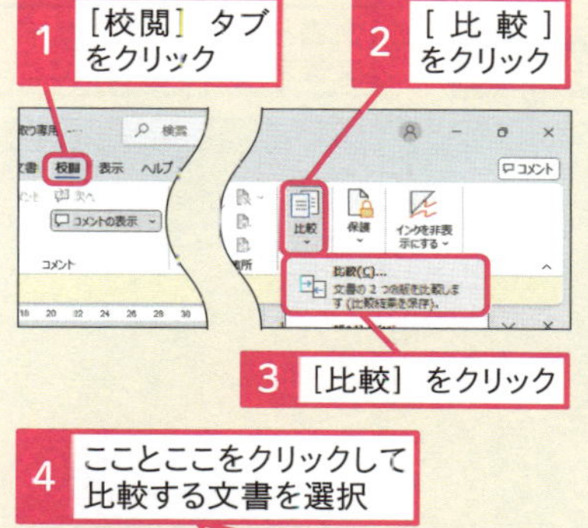

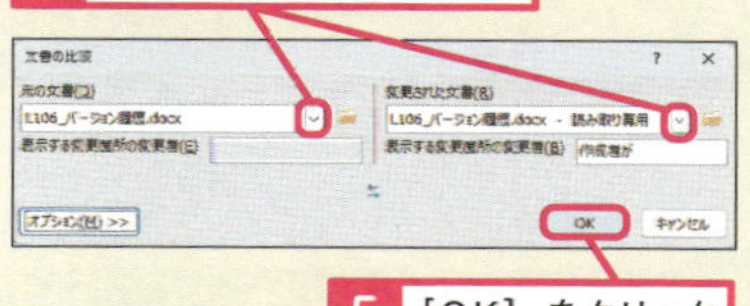

まとめ 2つの履歴を活用して過去の文書を復元する

変更履歴とバージョン履歴は、どちらも過去の文書の内容を記録する機能です。2つの履歴を活用すると、変更された文書を以前の内容に復元できます。ただし、バージョン履歴を使うためには、OneDriveへの保存が必須となります。また、変更履歴の記録は、承認してしまうと失われてしまいます。OneDriveを使わずに、確実に過去のバージョンを残しておくには、編集した日付などをファイル名に加えて、異なる文書ファイルとして保存しましょう。

レッスン

107 保存し忘れた文書を復元するには

文書の管理

練習用ファイル L107_文書の管理.docx

停電や意図しない電源オフなどで文書ファイルを保存しないでWordを終了してしまったときには、自動回復用データから、文書を復元できます。ただし、文書の復元は、100%ではないので、できるだけこまめに保存するか、自動保存を利用しましょう。

キーワード

[Wordのオプション]	P.340
OneDrive	P.340
ダイアログボックス	P.343

自動回復用データから文書を復元する

Before

文書を開いてみたら、前回保存をせず文書を閉じてしまったことがわかった

After

自動回復用データから、文書を閉じる前に修正した内容を復元できた

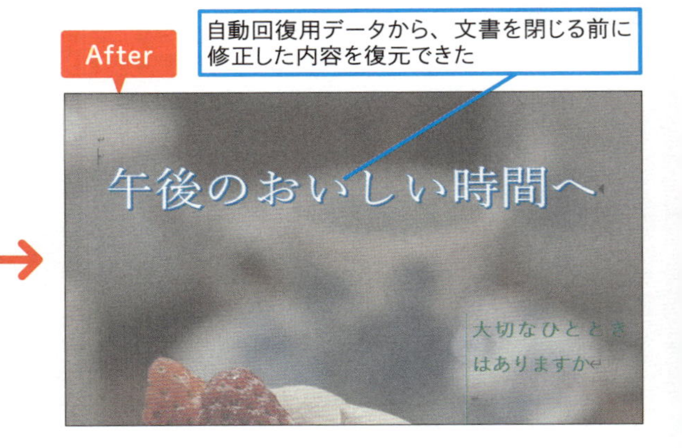

使いこなしのヒント

自動回復用データの設定を確認しよう

Wordの自動回復を利用するには、[Wordのオプション] の [保存] で、自動回復用データが、定期的に保存されている必要があります。このチェックマークが外れていると、保存しないで終了した文書は、復元できません。

[Wordのオプション]を表示しておく

1 [保存] をクリック

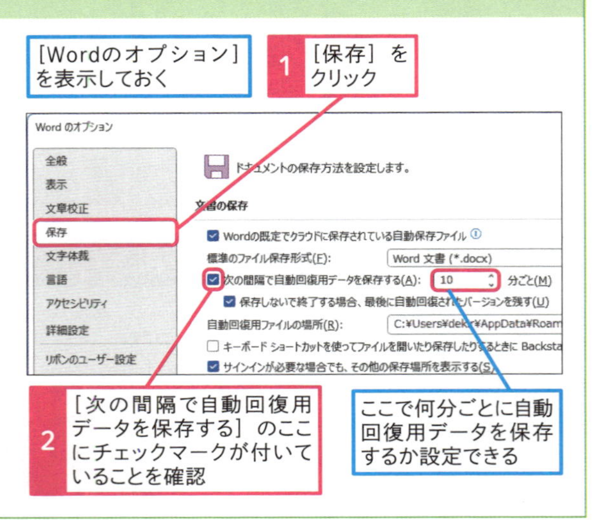

2 [次の間隔で自動回復用データを保存する] のここにチェックマークが付いていることを確認

ここで何分ごとに自動回復用データを保存するか設定できる

1 ［文書の管理］で文書を復元する

レッスン105を参考に、［情報］画面を表示しておく

自動回復用データがあると、［文書の管理］に表示される

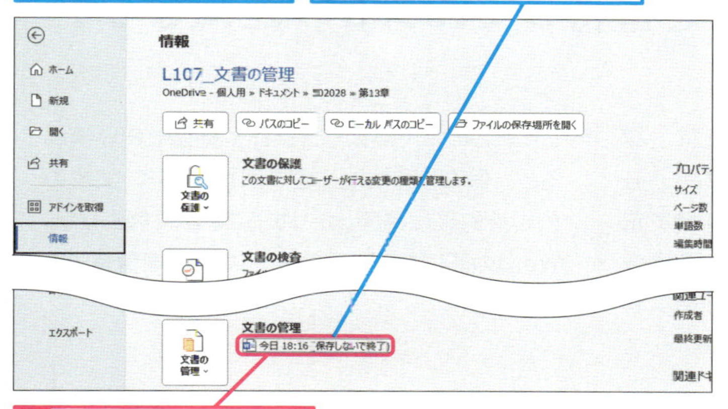

1 自動回復用データをクリック

保存をせず閉じてしまった文書が表示された

タイトルバーに［（未保存のファイル）］と表示されている

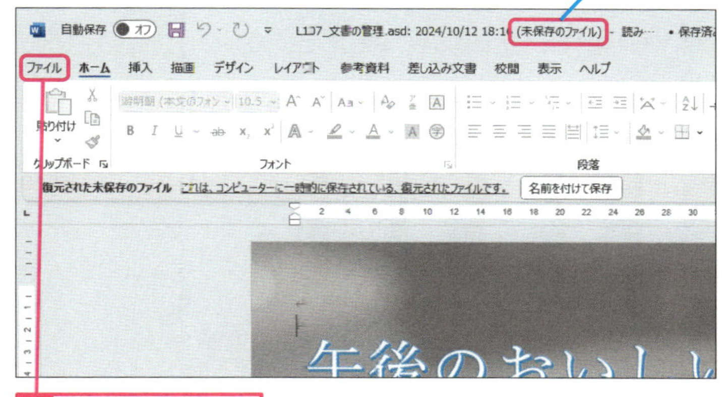

2 ［ファイル］をクリック

3 ［名前を付けて保存］をクリック

4 ［参照］をクリック

［名前を付けて保存］ダイアログボックスが表示されるので、名前を付けて保存しておく

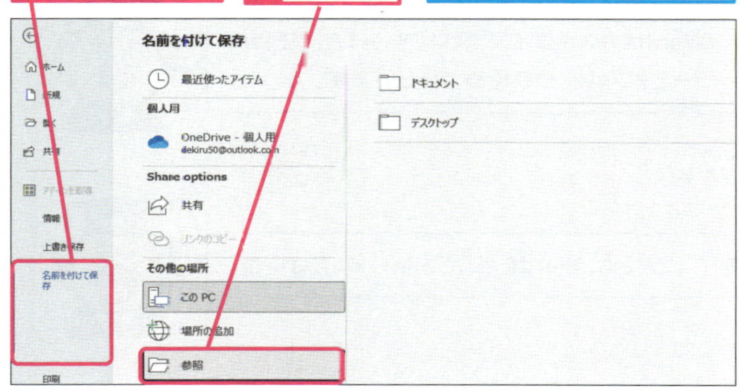

使いこなしのヒント

完全に終了してしまったときに回復するには

手順1では、ファイルの情報から文書の回復を実行していますが、Wordを完全に終了して、新規に起動すると、情報の項目は表示されません。そのときには、ファイルを［開く］の下にある［保存されていない文書の回復］を選択します。

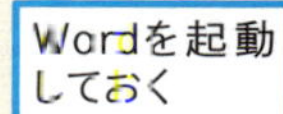

Wordを起動しておく

1 ［開く］をクリック

2 ［保存されていない文書の回復］をクリック

使いこなしのヒント

復元された文書ファイルを保存するには

復元された文書ファイルは、名前を付けて保存するかどうか、メッセージが表示されます。ここで名前を付けて保存することも、通常のファイルメニューからも保存できます。

まとめ 自動回復は過信しないでこまめに保存する

自動回復は、うっかり保存し忘れた文書ファイルを復元できる便利な機能です。しかし、復元できる範囲は、設定された保存間隔の時間に限られます。また、自動回復の設定が有効になっていなければ、回復はできません。文書の保存は、こまめに実行する方がいいでしょう。一方で、文書ファイルをOneDriveに保存すると、自動的に最新の状態に保存されるようになります。自動保存になっているかどうかは、ツールバーの保存アイコンの違いで確認できます。

この章のまとめ

実践的なテクニックを習得してWordの匠になろう

Wordマスターと呼べる文書作成の匠とは、複雑な機能や操作を熟知した博識者ではなく、必要最小限の機能を組み合わせて、短時間で正確な文書を仕上げられる実力者です。最終章では、Excelとの連携を含め、Wordの使い勝手を向上させるテクニックを具体的に紹介しました。この章で解説した操作や機能を使い慣れると、保存し忘れた文書を回復したり、文書の内容を的確に保護したりすることが可能になり、Wordの匠になる実践的なテクニックを習得できます。

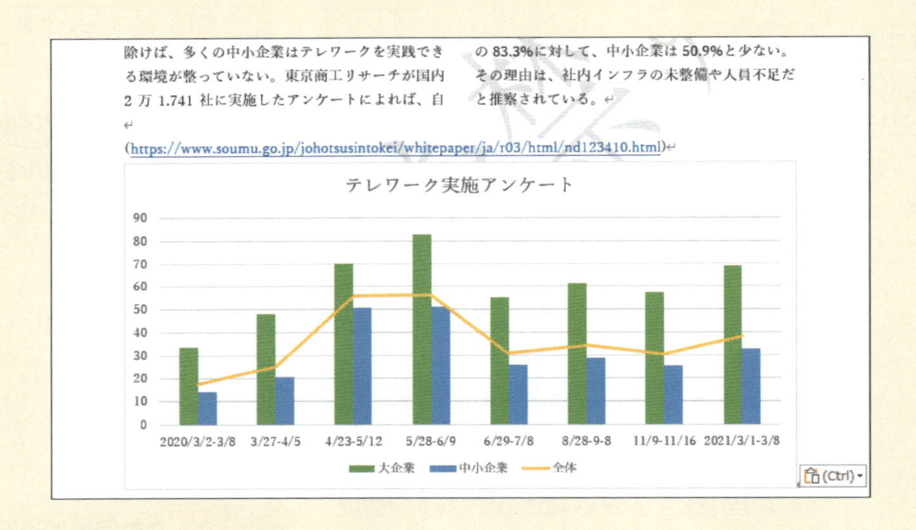
除けば、多くの中小企業はテレワークを実践できる環境が整っていない。東京商工リサーチが国内2万1.741社に実施したアンケートによれば、自の83.3%に対して、中小企業は50.9%と少ない。その理由は、社内インフラの未整備や人員不足だと推察されている。

(https://www.soumu.go.jp/johotsusintokei/whitepaper/ja/r03/html/nd123410.html)

Wordの機能、奥が深いですね！

まさにそのとおり！　Wordはカスタマイズすればするほど、便利になります。特にルーラーとタブは、ぜひ極めてほしいです。

Wordを使うのが楽しくなりました♪

ははは、うれしいなあ！　二人とも、Wordをどんどん使ってくださいね。

特別付録

Wordのセキュリティを高める

Wordの文書を悪用したサイバー攻撃が増えています。ウイルスやマルウェアへの感染を予防し、ランサムウェア被害を防ぐためには、Wordのセキュリティ対策の強化が求められています。Wordのセキュリティを高める方法について解説します。

レッスン

01 ウイルスなどの感染を防ぐには

保護ビュー

電子メールの添付ファイルとして受け取ったり、インターネットからダウンロードしたWordの文書ファイルは、ウイルスやマルウェアなどに感染している危険性があります。第三者から受け取ったWordの文書ファイルは、保護ビューのままで内容を確認しましょう。

インターネットを経由して受け取る文書に注意

電子メールに添付されていたり、ホームページからダウンロードした文書ファイルの編集には、ウイルスやマルウェアに感染するリスクがあります。文書ファイルに偽装されたウイルスや、Wordのマクロ機能を悪用したマルウェアなどにより、パソコンが使えなくなるとか個人情報や企業秘密が盗まれたりしています。こうしたリスクを低減するためには、Wordの保護ビューを活用して編集する前に内容を確認するようにしましょう。

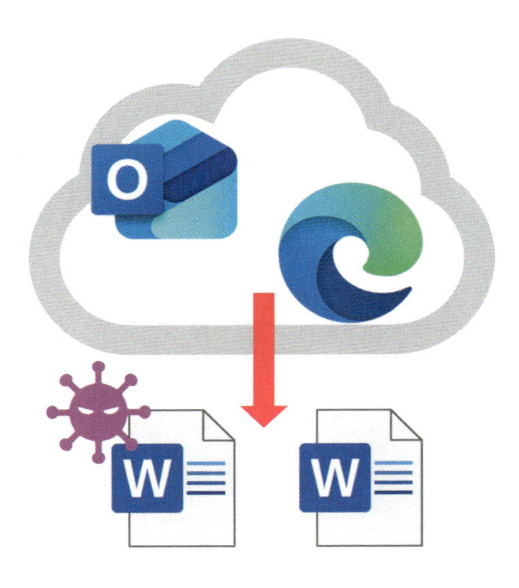

メールやWebからダウンロードしたドキュメントにはウイルス感染のリスクがある

使いこなしのヒント

保護ビューの設定を確認するには

トラストセンターの設定を開くと、保護ビューが機能する文書の種類を確認できます。また、トラストセンターでは保護ビューの他にも、ドキュメントの信頼性に関する項目の確認や設定ができます。

レッスン07を参考にWordのオプションを表示しておく

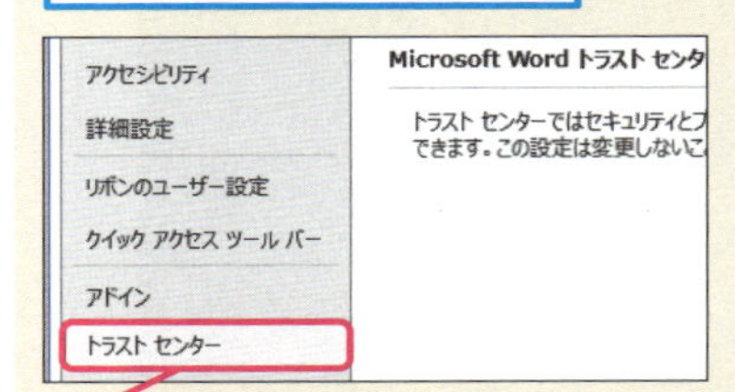

1 [トラストセンター] をクリック

により、コンピューターを保護することが　トラスト センターの設定(T)...

2 [トラストセンターの設定] をクリック

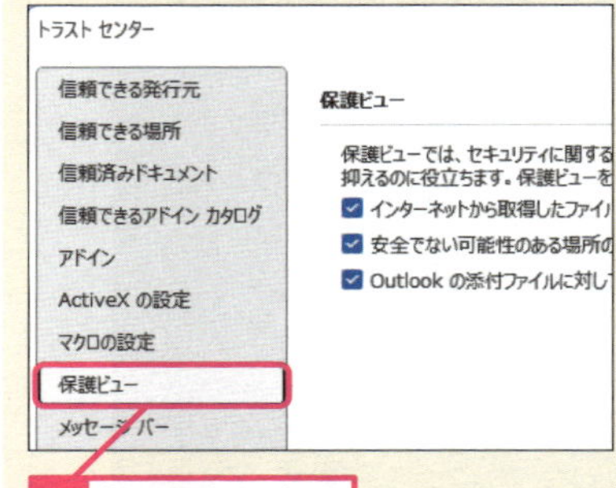

3 [保護ビュー] をクリック

設定内容を確認する

1 保護ビューを活用する

インターネット経由で入手したファイルは保護ビューが適用される

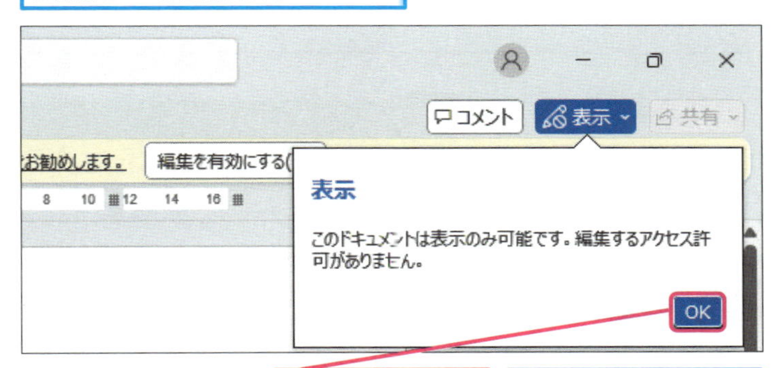

1 ［OK］をクリック

次に表示される画面で［開く］をクリックする

保護ビューで表示された

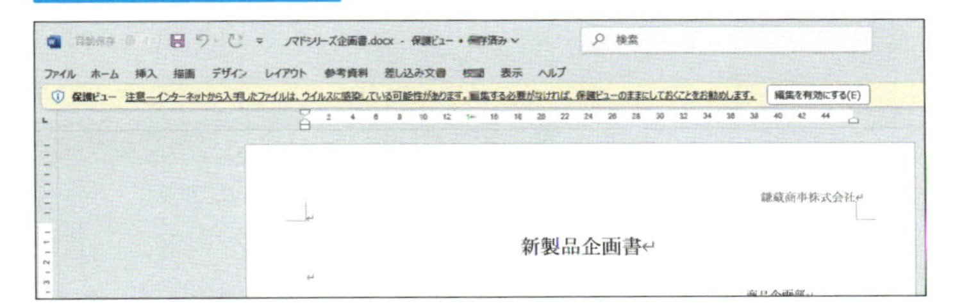

右クリックで表示される各種メニューで操作が行えない

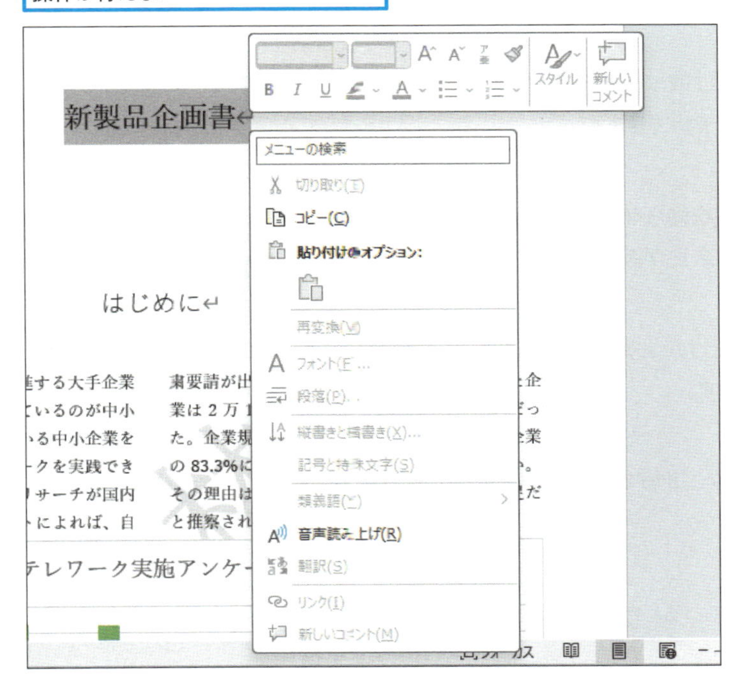

使いこなしのヒント

セキュリティリスクが表示された場合は

編集しようと開いたWordの文書ファイルに、悪意のあるマクロが実行される可能性があると、保護ビューを確認する前にセキュリティリスクの警告が表示されます。この警告が表示されたら、文書をすぐに閉じてパソコンから削除するなど、悪意のあるマクロが実行されないようにしましょう。

使いこなしのヒント

プレビューを活用しよう

Outlookなどメールアプリによっては、文書ファイルをダウンロードする前に内容を確認できる［プレビュー］が可能です。不審な添付ファイルを受信したときには、Wordで開いたりダウンロードする前に、プレビューで内容を確認しましょう。

まとめ 第三者からの文書ファイルはすべて疑ってみる

国内でも多くの被害を起こしているEmotet（エモテット）に代表されるマルウェアは、WordやExcelのファイルに仕込まれた悪意のあるマクロによって感染を広げます。Wordのマクロの中には、文書を開いただけで自動的に実行されてしまう命令もあるので、第三者から受信した文書ファイルは、すべて疑ってかかり、保護ビューやプレビューで内容を確認してから、編集していいかどうか確認するようにしましょう。

レッスン

02 文書の保護で安全性を高める

文書の保護

Wordの文書を特定の人にだけ読んでもらいたいときは、保存するファイルにパスワードを設定します。パスワードで保護された文書ファイルは、パスワードを知らない人には開けなくなります。

文書の保護の種類を確認しよう

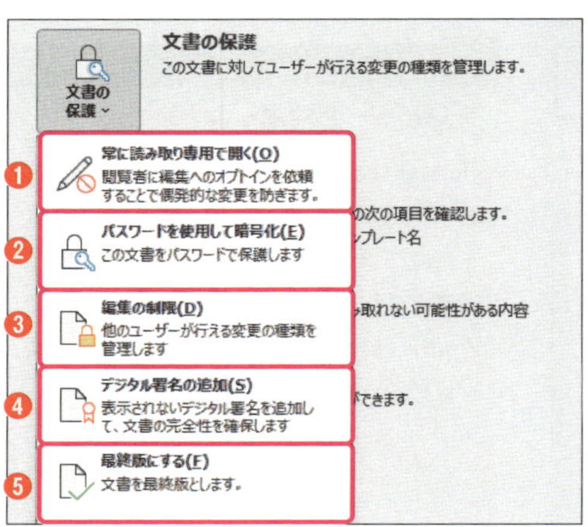

[文書の保護] には5つの項目がある

❶常に読み取り専用で開く

常に読み取り専用に設定すると、文書を受け取った相手は内容を編集できなくなります。改ざんなどの被害を予防できます。

❷パスワードを使用して暗号化

パスワードで保護された文書は、パスワードを知らない人には開けません。文書に鍵をかけるようなもので、安全性が高まります。

❸編集の制限

文書を編集できる人を制限します。関係者だけが文書を修正できるようにして、内容の信頼性などを確保できます。

❹デジタル署名の追加

文書を作成した人をデジタル署名として文書に追加できます。作成者を明確にして、文書の信頼性を高めます。

❺最終版にする

文書を最終版にすると、複数の人で修正しているときに、どの文書が完成したファイルなのか明確にできます。

使いこなしのヒント

[文書の保護] を表示するには

文書の保護は、[ファイル] の [情報] から、[文書の保護] で設定できます。詳しい手順はレッスン88を参照してください。

使いこなしのヒント

パスワードは別のメールで送信する

パスワードによる文書の保護では、受け取った相手にパスワードを知らせる必要があります。電子メールでパスワードで保護された文書ファイルを添付するときには、別のメールでパスワードを通知するようにしましょう。

使いこなしのヒント

パスワードは文書の重要性によって使い分ける

パスワードによる文書の保護は、情報セキュリティ対策に効果がある反面、受け取った相手の利便性を損なう心配もあります。文字と数字を複雑に組み合わせたパスワードは、覚えておくのが大変です。そこで重要性の低い文書では、送る側と受け取る側であらかじめ共通のパスワードを決めておいて、定期的に更新するように運用すれば、利便性を改善できます。

1 署名を保存するには

［文書の保護］の［デジタル署名の追加］をクリックしておく

1 ［このドキュメントを作成／承認済み］を選択

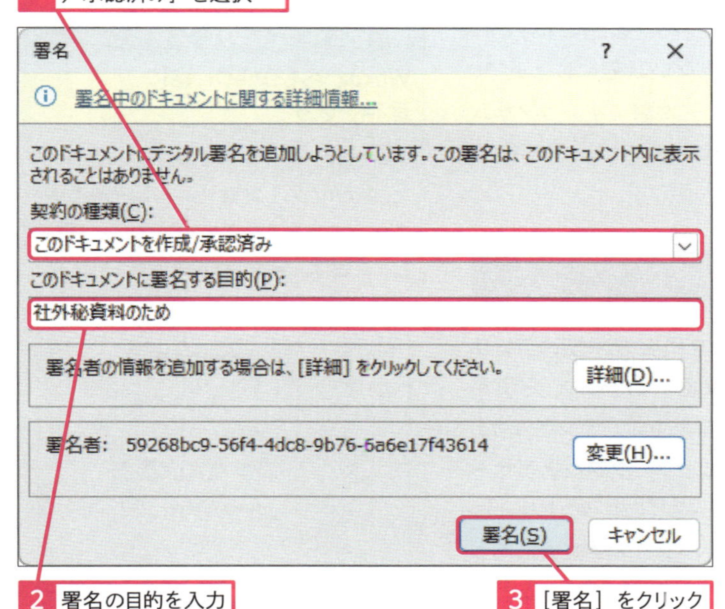

2 署名の目的を入力

3 ［署名］をクリック

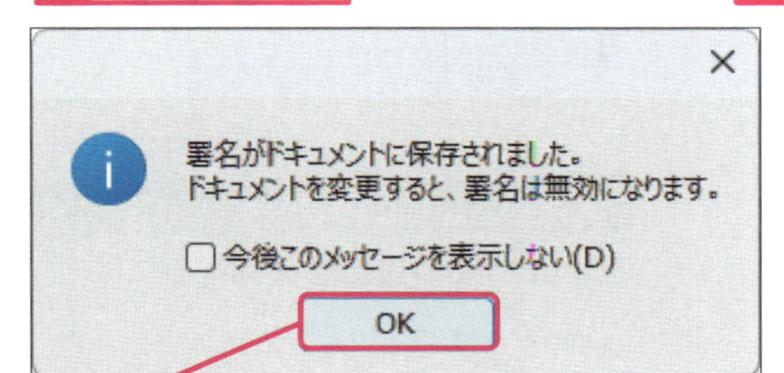

4 ［OK］をクリック

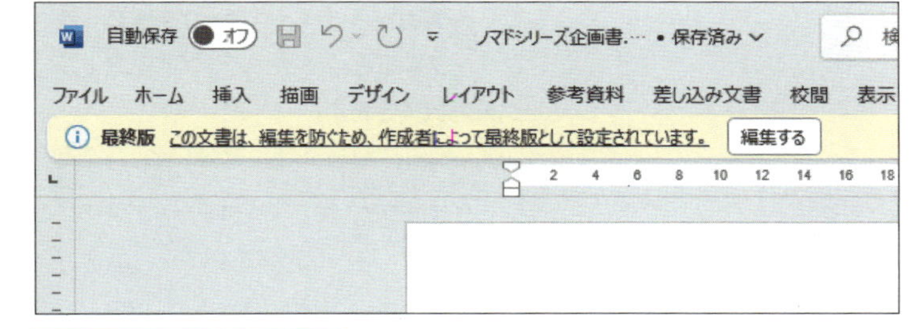

文書に署名が設定された

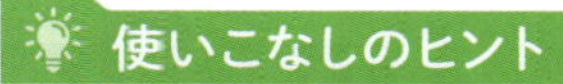

使いこなしのヒント

文書の作成者を明示したいときは

文書の作成者を明示したいときは、デジタル署名を編集画面に追加できます。

［挿入］タブを表示しておく

1 ［署名欄の追加］をクリック

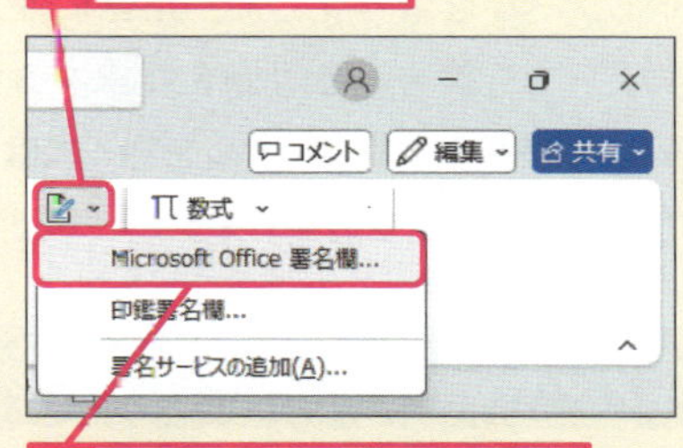

2 ［Microsoft Office署名欄］をクリック

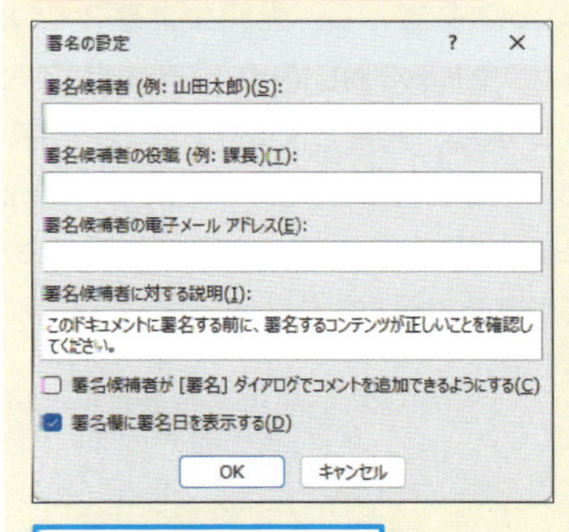

署名の詳細を設定できる

まとめ 文書の保護機能を有効活用しよう

Wordでは文書を保護するために、パスワードやデジタル署名に閲覧制限など、用途に合わせた設定を用意しています。Wordの添付ファイルを悪用したサイバー攻撃が増えているだけに、パスワードによる保護や作成する文書の正当性の証明は、被害を防ぐ有効な手段になります。

レッスン

03 OneDriveにバックアップする

バックアップの重要性

ランサムウェア攻撃は、パソコンや組織のサーバーなどに保存されているデータを暗号化して、正常に使用できない状態にした上で、そのデータを復号する対価を要求するサイバー攻撃です。ランサムウェア攻撃から文書ファイルを守るには、攻撃されてもファイル復元できるOneDriveを活用します。

クラウドを活用したバックアップが有効

暗号化した文書ファイルを人質にとるような身代金要求型のランサムウェア被害から、大切な文書ファイルを保護するために、日頃からクラウドを活用してバックアップしておくと安全です。ランサムウェア攻撃は、対象となるパソコンや組織のネットワーク内にあるサーバーなどを狙ってきます。そこで、OneDriveなどのクラウドサービスに文書ファイルをバックアップしておくと、パソコンが被害にあっても復元できます。

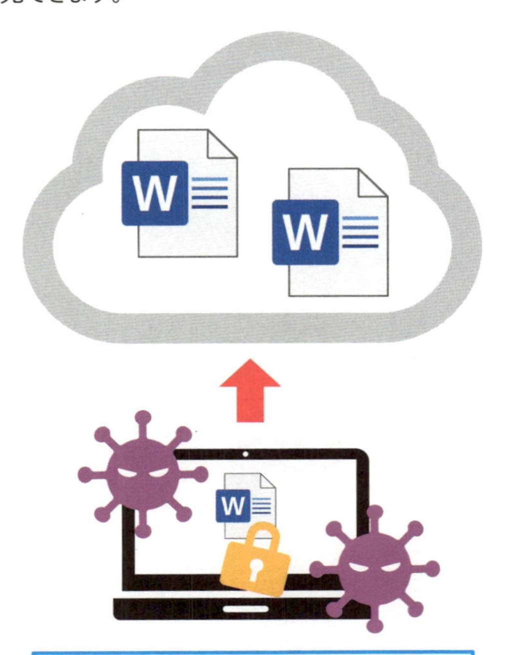

ランサムウェア攻撃にあうとパソコンの中にあるファイルは開けなくなるため、OneDriveなど他の場所にバックアップしておく

使いこなしのヒント

WordからもOneDriveに保存できる

Microsoftアカウントにログインしていると、Wordからも文書ファイルをOneDriveに保存できます。また、OneDriveに保存した文書は、編集中は自動保存されます。

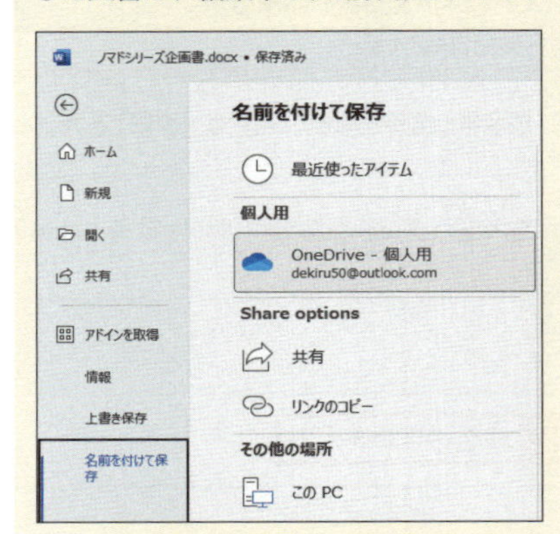

使いこなしのヒント

OneDriveの設定を確認するには

OneDriveの設定は、タスクバーのOneDriveのアイコンから［設定］をクリックして確認できます。［同期とバックアップ］の画面から［バックアップを管理］をクリックすると、バックアップするフォルダを選択できます。

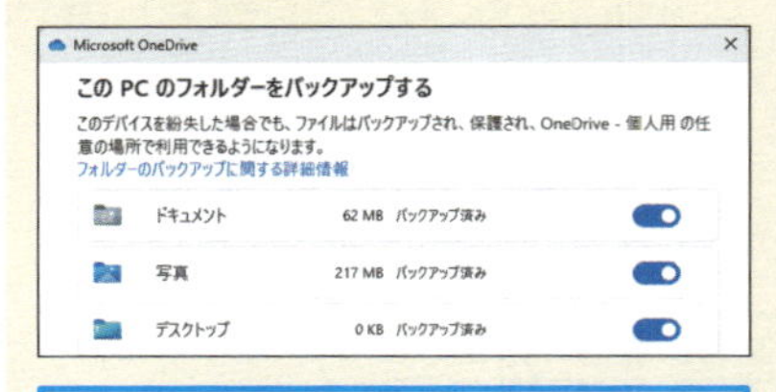

初期状態で［ドキュメント］［写真］［デスクトップ］の3つが同期されている

1 OneDrive内でファイルを復元する

タスクバーのOneDriveアイコンをクリックしてファイルの一覧を表示しておく

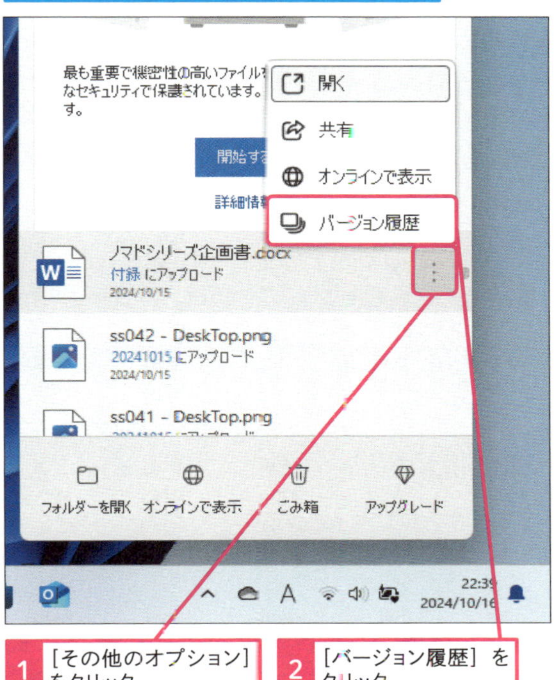

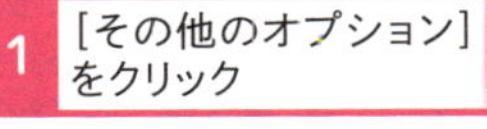

1 ［その他のオプション］をクリック

2 ［バージョン履歴］をクリック

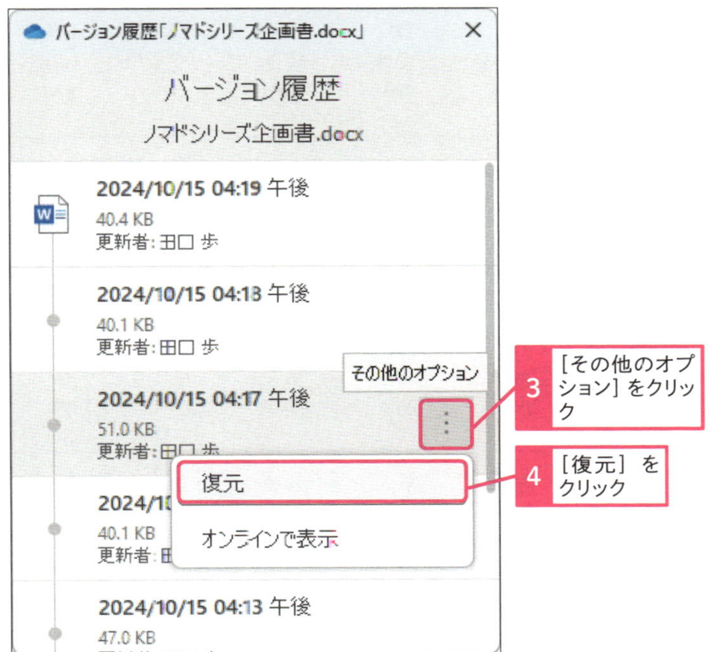

3 ［その他のオプション］をクリック

4 ［復元］をクリック

ファイルのバージョンが復元される

使いこなしのヒント
OneDriveの保存容量を増やすには

無料で利用できるOneDriveは、5GBまでファイルを保存できます。文書ファイルなどが5GBを超えるときには、Microsoft 365を購入するとサブスクリプションの内容によって、100GBから1TBまで拡張できます。

使いこなしのヒント
ランサムウェアが検出された場合は

Microsoft 365でOneDriveを利用していると、ランサムウェア攻撃を受けたときに、登録している電子メールにランサムウェアの検出を知らせるメールが届きます。OneDriveのWebサイトを開いて、感染が確認されたときは、まずOneDriveを利用しているすべてのパソコンでアンチウイルスソフトを実行して、ウイルスやマルウェアを除去してから、OneDriveを以前の状態に復元します。また、警察庁のWebサイトを参考に、最寄りの警察署に通報、連絡しましょう。

https://www.npa.go.jp/bureau/cyber/countermeasures/ransom.html

まとめ OneDriveの無償版と有料版で復元方法に違いがある

Microsoftアカウントで個人が利用しているOneDriveでは、ランサムウェア攻撃で暗号化されたファイルは、エクスプローラーからバージョン履歴で1ファイルずつ復元できます。Microsoft 365では、まとめて復元できます。ビジネスで大切なファイルを大量に保護したいときには、Microsoft 365でOneDriveを利用しておくと、ランサムウェア攻撃を受けても迅速に復旧できます。

付録 1

ローマ字変換表

ローマ字入力で文字を入力するときに使うキーと、読みがなの対応規則表です。入力の際に参照してください。

あ行

あ	い	う	え	お
a	i	u	e	o
	yi	wu		
		whu		

ぁ	ぃ	ぅ	ぇ	ぉ
la	li	lu	le	lo
xa	xi	xu	xe	xo
	lyi		lye	
	xyi		xye	

	いぇ			
	ye			

うぁ	うぃ		うぇ	うぉ
wha	whi		whe	who

か行

か	き	く	け	こ
ka	ki	ku	ke	ko
ca		cu		co
		qu		

きゃ	きぃ	きゅ	きぇ	きょ
kya	kyi	kyu	kye	kyo

くゃ		くゅ		くょ
qya		qyu		qyo

くぁ	くぃ	くぅ	くぇ	くぉ
qwa	qwi	qwu	qwe	qwo
qa	qi		qe	qo
	qyi		qye	

が	ぎ	ぐ	げ	ご
ga	gi	gu	ge	go

ぎゃ	ぎぃ	ぎゅ	ぎぇ	ぎょ
gya	gyi	gyu	gye	gyo

ぐぁ	ぐぃ	ぐぅ	ぐぇ	ぐぉ
gwa	gwi	gwu	gwe	gwo

さ行

さ	し	す	せ	そ
sa	si	su	se	so
	ci		ce	
	shi			

しゃ	しぃ	しゅ	しぇ	しょ
sya	syi	syu	sye	syo
sha		shu	she	sho

すぁ	すぃ	すぅ	すぇ	すぉ
swa	swi	swu	swe	swo

ざ	じ	ず	ぜ	ぞ
za	zi	zu	ze	zo
	ji			

じゃ	じぃ	じゅ	じぇ	じょ
zya	zyi	zyu	zye	zyo
ja		ju	je	jo
jya	jyi	jyu	jye	jyo

た行

た	ち	つ	て	と
ta	ti	tu	te	to
	chi	tsu		

		っ		
		ltu		
		xtu		

ちゃ	ちぃ	ちゅ	ちぇ	ちょ
tya	tyi	tyu	tye	tyo
cha		chu	che	cho
cya	cyi	cyu	cye	cyo

つぁ	つぃ		つぇ	つぉ
tsa	tsi		tse	tso

てゃ	てぃ	てゅ	てぇ	てょ
tha	thi	thu	the	tho

とぁ	とぃ	とぅ	とぇ	とぉ
twa	twi	twu	twe	two

だ	ぢ	づ	で	ど
da	di	du	de	do

ぢゃ	ぢぃ	ぢゅ	ぢぇ	ぢょ
dya	dyi	dyu	dye	dyo
でゃ	**でぃ**	**でゅ**	**でぇ**	**でょ**
dha	dhi	dhu	dhe	dho
どぁ	**どぃ**	**どぅ**	**どぇ**	**どぉ**
dwa	dwi	dwu	dwe	dwo

な行

な	に	ぬ	ね	の
na	ni	nu	ne	no

にゃ	にぃ	にゅ	にぇ	にょ
nya	nyi	nyu	nye	nyo

は行

は	ひ	ふ	へ	ほ
ha	hi	hu	he	ho
		fu		

ひゃ	ひぃ	ひゅ	ひぇ	ひょ
hya	hyi	hyu	hye	hyo
ふゃ		**ふゅ**		**ふょ**
fya		fyu		fyo
ふぁ	**ふぃ**	**ふぅ**	**ふぇ**	**ふぉ**
fwa	fwi	fwu	fwe	fwo
fa	fi		fe	fo
	fyi		fye	

ば	び	ぶ	べ	ぼ
ba	bi	bu	be	bo

びゃ	びぃ	びゅ	びぇ	びょ
bya	byi	byu	bye	byo
ヴぁ	**ヴぃ**	**ヴ**	**ヴぇ**	**ヴぉ**
va	vi	vu	ve	vo
ヴゃ	**ヴぃ**	**ヴゅ**	**ヴぇ**	**ヴょ**
vya	vyi	vyu	vye	vyo

ぱ	ぴ	ぷ	ぺ	ぽ
pa	pi	pu	pe	po

ぴゃ	ぴぃ	ぴゅ	ぴぇ	ぴょ
pya	pyi	pyu	pye	pyo

ま行

ま	み	む	め	も
ma	mi	mu	me	mo

みゃ	みぃ	みゅ	みぇ	みょ
mya	myi	myu	mye	myo

や行

や		ゆ		よ
ya		yu		yo

ゃ		ゅ		ょ
lya		lyu		lyo
xya		xyu		xyo

ら行

ら	り	る	れ	ろ
ra	ri	ru	re	ro

りゃ	りぃ	りゅ	りぇ	りょ
rya	ryi	ryu	rye	ryo

わ行

わ	うぃ		うぇ	を
wa	wi		we	wo

ん	ん	ん		
nn	n'	xn		

っ：n 以外の子音の連続でも変換できる。　例： itta → いった
ん：子音の前のみ n でも変換できる。　例： panda → ぱんだ
ー：キーボードの[ー]キーで入力できる。　※「ヴ」のひらがなはありません。

付録

付録 2

ショートカットキー一覧

Wordでよく使うショートカットキーを一覧の表にしました。マウスを使うよりも素早く操作できるので、ぜひマスターしましょう。

● Office共通のショートカットキー

[印刷] 画面の表示	Ctrl + P
ウィンドウを閉じる	Ctrl + W
ファイルを開く	Ctrl + F12 ／ Ctrl + O
上書き保存	Ctrl + S
名前を付けて保存	F12
新規作成	Ctrl + N
1画面スクロール	Page Down （下） ／ Page Up （上） ／
下線の設定／解除	Ctrl + U
行頭へ移動	Home
[検索] の表示	Ctrl + F
文末にカーソルを移動	Ctrl + End
斜体の設定／解除	Ctrl + I
[検索と置換] ダイアログボックスの表示	Ctrl + G ／ F5
すべて選択	Ctrl + A
選択範囲を1画面拡張	Shift + Page Down （下） ／ Shift + Page Up （上）
選択範囲を切り取り	Ctrl + X
選択範囲をコピー	Ctrl + C
先頭へ移動	Ctrl + Home
[置換] タブの表示	Ctrl + H
直前操作の繰り返し	F4 ／ Ctrl + Y
直前操作の取り消し	Ctrl + Z
貼り付け	Ctrl + V
太字の設定／解除	Ctrl + B
カーソルの左側にある文字を削除	Back space
入力の取り消し	Esc
文字を全角英数に変換	F9
文字を全角カタカナに変換	F7
文字を半角英数に変換	F10
文字を半角に変換	F8
文字をひらがなに変換	F6

● リボンのショートカットキー

[アシスト]フィールドまたは [検索] フィールドに移動	Alt + Q
Backstageビューの表示	Alt + F
[ホーム] タブを開く	Alt + H
[挿入] タブを開く	Alt + N
[デザイン] タブを開く	Alt + G
[レイアウト] タブを開く	Alt + P
[参考資料] タブを開く	Alt + S
[差し込み文書] タブを開く	Alt + M
[校閲] タブを開く	Alt + R
[表示] タブを開く	Alt + W
リボンの展開/折りたたみ	Ctrl + F1

● Wordのショートカットキー

アウトライン表示	Ctrl + Alt + O
印刷レイアウト表示	Ctrl + Alt + P
下書き表示	Ctrl + Alt + N
一括オートフォーマットの実行	Ctrl + Alt + K
一重下線	Ctrl + U
大文字／小文字の反転	Shift + F3
書式のコピー	Ctrl + Alt + C
書式の貼り付け	Ctrl + Alt + V
中央揃え	Ctrl + E
二重下線	Ctrl + Shift + D
左インデントの解除	Ctrl + Shift + M
左インデントの設定	Ctrl + M
左揃え	Ctrl + L
フォントサイズの1ポイント拡大	Ctrl +]
フォントサイズの1ポイント縮小	Ctrl + [
［フォント］ダイアログボックスの表示	Ctrl + D ／ Ctrl + Shift + P ／ Ctrl + Shift + F
右揃え	Ctrl + R
両端揃え	Ctrl + J
行内の次のセルへ移動	Tab
行内の前のセルへ	Shift + Tab
行内の先頭のセルへ	Alt + Home
行内の最後のセルへ	Alt + End
列内の先頭のセルへ	Alt + Page Up
列内の最後のセルへ	Alt + Page down
前の行へ	↑
次の行へ	↓
上へ移動	Alt + Shift + ↑
下へ移動	Alt + Shift + ↓
画面の上部に移動	Ctrl + Alt + Page Up
画面の下部に移動	Ctrl + Alt + Page Down
印刷プレビューの表示	Ctrl + Alt + I
左側の単語を選択	Ctrl + Shift + ←
右側の単語を選択	Ctrl + Shift + →
段落の先頭までを選択	Ctrl + Shift + ↑
段落の末尾までを選択	Ctrl + Shift + ↓
文章の先頭までを選択	Ctrl + Shift + Home
文章の末尾までを選択	Ctrl + Shift + End
ウィンドウの下部までを選択	Ctrl + Alt + Shift + Page Down
選択範囲を減らす	Shift + F8
左の1単語を削除	Ctrl + Back space
右の1単語を削除	Ctrl + Delete
SmartArtの挿入	Alt + N、M
段落に1行の間隔を適用	Ctrl + 1
段落に2行の間隔を適用	Ctrl + 2
段落に1.5秒の間隔を適用	Ctrl + 5
［標準］スタイルを適用	Ctrl + Shift + N
［見出し1］スタイルを適用	Ctrl + Alt + 1
［見出し2］スタイルを適用	Ctrl + Alt + 2
［見出し3］スタイルを適用	Ctrl + Alt + 3
［スタイルの適用］作業ウィンドウの表示	Ctrl + Shift + S
［スタイル］作業ウィンドウの表示	Ctrl + Alt + Shift + S
［書式の詳細］作業ウィンドウの表示	Shift + F1
ハイパーリンクの挿入	Ctrl + K
コメントの挿入	Ctrl + Alt + M
変更履歴のオン／オフ	Ctrl + Shift + E

付録

付録3 クイックアクセスツールバー一覧

Wordのリボン上部のクイックアクセスツールバーに登録できるコマンドの一覧です。クイックアクセスツールバーに登録するとクリックしてすぐに実行できるほか、Altキーを押しながらショートカットキーとして使うこともできます。詳しい設定方法はレッスン99をご参照ください。

●［基本的なコマンド］の一覧

	ウィンドウ幅に合わせる
	エディター
	クイック印刷
	コピー
	コメントの挿入
	スペルチェックと文章校正
	タッチ/マウスモードの切り替え
	テーブルの追加
	テキストボックス［テキストボックスの選択］
	テキストボックスの挿入
	フォントサイズ
	フォント
	フォントの拡大［フォントサイズの拡大］
	フォントの縮小［フォントサイズの縮小］
	フォントの色
	フォントの設定
	ページ設定
	ページとセクション区切りの挿入
	ページ全体を表示
	マクロ［マクロの表示］
	やり直し
	リストのレベルの変更
	リンク［ハイパーリンクの追加］
	印刷プレビューと印刷
	音声読み上げ
	箇条書き
	開く
	既定の貼り付けの設定
	脚注
	形式を選択して貼り付け
	罫線を引く
	蛍光ペンの色

- 検索
- 元に戻す
- 行と段落の間隔
- 左揃え
- 削除［コメントの削除］
- 次へ［次のコメント］
- 自動保存のオン/オフの切り替え
- 縦書きテキストボックスの描画
- 書式のコピー/貼り付け
- 上書き保存
- 新しいファイル
- 新しい番号書式の定義
- 図の挿入
- 図形［図形］
- 切り取り
- 選択範囲をテキストボックスギャラリーに保存
- 前へ［前のコメント］
- 段落…［段落の設定］
- 段落番号
- 中央揃え
- 貼り付け *1
- 貼り付け *2
- 貼り付け *3
- 電子メール
- 番号の設定
- 複数ページの表示
- 文字列のスタイル *4
- 文字列のスタイル *5
- 変更の承諾
- 変更を元に戻す
- 変更履歴の記録
- 名前を付けて保存

*1 ［貼り付け］のみ
*2 ［貼り付けのオプション］
*3 ［貼り付け］と［貼り付けのオプション］
*4 ［文字列のスタイル］のメニュー
*5 ［文字列のスタイル］のみ

付録4 [Microsoft Word] アプリをインストールするには

[Microsoft Word] アプリをスマートフォンにインストールすると、文書の閲覧や簡易的な編集がスマートフォンで行えます。ここではAndroidスマートフォンについて、インストール方法を紹介します。なお、アプリが対応するOSのバージョンについては、アプリのアイコンが表示された画面でご確認ください。

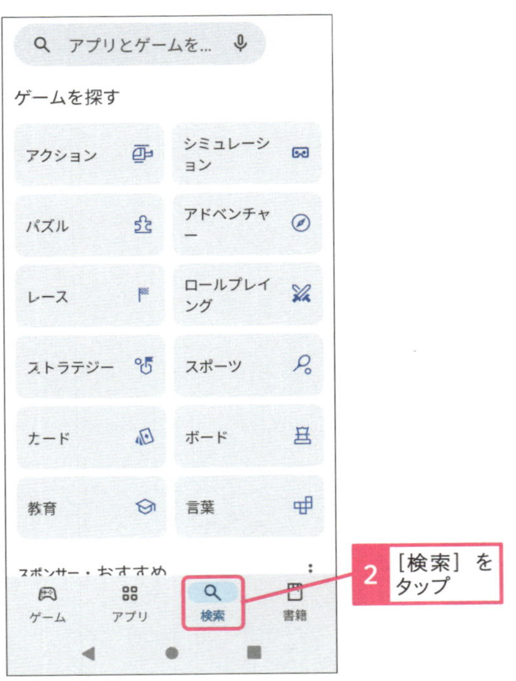

2 アプリをインストールする

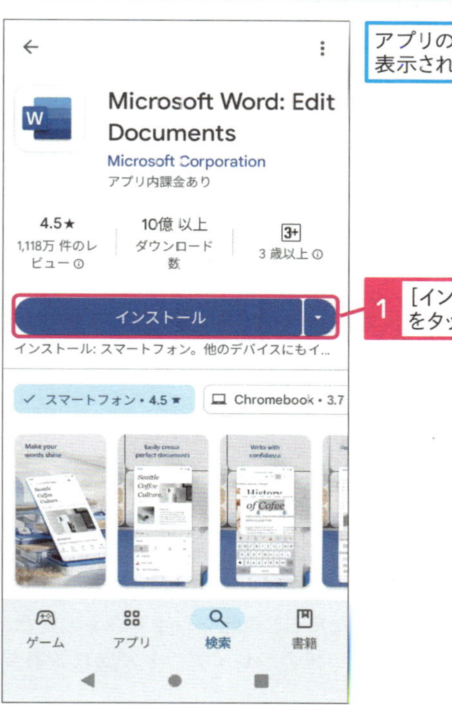

アプリの詳細が表示された

1 [インストール] をタップ

ダウンロードに続けて自動的にインストールされる

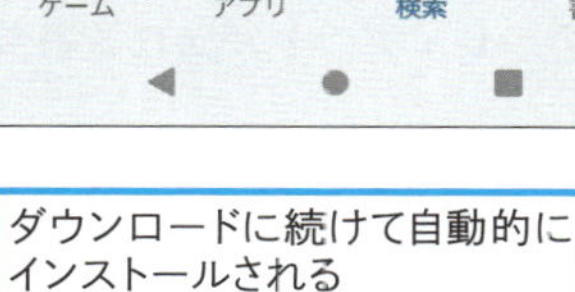

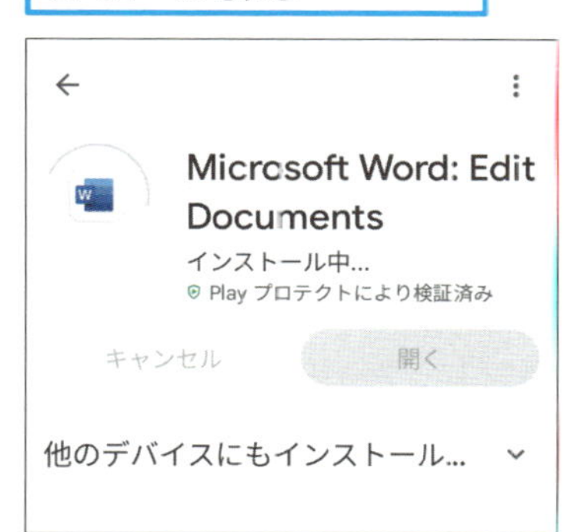

インストールが完了した

2 [開く] をタップ

Wordのセットアップが始まった

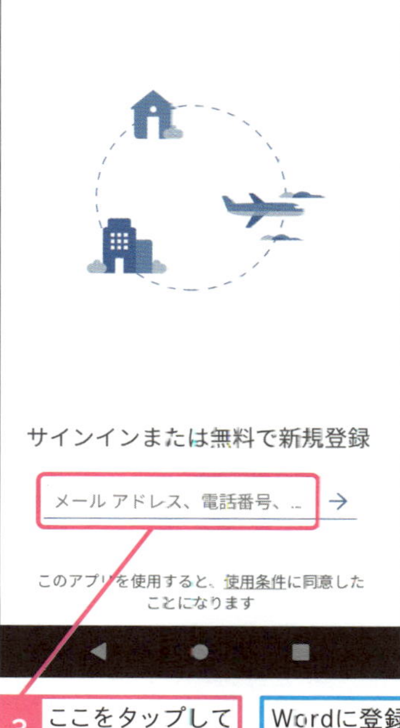

セットアップが完了した

3 ここをタップしてサインインを行う

Wordに登録しているアカウントを使用する

用語集

Bing（ビング）
マイクロソフトが提供している検索サービス。［画像］や［動画］などのカテゴリーからも目的の情報を検索できる。Windows 11では［スタート］メニューの検索ボックスにBing.comの情報が表示される。
→検索

Copilot（コパイロット）
マイクロソフトが提供している生成AI（人工知能）。Windows 11のアイコンやWebブラウザーなどから利用できる。有償版のCopilotには、Microsoft Copilot ProとMicrosoft 365 Copilotという2つの料金プランがあり、Microsoft 365 のWord、Excel、PowerPoint、OneNote、OutlookでCopilotを使える。
→アイコン

Microsoft 365（マイクロソフト 365）
WordやExcelなどのOfficeアプリが利用できるマイクロソフトのクラウドサービス。無償版と有償版がある。無償版はWebブラウザーで利用できるが、機能に制限がある。有償版は、Windows 11のアプリとしてインストールして月や年単位で使用料を支払うサブスクリプション型サービスになる。
→クラウド

Microsoft IME（マイクロソフト アイエムイー）
Windowsに標準で搭載されているマイクロソフト製の日本語入力システム。IMEは、「Input Method Editor」の頭文字で、意味は「入力方式エディター」。

［Microsoft Word］アプリ（マイクロソフト ワード アプリ）
スマートフォンやタブレットで利用できる簡易版のWordアプリ。互換性があるので、パソコンで作った文書ファイルをOneDrive経由で編集できる。
→OneDrive、ファイル

Microsoftアカウント（マイクロソフトアカウント）
OneDriveやOutlook.comなど、マイクロソフトがインターネットで提供しているサービスを使うためのユーザーID。以前はWindows Live IDと呼ばれていた。
→OneDrive

OneDrive（ワンドライブ）
マイクロソフトが無料で提供しているオンラインストレージサービスのこと。Wordの文書や画像データなどをインターネット経由で保存して、ほかのユーザーと共有できる。Microsoftアカウントを新規登録すると、標準で5GBの保存容量が用意される。
→Microsoftアカウント、共有、保存

PDF（ピーディーエフ）
アドビシステムズが開発した文書ファイルの1つ。Word 2013以降では文書をPDF形式のファイルとして保存できるほか、PDF形式のファイルをWordの文書に変換できる。ただし、複雑なレイアウトの場合、正しく読み込めない場合やレイアウトが崩れる場合がある。
→ファイル、保存

Web用Word（ウェブヨウワード）
Microsoft EdgeなどのWebブラウザーでWordの文書を編集できるツール。Microsoftアカウントを取得して、OneDriveのホームページにアクセスすると利用できる。
→Microsoftアカウント、OneDrive

［Wordのオプション］（ワードノオプション）
Wordの機能や操作に関する詳細な設定を確認したり変更する設定画面。自動保存の間隔やルーラーのmm表示にリボンのカスタマイズなどができる。
→保存、リボン、ルーラー

アイコン
「絵文字」の意味。ファイルやフォルダー、ショートカットなどを絵文字で表したもの。アイコンをダブルクリックすると、ファイルやフォルダーが開く。Word 2024では、人物やパソコンなどの絵文字もアイコンとして挿入できる。
→ファイル、フォルダー

暗号化
文書をパスワードで保護するときに使われる技術。暗号化を実行したデータは暗号化を解除するキーがないと開けない。Wordでは文書の保存時にパスワードを入力して暗号化を実行する。
→保存

印刷プレビュー
印刷結果のイメージが画面に表示された状態。Wordで印刷プレビューを表示するには、[ファイル] タブをクリックしてから [印刷] をクリックする。

インデント
字下げして文字の配置を変更する機能。インデントが設定されていると、ルーラーにインデントマーカーが表示される。インデントマーカーには、段落全体の字下げを設定する [左インデント]、段落の終わりの位置を上げて幅を狭くする [右インデント]、段落の1行目の字下げを設定する [1行目のインデント]、箇条書きの項目などのように段落の2行目を1行目よりも字下げする [ぶら下げインデント] がある。
→段落、ルーラー

上書き保存
保存済みのファイルを、現在編集しているファイルで置き換える保存方法のこと。上書き保存を実行すると、古い文書ファイルの内容は消えてしまう。[名前を付けて保存] の機能を使えば、元のファイルを残しておける。
→名前を付けて保存、ファイル、保存

オートコレクト
Wordに登録されている文字が入力されたとき、自動で文字を追加したり、文字や書式を自動で置き換えたりする機能の総称。オートコレクトの機能が有効のときに「前略」と入力すると「草々」という結語が自動で入力されて、文字の配置が変わる。

カーソル
画面上で文字や画像などの入力位置を示すマークのこと。入力した文字は、カーソルの前に表示される。

改行
Enter キーを押して行を改めること。Wordでは、改行された位置に改行の段落記号が表示される。
→段落

かな入力
文字キーの右側に刻印されているひらがなのキーを押して、文字を入力する方法。

行頭文字
箇条書きなどの文章を入力したときに、項目の左端に表示する記号などの文字のこと。Wordでは、「●」や「◆」などの記号だけではなく、「1.」「2.」「3.」や「①」「②」「③」などの段落番号なども行頭文字に利用できる。
→段落番号

共有
ファイルやフォルダーを複数のユーザーで閲覧・編集できるようにする機能。OneDriveを利用すれば、インターネット経由でWordの文書を共有できる。
→OneDrive、ファイル、フォルダー

クイックアクセスツールバー
Wordの左上にある小さなアイコンが表示されている領域。目的のタブが表示されていない状態でもクイックアクセスツールバーのボタンをクリックして、すぐに目的の機能を実行できる。また、リボンに表示されていない機能のアイコンを追加できる。
→アイコン、リボン

クラウド
インターネットを使って提供されるサービスの総称や形態。マイクロソフトでは、OneDriveやWeb用Word、Outlook.comなどのサービスを提供している。
→OneDrive、Web用Word

グリッド線
編集画面に表示する縦横のガイド線。グリッド線を表示すると、図形を正確な位置に配置できる。
→図形

罫線
文書に引く線のこと。Wordでは、ドラッグで描ける罫線や［表］ボタンで挿入できる表の罫線、文字や段落を囲む罫線、ページの外周に引くページ罫線がある。
→段落、［表］ボタン

検索
キーワードや条件を指定して、キーワードや条件と同じデータや関連するデータを探すこと。Wordでは、ダイアログボックスや作業ウィンドウなどを利用して検索ができる。
→ダイアログボックス

コピー
文字や図形などを複製する機能。編集画面に表示されている文字や図形をコピーすると、その内容がクリップボードに記憶される。その後、任意の位置にカーソルを移動して貼り付けを実行すると、カーソルのある位置に同じ内容を表示できる。
→カーソル、図形、貼り付け

コメント
編集画面の欄外に入力できるショートメッセージ。文章とは別に入力されるので、内容の修正依頼や確認など、文書ファイルを介して他の人とやり取りするときに使うと便利。
→ファイル

差し込み印刷
宛名や住所などのデータを外部のファイルから参照して、文書の指定した位置に自動で挿入する印刷方法。同じ文書を複数の人宛に印刷するときなどに利用すると便利。
→ファイル

終了
Wordの編集作業を終えて、画面を閉じる作業のこと。文書を1つだけ開いているときにWordの画面右上にある［閉じる］ボタンをクリックすると、Wordが終了する。

ショートカットキー
特定の機能や操作を実行できるキーのこと。例えば、Ctrlキーを押しながらCキーを押すと、コピーを実行できる。ショートカットキーを使えば、メニュー項目やボタンなどをクリックする手間が省ける。
→コピー

ショートカットメニュー
本書では、右クリックメニューと表記している。マウスを右クリックしたときに表示されるメニューのこと。［コピー］や［貼り付け］など、よく使う機能が用意されているので、リボンまでマウスを移動する手間が省ける。
→コピー、貼り付け、リボン

書式のコピー
文字に設定されている書式をほかの文字にコピーする機能。書式のコピーを活用すれば、フォントの種類やフォントサイズを簡単にほかの文字に適用できる。文字のほかに、図形でも書式のコピーを利用できる。
→コピー、図形、フォント

図形
Wordにあらかじめ用意されている図のこと。［挿入］タブの［図形］ボタンをクリックすると表示される一覧で図形を選び、文書上をクリックするかドラッグして挿入する。テキストボックスやワードアートも図形の一種。
→テキストボックス

スタイル
よく使う書式をひとまとめにしたもの。スタイルを使うと、複数の書式や装飾を一度の操作で設定できる。また、オリジナルの書式を保存して、後から再利用することもできる。
→保存

スレッド
1つのテーマに関するメッセージなどのやり取りをスレッドと呼ぶ。Word 2024では、挿入したコメントと返信などのやり取りをスレッドとして、内容を解決したり削除できる。
→コメント

セル
表の中の1コマ。Wordでは、罫線で区切られた表の中にあるマス目の1つ1つのこと。
→罫線

全角
文字の種類で、日本語の文書で基準となる1文字分の幅の文字のこと。Wordで「1文字分」というときは、全角1文字を指す。半角の文字は、全角の半分の幅となる。
→半角

ダイアログボックス
複数の設定項目をまとめて実行するためのウィンドウのこと。画面を通して利用者とWordが対話（dialog）する利用方法から、ダイアログボックスと呼ばれる。

タスクバー
デスクトップの下部に表示されている領域のこと。タスクバーには、起動中のソフトウェアがボタンで表示される。タスクバーに表示されたボタンを使って、編集中の文書を選んだり、ほかのソフトウェアに切り替えたりすることができる。

タブ
Tab キーを押して入力する、特殊な空白のこと。Tab キーを押すと、初期設定では全角4文字分の空白が挿入される。[タブとリーダー] ダイアログボックスを利用すれば、タブを利用した空白に「……」などのリーダー線を表示できる。
→全角、ダイアログボックス

段組み
新聞のように、段落を複数の段に区切る組み方。
→段落

段落
文章の単位の1つで、Wordでは、行頭から改行の段落記号が入力されている部分を指す。
→改行

段落番号
箇条書きの項目に連番を自動的に挿入する機能。段落番号を設定すると、「1.」「2.」「3.」などの連番が表示される。番号の表示が不要になったときには、Back space キーで削除できる。

置換
文書の中にある特定の文字を検索し、指定した文字に置き換えること。
→検索

テキストボックス
文書の自由な位置に配置できる、文字を入力するための図形。横書きと縦書き用のテキストボックスがある。
→図形

テンプレート
文書のひな形のこと。あらかじめ書式や例文などが設定されており、必要な部分を書き換えるだけで文書が完成する。Wordの起動直後に表示されるスタート画面か、[ファイル] タブの [新規] をクリックすると表示される [新規] の画面でテンプレートを開ける。

特殊文字
Wordの文書に入力できる特殊な記号や絵文字、ギリシャ文字、ラテン文字などの総称。「☎」や「☜」などの文字を文書に入力できるが、ほかのパソコンでは正しく表示されない場合がある。

ナビゲーションメニュー
編集画面の左側に表示されるウィンドウ。ナビゲーションウィンドウには、文書の見出しやページに図などの検索結果を表示できる。
→検索

名前を付けて保存
文書に名前を付けて、ファイルとして保存する機能。新しい名前を付けて保存すると、古いファイルはそのまま残り、新しい文書ファイルが作られる。
→ファイル、保存

入力モード
日本語入力システムを利用するときの入力文字種の設定。入力モードによって文字キーを押したときに入力される文字の種類が決まる。Wordで選べる入力モードには、[ひらがな][全角カタカナ][全角英数][半角カタカナ][半角英数]がある。半角/全角キーを押すと、[ひらがな]と[半角英数]の入力モードを切り替えられる。
→全角、半角

はがき宛名面印刷ウィザード
はがきの宛名印刷に必要な編集レイアウトや宛名データの入力を補佐してくれる機能。必要な作業手順を選択すれば、はがきの宛名面を簡単に作成できる。

貼り付け
文字や図形、画像などをコピーして別な場所に表示する機能。クリップボードに一時的に記憶されたデータを貼り付けできる。
→コピー、図形

半角
英数字、カタカナ、記号などからなる、漢字（全角文字）の半分の幅の文字のこと。
→全角

ファイル
ハードディスクなどに保存できるまとまった1つのデータの集まり。Wordで作成して保存した文書の1つ1つが、ファイルとして保存される。
→保存

ファンクションキー
キーボードの上段に並んでいるF1～F12までの刻印があるキー。利用するソフトウェアによって、キーの役割や機能が変化する。なお、パソコンの機種によってはFnキーを併用する。

フィールドコード
文書内で情報を自動表示するために、フィールドに記述されている数式(コード)。初期設定では、フィールドにはフィールドコードの実行結果が表示されるが、フィールドを右クリックして［フィールドコードの表示/非表示］を選択すれば、フィールドコードの内容を表示できる。

フォルダー
ファイルをまとめて入れておく場所。文書を保存する［ドキュメント］や写真を保存する［ピクチャ］もフォルダーの1つ。
→ファイル、保存

フォント
パソコンやソフトウェアで表示や印刷に使える書体のこと。Wordでは、Windowsに付属しているフォントとOfficeに付属しているフォントを利用できる。同じ文字でもフォントを変えることで文字の印象を変更できる。Word 2024で新しい文書を作成したときは、［游明朝］というフォントが文字に設定される。

ブックマーク
ブックマークは本の栞のような機能。文書内の任意の位置にブックマークを登録すると、［相互参照］の［ブックマークの一覧］から移動できる。

フッター
用紙の下余白に、本文以外の内容を表示する領域のこと。ページ数や作成者名、日付などを挿入できる。フッターに入力した内容はすべてのページに表示される。
→余白

プロンプト
生成AIのCopilotに、作成してほしい文章などの指示や質問を入力したテキストのこと。プロンプトには、目的、理由、出力、情報、などを明示しておくと、精度の高い結果が期待できる。
→Copilot

ヘッダー
用紙の上余白に本文以外の内容を表示する領域。ヘッダーに入力した内容は、すべてのページに適用される。
→余白

変更履歴
文書に対して行った文字や画像の挿入、削除、書式変更などの内容を記録する機能。変更内容を1つずつ承諾または却下できるため、主に文書の編集や校正作業に使用する。

ホーム
編集でよく使われるコマンドが集められたリボンのタブ。編集画面が開いた直後は、ホームのタブが表示されている。Copilot in Wordが利用できるWordでは、ホームにアイコンが表示される。
→Copilot、アイコン

保存
編集しているデータをファイルとして記録する操作のこと。文書に名前を付けて保存しておけば、後からファイルを開いて編集や印刷ができる。
→ファイル

マクロ
Wordの操作を記録して繰り返し実行できる簡易なプログラム機能。

ミニツールバー
編集画面の文字や図形を選択した直後に表示される小さなリボンのような表示。ミニツールバーにはよく使うコマンドが並んでいるので、リボンまでマウスを動かさなくても手早く編集できる。
→図形、リボン

文字の効果
フォントに対して、[アウトライン] [影] [反射] [光彩] などの効果を設定できる。指定できる効果はワードアートとほぼ同じだが、文字の効果を使うと編集画面の1文字ずつに装飾を指定できる。
→フォント

余白
文書の上下左右にある空白の領域。余白を狭くすれば、1ページの文書内に入力できる文字数が多くなる。ヘッダーやフッターを利用すれば、余白に文字や画像を挿入できる。
→フッター、ヘッダー

リボン
Wordの機能が割り当てられたボタンが並んでいる領域。リボンは、タブをクリックして切り替えられる。画面の横幅によってボタンの形や表示方法が変わる。

ルーラー
編集画面の上や左に表示される、定規のような目盛りのこと。ルーラーを見れば文字数やインデント、タブの位置などを確認できる。上のルーラーを [水平ルーラー]、左のルーラーを [垂直ルーラー] という。
→インデント、タブ

レイアウト
文字列の方向やインデントなどの文書のレイアウトに関連するコマンドがまとめられているリボンのタブ。用紙の余白やサイズなどもレイアウトから変更できる。
→インデント、余白、リボン

ローマ字入力
ローマ字で日本語を入力する方法。Kキーと Aキーで「か」、Aキーで「あ」など、ローマ字の「読み」に該当する英字キーを押して、文字を入力する。

用語集

索引

アルファベット

ア

カ

索引

索引

本書を読み終えた方へ
できるシリーズのご案内

※1：当社調べ　※2：大手書店チェーン調べ

絶賛発売中！

できるExcel 2024 Copilot対応

Office 2024& Microsoft 365版

羽毛田睦土＆
できるシリーズ編集部
定価：1,298円
（本体1,180円＋税10%）

Excelの基本から、関数を使った作業効率アップ、データの集計方法まで仕事に役立つ使い方が満載。生成AIのCopilotの使いこなしもわかる。

できるCopilot in Windows

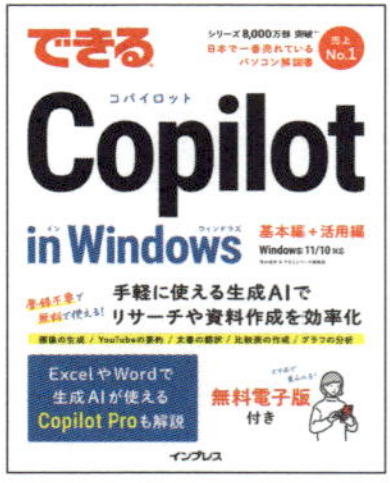

清水理史＆
できるシリーズ編集部
定価：1,870円
（本体1,700円＋税10%）

WindowsのAIアシスタント「Copilot in Windows」の基本から便利な使い方まで解説。話題のAIアシスタントを使いこなせる！

できるGoogle スプレッドシート

今井タカシ＆
できるシリーズ編集部
定価：1,870円
（本体1,700円＋税10%）

データ入力やデータ共有といった基本的な使い方から集計や分析、生成AIの活用法まで幅広く解説。仕事で役立つひつ上の使い方がわかる。

読者アンケートにご協力ください！

「できるシリーズ」では皆さまのご意見、ご感想を今後の企画に生かしていきたいと考えています。
お手数ですが以下の方法で読者アンケートにご協力ください。
ご協力いただいた方には抽選で毎月プレゼントをお送りします！

※プレゼントの内容については「CLUB Impress」のWebサイト（https://book.impress.co.jp/）をご確認ください。

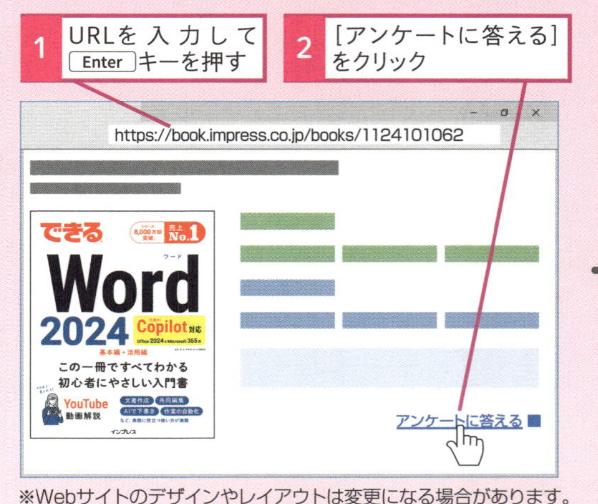

※Webサイトのデザインやレイアウトは変更になる場合があります。

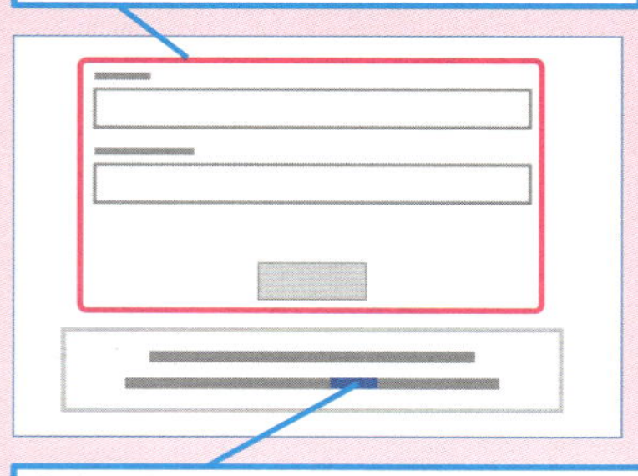

■著者
田中　亘（たなか　わたる）

「できるWord 6.0」（1994年発刊）を執筆して以来、できるシリーズのWord書籍を執筆。ソフトウェア以外にも、PC関連の周辺機器やスマートフォンにも精通し、解説や評論を行っている。

協力　日本マイクロソフト株式会社

STAFF

シリーズロゴデザイン　山岡デザイン事務所<yamaoka@mail.yama.co.jp>
カバー・本文デザイン　伊藤忠インタラクティブ株式会社
カバーイラスト　こつじゆい
本文イラスト　ケン・サイトー
DTP制作　町田有美・田中麻衣子
校正　株式会社トップスタジオ

デザイン制作室　今津幸弘<imazu@impress.co.jp>
鈴木　薫<suzu-kao@impress.co.jp>
制作担当デスク　柏倉真理子<kasiwa-m@impress.co.jp>

デスク　荻上　徹<ogiue@impress.co.jp>
編集長　藤原泰之<fujiwara@impress.co.jp>

オリジナルコンセプト　山下憲治

■商品に関する問い合わせ先

このたびは弊社商品をご購入いただきありがとうございます。本書の内容などに関するお問い合わせは、下記のURLまたは二次元バーコードにある問い合わせフォームからお送りください。

https://book.impress.co.jp/info/

上記フォームがご利用いただけない場合のメールでの問い合わせ先

info@impress.co.jp

※お問い合わせの際は、書名、ISBN、お名前、お電話番号、メールアドレス に加えて、「該当するページ」と「具体的なご質問内容」「お使いの動作環境」を必ずご明記ください。なお、本書の範囲を超えるご質問にはお答えできないのでご了承ください。

●電話やFAXでのご質問には対応しておりません。また、封書でのお問い合わせは回答までに日数をいただく場合があります。あらかじめご了承ください。
●インプレスブックスの本書情報ページ https://book.impress.co.jp/books/1124101062 では、本書のサポート情報や正誤表・訂正情報などを提供しています。あわせてご確認ください。
●本書の奥付に記載されている初版発行日から1年が経過した場合、もしくは本書で紹介している製品やサービスについて提供会社によるサポートが終了した場合はご質問にお答えできない場合があります。

■落丁・乱丁本などの問い合わせ先

FAX　03-6837-5023

service@impress.co.jp

※古書店で購入された商品はお取り替えできません。

できるWord 2024 Copilot対応
Office 2024&Microsoft 365版

2024年12月1日　初版発行

著　者　田中　亘 & できるシリーズ編集部

発行人　高橋隆志

編集人　藤井貴志

発行所　株式会社インプレス
〒101-0051　東京都千代田区神田神保町一丁目105番地
ホームページ　https://book.impress.co.jp/

印刷所　株式会社広済堂ネクスト

ISBN978-4-295-02028-8 C3055

Printed in Japan